甘长春 孟飞 / 著

MySQL 数据库管理实战

人民邮电出版社

北京

图书在版编目（CIP）数据

MySQL数据库管理实战 / 甘长春，孟飞著. -- 北京：人民邮电出版社，2019.4（2021.4重印）
ISBN 978-7-115-50584-2

Ⅰ．①M… Ⅱ．①甘… ②孟… Ⅲ．①SQL语言—程序设计 Ⅳ．①TP311.132.3

中国版本图书馆CIP数据核字（2019）第045518号

内 容 提 要

本书详细介绍了 MySQL 数据库管理从入门到实战在内的所有知识。

本书共分为 18 章，主要介绍了 MySQL 数据库的系统管理与基本操作，MySQL 数据库的流程控制及函数、日期时间处理、分组统计、多表联合操作，以及 MySQL 数据库的内部工作原理、存储引擎、事务处理、存储程序开发、备份恢复、性能优化等内容。

本书步骤详细，示例丰富，以实战为主，讲解直击 MySQL 数据库的本质，特别适合有志于从事数据库开发与设计的入门级读者阅读。本书还可以供开设了数据库课程的高等院校的师生阅读，以及作为相关 IT 培训机构的参考图书。

◆ 著　　甘长春　孟　飞
　　责任编辑　傅道坤
　　责任印制　焦志炜

◆ 人民邮电出版社出版发行　北京市丰台区成寿寺路11号
　　邮编　100164　电子邮件　315@ptpress.com.cn
　　网址　https://www.ptpress.com.cn
　　固安县铭成印刷有限公司印刷

◆ 开本：787×1092　1/16
　　印张：28.25
　　字数：753 千字　　　　　　　2019 年 4 月第 1 版
　　印数：3 001－3 300 册　　　2021 年 4 月河北第 5 次印刷

定价：99.00 元

读者服务热线：(010)81055410　印装质量热线：(010)81055316
反盗版热线：(010)81055315
广告经营许可证：京东市监广登字20170147号

作者简介

甘长春，毕业于北京交通大学电气工程及自动化专业，当前供职于中国铁路北京局集团有限公司。自从参加工作以来，一直致力于计算机应用系统的研发和建设，先后参与了多个铁路应用项目的研发工作，同时，也与多家 IT 企业合作开发项目，主要负责数据库架构设计及应用开发等工作。从 2014 年起，一直在天津市大学软件学院及其他一些大学从事兼职教学工作，所授课程为 PHP 和 Oracle。

孟飞，当前就读于内蒙古工业大学自动化专业，在学期间，完成了数字电子技术和模拟电子技术等大量实验，参与内蒙古自治区博士自然科学基金"混合微电网综合协调控制与能量分配策略研究"和"风光储混合分布式发电系统协调控制与能量分配策略研究"项目研发。在致力于 C 及汇编语言研究的同时，还在自修数据库，包括 MySQL、Oracle，尤其在 MySQL 数据库方面，曾经与天津融创软通科技有限公司合作，负责"学生成绩分析与教师考核评价系统"项目的数据库设计、优化以及存储程序开发等工作。

致谢

  本书在撰写过程中得到天津融创软通科技有限公司张建军、中国铁路北京局集团有限公司苑亮的大力支持，在此向他们表示感谢！

  特别感谢人民邮电出版社编辑傅道坤的帮助，借此向人民邮电出版社的所有工作人员表示感谢！

  信息技术的发展日新月异，作者深感自己才疏学浅，本书难免有疏漏和不足的地方，敬请读者批评指正。

前言

MySQL 是 PHP Web 开发首选的数据库系统。目前很多科技公司的 Web 应用项目开发已经或正在转向 PHP。为了适应这一市场需求，国内各大培训机构都开设了 PHP 课程，其中也涵盖了 MySQL 课程。

无论是即将走向工作岗位的学生，还是 IT（信息技术）公司的开发人员，很多人都在学习 MySQL 数据库，因此，如何降低学习 MySQL 的门槛并快速将其应用于实践，已成为市场所需。本书的写作宗旨主要有以下 3 条。

- 贴近实战。书中所用实例和数据均来自真实环境中的系统，其目的是让读者切身感受如何在真实环境中使用 SQL 语句操作数据库，并在实战中掌握 MySQL 的用法。
- 同时兼顾初学者和进阶者的需求。本书涵盖了从基础知识到 MySQL 高级概念和用法在内的所有内容，确保初学者和进阶者各取所需，从而提升技能。
- 用实例来验证所学知识。书中每个知识点至少使用一个实例进行验证和测试，以确保实例的可行性和实例结果的可再现性。

本书组织结构

本书内容涵盖了使用 MySQL 进行数据库开发的绝大部分知识，从数据库的基础知识（如基本管理、权限设置和基本操作）到数据库的高级操作（如多表操作、工作机制分析、存储过程、数据库的备份和性能优化）。本书共分为 18 章，主要内容如下。

第 1 章"数据库入门"：本章简要介绍了数据库的发展史，讲解在开发中使用数据库的原因、优点、重要性和特点以及在众多的数据库产品中如何学习和使用 MySQL。

第 2 章"MySQL 基本管理"：本章介绍 MySQL 的客户端与服务器端的概念、MySQL 数据库服务器的启动与停止，以及数据库的基本使用等。

第 3 章"MySQL 账户权限设置"：本章讲解 MySQL 账户权限与设置，包括 MySQL 权限系统、权限操作，丢失 MySQL ROOT 密码的解决方法等，同时本章给出了各种各样的权限操作样本，方便读者在实际应用中参考与借鉴。

第 4 章"MySQL 数据库表列的数据类型"：本章讲解 MySQL 表列的各种数据类型，包括数值、字符串、列类型属性 ZEROFILL（填充 0）、UNSIGNED（无符号）和 SIGNED（有符号）、TEXT 与 BLOG 类型、ENUM 与 SET 类型、网站中常用的数据类型、DEFAULT（默认）等。

第 5 章"MySQL 表结构的维护"：本章深入地讲解 MySQL 数据库表的维护（创建与修改），尤其是涉及相关字符集的调整，包括表字段、主键的添加与删除、表列的重命名与改变数据类型、普通索引、唯一索引的添加与删除，以及数据库、表、列字符集的调整及其适用场景等。

第 6 章"MySQL 的索引"：本章对 MySQL 数据库的索引进行详细介绍，尤其是 UNIQUE 唯一索引、PRIMARY KEY 主键索引、AUTO_INCREMENT 自增序列（相当于 Oracle 的 SEQUENCE 序列）以及它们的适用场景。

第 7 章 "MySQL 的基本查询"：本章将对 MySQL 数据库查询所涉及的全部内容做出详细说明，包括 SELECT、INSERT、DELETE、UPDATE 这些主语及它们的谓词（WHERE 限制条件）、谓词关键字（AND、OR、IN、LIKE、BETWEEN...END、EXISTS、ORDER BY、GROUP BY、LIMIT 等）。除此以外，还要对流程控制函数（IF()、IFNULL()等）、有关函数（CONCAT()、GROUP_CONCAT()、FIND_IN_SET()、RAND()等）、REGEXP 正则的使用给出详细说明。在本章中，还要给出排名应用案例 SQL 语句，读者可以进行研究、参考、借鉴。

第 8 章 "MySQL 数据库的字符集设计"：本章对 MySQL 数据库的二进制数据类型、二进制字符串、各类字符集、二进制数据类型与字符集、它们的适用场景等内容进行详细介绍。

第 9 章 "MySQL 的增加、删除和修改操作"：本章对 MySQL 数据库增加、删除和修改的严格与宽松模式及它们的基本操作、左右全外连接操作等内容进行详细介绍。同时，给出具体的示例、实例以及应用案例等。

第 10 章 "MySQL 的流程控制与函数"：本章从 MySQL 编程角度出发，讲解 MySQL 数据库的流程控制和各种函数处理及用法，包括各类操作符介绍、流程控制语句、流程控制函数、字符串处理函数、数学函数、日期与时间函数等，并提供大量的示例供读者参考与借鉴。

第 11 章 "MySQL 的日期与时间"：本章把 MySQL 的日期和时间作为一个专题进行详细介绍，包括日期与时间数据类型及其适用场景、各种日期格式设置与显示、时间间隔的概念及运算、以及日期的加减运算等，同时提供大量的示例供读者参考和借鉴。

第 12 章 "MySQL 的分组与统计"：本章将 MySQL 的分组与统计运算作为一个专题进行详细介绍，包括 COUNT()函数、DISTINCT 与 COUNT()函数连用、GROUP BY 与 COUNT()函数连用、CASE WHEN 语句与 COUNT()函数连用、GROUP BY 与聚集函数（MIN()、MAX()、AVG()、SUM()）连用、GROUP BY 的 HAVING 分组结果的筛选等，同时提供了大量的示例、范例供读者参考和借鉴。

第 13 章 "MySQL 的多表联合操作"：本章把 MySQL 的多表联合操作处理作为一个专题进行详细介绍，包括数据库的约束、表间的一对一、一对多和多对多关联关系、多表操作应用实例、多表查询适用场景等，同时提供大量的范例及摘自一个在用系统中的经典 SQL 语句供读者参考和借鉴。

第 14 章 "MySQL 工作机制"：本章重点讨论 MySQL 的工作机制，包括 MySQL 的线程分析、MySQL 的共享锁与排他锁、MySQL 的表级锁、页级锁与行级锁、MySQL 存储引擎和事务、MySQL 的事务处理等。本章内容涉及 MySQL 的初级原理，适合 DBA 的读者，作为数据库的使用者也有必要了解一下，为数据库的性能优化及写出良好的应用程序打好基础。

第 15 章 "MySQL 存储引擎"：本章将重点讨论 MySQL 的存储引擎，包括 MySQL 所涉及的存储引擎种类、引擎更换、引擎添加与拔出、数据文件的存放位置、引擎的应用场景等。本章涉及 MySQL 原理性的内容，适合 DBA 的读者，作为数据库的普通使用者也有必要了解一下，为数据库的性能优化及写出良好的应用程序打好基础。

第 16 章 "MySQL 视图、存储程序"：本章将重点阐述 MySQL 数据库编程，进一步了解数据库的应用，体现数据库为应用项目开发所提供的解决方案。这些解决方案主要体现在存储过程、函数、触发器的灵活运用上。

第 17 章 "MySQL 备份与恢复"：本章重点讲解 MySQL 数据库的备份与恢复，包括 MySQLDump 与 BingLog 两种方式对 MySQL 数据库进行备份与恢复操作等。

第 18 章 "全解 MySQL 性能优化"：SQL 优化是任何数据库永恒的话题，MySQL 也不例外。SQL 语句的书写，里面包含了很大的学问。完成同样的查询，可以有多种不同的写法。在这些写法中，哪种写法最优就是本章所要讨论的问题。与此同时，本章还要阐述与 MySQL 数据库性能优化相关的问题，全解提高 MySQL 执行效率与优化运行状态分析，包括数据库架构的选择、表字段类型的选择、数据库索引对性能的影响、查询优化技术等。

读者对象

本书内容翔实，实例丰富，适合 MySQL 开发人员阅读，同时也适合作为各大中专院校数据库相关专业的师生提升数据库知识水平的延伸读物。

资源与支持

本书由异步社区出品，社区（https://www.epubit.com/）为您提供相关资源和后续服务。

提交勘误

作者和编辑尽最大努力来确保书中内容的准确性，但难免会存在疏漏。欢迎您将发现的问题反馈给我们，帮助我们提升图书的质量。

当您发现错误时，请登录异步社区，按书名搜索，进入本书页面，点击"提交勘误"，输入勘误信息，点击"提交"按钮即可。本书的作者和编辑会对您提交的勘误进行审核，确认并接受后，您将获赠异步社区的 100 积分。积分可用于在异步社区兑换优惠券、样书或奖品。

扫码关注本书

扫描下方二维码，您将会在异步社区微信服务号中看到本书信息及相关的服务提示。

与我们联系

我们的联系邮箱是 contact@epubit.com.cn。

如果您对本书有任何疑问或建议，请您发邮件给我们，并请在邮件标题中注明本书书名，以便我们更高效地做出反馈。

如果您有兴趣出版图书、录制教学视频，或者参与图书翻译、技术审校等工作，可以发邮件给我们；有意出版图书的作者也可以到异步社区在线提交投稿（直接访问www.epubit.com/ selfpublish/submission 即可）。

如果您是学校、培训机构或企业，想批量购买本书或异步社区出版的其他图书，也可以发邮件给我们。

如果您在网上发现有针对异步社区出品图书的各种形式的盗版行为，包括对图书全部或部分内容的非授权传播，请您将怀疑有侵权行为的链接发邮件给我们。您的这一举动是对作者权益的保护，也是我们持续为您提供有价值的内容的动力之源。

关于异步社区和异步图书

"异步社区"是人民邮电出版社旗下 IT 专业图书社区，致力于出版精品 IT 技术图书和相关学习产品，为作译者提供优质出版服务。异步社区创办于 2015 年 8 月，提供大量精品 IT 技术图书和电子书，以及高品质技术文章和视频课程。更多详情请访问异步社区官网 https://www.epubit.com。

"异步图书"是由异步社区编辑团队策划出版的精品 IT 专业图书的品牌，依托于人民邮电出版社近 30 年的计算机图书出版积累和专业编辑团队，相关图书在封面上印有异步图书的LOGO。异步图书的出版领域包括软件开发、大数据、AI、测试、前端、网络技术等。

异步社区

微信服务号

目录

第1章 数据库入门 ·················· 1
  1.1 数据库的发展史 ·············· 1
  1.2 数据库中数据存储形态
    （数据模型）·················· 1
    1.2.1 层次（阶层）数据库 ······ 2
    1.2.2 网状（网络）数据库 ······ 2
    1.2.3 关系数据库 ·············· 2
    1.2.4 面向对象的数据库 ········ 2
  1.3 为什么应用开发离不开数据库 ····· 3
  1.4 SQL 介绍 ···················· 3
    1.4.1 SQL 简介 ················ 3
    1.4.2 SQL 的特点 ·············· 3
    1.4.3 SQL 的基本语句 ·········· 4

第2章 MySQL 基本管理 ············ 5
  2.1 MySQL 的客户端与服务器端 ······ 5
    2.1.1 MySQL 客户端与服务器
        端的概念 ·············· 5
    2.1.2 MySQL 客户端 ··········· 5
    2.1.3 Navicat for MySQL 的
        安装 ·················· 5
    2.1.4 运行
        Navicat for MySQL ······ 7
    2.1.5 Navicat for MySQL 的
        连接与使用 ············ 7
  2.2 MySQL 服务器的启动与停止 ······ 9
    2.2.1 SQL 的组成部分 ·········· 9
    2.2.2 进入 MySQL 命令模式 ··· 10
    2.2.3 创建数据库 ············· 10
    2.2.4 数据库命名规范及改变
        当前数据库 ··········· 11
    2.2.5 删除数据库 ············· 11
    2.2.6 创建数据表 ············· 12
  2.3 删除表 ····················· 13
  2.4 安全复制表 ················· 13
  2.5 安全修改表 ················· 14
    2.5.1 新增字段 ··············· 14
    2.5.2 删除字段 ··············· 15
    2.5.3 修改字段 ··············· 15
    2.5.4 增加主键 ··············· 16
  2.6 MySQL 命令行中不能输入中文的
    解决办法 ··················· 16

第3章 MySQL 账户权限设置 ········ 17
  3.1 了解 MySQL 权限系统 ········· 17
  3.2 MySQL 权限操作 ············· 19
    3.2.1 GRANT 命令使用说明 ···· 19
    3.2.2 权限相关操作 ··········· 20
    3.2.3 权限操作样本 ··········· 23
  3.3 丢失 MySQL ROOT 密码的解决
    方法 ······················· 25

第4章 MySQL 数据库表列的数据
      类型 ······················· 29
  4.1 数值类型 ··················· 29
    4.1.1 整数类型 ··············· 29
    4.1.2 浮点类型 ··············· 30
  4.2 字符串类型 ················· 30
  4.3 CHAR 与 VARCHAR 类型
    区别 ······················· 30
  4.4 列类型属性 ZEROFILL
    （填充 0）··················· 31
  4.5 列类型属性 UNSIGEND（无符号）
    与 SIGNED（有符号）··········· 31
  4.6 TEXT 与 BLOB 类型的区别 ······ 32
  4.7 ENUM 与 SET 类型处理 ········ 33
  4.8 SET 类型的处理方式 ··········· 33

4.9 网站中常用数据类型介绍⋯⋯⋯⋯ 34
4.10 DEFAULT（默认）使用技巧 ⋯⋯ 35

第 5 章 MySQL 表结构的维护⋯⋯⋯⋯ 36

5.1 表结构的创建⋯⋯⋯⋯⋯⋯⋯⋯⋯⋯ 36
    5.1.1 MySQL 表结构创建语法解释说明⋯⋯⋯⋯⋯⋯⋯⋯⋯ 36
    5.1.2 MySQL 表结构创建实例⋯ 40
    5.1.3 MySQL 表名修改⋯⋯⋯⋯ 43
5.2 表结构的维护⋯⋯⋯⋯⋯⋯⋯⋯⋯⋯ 43
    5.2.1 MySQL 添加字段⋯⋯⋯⋯ 44
    5.2.2 MySQL 删除字段⋯⋯⋯⋯ 44
    5.2.3 MySQL 调整字段顺序⋯⋯ 44
    5.2.4 MySQL 删除主键⋯⋯⋯⋯ 45
    5.2.5 MySQL 增加主键⋯⋯⋯⋯ 45
    5.2.6 MySQL 重命名列⋯⋯⋯⋯ 45
    5.2.7 MySQL 改变列类型⋯⋯⋯ 46
    5.2.8 MySQL 添加索引⋯⋯⋯⋯ 46
    5.2.9 MySQL 添加唯一索引⋯⋯⋯⋯⋯⋯⋯⋯⋯⋯⋯⋯⋯ 46
    5.2.10 MySQL 删除索引⋯⋯⋯ 47
5.3 MySQL 修改库、表及列字符集⋯⋯⋯⋯⋯⋯⋯⋯⋯⋯⋯⋯⋯ 47
    5.3.1 MySQL 修改库字符集⋯⋯ 47
    5.3.2 MySQL 修改表字符集⋯⋯ 47
    5.3.3 MySQL 修改列（字段）字符集⋯⋯⋯⋯⋯⋯⋯⋯⋯⋯ 48
    5.3.4 MySQL 修改字符集的有关注意事项⋯⋯⋯⋯⋯⋯⋯⋯ 48
    5.3.5 MySQL 字符集的查看⋯⋯ 48

第 6 章 MySQL 的索引⋯⋯⋯⋯⋯⋯⋯ 50

6.1 索引概述⋯⋯⋯⋯⋯⋯⋯⋯⋯⋯⋯⋯ 50
    6.1.1 关于索引的建议⋯⋯⋯⋯ 51
    6.1.2 MySQL 中使用索引⋯⋯⋯ 51
6.2 UNIQUE 实际开发中的使用方法⋯⋯⋯⋯⋯⋯⋯⋯⋯⋯⋯⋯⋯ 52
6.3 主键（primary key）使用方法⋯⋯⋯⋯⋯⋯⋯⋯⋯⋯⋯⋯⋯ 53
    6.3.1 主键的作用⋯⋯⋯⋯⋯⋯ 53
    6.3.2 主键的创建方法⋯⋯⋯⋯ 53
6.4 AUTO_INCREMENT 自增使用技巧⋯⋯⋯⋯⋯⋯⋯⋯⋯⋯⋯⋯⋯ 54
    6.4.1 AUTO_INCREMENT 的属性⋯⋯⋯⋯⋯⋯⋯⋯⋯⋯⋯ 54
    6.4.2 使用 AUTO_INCREMENT 时的注意事项⋯⋯⋯⋯⋯⋯⋯⋯ 54
    6.4.3 关于 MySQL 的 AUTO_INCREMENT 问题分析⋯⋯⋯ 55

第 7 章 MySQL 的基本查询⋯⋯⋯⋯⋯ 57

7.1 SELECT 的语法结构⋯⋯⋯⋯⋯⋯⋯ 57
    7.1.1 语法结构说明⋯⋯⋯⋯⋯ 57
    7.1.2 语法解释⋯⋯⋯⋯⋯⋯⋯ 58
    7.1.3 关于 MySQL 迭代⋯⋯⋯⋯ 59
7.2 SELECT 准备⋯⋯⋯⋯⋯⋯⋯⋯⋯⋯ 59
7.3 SELECT、DELETE、UPDATE 的 WHERE 子句⋯⋯⋯⋯⋯⋯⋯⋯⋯ 63
7.4 MySQL 查询、删除、更新 WHERE 子句 AND 与 OR⋯⋯⋯⋯⋯⋯⋯ 65
7.5 MySQL 的 CONCAT 函数⋯⋯⋯⋯⋯ 65
7.6 GROUP_CONCAT ()分组拼接函数⋯⋯⋯⋯⋯⋯⋯⋯⋯⋯⋯⋯⋯ 66
    7.6.1 函数使用⋯⋯⋯⋯⋯⋯⋯ 66
    7.6.2 关于 GROUP_CONCAT 函数返回值长度限制说明⋯⋯ 67
7.7 MySQL 的 DISTINCT 使用方法⋯⋯⋯⋯⋯⋯⋯⋯⋯⋯⋯⋯⋯ 67
7.8 MySQL 的 IS NULL 与 IS NOT NULL 使用方法⋯⋯⋯⋯⋯⋯⋯⋯⋯⋯ 68
7.9 MySQL 的 IF()与 IFNULL()使用方法⋯⋯⋯⋯⋯⋯⋯⋯⋯⋯⋯⋯⋯ 68
7.10 MySQL 的 ORDER BY 子句的使用⋯⋯⋯⋯⋯⋯⋯⋯⋯⋯⋯⋯⋯ 70
    7.10.1 ORDER BY 子句第一种使用方式⋯⋯⋯⋯⋯⋯⋯⋯ 70
    7.10.2 ORDER BY 子句第二种使用方式⋯⋯⋯⋯⋯⋯⋯⋯ 70
7.11 MySQL 的 LIMIT 关键字使用⋯⋯ 71
7.12 MySQL 的 BETWEEN...AND... 关键字使用⋯⋯⋯⋯⋯⋯⋯⋯⋯ 71
7.13 MySQL 的 IN 关键字使用⋯⋯⋯⋯ 72

    7.13.1 IN 的普通用法 ············· 72
    7.13.2 IN 的子查询用法 ········· 72
7.14 MySQL 的 EXISTS 关键字
     使用 ·· 73
7.15 MySQL 查询 SET 数据类型的
     方法 ·· 74
    7.15.1 函数 FIND_IN_SET
           介绍 ·································· 74
    7.15.2 将函数 FIND_IN_SET
           运用于 SET 类型数据
           查询 ·································· 74
    7.15.3 将函数 FIND_IN_SET 运用
           于排名 ······························ 74
    7.15.4 FIND_IN_SET 与逻辑运算
           操作 IN 的区别 ··············· 76
7.16 MySQL LIKE 与 NOT LIKE
     用法 ·· 77
    7.16.1 LIKE 的通配符 ············· 77
    7.16.2 NOT LIKE ······················ 77
7.17 MySQL REGEXP 正则的
     使用 ·· 78
    7.17.1 REGEXP 的运算符 ······· 78
    7.17.2 REGEXP 的通配符 ······· 78
    7.17.3 REGEXP 实例 ··············· 79
7.18 MySQL RAND 随机函数
     使用 ·· 80
7.19 终端执行 SQL 的方式 ············· 81

第 8 章 MySQL 数据库的字符集设计 ········ 83

8.1 MySQL 的二进制与非二进制
    字符串 ·· 83
    8.1.1 MySQL 的二进制字符串及
          二进制类型 ······················ 83
    8.1.2 MySQL 的 BINARY、CHAR、
          VARCHAR 的区别 ··········· 86
8.2 MySQL 字符集设置与常见问题
    处理 ·· 88
    8.2.1 基本概念 ·························· 88
    8.2.2 MySQL 系统变量 ············ 88
    8.2.3 MySQL 字符集支持的两个
          方面 ·································· 89

    8.2.4 MySQL 默认字符集的
          查看 ·································· 89
    8.2.5 MySQL 默认字符集的
          修改 ·································· 90
    8.2.6 MySQL 字符集的相互转换
          过程 ·································· 91
8.3 MySQL 常用字符集选择 ········· 92
8.4 MySQL 字符集与校对规则 ····· 93
    8.4.1 简要说明 ·························· 93
    8.4.2 详细说明 ·························· 93
8.5 MySQL 各字符集下汉字或字母所占
    字节数 ·· 95
8.6 MySQL 字符集校对规则实例
    详解 ·· 96
8.7 MySQL 数据库、表、字段
    字符集 ·· 97
    8.7.1 创建数据库、表、表列指定
          字符集 ······························ 98
    8.7.2 修改数据库、表、表列的
          字符集 ······························ 99
    8.7.3 查看数据库、表、表列的
          字符集 ···························· 100
    8.7.4 查看数据库、表、表列的
          字符集的排序规则 ········ 101

第 9 章 MySQL 的增加、删除和修改操作 ········ 103

9.1 MySQL 增加、删除和修改操作的
    严格模式与宽松模式 ················ 103
    9.1.1 严格与宽松的概念 ········ 103
    9.1.2 严格模式与宽松模式的开启
          与关闭 ···························· 103
    9.1.3 严格模式与宽松模式
          举例 ································ 104
9.2 MySQL 的增加数据 INSERT ······· 105
    9.2.1 INSERT 语法 ················· 105
    9.2.2 INSERT 语法共性
          说明 ································ 106
    9.2.3 MySQL INSERT 应用
          举例 ································ 107
9.3 MySQL 的更新数据 UPDATE ····· 108

9.3.1　UPDATE 语法 ………… 108
9.3.2　UPDATE 实际应用
　　　举例 …………………… 110
9.3.3　UPDATE 应用实例
　　　总结 …………………… 113
9.4　MySQL 的删除数据 DELETE …… 113
9.5　MySQL 的左、右外连接查询 …… 116
9.5.1　左外连接举例 ………… 116
9.5.2　右外连接举例 ………… 116

第 10 章　MySQL 的流程控制与函数 …… 118

10.1　MySQL 操作符 ……………… 118
10.1.1　MySQL 算术运算符 … 118
10.1.2　MySQL 比较运算符 … 118
10.1.3　MySQL 逻辑运算符 … 119
10.1.4　MySQL 位运算符 …… 120
10.1.5　MySQL 操作符的优
　　　　先级 …………………… 120
10.1.6　MySQL 操作符
　　　　举例 …………………… 121
10.2　MySQL 中的 Boolean 类型 …… 125
10.2.1　Boolean 说明 ………… 125
10.2.2　Boolean 总结 ………… 125
10.3　MySQL 的 COALESCE 与
　　　GREATEST ………………… 126
10.3.1　COALESCE()取非 NULL
　　　　(空)值 ………………… 126
10.3.2　GREATEST()取
　　　　最大值 ………………… 126
10.4　MySQL 流程控制语句 ……… 127
10.4.1　IF 语句 ……………… 127
10.4.2　CASE 语句 …………… 129
10.4.3　WHILE 语句 ………… 133
10.4.4　LOOP 语句 …………… 134
10.4.5　REPEAT 语句 ………… 135
10.5　MySQL 函数 ………………… 136
10.5.1　MySQL 流程控制
　　　　函数 …………………… 136
10.5.2　MySQL 字符串处理
　　　　函数 …………………… 138
10.5.3　MySQL 数学函数 …… 147

10.5.4　MySQL 日期时间
　　　　函数 …………………… 152
10.5.5　MySQL 其他函数 …… 165

第 11 章　MySQL 的日期与时间 ……… 168

11.1　MySQL 的日期与时间类型 …… 168
11.1.1　YEAR 类型 …………… 168
11.1.2　TIME 类型 …………… 170
11.1.3　DATA 类型 …………… 172
11.1.4　DATATIME 类型 …… 173
11.1.5　TIMESTAMP 类型 … 175
11.1.6　MySQL 的日期选取 … 176
11.1.7　MySQL 选择日期类型的
　　　　原则 …………………… 177
11.1.8　MySQL 获得当前日期
　　　　时间 …………………… 177
11.2　MySQL 日期与时间函数实例 …… 177
11.2.1　STR_TO_DATE()
　　　　函数 …………………… 177
11.2.2　DATE_FORMAT()
　　　　函数 …………………… 178
11.2.3　TIME_FORMAT()
　　　　函数 …………………… 179
11.2.4　UNIX_TIMESTAMP()
　　　　函数 …………………… 180
11.2.5　INTERVAL expr
　　　　TYPE()函数 …………… 181
11.2.6　给日期增加一个时间间隔
　　　　函数 DATE_ADD() …… 182
11.2.7　两个日期相减函数
　　　　DATEDIFF() …………… 185
11.2.8　两个时间相减函数
　　　　TIMEDIFF() …………… 185
11.2.9　两个时间相减函数
　　　　TIMESTAMPDIFF() …… 186
11.2.10　添加时间间隔函数
　　　　TIMESTAMPADD() …… 189

第 12 章　MySQL 的分组与统计 ……… 193

12.1　MySQL COUNT()函数 ……… 193
12.1.1　准备工作 …………… 193

12.1.2 COUNT(*|n|空值|字段名) ……………… 193
12.1.3 DISTINCT 与 COUNT 连用 ……………… 194
12.1.4 GROUP BY（多个字段）与 COUNT 分组计数 …… 194
12.1.5 CASE WHEN 语句与 COUNT 连用 ……… 195

12.2 MySQL MIN()、MAX()、AVG()和 SUM()函数 …………… 196
12.2.1 准备工作 …………… 196
12.2.2 MAX()最大值函数 …… 197
12.2.3 MIN()最小值函数 …… 198
12.2.4 AVG()求平均函数 …… 199
12.2.5 SUM()求和函数 ……… 200

12.3 MySQL GROUP BY 分组 … 201
12.3.1 准备工作 …………… 201
12.3.2 GROUP BY 说明 …… 202
12.3.3 GROUP BY 举例 …… 202

12.4 MySQL HAVING 分组统计结果的筛选 …………………… 204
12.4.1 MySQL HAVING 说明 ………………… 204
12.4.2 MySQL HAVING 示例 ………………… 205

第 13 章 MySQL 的多表联合操作 …… 206

13.1 MySQL 多表操作基础部分 …… 206
13.1.1 数据库的约束 ……… 206
13.1.2 多表查询使用场景 … 208
13.1.3 一对一、一对多表关系分析 ……………… 211
13.1.4 多对多表关系分析 … 212

13.2 MySQL 多表操作实例操作 … 212
13.2.1 笛卡儿积 …………… 212
13.2.2 内部连接操作 ……… 215
13.2.3 左外连接操作 ……… 217
13.2.4 右外连接操作 ……… 218
13.2.5 自连接操作 ………… 220
13.2.6 多表实例操作 ……… 220

第 14 章 MySQL 工作机制 …… 229

14.1 MySQL 多线程分析 ………… 229
14.1.1 调度方式实现 ……… 229
14.1.2 线程池实现 ………… 230
14.1.3 线程池优化 ………… 233
14.1.4 线程模式控制 ……… 233
14.1.5 InnoDB 存储引擎的线程控制机制 ……… 234

14.2 MySQL 的共享锁与排他锁 ……………………… 237

14.3 MySQL 的表级锁、页级锁与行级锁 …………………… 241
14.3.1 MySQL 的表级锁、页级锁与行级锁的简要介绍 ………… 241
14.3.2 MySQL 的表级锁、页级锁与行级锁总结 … 245

14.4 MySQL 存储引擎和事务 …… 245
14.5 MySQL 的事务处理 ………… 246
14.5.1 MySQL 事务的 ACID ………………… 246
14.5.2 MySQL 的 COMMIT 与 ROLLBACK ……… 247
14.5.3 MySQL 的事务保存点 SAVEPOINT ……… 250
14.5.4 MySQL 接受用户请求、SQL 语句执行过程 ……………… 257

第 15 章 MySQL 存储引擎 …… 258

15.1 MySQL 数据库引擎介绍 …… 258
15.2 MySQL 存储引擎的比较 …… 262
15.3 MySQL 数据文件存放位置 … 263
15.4 MySQL 数据库引擎更换 …… 264
15.5 MySQL 数据库引擎添加与拔出 ……………………… 265
15.6 MySQL 数据库引擎的应用场景 ……………………… 265
15.6.1 选择合适的 MySQL 存储引擎 …………… 265

15.6.2　MySQL 存储引擎应用场景……267

第 16 章　MySQL 视图、存储程序……269

16.1　MySQL 视图……269
 16.1.1　为什么使用视图……269
 16.1.2　MySQL 创建视图……270
 16.1.3　MySQL 查看视图……274
 16.1.4　MySQL 删除视图……275
 16.1.5　MySQL 修改视图……275

16.2　MySQL 存储过程/存储函数……275
 16.2.1　MySQL 变量的定义……275
 16.2.2　MySQL SET 与 DECLARE 声明变量……279
 16.2.3　MySQL 预处理语句……282
 16.2.4　MySQL 存储过程的概念详解……286
 16.2.5　MySQL 结束符的设置……292
 16.2.6　MySQL 存储过程的 BEGIN ... END……293
 16.2.7　MySQL IF 语句……293
 16.2.8　MySQL CASE 语句……296
 16.2.9　MySQL WHILE 语句……300
 16.2.10　MySQL LOOP 语句……301
 16.2.11　MySQL REPEAT 语句……303
 16.2.12　MySQL ITERATE 语句……304
 16.2.13　MySQL 存储过程 BEGIN...END 嵌套……305
 16.2.14　MySQL SELECT...INTO 语句……306
 16.2.15　MySQL 存储函数……307

16.3　MySQL 触发器……312
 16.3.1　MySQL 触发器的概念……312
 16.3.2　MySQL 触发器的作用……312
 16.3.3　MySQL 触发器的优点……313
 16.3.4　MySQL 触发器的创建……313
 16.3.5　MySQL 触发器的查看与删除……315
 16.3.6　MySQL 触发器的执行顺序……315
 16.3.7　MySQL 触发器实例……316

第 17 章　MySQL 备份与恢复……324

17.1　MySQL 数据库备份的多种操作手段……324
 17.1.1　数据库备份的重要性……324
 17.1.2　mysqldump 常用命令……324
 17.1.3　mysqldump 备份所有数据库……328
 17.1.4　mysqldump 备份多个数据库……329
 17.1.5　MySQL 命令恢复 mysqldump 备份的数据库……330

17.2　MySQL BINLOG 日志管理……331
 17.2.1　MySQL BINLOG 日志详解……331
 17.2.2　MySQL 增量备份 BINLOG 日志……345

第 18 章　全解 MySQL 性能优化……347

18.1　MySQL 数据库设计良好架构的必要性……347
 18.1.1　应用需求数据架构的概念……347
 18.1.2　MySQL 常见数据库服务器配置架构……348

- 18.1.3 MySQL 数据库服务器经典配置架构 ………… 349
- 18.2 MySQL 字段类型的选择 ……… 350
- 18.3 MySQL 数据库索引 ……………… 351
  - 18.3.1 MySQL 索引的概念 …………………… 351
  - 18.3.2 MySQL 索引的优缺点 …………………… 351
  - 18.3.3 MySQL 索引的类型 … 353
  - 18.3.4 MySQL 索引的优化 … 355
- 18.4 MySQL 查询优化 ………………… 356
  - 18.4.1 MySQL 查询优化应注意的问题 ………… 356
  - 18.4.2 MySQL EXPLAN 详解 ……………… 359
  - 18.4.3 MySQL 多表查询优化 ……………… 368
  - 18.4.4 MySQL 子查询分析 ……………… 373
  - 18.4.5 MySQL JOIN 语句优化分析 ……………… 377
  - 18.4.6 MySQL 数据导入优化 ……………… 378
  - 18.4.7 MySQL INSERT 性能提高 ……………… 379
  - 18.4.8 MySQL GROUP BY 分组优化 ……………… 381
  - 18.4.9 MySQL ORDER BY 索引优化 ……………… 385
  - 18.4.10 MySQL OR 索引分析 ……………… 387
  - 18.4.11 MySQL STATUS 获得 MySQL 状态 ………… 390
  - 18.4.12 MySQL 慢查询 SLOW …………… 404
  - 18.4.13 合理使用 MySQL 锁机制 …………… 407
  - 18.4.14 MySQL 优先级 ……… 411
  - 18.4.15 MySQL MyISAM 索引键缓存 …………… 413
  - 18.4.16 MySQL 查询缓存工作过程 …………… 417
  - 18.4.17 MySQL 查看查询缓存 …………… 420
  - 18.4.18 MySQL 查询缓存开启 …………… 421
  - 18.4.19 MySQL 优化 MySQL 连接数 …………… 427
  - 18.4.20 MySQL 数据库损坏的修复 …………… 431

第 1 章　数据库入门

本章简要介绍数据库的发展史，讲解开发中使用数据库的原因、优点、重要性、特点，以及在众多的数据库产品中如何选择使用 MySQL。

通过本章的学习，读者可以初步了解数据库，为后续章节的学习打下基础。

1.1　数据库的发展史

数据库发展到今天，在世界范围内形成了多个数据库类型。

- Oracle：诞生于美国甲骨文公司。
- MySQL：诞生于欧洲，后来转到美国 Sun 公司，现已被甲骨文公司收购，其替代产品为 MariaDB。
- SQL Server：诞生于美国微软公司。
- Sybase：诞生于美国 Sybase 公司，于 2015 年被德国 SAP 公司并购。
- DB2：诞生于美国 IBM 公司。
- Informix：诞生于美国 IBM 公司。

相较于其他数据库，MySQL 数据库具有部署简便、移植性好，以及 SQL 语句丰富等特点，目前在国内市场占有率逐年上升，市场份额不断扩大，因此成为广大开发人员 Web 应用数据库的首选产品。

1.2　数据库中数据存储形态（数据模型）

数据库，顾名思义，就是数据的仓库，里面装的都是数据。用户在需要使用数据的时候，可以把数据取出来，不需要的时候再把数据放回；用户有了新的数据可以存储在数据库中，数据不再需要，可以在数据库中进行删除；用户的数据有了新的变化，可以通过数据库进行更新。

在数据库中，数据是以数据模型的形式存储的。数据模型是数据库的基础。因此，对于数据库技术发展阶段的划分，应以数据模型的发展演变作为主要依据和标志。总体来说，数据库技术从诞生到现在经历了以下 3 个主要发展阶段。

- 层次数据库系统和网状数据库系统。
- 关系数据库系统。
- 以面向对象数据模型为主要特征的数据库系统。

第一代数据库包括层次数据库系统和网状数据库系统。虽然它们的数据模型分为层次模式和网状模型，但层次模型实质上是网状模型的特例，因为无论是体系结构、数据库语言，还是数据的存储管理，都有共同特征。

第二代数据库为支持关系数据模型的关系数据库系统。关系模型不仅清晰、简单，而且使用

"关系"作为语言模型,并使用关系数据理论作为理论基础。因此,关系数据库具有数据独立性强、数据库语言非过程化等特点(这些特点也是第二代数据库的显著标志)。

第三代数据库系统的特征是数据模型更加丰富,数据管理功能也更为强大,能够支持传统数据库难以支持的新的应用。

1.2.1 层次(阶层)数据库

层次数据库是按记录来存取数据的。层次数据模型中最基本的数据关系是基本层次关系,它代表两个记录型之间一对多的关系,数据库中有且仅有一个记录为根节点。其他记录型有且仅有一个双亲(N个子女)。在层次模型中从一个节点到其双亲(N个子女)的映射必须是唯一的,因此,对每一个记录型(除根节点)只需要指出它的双亲(N个子女),就可以表示出层次模型的整体结构,其层次模型是树状的。我们可以把层次模型的数据组织结构理解为埃及的金字塔,塔尖为根节点,然后一层一层往下延伸。例如比较著名的层次数据库系统是 IBM 公司的 IMS(Information Management System,信息管理系统),它是 IBM 公司最早研制的大型数据库系统程序产品。从 20 世纪 60 年代末到如今已经发展到了 IMS_v6,提供群集、多路数据共享和消息队列共享等先进特性的支持。这个具有几十年历史的数据库产品在当今的商务智能等应用中扮演了新的角色。

1.2.2 网状(网络)数据库

网状数据库是基于网状模型的基础上建立的,它把每条记录当成一个节点,记录与记录之间可以建立关联,这些关联通过指针来实现,这样多对多的关联就轻松实现了。这种类型的数据库的优点是数据的冗余性很低;缺点是当数据越来越多的时候,关联的维护会变得很复杂,关联也会变得混乱不清。我们可以把网状的数据组织结构理解为一张网。例如,Computer Associates 的 IDMS(Integrated Database Management System,综合数据库管理系统)就属于网状数据库管理系统。

1.2.3 关系数据库

关系数据库以行和列的形式存储数据,这一系列的行和列称为表。这个表是二维的,即由行和列构成。我们平时使用 Excel 制作的表格就是二维的。可以这样认为,一组表或者多张表构成了数据库。表与表之间的数据记录存在关联或关系。用户用查询来检索数据库中的数据。一个查询是一个用于指定数据库中表的行和列的 SELECT 语句。

现在流行的大型关系型数据库有 MySQL、DB2、Oracle、SQL Server 和 Sybase 等,它们的应用较为广泛。其中,MySQL 就是本书要介绍的数据库。

1.2.4 面向对象的数据库

面向对象的数据库就是把数据采用面向对象的方法以类和实例的形式组织起来,而不是像关系型数据库那样以表的形式来组织数据。该类型数据库的主要作用是更加方便地满足面向对象编程语言对数据的操作需求。与关系型数据库的主要区别是面向对象的数据库可以处理比关系型数据库更复杂的数据类型。当数据查询时,不需要多表组合的操作,就可以直接通过指针和索引查找数据;而数据库模式和程序类定义模式吻合。未来面向对象的数据库必将成为一种强大的数据库类型,但目前为止还没有发现合适的产品。

1.3 为什么应用开发离不开数据库

可以说任何应用项目都离不开数据库，数据库在应用项目中起着至关重要的作用。为什么这么说呢？任何应用项目肯定会涉及方方面面的数据，有些数据是必须存储起来的，不能丢失。例如，用于登录的用户信息（登录名、密码等）、淘宝的商品信息、顾客的购买信息等，不胜枚举。如果一旦关闭计算机这些信息就都消失了，那么这是绝对不允许的。因此必须要有数据库来存储这些信息。这些信息一旦存入数据库，即便关闭了计算机，这些信息仍然存在，需要时再取出来使用。

有了数据库，即使数据量信息很大，也可以进行存储，无须担心数据库容量的问题。同时，还可以利用数据库提供的强大开发技术，为应用项目开发提供多种解决问题的可选方案。例如，任何关系型数据库都提供存储过程、触发器和存储函数等开发技术，充分利用好这些开发技术往往可以达到事半功倍的效果。解决 Web 应用项目开发前后端是个相当棘手的问题。例如，对于前端程序控制的后台代码一般需要循环几万次、几十万次，甚至几百万次才能解决的问题，如果通过数据库开发技术，可能只需一条或几条 SQL 语句就能完成，这样大大提高了代码运行效率，原来可能花费十几分钟，而现在只需十几秒或者更少时间。

1.4 SQL 介绍

SQL 是数据库提供给开发者用于数据库开发的编程语言，有属于自己的一套流程控制、语法定义。简单地说，它是数据库的编程语言。

1.4.1 SQL 简介

SQL 是高级非过程化编程语言，允许用户在高层数据结构上使用。它不要求用户指定对数据的存储方法，也不需要用户了解具体的数据存储方式，适用于具有完全不同底层结构的不同种类的数据库系统，因此允许使用相同的 SQL 作为数据输入与管理的接口。SQL 以记录集合作为操作对象，所有 SQL 语句接受集合作为输入，返回集合作为输出，这种集合特性允许一条 SQL 语句的输出作为另一条 SQL 语句的输入，因此，SQL 语句可以嵌套，这使得它具有极大的灵活性和强大的功能。多数情况下，在其他语言中可能需要一大段程序实现的功能只需要一个 SQL 语句就可以达到同样的目的（正如 1.3 节介绍的那样，可以将耗时十几分钟的处理缩短为十几秒），这也意味着使用 SQL 可以写出非常复杂的语句。

1.4.2 SQL 的特点

SQL 因其具有如下特点而得到广泛应用。
- SQL 集数据查询、数据操纵、数据定义和数据控制功能于一体。
- SQL 是面向集合的语言（作用的结果一般都是集合）。
- SQL 是非过程语言（只需指明做什么，而不用去指明怎样做；过程式的语言必须指明如何做）。
- SQL 类似自然语言（使计算机按照语言所表达的意义做出相应的反应），简洁易用。
- SQL 既是自含式语言，又是嵌入式语言。它可独立使用，也可嵌入到宿主（为 SQL 提供生存环境）中，如嵌入到 Sybase 的 PowerBuilder 语言中。

1.4.3　SQL 的基本语句

SQL 中有 4 种基本的 DML（Data Manipulation Language，数据操纵语言）操作：INSERT、SELECT、UPDATE 和 DELETE。

- INSERT 语句：将一行记录插入到指定的一个表中。
- SELECT 语句：可以从一个或多个表中选取特定的行和列。因为查询和检索数据是数据库管理中最重要的功能之一，所以 SELECT 语句在 SQL 中的工作量较大。
- UPDATE 语句：允许对指定表中的数据进行修改。
- DELETE 语句：用来删除指定表中的行。

第 2 章 MySQL 基本管理

本章介绍了 MySQL 的客户端与服务器端的概念、MySQL 数据库服务器的启动与停止以及数据库的基本使用。

通过本章的学习，读者可以掌握客户端软件的安装方法及如何连接到本地 MySQL 数据库，尤其是连接到本地以外的远程 Web 服务器上的 MySQL 数据库。了解 SQL 的基本知识、掌握数据库、数据表的创建与维护等基本操作技术。

2.1 MySQL 的客户端与服务器端

2.1.1 MySQL 客户端与服务器端的概念

MySQL 的客户端，是指能够远程操作服务器端 MySQL 数据库的"管理工具"，自身无数据维护功能，也不能存储数据。它在本地部署并运行，其目的是远程维护服务器端的 MySQL 数据库。

MySQL 的服务器端，是指被部署在服务器端上的 MySQL 数据库系统，其功能和任务是为 Web 应用项目或其他类应用项目提供数据库服务。

2.1.2 MySQL 客户端

目前 MySQL 客户端主要包括 phpMyAdmin 和 Navicat for MySQL 两款，其中 phpMyAdmin 在安装完 WampServer 集成环境后将自动安装；Navicat for MySQL 需单独安装。

在本书中，主要使用 Navicat for MySQL 的客户端工具来操作和维护 MySQL 数据库。

2.1.3 Navicat for MySQL 的安装

（1）确认计算机的操作系统是 32 位还是 64 位。

首先选择桌面上的"计算机"图标，然后单击鼠标右键，在弹出的如图 2.1 所示的快捷菜单中选择"属性"。

图 2.1 选择"属性"选项

然后，出现如图 2.2 所示的计算机系统信息界面，通过查看"系统类型"显示的信息，可以得知计算机的操作系统是 32 位还是 64 位。

图 2.2　计算机系统信息

（2）下载安装文件。

需要根据操作系统的位数下载相应的安装文件。如果 Windows 操作系统是 64 位的，则下载 navicat111_MySQL_cs_x64.exe 文件；若 Windows 操作系统是 32 位的，则下载 navicat111_MySQL_cs_x86.exe 文件。

（3）安装。

双击下载的安装文件，进入安装界面，如图 2.3 所示。

图 2.3　Navicat for MySQL 初始安装界面

单击"下一步"按钮，出现如图 2.4 所示的"许可证"界面，然后单击"我同意"单选按钮。

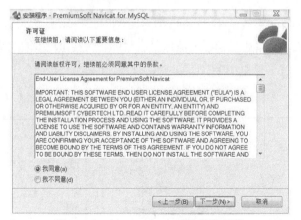

图 2.4　Navicat for MySQL 版权许可界面

再单击"下一步"按钮，出现如图 2.5 所示的"选择安装文件夹"界面。在如图 2.5 所示的界面中，可以设置软件安装位置，单击"浏览"按钮可选择任意安装位置。本书在此处采用默认位置进行安装。

图 2.5　设置安装位置

最后，单击"下一步"按钮完成 Navicat for MySQL 软件的安装。

2.1.4　运行 Navicat for MySQL

Navicat for MySQL 软件安装后会在计算机桌面上出现如图 2.6 所示的图标。

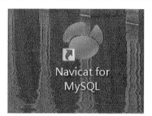

图 2.6　Navicat for MySQL 桌面图标

双击这个图标，运行该客户端工具，如图 2.7 所示。

图 2.7　Navicat for MySQL 管理界面

至此，Navicat for MySQL 启动成功。

2.1.5　Navicat for MySQL 的连接与使用

1. 建立本地连接

建立本地连接，是指在本地 Web 服务器上创建连接配置信息并在其上操作，连接配置信息存储在本地 Web 服务器上。

在"Navicat for MySQL 管理界面"上，单击左上角的"连接"按钮，选择"MySQL"选项，如图 2.8 所示。

图 2.8　Navicat for MySQL 管理界面

单击"MySQL"选项后,界面如图 2.9 所示。

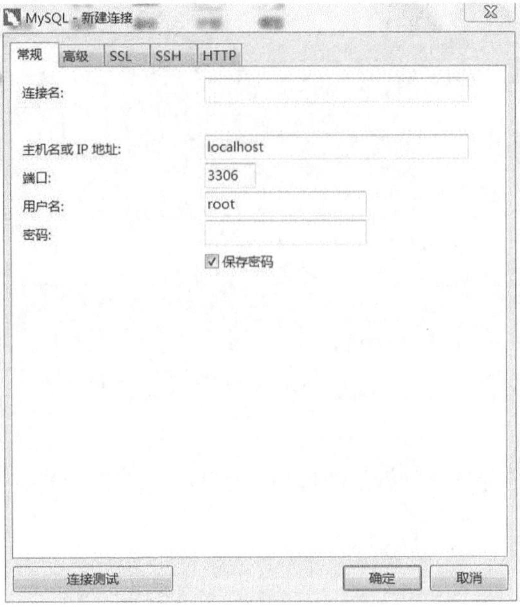

图 2.9　Navicat for MySQL 建立本地连接

选择"常规"选项卡,其中各项说明如下。
- 连接名:可自定义,如 myconnect。
- 主机名或 IP 地址:localhost。
- 端口:3306。
- 用户名:root。
- 密码:用户自定义填写。

填写好后,单击左下角的"连接测试"按钮,若出现如图 2.10 所示的界面,说明连接成功。

图 2.10　Navicat for MySQL 本地连接测试

2. 建立远程连接

建立远程连接意味着通过客户端上安装的"Navicat for MySQL"工具软件就可以操纵远程 Web 服务器上的 MySQL 数据库,连接设置信息存储在客户端计算机上。与建立本地连接不同的地方是需建立一个 HTTP 通道,具体操作如下。

选择"HTTP"选项卡,按照图 2.11 中的文字说明进行操作,最后单击"连接测试"按钮。

在"通道地址"中输入"http://IP 地址或域名/ntunnel_mysql.php",其中"IP 地址或域名"就是指向远程 Web 服务器的 IP 地址或域名。"ntunnel_mysql.php"需从网上下载,然后放在远程 Web 服务器的网站根目录下即可。

关于"Navicat for MySQL"的操作使用手册,书中并未涉及,读者可参阅相关资料。

图 2.11　Navicat for MySQL 建立远程连接

2.2　MySQL 服务器的启动与停止

双击桌面上的 wamp 图标，在桌面右下角出现像个小房子的运行标志图标，用鼠标左键单击该图标，在弹出的菜单中选择"Service administration"→"启动/继续服务"，如图 2.12 所示。

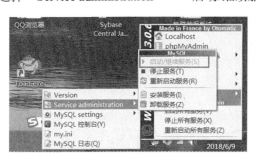

图 2.12　MySQL 启动方式

2.2.1　SQL 的组成部分

SQL 分为数据查询语言、数据操纵语言、数据定义语言和数据控制语言 4 个部分。

1．数据查询语言

数据查询语言的基本结构是由 SELECT 子句、FROM 子句和 WHERE 子句构成的，其基本格式是"SELECT ＜字段名表＞ FROM ＜表或视图名＞ WHERE ＜查询条件＞"。

2．数据操纵语言

数据操纵语言主要有以下 3 种形式：
- 插入（INSERT）；
- 更新（UPDATE）；
- 删除（DELETE）。

3．数据定义语言

数据定义语言用来创建数据库中的各种对象，包括表、视图、索引、同义词、聚簇等，如 CREATE TABLE（表）、CREATE VIEW（视图）、CREATE INDEX（索引）、CREATE SYN（同义词）和

CREATE CLUSTER（聚簇）。

4. 数据控制语言

数据控制语言用来授予或回收访问数据库的某种特权，并控制数据库操纵事务发生的时间及效果，对数据库实行监视等。

（1）GRANT：授权。

（2）ROLLBACK [WORK] TO [SAVEPOINT]：回退到某一点。

如果在"ROLLBACK"后无任何参数，则使数据库状态回到上次最后提交的状态。

（3）COMMIT [WORK]：提交。

在数据库的插入、删除和修改操作时，只有当事务在提交到数据库时才算完成。在事务提交前，只有操作数据库的用户才能有权看到所做的事情，其他用户只有在最后提交完成后才可以看到。提交数据有如下 3 种类型。

- 显式提交：用 COMMIT 命令直接完成的提交为显式提交，其格式为 COMMIT。
- 隐式提交：用 SQL 命令间接完成的提交为隐式提交。这些命令是 ALTER、AUDIT、COMMENT、CONNECT、CREATE、DISCONNECT、DROP、EXIT、GRANT、NOAUDIT、QUIT、REVOKE 和 RENAME 等。
- 自动提交：若把 AUTOCOMMIT 设置为 ON，则在插入、修改、删除语句执行后，系统将自动进行提交。格式为 SET AUTOCOMMIT ON。

2.2.2 进入 MySQL 命令模式

用鼠标左键单击屏幕右下角的"■"图标（如果屏幕右下角未出现"■"图标，则双击桌面上的"■"图标后即可出现），在出现的菜单中找到"MySQL"选项，将鼠标指针（箭头）移动到该条目上弹出菜单，找到"MySQL console"或"MySQL 控制台"，单击后出现如图 2.13 所示的命令登录窗口。

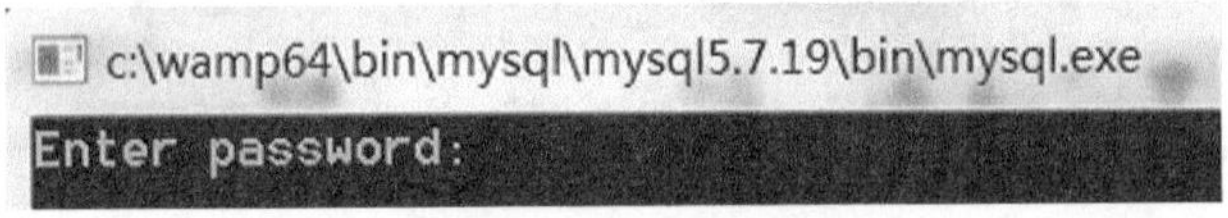

图 2.13 MySQL 命令窗口输入口令

在如图 2.13 所示的命令登录窗口中输入 root 密码，密码输入正确后（如果没有密码直接按回车键即可），出现如图 2.14 所示的命令窗口界面。

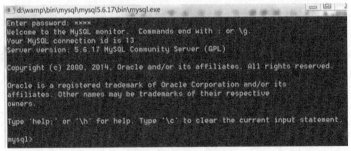

图 2.14 MySQL 命令窗口

至此，MySQL 命令窗口正式打开。

2.2.3 创建数据库

使用 CREATE DATABASE 命令可以创建一个数据库。命令如下：

```
CREATE DATABASE IF NOT EXISTS fINecms DEFAULT CHARACTER SET utf8 COLLATE utf8_general_ci;
```

这句话的意思就是如果数据库"finecms"不存在,则创建一个名称为"finecms",设定其字符集为 UTF8、字符集的排序规则为 utf8_general_ci 的数据库,否则忽略。

创建数据库一般都这样来写,要给这个新建的数据库指定一个字符集(编码集)。这是必须的,如果不指定,依据数据库不同的版本,其默认字符集可能不一样,默认为 UTF8。

为了确保在未来应用项目中不出现乱码,要牢记所使用数据库的字符集、浏览器的编码集、程序代码的字符集要做到一致,这样,就不会出现乱码了。

对于数据库的字符集、浏览器的编码集、程序代码的字符集,一般都统一设定为 UTF8 字符集。关于字符集详细的解释可参阅有关资料。

关于 MySQL 最大支持数据库的个数及每个数据库中的数据表的个数,原则上 MySQL 对此没有限制,但是会受到操作系统的最大文件个数限制;另外某些存储引擎,也有自己的一些限制。因此,对于应用来说已经足够了。

2.2.4 数据库命名规范及改变当前数据库

1. 数据库命名规范

在 MySQL 中,数据库的名字不能超过 64 个字符,不能由数字组成以及名字中不能包含像"/"":""*""?"等这些符号,不规范的名称会发生错误,例如:

```
mysql> CREATE DATABASE 2017;
```

报错信息如下:

ERROR 1064 (42000): You have an error in your SQL syntax; check the manual that corresponds to your MySQL server version for the right syntax to use near '2017' at line 1

2. 改变当前数据库

如果要改变当前数据库,则使用 USE 命令即可。例如,改变当前使用的数据库"shop"("shop"数据库必须已存在),命令如下:

```
mysql> USE shop;
DATABASE changed
```

2.2.5 删除数据库

MySQL 数据库只允许删除用户自行创建的数据库,对于 MySQL 默认的数据库,如"mysql"则不允许删除。

删除一个用户自行创建的数据库使用"DROP DATABASE"命令。例如,将"shop"数据库删除,命令如下:

```
mysql> DROP DATABASE shop;
Query OK, 0 rows affected (0.08 sec)
```

删除完成后,可使用"SHOW DATABASES"命令查看"shop"数据库是否还存在,命令如下:

```
mysql> SHOW DATABASES;
+--------------------+
| DATABASE           |
+--------------------+
| Information_schema |
| mysql              |
| test               |
```

```
+--------------------+
3 rows in set (0.01 sec)
```

2.2.6 创建数据表

MySQL 中使用 CREATE TABLE 命令创建表，基本语法如下：

```
CREATE TABLE table_name (column_name datatype [NULL|NOT NULL] [DEFAULT
    default_value][AUTO_INCREMENT][PRIMARY KEY] [COMMENT])
```

下面介绍各个属性。

- table_name：要创建的表的名称。
- column_talbe：表内字段的名称。
- datatype：字段的数据类型。
- NULL|NOT NULL：字段是否可以为空。
- DEFAULT：给字段提供一个默认值。
- AUTO_INCREMENT：自动增长。
- PRIMARY KEY：主键。
- COMMENT：对字段的注释。

当创建表时，必须指定表名、列名及数据类型。对同一个表而言，列名必须唯一，每一列都必须指定数据类型。

下面在数据库中创建一个商品表，命令如下：

```
mysql> USE fINecms;
DATABASE changed
mysql> CREATE TABLE shopnc_product (
    id INT(11) NOT NULL AUTO_INCREMENT,
    product_name VARCHAR(30) DEFAULT NULL,
    product_num INT(11) DEFAULT NULL,
    product_price DECIMAL(8,2) DEFAULT NULL,
    product_pic VARCHAR(50) DEFAULT NULL,
    PRIMARY KEY (id)
    ) ENGINE=MyISAM DEFAULT CHARSET=utf8 CHECKSUM=1 DELAY_KEY_WRITE=1 ROW_FOR
MAT=DYNAMIC COMMENT='product';
Query OK, 0 rows affected (0.08 sec)
```

查看刚刚创建的商品表，命令如下：

```
mysql> SHOW TABLES;
+----------------+
| Tables_IN_shop |
+----------------+
| shopnc_product |
+----------------+
1 row IN SET (0.00 sec)
```

如果想进一步查看表结构，可使用 DESCRIBE 命令。

```
mysql> DESCRIBE shopnc_product;
+---------------+--------------+------+-----+---------+----------------+
| Field         | Type         | Null | Key | Default | Extra          |
+---------------+--------------+------+-----+---------+----------------+
| id            | INT(11)      | NO   | PRI | NULL    | AUTO_INCREMENT |
| product_name  | VARCHAR(30)  | YES  |     | NULL    |                |
| product_num   | INT(11)      | YES  |     | NULL    |                |
| product_price | DECIMAL(8,2) | YES  |     | NULL    |                |
| product_pic   | VARCHAR(50)  | YES  |     | NULL    |                |
+---------------+--------------+------+-----+---------+----------------+
5 rows IN SET (0.02 sec)
```

同时可以使用 SHOW CREATE TABLE 命令来自动生成创建表的语句。

```
mysql> SHOW CREATE TABLE shopnc_product\G;
*************************** 1. row ***************************
       Table: shopnc_product
CREATE TABLE: CREATE TABLE shopnc_product (
  id INT(11) NOT NULL AUTO_INCREMENT,
  product_name VARCHAR(30) DEFAULT NULL,
  product_num INT(11) DEFAULT NULL,
  product_price DECIMAL(8,2) DEFAULT NULL,
  product_pic VARCHAR(50) DEFAULT NULL,
  PRIMARY KEY  (id)
) ENGINE=MyISAM DEFAULT CHARSET=utf8 CHECKSUM=1 DELAY_KEY_WRITE=1 ROW_FORMAT=DYNAMIC
COMMENT='product'
```

2.3 删除表

使用 DROP TABLE 命令可以删除表。要删除上面创建的商品表 shopnc_product，可执行如下命令：

```
mysql> DROP TABLE shopnc_product;
Query OK, 0 rows affected (0.02 sec)
```

DROP TABLE 命令也可以同时删除多个表，各表之间以逗号隔开即可。

```
mysql> DROP TABLE new_table1,new_table2;
Query OK, 0 rows affected (0.02 sec)
```

2.4 安全复制表

用户可以将已有表中的全部或部分信息放在一个新表中，这样就实现了表的复制。
下面将 2.3 节创建的 shopnc_product 表结构及内容复制到 new_table1 表中，命令如下：

```
mysql> CREATE TABLE new_table1 SELECT * FROM shopnc_product;
Query OK, 0 rows affected (0.06 sec)
Records: 0  Duplicates: 0  Warnings: 0
```

然后查看一下表信息，命令如下：

```
mysql> SELECT * FROM new_table1;
Empty SET (0.00 sec)
```

因为 shopnc_product 表的内容为空，所以新复制的表也会为空，可以查看一下新复制的表结构。

```
mysql> DESCRIBE new_table1;
+---------------+--------------+------+-----+---------+-------+
| Field         | Type         | Null | Key | Default | Extra |
+---------------+--------------+------+-----+---------+-------+
| id            | INT(11)      | NO   |     | 0       |       |
| product_name  | VARCHAR(30)  | YES  |     | NULL    |       |
| product_num   | INT(11)      | YES  |     | NULL    |       |
| product_price | DECIMAL(8,2) | YES  |     | NULL    |       |
| product_pic   | VARCHAR(50)  | YES  |     | NULL    |       |
+---------------+--------------+------+-----+---------+-------+
5 rows IN SET (0.00 sec)
```

可以看出，复制成功了。
这里需要注意的是，使用 SELECT 方式复制是不能复制键（Key）的。
上面演示了整个表的复制，当然也可以只复制特定的列或特定行的内容。

例如，只复制商品表中商品名称列的前 10 条内容，命令如下：

```
mysql> CREATE TABLE new_table2 SELECT product_name FROM shopnc_product LIMIT 10;
Query OK, 0 rows affected (0.09 sec)
Records: 0  Duplicates: 0  Warnings: 0
```

MySQL 中还有一种复制表的方法——LIKE 方法，但它不能复制表的内容，只能复制表结构。

```
mysql> CREATE TABLE new_table5 LIKE shopnc_product;
Query OK, 0 rows affected (0.02 sec)
```

查看是否复制成功，命令如下：

```
mysql> DESCRIBE new_table5;
+---------------+--------------+------+-----+---------+----------------+
| Field         | Type         | Null | Key | Default | Extra          |
+---------------+--------------+------+-----+---------+----------------+
| id            | INT(11)      | NO   | PRI | NULL    | AUTO_INCREMENT |
| product_name  | VARCHAR(30)  | YES  |     | NULL    |                |
| product_num   | INT(11)      | YES  |     | NULL    |                |
| product_price | DECIMAL(8,2) | YES  |     | NULL    |                |
| product_pic   | VARCHAR(50)  | YES  |     | NULL    |                |
+---------------+--------------+------+-----+---------+----------------+
5 rows IN SET (0.00 sec)
```

上面显示的内容表明复制成功。

2.5 安全修改表

ALTER TABLE 命令可以对已经创建的表进行修改，如增加字段、删除字段、更改字段、增加主键等操作。

2.5.1 新增字段

先看一下当前 shopnc_product 的表结构，命令如下：

```
mysql> DESCRIBE shopnc_product;
+---------------+--------------+------+-----+---------+----------------+
| Field         | Type         | Null | Key | Default | Extra          |
+---------------+--------------+------+-----+---------+----------------+
| id            | INT(11)      | NO   | PRI | NULL    | AUTO_INCREMENT |
| product_name  | VARCHAR(30)  | YES  |     | NULL    |                |
| product_num   | INT(11)      | YES  |     | NULL    |                |
| product_price | DECIMAL(8,2) | YES  |     | NULL    |                |
| product_pic   | VARCHAR(50)  | YES  |     | NULL    |                |
+---------------+--------------+------+-----+---------+----------------+
5 rows IN SET (0.00 sec)
```

下面在最后一列新增一个单击量字段，命令如下：

```
mysql> ALTER TABLE shopnc_product
    -- ADD COLUMN click_num INT NULL AFTER product_pic;
Query OK, 0 rows affected (0.11 sec)
Records: 0  Duplicates: 0  Warnings: 0
```

然后查看一下表结构，命令如下：

```
mysql> DESCRIBE shopnc_product;
+---------------+--------------+------+-----+---------+----------------+
| Field         | Type         | Null | Key | Default | Extra          |
+---------------+--------------+------+-----+---------+----------------+
```

```
| id            | INT(11)       | NO   | PRI | NULL    | AUTO_INCREMENT |
| product_name  | VARCHAR(30)   | YES  |     | NULL    |                |
| product_num   | INT(11)       | YES  |     | NULL    |                |
| product_price | DECIMAL(8,2)  | YES  |     | NULL    |                |
| product_pic   | VARCHAR(50)   | YES  |     | NULL    |                |
| click_num     | INT(11)       | YES  |     | NULL    |                |
+---------------+---------------+------+-----+---------+----------------+
6 rows in set (0.00 sec)
```

上面显示的内容表明新增字段成功。

2.5.2 删除字段

删除新增的字段，命令如下：

```
mysql> ALTER TABLE shopnc_product
    -- DROP COLUMN click_num;
Query OK, 0 rows affected (0.11 sec)
Records: 0  Duplicates: 0  Warnings: 0
```

再查看一下表结构，命令如下：

```
mysql> DESCRIBE shopnc_product;
+---------------+---------------+------+-----+---------+----------------+
| Field         | Type          | Null | Key | Default | Extra          |
+---------------+---------------+------+-----+---------+----------------+
| id            | INT(11)       | NO   | PRI | NULL    | AUTO_INCREMENT |
| product_name  | VARCHAR(30)   | YES  |     | NULL    |                |
| product_num   | INT(11)       | YES  |     | NULL    |                |
| product_price | DECIMAL(8,2)  | YES  |     | NULL    |                |
| product_pic   | VARCHAR(50)   | YES  |     | NULL    |                |
+---------------+---------------+------+-----+---------+----------------+
5 rows IN SET (0.02 sec)
```

上面显示的内容表明删除成功。

2.5.3 修改字段

更改字段信息可使用 CHANGE 关键字，如将 product_num 列的类型转为 MEDIUMINT 型，命令如下：

```
mysql> ALTER TABLE shopnc_product
    -- CHANGE product_num product_num MEDIUMINT(11) NULL;
Query OK, 0 rows affected (0.09 sec)
Records: 0  Duplicates: 0  Warnings: 0
```

查一下修改后的结果，命令如下：

```
mysql> DESCRIBE shopnc_product;
+---------------+---------------+------+-----+---------+----------------+
| Field         | Type          | Null | Key | Default | Extra          |
+---------------+---------------+------+-----+---------+----------------+
| id            | INT(11)       | NO   | PRI | NULL    | AUTO_INCREMENT |
| product_name  | VARCHAR(30)   | YES  |     | NULL    |                |
| product_num   | MEDIUMINT(11) | YES  |     | NULL    |                |
| product_price | DECIMAL(8,2)  | YES  |     | NULL    |                |
| product_pic   | VARCHAR(50)   | YES  |     | NULL    |                |
+---------------+---------------+------+-----+---------+----------------+
5 rows IN SET (0.01 sec)
```

MySQL 修改字段的另外一种语法，命令如下：

```
ALTER table ykxt_xp modify qlsl numeric(12,2)
ALTER table shopnc_product modify product_num MEDIUMINT(11) NULL
```

2.5.4　增加主键

首先删除 shopnc_product 表中已有的主键，命令如下：

```
mysql> ALTER TABLE shop.shopnc_product
    CHANGE id id INT(11) NOT NULL,
    DROP PRIMARY KEY;
Query OK, 0 rows affected (0.09 sec)
Records: 0  Duplicates: 0  Warnings: 0
```

然后将 id 字段设置为主键，命令如下：

```
mysql> ALTER TABLE shopnc_product
    ADD PRIMARY KEY(id);
Query OK, 0 rows affected (0.16 sec)
Records: 0  Duplicates: 0  Warnings: 0
```

2.6　MySQL 命令行中不能输入中文的解决办法

在 MySQL 命令行下默认是不能输入中文的，可往往需要输入中文。下面来说明一下此问题的解决办法。

（1）修改注册表并刷新。

首先检查 Windows 注册表中的 HKEY_CURRENT_USER\console，将其中的 loadconime 的值从 0 改为 1，然后刷新注册表。

（2）安装搜狗拼音输入法。

在这一步，从网上下载搜狗拼音输入法并安装。

（3）检查命令窗口的默认编码集。

可以在命令窗口顶部右击，在弹出的菜单中选择"默认值"选项，打开后的界面如图 2.15 所示。

图 2.15　命令窗口默认编码集设置

在图 2.15 中，在"默认代码页"下拉列表中选择"936（ANSI/OEM-简体中文 GBK）"，单击"确定"按钮。然后关闭命令窗口后再重新打开，问题即可解决。

另外，如果程序保存的编码集格式为 UTF-8，并且"默认代码页"下拉列表中有该编码，可以选择 UTF-8 或 GBK，尝试以后，如果还不能输入中文，输入法也切换不了，则说明操作系统缺少必要的编码集。关于操作系统编码集的安装，读者可参阅操作系统相关手册或通过"网络"搜索相关资料。

第 3 章

MySQL 账户权限设置

本章讲解了 MySQL 账户权限与设置，包括 MySQL 权限系统、权限操作、丢失 MySQL ROOT 密码的解决方法等，同时给出了各式各样的权限操作样本，方便读者在实际运用中参考与借鉴。

通过本章的学习，读者可以了解 MySQL 的权限系统，掌握 MySQL 的权限操作以及密码丢失后的解决方法。

3.1 了解 MySQL 权限系统

关于 MySQL 的权限，简单的理解就是 MySQL 允许登录到数据库的账户，只能做权限以内的事情，不可以越界。如果只允许执行 SELECT 操作，那么就不能执行 UPDATE 操作；允许从某台机器上连接 MySQL，那么就不能从另外的机器连接 MySQL。

那么 MySQL 的权限是如何实现的呢？这就要说到 MySQL 的两个阶段验证。

- 第一阶段：服务器首先会检查登录的账户是否允许连接。因为创建用户的时候会加上主机限制，可以限制成本地、某个 IP 或者某个 IP 段，以及任何地方等，只允许从配置的指定地方登录。
- 第二阶段：如果登录的账户能连接，MySQL 会检查该登录的账户发出的每个请求，看是否有足够的权限实施操作。如果要更新某个表或者查询某个表，MySQL 会查看对那个表或者某个列是否有权限。再如，要运行某个存储过程，MySQL 会检查对存储过程是否有执行权限等。

1. MySQL 数据库拥有的权限

MySQL 数据库拥有的权限，即可以分配给数据库账户的操作权利，数据库中的权限见表 3.1。

表 3.1 MySQL 数据库中的权限列表

序号	权限	权限级别	权限说明
1	CREATE	数据库、表或索引	创建数据库、表或索引权限
2	DROP	数据库或表	删除数据库或表权限
3	GRANT OPTION	数据库、表或保存的程序	赋予权限选项
4	REFERENCES	数据库或表	将一个表（父表）的字段作为另外一个表（子表）的外键约束
5	ALTER	表	更改表，如添加字段、索引等
6	DELETE	表	删除数据权限
7	INDEX	表	索引权限
8	INSERT	表	插入权限

续表

序号	权限	权限级别	权限说明
9	SELECT	表	查询权限
10	UPDATE	表	更新权限
11	CREATE VIEW	视图	创建视图权限
12	SHOW VIEW	视图	查看视图权限
13	ALTER ROUTINE	存储过程	更改存储过程权限
14	CREATE ROUTINE	存储过程	创建存储过程权限
15	EXECUTE	存储过程	执行存储过程权限
16	FILE	服务器主机上的文件访问	文件访问权限
17	CREATE TEMPORARY TABLES	服务器管理	创建临时表权限
18	LOCK TABLES	服务器管理	锁表权限
19	CREATE USER	服务器管理	创建用户权限
20	PROCESS	服务器管理	查看进程权限
21	RELOAD	服务器管理	执行 flush-hosts、flush-logs、flush-privileges、flush-status、flush-tables、flush-threads、refresh、reload 等命令的权限
22	REPLICATION CLIENT	服务器管理	复制权限
23	REPLICATION SLAVE	服务器管理	复制权限
24	SHOW DATABASES	服务器管理	查看数据库权限
25	SHUTDOWN	服务器管理	关闭数据库权限
26	SUPER	服务器管理	执行 kill 线程权限

2. MySQL 数据库权限分布

MySQL 的权限如何分布,就是针对表可以设置什么权限,针对列可以设置什么权限等。在表、列以及存储过程上可以分配的权限见表 3.2。

表 3.2 MySQL 数据库的权限分布

权限分布	可能的设置权限
表权限	SELECT、INSERT、UPDATE、DELETE、CREATE、DROP、GRANT、REFERENCES、INDEX、ALTER
列权限	SELECT、INSERT、UPDATE、REFERENCES
存储过程权限	EXECUTE、ALTER ROUTINE、GRANT

3. MySQL 为用户设置权限的原则

权限控制主要是出于安全考虑,因此需要遵循以下几个原则。

- 只授予能满足需要的最小权限,防止用户做与自己无关的事情。如果用户只是需要查询,那就只给 SELECT 权限就可以了,不要给用户赋予 UPDATE、INSERT 或者 DELETE 权限。
- 创建用户的时候限制用户的登录主机,一般是限制成指定 IP 或者内网 IP 段。
- 初始化数据库的时候删除没有密码的用户。

- 为每个用户设置简单或复杂的密码。
- 定期清理不需要的用户，回收权限或者删除用户。

3.2 MySQL 权限操作

3.2.1 GRANT 命令使用说明

先来看一个例子，创建一个只允许从本地登录的超级用户 jack，并允许将权限赋予别的用户，密码为 jack，命令如下：

```
mysql>GRANT all privileges on *.* to 'jack'@'%' IDENTIFIED BY 'jack' WITH GRANT OPTION;
```

上述命令的运行结果如图 3.1 所示。

```
mysql> grant all privileges on *.* to 'jack'@'%' identified by "jack" with grant option;
Query OK, 0 rows affected (0.00 sec)
```

图 3.1 成功创建只允许从本地登录的超级用户 jack

下面对 GRANT 命令进行详细说明。

1. GRANT（授予）命令说明

设置权限时必须给出以下信息：

- 要授予的权限；
- 被授予访问权限的数据库或表；
- 用户名。

2. GRANT（授予）可以在几个层次上控制访问权限

注意：REVOKE（撤销）和 GRANT（授予）的语法格式一致。

- 整个服务器，使用 GRANT ALL 和 REVOKE ALL；
- 整个数据库，使用 on database.*；
- 特定表，使用 on database.table；
- 特定的列；
- 特定的存储过程。

3. GRANT（授予）示例中的相关参数说明

（1）ALL PRIVILEGES：表示所有权限，如果只是想将个别权限授出，则可以使用 SELECT、UPDATE 等权限代替它。

（2）ON *.*：用来指定权限所针对的那些库和表，前面的"*"号用来指定数据库名，后面的"*"号用来指定表名。

（3）TO 'jack'@'localhost'：表示将权限赋予谁（数据库账户）。本示例中的"'jack'@'localhost'"，其中"jack"表示用户，"@"后面跟限制的主机，可以是 IP、IP 段、域名以及%，%表示任何地方。

这里"%"有的 MySQL 版本不包括本地，允许在任何地方登录，但是在本地登录不了，这个和版本有关系，如遇到这个问题再加一个"localhost"的账户就可以了。

```
mysql>GRANT all privileges on *.* to 'jack'@'%localhost' IDENTIFIED BY 'jack' WITH GRANT OPTION;
```

上述命令的运行结果如图 3.2 所示。

```
mysql> grant all privileges on *.* to 'jack'@'localhost' identified by "jack" with grant option;
Query OK, 0 rows affected (0.00 sec)
```

图 3.2　成功解决超级用户不能本地登录的问题

```
shell>D:\wamp\bin\mysql\mysql5.6.17\bin\mysql -ujack -pjack
```

上述命令的运行结果如图 3.3 所示。

图 3.3　以 jack 用户登录 MySQL

登录成功。

（4）IDENTIFIED BY。

指定用户的登录密码。

（5）WITH GRANT OPTION。

这个选项表示该用户可以将自己拥有的权限授权给别人。

注意：经常有人在创建操作用户的时候，不指定 WITH GRANT OPTION 选项，导致后来该用户不能使用 GRANT 命令创建用户或者给其他用户授权。

可以使用 GRANT 重复给用户添加权限，如先给用户添加一个 SELECT 权限，然后又给用户添加一个 INSERT 权限，那么该用户就同时拥有了 SELECT 和 INSERT 两个权限。

3.2.2　权限相关操作

1．赋予权限

```
mysql>GRANT SELECT,INSERT,UPDATE,DELETE on db_fcms.* to jack;
```

上述命令的运行结果如图 3.4 所示。

```
mysql> grant select,insert,update on db_fcms.* to jack;
Query OK, 0 rows affected (0.04 sec)
```

图 3.4　赋予 jack 用户 db_fcms 库的操作权限

2．刷新权限

使用刷新权限命令（FLUSH PRIVILEGES）使权限生效，尤其是对那些权限表 user、db、host 等做了 UPDATE 或者 DELETE 更新的时候。以前遇到过使用 GRANT 后权限没有更新的情况，只要对权限做了更改就使用 FLUSH PRIVILEGES 命令来刷新权限。

```
mysql>FLUSH PRIVILEGES;
```

上述命令的运行结果如图 3.5 所示。

图 3.5　使权限立即生效

3. 查看权限

(1) 查看当前用户的权限。

```
mysql>SHOW GRANTS;
```

上述命令的运行结果如图 3.6 所示。

图 3.6　查看当前用户的权限

(2) 查看某个用户的权限。

```
mysql>SHOW GRANTS FOR 'jack' @'localhost';
```

上述命令的运行结果如图 3.7 所示。

图 3.7　查看某个用户的权限

4. 回收权限

```
mysql>REVOKE DELETE,INSERT,UPDATE,INSERT on *.* FROM 'jack'@'localhost';
```

上述命令的运行结果如图 3.8 所示。

图 3.8　回收用户（jack）的权限

注意：当初给此用户授予的时候，on 后面怎么写的，回收时也怎么写。例如：当初 on 后面是 db_fcms.*，那么，回收时 on 后面必须写成 db_fcms.*，不能写成别的，这一点要注意。

5. 对账户重命名

```
mysql>rename user 'jack'@'localhost' to 'jim'@'localhost';
```

上述命令的运行结果如图 3.9 所示。

图 3.9　重命名账户

3.2 MySQL 权限操作

6. 修改密码

关于 MySQL 账户密码的修改，可通过下面的方式进行。

（1）用 SET PASSWORD 命令，命令如下：

```
mysql>SET PASSWORD FOR 'jim'@'localhost' = PASSWORD('123456');
```

上述命令的运行结果如图 3.10 所示。

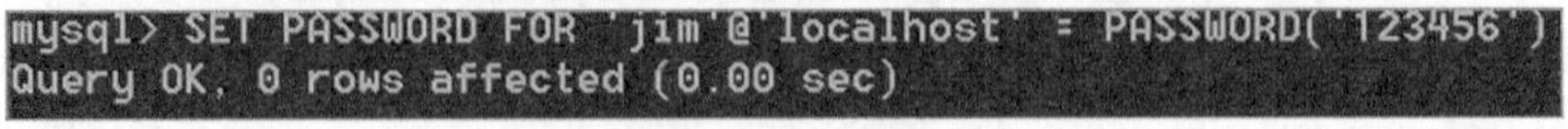

图 3.10　修改账户密码

（2）用 MySQL 的 shell 命令 MYSQLADMIN，命令如下：

```
shell> D:\wamp\bin\mysql\mysql5.6.17\bin\MYSQLADMIN -ujim -p123456 PASSWORD 123abc
```

上述命令的运行结果如图 3.11 所示。

图 3.11　用 MYSQLADMIN 命令修改账户密码

注意：MYSQLADMIN 的命令格式为 MYSQLADMIN -u 用户名 -p 旧密码 password 新密码。

（3）用 UPDATE 直接编辑 user 表，命令如下：

```
mysql>UPDATE mysql.user SET PASSWORD = PASSWORD('123abc') WHERE user = 'jim';
```

上述命令的运行结果如图 3.12 所示。

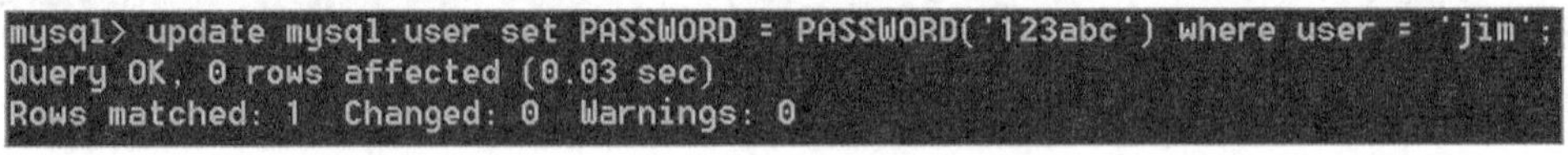

图 3.12　用 UPDATE 命令修改账户密码

7. 刷新权限

刷新权限的命令如下：

```
mysql>FLUSH PRIVILEGES;
```

上述命令的运行结果如图 3.13 所示。

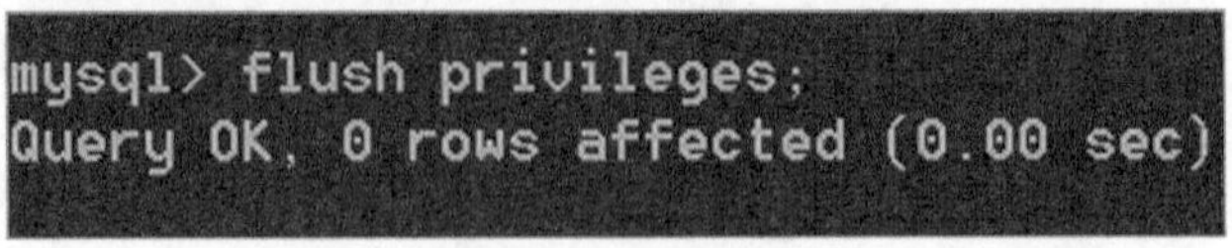

图 3.13　刷新权限

8. 删除用户

（1）查询用户信息，命令如下：

```
mysql>SELECT host,user,PASSWORD FROM  MySQL.user;
```

上述命令的运行结果如图 3.14 所示。

```
mysql> select host,user,password from  mysql.user;
+-----------+------+-------------------------------------------+
| host      | user | password                                  |
+-----------+------+-------------------------------------------+
| localhost | root | *81F5E21E35407D884A6CD4A731AEBFB6AF209E1B |
| 127.0.0.1 | root |                                           |
| ::1       | root |                                           |
| localhost |      |                                           |
| localhost | jim  | *3620754A963ECB3D7296097F9DA00C1FA5476B03 |
+-----------+------+-------------------------------------------+
5 rows in set (0.00 sec)
```

图 3.14　查询用户信息

在这里说明一下 user 表中 host 列的值的意义。

- “%” 表示匹配所有主机。
- “localhost” 表示不会被解析成 IP 地址，直接通过 UnixSocket 连接。
- “127.0.0.1” 表示会通过 TCP/IP 连接，并且只能在本机访问。
- “::1” 表示兼容支持 IPv6，同 IPv4 的 127.0.0.1。

（2）删除 “jim” 用户，命令如下：

```
mysql>DROP user 'jim'@'localhost';
```

上述命令的运行结果如图 3.15 所示。

```
mysql> drop user 'jim'@'localhost';
Query OK, 0 rows affected (0.00 sec)
```

图 3.15　删除用户

（3）再次查询用户信息，命令如下：

```
mysql>SELECT host,user,PASSWORD FROM  MySQL.user;
```

上述命令的运行结果如图 3.16 所示。

```
mysql> select host,user,password from  mysql.user;
+-----------+------+-------------------------------------------+
| host      | user | password                                  |
+-----------+------+-------------------------------------------+
| localhost | root | *81F5E21E35407D884A6CD4A731AEBFB6AF209E1B |
| 127.0.0.1 | root |                                           |
| ::1       | root |                                           |
| localhost |      |                                           |
+-----------+------+-------------------------------------------+
4 rows in set (0.00 sec)
```

图 3.16　查询用户信息

从图 3.16 中可以看出用户 “jim” 已被删除。

3.2.3　权限操作样本

1. 命令关键字说明

- 在关键字 “GRANT” 和 “on” 之间，描述具体的操作权限。
- 在关键字 “on” 和 “to” 之间描述数据库的对象。
- 在关键字 “to” 和 “@” 之间描述数据库的用户。
- 在关键字 “@” 后描述都是哪些 MySQL 服务器。

2. 参考范例

- 授予（GRANT）所有 MySQL 数据库服务器上 “cp_user” 用户查询、插入、更新、删除

"db_test"库中所有表数据的权利。

```
mysql>GRANT SELECT on db_test.* to cp_user@'%';
mysql>GRANT INSERT on db_test.* to cp_user@'%';
mysql>GRANT UPDATE on db_test.* to cp_user@'%';
mysql>GRANT DELETE on db_test.* to cp_user@'%';
```

或者，用一条 MySQL 命令来替代，命令如下：

```
mysql>GRANT SELECT, INSERT, UPDATE, DELETE on db_test.* to cp_user@'%';
```

- 授予（GRANT）IP 地址段前三段为"192.168.0"的 MySQL 数据库服务器上"CP_USER"用户、"DB_TEST"库的创建表、索引、视图、存储过程、函数等权限。

```
mysql>GRANT CREATE on db_test.* to cp_user@'192.168.0.%';
mysql>GRANT ALTER on db_test.* to cp_user@'192.168.0.%';
mysql>GRANT DROP on db_test.* to cp_user@'192.168.0.%';
```

- 授予（GRANT）IP 地址段前三段为"192.168.0"的 MySQL 数据库服务器上"cp_user"用户、"db_test"库的操作 MySQL 外键权限。

```
mysql>GRANT REFERENCES on db_test.* to cp_user@'192.168.0.%';
```

- 授予（GRANT）IP 地址段前三段为"192.168.0"的 MySQL 数据库服务器上"cp_user"用户、"db_test"库的操作 MySQL 临时表权限。

```
mysql>GRANT CREATE temporary tables on db_test.* to cp_user@'192.168.0.%';
```

- 授予（GRANT）IP 地址段前三段为"192.168.0"的 MySQL 数据库服务器上"cp_user"用户、"db_test"库的操作 MySQL 索引权限。

```
mysql>GRANT INDEX on db_test.* to cp_user@'192.168.0.%';
```

- 授予（GRANT）IP 地址段前三段为"192.168.0"的 MySQL 数据库服务器上"cp_user"用户、"db_test"库的操作 MySQL 视图、查看视图源代码权限。

```
mysql>GRANT CREATE view on db_test.* to cp_user@'192.168.0.%';
mysql>GRANT SHOW view on db_test.* to cp_user@'192.168.0.%';
```

- 授予（GRANT）IP 地址段前三段为"192.168.0"的 MySQL 数据库服务器上"cp_user"用户、"db_test"库的操作 MySQL 存储过程、函数权限。

```
mysql>GRANT CREATE ROUTINE on db_test.* to cp_user@'192.168.0.%'; -- now, can SHOW procedure status
mysql>GRANT ALTER ROUTINE on db_test.* to cp_user@'192.168.0.%'; -- now, you can DROP a procedure
mysql>GRANT EXECUTE on db_test.* to cp_user@'192.168.0.%';
```

- 授予（GRANT）本机 MySQL 数据库服务器上"DBA"用户管理"db_test"库的权限。

```
mysql>GRANT all privileges on db_test to dba@localhost;
```

其中，关键字"privileges"可以省略。

- 授予（GRANT）本机 MySQL 数据库服务器上"cp_user"用户管理 MySQL 中所有数据库的权限。

```
mysql>GRANT all on *.* to cp_user@localhost;
```

- 授予（GRANT）本机 MySQL 数据库服务器上"cp_user"用户"SELECT"所有库的权限。

```
mysql>GRANT SELECT on *.* to cp_user@localhost; -- cp_user 可以查询 MySQL 中所有数据库中的表
```
- 授予（GRANT）本机 MySQL 数据库服务器上"cp_user"用户在所有库上的所有操作权限。
```
mysql>GRANT all on *.* to cp_user@localhost; -- cp_user 可以管理 MySQL 中的所有数据库
```
- 授予（GRANT）本机 MySQL 数据库服务器上"cp_user"用户在"db_test"库上的"SELECT"权限。
```
mysql>GRANT SELECT on db_test.* to cp_user@localhost; -- cp_user 可以查询 db_test 中的表
```
- 授予（GRANT）本机 MySQL 数据库服务器上"cp_user"用户在"db_test"库上"ORDERS"表的"SELECT""INSERT""UPDATE""DELETE"权限。
```
mysql>GRANT SELECT, INSERT, UPDATE, DELETE on db_test.orders to cp_user@localhost;
```
- 授予（GRANT）本机 MySQL 数据库服务器上"cp_user"用户在"db_test"库上"apache_log"表的列"id""se""rank"的"SELECT"权限。
```
mysql>GRANT SELECT(id, se, rank) on db_test.apache_log to cp_user@localhost;
```
- 授予（GRANT）本机 MySQL 数据库服务器上"cp_user"用户在"db_test"库上执行"p_add"过程的权限。
```
mysql>GRANT EXECUTE on procedure db_test.p_add to "cp_user"@"localhost";
```
- 授予（GRANT）本机 MySQL 数据库服务器上"cp_user"用户在"db_test"库上执行"f_add"函数的权限。
```
mysql>GRANT EXECUTE on function db_test.f_add to "cp_user"@"localhost";
```
- 修改完权限以后一定要刷新服务，或者重启服务，刷新服务用。
```
mysql>FLUSH PRIVILEGES;
```

3.3 丢失 MySQL ROOT 密码的解决方法

丢失 MySQL ROOT 密码的解决方法可按下面的步骤进行。

1. 通过 Windows 服务管理器停止 MySQL 服务

（1）打开服务管理器，单击"开始"→"控制面板"→"管理工具"，如图 3.17 所示。

图 3.17 使用操作系统功能

（2）单击"管理工具"选项后，打开一个窗口，在这个窗口中找到"服务"，如图 3.18 所示。

图 3.18 Windows 管理工具列表

3.3 丢失 MySQL ROOT 密码的解决方法

（3）双击"服务"，如图 3.19 所示。

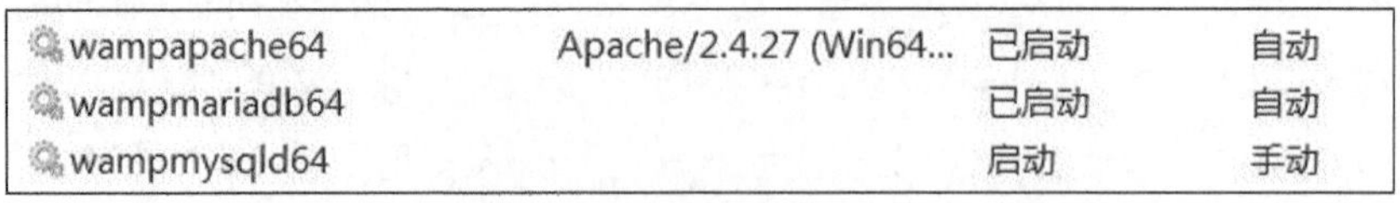

wampapache64	Apache/2.4.27 (Win64...	已启动	自动
wampmariadb64		已启动	自动
wampmysqld64		启动	手动

图 3.19 Windows 服务列表

（4）在"wampmysqld64"上右击，弹出一个菜单，如图 3.20 所示。

图 3.20 Windows 右键菜单

（5）单击"停止"选项，稍后一会儿，停止了 MySQL 服务。

2. 通过 CMD 命令停止 MySQL 服务

打开 DOS 命令窗口，输入如下命令：

```
shell>net stop wampmysqld64
```

注意：wampmysqld64 为服务名。

上述命令的运行结果如图 3.21 所示。

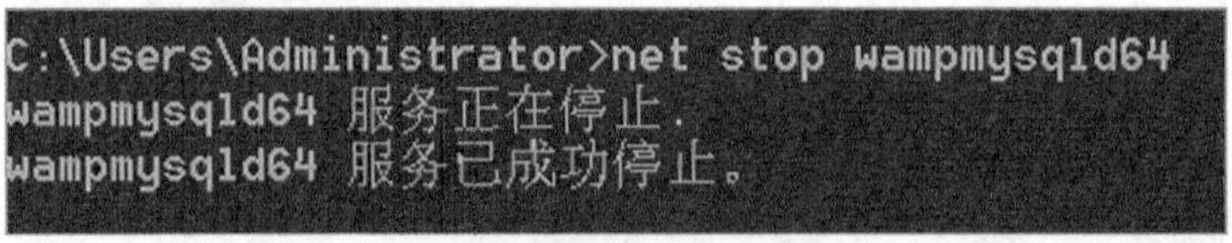

```
C:\Users\Administrator>net stop wampmysqld64
wampmysqld64 服务正在停止．
wampmysqld64 服务已成功停止。
```

图 3.21 停止 MySQL 服务

3. 进入 MySQL 命令目录

在 CMD 命令行窗口，进入 MySQL 命令目录（bin 目录），如"D:\wamp\bin\mysql\mysql5.6.17\bin"目录，先输入"d:\"，然后输入"cd\ wamp\bin\mysql\mysql5.6.17\bin"后按回车键，如图 3.22 所示。

图 3.22 进入 bin 目录

4. 进入 MySQL 安全模式

在当前 CMD 命令窗口下，输入"mysqld -nt --skip-grant-tables"后按回车键，此刻不用输入密码就能进入数据库，命令如下：

```
mysqld -nt --skip-GRANT-tables
```

上述命令的运行结果如图 3.23 所示。

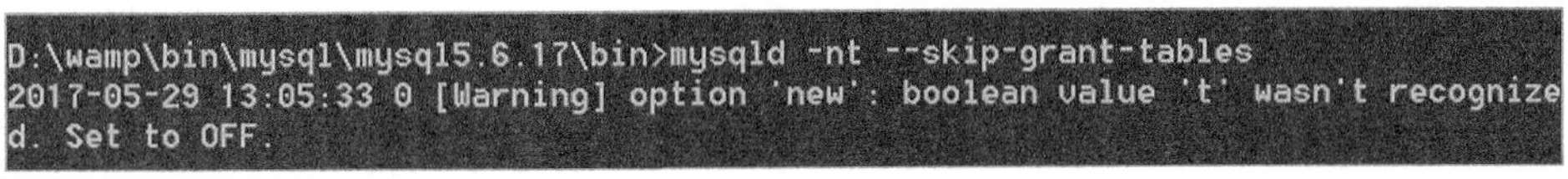

```
D:\wamp\bin\mysql\mysql5.6.17\bin>mysqld -nt --skip-grant-tables
2017-05-29 13:05:33 0 [Warning] option 'new': boolean value 't' wasn't recognize
d. Set to OFF.
```

图 3.23　进入 MySQL 安全模式

5. 再打开一个 CMD 命令行窗口

再打开一个 CMD 命令行窗口，进入 MySQL 命令目录（第 3 步），使用空密码的方式登录 MySQL（不用输入密码，直接按回车键），命令如下：

```
MySQL -uroot -p
```

上述命令的运行结果如图 3.24 所示。

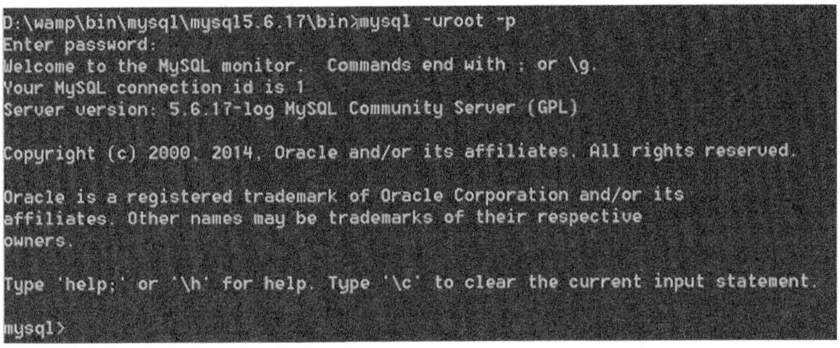

```
D:\wamp\bin\mysql\mysql5.6.17\bin>mysql -uroot -p
Enter password:
Welcome to the MySQL monitor.  Commands end with ; or \g.
Your MySQL connection id is 1
Server version: 5.6.17-log MySQL Community Server (GPL)

Copyright (c) 2000, 2014, Oracle and/or its affiliates. All rights reserved.

Oracle is a registered trademark of Oracle Corporation and/or its
affiliates. Other names may be trademarks of their respective
owners.

Type 'help;' or '\h' for help. Type '\c' to clear the current input statement.

mysql>
```

图 3.24　使用空密码的方式登录 MySQL

6. 修改 root 用户的密码

输入以下命令开始修改 root 用户的密码。

> 注意：命令中 mysql.user 中间有个"点"。

```
UPDATE mysql.user SET PASSWORD=PASSWORD('新密码') WHERE user='root';
mysql> UPDATE mysql.user SET PASSWORD=PASSWORD('rootroot') WHERE user='root';
```

上述命令的运行结果如图 3.25 所示。

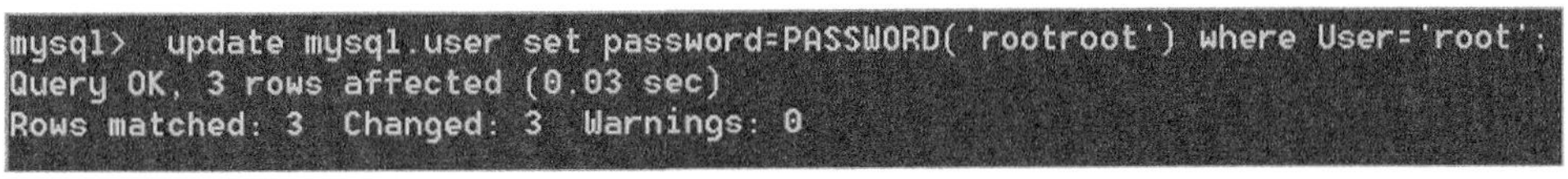

```
mysql> update mysql.user set password=PASSWORD('rootroot') where User='root';
Query OK, 3 rows affected (0.03 sec)
Rows matched: 3  Changed: 3  Warnings: 0
```

图 3.25　修改 root 用户的密码

7. 刷新权限表

刷新权限表，命令如下：

```
mysql> FLUSH PRIVILEGES;
```

上述命令的运行结果如图 3.26 所示。

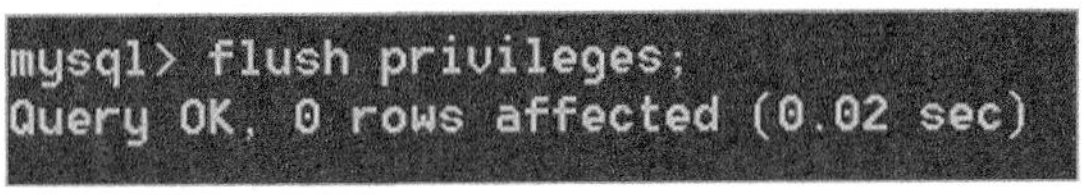

```
mysql> flush privileges;
Query OK, 0 rows affected (0.02 sec)
```

图 3.26　刷新权限表

8. 退出

退出命令如下：

```
mysql> quit
```

上述命令的运行结果如图 3.27 所示。

图 3.27　退出 MySQL

经过上述步骤，MySQL 超级管理员账号 root 已经重新设置好了，接下来关闭这两个 DOS 命令窗口，并通过 Windows 的任务管理器停止 mysql 进程，然后重启 MySQL 即可，也可以直接重新启动服务器。MySQL 重新启动后，就可以用新设置的 ROOT 密码登录 MySQL 了。至此，root 密码重新被设置。

第 4 章 MySQL 数据库表列的数据类型

本章讲解 MySQL 的各种数据类型，包括数值、字符串、列类型属性 ZEROFILL（填充 0）、UNSIGEND（无符号）与 SIGNED（有符号）、TEXT 与 BLOG 类型的区别、ENUM 与 SET 类型处理、网站中常用数据类型、DEFAULT（默认）使用技巧等。

通过学习本章，读者可以深刻理解数据类型的使用、掌握数据类型的适用场景等，这样在实际运用时会得心应手。

4.1 数值类型

数值型分为整数型和浮点型两类，整数型就是用来存放没有小数点的数值，如人口统计；浮点型就是用来存放有小数点的数值，如商品价格、失业率等是可以有小数点的，此类数据可以使用浮点型。

4.1.1 整数类型

MySQL 提供了 5 种整数类型，它们是 TINYINT、SMALLINT、MEDIUMINT、INT（INTERGER）和 BIGINT，见表 4.1。

表 4.1 各数值类型的取值范围与所占字节数

类型	字节	最小值 SIGNED：带符号 UNSIGEND：无符号	最大值 SIGNED：带符号 UNSIGEND：无符号
TINYINT	1	−128 0	127 255
SMALLINT	2	−32768 0	32767 65535
MEDIUMINT	3	−8388608 0	8388607 16777215
INT	4	−2147483648 0	2147483647 4294967295
BIGINT	8	−9223372036854775808 0	9223372036854775807 18446744073709551615

要定义一个整数类型时，要给它指定一个显示宽度，注意这个只是一个以多少字节宽度来显示列的内容，并不是数值的宽度，数据所占空间还是固定的。假如将 BIGINT 设置为显示 4 字节宽，那就这样来写 BIGINT(4)，这并不意味着其所占空间宽度为 4 字节，事实上它所占的空间还

是 8 个字节，而且它的最大取值还是不变的。

4.1.2 浮点类型

MySQL 的浮点数据类型如下。
- FLOAT[(M,D)] 小（单精度）浮点数，其中 M 是小数总位数，D 是小数点后面的位数。
- DOUBLE[(M,D)] 普通大小（双精度）浮点数，其中 M 是小数总位数，D 是小数点后面的位数。
- DECIMAL[(M[,D])] 压缩的"严格"定点数，其中 M 是小数位数（精度）的总数，D 是小数点（标度）后面的位数。小数点和"-"（负号）不包括在 M 中。如果 D 是 0，则值没有小数点或分数部分。DECIMAL 整数最大位数（M）为 65。支持的十进制数的最大位数（D）是 30。如果 D 省略，默认是 0；如果 M 省略，默认是 10。

4.2 字符串类型

MySQL 提供了几种字符类数据类型，像 CHAR、VARCHAR、BINARY、VARBINARY、BLOB、TinyBlob、MediumBlob、LongBlob、TEXT、TinyText、MEDIUMTEXT、LongText、ENUM 和 SET，见表 4.2。

表 4.2　字符串类型的存储需求

列类型	存储需求
CHAR(M)	M 个字节，0 <= M <= 255
VARCHAR(M)	L+1 个字节，其中 L<=M 且 0<=M<=65535（参见下面的注意）
BINARY(M)	M 个字节，0 <= M <= 255
VARBINARY(M)	L+1 个字节，其中 L <= M 且 0 <= M <= 255
TINYBLOB, TINYTEXT	L+1 个字节，其中 L < 28
BLOB, TEXT	L+2 个字节，其中 L < 216
MEDIUMBLOB, MEDIUMTEXT	L+3 个字节，其中 L < 224
LONGBLOB, LONGTEXT	L+4 个字节，其中 L < 232
ENUM('value1','value2',...)	1 或 2 个字节，取决于枚举值的个数（最多 65535 个值）
SET('value1','value2',...)	1、2、3、4 或者 8 个字节，取决于 SET 成员的数目（最多 64 个成员）

4.3 CHAR 与 VARCHAR 类型区别

CHAR 与 VARCHAR 是常用的类型。CHAR 是一种固定长度的类型，而 VARCHAR 则是一种可变长度的类型。在 CHAR(M)类型的数据列内，每个值要占 M 个字节，若小于 M，则 MySQL 会在它的右边用空格来补足，但在查询时，这些空格会被去掉。而在 VARCHAR(M)类型的数据列里，除了存放数据所占用字节，还会再占用一个字节来记录其内容长度（L+1 个字节），多余空格将会在以后插入操作的过程中被去掉。

采用 CHAR 会多占用空间，造成空间的浪费。

如果定义了 CHAR(100)，最多可存放 100 个"a"或 100 个汉字，如实际存放一个"a"或一个汉字"我",那么此列实际占用空间还是 100,多出去的 99 个长补空格,浪费空间。

如果采用 VARCHAR,则节省空间。我们还用上边的例子,把 CHAR(100)改为 var CHAR(100),情况完全不一样了,如实际存放一个"a"或一个汉字"我",那么此列实际占用空间就是 1 个。

因此,CHAR 类型可以舍弃而改用 VARCHAR。

当实际值的长度超出定义的长度时,二者均不允许,则会报错。

如果定义了 CHAR(100),最多可存放 100 个"a"或 100 个汉字,如实际存放 101 个"a"或更多;或更多个汉字"我",情况会怎么样呢?SQL 语句会报错。

4.4 列类型属性 ZEROFILL(填充 0)

如果在定义列的时候指定"ZEROFILL"属性,那么当数值的实际宽度小于指定的列宽度时候,则默认补充的空格用 0 代替。

> 注意:实际存储在表中的数据并非用"0"取代后的结果,这一点请读者注意。

```
mysql> CREATE TABLE INT_12(id INT(12) zerofill);
Query OK, 0 rows affected (0.13 sec)
mysql> DESC INT_12;
+-------+------------------------+------+-----+---------+-------+
| Field | Type                   | Null | Key | Default | Extra |
+-------+------------------------+------+-----+---------+-------+
| id    | INT(12) UNSIGEND zerofill | YES |     | NULL    |       |
+-------+------------------------+------+-----+---------+-------+
1 row IN SET (0.01 sec)
mysql> INSERT INTO INT_12 (id) values(1);
Query OK, 1 row affected (0.00 sec)
mysql> SELECT * FROM INT_12;
+--------------+
| id           |
+--------------+
| 000000000001 |
+--------------+
1 row IN SET (0.00 sec)
mysql> ALTER table INT_12 change id id INT(23) zerofill;
Query OK, 0 rows affected (0.04 sec)
Records: 0  Duplicates: 0  Warnings: 0
mysql> SELECT * FROM INT_12 ;
+-------------------------+
| id                      |
+-------------------------+
| 00000000000000000000001 |
+-------------------------+
1 row IN SET (0.00 sec)
```

注意:在 navicate 或者 phpmyadmin,如果加了 zerofill,但是没有补充 0,可以到 MySQL 命令行中看一下。

4.5 列类型属性 UNSIGEND(无符号)与 SIGNED(有符号)

下面用 TINYINT 类型字段来说明有符号属性和无符号属性两者之间的差别。在添加 UNSIGEND 后,字段的取值范围是 0~255,而 SIGNED 的范围是-128~127。如果确定不需要负值,通常是不设置 SIGNED,这样会充分利用存储空间。假设使用 tinyint 来存储一些状态值,0

表示删除，1 表示待付款，2 表示已付款，……，突然来个需求——增加订单取消，如果用"-1"表示取消的话，结果该列的取值范围就变为了-128～127。因此，一般情况下，不建议用"-1"表示"订单取消"，而可以用 4 或其他非负数表示"订单取消"。

字段属性设置为 UNSIGNED 后可能出现的问题：

当 SELECT a - b FROM t 时，a 为 10，b 为 12，那么这时就会出现异常情况：ERROR 1690 (22017): BIGINT UNSIGNED value is out of range in '(test.t.a - test.t.b)'，因此，要注意这种情况的发生。

这两个列属性在性能上是有细微差别的。UNSIGNED 的性能更好，当只存储正整数的情况下，查询值在 xxxx（代表数值）以下的数据，那么 MySQL 会将范围定义为 0～××××，而如果是 SIGNED，则查询范围为-2147483648～××××。这就是性能细微的差别。

4.6　TEXT 与 BLOB 类型的区别

1. 主要区别

TEXT 与 BLOB 的主要差别就是 BLOB 保存二进制数据，TEXT 保存字符数据。目前几乎所有博客内容里的图片都不是以二进制存储在数据库的，而是把图片上传到服务器，然后在正文里使用<img>标签，这样的博客就可以使用 TEXT 类型。而 BLOB 就可以把图片换算成二进制保存到数据库中。

2. 类型区别

BLOB 有 4 种类型：TINYBLOB、BLOB、MEDIUMBLOB 和 LONGBLOB。它们只是可容纳值的最大长度不同。

TEXT 也有 4 种类型：TINYTEXT、TEXT、MEDIUMTEXT 和 LONGTEXT。这些类型同 BLOB 类型一样，有相同的最大长度和存储需求。

3. 字符集区别

BLOB 列没有字符集，并且排序和比较基于列值字节的数量。TEXT 列有一个字符集，并且根据字符集的校对规则对值进行排序和比较。

4. 大小写区别

在 TEXT 或 BLOB 列的存储或检索过程中，不存在大小写转换。

5. 严格模式区别

运行在非严格模式时，如果为 BLOB 或 TEXT 列分配一个超过该列类型的最大长度的值，该值会被截取以保证适合。如果截掉的字符不是空格，将会产生一条警告。使用严格 SQL 模式，会产生错误，并且值将被拒绝而不是截取并给出警告。

6. 其他区别

- 当保存或检索 BLOB 和 TEXT 列的值时不删除尾部空格。
- 对于 BLOB 和 TEXT 列的索引，必须指定索引前缀的长度。
- BLOB 和 TEXT 列不能有默认值。
- 当排序时只使用该列的前 MAX_SORT_LENGTH 个字节。MAX_SORT_LENGTH 的默认值是 1024。
- 当想要使超过 MAX_SORT_LENGTH 的字节有意义，对含长值的 BLOB 或 TEXT 列使用 GROUP BY 或 ORDER BY 的另一种方式是将列值转换为固定长度的对象。标准方法是使用 SUBSTRING 函数，如 SELECT id, SUBSTRING(comment,1,2000) FROM fn_comment ORDER BY SUBSTRING(comment,1,2000);。

- BLOB 或 TEXT 对象的最大大小由其类型确定，但在客户端和服务器之间实际可以传递的最大值由可用内存数量和通信缓存区大小确定。用户可以通过更改 max_allowed_packet 变量的值更改消息缓存区的大小，但必须同时修改服务器和客户端程序。

注意：MEDIUMTEXT 数据类型，使用它存放文章（Office 的文档）以及其他文档型文件。

4.7 ENUM 与 SET 类型处理

ENUM 与 SET 都是比较特殊的字符串类型，它们都是从一个预先定义好的数据范围内去取值，当给此类型列变更值时，不能超出此列预先规定好的那些值。

ENUM 最多允许有 65535 个成员，但只允许出现一个成员——相当于单选（n 个单选按钮只能选一个）。

例如："人员性别"列可以预先规定此列只能在"男"和"女"范围内取值，这样来定义此列数据类型——ENUM('男','女')，如通过 INSERT 或 UPDATE 语句改变此列的值，那么，此列的值要么是"男"，要么是"女"，不能出现其他值，否则 INSERT 或 UPDATE 不会成功执行，会报错。

SET 最多允许 64 个成员，可以允许这些成员同时出现——相当于复选（n 个复选框，可以选 n 个）。

例如，人员"爱好"列，可以预先规定"爱好"的取值范围，如 set('足球','唱歌','跳舞','旅游')，假如通过 INSERT 或 UPDATE 语句改变此列的值，那么，此列的值可以是其中之一或其中的 n 个，但不能出现"睡觉"，因为"睡觉"不在"'足球','唱歌','跳舞','旅游'"范围内，那么，INSERT 或 UPDATE 不会成功执行，会报错。

4.8 SET 类型的处理方式

首先创建一张实验用表，命令如下：

```
CREATE TABLE finecms_set(ID INT NOT NULL AUTO_INCREMENT,work_option SET('','DBA','SA',
 'Coding Engineer','Javascript','NA','QA','other') NOT NULL,work_city SET('shanghai','beijing','hangzhou','shenzhen','guangzhou','other') NOT NULL DEFAULT 'shanghai',PRIMARY KEY(ID)
ENGINE=InnoDB CHARACTER SET 'utf8' COLLATE 'utf8_general_ci';
```

上述命令的运行结果如图 4.1 所示。

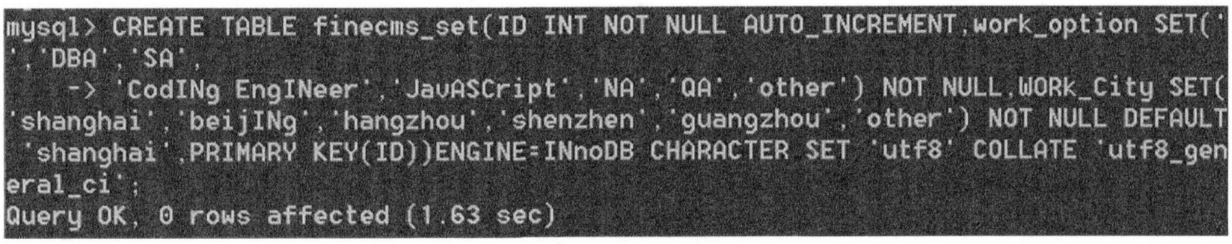

图 4.1 创建 SET 数据类型实验表

1. 空格字符串的处理

集合类型 SET 字段即使没有定义空格字符串作为元素，它会默认将其处理为成员元素，如：

```
INSERT INTO finecms_set(id,work_option,work_city) VALUES(2,'NA','');
```

2. 空值 NULL 处理方式一

集合类型 SET 字段不允许为 NULL 时，向其写入 NULL 值则会报错，导致 SQL 执行失败，如：

```
INSERT INTO finecms_set(id,work_option,work_city) VALUES(3,'Other',NULL);
```

3. 空值 NULL 处理方式二

集合类型 SET 字段不允许为 NULL 且无显式声明默认值时，若集合类型字段给出值的 INSERT 操作，会出现警告信息，并且用空字符串值替代，SQL 语句执行成功，如：

```
INSERT INTO finecms_set(id,work_option) VALUES(5,'DBA');
```

4. 向集合类型 SET 字段写入值域列表不存在的值

当向集合类型 SET 字段写入一个值域列表中不存在的值，不存在部分会被截断并用空格字符串替代，SQL 语句执行成功，如：

```
INSERT INTO finecms_set(id,work_option,work_city)
   VALUES(20,'DBA,SA,NA','shanghai,beijing,hangzhou!shenzhen!guangzhou!other');
```

5. 集合类型 SET 字段值域任意元素的组合

集合类型 SET 字段值域列表中任意元素的组合，只要用逗号分隔，就是合法的值。

集合类型 SET 字段值域列表中任意元素的组合时，若部分元素的值没有用逗号分隔，或者部分不是值域列表中元素值或组合，则会把非法的部分截断掉，并且给出警告信息，SQL 语句执行成功，如：

```
INSERT INTO finecms_set(id,work_option,work_city) VALUES(7,'DBA,SA','shanghai,beijing');
INSERT INTO finecms_set(id,work_option,work_city)
   VALUES(8,'DBA,SA,NA','shanghai,beijing,hangzhou');
INSERT INTO finecms_set(id,work_option,work_city)
   VALUES(9,'DBA,SA,NA','shanghai,beijing,hangzhou,shenzhen,guangzhou,other');
```

4.9 网站中常用数据类型介绍

关于网站中常用的 MySQL 数据库列的数据类型，只能从一般意义而言，像 INT、VARCHAR、TEXT、DECIMAL、DATETIME 等。

关于网站中常用数据类型的使用，一切从实际出发，在充分掌握了它们的特性之后，依据实际情况决定采用何种数据类型，如身份证号为 18 位，可采用 CHAR(18)。

1. 数值类型的使用

数值类型可以分为整型和浮点十进制类型。所谓的"十进制"是指 DECIMAL 和 NUMERIC，它们是同一类型的。一般来说，这种类型会消耗大量的存储空间，但它的优点是不会失去做浮点数的计算精度，它更适合一些计算精度要求高的场合，如价格、比率、折算等。而 FLOAT 或 DOUBLE 的优点是可以表示非常小的数，FLOAT 的最小的值约 1.17E-38（0.000 … 0117；小数点后 37 位），DOUBLE 表达更小的数，最小的数可以约 2.22E-308（0.000 … 0222，小数点后 307 位）的小数。FLOAT 和 DOUBLE 分别为 4 字节和 8 字节的存储空间。

对于整型，在 MySQL 中有很多不同类型的整数，在设计数据库表时，可以有一个字节 TINYINT 到 8 字节 BIGINT 的选择（TINYINT-1 字节、SMALLINT- 2 字节、MEDIUMINT 3 字节、INT- 4 字节、BIGINT - 8 字节），所以应该把过多的考虑放在采用哪个类型以获得最小的存储空间，但又不会失去任何准确性。

对于无符号整数，这些类型能表示的最大整数分别是 255、65535、16777215、4294967295、18446744073709551615。如果需要保存用户的年龄，TINYINT 就够了；如果是自增的 ID，应该使用 MEDIUMINT 而不是 INT，INT 还是太大了。很多数据表并不会达到 MEDIUMINT 的范围。

2. 关于日期和时间类型

如 DATE、TIME、DATETIME、TIMESTAMP 和 YEAR，都是日期和时间类型。只需要关心日期，没有分秒，那就应该使用 Date 而不是 DATETIME；其中 DATETIME 是常用的，一切按实际需要设计。

3. 字符类型（不要以为字符类型仅仅是 CHAR）

CHAR 和 VARCHAR 的区别是——CHAR 是固定长度。如果定义一个字段 CHAR(10)，那么无论多少字节的数据，这将需要 10 个字节的空间；对于 18 位的身份证号码，则应该使用 Char(18)。VARCHAR 是可变长度的，如果有一个字段的值有不同的长度，那么应该使用 VARCHAR。

4. 枚举（ENUM）和集合（SET）类型

枚举（ENUM）类型最多可以定义到 65535 个不同的字符串从中做出选择，相当于单选；集合（SET）类型，最多可以有 64 个不同的成员，可以选择零个或多个成员，相当于复选。假设可以用 ENUM("男", "女") 来限定字段值只能在 "男" "女" 之间做出选择，这样可以节约大量数据库存储空间。

5. 网站中 "评论" "留言" "新闻" 应采用的数据类型

目前，大部分网站都提供 "留言" "评论" "新闻" 等功能，网站对这些内容的篇幅没有限制，允许任意大。那么，采用什么数据类型来存储这些内容呢？一般采用 MEDIUMTEXT 数据类型。

4.10 DEFAULT（默认）使用技巧

MySQL 创建表时，可以使用 DEFAULT 来设置表字段的默认值，这样当向表中插入或添加数据时，如果没有为此字段设置任何值，则使用 DEFAULT 默认值来填充该字段的值。

在使用 CREATE table 创建表的时候，为字段设置默认值，如：

```
mysql> CREATE TABLE finecms_test(State char(2) NOT NULL DEFAULT "KY");
Query OK, 0 rows affected (0.03 sec)
```

上面 SQL 代码创建了一个 "finecms_test"，该表包含了一个 State 的字段，字段不允许为空且默认值(DEFAULT)为"KY"。

当向该表中插入数据时，可以这样使用 DEFAULT：

```
mysql> INSERT INTO finecms_test (state) value (default);
Query OK, 1 row affected (0.01 sec)
```

上面 SQL 语句向 finecms_test 表中插入了一行数据，但没有给 state 字段设置任何值，这时候 DEFAULT 就起作用了，将 state 的值设置为默认值"KY"。

查看表数据，命令如下：

```
mysql> SELECT * FROM finecms_test;
+-------+
| State |
+-------+
| KY    |
+-------+
1 row IN SET (0.02 sec)
```

第 5 章 MySQL 表结构的维护

本章将深入地讲解 MySQL 数据库表的维护（创建与修改），尤其是涉及相关字符集的调整，包括表字段、主键的添加与删除、表列的重命名与改变数据类型、普通索引、唯一索引的添加与删除以及库、表、列字符集的调整及其适用场景等。

在前面的章节中，介绍了表的简单维护，还不足以运用于实际。通过本章的学习，读者可以掌握 MySQL 数据库表结构的基本维护和字符集对表结构的要求及其适用场景，为设计出良好的数据架构打下坚实基础。

5.1 表结构的创建

5.1.1 MySQL 表结构创建语法解释说明

MySQL 中 CREATE TABLE 语句的基本语法如下：

```
CREATE [TEMPORARY] TABLE [IF NOT EXISTS] tbl_name
    [(CREATE_definition,...)]
    [table_options] [SELECT_statement]
```

- **TEMPORARY**：该关键字表示新建表为临时表，此表在当前会话结束后将自动消失。
- **IF NOT EXISTS**：实际上是在建表前加上一个判断，只有该表目前尚不存在时才执行 CREATE table 操作。使用此选项，可以避免出现表已经存在无法再新建的错误。
- **tbl_name**：所要创建表的表名。该表名必须符合标识符规则。通常的做法是在表名中仅使用字母、数字及下画线。例如 titles、our_sales、my_USEr1 等。
- **CREATE_definition**：这是 MySQL CREATE TABLE 语句中关键部分所在。在该部分具体定义了表中各列的属性，下面解释此建表项目下各参数的含义。

1. column_definition

对列属性的定义如下：

```
COL_NAME    -- 列名
TYPE    -- 数据类型
[NOT NULL | NULL] -- 是否允许为空
[DEFAULT DEFAULT_value] -- 自动值（默认值）
[AUTO_INCREMENT] -- 自增属性
[UNIQUE [KEY] | [PRIMARY] KEY] -- 唯一索引或主键
[COMMENT 'string'] -- 注意说明
```

（1）col_name：表中列的名字，必须符合标识符规则，而且在表中要唯一。

（2）type：列的数据类型。有的数据类型需要指明长度 n，并用括号括起来。MySQL 的数据类型详见第 3 章。

（3）NOT NULL|NULL：指定该列是否允许为空。如果既不指定 NULL，也不指定 NOT

NULL，列被认为指定了 NULL。

（4）DEFAULT default_value：为列指定默认值。如果没有为列指定默认值，MySQL 自动地分配一个。如果列可以取 NULL 作为值，默认值是 NULL。如果列被声明为 NOT NULL，默认值取决于列类型，具体如下。

1）对于没有声明 AUTO_INCREMENT 属性的数字类型，默认值是 0。对于一个 AUTO_INCREMENT 默认值是在序列（顺序）中的下一个值。

2）对于除 TIMESTAMP 的日期和时间类型，默认值是该类型适当的"零"值。对于表中第一个 TIMESTAMP 列，默认值是当前的日期和时间。

3）对于除 ENUM 的字符串类型，默认是空字符串。对于 ENUM 数据类型（enum 数据类型只允许在一个范围内取值，范围内的值是事先规定好了的。与其相近的数据类型是 set，二者的区别是前者取值只能单选，后者取值可以多选，后面详细说明。），默认值是第一个枚举值。

（5）AUTO_INCREMENT：设置该列有自增属性，只有整型列才能设置此属性。当插入记录到表中时，AUTO_INCREMENT 列被设置为"当前最大序列号"+1。AUTO_INCREMENT 顺序从 1 开始。每个表只能有一个 AUTO_INCREMENT 列，并且它必须被索引。

（6）UNIQUE：在 UNIQUE 索引中，所有的值必须互不相同。如果在添加新行时使用的关键字与原有行的关键字相同，则会出现错误。

（7）KEY：KEY 通常是 INDEX 的同义词。如果关键字属性 PRIMARY KEY 在列定义中已给定，则 PRIMARY KEY 也可以只指定为 KEY。这么做的目的是与其他数据库系统兼容。

（8）PRIMARY KEY：是一个唯一 KEY，此时，所有的关键字列必须定义为 NOT NULL。如果这些列没有被明确地定义为 NOT NULL，MySQL 应隐含地定义这些列。一个表只有一个 PRIMARY KEY。如果没有 PRIMARY KEY，并且一个应用程序要求使用表中的 PRIMARY KEY，则 MySQL 返回第一个 UNIQUE 索引，此索引没有作为 PRIMARY KEY 的 NULL 列。

（9）COMMENT：对于列的评注可以使用 COMMENT 选项来进行指定。评注通过 SHOW CREATE TABLE 和 SHOW FULL COLUMNS 语句显示。

2. FOREIGN KEY（本表/子表的列名）REFERENCES 主表名（主表/从表/父表的列名）

FOREIGN KEY 用来建立外键关联，形成父子（从属）关系。凡在本表中加入 FOREIGN KEY 关键字的，本表一律成为子表或属表；在 REFERENCES 关键字后面的表，一律称为父表或从表或主表都可以。通过此关键字，将本表与其关联的外部表建立起了父子或从属或上下级的关系，这一点是非常重要的，任何项目开发不可能不存在这种外键关联关系，要求读者务必把表的外键关联搞清楚，这部分内容必须掌握。

3. table_options

```
{ENGINE|TYPE} = engine_name   -- 指定该表的存储引擎是哪个
|AUTO_INCREMENT = value    --指定自增列的初始值
|AVG_ROW_LENGTH = value   --指定表平均长度的近似值
|[DEFAULT] CHARACTER SET charset_name [COLLATE collation_name] --指定字符集及其排序规则
|CHECKSUM = {0 | 1}  --是否进行实时校验求和，以便及时发现并修正错误
|COMMENT = 'string'  -- 注意说明
|CONNECTION = 'connect_string'  --与远程服务器的连接字符串，自动进行本地服务器与远程服务器同名
--表的数据同步与更新
|MAX_ROWS = value  --指定表最大行数
|MIN_ROWS = value  --指定表最小行数
|PACK_KEYS = {0 | 1 | DEFAULT}  -- 数据是否压缩处理（1），全部压缩（0），不压缩
|PASSWORD = 'string'  --  使用密码对该表的'表名.frm'文件进行保护
|DELAY_KEY_WRITE = {0 | 1} --是否等到表关闭后再进行更新操作
|ROW_FORMAT = {DEFAULT|DYNAMIC|FIXED|COMPRESSED|REDUNDANT|COMPACT}  --定义各行应如何存储
|UNION = (tbl_name[,tbl_name]...)  --将 n 个表的数据与本表的数据组合在一起
```

```
|INSERT_METHOD = { NO | FIRST | LAST } -- 指定插入的方式
|DATA DIRECTORY = 'absolute path to directory' -- 指定该表表数据的存放位置
|INDEX DIRECTORY = 'absolute path to directory' -- 指定该表索引数据的存放位置
```

下面解释此建表项目各参数的含义。

（1）ENGINE 和 TYPE 选项：用于为表指定存储引擎。ENGINE 是首选的选项名称，见表 5.1。

表 5.1 ENGINE 和 TYPE 选项采用值

存储引擎	说明
ARCHIVE	档案存储引擎
BDB	带页面锁定的事务安全表，也称为 BerkeleyDB
CSV	值之间用逗号隔开的表
EXAMPLE	例引擎
FEDERATED	可以访问远程表的存储引擎
HEAP	HEAP
(OBSOLETE)ISAM	在 MySQL 5.1 中没有此引擎。如果要从以前的版本升级到 MySQL 5.1，应该在进行升级前把原有的 ISAM 表转换为 MyISAM 表
InnoDB	带行锁定和外键的事务安全表
MEMORY	本表类型的数据只保存在存储器里（在早期 MySQL 版本中被称为 HEAP）
MERGE	MyISAM 表的集合，作为一个表使用，也称为 MRG_MyISAM
MyISAM	二进制轻便式存储引擎，此引擎是 MySQL 所用的默认存储引擎
NDBCLUSTER	成簇表，容错表，以存储器为基础的表，也称为 NDB

如果被指定的存储引擎无法利用，则 MySQL 使用 MyISAM 代替。例如，一个表定义包括 ENGINE=BDB 选项，但是 MySQL 服务器不支持 BDB 表，则表被创建为 MyISAM 表。这样，如果在主机上有事务表，但在从属机上创建的是非交互式表（以加快速度）时，可以进行复制设置。在 MySQL 5.1 中，如果没有遵守存储引擎规约，则会出现警告。

其他表选项用于优化表的性质。在多数情况下，不必指定表选项。这些选项适用于所有存储引擎，另有说明除外。

（2）AUTO_INCREMENT：表的初始 AUTO_INCREMENT 值。在 MySQL 5.1 中，本选项只适用于 MyISAM 和 MEMORY 表。InnoDB 也支持本选项。如果引擎不支持 AUTO_INCREMENT 表选项，则要设置引擎的第一个 AUTO_INCREMENT 值，需插入一个"假"行。该行的值比创建表后的值少 1，然后删除该假行。对于在 CREATE TABLE 语句中支持 AUTO_INCREMENT 表选项的引擎，也可以使用 ALTER TABLE tbl_name AUTO_INCREMENT=n 重新设置 AUTO_INCREMENT 值。

（3）AVG_ROW_LENGTH：表中平均行长度的近似值。只需要对含尺寸可变的记录的大型表进行此项设置。当创建一个 MyISAM 表时，MySQL 使用 MAX_ROWS 和 AVG_ROW_LENGTH 选项的乘积来确定得出的表有多大。如果有一个选项未指定，则表的最大尺寸为 65536TB 数据。如果操作系统不支持这么大的文件，则表的尺寸被限定在操作系统的限值处。如果想缩小指针尺寸使索引更小，速度更快，并且不需要大文件，则可以通过设置 MyISAM_data_pointer_size 系统变量来查看。

```
mysql>SHOW variables WHERE Variable_name LIKE 'MyISAM%';
```

上述命令的运行结果如图 5.1 所示。

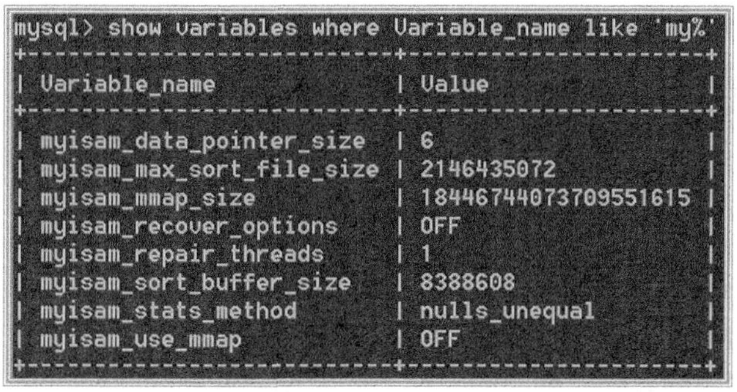

```
mysql> show variables where Variable_name like 'my%'
+------------------------------+---------------------+
| Variable_name                | Value               |
+------------------------------+---------------------+
| myisam_data_pointer_size     | 6                   |
| myisam_max_sort_file_size    | 2146435072          |
| myisam_mmap_size             | 18446744073709551615|
| myisam_recover_options       | OFF                 |
| myisam_repair_threads        | 1                   |
| myisam_sort_buffer_size      | 8388608             |
| myisam_stats_method          | nulls_unequal       |
| myisam_use_mmap              | OFF                 |
+------------------------------+---------------------+
```

图 5.1　查看"MyISAM"打头的系统变量值

如果要求所有的表可以扩大，超过默认限制并且愿意让表的工作效率稍微慢点，尺寸稍微大点，则可以通过设置此变量增加默认指针的尺寸。

（4）[DEFAULT] CHARACTER SET：用于为表指定一个默认字符集。CHARSET 是 CHARACTER SET 的同义词。

（5）COLLATE：用于为表指定一个默认整序（排序规则），即主要用于对字符进行排序，指定默认的排序规则。

（6）CHECKSUM：如果要求 MySQL 随时对所有行进行实时检验求和（也就是表变更后，MySQL 自动更新检验求和），则应把此项设置为 1。这样做，表的更新速度会略微慢些，但是更容易寻找到受损的表。CHECKSUM TABLE 语句用于报告检验求和（仅限于 MyISAM）。

（7）COMMENT：表的注意，最长为 60 个字符。

（8）CONNECTION：FEDERATED 存储引擎表的连接字符串。（注意：较早版本的 MySQL 使用 COMMENT 选项用于连接字符串），其作用就是在本地创建此引擎的表后，该表数据的更新与 CONNECTION 连接字符串所指向的远程服务器上的同名表同步，即本地表更新后，同名的远程表一并更新，两个表的数据保持同步。

（9）MAX_ROWS：预计储存在表中的行数目的最大值。这不是一个硬性限值，而更像一个指示语句，指示出表必须能存储至少有多少行。

（10）MIN_ROWS：预计存储在表中的行数目的最小值。

（11）PACK_KEYS：如果要求对所有数据进行压缩处理，则把此选项设置为 1。这样做通常使更新速度变慢，但读取速度加快。把选项设置为 0 可以取消所有的关键字压缩。把此选项设置为 DEFAULT 时，存储引擎只压缩长的 CHAR 或 VARCHAR 列（仅限于 MyISAM）。如果不使用 PACK_KEYS，则默认操作是只压缩字符串，但不压缩数字。如果使用 PACK_KEYS=1，则对数字也进行压缩。在对二进制数字关键字进行压缩时，MySQL 采用前缀压缩——每个关键字需要一个额外的字节来指示前一个关键字中有多少字节与下一个关键字相同。指向行的指针以高位字节优先的顺序存储在关键字的后面，用于改进压缩效果。这意味着，如果两个连续行中有许多相同的关键字，则后续的"相同"的关键字通常只占用两个字节（包括指向行的指针）。与此相比，常规情况下，后续的关键字占用 storage_size_for_key + pointer_size（指针尺寸通常为 4）。但是，只有在许多数字相同的情况下，才有利于前缀压缩。如果所有的关键字完全不同，并且关键字不能含有 NULL 值，则每个关键字要多使用一个字节。（在这种情况中，储存压缩后的关键字的长度的字节与用于标记关键字是否为 NULL 的字节是同一字节。）

（12）PASSWORD：使用密码对.frm 文件加密。在标准 MySQL 版本中，本选项不起任何作用。

（13）DELAY_KEY_WRITE：如果想要延迟对关键字的更新，等到表关闭后再更新，则把此项设置为 1（仅限于 MyISAM）。

（14）ROW_FORMAT：定义各行应如何储存。当前，此选项只适用于 MyISAM 表。对于静态行或长度可变行，此选项值可以为"FIXED"或"DYNAMIC"。MyISAMPACK 用于把类型设置为 COMPRESSED。在默认情况下，InnoDB 记录以压缩格式存储（ROW_FORMAT=COMPACT）。通过指定 ROW_FORMAT=REDUNDANT，仍然可以申请用于较早版本的 MySQL 中的非压缩格式。

（15）RAID_TYPE：在 MySQL 5.0 中，RAID 支持被删除了。

（16）UNION：当想要把一组表当作一个表使用时，采用 UNION。UNION 仅适用于 MERGE 存储引擎的表。对于映射到一个 MERGE 表上的表，必须拥有 SELECT、UPDATE 和 DELETE 权限。

注意：之前所有被使用的表必须位于同一个数据库中，并作为 MERGE 表。这些限制不再适用。

（17）INSERT_METHOD：如果要求在 MERGE 表中插入数据，必须用 INSERT_METHOD 指定应插入行的方式。INSERT_METHOD 选项仅用于 MERGE 表。使用 FIRST 或 LAST 把行插入到第一个或最后一个；或者使用 NO，阻止插入行。

（18）DATA DIRECTORY,INDEX DIRECTORY：通过使用 DATA DIRECTORY='directory'或 INDEX DIRECTORY='directory'，可以指定 MyISAM 存储引擎放置表格数据文件和索引文件的位置。

注意：目录应是完整路径（不是相对路径）。

当没有使用--skip-symbolic-links 选项时，DATA DIRECTORY、INDEX DIRECTORY 才能使用。操作系统必须有一个正在工作的、线程安全的 realpath()调用。

关于上述 MySQL 表创建语法的解释说明，读者先做一个大致的了解，书中后面的章节将对语法中所涉及参数的用法进行详细举例说明，因此，读者更需关注后面的部分，尤其是举例部分。

另外，所有的举例所涉及的 SQL 语句，其执行环境若无特别说明，均在 MySQL 的 shell 窗口下，即"mysql>"下执行。

5.1.2　MySQL 表结构创建实例

例 5.1～例 5.6 为 MySQL 表的创建，具体请看下面的介绍。

【例 5.1】指定 id 列为主键且其值自动增长。

```
mysql>CREATE TABLE shujubiao(
id INT PRIMARY KEY AUTO_INCREMENT, -- 指定为 i 整型
name VARCHAR(32) NOT NULL, -- 指定为不固定长度，最大为 32 位字符，不能为空
PASSWORD VARCHAR(64) NOT NULL, -- 指定为不固定长度，最大为 64 位字符，不能为空
email VARCHAR(128) NOT NULL, -- 指定为不固定长度，最大为 128 位字符，不能为空
age TINYINT UNSIGNED NOT NULL -- 指定为小整型
);
```

上述命令的运行结果如图 5.2 所示。

图 5.2　指定 id 表列为主键且其值自动增长

【例 5.2】建立外键关联。

```
mysql>CREATE TABLE class
```

```
(
    code VARCHAR(20) PRIMARY KEY,
    name VARCHAR(20) NOT NULL
);
CREATE TABLE ceshi
(
    ids INT AUTO_INCREMENT PRIMARY KEY,
    uid VARCHAR(20),
    name VARCHAR(20),
    class VARCHAR(20),
    FOREIGN KEY (class)  REFERENCES class(code)
);
```

上述命令的运行结果如图 5.3 所示。

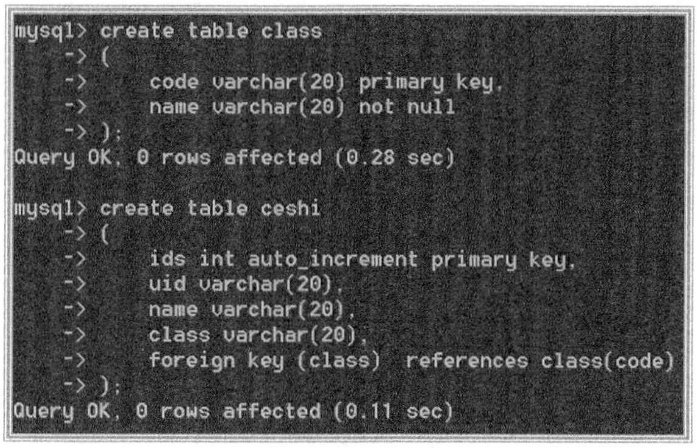

图 5.3 创建外键关联例表

【例 5.3】主键最后指定。

```
mysql>CREATE TABLE hero (
  id INT(11) AUTO_INCREMENT,
  name VARCHAR(30) ,
  hp float ,
  damage INT(11) ,
  PRIMARY KEY (id)
) DEFAULT CHARSET=utf8;
```

上述命令的运行结果如图 5.4 所示。

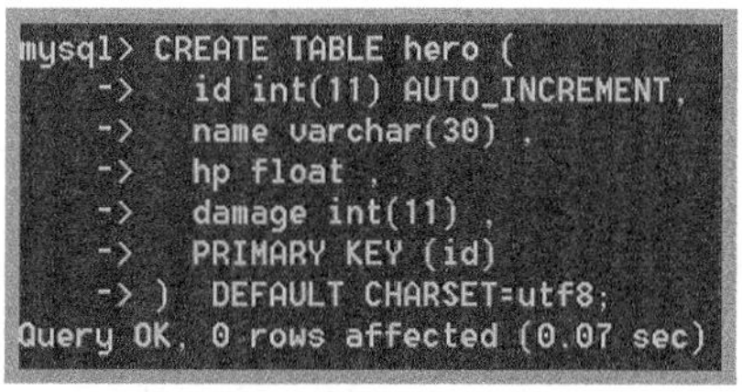

图 5.4 最后指定表主键

【例 5.4】建立外键关联约束、指定 UNIQUE 唯一索引列。

```
mysql>CREATE TABLE student1 (
    id INT PRIMARY KEY,
    name VARCHAR(20)
    );
mysql>CREATE TABLE student2 (
    id INT,
    stu_id INT,
    name VARCHAR(20),
    PRIMARY KEY(id,stu_id)
    );
mysql>CREATE TABLE teacher (
```

```
    id INT PRIMARY KEY,
    stu_id INT,
    name VARCHAR(20),
    CONSTRAINT STUID FOREIGN KEY(stu_id) REFERENCES student1(id)
    );
mysql>CREATE TABLE student3 (
    id INT PRIMARY KEY AUTO_INCREMENT,
    teacher_id INT UNIQUE,
    name VARCHAR(20) NOT NULL,
    sex VARCHAR(10) DEFAULT 'male'
    );
```

上述命令的运行结果如图 5.5 所示。

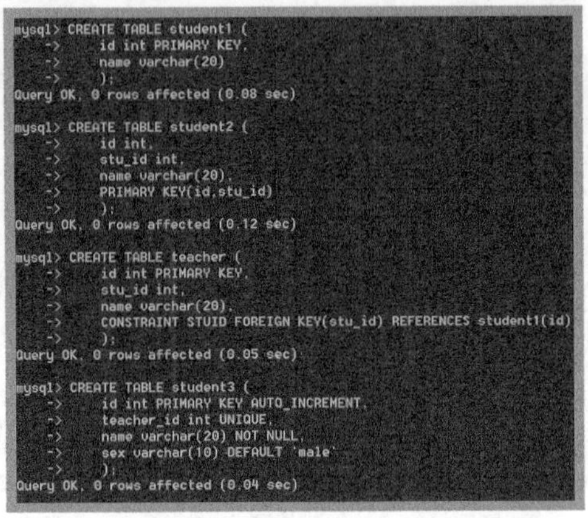

图 5.5 建立外键约束并指定唯一索引

【例 5.5】UNIQUE 唯一索引最后指定。

```
mysql>CREATE TABLE IF NOT EXISTS caidqx (
  yhid varchar(255) NOT NULL, #登录用户ID ykxt_yongh.id
  cdid varchar(255) NOT NULL, #三级菜单项ID menu33.ID
  PRIMARY KEY (yhid,cdid),
  UNIQUE KEY yhidcdid (yhid,cdid)
) ENGINE=InnoDB DEFAULT CHARSET=utf8;
```

上述命令的运行结果如图 5.6 所示。

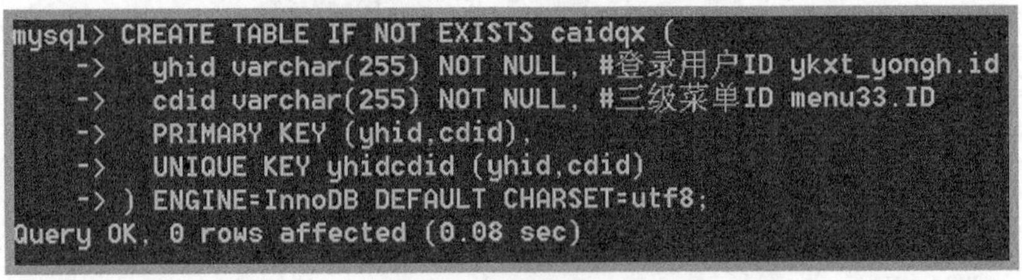

图 5.6 最后指定唯一索引

【例 5.6】指定完整数据库引擎、字符集、排序规则、校验和等。

```
mysql>CREATE TABLE IF NOT EXISTS yics_set(
  ID INT NOT NULL AUTO_INCREMENT,
  work_option SET('','DBA','SA','Coding Engineer','Javascript','NA','QA','other') NOT NULL,
  work_city SET('shanghai','beijing','hangzhou','shenzhen','guangzhou','other') NOT NULL DEFAULT 'shanghai',
  PRIMARY KEY(ID))
  ENGINE=MyISAM CHARACTER SET 'utf8' COLLATE 'utf8_general_ci' CHECKSUM=1 DELAY_KEY_WRITE=1 ROW_FORMAT=DYNAMIC COMMENT='yics_set';
```

上述命令的运行结果如图 5.7 所示。

```
mysql> CREATE TABLE IF NOT EXISTS yics_set(
    -> ID INT NOT NULL AUTO_INCREMENT,
    -> Work_Option SET('','DBA','SA','Coding Engineer','JavaScript','NA','QA','other') NOT NULL,
    -> Work_City SET('shanghai','beijing','hangzhou','shenzhen','guangzhou','other') NOT NULL DEFAULT 'shanghai',
    -> PRIMARY KEY(ID))
    -> ENGINE=MYISAM CHARACTER SET 'utf8' COLLATE 'utf8_general_ci' CHECKSUM=1 DELAY_KEY_WRITE=1 ROW_FORMAT=DYNAMIC COMMENT='yics_set';
Query OK, 0 rows affected (0.03 sec)
```

图 5.7　指定数据库引擎、字符集、排序规则、校验和等设置

5.1.3　MySQL 表名修改

MySQL 表名修改语法如下：

```
ALTER table table_name rename table_new_name;
```

- table_name：旧表名。
- table_new_name：新表名。

【例 5.7】将 yics_set 表名改为 ycs_set。

```
mysql>ALTER TABLE yics_SET rename ycs_set;
```

上述命令的运行结果如图 5.8 所示。

```
mysql> alter table yics_set rename ycs_set;
Query OK, 0 rows affected (0.01 sec)
```

图 5.8　更改表名

```
mysql>DESC ycs_set;
```

上述命令的运行结果如图 5.9 所示。

```
mysql> desc ycs_set;
+-------------+----------------------------------------------------------------------------+------+-----+----------+----------------+
| Field       | Type                                                                       | Null | Key | Default  | Extra          |
+-------------+----------------------------------------------------------------------------+------+-----+----------+----------------+
| ID          | int(11)                                                                    | NO   | PRI | NULL     | auto_increment |
| Work_Option | set('','DBA','SA','Coding Engineer','JavaScript','NA','QA','other')        | NO   |     | NULL     |                |
| Work_City   | set('shanghai','beijing','hangzhou','shenzhen','guangzhou','other')        | NO   |     | shanghai |                |
+-------------+----------------------------------------------------------------------------+------+-----+----------+----------------+
3 rows in set (0.14 sec)
```

图 5.9　查看表结构

5.2　表结构的维护

表结构的维护是指对构成表结构的字段及其属性进行必要的增、删、改等操作。下面逐一进行介绍。

5.2.1 MySQL 添加字段

MySQL 添加字段语法如下：

```
ALTER TABLE 表名 Add column 字段 type AFTER 字段 (在哪个字段后面添加)
```

【例 5.8】给表 ycs_set 添加 "mement" 列，要求添加到 "work_option" 列后面，类型：text，允许 NULL。

```
mysql>ALTER TABLE ycs_set ADD column mement text DEFAULT NULL AFTER work_option;
```

上述命令的运行结果如图 5.10 所示。

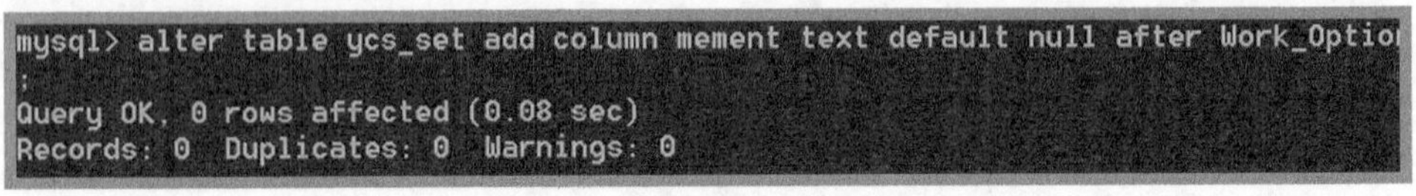

```
mysql> alter table ycs_set add column mement text default null after Work_Option
;
Query OK, 0 rows affected (0.08 sec)
Records: 0  Duplicates: 0  Warnings: 0
```

图 5.10　添加字段

5.2.2 MySQL 删除字段

MySQL 删除字段语法如下：

```
ALTER TABLE 表名 DROP COLUMN 字段
```

【例 5.9】删除 ycs_set 刚刚添加的 "mement" 列。

```
mysql>ALTER TABLE ycs_set DROP COLUMN mement ;
```

上述命令的运行结果如图 5.11 所示。

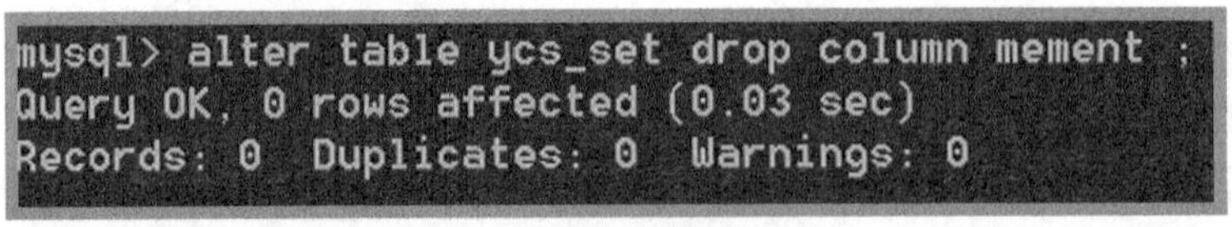

```
mysql> alter table ycs_set drop column mement ;
Query OK, 0 rows affected (0.03 sec)
Records: 0  Duplicates: 0  Warnings: 0
```

图 5.11　删除字段

5.2.3 MySQL 调整字段顺序

MySQL 调整字段语法如下：

```
mysql>ALTER TABLE 表名 CHANGE 字段1 字段1 类型 ... AFTER 字段2;
```

- 字段 1：要调整的字段。
- 字段 2：将 "字段 1" 调整到 "字段 2" 的后面。

【例 5.10】将表 ycs_set 的 "work_city" 调到 "ID" 的后面。

```
mysql>ALTER TABLE ycs_set CHANGE work_city work_city
SET('shanghai','beijing','hangzhou','shenzhen','guangzhou','other') NOT NULL
DEFAULT 'shanghai' AFTER ID;
```

上述命令的运行结果如图 5.12 所示。

```
mysql> ALTER TABLE ycs_set CHANGE Work_City Work_City set('shanghai','beijing',
'hangzhou','shenzhen','guangzhou','other') not null default 'shanghai' AFTER ID;
Query OK, 0 rows affected (0.03 sec)
Records: 0  Duplicates: 0  Warnings: 0
```

图 5.12　调整字段顺序

5.2.4　MySQL 删除主键

MySQL 删除主键语法如下：

```
ALTER TABLE 表名 DROP PRIMARY KEY(字段);
```

- 字段：主键字段。
- 在删除主键之前，应先删除子增长，否则，主键不允许删除。

【例 5.11】删除表 ycs_set 的主键。

```
MySQL>ALTER TABLE ycs_set CHANGE id id int(11); -- 删除自增长
MySQL>ALTER TABLE ycs_set DROP PRIMARY KEY;
```

上述命令的运行结果如图 5.13 所示。

```
mysql> Alter table ycs_set change id id int(11); -- 删除自增长
Query OK, 0 rows affected (0.03 sec)
Records: 0  Duplicates: 0  Warnings: 0

mysql> Alter table ycs_set drop primary key;
Query OK, 0 rows affected (0.07 sec)
Records: 0  Duplicates: 0  Warnings: 0
```

图 5.13　删除表的主键

5.2.5　MySQL 增加主键

MySQL 增加主键语法如下：

```
MySQL>ALTER TABLE 表名 ADD PRIMARY KEY(字段);
```

- 字段：要设为主键字段。
- 在增加主键之前，要确保设为主键的字段不能为 null。

【例 5.12】将表 ycs_set 的 "id" 设为主键。

```
MySQL>ALTER TABLE ycs_set CHANGE id id int(11) NOT NULL;
MySQL>ALTER TABLE ycs_set ADD PRIMARY KEY (id);
```

上述命令的运行结果如图 5.14 所示。

```
mysql> Alter table ycs_set change id id int(11) not null;
Query OK, 0 rows affected (0.01 sec)
Records: 0  Duplicates: 0  Warnings: 0

mysql> ALTER TABLE ycs_set add primary key (id);
Query OK, 0 rows affected (0.05 sec)
Records: 0  Duplicates: 0  Warnings: 0
```

图 5.14　增加表的主键

5.2.6　MySQL 重命名列

MySQL 重命名列语法如下：

```
ALTER TABLE 表名 CHANGE old_字段 new_字段 类型...;
```

- old_字段：要重命名的字段。
- new_字段：新字段名。

【例 5.13】将表 ycs_set 的 "work_city" 字段改名为 "work_city2"。

```
mysql>ALTER TABLE ycs_set CHANGE
work_city work_city2 SET('shanghai','beijing','hangzhou','shenzhen','guangzhou','other')
NOT NULL DEFAULT 'shanghai';
```

上述命令的运行结果如图 5.15 所示。

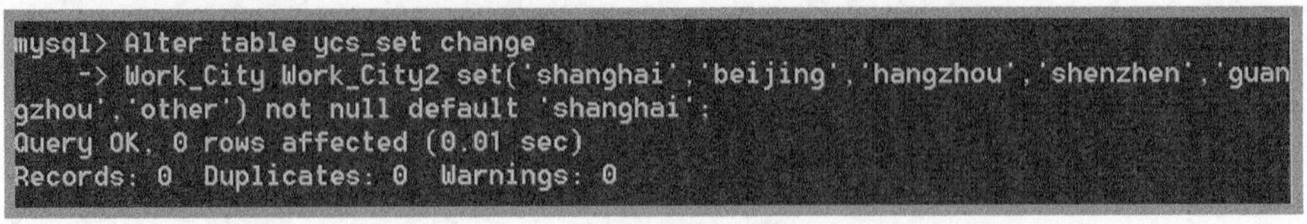

```
mysql> Alter table ycs_set change
    -> Work_City Work_City2 set('shanghai','beijing','hangzhou','shenzhen','guan
gzhou','other') not null default 'shanghai';
Query OK, 0 rows affected (0.01 sec)
Records: 0  Duplicates: 0  Warnings: 0
```

图 5.15 列（字段）改名

5.2.7 MySQL 改变列类型

MySQL 改变列类型语法如下：

```
ALTER TABLE 表名 CHANGE 字段 字段 类型…;
```

- 字段：要改变列类型的字段。
- 类型：新类型。

【例 5.14】将表 ycs_set 的 "id" 字段类型调整为 int(20)，其他不变。

```
mysql>ALTER TABLE ycs_set CHANGE  id id INT(20) NOT NULL;
```

上述命令的运行结果如图 5.16 所示。

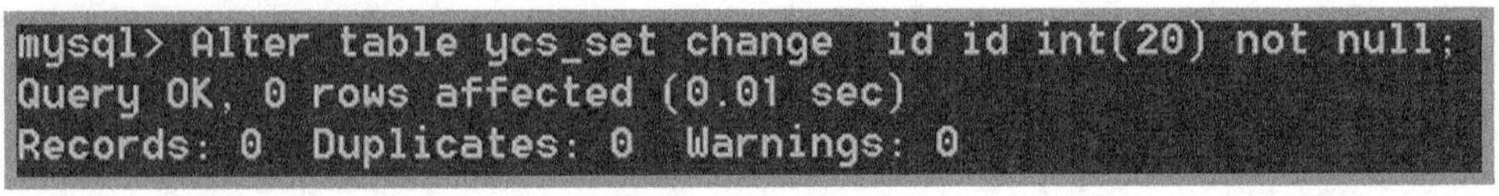

```
mysql> Alter table ycs_set change  id id int(20) not null;
Query OK, 0 rows affected (0.01 sec)
Records: 0  Duplicates: 0  Warnings: 0
```

图 5.16 改变列类型

5.2.8 MySQL 添加索引

MySQL 添加索引语法如下：

```
ALTER TABLE 表名 ADD  INDEX 索引名 (字段名1[,字段名2 …]);
```

- 索引名：增加索引的名字。
- 字段名：索引的字段。

【例 5.15】给表 ycs_set 的 "work_option" 字段添加索引。

```
mysql>ALTER TABLE ycs_set ADD INDEX IND_YCS_SET_1(work_option);
```

上述命令的运行结果如图 5.17 所示。

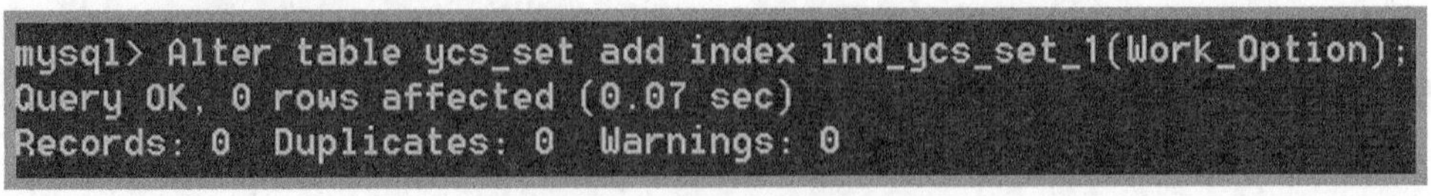

```
mysql> Alter table ycs_set add index ind_ycs_set_1(Work_Option);
Query OK, 0 rows affected (0.07 sec)
Records: 0  Duplicates: 0  Warnings: 0
```

图 5.17 给表字段添加普通索引

5.2.9 MySQL 添加唯一索引

MySQL 添加唯一索引语法如下：

```
ALTER TABLE 表名 ADD  UNIQUE 索引名(字段名1[,字段名2 …]);
```

- 索引名：增加唯一索引的名字。
- 字段名：索引的字段。

【例 5.16】给表 ycs_set 的"work_option"字段添加唯一索引。

```
mysql>ALTER TABLE ycs_set ADD UNIQUE UNI_YCS_SET_2(work_city);
```

上述命令的运行结果如图 5.18 所示。

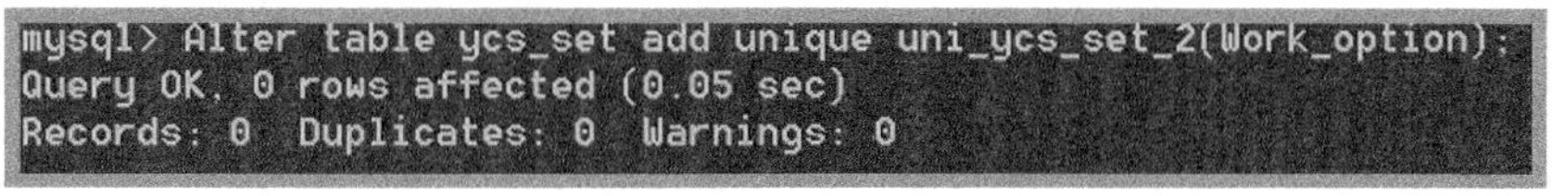

图 5.18　给表字段添加唯一索引

5.2.10　MySQL 删除索引

MySQL 删除索引语法如下：

```
ALTER TABLE 表名 DROP INDEX 索引名;
```

其中索引名为要删除索引的名字。

【例 5.17】删除表 ycs_set 的"ind_ycs_set_1"索引。

```
mysql>ALTER TABLE ycs_set DROP INDEX IND_YCS_SET_1 ;
mysql>ALTER TABLE ycs_set DROP INDEX UNI_YCS_SET_2 ;
```

上述命令的运行结果如图 5.19 所示。

图 5.19　删除索引

5.3　MySQL 修改库、表及列字符集

5.3.1　MySQL 修改库字符集

MySQL 修改库字符集语法如下：

```
ALTER DATABASE db_name DEFAULT CHARACTER SET character_name [COLLATE ...];
```

- "db_name"要修改的数据库名字。
- "character_name"要设定的字符集。
- "..."要设定的字符集排序规则。

【例 5.18】修改库字符集。

```
mysql>ALTER DATABASE db_fcms DEFAULT CHARACTER SET utf8 COLLATE utf8_general_ci;
```

5.3.2　MySQL 修改表字符集

MySQL 修改表字符集语法如下：

```
ALTER TABLE tbl_name CONVERT TO CHARACTER SET character_name [COLLATE ...];
```

- "tbl_name"要修改的表名字。
- "character_name"要设定的字符集。
- "..."要设定的字符集排序规则。

【例 5.19】 修改表字符集。

```
mysql>ALTER TABLE ycs_set CONVERT TO CHARACTER SET utf8 COLLATE utf8_general_ci;
```

5.3.3　MySQL 修改列（字段）字符集

MySQL 修改列（字段）语法如下：

```
ALTER TABLE tbl_name CHANGE c_name c_name CHARACTER SET character_name [COLLATE ...];
```

- "tbl_name"要修改的表名字。
- "c_name"要修改的表列（字段）名字。
- "character_name"要设定的字符集。
- "..."要设定的字符集排序规则。

【例 5.20】 修改列（字段）字符集。

```
mysql>ALTER TABLE ycs_set CHANGE work_option  work_option
 SET('shanghai','beijing','hangzhou','shenzhen','guangzhou','other') NOT NULL
DEFAULT 'shanghai' CHARACTER SET utf8 COLLATE utf8_general_ci;
```

5.3.4　MySQL 修改字符集的有关注意事项

一般情况下，给数据库、表或列定义好字符集后，就不能轻易改变了。改变字符集带来最多的问题就是乱码，尤其是中文乱码。改变字符集的需求大多是出现在数据库移植的情况下。下面简要介绍 MySQL 数据库改变字符集的处理过程及如何防止乱码的出现。

当改变表的默认字符集和所有字符列的字符集到一个新的字符集时，该操作事实上是在字符集中转换列值。假如在字符集（如 GB2312）中有一个列，但存储的值使用的是其他的一些不兼容的字符集（如 UTF8），那么该操作将不会得到所期望的结果，一般会出现乱码。在这种情况下，用户必须对每一列做如下操作：

```
ALTER TABLE t1 CHANGE c1 c1 BLOB;
ALTER TABLE t1 CHANGE c1 c1 TEXT CHARACTER SET utf8;
```

这样做的目的是先将那些有可能出现乱码的列转换为二进制 BLOB，然后再将这个 BLOB 转换回去并设定需要的字符集，经过 BLOB 过渡之后，中文乱码的问题基本上就可以解决了。

另外，如果指定以二进制进行表字符集转换（转换命令：CONVERT TO CHARACTER SET），则 CHAR、VARCHAR 和 TEXT 列将转换为它们对应的二进制字符串类型（BINARY、VARBINARY 和 BLOB）。这意味着这些列将不再有字符集，随后的 CONVERT TO 操作也将不会作用到它们上。

如果仅仅改变一个表的缺省字符集，可使用下面的语句：

```
ALTER TABLE tbl_name DEFAULT CHARACTER SET charset_name;
```

其中 DEFAULT 是可选的。当向一个表里添加一个新的列时，如果没有指定字符集，则就采用缺省的字符集（例如 ALTER TABLE ... ADD column）。

ALTER TABLE ... DEFAULT CHARACTER SET 和 ALTER TABLE ...CHARACTER SET 是等价的，修改的仅仅是缺省的表字符集。

5.3.5　MySQL 字符集的查看

1. 查看数据库当前字符集

语法如下：

```
SHOW CREATE DATABASE db_name;
```

语法中的 db_name 为数据库的名字，下面这个命令的运行结果如图 5.20 所示。

```
mysql>SHOW CREATE database db_fcms;
```

```
mysql> show create database db_fcms;
+----------+---------------------------------------------------------------------+
| Database | Create Database                                                     |
+----------+---------------------------------------------------------------------+
| db_fcms  | CREATE DATABASE `db_fcms` /*!40100 DEFAULT CHARACTER SET utf8 */ |
+----------+---------------------------------------------------------------------+
1 row in set (0.00 sec)
```

图 5.20　查看数据库当前字符集

2. 查看表当前字符集

语法如下：

```
SHOW CREATE TABLE tbl_name;
```

语法中的 tbl_name 为表的名字，下面这个命令的运行结果如图 5.21 所示。

```
mysql>SHOW CREATE table menu31;
```

```
| menu31 | CREATE TABLE `menu31` (
  `ID` int(10) unsigned NOT NULL AUTO_INCREMENT,
  `name` varchar(255) DEFAULT NULL,
  `father` varchar(255) DEFAULT NULL,
  `linkadd` varchar(255) DEFAULT NULL,
  `isOk` tinyint(1) DEFAULT NULL,
  PRIMARY KEY (`ID`),
  KEY `ID` (`ID`)
) ENGINE=MyISAM AUTO_INCREMENT=13 DEFAULT CHARSET=utf8 CHECKSUM=1
```

图 5.21　查看表当前字符集

3. 查看字段字符集

语法如下：

```
SHOW FULL COLUMNS FROM tbl_name;
```

语法中的 tbl_name 为表的名字，下面这个命令的运行结果如图 5.22 所示。

```
mysql>SHOW full columns FROM menu31;
```

```
mysql> show full columns from menu31;
+---------+---------------------+-----------------+------+-----+---------+---------
-------+---------------------------------+---------+
| Field   | Type                | Collation       | Null | Key | Default | Extra
       | Privileges                      | Comment |
+---------+---------------------+-----------------+------+-----+---------+---------
-------+---------------------------------+---------+
| ID      | int(10) unsigned    | NULL            | NO   | PRI | NULL    | auto_inc
rement | select,insert,update,references |         |
| name    | varchar(255)        | utf8_general_ci | YES  |     | NULL    |
       | select,insert,update,references |         |
| father  | varchar(255)        | utf8_general_ci | YES  |     | NULL    |
       | select,insert,update,references |         |
| linkadd | varchar(255)        | utf8_general_ci | YES  |     | NULL    |
       | select,insert,update,references |         |
| isOk    | tinyint(1)          | NULL            | YES  |     | NULL    |
       | select,insert,update,references |         |
+---------+---------------------+-----------------+------+-----+---------+---------
-------+---------------------------------+---------+
5 rows in set (0.17 sec)
```

图 5.22　查看表字段当前字符集

第 6 章

MySQL 的索引

本章将对 MySQL 数据库的索引进行详细介绍，尤其是 UNIQUE 唯一索引、PRIMARY KEY 主键索引、AUTO_INCREMENT 自增序列（相当于 Oracle 的 SEQUENCE 序列）以及它们的适用场景。

通过本章的学习，读者可以掌握 MySQL 数据库索引的概念及基本操作，了解各类索引不同的适用场景，为设计出高效率的数据库打下坚实基础。

6.1 索引概述

索引是提高查询速度的有效方法。一个没有建立任何索引的表只是一个未经排序的数据的集合。如果要找出某行的数据，就必须进行全表扫描，这样效率低、速度慢。如果是多表联合查询，那将是更痛苦的事情了。如果为表的某列创建了索引，以该列为条件检索信息时，那么通过索引可以快速定位所需数据的位置，而不必进行全表扫描了。

例如查询 shopnc_product 表中 user_id 为 3 的信息，如果没有为 user_id 建立索引，那么在查询记录时，将会把整个表中的数据都浏览一遍。当这个表很大，而符合条件的记录又很少时，这样的查询效率是相当低的。如果为 user_id 列增加索引后，索引会对 user_id 列进行排序存放。当查找记录时，MySQL 会直接进入索引定位匹配的记录，这大大提高了查询效率。

表的类型不同，索引的存放位置也不同。对于 MyISAM 表，数据行放在数据文件里，索引值放在索引文件里，一个表可以有多个索引，这些索引都放在一个索引里，一个索引其实就是一个排好序的键值数组，正是通过这些键值才可以实现对数据文件的快速定位访问。对于 InnoDB 表，它的索引也是排好序的数组，但它的数据行与索引值是存放在同一个文件里的，存放在同一个表空间里面。

相比单表查询而言，多表查询时，索引起到的作用就更大。在单个表中，如果没有索引，最差的情况也就是把整个表都遍历一次。但在多表联合查询中，如果没有索引，最差的情况下，遍历的次数可能就是几个表行数据的乘积，这很有可能是个天文数字。假设有 3 个表：table1、table2、table3，各有 1000 条记录，执行如下语句：

```
mysql> SELECT table1.c1, table2.c2, table3.c3 FROM table1, table2, table3 WHERE table1.c
1 = table2.c2 AND table1.c1 = table3.c3;
```

上面的语句在未加索引的情况下，应该是遍历所有的组合，即 1000×1000×1000 = 10 亿次才可以。这种的语句执行起来，速度可想而知了。如果每个表的数据多于 1000 行时，就更糟了，如果加上索引，速度将大大加快。为 table2 表中 c2 列添加索引，为 table3 表中的 c3 列添加索引。

再分析一下执行过程，首先语句从 table1 表中取出第一行，然后利用 table2 表中的索引直接定位与 table1 表中相匹配的数据行（注意，此时不再需要对 table2 表进行全表扫描），同样，轮到 table3 表时，利用 table3 表中的索引也可以直接定位与 table1 表中相匹配的数据行，（注意，此时不再需要对 table3 表进行全表扫描），这样，只能第一个表 table1 进行了一次全表扫描，减少了对后两个表 1000×1000，即 100 万次的扫描，大大提高了查询速度。

事物都有两面性，索引在提高速度的同时，也有一些缺点。
- 索引需要使用更多的磁盘空间，索引越多，占用磁盘空间就越多。
- 索引在加快检索速度的同时，还降低了插入、更新、删除的操作速度，因为它们多了一项工作就是更新索引，索引越多，速度就越慢。

6.1.1 关于索引的建议

1. 最好使用唯一化的索引

在唯一化的数据列加索引效果是最明显的，如果一个字段存在许多相同的值，加上索引后效果不会比原来好；如果某列存放性别"男"和"女"两种值，在这种情况下，MySQL 很有可能不使用索引进行全盘扫描。当查询优化程序发现某数据在超过 30%的行里都有出现时，通常会不使用索引而进行全表扫描。

2. 索引长度要尽量短

如果要对一个字符型的字段添加索引，可以指定一个前缀长度，如一个 CHAR(50)型的字段添加索引。如果它的前 10 个字节不同后面基本相同，那么可以只对这前 10 个字节创建索引，这样既减少了索引所占的空间，又可以加快检索速度。

3. 要充分利用最左侧前缀

这个是针对于复合索引而言的，例如对某表中的 c1、c2、c3 这 3 个列创建了一个复合索引，索引项的顺序为 c1、c2、c3，这样如果查询时，以 c2、c3、c2+c3 作为条件时，基本是用不到创建的复合索引的，因为它们都没有最左侧的 c1 字段，所以这个复合索引适用于以下检索条件：

c1, c2, c3

c1, c2

c1

注意：如果检索条件没有涉及索引的最左前缀，MySQL 就用不到复合索引了，如对 c2 或 c3 进行检索时，这个复合索引是用不到的。

索引并不是越多越好，每增加索引，就会占用更多的磁盘空间，更新删除的操作速度也会变慢。查看日志记录。将慢查询记录到日志文件内，通过查看记录的内容来决定是否添加索引来优化语句。

注意：关于慢查询，在后面的章节中详细阐述。

6.1.2 MySQL 中使用索引

MySQL 中创建索引的语法如下：

```
CREATE [UNIQUE|FULLTEXT|SPATIAL] INDEX INDEX_name
    [USING index_type]
    ON tbl_name (index_col_name,...)
INDEX_col_name:
    col_name [(length)] [ASC | DESC]
```

CREATE INDEX 允许向已有的表中添加索引。格式为（col1, col2,...）的一个列清单创建出一个多列索引。通过串接给定列中的值，确定索引值的格式。

CHAR 和 VARCHAR 列可以全部或只用列的一部分创建索引。创建索引时，使用 col_name(length)语法只对指定长度的前缀进行索引，这样可以减少索引文件的大小，节省磁盘空间，并能提高 INSERT 与 DELETE 速度。

BLOB 和 TEXT 列也可以编制索引，但是必须指定前缀长度。

自 MySQL 5.1 开始，对于 MyISAM 和 InnoDB 表，前缀最长为 1000 字节。

> 注意：前缀的长度以字节计算，而 CREATE INDEX 语句中的前缀长度指的是字符的数目。对于使用多字节字符集的列，在指定列的前缀长度时，要考虑这一点。

下面在 shopnc_product 表中为 product_name 列创建一个索引，索引使用列名称的前 10 个字符：

```
CREATE INDEX INDEX_p_name ON shopnc_product (product_name(10))
```

6.2 UNIQUE 实际开发中的使用方法

MySQL 唯一索引 UNIQUE 一般用于不重复数据字段，经常会把数据表中的 id 字段设置为唯一索引 UNIQUE。下面介绍如何在 MySQL 中使用唯一索引 UNIQUE。

创建唯一索引的目的不是为了提高访问速度（普通索引是用来提高访问速度的），而只是为了避免数据出现重复。唯一索引可以有多个，不管多少个，其每个的索引列值必须唯一，索引列值允许有空值。如果能确定某个数据列值将只包含彼此各不相同的值，那就需要为这个数据列创建 UNIQUE 的索引以达到目的。

1. 创建唯一索引可以使用关键字 UNIQUE 随表一同创建

示例如下：

```
MySQL> CREATE TABLE cms_blog (id SMALLINT(8) UNSIGNED NOT NULL,catid SMALLINT(5) UNSIGEN
D NOT NULL DEFAULT '0',title VARCHAR(80) NOT NULL DEFAULT '',content TEXT NOT NULL,PRIMARY KE
Y (id), UNIQUE KEY  cms_blog_catid  (catid)) ;
9 Query OK, 0 rows affected (0.24 sec)
```

上面代码为 cms_blog 表的 "catid" 字段创建名为 cms_blog_catid 的唯一索引。

2. 在创建表之后使用 CREATE UNIQUE 命令来创建

示例如下：

```
MySQL> CREATE UNIQUE INDEX cms_blog_catid_2 ON wb_blog(catid);
Query OK, 0 rows affected (0.47 sec)
```

3. 索引的删除

示例如下：

```
MySQL> ALTER TABLE cms_blog DROP INDEX cms_blog_catid_2;
Query OK, 0 rows affected (0.85 sec)
```

4. 索引的增加

示例如下：

```
MySQL>ALTER table cms_blog add unique cms_blog_catid_2 ON (catid);
Query OK, 0 rows affected (0.85 sec)
```

5. 主键索引

它是一种特殊的唯一索引，不允许有空值。一般是在建表的同时创建主键索引。示例如下：

```
mysql>CREATE TABLE cms_index(i_id INT NOT NULL AUTO_INCREMENT,cms_name VARCHAR(16) NOT N
ULL,PRIMARY KEY(i_id));
```

当然也可以用 ALTER 命令。

6. 小结

UNIQUE 类型索引列的值必须是唯一的,但允许有空值。如果是组合索引,则列值的组合必须唯一。它有以下几种维护方式。

(1)创建索引。

```
CREATE UNIQUE INDEX INDEXNAME ON tablename(tablecolumns(length))
```

(2)修改索引。

```
ALTER tablename ADD UNIQUE [INDEXNAME] ON (tablecolumns(length))
```

(3)创建表的时候直接指定索引。

```
CREATE TABLE tablename ( [...], UNIQUE [INDEXNAME](tablecolumns(length));
```

6.3 主键(primary key)使用方法

6.3.1 主键的作用

在数据库中,主键主要有下面这些作用。

- 主键约束,唯一标识数据库表中的每条记录。
- 主键必须包含唯一的值。
- 主键列不能包含 NULL 值。
- 每个表都应该有一个主键,并且每个表只能有一个主键。

6.3.2 主键的创建方法

在创建主键时,可以在创建表的同时创建主键,也可以在创建表之后自行创建。首先通过下面的示例看如何在创建表的同时创建主键,示例代码如下:

```
MySQL> CREATE TABLE cms_blog (id SMALLINT(8) UNSIGEND NOT NULL,catid SMALLINT(5) UNSIGEN
D NOT NULL DEFAULT '0',title VARCHAR(80) NOT NULL DEFAULT '',content TEXT NOT NULL,PRIMARY
KEY (id),
#在这里为 id 字段加上主键
UNIQUE KEY  cms_blog_catid  (catid));
9 Query OK, 0 rows affected (0.24 sec)
```

当然,可以采用如下的方式来创建主键,示例代码如下:

```
MySQL> CREATE TABLE cms_blog (id SMALLINT(8) UNSIGEND NOT NULL PRIMARYKEY, #在这里为 id 字段
加上主键
    catid SMALLINT(5) UNSIGEND NOT NULL DEFAULT '0',title VARCHAR(80) NOT NULL DEFAULT '',
content text NOT NULL,UNIQUE KEY  cms_blog_catid  (catid));
9 Query OK, 0 rows affected (0.24 sec)
```

下面我们来看创建主键的另外一种方法,即先创建表,然后再自行创建主键,示例代码如下:

```
mysql>ALTER TABLE cms_blog  ADD PRIMARY KEY ('id');
```

在创建了主键之后,还可以将其撤销。下面来看这个示例。

```
mysql>ALTER TABLE cms_blog DROP PRIMARY KEY;
```

6.4 AUTO_INCREMENT 自增使用技巧

6.4.1 AUTO_INCREMENT 的属性

MySQL 中 AUTO_INCREMENT 属性用于为一个表中记录自动生成唯一 ID 功能，可在一定程度上代替 Oracle 等数据库中的 SEQUENCE（序列）。

在建表时用"AUTO_INCREMENT=n"选项来指定一个自增的初始值。

可以用 ALTER TABLE table_name AUTO_INCREMENT=n 命令来重设自增的起始值。

当插入记录时，如果为 AUTO_INCREMENT 的数据列明确指定了一个数值，则会出现两种情况。

- 第一种情况：如果插入的值与已有的值 ID 号重复，则会出现出错信息，因为 AUTO_INCREMENT 数据列的值必须是唯一的。
- 第二种情况：如果插入的值大于已有 ID 号的值，则会把该 ID 值插入到数据列中，并使下一个 ID 从这个新值开始递增。这样一来，有可能跳过一些 ID 号。

例如，当前最大 ID 是 10，插入了一个 ID 为 100 的 ID 值，那么，下一条记录的 ID 为 101，这意味着 11～99 被跳过了。

当删除记录时，如果自增序列的最大值被删除了，则在插入新记录时，该值会被重用。

如果用 UPDATE 命令更新自增列，如果新列值与已有的值重复，则会出错；如果大于已有值，则下一个编号从该值开始递增。

6.4.2 使用 AUTO_INCREMENT 时的注意事项

在使用 AUTO_INCREMENT 时，应注意以下几点。

- AUTO_INCREMENT 是数据列的一种属性，只适用于整数类型数据列。
- 设置 AUTO_INCREMENT 属性的数据列应该是一个正数序列，所以应该把该数据列声明为 UNSIGNED，这样序列的编号个可增加一倍。
- AUTO_INCREMENT 数据列必须有唯一索引，以避免序号重复。
- AUTO_INCREMENT 数据列必须具备 NOT NULL 属性。
- AUTO_INCREMENT 数据列序号的最大值受该列的数据类型约束，如 TINYINT 数据列的最大 ID 号是 127，如加上 UNSIGNED，则最大为 255。一旦达到上限，AUTO_INCREMENT 就会失效。
- 当进行全表数据删除时，AUTO_INCREMENT 会从 1 重新开始编号。

注意：全表删除的意思是发出以下两条删除语句。
```
mysql>DELETE FROM table_name;或mysql>truncate table table_name;
```
这是因为进行全表删除时，MySQL 实际是做了这样的优化操作：先把数据表里的所有数据和索引删除，然后重新建表。

- 如果想删除所有的数据行又想保留序列序号信息，可这样用一个带 WHERE 的 DELETE 命令，如"DELETE FROM table_name WHERE 1;"。
- 可以用 MySQL 的函数 LAST_INSERT_ID()获取刚刚自增过的值。

6.4.3 关于 MySQL 的 AUTO_INCREMENT 问题分析

若应用项目准备使用 MySQL 5.1.22 之前的版本（含当前版本），MySQL 对于是否加入 AUTO_INCREMENT 的表，在执行 INSERT 语句（包括 INSERT、INSERT...SELECT、REPLACE、REPLACE...SELECT、LOAD DATA）的过程中会使用一个 AUTO-INC 的锁将表锁住，直到整个语句结束而不是事务结束，因此在执行：

- INSERT...ELECT；
- INSERT...VALUES(...),VALUES(...);
- LOAD DATA。

这 3 类语句耗费时间较长的操作时，MySQL 将整个表锁住的时间较长而导致阻塞 INSERT、UPDATE 等语句的执行，因此，建议将这些语句拆分执行，以减少锁表时间。

在 MySQL 5.1.22 之后 MySQL 进行了改进，引入了参数 InnoDB_autoinc_lock_mode，通过这个参数控制 MySQL 的锁表逻辑。

在介绍锁表逻辑之前先引入几个术语，方便说明 InnoDB_autoinc_lock_mode。

1. Insert-like

有以下代表语句：

- INSERT；
- INSERT ... SELECT；
- REPLACE；
- REPLACE ... SELECT；
- LOAD DATA；
- INSERT ... VALUES(),VALUES()。

2. Simple inserts

通过分析 INSERT 可以确定插入数量的 INSERT 语句，代表语句如下：

- INSERT；
- INSERT ... VALUES(),VALUES()。

3. Bulk inserts

通过分析 INSERT 语句不能确定插入数量的 INSERT 语句，代表语句如下：

- INSERT ... SELECT；
- REPLACE ... SELECT, LOAD DATA。

4. Mixed-mode inserts

不确定是否需要分配 auto_increment id，一般有以下两种情况。

（1）InnoDB_autoinc_lock_mode = 0 ("traditional" lock mod，传统模式)。

这种方式就和 MySQL 5.1.22 以前一样，为了向后兼容而保留了这种模式，如同前面介绍的一样，这种方式的特点就是"表级锁定"，并发性较差。

（2）InnoDB_autoinc_lock_mode = 1 ("consecutive"lock mode，连续模式)。

这种方式是新版本中的默认方式，推荐使用，并发性相对较高，特点是"consecutive"，即保证同一条 INSERT 语句中新插入的 auto_increment id 都是连续的。

1) Simple inserts：直接通过分析语句，获得要插入的数量，然后一次性分配足够的 auto_increment id，只会将整个分配的过程锁住。

2) Bulk inserts：因为不能确定插入的数量，因此使用和以前的模式相同的表级锁定。

3）Mixed-mode inserts：直接分析语句，获得最坏情况下需要插入的数量，然后一次性分配足够的 auto_increment id，只会将整个分配的过程锁住。

需要注意的是，这种方式下会分配过多的 ID，而导致"浪费"。

如：

```
INSERT INTO t1 (c1,c2) VALUES (1,'a'), (NULL,'b'), (5,'c'), (NULL,'d');
```

会一次性地分配 4 个 ID，而不管用户是否指定了部分 ID。

INSERT ... ON DUPLICATE KEY UPDATE 一次性分配，而不管将来插入过程中是否会因为 DUPLICATE KEY 而仅仅执行 UPDATE 操作。

注意：当 MASTER MySQL 版本低于 5.1.22，SLAVE MySQL 版本高于 5.1.22 时，SLAVE 需要将 InnoDB_autoinc_lock_mode 设置为 0，因为默认的 InnoDB_autoinc_lock_mode 为 1，对于 INSERT ... ON DUPLICATE KEY UPDATE 和 INSERT INTO t1 (c1,c2) VALUES (1,'a'), (NULL,'b'), (5,'c'), (NULL,'d');的执行结果不同，现实环境一般会使用 INSERT ... ON DUPLICATE KEY UPDATE。

（3）InnoDB_autoinc_lock_mode = 2 (interleaved lock mode 交叉模式)。

这种模式是来一个分配一个，而不会锁表，只会锁住分配 ID 的过程。和 InnoDB_autoinc_lock_mode = 1 的区别在于，不会预分配多个，这种方式并发性最高。

但是在 replication（复制）中，当 binlog_format 为 statement-based 时（Statement-Based Replication，SBR）存在问题，因为是来一个分配一个，这样当并发执行时，Bulk inserts 在分配时会同时向其他的 INSERT 分配，会出现主从不一致（从库执行结果和主库执行结果不一样），因为 binlog 只会记录开始的 INSERT id。

测试 SBR，在 MySQL 控制台执行如下代码：

```
begin;
INSERT values(),();
INSERT values(),();
COMMIT;
```

以上代码会在 binlog 中每条"INSERT values(),();"前增加"SET INSERT_ID=18/*!*/;"，但是 Row-Based- Replication（RBR）时不会存在这些问题。

另外，RBR 的主要缺点是日志数量在包括的语句中包含大量 UPDATE、DELETE（UPDATE 多条语句，DELETE 多条语句）时，日志会比 SBR 大很多；假如实际情况中这样语句不是很多的时候，推荐使用 RBR 配合 InnoDB_autoinc_lock_mode，不过话说回来，现实生产中"Bulk inserts"本来就很少，因此 InnoDB_autoinc_lock_mode = 1 应该是够用了。

综上所述，在实际开发中，将 InnoDB_autoinc_lock_mode 置 1 基本能满足需要，即 InnoDB_autoinc_lock_mode = 1。

注意：笔者的一个中型应用项目采用 MySQL 5.7 版本，设置参数 InnoDB_autoinc_lock_mode = 1，一切正常。

第 7 章 MySQL 的基本查询

本章将对 MySQL 数据库查询所涉及的大部内容做出详细说明，包括 SELECT、INSERT、DELETE、UPDATE 这些主语及它们的谓词（WHERE 限制条件）、谓词关键字（AND、OR、IN、LIKE、BETWEEN...END、EXISTS、ORDER BY、GROUP BY、LIMIT 等）。

此外，还要对流程控制函数(IF()、IFNULL()等)、有关函数(CONCAT()、GROUP_ CONCAT()、FIND_IN_SET()、RAND()等)、REGEXP 正则的使用给出详细说明。

本章还给出了一个排名应用案例 SQL 语句，读者可以拿来研究、参考、借鉴。

7.1　SELECT 的语法结构

SELECT 的基本语法是 SELECT... FROM 数据表（一个或多个）WHERE 条件。
MySQL 给出的 SELECT 的语法结构如下：

```
SELECT
    [ALL | DISTINCT | DISTINCTROW ]
      [HIGH_PRIORITY]
      [STRAIGHT_JOIN]
      [SQL_SMALL_RESULT] [SQL_BIG_RESULT] [SQL_BUFFER_RESULT]
      [SQL_CACHE | SQL_NO_CACHE] [SQL_CALC_FOUND_ROWS]
    SELECT_expr, ...
    [INTO OUTFILE 'file_name' export_options | INTO DUMPFILE 'file_name']
  [FROM table_references
    [WHERE where_definition]
    [GROUP BY {col_name | expr | position} [ASC | DESC], ... [WITH ROLLUP]]
    [HAVING where_definition]
    [ORDER BY {col_name | expr | position}[ASC | DESC] , ...]
    [LIMIT {[offSET,] row_count | row_count OFFSET offSET}]
    [PROCEDURE procedure_name(argument_list)]
    [FOR UPDATE | LOCK IN SHARE MODE]
    ]
```

7.1.1　语法结构说明

- 语法结构中，凡被中括号括起来的叫关键词，可写可不写。
- 语法结构中，"|" 可以理解为 "或"，表示任选其一。
- 语法结构中，凡被大括号括起来的是必须写的。
- 语法结构中，凡未被任何括号括起来的是必须原封不动写的，如 "SELECT"。
- 语法结构中，凡被小括号括起来的是必写的，如 "argument_list"。
- 语法结构中，凡小写的部分是必写的。

7.1.2 语法解释

1. [ALL]

表示全部数据范围，如果不写这一项，默认是 ALL。

2. [DISTINCT]

依据所确定的表列，过滤掉重复行的数据，凡重复的行只保留其一。如果不写这一项，默认是忽略。该项主要用于单表查询，即 FROM 后只跟一个表。

3. [DISTINCTROW]

依据所确定的表列，过滤掉重复行的数据，凡重复的行只保留其一。如果不写这一项，默认是忽略。该项主要用于多表连接查询，即 FROM 后跟一个以上的表或语句中肯定存在"JOIN"关键词。

4. [DISTINCT]、[DISTINCTROW]

它们对查询返回的结果集提供了一个最基本但是很有用的过滤。那就是结果集中只含非重复行。需要注意的是，对关键词[DISTINCT]、[DISTINCTROW]来说，空值都是相等的，无论有多少 NULL 值，只选择一个。

5. [HIGH_PRIORITY]

将赋予 SELECT 比一个更新表的语句更高的优先级，使之可以进行一次优先的快速的查询。

6. [STRAIGHT_JOIN]

[SQL_SMALL_RESULT]、[SQL_BIG_RESULT]是 MySQL 对 ANSI SQL92 的扩展。如果优化器以非最佳次序联结表，使用[STRAIGHT_JOIN]可以加快查询。

[SQL_SMALL_RESULT]和[SQL_BIG_RESULT]是一组相对的关键词。它们必须与[GROUP BY]、[DISTINCT]或[DISTINCTROW]一起使用。SQL_SMALL_RESULT 告知优化器结果会很小，要求 MySQL 使用临时表存储最终的表，而不是使用排序；SQL_BIG_RESULT 告知优化器结果很大，要求 MySQL 使用排序，而不是做临时表。

HIGH_PRIORITY 将赋予 SELECT 比一个更新表的语句更高的优先级，使之可以进行一次优先的快速的查询。

7. [SQL_SMALL_RESULT]、[SQL_BIG_RESULT]、[HIGH_PRIORITY]、[STRAIGHT_JOIN]

这 4 个关键词的使用方法的确比较晦涩。在绝大多数情况下，在 MySQL 中完全可以忽略这 4 个关键词。

8. INTO {OUTFILE|DUMPFILE} 'file_name' export_options

将结果集写入一个文件。文件在服务器主机上被创建，并且不能是已经存在的。语句中"export_options"的语法与用在 LOAD DATAINFILE 语句中的 FIELDS 和 LINES 子句中的相同，在此不做详述。OUTFILE 与 DUMPFILE 的关键字的区别是：前者以行、列的形式来写，后者只写一行到文件。

9. select_expr, ...

可以包含一项或多项内容。

- "*"表示按照 CREATE table 的顺序排列所有列。
- 按照用户所需顺序排列的列名的清单。
- 可以使用别名取代列名，形式如下：column name as column_heading。
- 表达式（列名、常量、函数、算术或逐位运算符连接的列名、常量和函数的任何组合）。
- 内部函数或集合函数。
- 上述各项的任何一种组合。

10. FROM

决定 SELECT 命令中使用哪些表。一般都要求有此项,除非 SELECT_expr, ...中不含列名(例如,只有常量、算术表达式等)。如果表项中有多个表,用逗号将之分开。在关键词 FROM 后面的表的顺序不影响结果。表名可以给出相关别名,以便表达清晰。这里的语法是 tbl_name [AS] alias_name。

例如:

```
SELECT t1.name,t2.salary FROM employee t1,info t2 WHERE t1.name=t2.name;
```

所有对该表的其他引用,例如在 WHERE 子句和 HAVING 子句中,都要用别名,别名不能以数字开头。

11. WHERE 子句

用于设置搜索条件,它在 UPDATE、DELETE 语句中的应用方法也与在 SELECT 语句中的应用方法完全相同。7.3 节将对此详细解释,这里不再赘述。

7.1.3 关于 MySQL 迭代

迭代就是重复某个相同的过程或操作。

MySQL 多表的 SELECT 查询首先进行的就是迭代。"迭代"是如何进行的呢?例如有两张表 A、B,A 表 100 条记录,B 表 100 条记录,MySQL 首先选取 A 表的第一条记录,然后遍历或者说扫描 B 表的每条记录,直至遍历(扫描)到 B 表最后一条,A 表第一条记录在 B 表中遍历(扫描)结束后,选取 A 表第二条,又开始遍历(扫描)B 表的每条记录,直至遍历(扫描)到 B 表最后一条,就这样,重复性地直到将 A 表的全部记录在 B 表中全部遍历(扫描)完毕后,才算结束。这个过程叫做迭代(重复某个相同的过程或操作)。就拿这个例子来说,A 表与 B 表都是 100 条记录,迭代完毕后总计遍历(扫描)了 100×100=10000 次。

7.2 SELECT 准备

首先创建一个数据库,然后在这个数据库里再创建这些表并在这些表里面添加些数据,命令如下。

(1)创建数据库 db_fcms。

```
CREATE DATABASE IF NOT EXISTS db_fcms DEFAULT CHARACTER SET utf8 COLLATE utf8_general_ci;
```

(2)打开数据库 db_fcms。

```
use db_fcms;
```

(3)表的结构 menu31,一级菜单项表。

```
CREATE TABLE IF NOT EXISTS menu31 (ID INT(10) UNSIGEND NOT NULL AUTO_INCREMENT,name VARCHAR(255) DEFAULT NULL,father VARCHAR(255) DEFAULT NULL,linkadd VARCHAR(255) DEFAULT NULL,PRIMARY KEY (ID),KEY ID (ID)) ENGINE=MyISAM  DEFAULT CHARSET=utf8 CHECKSUM=1 AUTO_INCREMENT=10 ;
```

(4)转存表中的数据 menu31。

```
INSERT INTO menu31 (id, name, father, linkadd) VALUES (1, '基础信息管理', '--', '#'),(2, '业务管理', '--', '#'),(7, '综合信息', '--', '#'),(8, '图表分析', '--', '#');
```

(5)表的结构 menu32,二级菜单项表。

```
CREATE TABLE IF NOT EXISTS menu32 (ID INt(10) UNSIGEND NOT NULL AUTO_INCREMENT,ID name v
```

archar(255) DEFAULT NULL,father varchar(255) DEFAULT NULL,fathername varchar(255) DEFAULT NULL,linkadd varchar(255) DEFAULT NULL,PRIMARY KEY (ID),KEY ID (ID)) ENGINE=MyISAM DEFAULT CHARSET=utf8 CHECKSUM=1 AUTO_INCREMENT=22 ;

（6）转存表中的数据 menu32。

INSERT INTO menu32 (ID, name, father, fathername, linkadd) VALUES (1, '卡信息维护', '1', '基础信息管理', '#'),(2, '部门信息维护', '1', '基础信息管理', '#'),(3, '车辆信息维护', '1', '基础信息管理', '#');

（7）表的结构 menu33，三级菜单项表。

CREATE TABLE IF NOT EXISTS menu33 (ID INt(10) UNSIGEND NOT NULL AUTO_INCREMENT,name varchar(255) DEFAULT NULL,father varchar(255) DEFAULT NULL,fathername varchar(255) DEFAULT NULL,linkadd varchar(255) DEFAULT NULL,PRIMARY KEY (ID),KEY ID (ID)) ENGINE=MyISAM DEFAULT CHARSET=utf8 CHECKSUM=1 AUTO_INCREMENT=52 ;

（8）转存表中的数据 menu33。

INSERT INTO menu33 (ID, name, father, fathername, linkadd) VALUES (1, '主卡信息维护', '1', '卡信息维护', '?a=center&b=admin&c=yk_zk'),(2, '分卡信息维护', '1', '卡信息维护', '?a=center&b=admin&c=yk_fk'),(4, '上属部门(车间)信息维护', '2', '部门信息维护', '?a=center&b=admin&c=yk_ssbm'),(52, '用油申报单管理', '9', '用油申请管理', '?a=center&b=yysbd');

（9）表的结构 cdqx，用户菜单项权限表。

CREATE TABLE IF NOT EXISTS cdqx (yhid VARCHAR(255) NOT NULL,cdid VARCHAR(255) NOT NULL,PRIMARY KEY (yhid,cdid),UNIQUE KEY yhidcdid (yhid,cdid)) ENGINE=InnoDB DEFAULT CHARSET=utf8;

（10）转存表中的数据 cdqx。

INSERT INTO cdqx (yhid, cdid) VALUES ('1', '1'),('1', '10'),('1', '11'),('8', '1');

（11）表的结构 ykxt_yongh，用户信息表。

CREATE TABLE IF NOT EXISTS ykxt_yongh (id INT(10) NOT NULL AUTO_INCREMENT,denglm VARCHAR(30) CHARACTER SET utf8 NOT NULL,mim text NOT NULL,zhensxm text CHARACTER SET utf8 NOT NULL,shenfzh text CHARACTER SET utf8 NOT NULL,shoujh text NOT NULL,quanx VARCHAR(30) CHARACTER SET utf8 NOT NULL DEFAULT ' 一 般 用 户 ',shij DATETIME NOT NULL DEFAULT '0000-00-00 00:00:00',ziqx VARCHAR(255) CHARACTER SET utf8 DEFAULT NULL,shibm VARCHAR(50) CHARACTER SET utf8 DEFAULT NULL,bucxx VARCHAR(255) CHARACTER SET utf8 DEFAULT NULL,shenf VARCHAR(255) CHARACTER SET utf8 DEFAULT NULL, jues VARCHAR(255) CHARACTER SET utf8 DEFAULT NULL, gongzzz VARCHAR(255) CHARACTER SET utf8 DEFAULT NULL,zengjczqx VARCHAR(255) CHARACTER SET utf8 DEFAULT ' 否 ',shanczzqx VARCHAR(255)CHARACTER SET utf8 DEFAULT ' 否 ',xiugzzqx VARCHAR(255) CHARACTER SET utf8 DEFAULT ' 否 ',chaxzzqx VARCHAR(255) CHARACTER SET utf8 DEFAULT ' 是 ',beiz VARCHAR(255) CHARACTER SET utf8 DEFAULT NULL, luj VARCHAR(50) CHARACTER SET utf8 DEFAULT NULL,zhand VARCHAR(50) CHARACTER SET utf8 DEFAULT NULL,   PRIMARY KEY (id,denglm),UNIQUE KEY denglm (denglm) USING BTREE,UNIQUE KEY id (id) USING BTREE
) ENGINE=MyISAM DEFAULT CHARSET=LATIN1 AUTO_INCREMENT=51 ;

（12）转存表中的数据 ykxt_yongh。

INSERT INTO ykxt_yongh (id, denglm, mim, zhensxm, shenfzh, shoujh, quanx, shij, ziqx, shibm, bucxx, shenf, jues, gongzzz, zengjczqx, shanczzqx, xiugzzqx, chaxzzqx, beiz, luj, zhand) VALUES (1, 'admin', 'sha256:1000:Fm+D3mU92/v25aYoX6CK+2kSti5TQX1y:6utDXZl9QedAR3gCoYBf6Txqzb8Gqdbf', 'admin', '12010519660601213x', '13820477899', '超级管理', '2016-07-30 16:24:49', '权限分配', 'dddddddd', '基础信息管理', '内部工作人员', '普通维护', '总经理', '是', '是', '是', '是', '好几个航空港', 'lsidqt-1612192', 'lsidqt-16121918');

（13）表的结构 ykxt_bmb。

CREATE TABLE IF NOT EXISTS ykxt_bmb (syh VARCHAR(20) NOT NULL,bm VARCHAR(30) DEFAULT NULL,zd1 VARCHAR(20) DEFAULT NULL,PRIMARY KEY (syh),KEY fk_ykxt_bmb_zd1 (zd1)) ENGINE=InnoDB DEFAULT CHARSET=utf8;

（14）转存表中的数据 ykxt_bmb。

```
INSERT INTO ykxt_bmb (syh, bm, zd1) VALUES ('gdd0001', '小车班', 'gdd0001'),('gdd0002', '监管车间', 'gdd0002'),('gdd0003', '检修车间', 'gdd0003');
```

（15）表的结构 ykxt_cl。

```
CREATE TABLE IF NOT EXISTS ykxt_cl (id varchar(20) NOT NULL,mc varchar(30) NOT NULL,pzh varchar(30) NOT NULL,kh varchar(50) NOT NULL,ssbm varchar(30) NOT NULL,xsbm varchar(30) NOT NULL,siji varchar(30) NOT NULL,siji_lianluo varchar(50) DEFAULT NULL,siji_pyjm varchar(30) DEFAULT NULL, bz varchar(100) DEFAULT NULL,PRIMARY KEY (kh),UNIQUE KEY sy_ykxt_cl_pzhkh (kh) USING BTREE,KEY fk_ykxt_cl_kh (kh),KEY fk_ykxt_cl_ssbm (ssbm),KEY fk_ykxt_cl_xsbm (xsbm)) ENGINE=InnoDB DEFAULT CHARSET=utf8;
```

（16）转存表中的数据 ykxt_cl。

```
INSERT INTO ykxt_cl (id, mc, pzh, kh, ssbm, xsbm, siji, siji_lianluo, siji_pyjm, bz) VALUES
    ('lsidqt-161207194', 'eeeee', 'nnnn', '12345678-b', 'gdd0007', 'lsidqt-161207176', '555', '5555', '555', '555555'),('2016120192', '轨道车', '高铁', '1700000', 'gdd0007', 'gdd0007', '未知', '000', 'wz', '45（无卡）'),('2016120131', '轨道车', '塘沽', '1700001', 'gdd0009', 'gdd0009', '未知', '111', 'wz', '64（无卡）'),('201612013', '水冲洗', '1113', '1788413', 'gdd0007', 'gdd0007', '水', 'cc', 's', NULL);
```

（17）表的结构 ykxt_dwb。

```
CREATE TABLE IF NOT EXISTS ykxt_dwb (syh VARCHAR(20) NOT NULL,dw VARCHAR(30) DEFAULT NULL,zhandmc VARCHAR(50) DEFAULT NULL,PRIMARY KEY (syh),KEY fk_ykxt_zhand_syh (zhandmc)) ENGINE=InnoDB DEFAULT CHARSET=utf8;
```

（18）转存表中的数据 ykxt_dwb。

```
INSERT INTO ykxt_dwb (syh,dw,zhandmc) VALUES ('gdd0001', '小车班', 'lsidqt-16121918'),('gdd0002', '监管车间', 'lsidqt-16121918'),('gdd0003', '检修车间', 'lsidqt-16121918');
```

（19）表的结构 ykxt_fk。

```
CREATE TABLE IF NOT EXISTS ykxt_fk (kh VARCHAR(50) NOT NULL,zkh VARCHAR(50) NOT NULL,bz VARCHAR(100) DEFAULT NULL,bs VARCHAR(1) NOT NULL DEFAULT '0',xs DECIMAL(10,3) NOT NULL DEFAULT '1.000',PRIMARY KEY (kh),KEY fk_ykxt_fk_zkh (zkh)) ENGINE=InnoDB DEFAULT CHARSET=utf8;
```

（20）转存表中的数据 ykxt_fk。

```
INSERT INTO ykxt_fk (kh, zkh, bz, bs, xs) VALUES ('1700000', '120200071128', NULL, '1', '1.000'),('1700001', '120200071128', NULL, '1', '1.000'),('1700002', '120200071128', NULL, '1', '1.000');
```

（21）表的结构 ykxt_jiayou。

```
CREATE TABLE IF NOT EXISTS ykxt_jiayou (id varchar(30) NOT NULL,qj varchar(30) NOT NULL,kh varchar(50) NOT NULL,clbh varchar(30) NOT NULL,clmc varchar(50) NOT NULL,gg varchar(50) NOT NULL, dw varchar(10) NOT NULL,km varchar(50) NOT NULL,kmmc varchar(30) NOT NULL,hsxs DECIMAL(10,3) NOT NULL DEFAULT '0.000',sl DECIMAL(10,2) NOT NULL DEFAULT '0.00',sl2 DECIMAL(10,2) NOT NULL DEFAULT '0.00',je DECIMAL(10,2) NOT NULL DEFAULT '0.00',dj DECIMAL(10,2) NOT NULL DEFAULT '0.00',dj2 DECIMAL(10,2) NOT NULL DEFAULT '0.00',lrr varchar(20) NOT NULL,lrrq DATETIME NOT NULL, xgr varchar(20) DEFAULT NULL,xgrq DATETIME DEFAULT NULL,bz varchar(100) DEFAULT NULL,PRIMARY KEY (id), KEY fk_ykxt_jiayou_kh (kh),KEY fk_ykxt_jiayou_clbh (clbh),KEY fk_ykxt_jiayou_km (km)) ENGINE=InnoDB DEFAULT CHARSET=utf8;
```

（22）转存表中的数据 ykxt_jiayou。

```
INSERT INTO ykxt_jiayou (id, qj, kh, clbh, clmc, gg, dw, km, kmmc, hsxs, sl, sl2, je, dj, dj2, lrr, lrrq, xgr, xgrq, bz) VALUES ('gdd-151222-101', '2015/12/16-2016/01/15', '1788388', '131000000001', '汽油', '95#', '升', '6401-4-35020p22006-2-7', '高铁-汽车用油', '1.732', '277.20', '480.11', '1596.42', '5.76', '3.33', 'XXXX', '2015-12-22 00:00:00', 'XXXX', '2015-12-22 14:27:02', NULL),('gdd-160118-087', '2016/01/16-2016/02/15', '1788377', '131000000001',
```

'汽 油 ', '95#', ' 升 ', '6401-4-3609-1-1-3', ' 普 速 - 汽 车 用 油 ', '1.732', '387.79', '671.65', '2185.00', '5.63', '3.25', 'XXXX', '2016-01-18 00:00:00', 'XXXX', '2016-02-22 09:15:59', NULL),('gdd-160118-088', '2016/01/16-2016/02/15', '1788378', '1310000000001', ' 汽 油 ', '95#', ' 升 ', '6401-4-35020p22006-2-7', ' 高铁-汽车用油 ', '1.732', '223.92', '387.83', '1267.38', '5.66', '3.27', 'XXXX', '2016-01-18 00:00:00', 'XXXX', '2016-02-19 14:27:18', NULL),('lsidqt-16121352', '2017/07/16-2017/08/15', '12345678-b', '1310000000001', ' 汽 油 ', '95#', ' 升 ', '6401-4-3502-p22006-2-2', ' 轨道车用油 ', '1.732', '25.00', '43.30', '99.00', '3.96', '2.29', 'admin', '2016-12-13 15:18:21', 'admin', '2016-12-13 19:25:06', '可输入备注信息...');

（23）表的结构 ykxt_lbkm。

  CREATE TABLE IF NOT EXISTS ykxt_lbkm (id VARCHAR(20) NOT NULL,km VARCHAR(30) NOT NULL,kmmc VARCHAR(30) DEFAULT NULL,PRIMARY KEY (id),UNIQUE KEY km (km) USING BTREE,KEY id (id)) ENGINE=InnoDB DEFAULT CHARSET=utf8;

（24）转存表中的数据 ykxt_lbkm。

  INSERT INTO ykxt_lbkm (id, km, kmmc) VALUES ('gdd0001', '6401-4-3609-1-1-3', ' 普速-汽车用油 '),('gdd0002', '6401-4-3502-p22006-2-2', ' 轨道车用油 '),('gdd0003', '6401-4-35020p22006-2-7', ' 高铁-汽车用油 ');

（25）表的结构 ykxt_luj。

  CREATE TABLE IF NOT EXISTS ykxt_luj (syh VARCHAR(20) NOT NULL,lujmc VARCHAR(50) DEFAULT NULL, PRIMARY KEY (syh)) ENGINE=InnoDB DEFAULT CHARSET=utf8;

（26）转存表中的数据 ykxt_luj。

  INSERT INTO ykxt_luj (syh, lujmc) VALUES ('lsidqt-1612192', ' 中国铁路北京局集团有限公司 '),('lsidqt-16121971', ' 武汉铁路局 ');

（27）表的结构 ykxt_qj。

  CREATE TABLE IF NOT EXISTS ykxt_qj (qj VARCHAR(30) NOT NULL,PRIMARY KEY (qj)) ENGINE=InnoDB DEFAULT CHARSET=utf8;

（28）转存表中的数据 ykxt_qj。

  INSERT INTO ykxt_qj (qj) VALUES ('2017/01/16-2017/02/15'),('2017/02/16-2017/03/15'),('2017/03/16-2017/04/15'),
  ('2017/07/16-2017/08/15');

（29）表的结构 ykxt_zk。

  CREATE TABLE IF NOT EXISTS ykxt_zk (kh VARCHAR(50) NOT NULL,bz VARCHAR(100) DEFAULT NULL,PRIMARY KEY (kh)) ENGINE=InnoDB DEFAULT CHARSET=utf8;

（30）转存表中的数据 ykxt_zk。

  INSERT INTO ykxt_zk (kh, bz) VALUES ('120200071127', ' 主卡 '),('120200071128', ' 主卡 ');

（31）表的结构 ykxt_zhand。

  CREATE TABLE IF NOT EXISTS ykxt_zhand (syh VARCHAR(20) NOT NULL,zhandmc VARCHAR(50) DEFAULT NULL, lujmc VARCHAR(50) DEFAULT NULL,PRIMARY KEY (syh),KEY fk_ykxt_luj_syh (lujmc)) ENGINE=InnoDB DEFAULT CHARSET=utf8;

（32）转存表中的数据 ykxt_zhand。

  INSERT INTO ykxt_zhand (syh, zhandmc, lujmc) VALUES ('lsidqt-16121918', ' 供电段 ','lsidqt-1612192'),('lsidqt-16121921', ' 供电段 ', 'lsidqt-1612192');

（33）表的结构 ykxt_fk_tz。

  CREATE TABLE IF NOT EXISTS ykxt_fk_tz (fkh VARCHAR(50) NOT NULL,qj VARCHAR(30) NOT NULL, qc_zye DECIMAL(10,2) DEFAULT '0.00',qc_yxye DECIMAL(10,2) DEFAULT '0.00',bq_drje DECIMAL(10,2) DEFAULT '0.00',bq_qcje DECIMAL(10,2) DEFAULT '0.00',bq_jyje DECIMAL(10,2) DEFAULT '0.00',

```
qm_zye DECIMAL(10,2) DEFAULT '0.00',qm_yxye DECIMAL(10,2) DEFAULT '0.00',qm_wqye DECIMAL(10,2
) DEFAULT '0.00',PRIMARY KEY (fkh)) ENGINE=InnoDB DEFAULT CHARSET=utf8;
```

（34）转存表中的数据 ykxt_fk_tz。

```
INSERT INTO ykxt_fk_tz (fkh, qj, qc_zye, qc_yxye, bq_drje, bq_qcje, bq_jyje, qm_zye, qm_
yxye, qm_wqye) VALUES ('1788402', '2017/07/16-2017/08/15', '3580.00', '2080.00', '0.00', '0.0
0', '0.00', '3580.00', '2080.00', '1500.00'),('1788403', '2017/07/16-2017/08/15', '6485.23',
'1485.23', '0.00', '0.00', '0.00', '6485.23', '1485.23', '5000.00'),('1788404', '2017/07/16-2
017/08/15', '2902.57', '1402.57', '0.00', '0.00', '0.00', '2902.57', '1402.57', '1500.00'),('
xx445555', '2017/07/16-2017/08/15', '0.00', '0.00', '0.00', '0.00', '0.00', '0.00', '0.00', '
0.00');
```

（35）表的结构 ykxt_fktz_cx。

```
CREATE TABLE IF NOT EXISTS ykxt_fktz_cx (id char(100) NOT NULL,fkh char(50) NOT NULL,qj
char(30) NOT NULL,qc_zye DECIMAL(10,2) NOT NULL DEFAULT '0.00',qc_yxye DECIMAL(10,2) NOT NULL
 DEFAULT '0.00',bq_drje DECIMAL(10,2) NOT NULL DEFAULT '0.00',bq_qcje DECIMAL(10,2) NOT NULL
DEFAULT '0.00',bq_jyje DECIMAL(10,2) NOT NULL DEFAULT '0.00',qm_zye DECIMAL(10,2) NOT NULL DE
FAULT '0.00',qm_yxye DECIMAL(10,2) NOT NULL DEFAULT '0.00',qm_wqye DECIMAL(10,2) NOT NULL DEF
AULT '0.00',PRIMARY KEY (id,fkh)) ENGINE=InnoDB DEFAULT CHARSET=utf8;
```

（36）表的结构 ykxt_fktz_ls。

```
CREATE TABLE IF NOT EXISTS ykxt_fktz_ls (fkh char(50) NOT NULL,qj char(30) NOT NULL,qc_z
ye DECIMAL(10,2) DEFAULT '0.00',qc_yxye DECIMAL(10,2) DEFAULT '0.00',bq_drje DECIMAL(10,2) DE
FAULT '0.00',bq_qcje DECIMAL(10,2) DEFAULT '0.00',bq_jyje DECIMAL(10,2) DEFAULT '0.00', qm_z
ye DECIMAL(10,2) DEFAULT '0.00',qm_yxye DECIMAL(10,2) DEFAULT '0.00',qm_wqye DECIMAL(10,2) DE
FAULT '0.00',PRIMARY KEY (fkh,qj)) ENGINE=InnoDB DEFAULT CHARSET=utf8;
```

注意：将上面的代码粘贴到 MySQL 命令窗口中。

7.3　SELECT、DELETE、UPDATE 的 WHERE 子句

在这里首先声明：SELECT 的 AS 用法，AS 不是给表里的字段取别名，而是给查询结果字段取别名。其目的是让查询结果展现更符合人们习惯，在多张表查询的时候可以直接地区别多张表的同名字段，如：

```
SELECT name AS '菜单项名称' ,fathername AS '上级菜单项名' FROM menu33;
SELECT b.name AS '菜单项名称',a.name AS "上级菜单项名称" FROM menu32 a ,menu33 b WHERE
a.id = b.father;
```

WHERE 子句是用于设置搜索条件的，它在 UPDATE、DELETE 语句中的应用方法与在 SELECT 语句中的应用方法完全相同。搜索条件紧跟在关键词 WHERE 的后面。如果用户要在语句中使用多个搜索条件，则可用 AND 或 OR 连接。

搜索条件的基本语法是：

- expression（表达式）COMPARISON_OPERATOR（比较运算符）expression（表达式）。
- LIKE 'match_string'（相配的字符串）。
- expression IS [NOT] NULL。
- BETWEEN expression AND expression。

1. AND

AND 用来联结若干个条件，并在若干个条件都是 TRUE 的时候返回结果。当在同一语句中使用多个逻辑运算符时，AND 运算符总是最优先，除非用户用括号改变了运算顺序。

2. OR

OR 用来联结若干个条件，当若干个条件中有任一条件是 TRUE 的时候返回结果。当在同一

语句中使用多个逻辑运算符时,运算符 OR 通常在运算符 AND 之后进行运算。当然用户可以使用括号改变运算的顺序。

3. BETWEEN

BETWEEN 用来标识范围下限的关键词,AND 后面跟范围上限的值。范围 WHERE @val BETWEEN x AND y 包含首尾值。如果 BETWEEN 后面指定的第一个值大于第二个值,则该查询不返回任何行。

4. COLUMN_NAME

在比较中使用的列名。在会产生歧义时(两个或更多表中的列名相同),要指明列所在的表名。

5. COMPARISON_OPERATOR

(1) 比较运算符如下:

- "="表示等于;
- ">"表示大于;
- "<"表示小于;
- ">="表示大于或等于;
- "<="表示小于或等于;
- "!="表示不等于;
- "<>"表示不等于。

在比较 CHAR、VARCHAR 型数据时,"<"的意思是更接近字母表头部,">"代表更接近字母表尾部。一般来说,小写字母大于大写字母,大写字母大于数字,但是这要依赖于服务器上操作系统的比较顺序。在比较时末尾的空格是被忽略的。例如"Dirk"等于"Dirk "。

在比较日期时,"<"表示早于,">"表示晚于。在使用比较运算符比较 character 和 DATETIME 数据时,需用引号将所有数据引起来。expression:可能是列名、常数、函数或者是列名或常数的任意组合以及算术运算符或逐位运算符连接的函数,算术运算符为"+"加号、"–"减号、"*"乘号、"/"除号。

(2) IS NULL:在搜索一个 NULL 值时使用。

(3) LIKE:对 CHAR、VARCHAR 和 DATETIME(不包括秒和毫秒)可以使用 LIKE,在 MySQL 中 LIKE 也可以用在数字的表达式上。当用户在搜索 DATETIME 型数据时,最好是使用关键词 LIKE,因为完整的 DATETIME 记录包含各种各样的日期组件。例如用户在列 arrival_time 中加入一个值"9:20",而子句 WHERE arriv_time="9:20"却没有发现它,因为 MySQL 把录入的数据转换成了"Jan 1,1900 9:20AM"。然而子句 WHERE arrival_time LIKE "%9:20%"就能找到它。

(4) boolean_expression:返回"true"或"false"值的表达式。

(5) atch_string:由字符和通配符组成的串,用单引号或双引号引起来。

(6) LIKE 的通配符:MySQL 的 LIKE 语句中的通配符:%(百分号)、_(下画线)和 ESCAPE(转义)。

1) "%":表示任意个或多个字符,可匹配任意类型和长度的字符。

```
SELECT * FROM menu33 WHERE name LIKE '%卡';
SELECT * FROM menu33 WHERE name LIKE '卡%';
SELECT * FROM menu33 WHERE ame LIKE '%卡%';
```

另外,如果需要找出表 menu33 中 name 列值既有"卡"又有"部"的记录,可使用 AND 条件,如:

```
SELECT * FROM menu33 WHERE name LIKE '%卡%' AND name LIKE '%部%';
```

若使用 SELECT * FROM menu33 WHERE name LIKE "%卡%部%";

虽然能搜索出"卡...部"的记录,但不能搜索出"...卡部"的记录,这一点要注意!

2)"_":表示任意单个字符。匹配单个任意字符,它常用来限制表达式的字符长度语句:(可以代表一个中文字符)。

```
SELECT * FROM menu33 WHERE name LIKE '_';
SELECT * FROM menu33 WHERE name LIKE '卡_';
SELECT * FROM menu33 WHERE name LIKE '卡_部';
```

如果要查"%"或者"_",该怎么办呢?使用 ESCAPE 进行转义,转义字符后面的"%"或"_"就不作为通配符了,注意前面没有转义字符的"%"和"_"仍然起通配符作用,如:

```
SELECT * FROM menu33 WHERE name LIKE '%卡/_%' ESCAPE '/';
```

通过 ESCAPE 关键字告诉 MySQL 其后面的字符就是起转义作用的字符。在本示例中定义的是"/"。在"/"后面的"_"就不再起通配符的作用,而是普通的字符了。

```
SELECT name FROM menu33 WHERE name LIKE '%卡$%%' ESCAPE '$';
```

通过 ESCAPE 关键字告诉 MySQL 其后面的字符就是起转义作用的字符。在本示例中定义的是"$"。在"$"后面的第一个"%"就不能起到通配符作用,而是普通的字符了,而第二个"%"仍然起通配符作用。再看下面的示例:

```
SELECT  IF(name<>'a',name,'no') AS 'cdm' FROM menu33 WHERE ID >= 3 ;
SELECT IF(b.name<>'a',b.name,'no') AS "菜单项名称", IF(a.name<>'a',a.name,'no') AS "上级菜单项名称" FROM menu32 a ,menu33 b WHERE a.ID = b.father AND a.ID >= 3;
```

7.4 MySQL 查询、删除、更新 WHERE 子句 AND 与 OR

AND 用来联结若干个条件,并在若干个条件都是 TRUE 的时候返回结果。当在同一语句中使用多个逻辑运算符时,AND 运算符总是最优先,除非用户用括号改变了运算顺序。

OR 用来联结若干个条件,当若干个条件中有任一条件是 TRUE 的时候返回结果。当在同一语句中使用多个逻辑运算符时,运算符 OR 通常在运算符 AND 之后进行运算。当然用户可以使用括号改变运算的顺序,如:

```
SELECT  IF(name<>'a',name,'no') AS 'cdm' FROM menu33 WHERE ID >= 3 AND ID <= 100 AND ID <> 19;
```

此句 WHERE 条件的意思是找出 ID 大于或等于 3 且小于或等于 100 且不等于 19 的记录。

```
SELECT IF(b.name<>'a',b.name,'no') AS "菜单项名称", IF(a.name<>'a',a.name,'no') AS "上级菜单项名称" FROM menu32 a ,menu33 b WHERE a.ID = b.father AND a.ID >= 3;
```

此句 WHERE 条件的意思是找出 a 表与 b 表的"ID"相同且 a 表的"ID"大于或等于 3 的记录。

7.5 MySQL 的 CONCAT 函数

CONCAT()函数将两个字符串连接起来即字符串拼接,形成一个单一的字符串。

【例 7.1】字符串拼接示例 1。

```
SELECT  IF(name<>'a', CONCAT(name,'-',fathername),'no') AS '本级-上级菜单项名称' FROM menu33 WHERE ID >= 3 AND ID <= 100 AND ID <> 19;
```

语句中的 CONCAT(name,'-',fathername)将 name、-、fathername 合在一起,其中 name、fathername 为表的列字段;"-"为拼接字符串。

【例 7.2】字符串拼接示例 2。

```
SELECT IF(b.name<>'a', CONCAT(b.name,'-',a.name),'no') AS "本级-上级菜单项名称", IF(a.name
<>'a', CONCAT(a.name,'-',b.name),'no') AS "上级-本级菜单项名称" FROM menu32 a ,menu33 b WHERE
a.ID = b.father AND a.ID >= 3;
```

7.6 GROUP_CONCAT ()分组拼接函数

GROUP_CONCAT ()函数用来对表的某列值进行拼接,即将列值拼接成一个指定格式的字符串。可以和"FIND_IN_SET"函数联合使用,可应用于名次的排列(排名),如学生成绩的班级排名、年级排名等。

注意:关于 GROUP_CONCAT()与 FIND_IN_SET ()两个函数的联合使用,在 7.16.3 节给出具体的实例。

7.6.1 函数使用

该函数语法如下:

GROUP_CONCAT([DISTINCT] 表列 [ORDER BY ASC/DESC 排序列] [SEPARATOR '分隔符'])。其中,

- 表列,表示要拼接表的哪个字段。
- [DISTINCT],表示滤掉拼接表字段重复值。
- [ORDER BY ASC/DESC 排序列],表示对拼接表字段值按表的哪个列进行排序(升序 ASC/降序 DESC),一般按拼接表字段进行排序。
- [SEPARATOR '分隔符'],表示对拼接表字段的值与值之间使用什么分隔符进行分隔。

设置 aa 表有以下数据,见表 7.1。

表 7.1 GROUP_CONCAT()函数演示数据

ID	Name
1	10
1	20
1	20
2	20
3	200
3	500

表中的 id、name 为 aa 表的两列,要求使用 GROUP_CONCAT()函数将 name 列值拼接成字符串,来看下面的示例。

【例 7.3】拼接字符串全部采用默认设置。

```
select id,GROUP_CONCAT(name) from aa GROUP BY id;
```

结果如下:

```
|1 | 10,20,20|
|2 | 20 |
|3 | 200,500|
```

【例 7.4】设置拼接字符串的分隔符为";"。

```
select id,GROUP_CONCAT(name SEPARATOR ';') from aa GROUP BY id;
```

结果如下：

```
|1 | 10;20;20 |
|2 | 20|
|3 | 200;500 |
```

【例 7.5】设置拼接字符串按 name 列降序排序。

```
select id,GROUP_CONCAT(name ORDER BY name desc) from aa GROUP BY id;
```

结果如下：

```
|1 | 20,20,10 |
|2 | 20|
|3 | 500,200|
```

【例 7.6】通过 DISTINCT 将拼接字符串去重。

```
select id,GROUP_CONCAT(DISTINCT name) from aa GROUP BY id;
```

结果如下：

```
|1 | 10,20|
|2 | 20 |
|3 | 200,500 |
```

注意：上面的语句中使用了 GROUP BY，表示对分组后的结果进行拼接；如果不使用 GROUP BY，则对所有列值进行拼接。

7.6.2　关于 GROUP_CONCAT 函数返回值长度限制说明

MySQL 对此函数的返回值长度是有限制的，在 MySQL 配置文件（my.ini）中默认无该配置项，默认值为 1024 字节，可在客户端执行下列语句时进行修改：

```
SET GLOBAL GROUP_CONCAT_MAX_LEN = 1024;
```

该语句执行后，MySQL 重启前一直有效，但 MySQL 一旦重启，则会恢复默认的设置值，可通过下面的命令查看。

```
SHOW VARIABLES LIKE "GROUP_CONCAT_MAX_LEN";
```

如果永久生效，则在 MySQL 配置文件（my.ini）的"[mysqld]"项下加上"GROUP_CONCAT_MAX_LEN = -1"，"-1"表示无限制或填上一个值，重启 MySQL。在客户端执行语句：

```
SHOW VARIABLES LIKE "GROUP_CONCAT_MAX_LEN";
```

可以查看结果，如果为被修改的值或"4（4294967295）"（设置为-1 时），则修改生效。

7.7　MySQL 的 DISTINCT 使用方法

DISTINCT 是 SELECT 的关键字，其作用是过滤掉重复的记录，来看下面的示例。

```
SELECT yhid,cdid FROM cdqx WHERE cdid >=0 AND cdid <= 100 ;
```

上述命令的运行结果如图 7.1 所示，"yhid"列存在很多重复的值。

yhid	cdid	yhid	cdid
10	38	10	7
10	39	10	8
10	4	10	9
10	40	3	1
		3	10
		3	11

图 7.1　重复值示例

```
SELECT DISTINCT yhid FROM cdqx WHERE cdid >=0 AND cdid <= 100 ;
```

上面的语句将重复的数据过滤掉了，假如执行下面的语句：

```
SELECT DISTINCT yhid,cdid FROM cdqx WHERE cdid >=0 AND cdid <= 100 ;
```

结果是"yhid"重复的数据并没有过滤掉，原因是加了"cdid"字段导致的。为什么会这样？加入"cdid"字段后，"yhid"与"cdid"联合起来构成的值并不重复，因此就都显示出来了。

7.8　MySQL 的 IS NULL 与 IS NOT NULL 使用方法

这部分内容把 IS NULL、IS NOT NULL、IFNULL()函数做如下讲解。

IS NULL 和 IS NOT NULL 是 MySQL 的运算符。查询某字段为空时用 IS NULL，而不能使用"＝NULL"，因为 MySQL 中的 NULL 不等于任何其他值，也不等于另外一个 NULL，优化器会把"＝NULL"的查询过滤掉而不返回任何数据；查询某字段为非空时，使用 IS NOT NULL。

IFNULL()函数会被经常用到，语法如下：

```
IFNULL(expr1,expr2)
```

如果 expr1 不是 NULL，则 IFNULL()返回 expr1，否则返回 expr2。其中 expr1、expr2 为表达式，来看下面的示例。

- 查出 zengjczqx 为 NULL 的记录，命令如下：

```
SELECT * FROM ykxt_yongh WHERE zengjczqx IS NULL;
```

- 查出 zengjczqx 不为空值的记录，命令如下：

```
SELECT * FROM ykxt_yongh WHERE zengjczqx IS NOT NULL;
```

- IFNULL()函数将 zengjczqx 为 null 的值变为"空值：NULL"，命令如下：

```
SELECT IFNULL(zengjczqx,'空值: NULL')  AS '增加操作权限' FROM ykxt_yongh;
```

命令的执行结果是将"zengjczqx"列值为 NULL 的显示为"空值：NULL"字符串，而不是"NULL"。

7.9　MySQL 的 IF()与 IFNULL()使用方法

这部分内容将把 IF()、IFNULL()、CASE WHEN 的用法做如下讲解。

1. IF()函数的用法

```
IF(expr1,expr2,expr3)
```

该函数表示若 expr1 为 TRUE(expr1<>0 且 expr1<>NULL)，则返回 expr2，否则返回 expr3。expr1、expr2、expr3 为表达式。

2. IFNULL()函数的用法

```
IFNULL(expr1,expr2)
```

表示若 expr1 为 NULL，则返回 expr2，否则返回 expr1。其中，expr1、expr2 为表达式。

3. CASE WHEN 函数的用法

```
CASE WHEN condition1
THEN result1
WHEN condition2
THEN result2
WHEN condition3
THEN result3
...
ELSE
resultN
END
```

该函数表示若 condition1 为 TRUE，则返回 result1，否则若 condition2 为 true 则返回 result2...；若均不满足，则返回 result N。condition1~N、result1~N 为表达式，来看下面的示例。

4. 示例

（1）查出表 ykxt_yongh 的 shanczzqx 全部列值。

```
SELECT shanczzqx FROM ykxt_yongh;
```

（2）if()：将"shanczzqx"列值为"是"的用"拥有删除操作权限"显示，其他的用"没有删除操作权限"显示。

```
SELECT  IF(shanczzqx='是','拥有删除操作权限','没有删除操作权限') AS '操作权限' FROM ykxt_yongh;
```

上述命令的运行结果如图 7.2 所示。

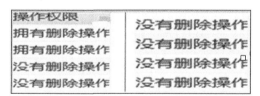

图 7.2　IF() 的用法

（3）IFNULL()。

将"shanczzqx"列值为"NULL"的用"未设置此操作权限"显示，其他的使用原来的值显示。

```
SELECT  IFNULL(shanczzqx,'未设置此操作权限') AS '操作权限' FROM ykxt_yongh;
```

上述命令的运行结果如图 7.3 所示。

（4）CASE WHEN。

将"shanczzqx"列值为"是"的用"拥有删除操作权限"显示；为"否"的用"无删除操作权限"显示；为"NULL"的用"此人删除操作权限还未设定"；为其他值的用"此人操作权限不明"显示。

操作权限	未设置此操作权限
是	否
是	否
未设置此操作权限	否
未设置此操作权限	

图 7.3 IFNULL()的用法

```
SELECT
CASE WHEN shanczzqx='是'
THEN '拥有删除操作权限'
WHEN shanczzqx='否'
THEN '无删除操作权限'
WHEN shanczzqx IS NULL
THEN '此人操作权限还未设置'
ELSE
'此人操作权限不明'
END AS '操作权限' FROM ykxt_yongh;
```

上述命令的运行结果如图 7.4 所示。

操作权限	此人操作权限还未设置
拥有删除操作权限	无删除操作权限
拥有删除操作权限	无删除操作权限
此人操作权限还未设置	无删除操作权限
此人操作权限还未设置	

图 7.4 CASE WHEN 的用法

7.10 MySQL 的 ORDER BY 子句的使用

7.10.1 ORDER BY 子句第一种使用方式

ORDER BY 子句是用来排序查询结果的，它按一个或多个（最多 16 个）列字段排序查询结果，可以是升序（ASC）也可以是降序（DESC），默认是升序。ORDER 子句通常放在 SQL 语句的最后。ORDER 子句中定义了多个字段，则按照字段的先后顺序进行排序，来看下面的示例。

- 查出表 ykxt_yongh 的 shij 原始排序状态的全部列值，命令如下：

```
SELECT  shij  FROM ykxt_yongh;
```

- 查出表 ykxt_yongh 的 shij 全部列值，并按此列升序（由小到大）排序，命令如下：

```
SELECT  shij  FROM ykxt_yongh ORDER BY shij ASC;
```

这个排序结果和原始的一样，因为原始的就是这样的。下面对“shij”字段进行降序排序，那么，排序结果肯定和原始的不一样了。

- 查出表 ykxt_yongh 的 shij 全部列值，并按此列降序（由大到小）排序，命令如下：

```
SELECT  shij  FROM ykxt_yongh ORDER BY shij DESC;
```

降序的排序结果和原始的不一样了，最大的排在第一位；最小的排在最后一位。

7.10.2 ORDER BY 子句第二种使用方式

ORDER BY 子句中可以用字段在选择列表中的位置号（从左至右依次 1,2,3,...）代替字段名，可以混合字段名和位置号，但位置号不能参加表达式运算或者说不能加入表达式，示例如下。

查出表 cdqx 的"yhid""cdid"两列值，第一列按升序（DSC：由小到大）排序；第二列按降序（DESC：由大到小）排序，要求使用位置号（列在表中的位置，从左至右从 1 数起），命令如下：

```
SELECT  yhid,cdid  FROM cdqx ORDER BY 1 ASC,2 DESC; -- 这是正确的
SELECT  yhid,cdid  FROM cdqx ORDER BY CAST(yhid AS SIGNED) ASC,CAST(cdid AS SIGNED) DESC
; --这是正确的
SELECT  yhid,cdid  FROM cdqx ORDER BY CAST(1 AS SIGNED) ASC,CAST(2 AS SIGNED) DESC;
--这是错误的，因为把位置号"1""2"加入了表达式
SELECT yhid,cdid FROM cdqx ORDER BY  CONVERT(yhid,SIGNED) ASC, CONVERT(cdid,SIGNED) DESC
; --是正确的
SELECT yhid,cdid FROM cdqx ORDER BY  CONVERT(1,SIGNED) ASC, CONVERT(2,SIGNED) DESC; -- 是
错误的
SELECT  yhid ,cdid  FROM cdqx ORDER BY  yhid +0 ASC, cdid +0  DESC; --是正确的
SELECT  yhid ,cdid  FROM cdqx ORDER BY  1 +0 ASC, 2 +0  DESC; --是错误的
```

7.11　MySQL 的 LIMIT 关键字使用

LIMIT 子句可以被用于强制 SELECT 语句返回指定的记录数。LIMIT 接受一个或两个数字参数。参数必须是一个整数常量。如果给定两个参数，第一个参数指定第一个返回记录行的偏移量，第二个参数指定返回记录行的最大数目。初始记录行的偏移量是 0（而不是 1），示例如下。

书写 SQL 语句，检索表 ykxt_yongh 从第 3 行到第 6 行的记录，命令如下：

```
SELECT * FROM ykxt_yongh  LIMIT 2,4; -- 检索记录行 2-6
```

"LIMIT 2,4"表示自 2+1 行开始（包括开始行）总共检索 4 条记录，即从第 3 行开始到第 6 行。假如让检索表从第 x 行到第 y 行，那么，转换到 limit n,m 该如何写呢？其中 $n=x-1$；$m=y-x+1$。就像这个例子：从第 3 行到第 6 行，转换到 limit 就是 limit 3-1,6-3+1，即 limit 2,4。若是从第 2 行到第 10 行呢，limit 就是 limit 1,9。第 x 行到第 y 行，limit 就是 limit x-1,y-x+1。反过来，当看到 limit 2,4 它说明是从第几行到第几行呢？那就是第 2+1 行到第 2+4 行（第 3 行到第 6 行）。Limit n，m 说明从第 $n+1$ 行到第 $n+m$ 行。

第 x 行到第 y 行转换为 limit 就是 limit x-1,y-x+1。

Limit n,m 解释为第几行到第几行就是第 $n+1$ 行到第 $n+m$ 行。

如果 limit 只给定一个参数，它表示返回最大的记录行数目。

SELECT * FROM ykxt_yongh　　LIMIT 3；表示检索第 1 行到第 3 行的记录。

LIMIT n 等价于 LIMIT 0,n，表示检索第 1 行到第 n 行的记录。

7.12　MySQL 的 BETWEEN...AND...关键字使用

BETWEEN 运算符用于 WHERE 表达式中，选取介于两个值之间的数据范围。BETWEEN 同 AND 一起搭配使用，语法如下：

```
WHERE column BETWEEN value1 AND value2
WHERE column NOT BETWEEN value1 AND value2
```

通常 value1 应该小于 value2。当 BETWEEN 前面加上 NOT 运算符时，表示与 BETWEEN 相反的意思，即选取这个范围之外的值，来看下面的示例。

- 查询 ykxt_jiayou.je 大于或等于 1900 和小于或等于 2000 的记录，要求使用 BETWEEN ...

AND ...关键字，命令如下：

```
SELECT * FROM ykxt_jiayou WHERE je between 1900 AND 2000;
```

- 查询 ykxt_jiayou.je 大于或等于 1900 和小于或等于 2000 的记录，要求使用 ">=" 和 "<=" 逻辑运算操作符，命令如下：

```
SELECT * FROM ykxt_jiayou WHERE je >= 1900 AND je<=2000;
```

此 SQL 语句的查询结果同上一条 SQL 语句的查询结果一模一样，说明不同的查询条件有可能查出一致的结果，它们最大的区别就是查询效率的不同，"BETWEEN ... AND ..." 的效率高于 "... >= ...AND ...<= ..."。

- 查询 ykxt_jiayou.je 大于或等于 1900 和小于或等于 2000 范围外的记录，要求使用 BETWEEN... AND... 关键字，命令如下：

```
SELECT * FROM ykxt_jiayou WHERE  je not  between 1900 AND 2000;
```

注意：此 SQL 语句加了 "NOT"，意思是检索 "je" 在 1900~2000 之外的记录，意味着这个以外的记录肯定不包含 "je" 在 1900~2000 的记录。

7.13　MySQL 的 IN 关键字使用

IN 操作符的作用是选取 IN 括号内规定范围以内的数据。MySQL 对 IN 的处理不利用表索引，因此，其效率相对 EXISTS 较低。EXISTS 的用法将在 7.14 节讲解。

7.13.1　IN 的普通用法

IN 的语法如下：

```
WHERE column  IN(v1,v2,v3...) -- column 值存在于 v1,v2,v3...
WHERE column  NOT IN(v1,v2,v3...) -- column 值不存在于 v1,v2,v3...
```

第一个表示 column 值存在于 v1,v2,v3,...，第二个表示 column 值不存在于 v1,v2,v3,...，示例如下。

- 查询 ykxt_jiayou.kh（"ykxt_jiayou" 表的 "kh" 列字段）属于 "1788321" "1788322" 范围内的数据。要求使用 IN 操作符号，命令如下：

```
SELECT * FROM ykxt_jiayou WHERE kh IN('1788321','1788322');
```

- 查询 ykxt_jiayou.kh（"ykxt_jiayou" 表的 "kh" 列字段）属于 { "1788321" "1788322" } 范围以外的数据。要求使用 IN 操作符号，命令如下：

```
SELECT * FROM ykxt_jiayou WHERE kh NOT IN('1788321','1788322');
```

语句的执行结果将 kh（卡号）不属于 "1788321" "1788322" 的数据（kh 列值不包含 "1788321" "1788322" 的数据；或者说 "1788321" "1788322" 范围以外的数据）查了出来。

7.13.2　IN 的子查询用法

IN 的子查询语法如下：

```
WHERE  表达式   IN（SELECT 表达式 FROM 表 WHERE 条件 ）
WHERE  表达式   NOT  IN（SELECT 表达式 FROM 表 WHERE 条件）
```

第一个表达式的值存在子查询结果集中；第二个表达式的值不存在子查询结果集中，示例如下。

- 查询 ykxt_jiayou 表，其"kh"列值属于 ykxt_fk 表的"kh"列值在（'1788321' '1788322'）范围内的数据，命令如下：

```
SELECT * FROM ykxt_jiayou WHERE kh IN(SELECT kh FROM ykxt_fk WHERE kh IN ('1788321','1788322'));
```

这个 SQL 运用了子查询嵌套。

- 查询 ykxt_jiayou 表，其"kh"列值不属于 ykxt_fk 表的"kh"列值在（'1788321' '1788322'）范围内的数据，命令如下：

```
SELECT * FROM ykxt_jiayou WHERE kh not IN(SELECT kh FROM ykxt_fk WHERE kh IN ('1788321','1788322'));
```

语句的执行结果将 kh（卡号）不属于'1788321'～'1788322'的数据（kh 列值不包含'1788321'，'1788322'的数据；或者说'1788321' '1788322'范围以外的数据）查了出来。

7.14 MySQL 的 EXISTS 关键字使用

EXISTS 操作符的意思是"存在"，作用同 IN 一样。获取属于某范围内的数据。它不像 in（v1,v2,...）这样的语法，它必须运用于子查询中。语法如下：

```
WHERE    表达式    EXISTS（SELECT 表达式 FROM 表 WHERE 条件）
WHERE    表达式    NOT EXISTS （SELECT 表达式 FROM 表 WHERE 条件）
```

我们来看下面的示例。

（1）查询 ykxt_jiayou 表，其"kh"列值属于 ykxt_fk 表的"kh"列值在（'1788321', '1788322'）范围内的数据。

第一种写法，使用 IN，命令如下：

```
SELECT * FROM ykxt_jiayou a WHERE EXISTS (SELECT 'A' FROM ykxt_fk b WHERE a.kh = b.kh AND b.kh IN ('1788321','1788322'));
```

第二种写法，使用 EXISTS，命令如下：

```
SELECT * FROM ykxt_jiayou a WHERE EXISTS (SELECT 'A' FROM ykxt_fk b WHERE a.kh IN ('1788321','1788322'));
```

（2）书写 SQL，查询 ykxt_jiayou 表，其"kh"列值不属于 ykxt_fk 表的"kh"列值在（'1788321'，'1788322'）范围内的数据，命令如下：

```
SELECT * FROM ykxt_jiayou a WHERE NOT EXISTS (SELECT 'A' FROM ykxt_fk b WHERE a.kh = b.kh AND b.kh IN ('1788321','1788322'));
```

语句的执行结果将 kh（卡号）不属于'788321'，'1788322'的数据（kh 列值不包含'1788321'，'1788322'的数据；或者说'1788321'，'1788322'范围以外的数据）查了出来。

EXISTS 的效率比 IN 查询要高，因为 IN 不利用表索引，但要依据实际情况决定如何使用。IN 适合于外表（要输出数据的表，主表）数据量大而内表（子查询中的表或者说被嵌入主查询 WHERE 条件中的表）数据小的情况；EXISTS 适合于外表小而内表大的情况。建议不论什么情况，一律使用 EXISTS 取代 IN。

7.15 MySQL 查询 SET 数据类型的方法

7.15.1 函数 FIND_IN_SET 介绍

语法如下：

```
find_in_set(str,strlist)
```

下面对该函数的参数进行详细说明。

- str：要搜寻的子链字符串，如 "子链 0" 或 "子链 1" 或 "子链 2" 或 "子链 N"，其形式类似于 "v0" 或 "v1" 或 "v2" 或 "Vn"。
- strlist：源字符串，它是由被 ","分开的子链组成的字符串，或者说它是由 N 个子链（子链 0，子链 1，子链 2,...,子链 N）组成的字符串列表，其形式类似于 "v0,v1,v2,...,Vn"。
- 若字符串 str 存在于 strlist 中，则返回值的范围在 1 到 N 之间，具体的值是 str 在 strlist 中从左开始的位置号（strlist 左边第一个子链位置为 1），如 find_in_set('a','c,f,d,e,a')返回值是 5。
- 如果 str 是一个常数字符串，而 strlist 是数据类型为 SET 的列，则 FIND_IN_SET()函数将被优化。
- 如果 str 不存在于 strlist 或 strlist 为空字符串（''），则返回值为 0。
- 如果 str 或 strlist 任意一个参数为 NULL，则返回值为 NULL。
- 如果第一个参数 str 包含一个逗号（","）时，将不能正确运行。

7.15.2 将函数 FIND_IN_SET 运用于 SET 类型数据查询

为了测试函数 find_in_set 运用于 set 类型数据查询，要构建类似于 set 类型的数据，命令如下：

```
UPDATE ykxt_jiayou SET kh = CONCAT(kh,',',SUBSTRING(kh,1,6),'a,',SUBSTRING(kh,1,6),'b,',
SUBSTRING(kh,1,6),'c,',SUBSTRING(kh,1,6),'d')  WHERE SUBSTRING(kh,1,6)='178832' or SUBSTRING(
kh,1,6)='178833' or SUBSTRING(kh,1,6)='178834';
```

set 类型的数据构建好了以后，示例如下。

- 查询 ykxt_jiayou 表，其 "kh" 列值包含 "178832a" 的数据，命令如下：

```
SELECT * FROM ykxt_jiayou WHERE FIND_IN_SET('178832a',kh);
```

- 查询 ykxt_jiayou 表，其 "kh" 列值包含 "178839a" 的数据，命令如下：

```
SELECT * FROM ykxt_jiayou WHERE FIND_IN_SET('178839a',kh);
```

上述命令的运行结果如图 7.5 所示。

图 7.5 查询 ykxt_jiayou 表满足 kh 列包含 178839a 的数据

注意：数据记录查不出来就对了。

7.15.3 将函数 FIND_IN_SET 运用于排名

关于此函数，在实际中可以用来排名。下面是一个应用项目中用来对学生考试成绩进行排名运算的 SQL 语句，示例如下：

```sql
SELECT
w.id  AS id,
w.xueh AS xueh,
w.s_name AS s_name,
w.s_gender AS s_gender,
w.s_nianl AS s_nianj,
w.s_nation AS s_nation,
w.s_idcard AS s_idcard,
w.xuessx AS xuessx,
CASE WHEN  w.kaosyn='yes' then '允许参加本校考试' else '不允许参加本校考试' end AS kaosyn,
w.xuej AS xuej,
w.s_telephone AS s_telephone,
w.s_photo AS s_photo,
w.banj AS banj,
w.t_name AS t_name,
w.xuez AS xuez,
w.nianj AS nianj,
w.xueklb AS xueklb,
w.kaoslx2 AS kaoslx2,
w.xuek2 AS xuek2,
w.chengj AS chengj,
CASE WHEN (SELECT pinggjb FROM cms_kaosjgpgjb  WHERE id=(SELECT pinggjb FROM cms_kaosjgp
gbj WHERE w.chengj between qujqd AND qujzd)) IS NOT NULL then  (SELECT pinggjb FROM cms_kaosjg
pgjb  WHERE id=(SELECT pinggjb FROM cms_kaosjgpgbj WHERE w.chengj between qujqd AND qujzd)) e
lse '未设置适合的评判标准' end AS pinggjb,
CONCAT('第',CAST(W.banj_paim AS CHAR),'名') AS banj_paim2,
CONCAT('第',CAST(W.nianj_paim AS CHAR),'名') AS nianj_paim2,
CASE WHEN t.paim IS NOT NULL then CONCAT('第',CAST( t.paim AS CHAR),'名') else '区排名还未
输入' end AS qu_paim2
FROM (
SELECT
l.id AS id,
l.xueh AS xueh,
l.s_name AS s_name,
l.s_gender AS s_gender,
l.s_nianl AS s_nianl,
l.s_nation AS s_nation,
l.s_idcard AS s_idcard,
r.xuessx AS xuessx,
r.kaosyn AS kaosyn,
s.xuej AS xuej,
l.s_telephone AS s_telephone,
l.s_photo AS s_photo,
m.banj AS banj,
n.t_name AS t_name,
q.xuez AS xuez,
o.nianj AS nianj,
p.xueklb AS xueklb,
d.kaoslx AS kaoslx,
(SELECT e.kaoslx FROM cms_kaoslx e WHERE e.id=d.kaoslx) AS kaoslx2,
d.xuek AS xuek,
(SELECT f.xuek FROM cms_xuek f WHERE f.id=d.xuek) AS xuek2,
d.chengj AS chengj,
-- 班级排名
(SELECT FIND_IN_SET(CAST(d.chengj AS char),GROUP_CONCAT(DISTINCT CAST(g.chengj AS char)
ORDER BY g.chengj DESC SEPARATOR ',')) FROM cms_xuescj g,cms_students h WHERE g.xuesid=h.id
AND h.s_classname = (SELECT i.s_classname FROM cms_students i WHERE i.id=d.xuesid)
AND g.kaoslx=d.kaoslx  AND g.xuek=d.xuek) AS banj_paim,
-- 年级排名
(SELECT FIND_IN_SET(CAST(d.chengj AS char),GROUP_CONCAT(DISTINCT CAST(g0.chengj AS char)
ORDER BY g0.chengj DESC SEPARATOR ',')) FROM cms_xuescj g0,cms_students h0,cms_banj u0 WHERE
g0.xuesid=h0.id AND h0.s_classname=u0.id AND u0.nianj = (SELECT v0.nianj FROM cms_students i
0,cms_banj v0 WHERE i0.s_classname=v0.id AND i0.id=d.xuesid)  AND g0.kaoslx=d.kaoslx  AND g0.
```

```
xuek=d.xuek) AS nianj_paim
    FROM cms_xuescj d,cms_students l,cms_banj m,cms_teacher n,cms_nianj o,cms_xueklb p,cms_x
uez q,cms_xuessx r,cms_xuesxj s WHERE d.xuesid=l.id AND l.s_classname=m.id AND m.renkjs=n.id
AND m.nianj=o.id AND m.xueklb=p.id  AND o.xuez=q.id AND l.s_xuessx=r.id AND l.s_xuej=s.id ) w
 LEFT JOIN cms_xuesxkqpm t ON w.id =t.xuesid AND w.kaoslx =t.kaoslx AND w.xuek =t.xuek ORDER
BY w.id ASC,w.kaoslx ASC,w.xuek ASC ;
```

注意：关于上面的这条 SQL 语句，是本书作者所写，运用了分组、子查询嵌套（最大嵌套层数为 4）、外链接、CASE WHEN 流程控制以及 CONCAT、GROUP_CONCAT 、FIND_IN_SET 等函数，其中 FIND_IN_SET 与 GROUP_CONCAT 是读者更需关注的，因为通过它们实现最终的排名。

语句比较复杂，读者可以感受一下 MySQL 可以写出如此复杂的 SQL 语句，为读者自己能写出类似这样的语句提供参考与借鉴。

关于这条 SQL 语句工作原理，由于已超出本书范畴，因此对此不做剖析，读者可自行研究。

7.15.4　FIND_IN_SET 与逻辑运算操作 IN 的区别

MySQL 中“IN”是比较等不等，而“FIND_IN_SET”函数用来比较是不是包含。FIND_IN_SET 函数不管给定的是字段或变量或字符串常量，它都能很好地工作。示例如下。

（1）书写查不出数据记录的 SQL，查询 ykxt_jiayou 表，其“kh”列值包含“178832a”的数据，命令如下：

```
SELECT * FROM ykxt_jiayou WHERE kh IN ('178832a'); -- 使用 IN 逻辑运算操作
```

或

```
SELECT * FROM ykxt_jiayou WHERE '178832a' IN (kh); -- 使用 IN 逻辑运算操作
```

注意：上面的 SQL 语句查不出来数据就对了。

（2）书写能查出数据记录的 SQL，查询 ykxt_jiayou 表，其“kh”列值包含“178832a”的数据，命令如下：

```
SELECT * FROM ykxt_jiayou WHERE FIND_IN_SET('178832a',kh); -- 使用 FIND_IN_SET 函数
```

上述命令的运行结果如图 7.6 所示。

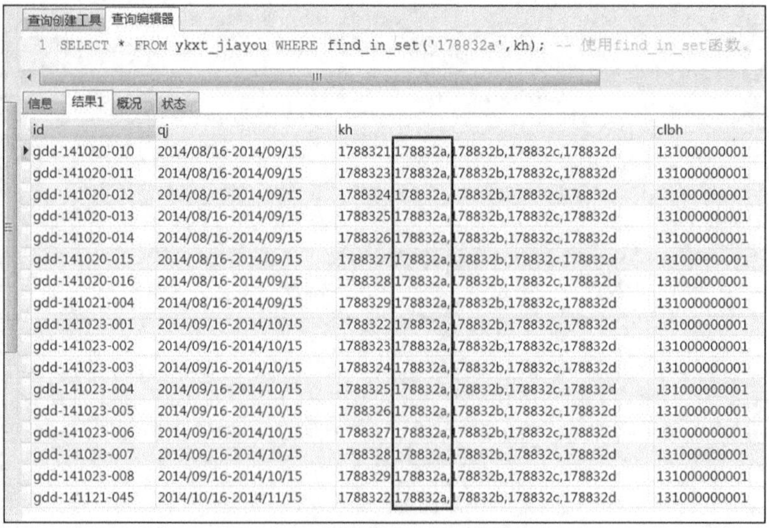

id	qj	kh	clbh
gdd-141020-010	2014/08/16-2014/09/15	1788321,178832a,178832b,178832c,178832d	131000000001
gdd-141020-011	2014/08/16-2014/09/15	1788323,178832a,178832b,178832c,178832d	131000000001
gdd-141020-012	2014/08/16-2014/09/15	1788324,178832a,178832b,178832c,178832d	131000000001
gdd-141020-013	2014/08/16-2014/09/15	1788325,178832a,178832b,178832c,178832d	131000000001
gdd-141020-014	2014/08/16-2014/09/15	1788326,178832a,178832b,178832c,178832d	131000000001
gdd-141020-015	2014/08/16-2014/09/15	1788327,178832a,178832b,178832c,178832d	131000000001
gdd-141020-016	2014/08/16-2014/09/15	1788328,178832a,178832b,178832c,178832d	131000000001
gdd-141021-004	2014/08/16-2014/09/15	1788329,178832a,178832b,178832c,178832d	131000000001
gdd-141023-001	2014/09/16-2014/10/15	1788322,178832a,178832b,178832c,178832d	131000000001
gdd-141023-002	2014/09/16-2014/10/15	1788323,178832a,178832b,178832c,178832d	131000000001
gdd-141023-003	2014/09/16-2014/10/15	1788324,178832a,178832b,178832c,178832d	131000000001
gdd-141023-004	2014/09/16-2014/10/15	1788325,178832a,178832b,178832c,178832d	131000000001
gdd-141023-005	2014/09/16-2014/10/15	1788326,178832a,178832b,178832c,178832d	131000000001
gdd-141023-006	2014/09/16-2014/10/15	1788327,178832a,178832b,178832c,178832d	131000000001
gdd-141023-007	2014/09/16-2014/10/15	1788328,178832a,178832b,178832c,178832d	131000000001
gdd-141023-008	2014/09/16-2014/10/15	1788329,178832a,178832b,178832c,178832d	131000000001
gdd-141121-045	2014/10/16-2014/11/15	1788322,178832a,178832b,178832c,178832d	131000000001

图 7.6　FIND_IN_SET 与 IN 的区别

7.16　MySQL LIKE 与 NOT LIKE 用法

当需要用到模糊查询或者说匹配式查询的时候，就要用到 MySQL 数据库提供的 LIKE 模糊或者叫做匹配的逻辑运算操作。LIKE 是数据库提供的逻辑运算操作符之一，和"IN"">=""<=""=""EXISTS"">=""||""OR""AND""&&""BETWEEN""CASE"等一样（还有很多，未完全列出），进行逻辑上的运算操作。例如，查询表中公司名称包含"总公司"的记录，该如何书写此 SQL 语句呢？在说明之前先了解一下与"LIKE"相关的通配符。

7.16.1　LIKE 的通配符

MySQL 的 LIKE 语句中的通配符如下：

"%"（百分号）、"_"（下画线）和"escape"（转义）。

（1）"%"：表示任意个或多个字符，可匹配任意类型和长度的字符。

```
SELECT * FROM ykxt_jiayou WHERE kh LIKE '%1788';      --kh 中末 4 位都是 1788 的
SELECT * FROM ykxt_jiayou WHERE kh LIKE '1788%';      --kh 中前 4 位都是 1788 的
SELECT * FROM ykxt_jiayou WHERE kh LIKE '%1788%';     --kh 中包含 1788 的
```

另外，如果需要找出 kh 中既有"a"又有"c"的记录，可使用 AND 条件，命令如下：

```
SELECT * FROM ykxt_jiayou WHERE kh LIKE '%a%' AND kh LIKE '%c%';
```

若使用下面的命令：

```
SELECT * FROM ykxt_jiayou WHERE kh LIKE '%a%c%';
```

虽然能搜索出"...a...c..."，但不能搜索出"...ca..."。

（2）"_"：表示任意单个字符。匹配单个任意字符，它常用来限制表达式的字符长度语句（可以代表一个中文字符）。

```
SELECT * FROM ykxt_jiayou WHERE kh LIKE '_';          --kh 位数最多只能是一位的任意字符
SELECT * FROM ykxt_jiayou WHERE kh LIKE '178835_';    --kh 中前 6 位是 178835，最后一位可以是任意字符
SELECT * FROM ykxt_jiayou WHERE kh LIKE '17883_a';    --kh 中前 5 位是 17883，第 6 位可以是任意字符，最后一位为 a
```

如果要查"%"或者"_"，该怎么办呢？使用 ESCAPE 进行转义，转义字符后面的"%"或"_"就不作为通配符了，注意前面没有转义字符的"%"和"_"仍然起通配符作用，命令如下：

```
SELECT * FROM ykxt_jiayou WHERE kh LIKE '%1788/_%' ESCAPE '/';
```

语句解释，通过 ESCAPE 关键字告诉 MySQL 其后面的字符就是起转义作用的字符。在本示例中定义的是"/"。在"/"后面的"_"就不再起通配符作用，而是普通的字符，命令如下：

```
SELECT * FROM ykxt_jiayou WHERE kh LIKE '%1788$%%' ESCAPE '$';
```

语句解释，通过 ESCAPE 关键字告诉 MySQL 其后面的字符就是起转义作用的字符。在本示例中定义的是"$"。在"$"后面的"%"就不再起通配符作用，而是普通的字符。

7.16.2　NOT LIKE

MySQL 的 NOT LIKE 逻辑运算操作，就是 LIKE 数据集以外的部分，命令如下：

```
SELECT * FROM ykxt_jiayou WHERE kh LIKE '%a%c%';
```

此命令能搜索出"...a...c...",但不能搜索出"...ca...",那么加一个 not 又如何呢?命令如下:

```
SELECT * FROM ykxt_jiayou WHERE kh NOT LIKE '%a%c%';
```

这条命令可以搜索出"...ca..."。

7.17　MySQL REGEXP 正则的使用

前面讲解了 LIKE 模糊或匹配查询方式,本节介绍 MySQL 提供的另外一种模糊或匹配查询方式 PEGEXP 正则。此模糊或匹配查询方式相对于 LIKE 更加灵活且功能强大。这是 MySQL 的独特之处。

7.17.1　REGEXP 的运算符

REGEXP 的运算符见表 7.2。

表 7.2　MySQL 的 REGEXP 模式及模式匹配表

模式	模式匹配
^	字符串的开始
$	字符串的结尾
.	任何单个字符
[...]	在方括号内的任何字符列表
[^...]	非列在方括号内的任何字符
P1|p2|p3	交替匹配任何模式 p1、p2 或 p3
*	零个或多个前面的元素
+	前面的元素的一个或多个实例
{n}	前面的元素的 n 个实例
{m,n}	m~n 个实例前面的元素

7.17.2　REGEXP 的通配符

MySQL 的 REGEXP 通配符如下。

(1)"^"字符:匹配字符串的开始位置,如"^a"表示以字母 a 开头的字符串。

(2)"$"字符:匹配字符串的结束位置,如"X$"表示以字母 X 结尾的字符串。

(3)"."字符:"."字符就是英文下的点,它匹配任何一个字符,包括回车、换行等。

(4)"*"字符:"*"字符匹配 0 个或多个字符,在它之前必须有内容。

(5)"+"字符:"+"字符匹配 1 个或多个字符,在它之前也必须有内容。"+"字符与"*"字符的用法类似,只是"*"允许出现 0 次——就是说"*"前面的字符在匹配的结果中可以不用出现,如"ab*"或"nq*"可以匹配上"cfg""yui""opp"……(因为"ab"或"nq"等不需要在此匹配源中出现——"允许出现 0 次"的含义)。

"+"号则是其前面的字符在匹配的结果中必须至少出现一次——就是说"+"前面的字符在匹配的结果中必须至少出现一次,如"ab+"可以匹配上"abcfg""abyui""abopp"……("ab"在此匹配源中出现了一次——""+"匹配 1 个"的含义),而"cfg""yui""opp"……是匹配不上的，因为此匹配源不存在"ab"。

"?"字符，匹配 0 次或 1 次，在它之前也必须有内容。

如正则："b 测?n"，表示字符串中的 b 和 n 之间只能有一个"测"，字符串"aab 测测 nbbb"匹配不上"b 测?n"；字符串"aabnbbb"匹配得上"b 任意字母?n"（将"测"调整为任意字母，用汉字则匹配不上，字母可以）。

7.17.3　REGEXP 实例

1. 下面的 SQL 中用到 REGEXP 关键字

```
SELECT * FROM menu31 WHERE name regexp '^基' ;
SELECT * FROM menu31 WHERE name regexp '理$' ;
SELECT * FROM menu31 WHERE name regexp '.' ;
SELECT * FROM menu31 WHERE name regexp '图*' ;
SELECT * FROM menu31 WHERE name regexp 'a+' ;
SELECT * FROM menu31 WHERE name regexp '图?' ;
```

（1）查询 name 以"图"开头的记录，命令如下：

```
SELECT name FROM menu31 WHERE name REGEXP '^图';
```

（2）查询 name 以"理"结尾的记录，命令如下：

```
SELECT name FROM menu31 WHERE name REGEXP  '理$';
```

（3）查询 name 包含"理"的字符串的记录，命令如下：

```
SELECT name FROM menu31 WHERE name  REGEXP   '理';
```

（4）查询 name 以元音开始或者"ok"结束的记录，命令如下：

```
SELECT name FROM menu31 WHERE name REGEXP '^[aeiou]|ok$';
```

（5）所匹配的字符串以前面的字符串结尾，命令如下：

```
mysql> SELECT "fono" REGEXP "^fono$"; -- 1 表示匹配
mysql> SELECT "fono" REGEXP "^fo$"; -- 0 表示不匹配
```

（6）匹配任何字符（包括新行），命令如下：

```
mysql> SELECT "fofo" REGEXP "^f.*"; -- 1 表示匹配
mysql> SELECT "fonfo" REGEXP "^f.*"; -- 1 表示匹配
```

（7）匹配任意多个 a（包括空串），命令如下：

```
mysql> SELECT "Ban" REGEXP "^Ba*n"; -- 1 表示匹配
mysql> SELECT "Baaan" REGEXP "^Ba*n"; -- 1 表示匹配
mysql> SELECT "Bn" REGEXP "^Ba*n"; -- 1 表示匹配
```

（8）匹配任意多个 a（不包括空串），命令如下：

```
mysql> SELECT "Ban" REGEXP "^Ba+n"; -- 1 表示匹配
mysql> SELECT "Bn" REGEXP "^Ba+n"; -- 0 表示不匹配
```

（9）匹配一个或零个 a，命令如下：

```
mysql> SELECT "Bn" REGEXP "^Ba?n"; -- 1 表示匹配
mysql> SELECT "Ban" REGEXP "^Ba?n"; -- 1 表示匹配
mysql> SELECT "Baan" REGEXP "^Ba?n"; -- 0 表示不匹配
```

（10）匹配 pi 或 apa，命令如下：

```
mysql> SELECT "pi" REGEXP "pi|apa"; -- 1 表示匹配
mysql> SELECT "axe" REGEXP "pi|apa"; -- 0 表示不匹配
mysql> SELECT "apa" REGEXP "pi|apa"; -- 1 表示匹配
mysql> SELECT "apa" REGEXP "^(pi|apa)$"; -- 1 表示匹配
mysql> SELECT "pi" REGEXP "^(pi|apa)$"; -- 1 表示匹配
mysql> SELECT "pix" REGEXP "^(pi|apa)$"; -- 0 表示不匹配
```

（11）匹配任意多个 abc（包括空串），命令如下：

```
mysql> SELECT "pi" REGEXP "^(pi)*$"; -- 1 表示匹配
mysql> SELECT "pip" REGEXP "^(pi)*$"; -- 0 表示不匹配
mysql> SELECT "pipi" REGEXP "^(pi)*$"; -- 1 表示匹配
```

2. 关于{}的用法

{1}、{2,3}，这是一个更全面的方法，它可以实现前面好几种保留字的功能。

- a*：可以写成 a{0,}。
- a+：可以写成 a{1,}。
- a?：可以写成 a{0,1}。

在{}内只有一个整型参数 i，表示字符只能出现 i 次。

{}内有一个整型参数 i，后面跟一个"，"，表示字符可以出现 i 次或 i 次以上。

在{}内只有一个整型参数 i，后面跟一个"，"，再跟一个整型参数 j，表示字符只能出现 i 次以上，j 次以下（包括 i 次和 j 次）。其中的整型参数必须大于或等于 0，小于或等于 RE_DUP_MAX（默认是 255）。如果有两个参数，第二个必须大于或等于第一个。

3. 关于[]的用法

- [a-dX]：匹配"a""b""c""d"或"X"。
- [^a-dX]：匹配除"a""b""c""d""X"以外的任何字符。

"["、"]"必须成对使用，示例如下。

```
mysql> SELECT "aXbc" REGEXP "[a-dXYZ]"; -- 1 表示匹配
mysql> SELECT "aXbc" REGEXP "^[a-dXYZ]$"; -- 0 表示不匹配
mysql> SELECT "aXbc" REGEXP "^[a-dXYZ]+$"; -- 1 表示匹配
mysql> SELECT "aXbc" REGEXP "^[^a-dXYZ]+$"; -- 0 表示不匹配
mysql> SELECT "gheis" REGEXP "^[^a-dXYZ]+$"; -- 1 表示匹配
mysql> SELECT "gheisa" REGEXP "^[^a-dXYZ]+$"; -- 0 表示不匹配
```

7.18 MySQL RAND 随机函数使用

MySQL 的 RAND()函数在 0~1 之间产生一个随机数，如：

```
mysql>SELECT RAND(),RAND(),RAND();
```

上述命令的运行结果如图 7.7 所示。

图 7.7 RAND()函数的使用

该函数用途可根据实际需求看用在什么地方，仁者见仁，智者见智。在此只介绍用此函数随机抽取记录，应用于考试题库的随机抽取考试题目。

随机抽取固定数量题目的 SQL 语句：

```
SELECT * FROM  menu33  WHERE id >= (SELECT FLOOR( RAND() * ((SELECT MIN(id) FROM menu33)
-(SELECT MIN(id) FROM menu33)) + (SELECT MIN(id) FROM menu33))) ORDER BY id LIMIT 20;
```

随机抽取随机数量题目的 SQL 语句：

```
SELECT *  FROM menu33 AS t1 JOIN (SELECT ROUND(RAND() * ((SELECT MIN(id) FROM menu33)-(S
ELECT MIN(id) FROM menu33))+(SELECT MIN(id) FROM menu33)) AS id) AS t2 WHERE t1.id >= t2.id O
RDER BY t1.id limit 20;
```

7.19　终端执行 SQL 的方式

（1）执行编写好的 SQL 脚本，命令如下：

```
mysql> SOURCE d:/test.sql;
```

上述命令的运行结果如图 7.8 所示。

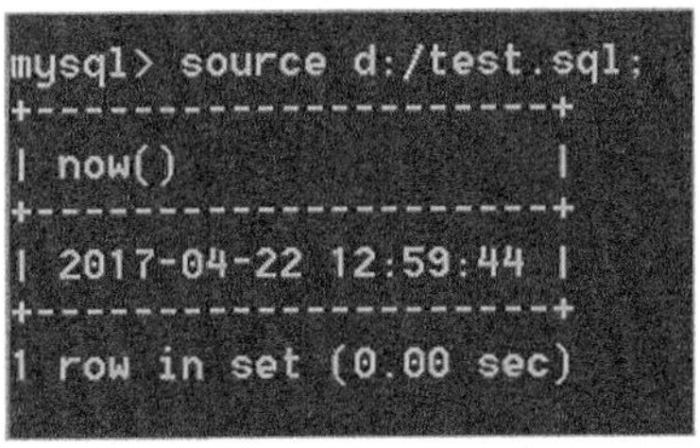

图 7.8　终端执行 SQL 脚本文件

（2）SELECT ...into outfile 方式执行 SQL，命令如下：

```
mysql> SELECT NOW() INTO OUTFILE 'd:/test-1.txt';
```

上述命令的运行结果如图 7.9 和图 7.10 所示。

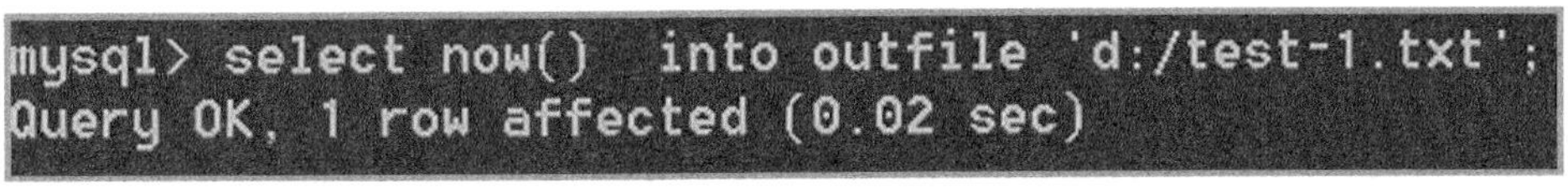

图 7.9　将输出指向文本文件

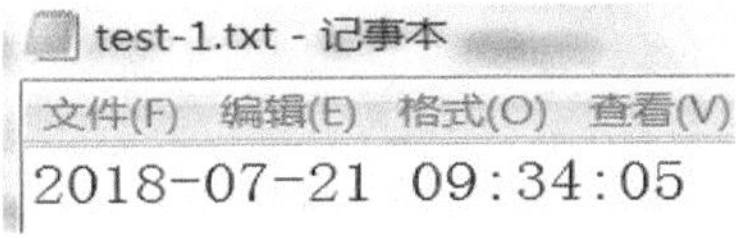

图 7.10　输出文本文件的内容

（3）使用 MySQL 命令执行 SQL 语句，命令如下：

```
C:\wamp64\bin\mariadb\mariadb10.2.8\bin\mysql.exe --user=root jiaowglxt -e "SELECT NOW()"
```

或

```
    C:\wamp64\bin\mariadb\mariadb10.2.8\bin\mysql.exe --user=root --password=root jiaowglxt
-e "SELECT NOW()"
```

命令中，--user＝root，其中 root 为账户名称；--password＝root，其中 root 为账户密码；jiaowglxt 为数据库名；SELECT NOW()为执行的 SQL 语句。命令运行结果如图 7.11 所示。

7.19 终端执行 SQL 的方式

```
C:\>C:\wamp64\bin\mariadb\mariadb10.2.8\bin\mysql.exe --user=root jiaowglxt -e "SELECT NOW()"
+---------------------+
| NOW()               |
+---------------------+
| 2018-07-21 09:55:24 |
+---------------------+
```

图 7.11 在操作系统命令窗口下执行语句

（4）MySQL 命令执行 SQL 语句，并将查询结果保存到文本中。

```
C:\wamp64\bin\mariadb\mariadb10.2.8\bin\mysql.exe --user=root jiaowglxt -e "SELECT NOW()">d:/test-2.txt
```

或

```
C:\wamp64\bin\mariadb\mariadb10.2.8\bin\mysql.exe --user=root --password=root jiaowglxt -e "SELECT NOW()">d:/test-2.txt
```

命令中的参数说明同上，d:/test-2.txt 为输出文本文件。命令运行结果如图 7.12 和图 7.13 所示。

```
C:\>C:\wamp64\bin\mariadb\mariadb10.2.8\bin\mysql.exe --user=root jiaowglxt -e "SELECT NOW()">d:/test-2.txt
```

图 7.12 将输出转向到文件

```
test-2.txt - 记事本
文件(F)  编辑(E)  格式(O)  查看(V)
NOW()
2018-07-21 10:20:28
```

图 7.13 输出文本文件内容

可以将复杂的 SQL 事先编辑好，存放到文本中再执行。例如将 "SELECT * FROM menu31" 文本保存为 test2.SQL 文件，命令如下：

```
C:\wamp64\bin\mariadb\mariadb10.2.8\bin\mysql.exe --user=root --password=root jiaowglxt < d:/test2.sql > d:/test-3.txt
```

或

```
C:\wamp64\bin\mariadb\mariadb10.2.8\bin\mysql.exe --user=root jiaowglxt < d:/test2.sql > d:/test-3.txt
```

命令中的参数说明同上，d:/test2.sql 为要执行的 SQL 脚本文件。命令运行结果如图 7.14 和图 7.15 所示。

```
C:\>C:\wamp64\bin\mariadb\mariadb10.2.8\bin\mysql.exe --user=root jiaowglxt < d:/test2.sql > d:/test-3.txt
```

图 7.14 执行 SQL 语句并将结果保存到文件

```
test-3.txt - 记事本
文件(F)  编辑(E)  格式(O)  查看(V)  帮助(H)
ID   name      father    linkadd
1    基础信息管理  --         #
2    业务管理    --         #
9    其它       --         #
7    综合信息    --         #
8    图表分析    --         #
```

图 7.15 输出文本文件内容

第 8 章 MySQL 数据库的字符集设计

本章将对 MySQL 数据库的二进制数据类型、二进制字符串、各类字符集、二进制数据类型与字符集、它们的适用场景等内容进行详细介绍。

通过本章的学习,读者可以掌握相关字符集及其校对规则的概念、基本操作,了解他们的适用场景、相关问题解决,掌握怎样设计合理的字符集与校对规则,从而有效解决网页乱码等与字符集相关问题的出现,对实践有着指导、帮助的意义。

8.1 MySQL 的二进制与非二进制字符串

8.1.1 MySQL 的二进制字符串及二进制类型

1. MySQL 的字符串分类

(1)二进制字符串。

即一串字节(8 个 "0" 或 "1" 构成的二进制位就是一个字节)序列,对字节的解释不涉及字符集,因此它没有字符集和排序方式的概念。

(2)非二进制字符串。

由字符构成的序列,字符集用来解释字符串的内容,排序方式决定字符的大小。

2. MySQL 二进制类型

二进制类型是在数据库中存储二进制数据的数据类型。二进制类型包括 BINARY、VARBINARY、BIT、TINYBLOB、BLOB、MEDIUMBLOB 和 LONGBLOB 等,见表 8.1。

表 8.1 MySQL 的二进制类型表

二进制数据类型	取值范围
BINARY(M)	字节数为 M,允许长度为 0~M 的定长二进制字符串
VARBINARY(M)	允许长度为 0~M 的变长二进制字符串,字节数为值的长度加 1
BIT(M)	M 位二进制数据,M 的最大值为 64
TINYBLOB	可变长二进制数据,最多 255 个字节
BLOB	可变长二进制数据,最多($2^{16}-1$)个字节
MEDIUMBLOB	可变长二进制数据,最多($2^{24}-1$)个字节
LONGBLOB	可变长二进制数据,最多($2^{32}-1$)个字节

BINARY 类型和 VARBINARY 类型都是在创建表时指定了最大长度。

基本的语法格式:字符串类型(M)。

其中,"字符串类型"指定了数据类型为 BINARY 类型或 VARBINARY 类型;"M"指定了该二进制数的最大字节长度为 M。这与 CHAR 类型和 VARCHAR 类型相似。例如，BINARY(10)就是指数据类型为 BINARY 类型，其最大长度为 10。

BINARY 类型的长度是固定的，在创建表时就指定了。不足最大长度的空间由“\0”补齐。例如，BINARY(50)就是指定 BINARY 类型的长度为 50。

BINARY 和 VARBINARY 类型的数据，其中汉字占两个字节，例如指定长度为 50，可以存放 25 个汉字。对于 BINARY 类型的字段，如果长度为 10，存入“总公司”，那么在这个值的后面需补足 4 个“\0”而不是 7 个“\0”。

VARBINARY 类型的长度是可变的，在创建表时指定了最大长度。指定 VARBINARY 类型的最大值以后，其长度可以在 0 到最大长度之间。例如，VARBINARY(50)的最大字节长度是 50。

注意：不是每条记录的字节长度都是 50，在这个最大值范围内，使用多少分配多少。

VARBINARY 类型实际占用的空间为实际长度加 1，这样可以有效地节约系统的空间。

我们来看下面的示例。

（1）创建数据表 table_bin2，定义 BINARY(30)类型的字段 a 和 VARBINARY(30)类型的字段 b。

```
mysql>use db_fcms;
mysql>CREATE TABLE table_bin2 (
id INT NOT NULL,
a BINARY(30) NULL,
    b VARBINARY(30) NULL,
PRIMARY KEY (id));
```

（2）向数据表中插入数据“5”。

```
mysql>INSERT INTO table_bin2(id,a,b) values(1,'5','5');
```

（3）查看两个字段存储数据的长度。

```
SELECT length(a),length(b) FROM table_bin2;
```

上述命令的运行结果如图 8.1 所示。

```
mysql> SELECT length(a),length(b) FROM table_bin2;
+-----------+-----------+
| length(a) | length(b) |
+-----------+-----------+
|        30 |         1 |
+-----------+-----------+
1 row in set (0.00 sec)
```

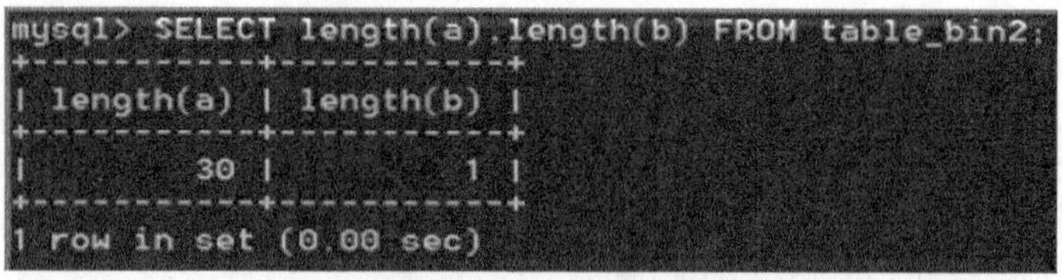

图 8.1 查看两个字段存储数据的长度

从图 8.3 中可以看出，a 字段的值数据长度为 30，而 b 字段的值数据长度仅为插入的一个字符的长度 1。

（4）“a”字段 BINARY(30)及“b”字段 VARBINARY(30)的物理存储状态。

```
SELECT * FROM table_bin2 WHERE a='5\0\0\0\0\0\0\0\0\0\0\0\0\0\0\0\0\0\0\0\0\0\0\0\0\0\0\
0 \0\0';
```

上述命令的运行结果如图 8.2 所示。

说明当向“a”BINARY(30)字段插入“5”时，由于其长度为 30，因此在“5”的后面补足 29 个“\0”的值存入“a”字段。而“b”字段 VARBINARY(30)不存在补足 29 个“\0”的问题。

```
SELECT * FROM table_bin2 WHERE b='5';
```

```
MariaDB [jiaowglxt]> SELECT * FROM table_bin2 WHERE a='5\0\0\0\0\0\0\0\0\0\0\0\0\0\0\0\0\0\0\0\0\0\0\0\0\0\0\0\0\0';
+----+-------------------------------+------+
| id | a                             | b    |
+----+-------------------------------+------+
|  1 | 5                             | 5    |
+----+-------------------------------+------+
1 row in set (0.00 sec)
```

图 8.2　查看两个字段值的物理存储状态

上述命令的运行结果如图 8.3 所示。

```
MariaDB [jiaowglxt]> SELECT * FROM table_bin2 WHERE b='5';
+----+-------------------------------+------+
| id | a                             | b    |
+----+-------------------------------+------+
|  1 | 5                             | 5    |
+----+-------------------------------+------+
1 row in set (0.00 sec)
```

图 8.3　查看两个字段值的物理存储状态

3. BIT 类型

BIT 类型也是在创建表时指定了最大长度。基本的语法格式如下：

```
BIT(M)
```

其中，“M”指定了该二进制数的最大字节长度为 M，M 的最大值为 64。例如 BIT(4)就是数据类型为 BIT 的类型，长度为 4。

如果字段的类型为 BIT(4)，存储的数据是从 0～15。因此变成二进制以后，15 的值为 1111，其长度为 4。如果插入的值为 16，其二进制数为 10000，长度为 5，超过了最大长度，所以，大于或等于 16 的数是不能插入到 BIT(4)类型的字段中的。

在查询 BIT 数据类型的数据时，要用 BIN(字段名＋0)来将值转换为二进制显示。

示例如下。

（1）创建数据表 table_bit，定义 BIT(4)类型的字段 b。

```
mysql>use db_fcms;
mysql>CREATE TABLE table_bit (
id INT NOT NULL,
a BIT(4) NULL,
PRIMARY KEY (id));
```

（2）向数据表中插入数据 2、9、15、16。

```
INSERT INTO table_bit(id,a) values(1,2);
INSERT INTO table_bit(id,a) values(2,9);
INSERT INTO table_bit(id,a) values(3,15);
INSERT INTO table_bit(id,a) values(4,16);
```

（3）查询插入结果。

```
SELECT BIN(a+0) FROM table_bit;
```

上述命令的运行结果如图 8.4 所示。

a＋0 表示将二进制的结果转换为对应的十进制数字的值，BIN()函数将数字转换为二进制。从结果可以看出，成功地将 4 个数插入到表中了。但最后一行将“16”（10000）这个值变为了“1111”，这说明 bit(4)——最多 4 个二进制位，而 16 为 5 个二进制位，变为“1111（15）”。

8.1 MySQL 的二进制与非二进制字符串

图 8.4 查询 table_bit 表数据

插入值 16 的二进制值为 10000，在插入之后 MySQL 将值裁剪到指定范围的相应端点，在这里，指定 BIT 为 4 位，因此相应的端点值为 1111，并且 MySQL 保存裁剪好的值。虽然默认情况下，MySQL 可以插入超出该列允许范围的值，但是需要对数据进行裁剪，因而插入的数据可能是不正确的，所以要确保插入的值在指定的范围内。

4. BLOB 类型

BLOB 类型是一种特殊的二进制类型。BLOB 可以用来保存数据量很大的二进制数据，如图片等。BLOB 类型包括 TINYBLOB、BLOB、MEDIUMBLOB 和 LONGBLOB。这 4 种 BLOB 类型最大的区别就是能够保存的最大长度不同。LONGBLOB 的长度最大，TINYBLOB 的长度最小。

BLOB 类型与 TEXT 类型很类似，不同点在于 BLOB 类型用于存储二进制数据，BLOB 类型数据是根据其二进制编码进行比较和排序，而 TEXT 类型是文本模式进行比较和排序的。

BLOB 列没有字符集，并且排序和比较基于列值字节的数值；TEXT 列有一个字符集，并且根据字符集对值进行排序和比较。

BLOB 类型主要用来存储图片，PDF 文档等二进制文件，通常情况下，可以将图片，PDF 文档都可以存储在文件系统中，然后在数据库中存储这些文件的路径，这种方式存储比直接存储在数据库中简单，但是访问速度比存储在数据库中慢。

8.1.2 MySQL 的 BINARY、CHAR、VARCHAR 的区别

1. CHAR

使用固定长度的空间进行存储，CHAR(4)存储 4 个字符，我们可以根据编码方式的不同占用不同的字节，GBK 编码方式，不论是中文还是英文，每个字符占用两个字节的空间，UTF8 编码方式，每个字符占用 3 个字节的空间。

如果需要存储的字符串的长度跟所有值的平均长度相差不大，适合用 CHAR，如 MD5 加密结果。

对于经常改变的值，CHAR 优于 VARCHAR，原因是固定长度的行不容易产生碎片。

对于很短的列，CHAR 优于 VARCHAR，原因是 VARCHAR 需要额外一个或两个字节存储字符串的长度。

2. VARCHAR

保存可变长度的字符串，使用额外的一个或两个字节存储字符串长度，VARCHAR(10)，除了需要存储 10 个字符，还需要 1 个字节存储长度信息(10)，超过 255 的长度需要两个字节来存储。

CHAR 和 VARCHAR 后面如果有空格，VARCHAR 会自动去掉空格后存储，CHAR 虽然不会去掉空格，但在进行字符串比较时，会去掉空格进行比较。

3. BINARY

保存二进制字符串，它保存的是字节而不是字符，没有字符集限制。binary(8)可以保存 8 个字符，每个字符占 1 个字节，共占 8 个字节。进行比较时是按字节进行比较，而不是按字符(CHAR)，

按字节比较比字符简单快速。按字符比较不区分大小写，而 binary 区分大小写，结尾使用\0 填充，而不是空格。对于 binary 类型的自动补\0。例如：baseno 字段为 binary(5)时，执行 INSERT into base_info(baseno) values('6')。在表中 baseno 的值形式上表示为 "6\0\0\0\0"，自动补\0，所以在 SELECT 的时候，必须如下：

```
SELECT * FROM base_info WHERE baseno='6\0\0\0\0';
```

4. 字符串类型

可以用来表示任何一种值，所以它是最基本的类型之一。我们可以用字符串类型来存储图像或声音之类的二进制数据，也可存储用 gzip 压缩的数据。表 8.2 介绍了各种字符串类型。

表 8.2 字符串类数据列类型

类型	最大长度	占用存储空间
CHAR[(M)]	M 字节	M 字节
VARCHAR[(M)]	M 字节	$L+1$ 字节
TINYBLOD，TINYTEXT	2^8-1 字节	$L+1$ 字节
BLOB，TEXT	$2^{16}-1$ 字节	$L+2$
MEDIUMBLOB，MEDIUMTEXT	$2^{24}-1$ 字节	$L+3$
LONGBLOB，LONGTEXT	$2^{32}-1$ 字节	$L+4$
ENUM('value1','value2',...)	65535 个成员	1 或 2 字节
SET('value1','value2',...)	64 个成员	1,2,3,4 或 8 字节

$L+1$、$L+2$、……是表示数据列是可变长度的，它占用的空间会根据数据行的增减而改变。数据行的总长度取决于存放在这些数据列里的数据值的长度。$L+1$ 或 $L+2$ 里多出来的字节是用来保存数据值的长度。在对长度可变的数据进行处理时，MySQL 要把数据内容和数据长度都保存起来。

如果把超出字符串最大长度的数据放到字符类数据列中，MySQL 会自动进行截短处理。

ENUM 和 SET 类型的数据列定义里有一个列表，列表里的元素就是该数据列的合法取值。如果试图把一个没有在列表里的值放到数据列里，它会被转换为空字符串("")。

字符串类型的值被保存为一组连续的字节序列，并会根据它们容纳的是二进制字符串还是非二进制字符串而被区别对待为字节或者字符：二进制字符串被视为一个连续的字节序列，与字符集无关。MySQL 把 BLOB 数据列和带 BINARY 属性的 CHAR 和 VARCHAR 数据列里的数据当作二进制值。

非二进制字符串被视为一个连续排列的字符序列。与字符集有关。MySQL 把 TEXT 列与不带 BINARY 属性的 CHAR 和 VARCHAR 数据列里的数据当作二进制值对待而非二进制字符串。

非二进制字符串，即通常所说的字符串，是按字符在字符集中先后次序进行比较和排序的。而二进制字符串因为与字符集无关，所以不以字符顺序排序，而是以字节的二进制值作为比较和排序的依据。

二进制字符串的比较方式是一个字节一个字节进行的，比较的依据是两个字节的二进制值。也就是说它是区分大小写的，因为同一个字母的大小写的二进制编码是不一样的。

非二进制字符串的比较方式是一个字符一个字符进行的，比较的依据是两个字符在字符集中的先后顺序。在大多数字符集中，同一个字母的大小写往往有着相同的先后顺序，所以它不区分大小写。

二进制字符串与字符集无关，所以无论按字符计算还是按字节计算，二进制字符串的长度都是一样的。所以 VARCHAR(20)并不表示它最多能容纳 20 个字符，而是表示它最多只能容纳可以用 20 个字节表示出来的字符。对于单字节字符集，每个字符只占用一个字节，所以这两者的长度是一样的，但对于多字节字符集，它能容纳的字符个数肯定少于 20 个。

CHAR 和 VARCHAR 是最常用的两种字符串类型，它们之间的区别是：CHAR 是固定长度的，每个值占用相同的字节，不够的位数 MySQL 会在它的右边用空格字符补足。VARCHAR 是一种可变长度的类型，每个值占用其刚好的字节数再加上一个用来记录其长度的字节即 $L+1$ 字节。

如何选择 CHAR 和 VARCHAR，这里给出两个原则：

如果数据都有相同的长度，选用 VARCHAR 会多占用空间，因为只有一位是用来存储其长度。如果数据长短不一，选用 VARCHAR 能节省存储空间。而 CHAR 不论字符长短都需占用相同的空间，即使是空值也不例外。

如果长度相差不大，而且是使用 MyISAM 或 ISAM 类型的表，则用 CHAR 会比 VARCHAR 好，因为 MyISAM 和 ISAM 类型的表对处理固定长度的行的效率高。

在一个数据表里，只要有一个数据列的长度是可变的，则所有数据列的长度将是可变的。MySQL 会进行自动地转换。如果 CHAR 长度小于 4 的则不会进行自动转换，因为 MySQL 会认为这样做没必要，节省不了多少空间，相反，MySQL 会把大量长度小的 VARCHAR 转换成 CHAR，以减少空间占用量。

8.2 MySQL 字符集设置与常见问题处理

8.2.1 基本概念

字符（Character）是指人类语言中最小的表义符号。例如"A""B"等。

给定一系列字符，对每个字符赋予一个数值，用数值来代表对应的字符，这一数值就是字符的编码（Encoding）。例如，给字符"A"赋予数值 0，给字符"B"赋予数值 1，则 0 就是字符"A"的编码；

给定一系列字符并赋予对应的编码后，所有这些字符和编码对组成的集合就是字符集（Character Set）。例如，给定字符列表为{'A','B'}时，{'A'=>0, 'B'=>1}就是一个字符集。

字符序（Collation）是指在同一字符集内字符之间的比较规则。

确定字符序后，才能在一个字符集上定义什么是等价的字符，以及字符之间的大小关系。

每个字符序唯一对应一种字符集，但一个字符集可以对应多种字符序，其中有一个是默认字符序（Default Collation）。

MySQL 中的字符序名称遵从命名惯例：以字符序对应的字符集名称开头，以_ci（表示大小写不敏感）、_cs（表示大小写敏感）或_bin(表示按编码值比较)结尾。例如在字符序"utf8_general_ci"下，字符"a"和"A"是等价的。

8.2.2 MySQL 系统变量

MySQL 系统变量如下。

- character_set_server：默认的内部操作字符集。
- character_set_client：客户端来源数据使用的字符集。
- character_set_connection：连接层字符集。

- character_set_results：查询结果字符集。
- character_set_database：当前选中数据库的默认字符集。
- character_set_system：系统元数据（字段名等）字符集。

还有以 collation_ 开头的同上面对应的变量，用来描述字符序。

用 introducer 指定文本字符串的字符集，格式如下：

```
[_charSET] " strINg" [COLLATE collation]
```

例如：

```
SELECT _LATIN1 'strINg';
SELECT _utf8  '你好' COLLATE utf8_general_ci;
SELECT _gbk   '你好';
```

由 introducer 修饰的文本字符串在请求过程中不经过多余的转码，直接转换为内部字符集处理。

8.2.3 MySQL 字符集支持的两个方面

对于字符集的支持细化到 4 个层次：服务器（server）、数据库（database）、数据表（table）和连接（connection）。

MySQL 对于字符集的指定可以细化到一个数据库、一张表或一列。过去在创建数据库和数据表时并没有使用那么复杂的配置，它们用的都是默认的配置。

编译安装 MySQL 时，指定了一个默认的字符集，这个字符集是 LATIN1。

安装 MySQL 过程中，可以在配置文件 my.cnf（UNIX 系统）或 my.ini（Windows 系统）中指定一个默认的字符集，如果没指定，这个值继承自编译时指定的。

启动 mysqld 时，可以在命令行参数中指定一个默认的字符集，如果没指定，这个值继承自配置文件中的配置，此时 my.cnf（UNIX 系统）或 my.ini（Windows 系统）配置文件中的 character_set_server 被设定为这个默认的字符集。

当创建一个新的数据库时，除非明确指定，这个数据库的 MySQL 字符集默认设定为 character_set_server。

当选定了一个数据库时，character_set_database 被设定为这个数据库默认的字符集。

在这个数据库里创建一张表时，表默认的字符集被设定为 character_set_database，也就是这个数据库默认的字符集。

当在表内设置一栏时，除非明确指定，否则此栏默认的字符集就是表默认的字符集。

如果什么地方都不做设置，那么所有数据库的所有表的所有栏位都用 LATIN1 存储，不过如果安装 MySQL，一般都会选择多语言支持，也就是说，安装程序会自动在配置文件中把 default_character_set 设置为 UTF-8，这保证了默认情况下，所有数据库的所有表的所有栏位都用 UTF-8 存储。

8.2.4 MySQL 默认字符集的查看

默认情况下，MySQL 的字符集是 LATIN1(ISO_8859_1)。

通常，查看系统的字符集和排序方式的设定可以通过下面的两条命令：

```
mysql>SHOW VARIABLES LIKE 'character%';
```

上述命令的运行结果如图 8.5 所示。

8.2　MySQL 字符集设置与常见问题处理

```
MariaDB [jiaowglxt]> SHOW VARIABLES LIKE 'character%';
+--------------------------+----------------------------------------------------+
| Variable_name            | Value                                              |
+--------------------------+----------------------------------------------------+
| character_set_client     | gbk                                                |
| character_set_connection | gbk                                                |
| character_set_database   | utf8                                               |
| character_set_filesystem | binary                                             |
| character_set_results    | gbk                                                |
| character_set_server     | latin1                                             |
| character_set_system     | utf8                                               |
| character_sets_dir       | c:\wamp64\bin\mariadb\mariadb10.2.8\share\charsets\|
```

图 8.5　MySQL 默认字符集的查看

```
mysql>SHOW VARIABLES LIKE 'collation_%';
```

上述命令的运行结果如图 8.6 所示。

```
+----------------------+-------------------+
| Variable_name        | Value             |
+----------------------+-------------------+
| collation_connection | gbk_chinese_ci    |
| collation_database   | utf8_general_ci   |
| collation_server     | latin1_swedish_ci |
+----------------------+-------------------+
```

图 8.6　MySQL 默认排序规则的查看

8.2.5　MySQL 默认字符集的修改

使用 MySQL 的命令：

```
mysql>SET character_set_client = utf8 ;
mysql>SET character_set_connection = utf8 ;
mysql>SET character_set_database = utf8 ;
mysql>SET character_set_results = utf8 ;
mysql>SET character_set_server = utf8 ;
mysql>SET collation_connection = utf8 ;
mysql>SET collation_DATABASE = utf8 ;
mysql>SET collation_server = utf8 ;
```

一般而言，就算设置了表的默认 MySQL 字符集为 UTF8 并且通过 UTF-8 编码发送查询（来自浏览器），会发现存入数据库的仍然是乱码。问题就出在 connection 连接层上。很多人遇到过这样的问题，解决方法是在发送查询前执行下面这条语句：

```
SET NAMES 'utf8';
```

它相当于执行了下面的 3 条指令：

```
SET characterset_client = utf8;       //客户连接所采用的字符集
SET character_set_results = utf8;     //客户机显示所采用的字符集
SET character_set_connection = utf8;  //MySQL 连接字符集
```

8.2.6 MySQL 字符集的相互转换过程

MySQL Server 收到请求时,将请求数据从 character_set_client 转换为 character_set_connection。
进行内部操作前将请求数据从 character_set_connection 转换为内部操作字符集,其确定方法如下。

- 使用每个数据字段的 CHARACTER SET 设定值。
- 若上述值不存在,则使用对应数据表的 DEFAULT CHARACTER SET 设定值(MySQL 扩展,非 SQL 标准)。
- 若上述值不存在,则使用对应数据库的 DEFAULT CHARACTER SET 设定值。
- 若上述值不存在,则使用 character_set_server 设定值。
- 将操作结果从内部操作字符集转换为 character_set_results。
- 现在回过头来分析下产生的乱码问题。
- 字段没有设置字符集,因此使用表的数据集。
- 表没有指定字符集,默认使用数据库的字符集。

数据库在创建的时候没有指定字符集,因此使用 "character_set_server" 设定值。由于没有特意去修改 "character_set_server" 的指定字符集,因此使用 MySQL 默认的字符集。MySQL 默认的字符集是 LATIN1,因此,使用了 LATIN1 字符集,而 character_set_connection 的字符集是 UTF-8,插入中文会产生乱码。

1. MySQL 字符集常见问题解析

向默认字符集为 UTF8 的数据表插入 UTF8 编码的数据前没有设置连接字符集,查询时设置连接字符集为 UTF8,插入时根据 MySQL 服务器的默认设置如下:

- character_set_client;
- character_set_connection;
- character_set_results。

以上均为 LATIN1 字符集,插入操作的数据将经过 LATIN1→LATIN1→UTF8 的字符集转换过程,这一过程中每个插入的汉字都会从原始的 3 个字节变成 6 个字节保存。查询时的结果将经过 UTF8→UTF8 的字符集转换过程,将保存的 6 个字节原封不动返回,产生乱码。

向默认字符集为 LATIN1 的数据表插入 UTF8 编码的数据前设置了连接字符集为 UTF8(遇到的错误就是属于这一种),插入时根据连接字符集设置,character_set_client、character_set_connection 和 character_set_results 均为 UTF8;插入数据将经过 UTF8→UTF8→LATIN1 的字符集转换,若原始数据中含有\u0000~\u00ff 范围以外的 Unicode 字符,会因为无法在 LATIN1 字符集中表示而被转换为 "?" (0×3F)符号,以后查询时不管连接字符集设置如何都无法恢复其内容了。

检测字符集问题的一些手段:

- SHOW CHARACTER SET。
- SHOW COLLATION。
- SHOW VARIABLES LIKE "character%"。
- SHOW VARIABLES LIKE "collation%"。
- SQL 函数 HEX、LENGTH、CHAR_LENGTH。
- SQL 函数 CHARSET、COLLATION。

2. 产生乱码的根本原因分析

客户机没有正确地设置 CLIENT 字符集,导致原先的 SQL 语句被转换成 connection 所指字符集，而这种转换，是会丢失信息的。如果 CLIENT 是 UTF8 格式，那么转换成 GB2312 格式，这其中必定会丢失信息，反之则不会丢失。一定要保证 connection 的字符集大于 CLIENT 字符集才能保证转换不丢失信息。

数据库字符集没有设置正确，如果数据库字符集设置不正确，那么 connection 字符集转换成 database 字符集照样丢失编码，原因跟上面一样。

3. 详细解析 MySQL 的 set names 'gb2312'命令

应用程序如 PHP 发出了 set names 'gb2312'命令，一旦这个命令被传入数据库，那么数据库会马上响应（执行）下面的 3 条语句：

```
SET characterset_client = gb2312;      //客户连接所采用的字符集
SET character_set_results = gb2312;    //客户机显示所采用的字符集
SET character_set_connection = gb2312; //MySQL 连接字符集
```

这样一来，中文乱码的问题可能会被解决，因为编码格式都统一了，但是这样做并不是绝对的，原因是：

CLIENT 不一定是用 GB2312 编码发送 SQL 的，如果编码不是 GB2312，那么转换成 GB2312 就会产生问题。

数据库中的表不一定是 GB2312 格式，如果不是 GB2312 格式而是其他的 LATIN1，那么在存储字符集的时候就会产生信息丢失。

4. 中文乱码的根本解决方案

- 首先要明确客户端是何种编码格式，这是最重要的（IE6 一般用 UTF8，MySQL 命令行一般是 GBK，一般程序是 GB2312）。
- 确保数据库使用 UTF8 格式，很简单，所有编码通"吃"。
- 一定要保证 connection 字符集大于或等于 CLIENT 字符集，不然就会信息丢失，如 LATIN1＜GB2312＜GBK＜UTF8。
- 若设置 set character_set_client = gb2312，那么至少 connection 的字符集要大于或等于 GB2312。

以上做正确的话，那么所有中文都被正确地转换成 UTF8 格式存储进了数据库。为了适应不同的浏览器，不同的客户端，可以修改 character_set_results 来以不同的编码显示中文字体。由于 UTF8 是大方向，因此 Web 应用还是倾向于使用 UTF8 格式来显示中文。

8.3 MySQL 常用字符集选择

字符（Character）是各种文字和符号的总称，包括各个国家文字、标点符号、图形符号、数字等。字符集（Character set）是多个字符的集合，字符集种类较多，每个字符集包含的字符个数不同。常见的字符集名称有 ASCII 字符集、GB2312 字符集、BIG5 字符集、GB18030 字符集、Unicode 字符集等。计算机要准确地处理各种字符集文字，需要进行字符编码，以便计算机能够识别和存储各种文字。

- ASCII 字符集用 8 个 bit 标志所有用于显示的字符、数字等，不包括汉字，表示单字节字符。
- GB2312 字符集用双字节标志汉字编码。
- Unicode 字符集则是一种通用的字符集，标志所有的字符，它是变长的，包括 UTF-8、UTF-16 等。

- UTF-8 编码是 Unicode 的其中一个使用方式。UTF 是 Unicode Translation Format 的缩写，即把 Unicode 转做某种格式的意思。
- UTF-8 便于不同的计算机之间使用网络传输不同语言和编码的文字，使得双字节的 Unicode 能够在现存的处理单字节的系统上正确传输。
- UTF-8 使用可变长度字节来储存 Unicode 字符，例如 ASCII 字母继续使用 1 字节存储，重音文字、希腊字母或西里尔字母等使用 2 字节来存储，而常用的汉字就要使用 3 字节。辅助平面字符则使用 4 字节。

数据库字符集尽量使用 UTF8（HTML 页面对应的是 UTF-8），以使数据能很顺利地实现迁移，因为 UTF8 字符集是目前最适合于实现多种不同字符集之间的转换的字符集，尽管在命令行工具上可能无法正确查看数据库中的内容，但依然强烈建议使用 UTF8 作为默认字符集。例如：创建数据库 "CREATE DATABASE IF NOT EXISTS my_db default CHARSET UTF8 COLLATE utf8_general_ci;"。"COLLATE utf8_general_ci" 在比较时根据 utf8_general_ci 校验规则来排序，此校验规则不区分大小写，即 "A"="a"；在这个数据库下创建的所有数据表的默认字符集都会是 UTF8。

创建表 "CREATE table my_table (name VARCHAR(20) NOT NULL default '') default CHARSET UTF8;"。此表的默认字符集被设定为 UTF8。

在往表中写数据之前，应先要执行 "mysql_query("SET NAMES UTF8");"，它的作用是设置本次数据库联接过程中，数据传输的默认字符集。

8.4 MySQL 字符集与校对规则

8.4.1 简要说明

1. 字符集和校对规则

字符集是一套符号和编码，校对规则是在字符集内用于比较字符的一套规则。MySQL 在 collation 提供较强的支持，不同字符集有不同的校对规则，命名约定：以其相关的字符集名开始，通常包括一个语言名，并且以_ci（大小写不敏感）、_cs（大小写敏感）或_bin（二元）结束。

2. 校对规则

binary collation 二元法，直接比较字符的编码，可以认为是区分大小写的，因为字符集中 "A" 和 "a" 的编码显然不同。UTF8 默认校对规则是 utf8_general_ci。

MySQL 字符集和校对规则有 4 个级别的默认设置：服务器级、数据库级、表级和连接级。

具体来说，系统使用的是 UTF8 字符集，如果使用 utf8_bin 校对规则执行 SQL 查询时区分大小写，使用 utf8_general_ci 不区分大小写。如 CREATE database db_fcms2 ...CHARACTER SET UTF8，默认校对规则是 utf8_general_ci。

3. Unicode 与 UTF8 字符集

Unicode 只是一个符号集，它只规定了符号的二进制代码，却没有规定这个二进制代码应该如何存储。

UTF8 字符集是存储 Unicode 数据的一种可选方法。MySQL 同时支持另一种实现 ucs2。

8.4.2 详细说明

1. 字符集（CHARSET）

字符集是一套符号和编码。

2. 校对规则（collation）

校对规则是在字符集内用于比较字符的一套规则，如定义"A"<"B"这样的关系的规则。不同校对规则可以实现不同的比较规则，如'A'='a'在有的规则中成立，而有的不成立；进而说，就是有的规则区分大小写，而有的忽略。每个字符集有一个或多个校对规则，并且每个校对规则只能属于一个字符集。

3. binary collation

二元法，直接比较字符的编码，可以认为是区分大小写的，因为字符集中"A"和"a"的编码显然不同。除此以外，还有更加复杂的比较规则。这些规则在简单的二元法之上增加一些额外的规定，比较就更加复杂了。

MySQL 数据库在字符集和校对规则的使用比其他大多数数据库管理系统先进许多，可以在任何级别（服务器、数据库、表、连接等）进行使用和设置，为了有效地使用这些功能，需要了解：

- 哪些字符集和校对规则是可用的；
- 怎样改变字符集的默认值；
- 不同的字符集对字符和函数的操作所带来不同的影响及不同的操作结果。

4. 校对规则的特征

- 两个不同的字符集不能有相同的校对规则。
- 每个字符集有一个默认校对规则。例如，UTF8 默认校对规则是 utf8_general_ci。
- 校对规则命名约定：它们以其相关的字符集名开始，通常包括一个语言名，并且以_ci（大小写不敏感）、_cs（大小写敏感）或_bin（二元）结束。

5. 默认字符集和校对

字符集和校对规则有 4 个级别的默认设置：服务器级、数据库级、表级和连接级。每一个数据库有一个数据库字符集和一个数据库校对规则，它不能为空。CREATE DATABASE 和 ALTER DATABASE 语句有一个可选的子句来指定数据库字符集和校对规则。

例如：

```
CREATE DATABASE db_name DEFAULT CHARACTER SET latIN1 COLLATE latIN1_swedish_ci;
```

6. MySQL 数据库选择字符集和校对规则的过程

如果数据库指定了 CHARACTER SET X 和 COLLATE Y，那么采用字符集 X 和校对规则 Y。

如果数据库指定了 CHARACTER SET X 而没有指定 COLLATE Y，那么采用 CHARACTER SET X 的默认校对规则。

否则，采用服务器字符集和服务器校对规则。

7. 在 SQL 语句中使用 COLLATE

使用 COLLATE 子句，可以覆盖任何默认校对规则。COLLATE 可以用于多种 SQL 语句中。

例如，WHERE 条件如下：

```
SELECT * FROM pro_product WHERE product_code='ABcdefg' collate utf8_general_ci
```

8. Unicode 与 UTF8

Unicode 只是一个符号集，它只规定了符号的二进制代码，却没有规定这个二进制代码应该如何存储，Unicode 码可以采用 UCS-2 格式直接存储。MySQL 支持 ucs2 字符集。

UTF-8 就是在互联网上使用最广泛的一种 Unicode 的实现方式。其他实现方式还包括 UTF-16 和 UTF-32，不过在互联网上基本不用。

韩语、中文和日本象形文字使用 3 个字节序列。

9. 校对集

MySQL 5.5.8 及其后面的版本，总共有 39 个字符集，195 个校对集。

（1）显示所有的校对集，命令如下：

```
SHOW collation;
```

（2）显示所有的字符集，命令如下：

```
SHOW character SET;
```

所以一个字符集对应多个校对集，即同样的一个字符集有多重排序规则，如一个 UTF8 的字符集共有 22 中排序规则。Utf8 字符集默认的校对集为 utf8_general_ci。

```
mysql>SHOW collation LIKE 'utf8\_%';
```

上述命令的运行结果如图 8.7 所示。

```
mysql> show collation like 'utf8\_%';
+--------------------------+---------+-----+---------+----------+---------+
| Collation                | Charset | Id  | Default | Compiled | Sortlen |
+--------------------------+---------+-----+---------+----------+---------+
| utf8_general_ci          | utf8    |  33 | Yes     | Yes      |       1 |
| utf8_bin                 | utf8    |  83 |         | Yes      |       1 |
| utf8_unicode_ci          | utf8    | 192 |         | Yes      |       8 |
| utf8_icelandic_ci        | utf8    | 193 |         | Yes      |       8 |
| utf8_latvian_ci          | utf8    | 194 |         | Yes      |       8 |
| utf8_romanian_ci         | utf8    | 195 |         | Yes      |       8 |
| utf8_slovenian_ci        | utf8    | 196 |         | Yes      |       8 |
| utf8_polish_ci           | utf8    | 197 |         | Yes      |       8 |
| utf8_estonian_ci         | utf8    | 198 |         | Yes      |       8 |
| utf8_spanish_ci          | utf8    | 199 |         | Yes      |       8 |
| utf8_swedish_ci          | utf8    | 200 |         | Yes      |       8 |
| utf8_turkish_ci          | utf8    | 201 |         | Yes      |       8 |
| utf8_czech_ci            | utf8    | 202 |         | Yes      |       8 |
| utf8_danish_ci           | utf8    | 203 |         | Yes      |       8 |
| utf8_lithuanian_ci       | utf8    | 204 |         | Yes      |       8 |
| utf8_slovak_ci           | utf8    | 205 |         | Yes      |       8 |
| utf8_spanish2_ci         | utf8    | 206 |         | Yes      |       8 |
| utf8_roman_ci            | utf8    | 207 |         | Yes      |       8 |
| utf8_persian_ci          | utf8    | 208 |         | Yes      |       8 |
| utf8_esperanto_ci        | utf8    | 209 |         | Yes      |       8 |
| utf8_hungarian_ci        | utf8    | 210 |         | Yes      |       8 |
| utf8_sinhala_ci          | utf8    | 211 |         | Yes      |       8 |
| utf8_german2_ci          | utf8    | 212 |         | Yes      |       8 |
| utf8_croatian_ci         | utf8    | 213 |         | Yes      |       8 |
| utf8_unicode_520_ci      | utf8    | 214 |         | Yes      |       8 |
| utf8_vietnamese_ci       | utf8    | 215 |         | Yes      |       8 |
| utf8_general_mysql500_ci | utf8    | 223 |         | Yes      |       1 |
+--------------------------+---------+-----+---------+----------+---------+
27 rows in set (0.00 sec)
```

图 8.7　查看校对集（排序规则）

注意，utf8_general_ci 按照普通的字母顺序，不区分大小写（例如：a B c D …）；utf8_bin 按照二进制排序，区分大小写（例如：A 排在 a 前面，即 A B C D … a b c d …）。

8.5　MySQL 各字符集下汉字或字母所占字节数

在 MySQL 5.5 之前，UTF8 编码只支持 1～3 个字节；从 MySQL 5.5 开始，可支持 4 个字节。UTF8MB4 字符集，一个字符最多能有 4 字节，因此能支持更多的字符集。

1. LATIN1 字符集

```
1 character = 1 bytes, 1 汉字 = 2 bytes;
```

也就是说一个字段定义成 VARCHAR(200)，则它可以存储 100 个汉字或者 200 个字母。

需要注意的是，当字段内容是字母和汉字组成时，尽量假设字段内容都是由汉字组成，据此来设置字段长度。

2. UTF8 字符集

```
1 character = 3 bytes, 1 汉字 = 3 bytes;
```

也就是说一个字段定义成 VARCHAR(200)，则它可以存储 200 个汉字或者 200 个字母。

3. GBK 字符集

```
1 character = 2 bytes, 1 汉字 = 2 bytes;
```

也就是说一个字段定义成 VARCHAR(200)，则它可以存储 200 个汉字或者 200 个字母。

4. UTF8MB4 字符集

```
1 character = 4 bytes,1 汉字 = 4 bytes;
```

也就是说一个字段定义成 VARCHAR(200)，则它可以存储 200 个汉字或者 200 个字母。

5. UTF8MB4 字符集举例

```
mysql>CREATE TABLE utfmb84(name VARCHAR(20)) CHARSET=utf8mb4 COLLATE=utf8mb4_unicode_ci;
```

（1）插入数据，命令如下：

```
mysql>
INSERT INTO utfmb84(name) VALUES ('a');
INSERT INTO utfmb84(name) VALUES ('好');
INSERT INTO utfmb84(name) VALUES ('\U+1F604');
INSERT INTO utfmb84(name) VALUES ('中国铁路北京局集团公司');
```

（2）查看占用字节数，命令如下：

```
mysql> SELECT length(name) FROM utfmb84;
```

上述命令的运行结果如图 8.8 所示。

图 8.8　utf8mb4_unicode_ci 字符集占用字节数

一个 VARCHAR 存汉字需要使用 3 个字节在 UTF8 和 UTF8MB4 编码表中。

如果需要存储像 QQ"表情"这样的图标，表格的默认字符集（编码方式）应该设置 UTF8MB4。在最新发布的 MySQL 8.0 里面，默认编码方式已经是 UTF8MB4 了。

在 UTF8 和 UTF8MB4 中，一个 a 是一个字符；一个表情图标也是一个字符，不过"a"这个字符是 1 个字节，"好"这个字符是 3 个字节，而表情图标是 4 个字节。

8.6　MySQL 字符集校对规则实例详解

以 LATIN1 字符集中的 latin1_general_ci 和 latin1_general_cs 进行测试，其中 latin1_general_ci 为对字符大小写不敏感；latin1_general_cs 对字符大小写敏感。

1. 对 latin1_general_ci 的测试

（1）创建一张排序规则为 latin1_general_ci 的表，命令如下：

```
mysql>CREATE TABLE la_ci(name VARCHAR(20)) CHARSET= LATIN1 COLLATE=LATIN1_general_ci;
```

（2）插入数据，命令如下：

```
mysql>
INSERT INTO la_ci(name) VALUES ('A');
INSERT INTO la_ci(name) VALUES ('a');
```

（3）查询数据，命令如下：

刚才创建的表是一张对大小写不敏感的表，当发出 SELECT * FROM la_ci WHERE name='a';或 SELECT * FROM la_ci WHERE name='A';时，应该查出两条数据就对了，说明此表的排序规则为"对大小写不敏感"，命令如下，命令运行结果如图 8.9 所示。

```
mysql> SELECT * FROM la_ci WHERE name='a';
mysql> SELECT * FROM la_ci WHERE name='A';
```

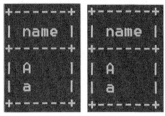

图 8.9　查询对大小写不敏感的表数据

2．对 latin1_general_cs 的测试

（1）创建一张排序规则为 latin1_general_cs 的表，命令如下：

```
CREATE table la_cs(name VARCHAR(20)) CHARSET= latIN1 COLLATE=LATIN1_general_cs;
```

（2）插入数据，命令如下：

```
mysql>
INSERT INTO la_cs(name) VALUES ('A');
INSERT INTO la_cs(name) VALUES ('a');
```

（3）查询数据，命令如下：

刚才创建的表是一张对大小写敏感的表，当发出 SELECT * FROM la_cs WHERE name='a';或 SELECT * FROM la_cs WHERE name='A';时，应该各自查出一条数据就对了，说明此表的排序规则为"对大小写敏感"，命令如下，命令运行结果如图 8.10 所示。

```
mysql> SELECT * FROM la_cs WHERE name='a';
mysql> SELECT * FROM la_cs WHERE name='A';
```

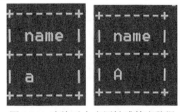

图 8.10　查询对大小写敏感的表数据

8.7　MySQL 数据库、表、字段字符集

较早的 MySQL 版本在创建数据库和数据表时并没有使用那么复杂的配置，用的都是默认的配置。而目前的版本对于字符集的指定可以细化到一个数据库、一张表或一列。那么如何为某个

库或某个库的某个表以及某个表的某个列（字段或栏）来指定、修改它们的字符集呢？在讲解这个问题之前，先了解一下 MySQL 的字符集默认状态下是如何被指定的。

编译安装 MySQL 时，可以指定了一个默认的字符集，这个字符集是 LATIN1。

安装 MySQL 过程中，可以在配置文件 my.cnf（UNIX 系统）或 my.ini（Windows 系统）中指定一个默认的字符集，如果没指定，这个值继承自编译时指定的。

启动 mysqld 时，可以在命令行参数中指定一个默认的字符集。如果没指定，这个值继承自配置文件中的配置，此时 my.cnf（UNIX 系统）或 my.ini（Windows 系统）配置文件中的 character_set_server 被设定为这个默认的字符集。

当创建一个新的数据库时，除非明确指定，否则这个数据库的 MySQL 字符集被默认设定为 character_set_server。

当选定了一个数据库时，character_set_database 被设定为这个数据库默认的字符集。

在这个数据库里创建一张表时，表默认的字符集被设定为 character_set_database，也就是这个数据库默认的字符集。

当在表内设置一栏时，除非明确指定，否则此栏默认的字符集就是表默认的字符集。

如果都不做设置，那么所有数据库的所有表的所有栏位的都使用 LATIN1 字符集存储。如果安装 MySQL，一般都会选择多语言支持，也就是说，安装程序会自动在配置文件中把 default_character_set 设置为 UTF-8，这保证了在默认情况下，所有数据库的所有表的所有栏位的都使用 UTF-8 存储。

8.7.1　创建数据库、表、表列指定字符集

创建一个名称为"db_yics"、指定字符集 UTF8、排序规则 utf8_general_ci 的数据库。

```
mysql>CREATE DATABASE IF NOT EXISTS db_yics DEFAULT CHARACTER SET utf8 COLLATE utf8_general_ci;
```

上述命令的运行结果如图 8.11 所示。

```
MariaDB [jiaowglxt]> CREATE DATABASE IF NOT EXISTS db_yics DEFAULT CHARACTER SET utf8 COLLATE utf8_general_ci;
Query OK, 0 rows affected, 1 warning (0.00 sec)
```

图 8.11　创建数据库

在数据库"db_yics"下创建一张表名为 db_yics_user，设置字段 ID、UNAME、DENGLM；ID 数据类型 int(10)，不能为空，主键，自增；UNAME 数据类型 VARCHAR(30)，允许为空，指定字符集 LATIN1、排序规则 latin1_general_cs；DENGLM 数据类型 VARCHAR(30)，允许为空的数据表并给该数据表指定字符集 UTF8、排序规则 utf8_general_ci，SQL 语句如下：

```
mysql>
USE db_yics;
CREATE TABLE db_yics_user (
    ID INT(10) NOT NULL AUTO_INCREMENT,
    UNAME VARCHAR(30) CHARACTER SET LATIN1 COLLATE LATIN1_GENERAL_CS DEFAULT NULL ,
DENGLM VARCHAR(30) DEFAULT NULL ,
    Primary key(id)
    ) ENGINE=MyISAM DEFAULT CHARACTER SET utf8 COLLATE utf8_general_ci ;
```

（1）查看表结构，命令如下：

```
mysql> DESC db_yics_user;
```

（2）插入数据，命令如下：

```
mysql>INSERT INTO db_yics_user(uname,denglm) VALUES ('a','a');
mysql>INSERT INTO db_yics_user(uname,denglm) VALUES ('A','A');
```

（3）查看数据，命令如下：

```
SELECT * FROM db_yics_user;
```

上述命令的运行结果如图 8.12 所示。

```
mysql> SELECT * FROM db_yics_user WHERE UNAME = 'a';
```

上述命令的运行结果如图 8.13 所示。

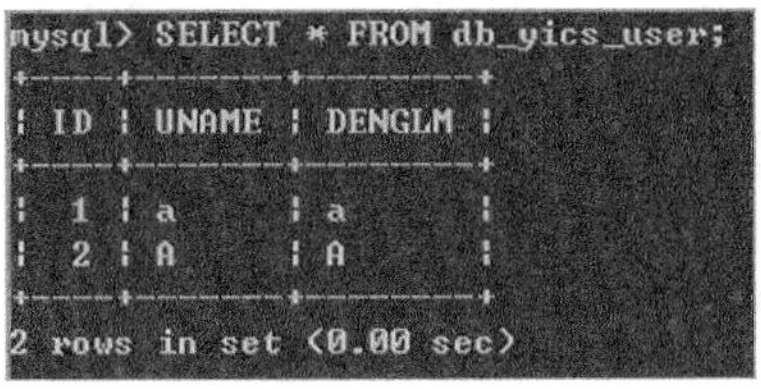

```
mysql> SELECT * FROM db_yics_user;
+----+-------+--------+
| ID | UNAME | DENGLM |
+----+-------+--------+
|  1 | a     | a      |
|  2 | A     | A      |
+----+-------+--------+
2 rows in set (0.00 sec)
```

图 8.12　查看全部数据

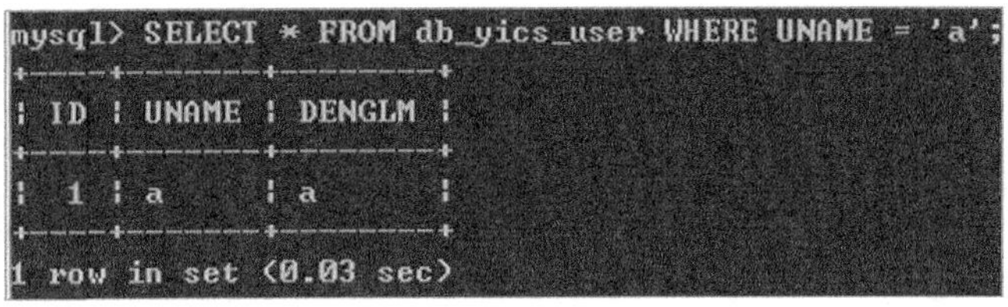

```
mysql> SELECT * FROM db_yics_user WHERE UNAME = 'a';
+----+-------+--------+
| ID | UNAME | DENGLM |
+----+-------+--------+
|  1 | a     | a      |
+----+-------+--------+
1 row in set (0.03 sec)
```

图 8.13　查看满足条件的数据

```
mysql> SELECT * FROM db_yics_user WHERE DENGLM = 'a';
```

上述命令的运行结果如图 8.14 所示。

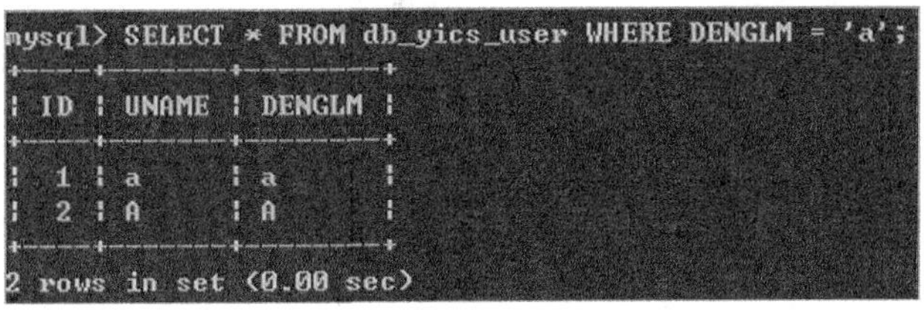

```
mysql> SELECT * FROM db_yics_user WHERE DENGLM = 'a';
+----+-------+--------+
| ID | UNAME | DENGLM |
+----+-------+--------+
|  1 | a     | a      |
|  2 | A     | A      |
+----+-------+--------+
2 rows in set (0.00 sec)
```

图 8.14　查看满足条件的数据

8.7.2　修改数据库、表、表列的字符集

修改数据库字符集语法如下：

```
ALTER DATABASE db_name DEFAULT CHARACTER SET character_name [COLLATE ...];
```

如：

```
ALTER DATABASE db_yics  DEFAULT CHARACTER SET utf8 COLLATE utf8_general_ci;
```

把表默认的字符集和所有字符列（CHAR,VARCHAR,TEXT）改为新的字符集，语法如下：

```
ALTER TABLE tbl_name CONVERT TO CHARACTER SET character_name [COLLATE ...]
```

如：

```
ALTER TABLE db_yics_user CONVERT TO CHARACTER SET utf8 COLLATE utf8_general_ci;
```

这个操作是在字符集中转换列值。如果有一个 GB2312 字符集或其他字符集的列，存储的值是 UTF8 或其他字符集不兼容的字符集，那么该操作将不会得到用户所期望的结果。在这种情况下，用户必须对此种情况的每一列做如下操作：

```
ALTER TABLE t1 CHANGE c1 c1 BLOB;
ALTER TABLE t1 CHANGE c1 c1 TEXT CHARACTER SET utf8;
```

即先把存在兼容性问题的列转换为二进制 BLOB，然后再把 BLOB 类型转换为 text 类型，最后将这个列的字符集转换为需要的字符集。这样做的原因是避免出现乱码及其他不可预测的结果。

如果指定以二进制进行 CONVERT TO CHARACTER SET，则 CHAR、VARCHAR 和 TEXT 列将转换为它们对应的二进制字符串类型（BINARY、VARBINARY 和 BLOB）。这意味着这些列将不再有字符集，随后的 CONVERT TO 操作也将不会用到它们身上。

改变一个表的默认字符集，语法如下：

```
ALTER TABLE tbl_name DEFAULT CHARACTER SET character_name [COLLATE ...];
```

DEFAULT 是可选的。当向一个表里添加一个新的列时，如果没有指定字符集，则采用默认的字符集（例如，当 ALTER TABLE ... ADD column）。

ALTER TABLE ... DEFAULT CHARACTER SET 和 ALTER TABLE ... CHARACTER SET 是等价的，修改的仅是默认的表字符集。

如：

```
ALTER TABLE db_yics_user DEFAULT CHARACTER SET utf8 COLLATE utf8_general_ci;
```

或

```
ALTER TABLE db_yics_user CHARACTER SET utf8 COLLATE utf8_general_ci;
```

修改字段的字符集，语法如下：

```
ALTER TABLE tbl_name CHANGE c_name c_name 新的字段类型
CHARACTER SET character_name [COLLATE ...];
```

如：

```
ALTER TABLE db_yics_user CHANGE denglm denglm VARCHAR(30) CHARACTER SET utf8 COLLATE utf
8_general_ci;
```

8.7.3 查看数据库、表、表列的字符集

查看数据库字符集，语法如下：

```
mysql>SHOW CREATE DATABASE db_name;
```

如：

```
mysql>SHOW CREATE DATABASE db_yics;
```

上述命令的运行结果如图 8.15 所示。

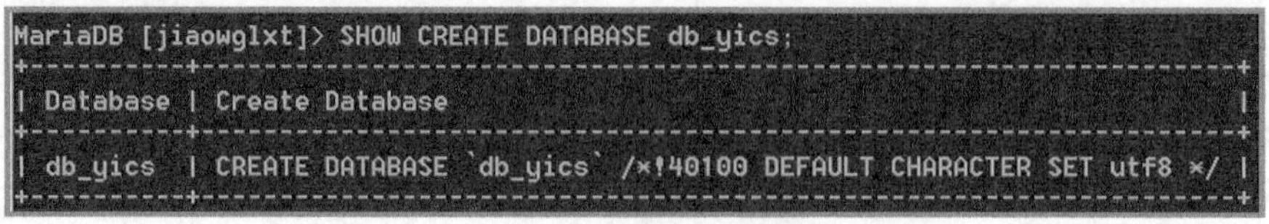
```
MariaDB [jiaowglxt]> SHOW CREATE DATABASE db_yics;
+----------+------------------------------------------------------------------+
| Database | Create Database                                                  |
+----------+------------------------------------------------------------------+
| db_yics  | CREATE DATABASE `db_yics` /*!40100 DEFAULT CHARACTER SET utf8 */ |
+----------+------------------------------------------------------------------+
```

图 8.15　查看数据库字符集

查看表字符集，语法如下：

```
mysql>SHOW CREATE TABLE tbl_name;
```

如：

```
mysql>SHOW CREATE TABLE db_yics_user;
```

上述命令的运行结果如图 8.16 所示。

```
| db_yics_user | CREATE TABLE `db_yics_user` (
  `ID` int(10) NOT NULL AUTO_INCREMENT,
  `UNAME` varchar(30) CHARACTER SET latin1 COLLATE latin1_general_cs DEFAULT NULL,
  `DENGLM` varchar(30) DEFAULT NULL,
  PRIMARY KEY (`ID`)
) ENGINE=MyISAM DEFAULT CHARSET=utf8 |
```

图 8.16　查看表字符集

查看字段字符集，语法如下：

```
mysql>SHOW FULL COLUMNS FROM tbl_name;
```

如：

```
mysql>SHOW FULL COLUMNS FROM db_yics_user;
```

上述命令的运行结果如图 8.17 所示。

```
| Field  | Type        | Collation         | Null | Key | Default | Extra          | Privileges                      | Comment |
+--------+-------------+-------------------+------+-----+---------+----------------+---------------------------------+---------+
| ID     | int(10)     | NULL              | NO   | PRI | NULL    | auto_increment | select,insert,update,references |         |
| UNAME  | varchar(30) | latin1_general_cs | YES  |     | NULL    |                | select,insert,update,references |         |
| DENGLM | varchar(30) | utf8_general_ci   | YES  |     | NULL    |                | select,insert,update,references |         |
```

图 8.17　查看表字段字符集

8.7.4　查看数据库、表、表列的字符集的排序规则

1. 查看数据库排序规则

目前，MySQL 对默认字符集的排序规则未提供直接的查看命令，但必须先通过确定哪一级（库、表、列）当前使用的字符集，然后再通过 SHOW VARIABLES LIKE 'collation_%';来最后确认。

如：

```
SHOW CREATE DATABASE db_yics; -- 确认当前数据库字符集
```

假如字符集为 UTF8：

```
SHOW VARIABLES LIKE 'collation_%'; -- 确认当前数据库字符集排序规则
```

上述命令的运行结果如图 8.18 所示。

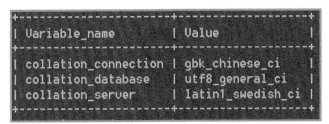

图 8.18　查看数据库排序规则

由此看出当前数据库的排序规则：UTF8_GENERAL_CI（对大小写不敏感）。

如果数据库采用了字符集默认排序规则以外的排序规则，其排序规则可通过查看数据库字符集查看。

```
ALTER DATABASE db_yics  DEFAULT CHARACTER SET utf8 COLLATE utf8_bIN;
```

上述命令的运行结果如图 8.19 所示。

```
mysql> alter database db_yics  default CHARACTER SET utf8 COLLATE utf8_bin;
Query OK, 1 row affected (0.00 sec)
```

图 8.19　修改数据库字符集

```
SHOW CREATE DATABASE db_yics;
```

上述命令的运行结果如图 8.20 所示。

```
+---------+-------------------------------------------------------------------+
| Database | Create Database                                                  |
+---------+-------------------------------------------------------------------+
| db_yics | CREATE DATABASE `db_yics` /*!40100 DEFAULT CHARACTER SET utf8 */ |
```

图 8.20　查看数据库字符集及排序规则

2. 查看表、列排序规则

查看"表"或"列"的排序规则的方法通过查看其字符集得到，详细说明可参照"库查看排序规则"的中的内容，在此不再赘述。

```
mysql>SHOW CREATE TABLE db_yics_user;
```

上述命令的运行结果如图 8.21 所示。

```
| db_yics_user | CREATE TABLE `db_yics_user` (
  `ID`  int(10) NOT NULL AUTO_INCREMENT,
  `UNAME` varchar(30) CHARACTER SET latin1 COLLATE latin1_general_cs DEFAULT NULL,
  `DENGLM` varchar(30) DEFAULT NULL,
  PRIMARY KEY (`ID`)
) ENGINE=MyISAM DEFAULT CHARSET=utf8 |
```

图 8.21　查看列上的字符集及排序规则

第9章 MySQL 的增加、删除和修改操作

本章将对 MySQL 数据库的增加、删除和修改操作的严格模式与宽松模式,以及它们的基本操作,左、右外连接等内容进行详细介绍。同时给出了具体的示例、实例以及应用案例。

通过本章的学习,读者可以掌握 MySQL 数据库的增加、删除和修改操作在严格模式与宽松模式下的不同表现,掌握严格模式与宽松模式的适用场景,掌握通过左、右外连接实现多表联合操作等技术,通过应用实例及案例,了解应用系统中经典的 SQL 语句,对实际开发具有很好的帮助和指导意义。

9.1 MySQL 增加、删除和修改操作的严格模式与宽松模式

9.1.1 严格与宽松的概念

目前有很多的集成环境如 WAMP、LAMP 等,其自带的 MySQL 都没有开启 MySQL 的严格模式。何为 MySQL 的严格模式,简单来说就是 MySQL 自身对数据进行严格的校验(格式、长度、类型等)。接下来我们了解什么是宽松模式,例如一个整型字段写入一个字符串类型的数据,在非严格模式下 MySQL 不会报错,同样,如果定义了 CHAR 或 VARCHAR 类型的字段,当写入或更新的数据超过了定义的长度也不会报错,这就是非严格模式,即宽松模式。

在宽松模式下,对于编程来说没有任何好处。因此,让 MySQL 开启严格模式从一定程序上是对代码的一种测试,如果开发环境没有开启严格模式,在开发过程中也没有遇到错误,那么在上线或代码移植的时候将有可能出现各种兼容性问题,因此在开发过程最好开启 MySQL 的严格模式。

9.1.2 严格模式与宽松模式的开启与关闭

1. "严格模式"的开启

"严格模式"的开启相当于"宽松模式"的关闭。

可以通过执行 SQL 语句来开启严格,关闭宽松模式,只对当前连接有效,SQL 语句如下:

```
SET sql_mode="STRICT_TRANS_TABLES,NO_AUTO_CREATE_USER,NO_ENGINE_SUBSTITUTION";
```

通过修改 MySQL 的配置文件 my.cnf(UNIX 系统)或 my.ini(Windows 系统),在配置文件中查找 sql-mode,将此行修改为:

```
sql-mode="STRICT_TRANS_TABLES,NO_AUTO_CREATE_USER,NO_ENGINE_SUBSTITUTION"
```

如果查找不到"sql-mode=",则在"[mysqld]"下加入即可,推荐第二种方法,可以一劳永逸。

2. "严格模式"的关闭

"严格模式"的关闭相当于"宽松模式"的开启。

9.1 MySQL 增加、删除和修改操作的严格模式与宽松模式

可以通过执行 SQL 语句来关闭严格，开启宽松模式，只对当前连接有效，SQL 语句如下：

```
SET sql_mode=" NO_AUTO_CREATE_USER,NO_ENGINE_SUBSTITUTION";
```

通过修改 MySQL 的配置文件 my.cnf（UNIX 系统）或 my.ini（Windows 系统）关闭，在配置文件中查找 sql-mode，将此行修改为：

```
sql-mode="NO_AUTO_CREATE_USER,NO_ENGINE_SUBSTITUTION"
```

如果查找不到"sql-mode＝"，则在"[mysqld]"下加入即可，推荐第二种方法，可以一劳永逸。

3. 总结

```
STRICT_TRANS_TABLES,NO_AUTO_CREATE_USER,NO_ENGINE_SUBSTITUTION——为开启严格模式；去掉
STRICT_TRANS_TABLES NO_AUTO_CREATE_USER,NO_ENGINE_SUBSTITUTION——关闭严格模式，开启宽松模式
```

9.1.3 严格模式与宽松模式举例

首先，通过命令方式，将 MySQL 调整为宽松模式，命令如下：

```
mysql>SET sql_mode=" NO_AUTO_CREATE_USER,NO_ENGINE_SUBSTITUTION";
```

上述命令的运行结果如图 9.1 所示。

```
mysql> set sql_mode="NO_AUTO_CREATE_USER,NO_ENGINE_SUBSTITUTION";
Query OK, 0 rows affected (0.01 sec)
```

图 9.1　将 MySQL 调整为宽松模式

（1）创建一张表，命令如下：

```
mysql>
use db_fcms;
CREATE TABLE book (
  id INT(11) DEFAULT NULL,
  num INT(11) UNSIGEND DEFAULT NULL
) ENGINE=InnoDB DEFAULT CHARSET=gbk;
```

（2）往刚才创建的表中插入数据，命令如下：

```
mysql> INSERT INTO boo(id,num) values(1,0),(2,0);
```

（3）更新数据，命令如下：

```
mysql> UPDATE book SET num='abc';
```

此时，发出 UPDATE 命令，将 INT 型的 NUM 列全部更新为字符类型串"abc"，MySQL 并没有报错。这就说明当前 MySQL 处在宽松模式下。

通过命令方式，将 MySQL 调整为严格模式，命令如下：

```
mysql>
SET sql_mode="STRICT_TRANS_TABLES,NO_AUTO_CREATE_USER,NO_ENGINE_SUBSTITUTION";
```

上述命令的运行结果如图 9.2 所示。

```
mysql> set sql_mode="STRICT_TRANS_TABLES,NO_AUTO_CREATE_USER,NO_ENGINE_SUBSTITUTION";
Query OK, 0 rows affected (0.00 sec)
```

图 9.2　将 MySQL 调整为严格模式

（4）再次发出更新数据，命令如下：

```
mysql> UPDATE book SET num='abc';
```
上述命令的运行结果如图 9.3 所示。

```
mysql> update book set num='abc';
ERROR 1366 (HY000): Incorrect integer value: 'abc' for column 'num' at row 1
```
图 9.3　再次更新数据

此时，发出 UPDATE 命令，将 INT 型的 NUM 列全部更新为字符类型串"abc"，MySQL 报错了。这就说明当前 MySQL 处在严格模式下。

9.2　MySQL 的增加数据 INSERT

此节主要介绍 MySQL INSERT INTO 语句的实际用法和 MySQL INSERT INTO 语句中的相关语句的介绍，MySQL INSERT INTO 语句在实际应用中是经常使用到的语句。

9.2.1　INSERT 语法

1. INSERT INTO 表 VALUES 语句

INSERT INTO 表 VALUES 形式的语句，基于明确指定的值插入行，语法如下：

```
INSERT [LOW_PRIORITY | DELAYED] [IGNORE]
[INTO] table_name [(col_name_1, col_name_2,..., col_name_N)]
VALUES (expression_1, expression_2,..., expression_N)[,(...),(...),...]
```

（1）table_name：要插入表的表名。

（2）[(col_name_1, col_name_2,..., col_name_N)]：表的列名或字段名，表示要操作哪些列（字段）。

（3）(expression_1, expression_2,..., expression_N),(...),...：指定要插入的值。

注意：

1. "[(col_name_1, col_name_2,..., col_name_N)]"和"(expression_1, expression_2,..., expression_N)"是一一对应的关系，即 col_name_1 对应 expression_1；col_name_2 对应 expression_2；col_name_N 对应 expression_N，要保证它们绝对一对一的关系，不能多一个也不能少一个。

2. 在"(expression_1, expression_2,..., expression_N)[,(...),(...),...]"列表中的"(...)"，若 SQL 语句采用此语法，要保证它和"(expression_1, expression_2,..., expression_N)"的格式绝对一致，不能多一个也不能少一个。

2. INSERT INTO 表 SET 语句

INSERT INTO 表 SET 形式的语句，SET 子句指出为那一列指定插入的值，语法如下：

```
INSERT [LOW_PRIORITY | DELAYED] [IGNORE]
[INTO] table_name
SET col_name_1=expression_1,col_name_2=expression_2, ...,col_name_N=expression_N
```

（1）table_name：要插入表的表名。

（2）col_name_1=expression_1,col_name_2=expression_2,...,col_name_N=expression_N："="左边的表示列名（字段）；右边的表示给该列（字段）设定插入的值，其他以此类推。

3. INSERT INTO 表 SELECT 语句

INSERT INTO 表 SELECT 形式的语句，插入从其他表选择的行数据，语法如下：

```
INSERT [LOW_PRIORITY | DELAYED] [IGNORE]
[INTO] table_name [(A_col_name_1, A_col_name_2,..., A_col_name_N)]
```

```
SELECT B_col_name_1, B_col_name_2,..., B_col_name_N ...
```

（1）table_name：要插入表的表名。

（2）[(A_col_name_1, A_col_name_2,..., A_col_name_N)]：要插入表的列名（字段），表示要操作插入表的哪些列（字段）。

（3）SELECT col_name_1, col_name_2,..., col_name_N ...：从另外的结果集中选取的列（字段）。

"[(A_col_name_1, A_col_name_2,..., A_col_name_N)]" 和 "SELECT" 后面的 "B_col_name_1, B_col_name_2,..., B_col_name_N" 是一一对应的关系，即 A_col_name_1 对应 B_col_name_1；A_col_name_2 对应 B_col_name_2；A_col_name_N 对应 B_col_name_N，要保证它们绝对一对一的关系，彼此不能多一个也不能少一个。

"SELECT B_col_name_1, B_col_name_2,..., B_col_name_N ..." 最后的 "..."，表示构筑此结果集的 SQL 语句，这个 SQL 语句可以按照需要进行构筑（可以是一般的查询语句，也可以是复杂的子查询语句等）。

9.2.2 INSERT 语法共性说明

- INSERT 的操作，对于没有明确地给出值的列将被设置为它的默认值。例如，如果指定一个插入列表但此列表没有囊括表中的所有列，那么，未被囊括进来的列（字段）将被设置为它们的默认值。默认值的设置在 CREATE TABLE 的句法中设定。
- 一个 expression（表达式）可以引用在一个值表先前设置的任何列。例如，可以这样——INSERT INTO tbl_name (col1,col2) VALUES(15,col1*2);，但不可以这样——INSERT INTO tbl_name (col1,col2) VALUES(col2*2,15);。
- 如果指定关键词 LOW_PRIORITY，INSERT 的执行被推迟到没有其他客户正在读取表。在这种情况下，插入操作必须等到读取操作完成后才能进行，这样会缩短读取操作的等待时间，但增加插入操作的等待时间。这与关键词 DELAYED 让客户马上进行插入正好相反。
- 如果指定关键词 DELAYED，INSERT 的执行将忽略其他客户正在读取的操作。在这种情况下，插入操作无须等到其他客户读取操作完成后进行，而是马上进行。这与关键词 LOW_PRIORITY 让客户等待正好相反。
- 如果在一个有许多行值的 INSERT 中，指定关键词 IGNORE，表中任何正在操作现有 PRIMARY 或 UNIQUE（唯一索引）键的行被忽略并且不被插入，不返回错误，语句照常进行；运用到程序中，程序不会中断。如果不指定 IGNORE，表中任何正在操作现有 PRIMARY 或 UNIQUE（唯一索引）键的行将被放弃并且不被插入，返回错误，程序中断。
- 关于非空列（字段）未指定值——如果 MySQL 用 DONT_USE_DEFAULT_FIELDS 选项配置，INSERT 语句产生一个错误，除非明确对需要一个非 NULL 值的所有列指定值。
- INSERT INTO ... SELECT 语句必须满足下列条件：查询不能包含一个 ORDER BY 子句；INSERT 语句的目的表不能出现在 SELECT 查询部分的 FROM 子句中，因为这在 ANSI SQL 标准中被禁止从正在插入的表中 SELECT。
- AUTO_INCREMENT 列象往常一样工作。
- 一个字符串插入到超过列的最大长度的一个 CHAR、VARCHAR、TEXT 或 BLOB 列中。值被截断为列的最大长度。
- 把一个对列类型不合法的值插入到一个日期或时间列，则该列被设置为该列类型适当的"零"值。
- 对于 INSERT 语句的 DELAYED 选项是 MySQL 专属的选项。如果客户有不能等到 INSERT

完成，它是很管用的。DELAYED 是 MySQL 对 ANSI SQL92 的一个扩展。当使用 INSERT DELAYED 时且表不被任何其他的线程使用时，行将被插入。

9.2.3 MySQL INSERT 应用举例

1. INSERT INTO 表 VALUES 语法应用举例

INSERT INTO 表 VALUES 形式的语句，明确指定的值插入行，语法如下：

```
INSERT [LOW_PRIORITY | DELAYED] [IGNORE]
[INTO] table_name [(col_name_1, col_name_2,..., col_name_N)]
VALUES (expression_1, expression_2,..., expression_N)[,(...),(...),...]
```

为此创建一张表，命令如下：

```
CREATE TABLE IF NOT EXISTS ycs_menu33 (
  ID INt(10) UNSIGEND NOT NULL AUTO_INCREMENT, #三级菜单项 ID
  name varchar(255) DEFAULT '三级菜单项名...', #三级菜单项名称
  father varchar(255) DEFAULT NULL, #二级菜单项 ID（menu32.ID）
  fathername varchar(255) DEFAULT '二级菜单项名称...', #二级菜单项名称（menu32.name）
  linkadd varchar(255) DEFAULT 'URL 链接地址', #URL 连接地址
  PRIMARY KEY (ID),
  KEY ID (ID)
) ENGINE=MyISAM  DEFAULT CHARSET=utf8 COLLATE utf8_general_ci CHECKSUM=1 AUTO_INCREMENT=1 ;
```

（1）第 1 个 INSERT 命令，VALUES()语法格式如下：

```
INSERT INTO ycs_menu33 (name, father, fathername, linkadd) VALUES
('主卡信息维护', '1', '卡信息维护', '?a=center&b=admin&c=yk_zk');
```

（2）第 2 个 INSERT 命令，VALUES(),()...语法格式如下：

```
INSERT INTO ycs_menu33 (name, father, fathername, linkadd) VALUES
  ('分卡信息维护', '1', '卡信息维护', '?a=center&b=admin&c=yk_fk'),
  ('上属部门(车间)信息维护', '2', '部门信息维护', '?a=center&b=admin&c=yk_ssbm'),
  ('下属部门(班组)信息维护', '2', '部门信息维护', '?a=center&b=admin&c=yk_xsbm');
```

（3）第 3 个 INSERT 命令，列表中未明确标识的列，如"name、fathername、linkadd"，其值为创建表结构时对其设定的默认值。

```
INSERT INTO ycs_menu33 (father) VALUES ('123456');
```

2. INSERT INTO 表 SET 语法

INSERT INTO 表 SET 形式的语句，SET 子句指出为那一列指定插入的值，语法如下：

```
INSERT [LOW_PRIORITY | DELAYED] [IGNORE]
[INTO] table_name
SET col_name_1=expression_1,col_name_2=expression_2, ...,col_name_N=expression_N
```

第 4 个 INSERT 命令，SET 语法格式如下：

```
 INSERT INTO ycs_menu33 SET name='主卡信息维护',father= '1456',fathername= '综合',linkadd=
'?a=center&b=admin&c=yk_zh';
```

3. INSERT INTO 表 SELECT 语句

INSERT INTO 表 SELECT 形式的语句，插入从其他表选择的行数据，语法如下：

```
INSERT [LOW_PRIORITY | DELAYED] [IGNORE]
[INTO] table_name [(A_col_name_1, A_col_name_2,..., A_col_name_N)]
SELECT B_col_name_1, B_col_name_2,..., B_col_name_N ...
```

第 5 个 INSERT 命令，SELECT 语法格式如下：

```
INSERT INTO ycs_menu33 (name, father, fathername, linkadd) SELECT name, father, fatherna
me, linkadd FROM menu33;
```

9.3 MySQL 的更新数据 UPDATE

本节主要介绍 MySQL UPDATE 语句的实际用法，MySQL UPDATE 语句在实际应用中是经常使用到的语句。

9.3.1 UPDATE 语法

1. 单表的 UPDATE 语句

```
UPDATE [LOW_PRIORITY] [IGNORE] tbl_name
SET col_name1=expr1 [, col_name2=expr2 ...]
[WHERE where_definition]
[ORDER BY ...]
[LIMIT row_count]
```

2. 多表的 UPDATE 语句

```
UPDATE [LOW_PRIORITY] [IGNORE] table_references
SET col_name1=expr1 [, col_name2=expr2 ...]
[WHERE where_definition]
```

3. UPDATE 语句语法说明

- UPDATE 语法可以用新值更新原有表行中的各列。
- SET 子句指明要修改哪些列和要赋予哪些新值。
- WHERE 子句指定应更新哪些行。
- 如果没有 WHERE 子句，则更新所有的行。
- 如果指定了 ORDER BY 子句，则按照被指定的顺序对行进行更新。
- LIMIT 子句用于给定一个限值，限制可以被更新的行的数目。

4. UPDATE 语句的修饰符

如果使用 LOW_PRIORITY 关键词，则 UPDATE 的执行被延迟了，直到没有其他的客户端从表中读取为止。

如果使用 IGNORE 关键词，则即使在更新过程中出现错误，更新语句也不会中断。如果出现了关键字（主键——PRIMARY KEY 列、UNIQUE——唯一索引列）重复冲突，则这些关键字重复的行不会被更新。

如果列被更新后，新值会导致数据转化错误，则这些行被更新为最接近的合法的值。

如果在一个表达式中通过 tbl_name 访问一列，则 UPDATE 使用列中的当前值。

例如，把年龄列设置为比当前值多一：

```
mysql> UPDATE persondata SET age=age+1;
```

5. UPDATE 赋值被从左到右评估

例如对年龄列加倍，然后再进行增加。

```
mysql> UPDATE persondata SET age=age*2, age=age+1;
```

如果把一列设置为其当前含有的值，则 MySQL 不会执行更新操作。

如果把被已定义为 NOT NULL 的列更新为 NULL，则该列被设置到与列类型对应的默认值。对于数字类型，默认值为 0；对于字符串类型，默认值为空字符串("")；对于日期和时间类型，默认值为"zero"值。

UPDATE 会返回实际被改变的行的数目。可通过 MySQL_INFO() C API，如 PHP 提供的 MySQL_INFO()函数，返回被匹配和被更新的行的数目，以及在 UPDATE 过程中产生的警告的数量。

使用 LIMIT row_count 来限定 UPDATE 的范围。LIMIT 子句是一个与行匹配的限定，只要发现可以满足 WHERE 子句的 row_count 行，则该语句中止，不论这些行是否被改变。

如果一个 UPDATE 语句包括一个 ORDER BY 子句，则按照由子句指定的顺序更新行。

也可以执行包括多个表的 UPDATE 操作。table_REFERENCES 子句列出了在联合中包含的表。

不能把 ORDER BY 或 LIMIT 与多表 UPDATE 同时使用。

ORDER BY 或 LIMIT 只能与单表 UPDATE 同时使用。

在一个被更改的多表 UPDATE 中，某些列被引用。但这需要一个前提——登录数据库的用户要有这些列的 UPDATE 及 SELECT 权限，否则没有 UPDATE 及 SELECT 权限的列将不被 UPDATE。

如果多表 UPDATE 语句中包含带有外键限制的 InnoDB 表，则 MySQL 优化处理表的顺序可能与上下层级关系的顺序不同。在此情况下，语句无效并被回滚。

目前，MySQL 不能在一个子查询中更新一个表，也不能在一个子查询中同时从同一个表中选择。

6. UPDATE 语句语法书写格式举例

（1）简单的 UPDATE。

```
mysql>UPDATE pb_beijj SET city = 'Atlanta', state = 'GA';
mysql>UPDATE publishers SET pub_name = NULL;
mysql>UPDATE titles SET price = price * 2;
```

（2）把 WHERE 子句和 UPDATE 语句一起使用。

```
mysql>UPDATE pb_beijj SET state = 'PC', city = 'Bay City' WHERE state = 'CA' AND city = 'Oakland';
```

（3）通过 UPDATE 语句使用来自另一个表的信息。

```
mysql>UPDATE titles SET ytd_sales =(SELECT SUM(qty) FROM sales WHERE sales.title_id = titles.title_id AND sales.od_date IN (SELECT MAX(od_date) FROM sales) GROUP BY sales.title_id) ;
```

（4）UPDATE 多表列表更新。

```
mysql>UPDATE items,month SET items.price=month.price WHERE items.id=month.id;
```

说明：以上代码显示出了使用","（逗号）操作符的内部联合，同时，多表 UPDATE 语句可以使用在 SELECT 语句中允许的任何类型的联合，如 LEFT JOIN。

7. 多表 UPDATE 几种不同的写法

假定有两张表，一张表为 Product 表存放产品信息，其中有产品价格列 Price；另外一张表是 ProductPrice 表，要将 ProductPrice 表中的价格字段 Price 更新为 Product 表 Price 价格字段的 80%。

在 MySQL 中有几种手段可以做到这一点，一种是 UPDATE table1 t1, table2 t2 ...的方式。

```
mysql>UPDATE product p, productprice pp SET pp.price = pp.price * 0.8 WHERE p.productid = pp.productid AND p.datecreated < '2017-04-30';
```

另外一种方法是使用 INNER JOIN，然后更新。

```
mysql>UPDATE productprice pp INNER JOIN product p ON p.productid = pp.productid SET pp.p
```

9.3　MySQL 的更新数据 UPDATE

rice = p.price * 0.8 WHERE p.datecreated < '2017-04-30';

另外也可以使用 left outer join 来做多表 UPDATE，比方说如果 ProductPrice 表中没有产品价格记录的话，将 Product 表的 isDELETEd 字段置为 1，SQL 语句如下。

```
mysql>UPDATE product p LEFT JOIN productprice pp ON p.productid = pp.productid SET p.isdeleted = 1 WHERE pp.productid IS NULL;
```

以上几个例子都是两张表之间做关联，但是只更新一张表中的记录，其实是可以同时更新两张表的。

```
mysql>UPDATE product p INNER JOIN productprice pp ON p.productid = pp.productid SET pp.price = p.price * 1.2, p.dateupdate = CURDATE() WHERE p.datecreated < '2017-04-30';
```

9.3.2　UPDATE 实际应用举例

继续使用 7.2 节的数据来进行应用举例。

1. 简单 UPDATE

将 menu31 表的 name 列值在原有的基础上加"_为一级菜单项名"。

```
mysql>UPDATE menu31 SET name = CONCAT(name,'_为一级菜单项名');
```

上述命令的运行结果如图 9.4 所示。

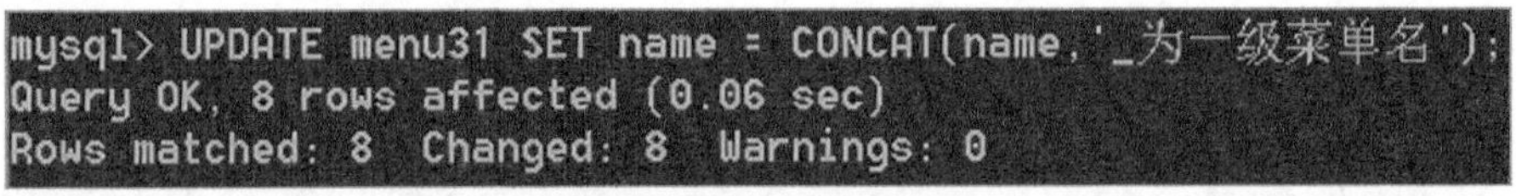

```
mysql> UPDATE menu31 SET name = CONCAT(name,'_为一级菜单名');
Query OK, 8 rows affected (0.06 sec)
Rows matched: 8  Changed: 8  Warnings: 0
```

图 9.4　简单 UPDATE 更新

2. 把 WHERE 子句和 UPDATE 语句一起使用

把 menu31 表 ID＝1 和 ID＝2 记录的 name 列值复原，即将刚才加的"_为一级菜单项名"去掉，恢复原值。

```
mysql>UPDATE menu31 SET name = SUBSTRING(name,1, LOCATE('_', name) -1) WHERE ID =1 OR ID =2;
```

上述命令的运行结果如图 9.5 所示。

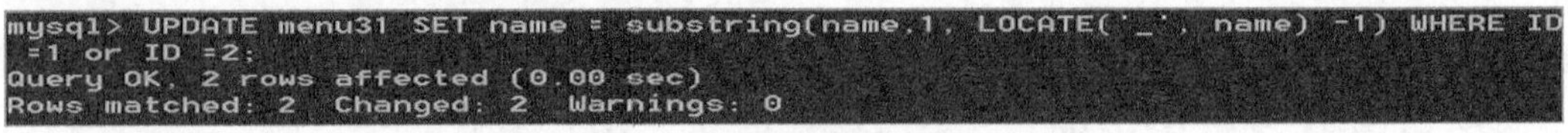

```
mysql> UPDATE menu31 SET name = substring(name,1, LOCATE('_', name) -1) WHERE ID =1 or ID =2;
Query OK, 2 rows affected (0.00 sec)
Rows matched: 2  Changed: 2  Warnings: 0
```

图 9.5　WHERE 子句和 UPDATE 语句一起使用

3. 通过 UPDATE 语句使用来自另一个表的信息

将 menu32 表的 id＝1 和 id＝8 记录的 fathername 列值更新为 menu31 表的 name 列值，两表的连接条件是 menu31.id＝menu32.father。

```
mysql>UPDATE menu32 SET fathername =(SELECT name FROM menu31 WHERE CAST(menu31.id AS DECIMAL) = CAST(menu32.father AS DECIMAL))WHERE id = 1 OR id = 8;
```

上述命令的运行结果如图 9.6 所示。

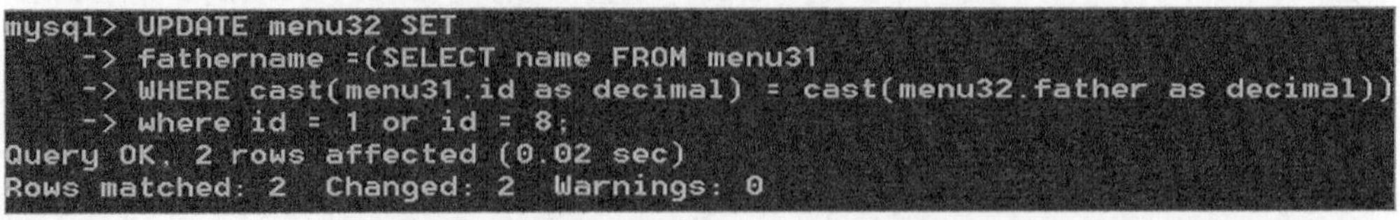

```
mysql> UPDATE menu32 SET
    -> fathername =(SELECT name FROM menu31
    -> WHERE cast(menu31.id as decimal) = cast(menu32.father as decimal))
    -> where id = 1 or id = 8;
Query OK, 2 rows affected (0.02 sec)
Rows matched: 2  Changed: 2  Warnings: 0
```

图 9.6　UPDATE 语句使用来自另一个表的数据

4. UPDATE 多表更新

将 menu32 表的 id=21 和 id=19 记录的 fathername 列值更新为 menu31 表的 name 列值,两表的连接条件是 menu31.id=menu32.father。

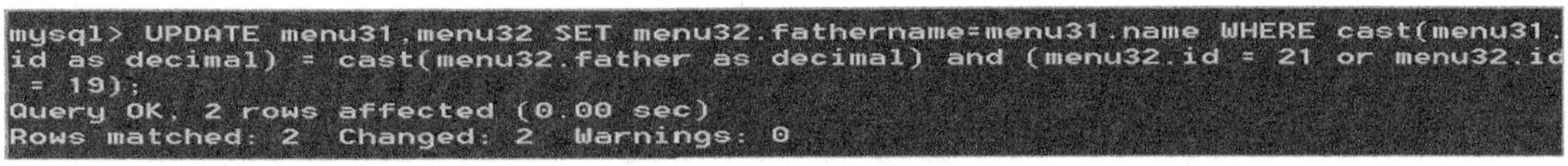

```
mysql>UPDATE menu31,menu32 SET menu32.fathername=menu31.name WHERE CAST(menu31.id AS DECIMAL) = CAST(menu32.father AS DECIMAL) AND (menu32.id = 21 OR menu32.id = 19);
```

上述命令的运行结果如图 9.7 所示。

图 9.7 UPDATE 多表更新

5. 多表 UPDATE 通过内连接实现

内连接的 ON 条件,只查出满足条件的记录。

将 menu32 表的 id=20 记录的 fathername 列值更新为 menu31 表的 name 列值,两表的连接条件是 menu31.id=menu32.father。

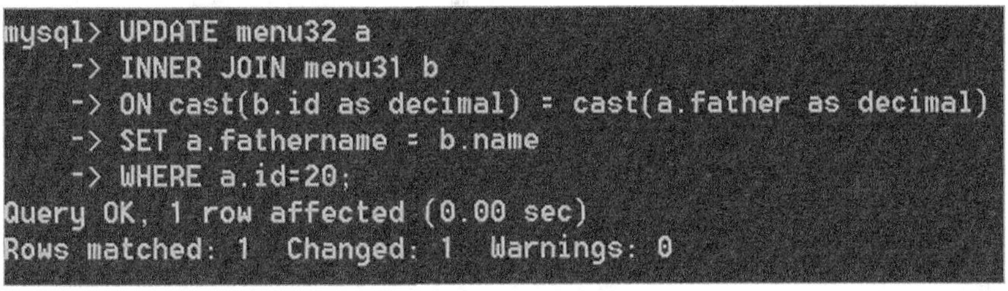

```
mysql>UPDATE menu32 a INNER JOIN menu31 b ON CAST(b.id AS DECIMAL) = CAST(a.father AS DECIMAL)
    SET a.fathername = b.name WHERE a.id=20;
```

上述命令的运行结果如图 9.8 所示。

图 9.8 内连接实现

6. 多表 UPDATE 通过 OUTER(外连接)实现

(1)LEFT JOIN(左外连接)来做多表 UPDATE。

左外连接的 ON 条件,除查出满足条件的记录,还要追加与该连接表连接的另外一张表的记录。

将 menu32 表的 id=5 记录的 fathername 列值更新为 menu31 表的 name 列值,两表的连接条件是 menu31.id=menu32.father。

```
UPDATE menu32 a LEFT JOIN menu31 b ON CAST(b.id AS DECIMAL) = CAST(a.father AS DECIMAL)
SET a.fathername = b.name WHERE a.id=5;
```

上述命令的运行结果如图 9.9 所示。

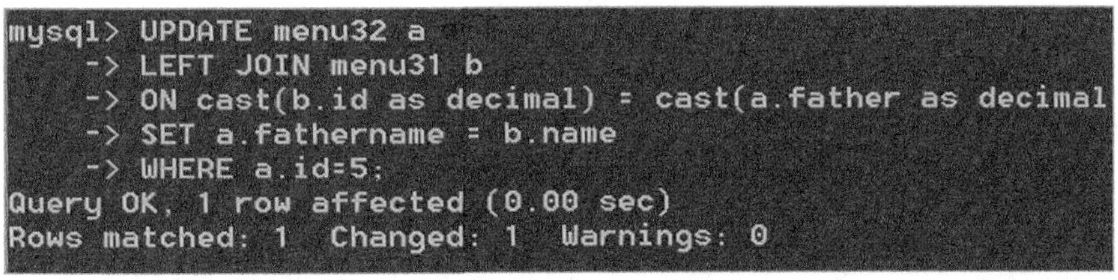

图 9.9 通过 OUTER(外连接)实现 LEFT JOIN(左外连接)

9.3 MySQL 的更新数据 UPDATE

（2）RIGHT JOIN（右外连接）来做多表 UPDATE。

右外连接的 ON 条件，除查出满足条件的记录，还要追加该连接表（RIGHT JOIN 后面跟的表）的记录。

将 menu32 表的 id＝8 记录的 fathername 列值更新为 menu31 表的 name 列值，两表的连接条件是 menu31.id＝menu32.father。

```
UPDATE menu32 a RIGHT JOIN menu31 b ON CAST(b.id AS DECIMAL) = CAST(a.father AS DECIMAL)
SET a.fathername = b.name WHERE a.id=8;
```

上述命令的运行结果如图 9.10 所示。

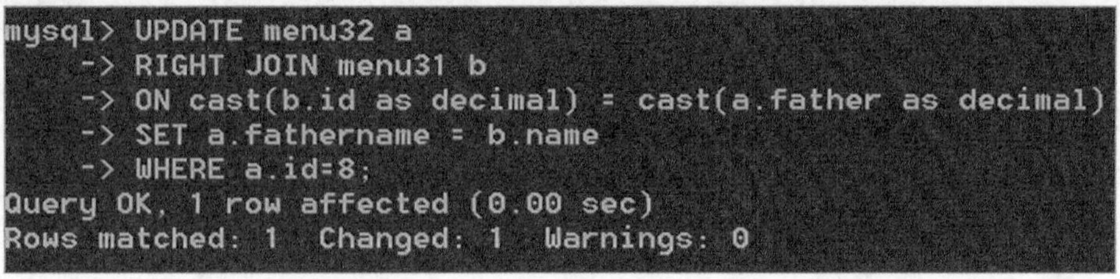

```
mysql> UPDATE menu32 a
    -> RIGHT JOIN menu31 b
    -> ON cast(b.id as decimal) = cast(a.father as decimal)
    -> SET a.fathername = b.name
    -> WHERE a.id=8;
Query OK, 1 row affected (0.00 sec)
Rows matched: 1  Changed: 1  Warnings: 0
```

图 9.10　通过 OUTER（外连接）实现 RIGHT JOIN（右外连接）

以上的几个例子都是两张表之间做关联，只更新一张表中的记录，其实是可以同时更新两张表的。

将 menu32 表的 id＝12 记录的 fathername 列值更新为 menu31 表的 name 列值；将 menu31 相应记录的 linkadd 列值更新为 "https://192.168.x.x"，两表的连接条件是 menu31.id＝menu32.father。

```
UPDATE menu32 a RIGHT JOIN menu31 b ON CAST(b.id AS DECIMAL) = CAST(a.father AS DECIMAL)
SET a.fathername = b.name, b.linkadd = 'https://192.168.x.x' WHERE a.id=12;
```

上述命令的运行结果如图 9.11 所示。

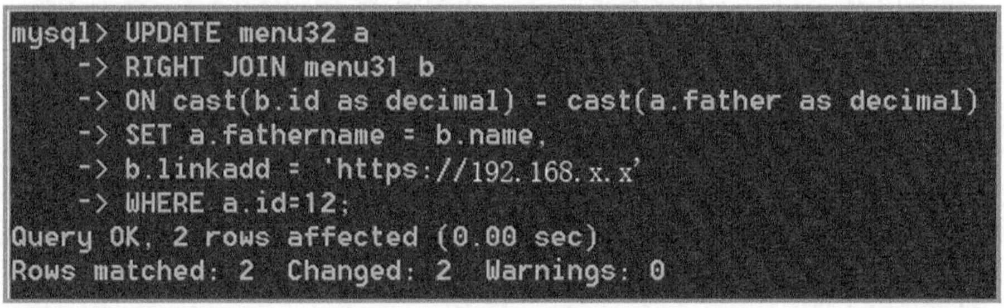

```
mysql> UPDATE menu32 a
    -> RIGHT JOIN menu31 b
    -> ON cast(b.id as decimal) = cast(a.father as decimal)
    -> SET a.fathername = b.name,
    -> b.linkadd = 'https://192.168.x.x'
    -> WHERE a.id=12;
Query OK, 2 rows affected (0.00 sec)
Rows matched: 2  Changed: 2  Warnings: 0
```

图 9.11　同时更新两张表数据

7. 将某表求和后的结果更新到另外一张表中

将 ykxt_jiayou 表的 sl（加油数量升）、sl2（加油数量公斤）、je（加油金额）3 列按 qj（期间）分组求和，然后将求和结果按 qj（期间）更新到 ykxt_qj 表的 sl（加油数量升）、sl1（加油数量公斤）、je（金额）列上。两表的连接条件是 ykxt_jiayou.qj＝ykxt_qj.qj。

为了书写此 SQL 语句，首先给 ykxt_qj 添加以下 3 列。

- sl DECIMAL（12,2）default 0。
- sl1 DECIMAL（12,2）default 0。
- je DECIMAL（12,2）default 0。

```
use db_fcms;
ALTER table ykxt_qj Add column sl DECIMAL(12,2) NOT NULL default 0;
```

```
ALTER table ykxt_qj Add column sl1 DECIMAL(12,2) NOT NULL default 0;
ALTER table ykxt_qj Add column je DECIMAL(12,2) NOT NULL default 0;
```

(1) SQL 语句 1。

```
mysql>UPDATE ykxt_qj SET sl=0,sl1=0,je=0;
mysql>SELECT * FROM ykxt_qj;
mysql>UPDATE ykxt_qj a,(SELECT qj,SUM(sl) AS sl, SUM(sl2) AS sl1, SUM(je) AS je FROM ykx
t_jiayou GROUP BY qj) b SET a.sl=b.sl, a.sl1=b.sl1, a.je=b.je WHERE a.qj=b.qj;
mysql>SELECT * FROM ykxt_qj WHERE sl>0;
```

(2) SQL 语句 2。

```
mysql>UPDATE ykxt_qj SET sl=0,sl1=0,je=0;
mysql>SELECT * FROM ykxt_qj;
mysql>UPDATE ykxt_qj a
INNER JOIN (SELECT qj,SUM(sl) AS sl, SUM(sl2) AS sl1, SUM(je) AS je FROM ykxt_jiayou GRO
UP BY qj) b
ON a.qj=b.qj
SET a.sl=b.sl, a.sl1=b.sl1, a.je=b.je ;
mysql>SELECT * FROM ykxt_qj WHERE sl>0;
```

(3) SQL 语句 3。

```
mysql>UPDATE ykxt_qj SET sl=0,sl1=0,je=0;
mysql>SELECT * FROM ykxt_qj;
mysql>UPDATE ykxt_qj a
INNER JOIN (SELECT qj,SUM(sl) AS sl, SUM(sl2) AS sl1, SUM(je) AS je FROM ykxt_jiayou GRO
UP BY qj) b
ON a.qj=b.qj
SET a.sl=b.sl, a.sl1=b.sl1, a.je=b.je ;
mysql>SELECT * FROM ykxt_qj WHERE sl>0;
```

(4) SQL 语句 4。

```
mysql>UPDATE ykxt_qj SET sl=0,sl1=0,je=0;
mysql>SELECT * FROM ykxt_qj;
mysql>UPDATE ykxt_qj a
SET a.sl =
(SELECT b.sl FROM( SELECT qj,SUM(sl) AS sl FROM ykxt_jiayou GROUP BY qj) b WHERE a.qj =
b.qj);
mysql>UPDATE ykxt_qj a
SET a.sl1 =
(SELECT b.sl1 FROM( SELECT qj,SUM(sl2) AS sl1 FROM ykxt_jiayou GROUP BY qj) b WHERE a.qj
 = b.qj);
mysql>UPDATE ykxt_qj a
SET a.je =
(SELECT b.je FROM( SELECT qj,SUM(je) AS je FROM ykxt_jiayou GROUP BY qj) b WHERE a.qj =
b.qj);
mysql>SELECT * FROM ykxt_qj WHERE sl>0;
```

9.3.3 UPDATE 应用实例总结

通过这些实例，得出这样一个结论：实现同样的需求可以有多种不同的 SQL 语句写法，这就需要关注哪种 SQL 语句运行更快、效率更高。

9.4 MySQL 的删除数据 DELETE

本节主要介绍 MySQL DELETE 语句的实际用法。MySQL DELETE 语句在实际应用中是必须用到的语句。

1. DELETE 语法

（1）单表的 DELETE 语法。

```
DELETE [LOW_PRIORITY] [QUICK] [IGNORE] [tbl_name] FROM tbl_name
[WHERE where_definition]
[ORDER BY ...]
[LIMIT row_count]
```

（2）多表的 DELETE 语法。

```
DELETE [LOW_PRIORITY] [QUICK] [IGNORE]
tbl_name[.*] [, tbl_name[.*] ...]
FROM table_references
[WHERE where_definition]
```

或

```
DELETE [LOW_PRIORITY] [QUICK] [IGNORE]
FROM tbl_name[.*] [, tbl_name[.*] ...]
USING table_references
[WHERE where_definition]
```

（3）TRUNCATE 语法。

```
TRUNCATE TABLE TABLE_NAME
```

使用 TRUNCATE 清空表数据，不记入日志文件，清空后数据不可恢复。使用 DELETE 清空数据，记入日志文件，清空后在提交之前，清空后的数据可以恢复。

（4）DELETE 语法说明。

1）语法中的 "tbl_name" 为要删除表的列表，"tbl_name" 中满足 "WHERE_definition" 给定的条件的记录行将被删除并返回被删除的记录的数目。

2）如果编写的 DELETE 语句中没有 WHERE 子句，则所有的行都被删除。当不想知道被删除的行的数目时，有一个更快的方法，即使用 TRUNCATE table TABLE_NAME。

3）如果删除的行中包括用于 AUTO_INCREMENT（自增）列的最大值，则该值被重新用于 Bdb 表，但是不会被用于 MyISAM 表或 InnoDB 表。

4）如果在 AUTOCOMMIT 模式下使用 DELETE FROM tbl_name（不含 WHERE 子句）删除表中的所有行，则对于所有的表类型（除 InnoDB 和 MyISAM），序列将被重新编排。但对于 InnoDB 表，此项操作有一些例外。

5）对于 MyISAM 和 BDB 表，可以把 AUTO_INCREMENT 次级列指定到一个多列关键字中。在这种情况下，从序列的顶端被删除的值被再次使用，甚至对于 MyISAM 表也是如此。

6）DELETE 语句，如果指定 LOW_PRIORITY，则 DELETE 的执行被延迟，直到没有其他客户端读取本表时再执行。

7）对于 MyISAM 表，如果使用 QUICK 关键词，则在删除过程中，存储引擎不会合并索引端节点，这样可以加快删除操作的速度。

8）在删除行的过程中，IGNORE 关键词会使 MySQL 忽略所有的错误。（在分析阶段遇到的错误会以常规方式处理。）由于使用本选项而被忽略的错误会作为警告返回。

9）这些关键词的加入，会导致删除操作的速度将受到一些因素的影响，这些因素在进阶篇论述。

10）在 MyISAM 表中，被删除的记录被保留在一个带链接的清单中，后续的 INSERT 操作会重新使用旧的记录位置。要重新使用未使用的空间并减小文件的尺寸，则使用 OPTIMIZE

TABLE_NAME 语句或 MyISAMchk 应用程序重新编排表。OPTIMIZE TABLE_NAME 更简便，但是 MyISAMchk 速度更快。

11）QUICK 修饰符会影响在删除操作中索引端节点是否合并。当用于被删除的行的索引值被来自后插入的行的相近的索引值代替时，DELETE QUICK 最为适用。在此情况下，被删除的值的空位被重新使用。未充满的索引块跨越某一个范围的索引值，会再次发生新的插入。当被删除的值导致出现未充满的索引块时，DELETE QUICK 没有作用。在此情况下，使用 QUICK 会导致未利用的索引中出现废弃空间。例如：创建一个表，表中包含已编索引的 AUTO_INCREMENT 列；在表中插入很多记录；每次插入会产生一个索引值，此索引值被添加到索引的高端处；使用 DELETE QUICK 从列的低端处删除一组记录。在此情况下，与被删除的索引值相关的索引块变成未充满的状态，但是，由于使用了 QUICK，这些索引块不会与其他索引块合并。当插入新值时，这些索引块仍是未充满的状态，原因是新记录不含有在被删除的范围内的索引值。另外，即使此后使用 MySQL DELETE 时不包含 QUICK，这些索引块也仍是未充满的，除非被删除的索引值中有一部分碰巧位于这些未充满的块的之中，或与这些块相邻。在这种情况下，如果要重新利用未使用的索引空间，需使用 OPTIMIZE TABLE。

12）如果打算从一个表中删除许多行，使用 DELETE QUICK 再加上 OPTIMIZE TABLE 可以加快速度。这样做可以重新建立索引，而不是进行大量的索引块合并操作。

13）LIMIT row_count 选项，设定被删除行的最大值。本选项用于确保一个 DELETE 语句不会占用过多的时间。用户可以重复发出 DELETE 语句，直到被删除行的数目少于 LIMIT 值为止。

14）如果 DELETE 语句包括一个 ORDER BY 子句，则各行按照子句中指定的顺序进行删除。此子句只与 LIMIT 联用时才起作用。例如以下子句用于查找与 WHERE 子句对应的行，使用 lrrq 进行排序分类，并删除第一（最旧的）行。如：

```
DELETE FROM ykxt_jiayou WHERE qj='2015/07/16-2015/08/15' ORDER BY lrrq LIMIT 1;
```

15）可以在一个 DELETE 语句中指定多个表，根据多个表中的特定条件，从一个表或多个表中删除行。不过，不能在一个多表 DELETE 语句中使用 ORDER BY 或 LIMIT。

table_references 列出了包含在联合中的表。

对于第一个语法（单表删除），只删除列于 FROM 子句之前的表中的对应的行。对于第二个语法，只删除列于 FROM 子句之中（在 USING 子句之前）的表中的对应的行。作用是，可以同时删除许多个表中的行，并使用其他的表进行搜索，例如下面的语句。

```
DELETE t1, t2 FROM t1, t2, t3 WHERE t1.id=t2.id AND t2.id=t3.id;
```

或

```
DELETE FROM t1, t2 USING t1, t2, t3 WHERE t1.id=t2.id AND t2.id=t3.id;
```

当搜索待删除的行时，这些语句使用所有 3 个表，但是只从表 t1 和表 t2 中删除对应的行。

以上例子显示了使用逗号操作符的内部联合，但是多表 MySQL DELETE 语句可以使用 SELECT 语句中允许的所有类型的联合，如 LEFT JOIN。

16）允许在表名称后面加 ".*"，没有实际意义，以便与 ACCESS 兼容。

17）如果使用多表（包括 InnoDB 表）MySQL DELETE 语句，并且这些表受外键的限制，则 MySQL 优化程序会对表进行处理，改变原来的从属关系。在这种情况下，该语句出现错误并返回到前面的步骤。要避免此错误，应该从单一表中删除，并依靠 InnoDB 提供的 ON DELETE（外键删除）功能，对其他表进行相应的处理。

18）当引用表名称时，必须使用别名，前提是表别名已经给定。例如：

```
DELETE t1 FROM test AS t1, test2 WHERE ...
```

进行多表删除时支持跨数据库删除，但是在此情况下，在引用表时不能使用别名。例如：

```
DELETE test1.tmp1, test2.tmp2 FROM test1.tmp1, test2.tmp2 WHERE ...
```

19）不能从一个表中删除，同时又在子查询中从同一个表中选择。

2. DELETE 应用举例

从 menu33 表中删除 id 为 49 的记录，命令如下：

```
mysql>DELETE FROM menu33 WHERE id = 49;
```

删除 menu32、menu33 两表记录，删除条件是 menu32.id = menu33.father 且 menu33 表中 id 为 46 的记录，命令如下：

```
mysql>DELETE a,b FROM menu32 a,menu33 b WHERE a.id = b.father AND b.id = 48;
```

9.5 MySQL 的左、右外连接查询

本节主要介绍 MySQL 左、右外连接查询的实际用法。

9.5.1 左外连接举例

```
mysql>SELECT b.id,b.name,a.father,a.fathername FROM menu33 a LEFT JOIN menu32 b ON a.father = b.id  ORDER BY b.id;
```

上述命令的运行结果如图 9.12 所示。

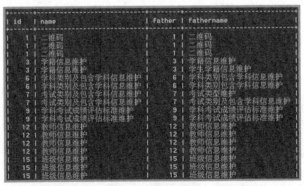

图 9.12　左外连接查询

9.5.2 右外连接举例

```
mysql>SELECT a.id,a.name,b.father,b.fathername FROM menu32 a right JOIN menu33 b on b.father = a.id  ORDER BY a.id;

SELECT a.id,a.name,b.father,b.fathername FROM cms_menu32 a right JOIN cms_menu33 b on b.father = a.id  ORDER BY a.id;
```

上述命令的运行结果如图 9.13 所示。

第 9 章 MySQL 的增加、删除和修改操作

```
+----+-----------------------------+--------+-----------------------------+
| id | name                        | father | fathername                  |
+----+-----------------------------+--------+-----------------------------+
|  1 | 二维码                      |      1 | 二维码                      |
|  1 | 二维码                      |      1 | 二维码                      |
|  1 | 二维码                      |      1 | 二维码                      |
|  3 | 学籍信息维护                |      3 | 学籍信息维护                |
|  3 | 学籍信息维护                |      3 | 学生学籍信息维护            |
|  6 | 学科类别及包含学科信息维护  |      6 | 学科类别包含学科信息维护    |
|  6 | 学科类别及包含学科信息维护  |      6 | 学科类别包含学科信息维护    |
|  7 | 考试类别及包含学科信息维护  |      7 | 考试类型维护                |
|  7 | 考试类别及包含学科信息维护  |      7 | 考试类别及包含学科信息维护  |
|  9 | 学科考试成绩评估标准维护    |      9 | 学科考试成绩评估标准维护    |
|  9 | 学科考试成绩评估标准维护    |      9 | 学科考试成绩评估标准维护    |
| 12 | 教师信息维护                |     12 | 教师信息维护                |
| 12 | 教师信息维护                |     12 | 教师信息维护                |
| 12 | 教师信息维护                |     12 | 教师信息维护                |
+----+-----------------------------+--------+-----------------------------+
```

图 9.13　右外连接查询

第 10 章 MySQL 的流程控制与函数

本章从 MySQL 编程角度讲解 MySQL 数据库的流程控制及各种函数处理与用法，包括各类操作符介绍、流程控制语句、流程控制函数、字符串处理函数、数学函数、日期与时间函数等，并提供大量的示例供读者参考与借鉴。

读者掌握了这些流程语句和函数后，对开发高效、实用、优雅的 SQL 语句提供了基础，也为 MySQL 存储程序（存储过程、存储函数、触发器）开发打下坚实的基础。

10.1 MySQL 操作符

在前面的章节中，使用了大量的操作符，因此，任何数据库的操作肯定离不开操作符。本节专门介绍一下 MySQL 的操作符。

10.1.1 MySQL 算术运算符

算术运算符见表 10.1。

表 10.1 MySQL 算术运算符

算术运算符	说明	示例	值
+	加	SET var1=2+2;	4
−	减	SET var2=3−2;	1
*	乘	SET var3=3*2;	6
/	除	SET var4=10/3;	3.3333
DIV	整除	SET var5=10 DIV 3;	3
%	取模	SET var6=10%3 ;	1

10.1.2 MySQL 比较运算符

比较运算符见表 10.2。

表 10.2 MySQL 比较运算符

比较运算符	说明	示例
>	大于	1>2 返回 False
<	小于	2<1 返回 False
<=	小于或等于	2<=2 返回 True
>=	大于或等于	3>=2 返回 True
BETWEEN	在两值之间	5 BETWEEN 1 AND 10 返回 True

续表

比较运算符	说明	示例
NOT BETWEEN	不在两值之间	5 NOT BETWEEN 1 AND 10 返回 False
IN	在集合中	5 IN (1,2,3,4) 返回 False
NOT IN	不在集合中	5 NOT IN (1,2,3,4) 返回 True
=	等于	2=3 返回 False
<>、!=	不等于	2<>3 或 2!= 3 返回 True
<=>	严格比较两个NULL值是否相等	NULL<=>NULL 返回 True NULL<=>9 返回 False 可以这样理解：若"<=>"的两边都是 NULL 或都不是 NULL 则返回 True 即 1 若"<=>"的一边为 NULL，另一边非 NULL，则返回 False 即 0
LIKE	简单模式匹配	"Guy Harrison" LIKE "Guy%" 返回 True
REGEXP	正则式匹配	"Guy Harrison" REGEXP "[Gg]reg" 返回 False
IS NULL	为空	19 IS NULL 返回 False
IS NOT NULL	不为空	19 IS NOT NULL 返回 True

10.1.3 MySQL 逻辑运算符

逻辑运算符用来判断表达式的真假。如果表达式是 TRUE（真），结果返回 1。如果表达式是 FALSE（假），结果返回 0。逻辑运算符又称为布尔运算符。MySQL 中支持 4 种逻辑运算符，分别是"与""或""非"和"异或"。下面是 4 种逻辑运算符的符号及作用。

- "&&""AND"与。
- "!""NOT"非。
- "||""OR"或。
- "XOR"异或。

MySQL 逻辑运算符操作结果表，见表 10.3。

表 10.3 AND/&&、OR/||、XOR 操作结果表

值状态	操作符	值状态	操作结果	值状态	操作符	值状态	操作结果
TRUE	AND &&	TRUE	TRUE	TRUE	OR ||	TRUE	TRUE
FALSE		FALSE	FALSE	FALSE		FALSE	FALSE
FALSE		TRUE	FALSE	TRUE		FALSE	TRUE
NULL		TRUE	NULL	NULL		TRUE	TRUE
NULL		FALSE	FALSE	NULL		FALSE	NULL
NULL		NULL	NULL	NULL		NULL	NULL
TRUE	XOR	TRUE	FALSE	"!""NOT"逻辑操作说明： 若在 AND/&&、OR/||、XOR 构成的操作表达式之前加上"!"或"NOT"，则会对它们的操作结果取反			
FALSE		FALSE	FALSE				
FALSE		TRUE	TRUE				
NULL		TRUE	NULL				

续表

值状态	操作符	值状态	操作结果	值状态	操作符	值状态	操作结果
NULL	XOR	FALSE	NULL	! true = false; not true = false;			
NULL	XOR	NULL	NULL	! true = false; not true = false;			
NULL	XOR	FALSE	NULL	! false = true; not false = true;			
NULL	XOR	NULL	NULL	! false = true; not false = true;			

10.1.4 MySQL 位运算符

位运算符介绍如下：

- "|" 表示 "位或"。
- "&" 表示 "位与"。
- "<<" 表示 "左移位"。
- ">>" 表示 "右移位"。
- "~" 表示 "位非"（单目运算，按位取反）。

对于比特运算，MySQL 使用 BIGINT（64 比特）算法，因此这些操作符的最大范围是 64 比特。

（1）"|"（"位或"）。

```
mysql> SELECT 29 | 15; -- 31,其结果为一个 64 比特无符号整数
```

（2）"&"（"位与"）。

```
mysql> SELECT 29 & 15; -- 13,其结果为一个 64 比特无符号整数
```

（3）"^"（"位异或"）。

```
mysql> SELECT 1 ^ 1; -- 0
mysql> SELECT 1 ^ 0; -- 1
mysql> SELECT 11 ^ 3; -- 8
```

结果为一个 64 比特无符号整数。

（4）"<<"（"把一个 BIGINT 数左移两位"）。

```
mysql> SELECT 1 << 2; -- 4,其结果为一个 64 比特无符号整数
```

（5）">>"（"把一个 BIGINT 数右移两位"）。

```
mysql> SELECT 4 >> 2; -- 1,其结果为一个 64 比特无符号整数
```

（6）"~"（"反转所有比特"）。

```
mysql> SELECT 5 & ~1; -- 4,其结果为一个 64 比特无符号整数
```

10.1.5 MySQL 操作符的优先级

表 10.4 说明操作符优先级由低到高的顺序，排列在同一行的操作符具有相同的优先级。

表 10.4 MySQL 操作符优先级

操作符	优先级
=	1（最低）
||, OR, XOR	2
&&, AND	3

续表

操作符	优先级
NOT	4
BETWEEN, CASE, WHEN, THEN, ELSE	5
=, <=>, >=, >, <=, <, <>, !=, IS, LIKE, REGEXP, IN	6
|	7
&	8
<<, >>	9
-, +	10
*, /, DIV, %, MOD	11
^	12
-(一元减号),~(一元比特反转)	12
!	13
BINARY, COLLATE	14（最高）

注意：假如 HIGH_NOT_PRECEDENCE SQL 模式被激活，则 NOT 的优先级同！操作符。

小括号"(...)"：使用小括号来规定表达式的运算顺序，例如：

```
mysql> SELECT 1+2*3; -- 7
mysql> SELECT (1+2)*3; -- 9
```

10.1.6 MySQL 操作符举例

1. 比较操作符

比较运算产生的结果为 1(TRUE)、0(FALSE)或 NULL。这些运算可用于数字和字符串。根据需要，字符串可自动转换为数字，而数字也可自动转换为字符串。

本节中的一些函数（如 LEAST()和 GREATEST()）的所得值不包括 1(TRUE)、0(FALSE)和 NULL。

MySQL 按照以下规则进行数值比较：

- 若有一个或两个参数为 NULL，除非 NULL 采用"<=>"等算符，则比较运算的结果为 NULL。
- 若同一个比较运算中的两个参数都是字符串，则按照字符串进行比较。
- 若两个参数均为整数，则按照整数进行比较。
- 十六进制值在不需要作为数字进行比较时，则按照二进制字符串进行处理。
- 若参数中的一个为 TIMESTAMP 或 DATETIME 列，而其他参数均为常数，则在进行比较前将常数转为 TIMESTAMP。

注意：此条规则不适合 IN()中的参数。

为了更加可靠，在进行对比时通常使用完整的 DATETIME/DATA/TIME 字符串。

- 在其他情况下，参数作为浮点数进行比较。
- 在默认状态下，字符串比较不区分大小写。
- 为了进行比较,可使用 CAST()函数将某个值转为另外一种类型或使用 CONVERT()函数将字符串值转为不同的字符集。

```
mysql> SELECT 1 > '6x'; -- 0
mysql> SELECT 7 > '6x'; -- 1
mysql> SELECT 0 > 'x6'; -- 0
mysql> SELECT 0 = 'x6'; -- 1
```

将一个字符串列字段同一个数字进行比较时，MySQL 不能使用列字段中的索引进行快速查找。假如 str-col 是一个编入索引的字符串列，则在此语句中，索引不能执行查找功能。例如：

```
SELECT * FROM table1 WHERE str-col=1;
```

（1）"＝"等于。

```
mysql> SELECT 1 = 0; -- 0
mysql> SELECT '0' = 0; -- 1
mysql> SELECT '0.0' = 0; -- 1
mysql> SELECT '0.01' = 0; -- 0
mysql> SELECT '.01' = 0.01; -- 1
```

"＜＝＞"操作符和"＝"操作符执行相同的比较操作，在两个操作码均为 NULL 时，"＜＝＞"的所得值为 1 而不为 NULL，而当一个操作码为 NULL 时，其所得值为 0 而不为 NULL。

```
mysql> SELECT 1 <=> 1, NULL <=> NULL, 1 <=> NULL; -- 1, 1, 0
mysql> SELECT 1 = 1, NULL = NULL, 1 = NULL; -- 1, NULL, NULL
```

（2）"＜＞ 或 !＝"不等于。

```
mysql> SELECT '.01' <> '0.01'; -- 1
mysql> SELECT .01 <> '0.01'; -- 0
mysql> SELECT 'zapp' <> 'zappp'; -- 1
```

（3）"＜＝"小于或等于。

```
mysql> SELECT 0.1 <= 2; -- 1
```

（4）"＜"小于。

```
mysql> SELECT 2 < 2; -- 0
```

（5）"＞＝"大于或等于。

```
mysql> SELECT 2 >= 2; -- 1
```

（6）"＞"大于。

```
mysql> SELECT 2 > 2; -- 0
```

（7）"IS boolean_value"和"IS NOT boolean_value"。

根据一个布尔值来检验一个值，在这里，布尔值可以是 TRUE、FALSE 或 UNKNOWN。

```
mysql> SELECT 1 IS TRUE, 0 IS FALSE, NULL IS UNKNOWN; -- 1, 1, 1
mysql> SELECT 1 IS NOT UNKNOWN, 0 IS NOT UNKNOWN, NULL IS NOT UNKNOWN; -- 1, 1, 0
```

（8）"IS NULL"和"IS NOT NULL"。

检验一个值是否为 NULL。

```
mysql> SELECT 1 IS NULL, 0 IS NULL, NULL IS NULL; -- 0, 0, 1
mysql> SELECT 1 IS NOT NULL, 0 IS NOT NULL, NULL IS NOT NULL; -- 1, 1, 0
```

（9）"expr BETWEEN min AND max"。

如果 expr 大于或等于 min 且 expr 小于或等于 max，则 BETWEEN 的返回值为 1，或是 0。若所有参数都是同一类型，则上述关系相当于表达式（min <= expr AND expr <= max）。其他类型的转换根据本节开篇所述规律进行，且适用于 3 种参数中的任意一种。

```
mysql> SELECT 1 BETWEEN 2 AND 3; -- 0
mysql> SELECT 'b' BETWEEN 'a' AND 'c'; -- 1
mysql> SELECT 2 BETWEEN 2 AND '3'; -- 1
mysql> SELECT 2 BETWEEN 2 AND 'x-3'; -- 0
```

（10）"expr NOT BETWEEN min AND max"。

这相当于 NOT(expr BETWEEN min AND max)。

COALESCE(value,...)返回值为列表当中的第一个非 NULL 值，在没有非 NULL 值得情况下返回值为 TRUE;都为 NULL（空）的情况下返回 NULL。

```
mysql> SELECT COALESCE(NULL,1); -- 1
mysql> SELECT COALESCE(NULL,NULL,NULL); -- NULL
```

（11）"GREATEST(value1,value2,...)"。

当有两个或多个参数时，返回值为最大（最大值的）参数。比较参数所依据的规律同 LEAST()。要求列表至少两个参数。

```
mysql> SELECT GREATEST(2,0); -- 2
mysql> SELECT GREATEST(34.0,3.0,5.0,767.0); -- 767.0
mysql> SELECT GREATEST('B','A','C'); -- 'C'
```

列表中，在全为 NULL 的情况下，GREATEST()的返回值为 NULL。

（12）"expr IN (value,...)"。

若 expr 为 IN 列表中的任意一个值，则其返回值为 1，否则返回值为 0。如果所有的值都是常数，则其计算和分类根据 expr 的类型进行。这时，使用二分搜索来搜索信息。如果 IN 值列表全部由常数组成，则意味着 IN 的速度非常快。如果 expr 是一个区分大小写的字符串表达式，则字符串比较也按照区分大小写的方式进行。

```
mysql> SELECT 2 IN (0,3,5,'wefwf'); -- 0
mysql> SELECT 'wefwf' IN (0,3,5,'wefwf'); -- 1
```

IN 列表中所列值的个数仅受限于 max_allowed_packet 值。

为了同 SQL 标准相一致，在左侧表达式为 NULL 的情况下，或是表中找不到匹配项或是表中一个表达式为 NULL 的情况下，IN 的返回值均为 NULL。

IN() 语构也可用书写某些类型的子查询。

（13）"expr NOT IN (value,...)"。

这与 NOT (expr IN (value,...))相同。

（14）"ISNULL(expr)"。

如 expr 为 NULL，那么 ISNULL() 的返回值为 1，否则返回值为 0。

```
mysql> SELECT  ISNULL(1+1); -- 0
mysql> SELECT  ISNULL(1/0); -- 1
```

使用"="NULL 对比通常是错误的。

（15）"INTERVAL(N,N1,N2,N3,...)"。

INTERVAL()函数进行比较列表(N,N1,N2,N3,...)中的 N 值，如果 N<N1，则返回值为 0；如果 N<N2，则返回值为 1；如果 N<N3，则返回值为 3；如果 N<Nn，则返回值为 n；等等。如果 N

为 NULL，则返回值为–1。所有的参数均按照整数处理。为了这个函数的正确运行，必须满足 N1＜ N2 ＜ N3 ＜ ⋯ ＜ Nn。

```
mysql> SELECT  INTERVAL(23, 1, 15, 17, 30, 44, 200); -- 3
mysql> SELECT INTERVAL(10, 1, 10, 100, 1000); -- 2
mysql> SELECT INTERVAL(22, 23, 30, 44, 200); -- 0
```

（16）"LEAST(value1,value2,...)"。

```
LEAST(value1,value2,...)
```

在有两个或多个参数的情况下，返回值为最小（最小值）参数。如果返回值被用在一个 INTEGER（整型）语境中，或是所有参数均为整数值，则将其作为整数值进行比较。如果返回值被用在一个 REAL（不精确的双精度浮点型）语境中，或所有参数均为实际值，则将其作为实际值进行比较。如果任意一个参数是一个区分大小写的字符串，则将参数按照区分大小写的字符串进行比较。在其他情况下，将参数作为区分大小写的字符串进行比较。如果列表中存在一个 NULL，则 LEAST()的返回值为 NULL。

```
mysql> SELECT   LEAST(2,0); -- 0
mysql> SELECT   LEAST(34.0,3.0,5.0,767.0); -- 3.0
mysql> SELECT   LEAST('B','A','C'); -- 'A'
```

2. 逻辑操作符

在 SQL 中，所有逻辑操作符的求值所得结果均为 TRUE、FALSE 或 NULL(UNKNOWN)。在 MySQL 中，它们体现为 1(TRUE)、0(FALSE)和 NULL。

（1）"NOT""!"——逻辑非。

当操作数为 0 时，所得值为 1；当操作数为非零值时，所得值为 0；当操作数为 NOT NULL 时，所得的返回值为 NULL。

```
mysql> SELECT NOT  10; -- 0
mysql> SELECT NOT  0; -- 1
mysql> SELECT NOT  NULL; -- NULL
mysql> SELECT  ! (1+1); -- 0
mysql> SELECT  ! 1+5; -- 5
```

最后一个例子产生的结果为 5，原因是表达式的计算方式和(!1)＋1 相同。

（2）"AND""&&"——逻辑与。

当所有操作数均为非零值，并且不为 NULL 时，计算所得结果为 1，当一个或多个操作数为 0 时，所得结果为 0，其余情况返回值为 NULL。

```
mysql> SELECT 1 && 1; -- 1
mysql> SELECT 1 && 0; -- 0
mysql> SELECT 1 && NULL; -- NULL
mysql> SELECT 0 && NULL; -- 0
mysql> SELECT NULL && 0; -- 0
```

（3）"OR""||"——逻辑或。

当两个操作数均为非 NULL 值时，如有任意一个操作数为非零值，则结果为 1，否则结果为 0。当有一个操作数为 NULL 时，如果另一个操作数为非零值，则结果为 1，否则结果为 NULL。假如两个操作数均为 NULL，则所得结果为 NULL。

```
mysql> SELECT 1 || 1; -- 1
mysql> SELECT 1 || 0; -- 1
mysql> SELECT 0 || 0; -- 0
```

```
mysql> SELECT 0 || NULL; -- NULL
mysql> SELECT 1 || NULL; -- 1
```

(4)"XOR"——逻辑异或。

当任意一个操作数为 NULL 时,返回值为 NULL。对于非 NULL 的操作数,如果一个奇数操作数为非零值,则计算所得结果为 1,否则为 0。

```
mysql> SELECT 1 XOR 1; -- 0
mysql> SELECT 1 XOR 0; -- 1
mysql> SELECT 1 XOR NULL; -- NULL
mysql> SELECT 1 XOR 1 XOR 1; -- 1
a XOR b 的计算等同于 (a AND (NOT b)) OR ((NOT a) AND b)
```

10.2 MySQL 中的 Boolean 类型

MySQL 的 Boolean 返回值数据类型,在前面的章节中都涉及,本节将进行详细介绍。

10.2.1 Boolean 说明

通常理解 Boolean 类型数据只有两种状态:True(真)和 False(假),那么 MySQL 保存 Boolean 值时用 1 代表 TRUE,0 代表 FALSE,Boolean 在 MySQL 里的类型为 tinyint(1)。MySQL 里有 4 个常量:true、false、TRUE、FALSE,它们分别代表 1、0、1、0。接下来举例说明。

```
mysql> SELECT true,false,TRUE,FALSE;
```

上述命令的运行结果如图 10.1 所示。

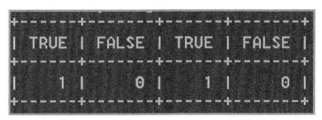

图 10.1 true、false、TRUE、FALSE 各自取值

用户可以向表中插入 Boolean 值:INSERT into xxxx(xx) values(true),也可以 values(1);

```
mysql> use db_fcms;
mysql> ALTER TABLE menu31 add isok boolean NULL;
mysql> DESC menu31;
mysql> INSERT INTO menu31(name,father,linkadd,isok) values('xx','xx','xx',true);
```

10.2.2 Boolean 总结

MySQL 的 Bool 或 Boolean 的 true 和 false 两种状态,被运用于 MySQL 的全部操作中,数据库将依据这两种状态决定如何操作。当操作结果为 true 时,将正常返回数据;当为 false 时,将不返回数据。最能说明这一点的就是发出去的 SELECT * FROM 表 WHERE 条件,当 WHERE 条件的返回值为 true 时,这意味着表中的数据是满足此条件的,便被查出来;当 WHERE 条件的返回值为 false 时,这意味着表中的数据不满足此条件,便查不出来。例如,SELECT * FROM menu31 WHERE ID>=1 AND ID<=10 语句,MySQL 会遍历整张表,然后一行一行地和 WHERE 后面跟的条件进行核对,凡核对上的即满足条件的,此刻 WHERE 条件的返回值状态为 true,那么,凡 WHERE 条件返回值状态为 true 的那些行数据就被查出来了,为 false 的就忽略了。具体来说

——ID＝2，满足 ID＞＝1 AND ID＜＝10 条件，那么这个条件的返回值状态肯定为 true，MySQL 就把 ID＝2 的这条数据摘了出来，放到一边；然后继续往下走，突然碰到 ID＝11，不满足 ID＞＝1 AND ID＜＝10 条件，此刻 MySQL 立即把这个条件的返回值状态变为 false，这就意味着 ID＝11 的这行数据被略过。就这样，当 MySQL 遍历完整张表数据后，把摘出来的一行行数据展示，看到的就是想要看到的数据。

10.3 MySQL 的 COALESCE 与 GREATEST

MySQL 的 coalesce()和 greatest()两个函数在前面的章节中有所介绍，下面详细说明其用法。

10.3.1 COALESCE()取非 NULL(空)值

1. 语法

```
COALESCE(value,...)
```

2. 返回值

该函数的返回值为列表当中的第一个非 NULL 值。
- 在没有非 NULL 值的情况下，返回值为 TRUE。这说明若函数的返回值为 TRUE，则列表中所有值都不为 NULL（空）。
- 在全部为 NULL 值的情况下，返回值为 NULL。这说明若函数的返回值为 NULL，则列表中所有值都为 NULL（空）。
- 若列表中既有 NULL（空）值，也有非 NULL（空）的值，那么，返回从左边起的第一个非 NULL 的那个值。这也说明若函数返回值不为 NULL（空），则列表中肯定存在 NULL（空）的值和非 NULL（空）的值。

3. 示例

```
mysql> SELECT   COALESCE(NULL , NULL ,3, NULL ,2 ,NULL,1, NULL); -- 3
mysql> SELECT   COALESCE(NULL,NULL,NULL); -- NULL
mysql> SELECT   COALESCE(1,2,3); -- TRUE
```

10.3.2 GREATEST()取最大值

1. 语法

```
GREATEST(value1,value2,...)
```

2. 返回值

- 当有两个或多个参数时，返回值为最大（最大值的）参数。该函数要求列表至少为两个参数。
- 列表中，全部为 NULL 的情况下，GREATEST()的返回值为 NULL。

3. 示例

```
mysql> SELECT GREATEST(2,0); -- 2
mysql> SELECT GREATEST(34.0,3.0,5.0,767.0); -- 767.0
mysql> SELECT GREATEST('B','A','C'); -- 'C'
mysql> SELECT GREATEST(NULL,NULL,NULL); -- NULL
```

10.4 MySQL 流程控制语句

为了学习 MySQL 流程控制语句，必须把 MySQL 流程控制语句做成存储过程来执行。本章中涉及的实例都是来自实际的应用项目。

10.4.1 IF 语句

1．语法

```
if condition then        第1判断
第1语句体...
[else if condition then]  第2判断
第2语句体...
[else if condition then]  第3判断
第3语句体...
[else if condition then]  第n判断
第n语句体...
[else]
最后语句体...
end if
```

2．说明

IF 语句为分支语句，首先进行"第一判断"，若成立，则执行"第1语句体"，执行完后跳到"end if"后面的语句继续执行；若不成立，则进行"第2判断"，若成立，则执行"第2语句体"，执行完后跳到"end if"后面的语句继续执行；若不成立，则进行"第3判断"若成立，则执行"第3语句体"，执行完后跳到"end if"后面的语句继续执行；若不成立，则进行"第n判断"，若成立，则执行"第n语句体"，执行完后跳到"end if"后面的语句继续执行；若不成立，则执行"最后"语句体，执行完后跳到"end if"后面的语句继续执行。

3．IF 语句流程图

上述命令的运行结果如图 10.2 所示。

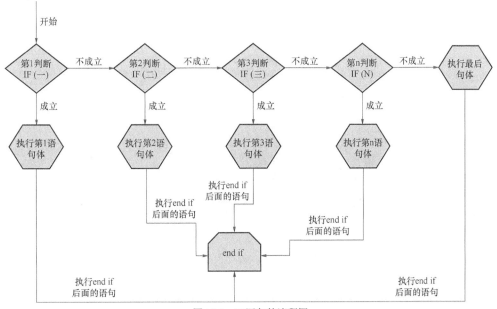

图 10.2　IF 语句的流程图

4. 举例

【例 10.1】IF 语句流程简单示例，代码如下。

```
use db_fcms; -- 选取数据库
DROP procedure IF EXISTS test_if;  -- 若过程"test_if"存在则删除
delimiter $ -- 分界符
CREATE procedure test_IF(IN x INT)   -- 创建过程命令
begin     -- 创建过程标准语法，语句体开始
if x=1 then   -- x 为传入过程的变量，当 x 为 1 则执行 SELECT 'OK';
SELECT 'OK';
elseif x=0 then   -- x 为传入过程的变量，否则，当 x 为 0 则执行 SELECT 'No';
SELECT 'No';
else    -- x 为传入过程的变量，当 x 即不是 1 也不是 0 时执行 SELECT 'good';
SELECT 'good';
end if; -- if 语句结束
end   -- begin 结束
$
delimiter ;
```

将上面的代码粘贴进 MySQL 命令下，会自动创建该存储过程。

上述命令的运行结果如图 10.3 所示。

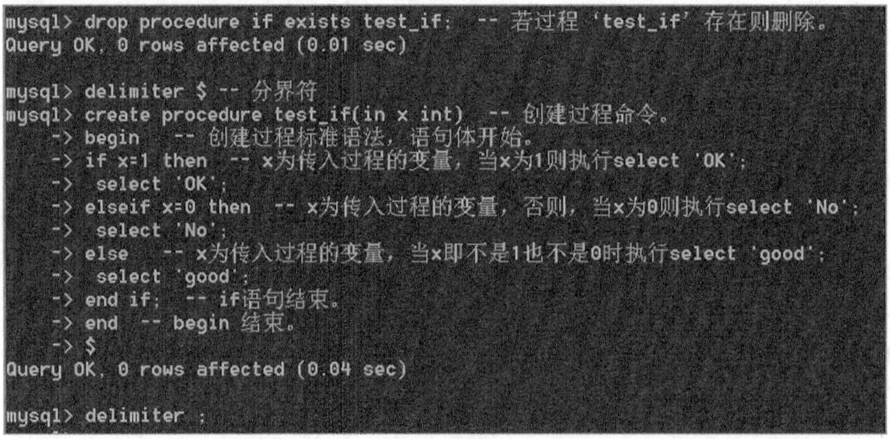

图 10.3 IF 语句示例

在 MySQL 命令下，执行：

```
mysql>call test_IF(0);
mysql>call test_IF(1);
mysql>call test_IF(2);
```

上述命令的运行结果如图 10.4 所示。

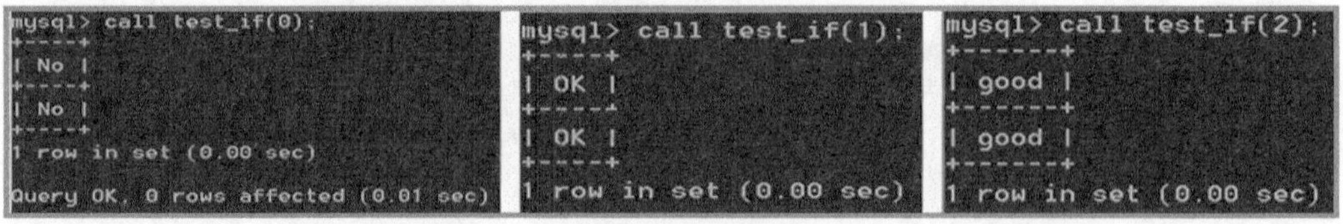

图 10.4 执行存储过程

【例 10.2】下面这个存储过程示例，用于生成当天唯一流水号，代码如下。

```
use db_fcms; -- 选取数据库
DROP procedure IF EXISTS lsid3; -- 若 lsid3 过程存在，则删除
DELIMITER $$ -- 定界符
```

```sql
--
-- 存储过程：取得当天最大的流水
--
CREATE DEFINER=root@localhost PROCEDURE lsid3(out lid VARCHAR(20)) -- 创建过程命令
BEGIN -- 语句体开始
-- 创建表
CREATE TABLE IF NOT EXISTS ykxt_lsh (
  rq VARCHAR(8) NOT NULL,
  lsh DECIMAL(10,0) NOT NULL,
  PRIMARY KEY (rq)
) ENGINE=InnoDB DEFAULT CHARSET=utf8;

SELECT CONVERT(DATE_FORMAT(sysdate(),'%y%m%d') ,char) INTO @l_fwqsj_str;
SELECT COUNT(*) INTO @l_sss FROM ykxt_lsh;
if @l_sss = 0 then
    INSERT INTO ykxt_lsh(rq,lsh) values(@l_fwqsj_str,1);
else
    SELECT rq INTO @ll_xflsh_rq FROM ykxt_lsh;
    if @ll_xflsh_rq = @l_fwqsj_str then
        UPDATE ykxt_lsh SET lsh = lsh + 1;
    else
        UPDATE ykxt_lsh SET rq = @l_fwqsj_str,lsh = 1;
    end if;
end if;
SELECT rq,CONVERT(lsh,char) INTO @ll_xflsh_rq,@ll_opid_char FROM ykxt_lsh;
SELECT CONCAT(@ll_xflsh_rq,@ll_opid_char) INTO lid;
END
$$
DELIMITER ;
```

将上面的代码粘贴进 MySQL 命令下会自动创建该存储过程。

在 MySQL 命令下，执行存储过程 "call lsid2(@lid);"，命令运行结果如图 10.5 所示。

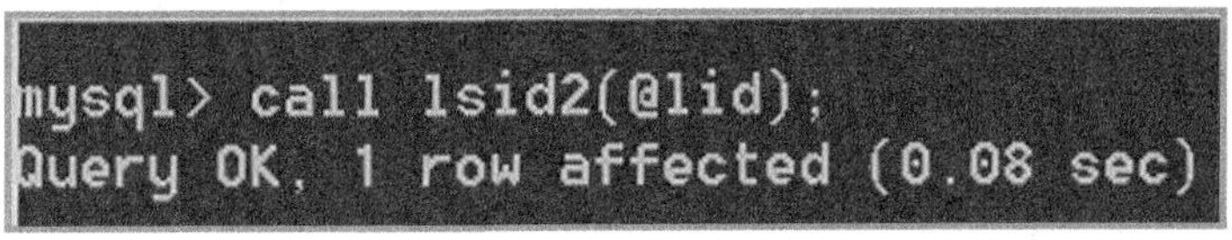

图 10.5　执行存储过程

在 MySQL 命令下，执行下面的命令，命令运行结果如图 10.6 所示。

```
mysql>SELECT @lid;
```

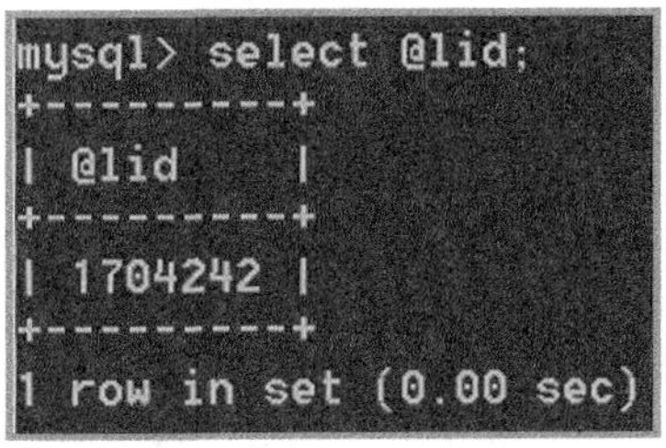

图 10.6　输出过程返回的变量

10.4.2　CASE 语句

1. 语法结构（一）

```
case value   "CASE 被比较的值"
when value_1 then
"第1个when语句体..."
```

10.4　MySQL 流程控制语句

```
[when value_2 then
"第2个 when 语句体..."]
[when value_3 then
第3个 when 语句体"...]
[when value_n then
第n个 when 语句体"...]
[else
"ELSE 语句体"...]
end case
```

（1）说明：case 语句为多分枝语句结构，首先从 when 后的 value 中查找与 case 后的 value 相等的值，如果找到，则执行该分支语句，否则执行 else 语句。

（2）流程图，如图 10.7 所示。

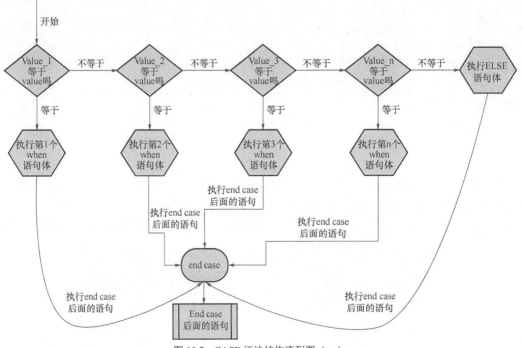

图 10.7　CASE 语法结构流程图（一）

2. 语法结构（二）

```
case
when condition_1 then "第1个 when 判断"
    "第1个 when 语句体..."
[when condition_2 then "第2个 when 判断"
    "第2个 when 语句体..."]
[when condition_3 then "第3个 when 判断"
    "第3个 when 语句体..."]
[when condition_n then "第n个 when 判断"
    第n个 when 语句体"...]
[else
    "ELSE 语句体"...]
end case
```

（1）说明：case 语句为多分支语句结构，首先判断第 1 个 when 条件，若成立，则执行"第一个 when 语句体"，执行完后，继续执行"end case"后面的语句；若不成立，判断"第 2 个 when 条件"，若成立，则执行"第 2 个 when 语句体"，执行完后，继续执行"end case"后面的语句；若不成立，判断"第 3 个 when 条件"，若成立，则执行"第 3 个 when 语句体"，执行完后，继续

执行 "end case" 后面的语句；若不成立，判断"第 n 个 when 条件"，若成立，则执行"第 n 个 when 语句体"，执行完后，继续执行 "end case" 后面的语句；若不成立，则执行 "ELSE 语句体"，执行完后，继续执行 "end case" 后面的语句。

（2）流程图，如图 10.8 所示。

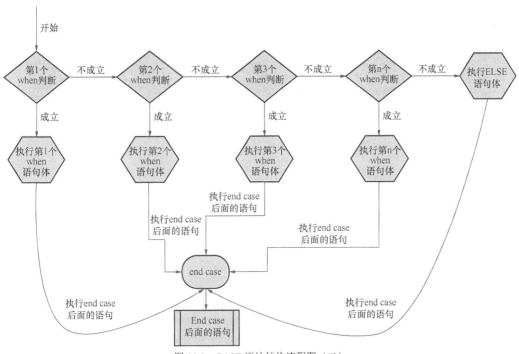

图 10.8 CASE 语法结构流程图（二）

3．举例

【例 10.3】CASE 流程语句的语法结构示例（一）。

```
use db_fcms;
DROP procedure IF EXISTS test_case;
delimiter //
CREATE procedure test_case(IN x INT)
begin
case x
when 1 then SELECT 'OK';
when 0 then SELECT 'No';
else SELECT 'good';
end case;
end
//
delimiter ;
```

将上面的代码粘贴进 MySQL 命令下会自动创建该存储过程，命令运行结果如图 10.9 所示。

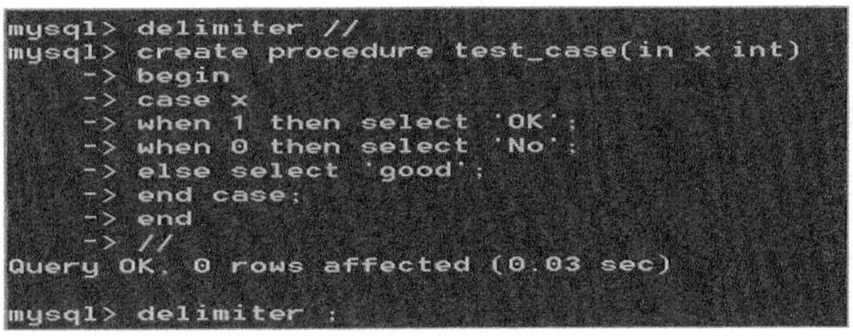

图 10.9 创建存储程序

在 MySQL 命令下,执行存储过程如下:

```
mysql>call test_case(0);
mysql>call test_case(1);
mysql>call test_case(2);
```

上述命令的运行结果如图 10.10 所示。

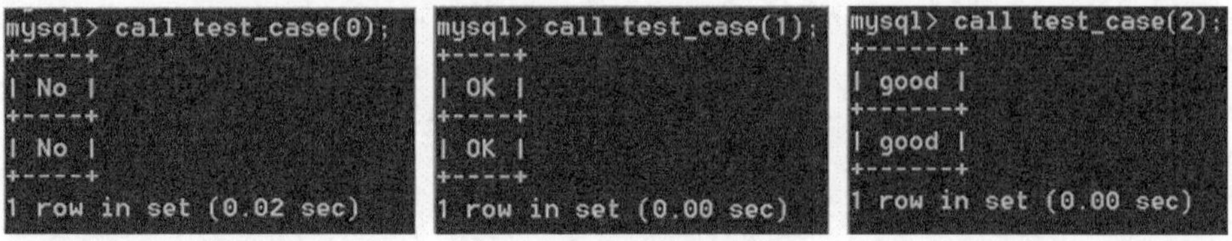

图 10.10　执行存储程序

【例 10.4】CASE 流程语句的语法结构示例(二)。

```
use db_fcms;
DROP procedure IF EXISTS test_case2;
delimiter //
CREATE procedure test_case2(IN x INT)
begin
case
when x=1 then SELECT 'OK';
when x=0 then SELECT 'No';
else SELECT 'good';
end case;
end
//
delimiter ;
```

将上面的代码粘贴进 MySQL 命令下会自动创建该存储过程,命令运行结果如图 10.11 所示。

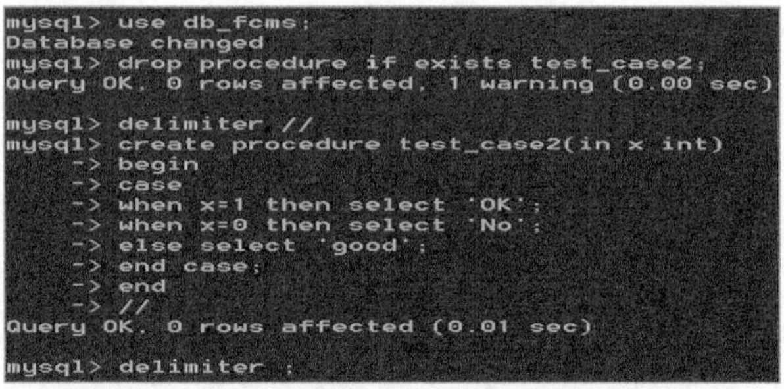

图 10.11　创建存储程序

在 MySQL 命令下,执行存储过程如下:

```
mysql>call test_case2(0);
mysql>call test_case2(1);
mysql>call test_case2(2);
```

上述命令的运行结果如图 10.12 所示。

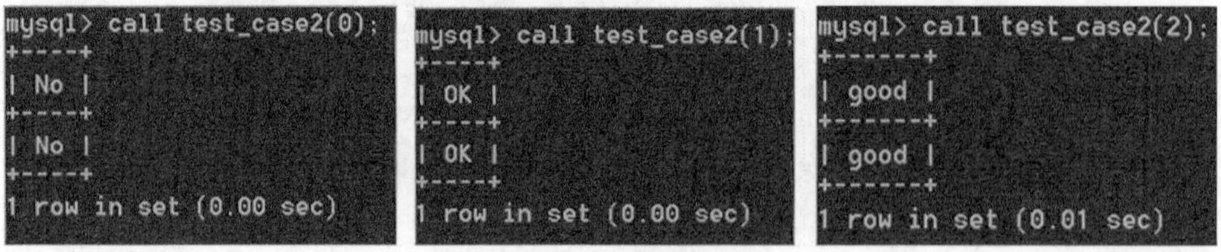

图 10.12　执行存储程序

10.4.3 WHILE 语句

1. 语法结构

```
while condition do
...
end while
```

(1) 说明：while 为循环语句，如果 condition 条件一直成立（true），则循环会一直进行，直到 condition 条件不成立（false）才会退出循环，执行循环体外的语句（end while 后面的语句）。

(2) while 语句流程图，如图 10.13 所示。

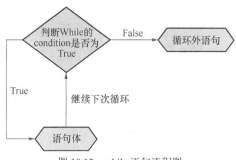

图 10.13　while 语句流程图

2. 举例

【例 10.5】使用 WHILE 流程语句计算 1+2+3+4+5+6+7+8+9+10＝55 的示例。

```
use db_fcms;
DROP procedure IF EXISTS test_while;
delimiter //
CREATE procedure test_while(out sum INT)
begin
declare i INT default 1;
declare s INT default 0;
while i<=10 do
SET s = s+i;
SET i = i+1;
end while;
SET sum = s;
end;
//
delimiter ;
```

将上面的代码粘贴进 MySQL 命令下会自动创建该存储过程，命令运行结果如图 10.14 所示。

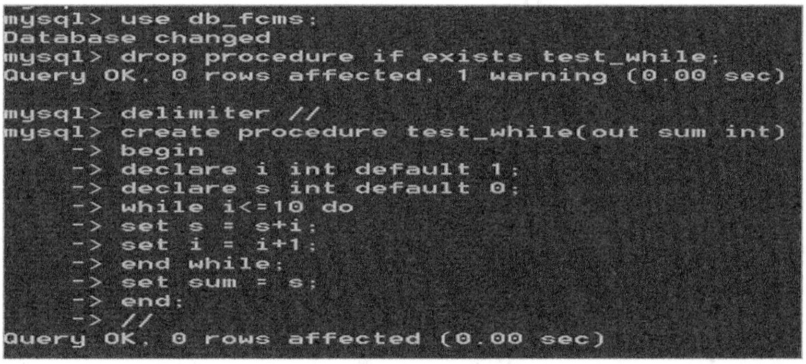

图 10.14　创建存储程序

10.4 MySQL 流程控制语句

在 MySQL 命令下,执行存储过程如下:

```
mysql>call test_while(@s);
```

上述命令的运行结果如图 10.15 所示。

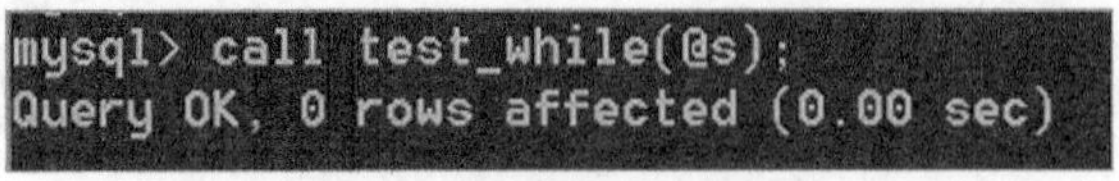

图 10.15 执行存储程序

在 MySQL 命令下,执行下面的命令,命令运行结果如图 10.16 所示。

```
mysql>SELECT @s;
```

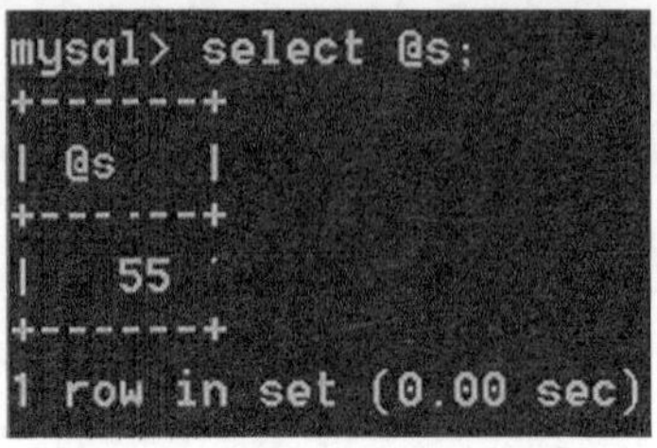

图 10.16 输出过程返回的变量

10.4.4 LOOP 语句

1. 语法结构

```
loop
...
end loop
```

(1) 说明:此循环没有内置循环条件,但可以通过 leave 语句退出循环。
(2) LOOP 语句流程图如图 10.17 所示。

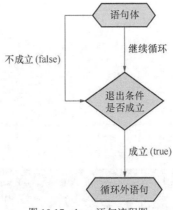

图 10.17 loop 语句流程图

2. 举例

【例 10.6】此循环用来计算 1+2+3+4+5+6+7+8+9+10=55,代码如下。

```
use db_fcms;
DROP procedure IF EXISTS test_loop;
delimiter //
CREATE procedure test_loop(out sum INT)
begin
declare i INT default 1;
```

```
declare s INT default 0;
loop_label:loop
SET s = s+i;
SET i = i+1;
if i>10 then leave loop_label;
end if;
end loop;
SET sum = s;
end;
//
delimiter ;
```

将上面的代码粘贴进 MySQL 命令下会自动创建该存储过程。在 MySQL 命令下，执行存储过程如下：

```
mysql>call test_loop(@s);
```

上述命令的运行结果如图 10.18 所示。

图 10.18　执行存储程序

在 MySQL 命令下，执行下面的命令，命令运行结果如图 10.19 所示。

```
mysql>SELECT @s;
```

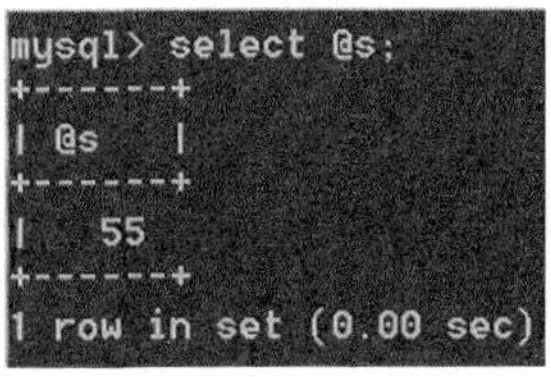

图 10.19　输出存储程序返回变量

10.4.5　REPEAT 语句

1. 语法结构

```
repeat
...
until condition
end repeat
```

（1）说明：该语句执行一次循环体，之后判断 condition 条件是否为真，为真则退出循环，否则继续执行循环体。

（2）REPEAT 语句流程图，如图 10.20 所示。

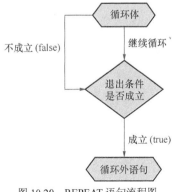

图 10.20　REPEAT 语句流程图

2. 举例

【例 10.7】此循环用来计算 1+2+3+4+5+6+7+8+9+10=55，代码如下。

```
use db_fcms;
DROP procedure IF EXISTS test_repeat;
delimiter //
CREATE procedure test_repeat(out sum INT)
begin
declare i INT default 1;
declare s INT default 0;
repeat
SET s = s+i;
SET i = i+1;
until i>10 -- 此处不能有分号
end repeat;
SET sum = s;
end;
//
delimiter ;
SELECT @s;
```

将上面的代码粘贴进 MySQL 命令下会自动创建该存储过程。在 MySQL 命令下，执行存储过程如下：

```
mysql>call test_repeat(@s);
```

上述命令的运行结果如图 10.21 所示。

图 10.21　执行存储程序

在 MySQL 命令下，执行下面的命令：

```
mysql>SELECT @s;
```

上述命令的运行结果如图 10.22 所示。

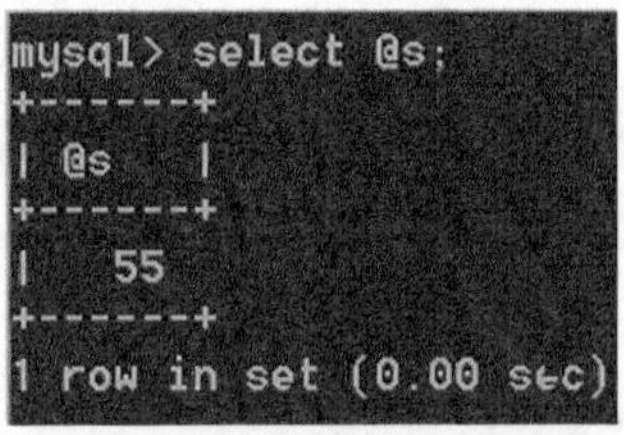

图 10.22　输出存储程序返回的变量

10.5　MySQL 函数

MySQL 的流程控制函数主要包括 CASE、IF()、IFNULL(expr1,expr2)、NULLIF()等。下面将一一介绍。

10.5.1　MySQL 流程控制函数

1. CASE 流程控制函数

CASE 流程控制函数的用法书中提供两套方案，下面分别介绍。

（1）第一方案如下：

```
CASE value
WHEN [compare-value] THEN result
[WHEN [compare-value] THEN result ...]
[ELSE result]
END
```

（2）第二方案如下：

```
CASE WHEN [condition] THEN result
[WHEN [condition] THEN result ...]
 [ELSE result]
END
```

在第一个方案的返回结果中，value＝compare-value。而第二个方案的返回结果是第一种情况的真实结果。如果没有匹配的结果值，则返回结果为 ELSE 后的结果；如果没有 ELSE 部分，则返回值为 NULL。

```
mysql> SELECT CASE 1 WHEN 1 THEN 'one' WHEN 2 THEN 'two' ELSE 'more' END; -- 'one'
mysql> SELECT CASE WHEN 1>0 THEN 'true' ELSE 'false' END; -- 'true'
mysql> SELECT CASE BINARY 'B' WHEN 'a' THEN 1 WHEN 'b' THEN 2 END; -- NULL
```

一个 CASE 表达式的默认返回值类型是任何返回值的相容集合类型，但具体情况视其所在语境而定。如果用在字符串语境中，则返回结果字符串。如果用在数字语境中，则返回结果为十进制值、实值或整数值。

2. IF 流程控制函数

语法：IF(expr1,expr2,expr3)。

如果 expr1 是 TRUE (expr1 <> 0 AND expr1 <> NULL)，则 IF()的返回值为 expr2；否则返回值为 expr3。IF() 的返回值为数字值或字符串值，具体情况视其所在语境而定。

```
mysql> SELECT IF(1>2,2,3); -- 3
mysql> SELECT IF(1<2,'yes ','no'); -- 'yes'
mysql> SELECT IF(STRCMP('test','test1'),'no','yes'); -- 'no'
```

如果 expr2 或 expr3 中只有一个明确是 NULL，则 IF()函数的结果类型为非 NULL 表达式的结果类型。

expr1 作为一个整数值进行计算，也就是说，如果正在验证浮点值或字符串值时，应该使用比较运算进行检验。

```
mysql> SELECT IF(0,3,5); -- 5
mysql> SELECT IF(0.1,3,5); -- 3
mysql> SELECT IF(0.1<>0,3,5); -- 3
```

IF()的默认返回值类型按照表 10.5 方式计算。

表10.5　IF()的默认返回值类型计算方式

表达式	返回值
expr2 或 expr3 返回值为一个字符串	字符串
expr2 或 expr3 返回值为一个浮点数	浮点
expr2 或 expr3 返回值为一个整数	整数

如果 expr2 和 expr3 都是字符串，且其中任何一个字符串区分大小写，则返回结果区分大小写。

3. IFNULL 流程控制函数

```
IFNULL(expr1,expr2)
```

如果 expr1 不为 NULL，则 IFNULL() 的返回值为 expr1，否则其返回值为 expr2。IFNULL() 的返回值是数字或是字符串，具体情况取决于其所使用的语境。

```
mysql> SELECT IFNULL(1,0); -- 1
mysql> SELECT IFNULL(NULL,10); -- 10
mysql> SELECT IFNULL(1/0,10); -- 10
mysql> SELECT IFNULL(1/0,'yes'); -- 'yes'
```

4. NULLIF 流程控制函数

```
NULLIF(expr1,expr2)
```

如果 expr1 = expr2 成立，那么返回值为 NULL，否则返回值为 expr1。这和 CASE WHEN expr1 = expr2 THEN NULL ELSE expr1 END 相同。

```
mysql> SELECT NULLIF(1,1); -- NULL
mysql> SELECT NULLIF(1,2); -- 1
```

10.5.2 MySQL 字符串处理函数

关于字符串函数返回值的大小，有一个 MySQL 的系统变量来决定返回值的最大值，这个系统变量是 max_allowed_packet，如图 10.23 所示。

```
# The MySQL server
[wampmysqld]
port            = 3306
socket          = /tmp/mysql.sock
key_buffer_size = 16M
max_allowed_packet = 1M
sort_buffer_size = 512K
net_buffer_length = 8K
read_buffer_size = 256K
read_rnd_buffer_size = 512K
myisam_sort_buffer_size = 8M
basedir=d:/wamp/bin/mysql/mysql5.6.17
log-error=d:/wamp/logs/mysql.log
datadir=d:/wamp/bin/mysql/mysql5.6.17/data
```

图 10.23 my.ini 配置文件中的 max_allowed_packet 参数

如果字符串函数的返回值长度大于 max_allowed_packet 系统变量设定的最大值时，字符串函数的返回值为 NULL。

关于字符串位置操作的函数，凡对于字符串位置操作的函数，第一个位置的编号为 1 而不是 0。

1. ASCII() 函数——返回字符串的 ASC 码值

语法：ASCII(str)。

返回值为字符串 str 的最左字符的 ASC 码值。如果 str 为空字符串，则返回值为 0。如果 str 为 NULL，则返回值为 NULL。ASCII() 用于带有从 0 到 255 的数值的字符，示例如下。

```
mysql> SELECT ASCII('2'); -- 50
mysql> SELECT ASCII(2); -- 50
mysql> SELECT ASCII('dx'); -- 100
```

ORD(str)函数包含 ASCII(str)的全部功能，主要用于获得多字节字符代码值。

2. BIN()函数——返回二进制值的字符串

语法：BIN(N)。

返回值为 N 的二进制值的字符串表示，其中 N 为一个 long 数字。这等同于 CONV(N,10,2)——"CONV(N,FROM_base,to_base)——在基数之间进行转换。该函数返回值 N 从 FROM_base 到 to_base 转换的字符串。最小基数值是 2，最大值为 36。如果任一参数为 NULL，则该函数返回 NULL。"如果 N 为 NULL，则返回值为 NULL。

补充：UNIX_TIMESTAMP(DATE_SUB(now(), INTERVAL 1 DAY))*1000——DATE_SUB(now(), INTERVAL 1 DAY)表示取得当前时间再减一天，然后通过 UNIX_TIMESTAMP()转换成秒，再乘以 1000 转成毫秒数，示例如下：

```
mysql> SELECT BIN(12); -- '1100'
```

3. BIT_LENGTH()函数——返回字符串的二进制长度

语法：BIT_LENGTH(str)返回值为二进制的字符串 str 长度，示例如下：

```
mysql> SELECT BIT_LENGTH('text'); -- 32
```

4. CHAR 函数——将整数值转换为字符串

语法：CHAR(N,...)。

CHAR()将每个参数 N 理解为一个整数，其返回值为一个包含这些整数的代码值所给出的字符的字符串，NULL 值被省略，示例如下：

```
mysql> SELECT CHAR(77,121,83,81,'76'); -- 'MySQL'
mysql> SELECT CHAR(77,77.3,'77.3'); -- 'MMM'
```

5. CONCAT()函数——字符串拼接

语法：CONCAT(str1,str2,...)。

返回结果为连接参数产生的字符串。如有任何一个参数为 NULL，则返回值为 NULL，或有一个或多个参数。如果所有参数均为非二进制字符串，则结果为非二进制字符串。如果自变量中含有任一二进制字符串，则结果为一个二进制字符串。一个数字参数被转化为与之相等的二进制字符串格式；若要避免这种情况，可使用显式类型 CAST，例如：SELECT CONCAT(CAST(int_col AS CHAR),char_col)，示例如下：

```
mysql> SELECT CONCAT('My', 'S', 'QL'); -- 'MySQL'
mysql> SELECT CONCAT('My', NULL, 'QL'); -- NULL
mysql> SELECT CONCAT(14.3); -- '14.3'
```

6. CONCAT_WS()函数——将若干个字符串拼接成一个字符串

语法：CONCAT_WS(SEPARATOR,str1,str2,...)。

CONCAT_WS()函数代表 CONCAT WITH SEPARATOR，是 CONCAT()的特殊形式。第一个参数是其他参数的分隔符。分隔符的位置放在要连接的两个字符串之间。分隔符可以是一个字符串，也可以是其他参数。如果分隔符为 NULL，则结果为 NULL。函数会忽略任何分隔符参数后的 NULL 值，示例如下：

```
mysql> SELECT CONCAT_WS('#','First name','Second name','Last Name'); -- 'First name#Second name#Last Name'
mysql> SELECT CONCAT_WS('$','First name',NULL,'Last Name'); -- 'First name$Last Name'
```

CONCAT_WS()函数不会忽略任何空字符串。（然而会忽略所有的 NULL）。

7. CONV()函数——数制转换

语法：CONV(N,from_base,to_base)。

不同数基间转换数字。返回值为数字 N 的字符串表示，由 from_base 基转化为 to_base 基。如有任意一个参数为 NULL，则返回值为 NULL。自变量 N 被理解为一个整数，但是可以被指定为一个整数或字符串。最小基数为 2，而最大基数则为 36。to_base 是一个负数，则 N 被看作一个带符号数。否则，N 被看作无符号数。CONV()的运行精确度为 64 比特。

一般应用于进制转换，将数值 N 由 from_base 数制转换为 to_base 数制的字符串，示例如下：

```
mysql> SELECT CONV('a',16,2); -- '1010' 十六进制转二进制
mysql> SELECT CONV('6E',18,8); -- '172' 十八进制转八进制
mysql> SELECT CONV(-17,10,-18); -- '-H' 十进制转十八进制
mysql> SELECT CONV(10+'10'+'10'+0xa,10,10); -- '40' 十进制转十进制
```

8. ELT()函数——返回指定位置的字符串

语法：ELT(N,str1,str2,str3,...)。

若 N=1，则返回值为 str1；若 N=2，则返回值为 str2，以此类推。若 N 小于 1 或大于参数的数目，则返回值为 NULL，ELT() 是 FIELD()的补数，示例如下：

```
mysql> SELECT ELT(1, 'ej', 'Heja', 'hej', 'foo'); -- 'ej'
mysql> SELECT ELT(4, 'ej', 'Heja', 'hej', 'foo'); -- 'foo'
```

9. EXPORT_SET()函数——二进制比特位处理

语法：EXPORT_SET(bits,on,off[,SEPARATOR[,number_of_bits]])。

返回值为一个字符串，其中对于 bits 二进制值中的每个位组（1），可以得到一个 on 字符串，而对于 bits 二进制值中的每个位组（0）即清零比特位，可以得到一个 off 字符串。bits 中的比特值（二进制值）按照从右到左的顺序接受检验（由低位比特到高位比特）。字符串被分隔字符串——SEPARATOR 分开（默认为逗号","），按照从左到右的顺序被添加到结果中。number_of_bits 会给出被检验的二进制位数（默认为 64），其参数 bits 的二进制长度不足 number_of_bits 参数时，在 bits 参数的二进制值前面补 0 而过长截断，示例如下：

```
mysql> SELECT EXPORT_SET(5,'Y','N',',',4); -- 'Y,N,Y,N' 注：5的二进制码101，补0后为0101
mysql> SELECT EXPORT_SET(6,'1','0',',',10); -- '0,1,1,0,0,0,0,0,0,0' 注：6的二进制码110，补0后为0000000110
mysql> SELECT EXPORT_SET(7,'Y','N',',',10); -- 'Y,Y,Y,N,N,N,N,N,N,N' 注：7的二进制码111，补0后为0000000111
```

10. FIELD()函数——返回列表中的序号

语法：FIELD(str,str1,str2,str3,...)。

返回值为 str1, str2, str3...列表中的 str 指数（列表从左往右找到 str 所处位置的顺序号，从 1 开始数）。在找不到 str 的情况下，返回值为 0。如果所有对于 FIELD()函数的参数均为字符串，则所有参数均按照字符串进行比较。如果所有的参数均为数字，则按照数字进行比较。否则，参数按照双倍进行比较。如果 str 为 NULL，则返回值为 0。其原因是 NULL 不能同任何值进行同等比较。FIELD()函数是 ELT()的补数，示例如下：

```
mysql> SELECT FIELD('ej', 'Hej', 'ej', 'Heja', 'hej', 'foo'); -- 2
mysql> SELECT FIELD('fo', 'Hej', 'ej', 'Heja', 'hej', 'foo'); -- 0
```

11. FIND_IN_SET()函数——返回序列中的位置序号

语法：FIND_IN_SET(str,strlist)。

假如字符串 str 在由 N 个子链组成的字符串列表 strlist 中，则返回值的范围在 1 到 N 之间。

一个字符串列表就是一个由一些被","符号分开的自链组成的字符串。如果第一个参数是一个常数字符串，而第二个是字段类型为 SET 列，则 FIND_IN_SET()函数被优化，使用比特计算。如果 str 不在 strlist 或 strlist 为空字符串，则返回值为 0。如果任意一个参数为 NULL，则返回值为 NULL。这个函数在第一个参数包含一个逗号(",")时将无法正常运行，示例如下：

```
mysql> SELECT  FIND_IN_SET('b','a,b,c,d'); -- 2
```

12. FORMAT()函数——数字格式转换

语法：FORMAT(X,D)，数字格式转换。

将 number X 设置为格式"#,###,###.##"，以四舍五入的方式保留到小数点后 D 位，而返回结果为一个字符串，示例如下：

```
mysql> SELECT  FORMAT (123987.98765,3); -- 123,987.988
```

13. HEX()函数——十六进制转换

语法：HEX(N_OR_S)，十六进制转换。

如果 N_OR_S 是一个数字，则返回一个 N_OR_S 十六进制值的字符串表示，在这里，N_OR_S 是一个 long(BIGINT)数。这相当于 CONV(N_OR_S,10,16)。如果 N_OR_S 是一个字符串，则返回值为一个 N_OR_S 的十六进制字符串表示，其中每个 N_OR_S 里的每个字符被转化为两个十六进制数字，示例如下：

```
mysql> SELECT  HEX(255); -- 'FF'
mysql> SELECT  0x616263; -- 'abc'
mysql> SELECT  HEX('abc'); -- 616263
```

14. INSERT()函数——字符串替换

语法：INSERT(str,pos,len,newstr)，字符串替换。

返回字符串 str，其子字符串起始于 pos 位置和被字符串 newstr 取代的 len 个字符。如果 pos 超过 str 字符串长度，则返回值为原始字符串。假如 len 的长度大于其他字符串的长度，则从位置 pos 开始替换。若任何一个参数为 NULL，则返回值为 NULL，示例如下：

```
mysql> SELECT  INSERT('Quadratic', 3, 4, 'What'); -- 'QuWhattic'
mysql> SELECT  INSERT('Quadratic', -1, 4, 'What'); -- 'Quadratic'
mysql> SELECT  INSERT('Quadratic', 3, 100, 'What'); -- 'QuWhat'
```

15. INSTR()函数——返回子字符串第一次出现位置

语法：INSTR(str,substr)。

返回字符串 str 中，子字符串 substr 第一次出现位置。这和 LOCATE()的双参数形式相同，除非参数的顺序被颠倒，示例如下：

```
mysql> SELECT  INSTR('foobarbar', 'bar'); -- 4
mysql> SELECT  INSTR('xbar', 'foobar'); -- 0
```

16. LCASE()函数——转小写

语法：LCASE(str)。

LCASE()是 LOWER()的同义词，在后面的内容中说明。

17. LEFT ()函数——从左边取字符串

语法：LEFT(str,len)。

返回从字符串 str 开始的 len 最左字符，示例如下：

```
mysql> SELECT  LEFT('foobarbar', 5); -- 'fooba'
```

18. CHAR_LENGTH()函数——取字符串长度(一个汉字算作一个字节)

语法:CHAR_LENGTH (str)。

返回值为字符串 str 的长度,单位为字节。一个汉字算作一个字节。这意味着对于一个包含 5 个 2 字节字符的字符串,LENGTH()函数的返回值为 5,而 LENGTH()函数的返回值则为 10,示例如下:

```
mysql> SELECT  CHAR_LENGTH('text'); -- 4
mysql> SELECT  CHAR_LENGTH('北京总公司'); -- 5
```

19. LENGTH()函数——取字符串长度(一个汉字算作两个字节)

语法:LENGTH(str)。

返回值为字符串 str 的长度,单位为字节。一个多字节字符算作多字节。这意味着对于一个包含 5 个 2 字节字符的字符串,LENGTH()函数的返回值为 10,而 CHAR_LENGTH()函数的返回值则为 5,示例如下:

```
mysql> SELECT  LENGTH('text'); -- 4
mysql> SELECT  LENGTH('北京总公司'); -- 10
```

20. LOAD_FILE ()函数——读取文件

语法:LOAD_FILE(file_name)。

读取文件并将这一文件按照字符串的格式返回。文件的位置必须在服务器上,必须为文件制定全路径,而且还必须拥有 FILE 特许权。文件必须可读取,文件容量必须小于 max_allowed_packet 字节。若文件不存在,或因不满足上述条件而不能被读取,则函数返回值为 NULL,示例如下:

```
mysql>SELECT LOAD_FILE('d:/test2.sql) ;
```

运行结果如图 10.24 所示。

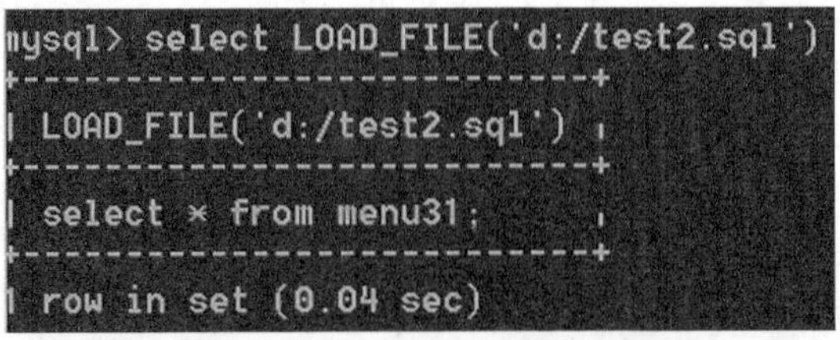

图 10.24 LOAD_FILE()函数测试

21. LOCATE ()函数——子字符串第一次出现的位置

语法:LOCATE(substr,str)。

返回字符串 str 中子字符串 substr 的第一个出现位置,示例如下:

```
mysql> SELECT  LOCATE('bar', 'foobarbar'); -- 4
mysql> SELECT  LOCATE('xbar', 'foobar'); -- 0
```

22. LOCATE ()函数——子字符串第一次出现的位置

语法:LOCATE(substr,str,pos)。

返回字符串 str 中子字符串 substr 的第一个出现位置,从起始位置 pos 开始算起。如果 substr 不在 str 中,则返回值为 0,示例如下:

```
mysql> SELECT  LOCATE('bar', 'foobarbar',5); -- 7
```

23. LOWER ()函数——转小写

语法：LOWER(str)。

返回字符串 str 以及所有根据最新的字符集映射表变为小写字母的字符，示例如下：

```
mysql> SELECT  LOWER('QUADRATICALLY'); -- 'quadratically'
```

24. LPAD ()函数——填充

语法：LPAD(str,len,padstr)。

返回字符串 str，其左边由字符串 padstr 填补到 len 字符长度。如果 len 小于 str 的长度，则返回值被缩短至 len 字符，示例如下：

```
mysql> SELECT LPAD('hi',4,'??'); -- '??hi'
mysql> SELECT LPAD('hi',1,'??'); -- 'h'
```

25. LTRIM ()函数——去掉左侧空格

语法：LTRIM(str)。

返回字符串 str，左侧空格字符被删除，示例如下：

```
mysql> SELECT LTRIM('  barbar'); -- 'barbar'
```

26. MAKE_SET ()函数——按比特位返回字符串

语法：MAKE_SET(bits,str1,str2,...)。

返回一个设定值（一个包含被","号分开的由子字符串组成的字符串），由 bits 组中具有相应的比特的字符串组成。str1 对应比特 0，str2 对应比特 1，以此类推。str1, str2, ...中的 NULL 值不会被添加到结果中。

如果这个函数不好理解，换一种说法就好理解了。首先将 bits 转换为二进制，如 5 的二进制为 101，注意转换为二进制后要以 4 个位为一个单位，101 不足 4 个位，前面补 0，变为 0101，这就对了，然后将 0101 倒过来，变为 1010，就用这个 1010 从左往右与 str1,str2,str3,str4...一一对应，第一位 1 对应的是第一个 str1；第二位 0 对应的是第二个 str2；第 3 位 1 对应的是第 3 个 str3；第四位 0 对应的是第四个 str4，以此类推。凡位为 0 的忽略，为 1 的纳入。

如：MAKE_SET(5,'a','b','c','d')，其返回值应该是"'a,c'"，在这个例子当中，第二位对应的"b"和第四位对应的"d"被忽略，只有第一位对应的"a"和第 3 位对应的"c"被采纳，因此，返回值为"'a,c'"，示例如下：

```
mysql> SELECT  MAKE_SET(5,'a','b','c','d'); -- 'a,c'
```

运行结果如图 10.25 所示。

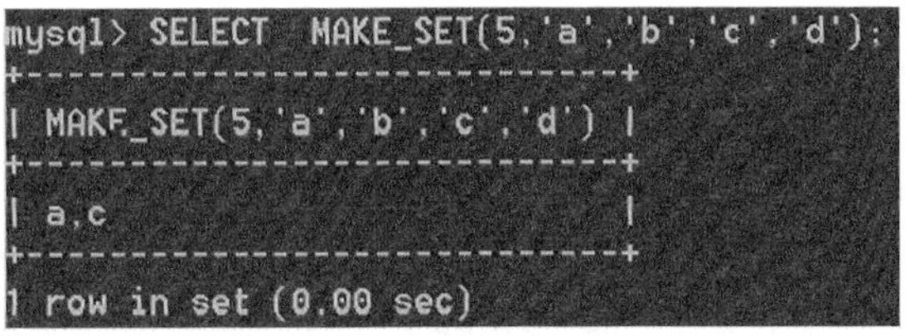

图 10.25 MAKE_SET()函数测试

mysql> SELECT MAKE_SET(1,'a','b','c'); -- 'a' "1"的二进制为 0001，倒过来为 1000，因此结果为'a'。

mysql> SELECT MAKE_SET(1 | 4,'hello','nice','world'); -- 'hello,world' "1 | 4"为或运算，即 0001 | 0100，得 0101，倒过来为 1010，依据前述对应规则，结果为'hello,world'。mysql> SELECT

MAKE_SET(1 | 4,'hello','nice',NULL,'world'); -- 'hello'，NULL 被忽略。

mysql> SELECT MAKE_SET(0,'a','b','c'); -- ''，由于 0 使得'a','b','c'全部被忽略，结果为空字符串。

27. MID ()函数——取子字符串

语法：MID(str,pos,len)。

MID(str,pos,len)是 SUBSTRING(str,pos,len)的同义词，示例如下：

```
mysql> SELECT mid('北京总公司',3,3); -- '总公司'
mysql> SELECT SUBSTRING('北京总公司',3,3); -- '总公司'
```

28. OCT ()函数——转八进制

语法：OCT(N)。

返回一个 N 的八进制值的字符串表示，其中 N 是一个 long(BIGINT)数。这等同于 CONV (N,10,8)。若 N 为 NULL，则返回值为 NULL，示例如下：

```
mysql> SELECT OCT(12); -- '14'
```

29. OCTET_LENGTH ()函数——取字符串长度

语法：OCTET_LENGTH(str)。

```
OCTET_LENGTH()是 LENGTH()的同义词
```

30. ORD ()函数——返回多字节字符的 ASC 码值

语法：ORD(str)。

若字符串 str 的最左字符是一个多字节字符，则返回该字符的代码，代码的计算通过使用以下公式计算其组成字节的数值。

```
计算公式——
(1st byte code)
(2nd byte code × 256)
(3rd byte code × 2562) ...
```

如果最左字符不是一个多字节字符，那么 ORD()和 ASCII()函数返回相同的值，示例如下：

```
mysql> SELECT ORD('2'); -- 50。
```

31. POSITION ()函数——子字符串第一次出现的位置

语法：POSITION(substr IN str)。

```
POSITION(substr IN str)是 LOCATE(substr,str)同义词
```

32. QUOTE ()函数——返回转义后的结果

语法：QUOTE(str)。

引证一个字符串 str，将 str 处理为一个可用来完全转义数据值的结果。这个结果由单引号标注，在这个结果中可能包含有单引号("'")、反斜线符号("\")、ASCII、NULL 以及前面有反斜线符号的 Control-Z。如果自变量的值为 NULL，则返回不带单引号的单词"NULL"。

此函数一般用来规避字符串中含有的特殊用途字符，如"'"等，将这些特殊用途字符还原为原来的常规字符，示例如下：

```
mysql> SELECT QUOTE("Don't!"); -- 'Don\'t!' 中间的这个 "'" 在实际运用中将被转义为普通
```
的"'"字符而非其他用途。

```
mysql> SELECT  QUOTE(NULL); -- NULL
```

33. REPEAT ()函数——将字符串重复若干次

语法：REPEAT(str,count)。

返回一个由重复的字符串 str 组成的字符串，字符串 str 的数目等于 count。若 count<=0，则返回一个空字符串。若 str 或 count 为 NULL，则返回 NULL，示例如下：

```
mysql> SELECT REPEAT('MySQL', 3); -- 'MySQLMySQLMySQL'
```

34. REPLACE ()函数——将字符串替代

语法：REPLACE(str,from_str,to_str)。

返回字符串 str 以及所有被字符串 to_str 替代的字符串 from_str，示例如下：

```
mysql> SELECT REPLACE('www.shiyanlou.com', 'w', 'Ww'); -- 'WwWwWw.shiyanlou.com'
```

这个函数支持多字节字元。

35. REVERSE ()函数——字符串顺序取反

语法：REVERSE(str)。

返回字符串 str，顺序和字符顺序相反，示例如下：

```
mysql> SELECT REVERSE('abc'); -- 'cba'
```

注意：这个函数支持多字节字元。

36. RIGHT ()函数——从右侧取字符串

语法：RIGHT(str,len)。

从字符串 str 开始，返回最右 len 字符，示例如下：

```
mysql> SELECT RIGHT('foobarbar', 4); -- 'rbar'
```

注意：这个函数支持多字节字元。

37. RPAD ()函数——截取字符串

语法：RPAD(str,len,padstr)。

返回字符串 str，其右边被字符串 padstr 填补至 len 字符长度。如果字符串 str 的长度大于 len，则返回值被缩短到与 len 字符相同长度，示例如下：

```
mysql> SELECT RPAD('hi',5,'?'); -- 'hi???'
mysql> SELECT RPAD('hi',1,'?'); -- 'h'
```

注意：这个函数支持多字节字元。

38. RTRIM ()函数——去掉结尾空格

语法：RTRIM(str)。

返回字符串 str，结尾空格字符被删去，示例如下：

```
mysql> SELECT RTRIM('barbar   '); -- 'barbar'
```

注意：这个函数支持多字节字元。

39. SPACE ()函数——返回若干个空格

语法：SPACE(N)。

返回一个由 N 个空格组成的字符串，示例如下：

```
mysql> SELECT SPACE(6); -- '      '
```

40. SUBSTRING ()函数——取子字符串

语法：SUBSTRING()，示例如下：

```
SUBSTRING(str,pos)
SUBSTRING(str FROM pos)
SUBSTRING(str,pos,len)
SUBSTRING(str FROM pos FOR len)
```

不带有 len 参数的，从字符串 str 返回一个子字符串，起始于位置 pos。

带有 len 参数的格式从字符串 str 返回一个长度同 len 字符相同的子字符串，起始于位置 pos。使用 FROM 的格式为标准 SQL 语法，也可能对 pos 使用一个负值。假若这样，则子字符串的位置起始于字符串结尾的 pos 字符，而不是字符串的开头位置。在以下格式的函数中可以对 pos 使用一个负值。

```
mysql> SELECT  SUBSTRING('Quadratically',5); -- 'ratically'
mysql> SELECT  SUBSTRING('foobarbar'  FROM  4); -- 'barbar'
mysql> SELECT  SUBSTRING('Quadratically',5,6); -- 'ratica'
mysql> SELECT  SUBSTRING('Sakila', -3); -- 'ila'
mysql> SELECT  SUBSTRING('Sakila', -5, 3); -- 'aki'
mysql> SELECT  SUBSTRING('Sakila' FROM -4 FOR 2); -- 'ki'
```

注意：这个函数支持多字节字元。如果对 len 使用的是一个小于 1 的值，则结果始终为空字符串。

SUBSTR()是 SUBSTRING()的同义词。

41. SUBSTRING_INDEX ()函数——取子字符串

语法：SUBSTRING_INDEX(str,delim,count)。

在定界符 delim 以及 count 出现前，从字符串 str 返回子字符串。若 count 为正值，则返回从左边开始第 count 个定界符左边的一切内容。若 count 为负值，则返回从右边开始第 count 个定界符右边的一切内容，示例如下：

```
mysql> SELECT  SUBSTRING_INDEX('www.shiyanlou.com', '.', 1); -- 'www'
mysql> SELECT  SUBSTRING_INDEX('www.shiyanlou.com', '.', -1); -- 'com'
mysql> SELECT  SUBSTRING_INDEX('www.shiyanlou.com', '.', 2); -- 'www.shiyanlou'
mysql> SELECT  SUBSTRING_INDEX('www.shiyanlou.com', '.', -2); -- 'shiyanlou.com'
```

这个函数支持多字节字元。

42. TRIM ()函数——去掉左右规定的字符

语法：TRIM([{BOTH | LEADING | TRAILING} [remstr] FROM] str) TRIM(remstr FROM) str)。

返回字符串 str，其中 remstr 指明去掉什么；BOTH（去左右）、LEADIN（去左）或 TRAILING（去右）指明怎么去掉；若 BOTH、LEADIN 或 TRAILING 中没有一个是给定的，则默认为 BOTH。remstr 为可选项，在未指定情况下，默认为空格，示例如下：

```
mysql> SELECT  TRIM(' bar   '); -- 'bar' 去左右空格
mysql> SELECT  TRIM(LEADING  'x'  FROM  'xxxbarxxx'); -- 'barxxx' 去左
mysql> SELECT TRIM(BOTH  'x'  FROM 'xxxbarxxx'); -- 'bar' 去左右
mysql> SELECT TRIM(TRAILING  'xyz'  FROM  'barxxyz'); -- 'barx' 去右
```

注意：这个函数支持多字节字元。

43. UCASE ()函数——转大写

语法：UCASE(str)。

UCASE()函数是 UPPER()的同义词。

44. UPPER ()函数——转大写

语法：UPPER(str)。

返回字符串 str 以及根据最新字符集映射转化为大写字母的字符，示例如下：

```
mysql> SELECT UPPER('Hej'); -- 'HEJ'
```

注意：该函数支持多字节字元。

45. STRCMP ()函数——比较字符串大小

语法：STRCMP(expr1,expr2)。

若所有的字符串均相同，则返回 0，若根据当前分类次序，第一个参数小于第二个，则返回-1，其他情况返回 1，示例如下：

```
mysql> SELECT STRCMP('text', 'text2'); -- -1
mysql> SELECT STRCMP('text2', 'text'); -- 1
mysql> SELECT STRCMP('text', 'text'); -- 0
```

在执行比较时，STRCMP()函数使用当前字符集。这使得默认的比较区分大小写，当操作数中的一个或两个都是二进制字符串时除外。

10.5.3 MySQL 数学函数

注意：所有数学函数若发生错误均返回 NULL。

1. MySQL 算术操作符

（1）"＋"表示加号。

```
mysql> SELECT 3+5; -- 8
```

（2）"－"表示减号。

```
mysql> SELECT 3-5; -- -2
```

（3）"－"表示一元减号。

```
mysql> SELECT -2; -- -2
```

（4）"*"表示乘号。

```
mysql> SELECT 3*5; -- 15
mysql> SELECT 18014398509481984*18014398509481984.0; -- 324518553658426726783156020576256.0
mysql> SELECT 18014398509481984*18014398509481984;
```

"SELECT 18014398509481984*18014398509481984"命令运行结果，如图 10.26 所示。

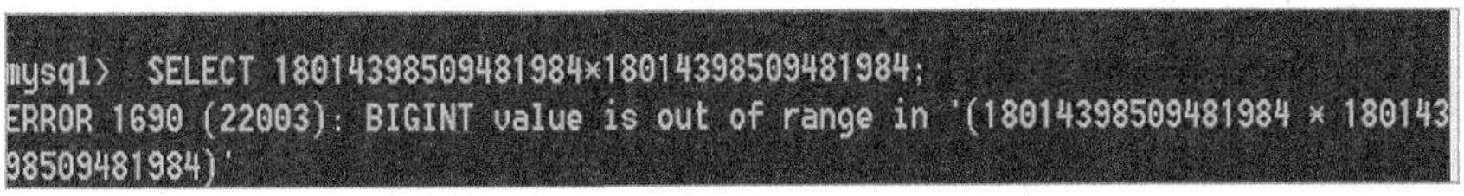

图 10.26　超过 BIGINT 64 比特范围示例

最后一个表达式的结果是不正确的。原因是整数相乘的结果超过了 BIGINT 计算的 64 比特范围。

（5）"/"表示除号。

```
mysql> SELECT 3/5; -- 0.60
mysql> SELECT 102/(1-1); -- NULL。被零除的结果为 NULL
```

只有当执行的语境中，其结果要被转化为一个整数时，除法才会和 BIGINT 算法一起使用。
（6）"DIV"表示整数除法。
类似于 FLOOR()，然而使用 BIGINT 算法也是可靠的。

```
mysql> SELECT 5 DIV 2; -- 2
```

2. ABS()函数

ABS(X)表示返回 X 的绝对值。

```
mysql> SELECT ABS(2); -- 2
mysql> SELECT ABS(-32); -- 32
```

该函数支持使用 BIGINT 值。

3. ACOS ()函数

ACOS(X)表示返回 X 反余弦，即余弦是 X 的值。若 X 不在-1 到 1 的范围之内，则返回 NULL。

```
mysql> SELECT ACOS(1); -- 0
mysql> SELECT ACOS(1.0001); -- NULL
mysql> SELECT ACOS(0); -- 1.5707963267949
```

4. ASIN ()函数

ASIN(X)表示返回 X 的反正弦，即正弦为 X 的值。若 X 若 X 不在-1 到 1 的范围之内，则返回 NULL。

```
mysql> SELECT ASIN(0.2); -- 0.20135792079033
mysql> SELECT ASIN('foo');
```

5. 第一 ATAN ()函数

ATAN(X)表示返回 X 的反正切，即正切为 X 的值。

```
mysql> SELECT ATAN(2); -- 1.1071487177941
mysql> SELECT ATAN(-2); -- -1.1071487177941
```

6. 第二 ATAN ()函数

ATAN(Y,X|Y/X)和 ATAN2(Y,X)表示返回两个变量 X 及 Y 的反正切。它类似于 Y 或 X 的反正切计算，除非两个参数的符号均用于确定结果所在象限。

```
mysql> SELECT ATAN(-2,2); -- -0.78539816339745
```

7. 第二 ATAN2 ()函数

ATAN2(Y,X)与 ATAN(Y,X|Y/X)相同，它们的区别是参数填写方式不同，ATAN(Y/X)及 ATAN(Y,X)两种写法都可以，但 ATAN2(Y/X)的写法不可以；ATAN2 的优点在于如果 X 等于 0 依然可以计算，但 ATAN 函数就会导致返回 NULL。建议使用 ATAN2(Y,X)函数。

```
mysql> SELECT ATAN2(PI(),0); -- 1.5707963267949
```

8. CEILING ()函数——最小整数值

CEILING(X)表示返回不小于 X 的最小整数值。

```
mysql> SELECT CEILING(1.23); -- 2
mysql> SELECT CEIL(-1.23); -- -1
```

CEILING(X)与 CEIL(X)两个函数的意义相同。注意返回值会被转化为一个 BIGINT。

9. COS ()函数

COS(X)表示返回 X 的余弦，其中 X 在弧度上已知。

```
mysql> SELECT COS(PI()); -- -1
```

10. COT ()函数

COT(X)表示返回 X 的余切。

```
mysql> SELECT COT(12); -- -1.5726734063977
mysql> SELECT COT(0); -- NULL
```

11. CRC32 ()函数——32 比特无符号值

CRC32(expr)，计算循环冗余码校验值并返回一个 32 比特无符号值。若参数为 NULL，则结果为 NULL。该参数应为一个字符串，而且在不是字符串的情况下会被作为字符串处理（若有可能）。

```
mysql> SELECT CRC32('MySQL'); -- 3259397556
mysql> SELECT CRC32('MySQL'); -- 2501908538
```

12. DEGREES ()函数

DEGREES(X)返回参数 X，该参数由弧度被转化为度。

```
mysql> SELECT DEGREES(PI()); -- 180
mysql> SELECT DEGREES(PI() / 2); -- 90
```

13. EXP ()函数

EXP(X)返回 e 的 X 乘方后的值（自然对数的底）。

```
mysql> SELECT EXP(2); -- 7.3890560989307
mysql> SELECT EXP(-2); -- 0.13533528323661
mysql> SELECT EXP(0); -- 1
```

14. FLOOR ()函数——最大整数值

FLOOR(X)返回不大于 X 的最大整数值。

```
mysql> SELECT  FLOOR(1.23); -- 1
mysql> SELECT  FLOOR(-1.23); -- -2
```

注意：返回值会被转化为一个 BIGINT。

15. FORMAT ()函数

FORMAT(X,D)，将数字 X 的格式写成"#,###,###.##"格式，即保留小数点后 D 位，而第 D 位的保留方式为四舍五入，然后将结果以字符串的形式返回。

16. LN ()函数

LN(X)返回 X 的自然对数，即 X 相对于基数 e 的对数。

```
mysql> SELECT LN(2); -- 0.69314718055995
mysql> SELECT LN(-2); -- NULL
```

这个函数同 LOG(X)具有相同意义。

17. LOG()函数

LOG(X)和 LOG(B,X)，若用一个参数调用，这个函数就会返回 X 的自然对数。

```
mysql> SELECT LOG(2); -- 0.69314718055995
mysql> SELECT LOG(-2); -- NULL
```

若用两个参数进行调用，这个函数会返回 X 对于任意基数 B 的对数。

```
mysql> SELECT LOG(2,65536); -- 16
mysql> SELECT LOG(10,100); -- 2
```

LOG(B,X)就相当于 LOG(X) / LOG(B)。

18. LOG2()函数

LOG2(X)返回 X 的基数为 2 的对数。

```
mysql> SELECT LOG2(65536); -- 16
mysql> SELECT LOG2(-100); -- NULL
```

对于查出存储一个数字需要多少个比特，LOG2()非常有效。这个函数相当于表达式 LOG(X) / LOG(2)。

19. LOG10()函数

LOG10(X)返回 X 的基数为 10 的对数。

```
mysql> SELECT LOG10(2); -- 0.30102999566398
mysql> SELECT LOG10(100); -- 2
mysql> SELECT LOG10(-100); -- NULL
```

LOG10(X)相当于 LOG(10,X)。

20. MOD()函数

MOD(N,M)相当于 N % M，返回 N 被 M 除后的余数。

```
mysql> SELECT MOD(234, 10); -- 4
mysql> SELECT 253 % 7; -- 1
mysql> SELECT MOD(29,9); -- 2
mysql> SELECT 29 MOD 9; -- 2
```

这个函数支持使用 BIGINT 值。

对于带有小数部分的数值也起作用，它返回除法运算后的精确余数。

```
mysql> SELECT MOD(34.5,3); -- 1.5
```

21. PI()函数

PI()返回π的值。默认的显示小数位数是 7 位，然而 MySQL 内部会使用完全双精度值。

```
mysql> SELECT PI(); -- 3.141593
mysql> SELECT PI()+0.000000000000000000; -- 3.141592653589793116
```

22. POW()函数

POW(X,Y)返回 X 的 Y 乘方的结果值。

```
mysql> SELECT POW(2,2); -- 4
mysql> SELECT POW(2,-2); -- 0.25
```

23. RADIANS ()函数

RADIANS(X)返回由度转化为弧度的参数 X，（注意，弧度等于 180°）。

```
mysql> SELECT RADIANS(90); -- 1.5707963267949
```

24. RAND ()函数

RAND()函数返回一个随机浮点值 v，范围在 0 到 1 之间（其范围为 0≤v≤1.0）。若已指定一个整数参数 N，则它被用作种子值，用来产生重复序列。

```
mysql> SELECT RAND(); -- 0.9233482386203
mysql> SELECT RAND(20); -- 0.15888261251047
mysql> SELECT RAND(20); -- 0.15888261251047
mysql> SELECT RAND(); -- 0.63553050033332
mysql> SELECT RAND(); -- 0.70100469486881
mysql> SELECT RAND(20); -- 0.15888261251047
```

若要在 $i \leqslant R \leqslant j$ 这个范围得到一个随机整数 R，需要用到表达式 FLOOR(i ＋ RAND() * (j－i ＋1))。例如若要在 7 到 12 的范围（包括 7 和 12）内得到一个随机整数，可使用以下语句：

```
SELECT  FLOOR(7 + (RAND() * 6));
```

在 ORDER BY 语句中，不能使用一个带有 RAND()值的列，原因是 ORDER BY 会计算列的多重时间。然而，可按照如下的随机顺序检索数据行。

```
mysql> SELECT * FROM  TABLE  ORDER BY RAND();
```

ORDER BY RAND()同 LIMIT 的结合从一组列中选择随机样本很有用。

```
mysql> SELECT * FROM table1, table2 WHERE a=b AND c<d ; -- ORDER BY RAND() LIMIT 1000;
```

注意：在 WHERE 语句中，WHERE 每执行一次，RAND()函数就会被再计算一次。

25. ROUND ()函数

ROUND(X)，ROUND(X,D)返回参数 X，其值接近于最近似的整数。在有两个参数的情况下，返回 X，其值保留到小数点后 D 位，而第 D 位的保留方式为四舍五入。若要接保留 X 值小数点左边的 D 位，可将 D 设为负值。

```
mysql> SELECT ROUND(-1.23); -- -1
mysql> SELECT ROUND(-1.58); -- -2
mysql> SELECT ROUND(1.58); -- 2
mysql> SELECT ROUND(1.298, 1); -- 1.3
mysql> SELECT ROUND(1.298, 0); -- 1
mysql> SELECT ROUND(23.298, -1); -- 20
```

返回值的类型同第一个自变量相同（假设它是一个整数、双精度数或小数）。这意味着对于一个整数参数，结果也是一个整数（无小数部分）。

当第一个参数是十进制常数时，对于准确值参数，ROUND()使用精密数学题库。

对于准确值数字，ROUND()使用"四舍五入"或"舍入成最接近的数"的规则：对于一个分数部分为.5 或大于.5 的值，正数则上舍入到邻近的整数值，负数则下舍入临近的整数值。（换言之，其舍入的方向是数轴上远离零的方向）。对于一个分数部分小于.5 的值，正数则下舍入下一个整数值，负数则下舍入邻近的整数值，而正数则上舍入邻近的整数值。对于近似值数字，其结果根据 C 库而定。在很多系统中，这意味着 ROUND()的使用遵循"舍入成最接近的偶数"的规则：一个带有任何小数部分的值会被舍入成最接近的偶数整数。以下举例说明舍入法对于精确值和近似值的不同之处：

```
mysql> SELECT  ROUND(2.5), ROUND(25E-1);  #25E-1 = 25 乘 10 的-1 次方
```

上述命令的运行结果如图 10.27 所示。

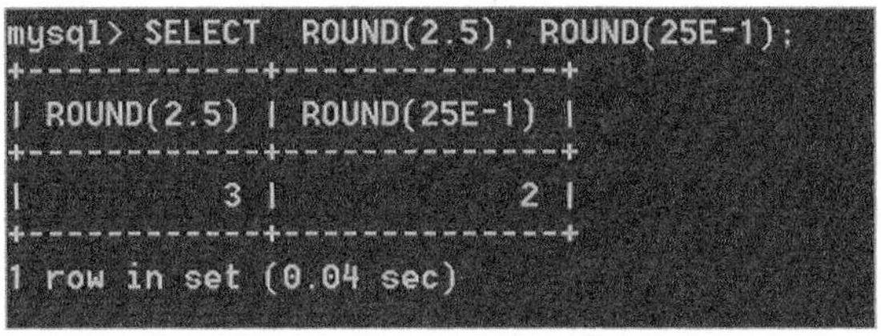

图 10.27　舍入法对于精确值和近似值的区别

26. SIGN()函数

SIGN(X)返回参数作为-1、0 或 1 的符号，该符号取决于 X 的值为负、零或正。

```
mysql> SELECT SIGN(-32); -- -1
mysql> SELECT SIGN(0); -- 0
mysql> SELECT SIGN(234); -- 1
```

27. SIN()函数

SIN(X)返回 X 正弦,其中 X 在弧度中被给定。

```
mysql> SELECT SIN(PI()); -- 1.2246063538224e-16
mysql> SELECT ROUND(SIN(PI())); -- 0
```

28. SQRT()函数

SQRT(X)返回非负数 X 的二次方根。

```
mysql> SELECT SQRT(4); -- 2
mysql> SELECT SQRT(20); -- 4.4721359549996
mysql> SELECT SQRT(-16); -- NULL
```

29. TAN()函数

TAN(X)返回 X 的正切,其中 X 在弧度中被给定。

```
mysql> SELECT TAN(PI()); -- -1.2246063538224e-16
mysql> SELECT TAN(PI()+1); -- 1.5574077246549
```

30. TRUNCATE ()函数

TRUNCATE(X,D),返回被舍去至小数点后 D 位的数字 X。若 D 的值为 0,则结果不带有小数点或不带有小数部分。可以将 D 设为负数,若要截去(归零)X 小数点左起第 D 位开始后面所有低位的值。

```
mysql> SELECT TRUNCATE(1.223,1); -- 1.2
mysql> SELECT TRUNCATE(1.999,1); -- 1.9
mysql> SELECT TRUNCATE(1.999,0); -- 1
mysql> SELECT TRUNCATE(-1.999,1); -- -1.9
mysql> SELECT TRUNCATE(122,-2); -- 100
mysql> SELECT TRUNCATE(10.28*100,0); -- 1028
```

所有数字的舍入方向都接近于零。

10.5.4 MySQL 日期时间函数

1. ADDDATE()函数

语法:ADDDATE(date,INTERVAL expr type)。

ADDDATE(expr,days)当被第二个参数的 INTERVAL 格式激活后,ADDDATE()就是 DATE_ADD()的同义词。相关函数 SUBDATE() 则是 DATE_SUB()的同义词,示例如下:

```
mysql> SELECT DATE_ADD('2017-04-23', INTERVAL 31 DAY); -- '2017-05-24'
mysql> SELECT ADDDATE('2017-04-23', INTERVAL 31 DAY); -- '2017-05-24'
```

若 days 参数只是整数值,则 MySQL 5.1 将其作为天数值添加至 expr。

```
mysql> SELECT ADDDATE('2017-04-23', 31); -- '2017-05-24'
```

2. ADDTIME ()函数

语法:ADDTIME(expr,expr2)。

ADDTIME()将 expr2 添加至 expr 然后返回结果。expr 是一个时间或时间日期表达式,而 expr2 是一个时间表达式,示例如下:

```
mysql> SELECT  ADDTIME('2017-04-23 23:59:59.999999', '11:1:1.000002');-- '2017-04-24 11:
01:01.000001'
```

上述命令的运行结果如图 10.28 所示。

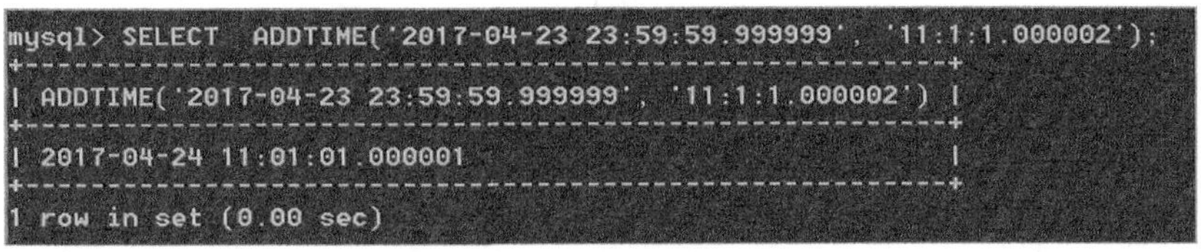

图 10.28 addtime 函数测试

```
mysql> SELECT ADDTIME('01:00:00.999999', '02:00:00.999998'); -- '03:00:01.999997'
```

3. CONVERT_TZ ()函数

语法：CONVERT_TZ(dt,FROM_tz,to_tz)。

CONVERT_TZ()将时间日期值 dt 从 FROM_tz 给出的时区转到 to_tz 给出的时区，然后返回结果值。在从 FROM_tz 到 to_tz 的转化过程中，该值超出 TIMESTAMP 类型的被支持范围，那么转化不会发生，示例如下：

```
mysql> SELECT CONVERT_TZ('2017-04-23 12:00:00','+8:00','-8:00');-- 由中国时区转美国时区
```

上述命令的运行结果如图 10.29 所示。

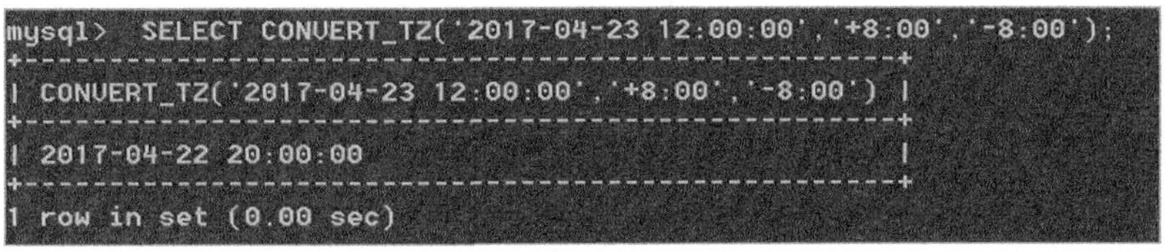

图 10.29 由中国时区转美国时区示例

```
mysql> SELECT CONVERT_TZ('2017-04-23 12:00:00','+8:00','+10:00');-- 差 2 个小时
```

上述命令的运行结果如图 10.30 所示。

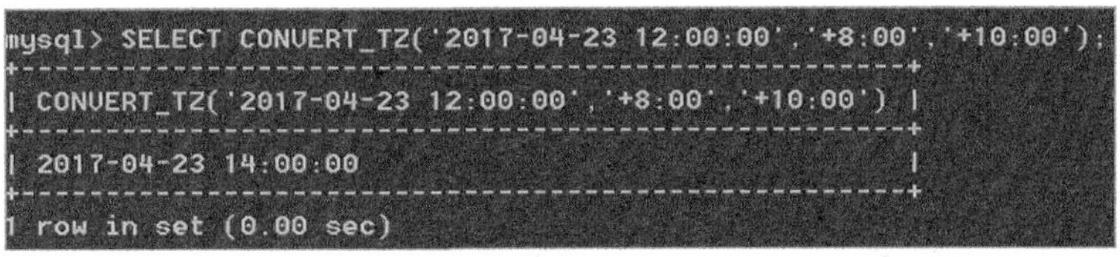

图 10.30 当前时区差 2 个小时示例

注意：若要使用诸如"MET"或"Europe/Moscow"之类的指定时区，首先要设置正确的时区表。

4. CURDATE ()函数

语法：CURDATE()。

将当前日期按照"YYYY-MM-DD"或"YYYYMMDD"格式的值返回，具体格式根据函数用在字符串或是数字语境中而定，示例如下：

```
mysql> SELECT CURDATE(); -- '2017-04-23'
mysql> SELECT CURDATE() + 0; -- '20170423'
```

5. CURRENT_DATE ()函数

语法：CURRENT_DATE、CURRENT_DATE()。

CURRENT_DATE 是 CURRENT_DATE()的同义词，示例如下：

```
mysql> SELECT CURRENT_DATE; -- '2017-04-23'
mysql> SELECT CURRENT_DATE (); -- '2017-04-23'
```

6. CURTIME ()函数

语法：CURTIME()。

将当前时间以"HH:MM:SS"或"HHMMSS"的格式返回，具体格式根据函数用在字符串或是数字语境中而定，示例如下：

```
mysql> SELECT CURTIME(); -- '16:10:44'
```

上述命令的运行结果如图 10.31 所示。

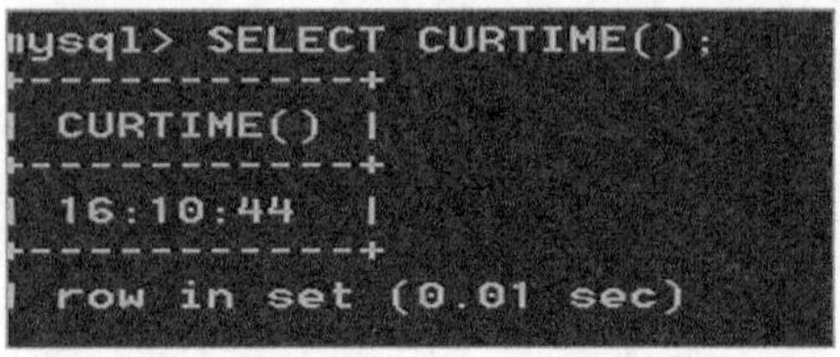

图 10.31 将当前时间以'HH:MM:SS'或 HHMMSS 的格式返回

```
mysql> SELECT CURTIME() + 0; -- 161044
```

7. CURRENT_TIME ()函数

语法：CURRENT_TIME,CURRENT_TIME()。

CURRENT_TIME 和 CURRENT_TIME()是 CURTIME()的同义词。

8. CURRENT_TIMESTAMP ()函数

语法：CURRENT_TIMESTAMP,CURRENT_TIMESTAMP()。

CURRENT_TIMESTAMP 和 CURRENT_TIMESTAMP()是 NOW()的同义词。

9. DATE ()函数

语法：DATE(expr)。

提取日期或时间日期表达式 expr 中的日期部分，示例如下：

```
mysql> SELECT  DATE('2017-10-29 01:02:03'); -- '2017-10-29'
```

10. DATEDIFF ()函数

语法：DATEDIFF(expr,expr2)。

DATEDIFF()返回起始时间 expr 和结束时间 expr2 之间的天数。expr 和 expr2 为日期或 date-AND-time 表达式。计算中只用到这些值的日期部分，示例如下：

```
mysql> SELECT  DATEDIFF('2017-12-31 23:59:59','2017-12-30'); -- 1
mysql> SELECT  DATEDIFF('2017-11-30 23:59:59','2017-12-31'); -- -31
```

注意：返回的天数＝expr - expr2，即用第一个日期－第二个日期。

11. DATE_ADD ()函数

语法：DATE_ADD(date,INTERVAL expr TYPE)、DATE_SUB(date,INTERVAL expr TYPE)。

这些函数执行日期运算。date 是一个 DATETIME 或 DATE 值，用来指定起始时间。expr 是一个表达式，用来指定从起始日期添加或减去的时间间隔值。对于负值的时间间隔，它可以以一个"-"开头。type 为关键词，它指示了表达式被解释的方式。

关键词 INTERVA 及 type 分类符均不区分大小写。

MySQL 允许任何 expr 格式中的标点分隔符。表中所显示的是建议的分隔符。若 date 参数是一个 DATE 值，而计算只会包括 YEAR、MONTH 和 DAY 部分（没有时间部分），其结果是一个 DATE 值。否则，结果将是一个 DATETIME 值。

若位于另一端的表达式是一个日期或日期时间值，则 INTERVAL expr TYPE 只允许在＋操作符的两端。对于-操作符，INTERVAL expr TYPE 只允许在其右端，原因是从一个时间间隔中提取一个日期或日期时间值是毫无意义的，示例如下：

```
mysql> SELECT   '2017-12-31 23:59:59' + INTERVAL 1 SECOND; -- '2018-01-01 00:00:00'
mysql> SELECT   INTERVAL 1 DAY + '2017-12-31'; -- '2018-01-01'
mysql> SELECT   '2018-01-01' - INTERVAL 1 SECOND; -- '2017-12-31 23:59:59'
mysql> SELECT   DATE_ADD('2017-12-31 23:59:59', INTERVAL 1 SECOND); -- '2018-01-01 00:00:00'
mysql> SELECT   DATE_ADD('2017-12-31 23:59:59', INTERVAL 1 DAY); -- '2018-01-01 23:59:59'
mysql> SELECT   DATE_ADD('2017-12-31 23:59:59', INTERVAL '1:1' MINUTE_SECOND);-- '2018-01-01 00:01:00'
mysql> SELECT DATE_SUB('2017-04-23 17:10:10',INTERVAL '2 1:1:1' DAY_SECOND); --'2017-04-21 16:09:09'减去2天1小时1分1秒
```

上述命令的运行结果如图 10.32 所示。

```
mysql> SELECT   DATE_SUB('2017-04-23 17:10:10', INTERVAL  '2 1:1:1'  DAY_SECOND);
+--------------------------------------------------------------------+
| DATE_SUB('2017-04-23 17:10:10', INTERVAL  '2 1:1:1'  DAY_SECOND)   |
+--------------------------------------------------------------------+
| 2017-04-21 16:09:09                                                |
+--------------------------------------------------------------------+
1 row in set (0.00 sec)
```

图 10.32　某个日期减去 2 天 1 小时 1 分 1 秒示例

```
mysql> SELECT DATE_ADD('2018-01-01 00:00:00', INTERVAL '-1 10' DAY_HOUR); -- '2017-12-30 14:00:00'
mysql> SELECT DATE_SUB('2018-01-02', INTERVAL 31 DAY); -- '2017-12-02'
mysql>SELECT DATE_ADD('2017-12-31 23:59:59.000002',INTERVAL '1.999999' SECOND_MICROSECOND);   -- '2018-01-01 00:00:01.000001'
```

若指定了一个过于短的时间间隔值（不包括 type 关键词所预期的所有时间间隔部分），MySQL 假定已经省去了时间间隔值的最左部分。例如，指定了一种类型的 DAY_SECOND，expr 的值预期应当具有天、小时、分钟和秒部分。若指定了一个类似 "1:10" 的值，MySQL 假定天和小时部分不存在，那么这个值代表分和秒。换言之，"1:10" DAY_SECOND 被解释为相当于 "1:10" MINUTE_SECOND。这相当于 MySQL 将 TIME 值解释为所耗费的时间而不是日时的解释方式。

例如对一个日期值添加或减去一些含有时间部分的内容,则结果自动转化为一个日期时间值。

```
mysql> SELECT DATE_ADD('2017-01-01', INTERVAL 1 DAY);    -- '2017-01-02'
mysql> SELECT DATE_ADD('2017-01-01', INTERVAL 1 HOUR);   -- '2017-01-01 01:00:00'
```

例如使用了格式严重错误的日期，则结果为 NULL。如添加了 MONTH、YEAR_MONTH 或 YEAR，而结果日期中有一天的日期大于添加的月份的日期最大限度，则这个日期自动被调整为添加月份的最大日期。

```
mysql> SELECT   DATE_ADD('2018-01-30', INTERVAL 1 MONTH);    -- '2018-02-28'
```

12. DATE_FORMAT ()

语法：DATE_FORMAT(date,FORMAT)。

根据 FORMAT 字符串安排 date 值的格式。表 10.6 的日期格式说明符可用在 FORMAT 字符串中。

表 10.6 日期格式符说明

格式符	说明
%a	缩写星期名
%b	缩写月名
%c	月,数值
%D	带有英文前缀的月中的天
%d	月的天,数值(00~31)
%e	月的天,数值(0~31)
%f	微秒
%H	小时(00~23)
%h	小时(01~12)
%I	小时(01~12)
%i	分钟,数值(00~59)
%j	年的天(001~366)
%k	小时(0~23)
%l	小时(1~12)
%M	月名(月的名称,使用英文单词表示)
%m	月,数值(00~12)
%p	AM 或 PM
%r	时间,12 小时(hh:mm:ss AM 或 PM)
%S	秒(00~59)
%s	秒(00~59)
%T	时间,24 小时(hh:mm:ss)
%U	周(00~53)星期日是一周的第一天
%u	周(00~53)星期一是一周的第一天
%V	周(01~53)星期日是一周的第一天,与%X 使用
%v	周(01~53)星期一是一周的第一天,与%x 使用
%W	星期名(星期的名称,使用英文单词表示)
%w	周的天(0=星期日,6=星期六)
%X	年,其中的星期日是周的第一天,4 位,与%V 使用
%x	年,其中的星期一是周的第一天,4 位,与%v 使用
%Y	年,4 位
%y	年,2 位

所有其他字符都被复制到结果中,无须作出解释。

注意:"%"字符要求在格式指定符之前。

月份和日期说明符的范围从零开始,原因是 MySQL 允许存储诸如 "2017-00-00" 的不完全日期,示例如下:

```
mysql> SELECT DATE_FORMAT('2017-10-04 22:23:00', '%W %M %Y');   -- 'Saturday October 2017'
mysql> SELECT DATE_FORMAT('2017-10-04 22:23:00', '%H:%i:%s');   -- '22:23:00'
mysql>SELECT DATE_FORMAT('2017-10-04 22:23:00', '%D %y %a %d %m %b %j');-- '4th 97 Sat 04 10 Oct 277'
mysql> SELECT DATE_FORMAT('2017-10-04 22:23:00', '%H %k %I %r %T %S %w'); -- '22 22 10 10:23:00 PM 22:23:00 00 6'
mysql> SELECT DATE_FORMAT('2017-01-01', '%X %V');   -- '2018 52'
```

13. DAY ()函数

语法：DAY(date)。

DAY()和 DAYOFMONTH()的意义相同。

14. DAYNAME ()函数

语法：DAYNAME(date)。

返回 date 对应的工作日名称，示例如下：

```
mysql> SELECT DAYNAME('2018-02-05');   -- '周四'.
```

15. DAYOFMONTH ()函数

语法：DAYOFMONTH(date)。

返回 date 对应的该月日期，范围是从 1 到 31，示例如下：

```
mysql> SELECT DAYOFMONTH('2018-02-03');   -- 3
```

16. DAYOFWEEK ()函数

语法：DAYOFWEEK(date)。

返回 date (1 = 周日，2 = 周一，..., 7 = 周六)对应的工作日索引。这些索引值符合 ODBC 标准，示例如下：

```
mysql> SELECT DAYOFWEEK('2018-02-03');   -- 3
```

17. DAYOFYEAR ()函数

语法：DAYOFYEAR(date)。

返回 date 对应的一年中的天数，范围是从 1 到 366，示例如下：

```
mysql> SELECT DAYOFYEAR('2018-02-03');   -- 34
```

18. EXTRACT ()函数

语法：EXTRACT(type FROM date)。

EXTRACT()函数所使用的时间间隔类型说明字符串同 DATE_ADD()或 DATE_SUB()，但它的运算部分是从日期中提取，而不是执行日期，示例如下：

```
mysql> SELECT  EXTRACT(YEAR   FROM   '2017-07-02'); -- 2017
mysql> SELECT  EXTRACT(YEAR_MONTH  FROM  '2017-07-02 01:02:03'); -- 201707
mysql> SELECT  EXTRACT(DAY_MINUTE  FROM  '2017-07-02 01:02:03'); -- 20102
mysql> SELECT  EXTRACT(MICROSECOND  FROM  '2017-01-02 10:30:00.00123'); -- 123
```

19. FROM_DAYS ()函数

语法：FROM_DAYS(N)。

给定一个天数 N，返回一个 DATE 值，示例如下：

```
mysql> SELECT FROM_DAYS(729669);   -- '2017-10-07'
```

使用 FROM_DAYS()处理古老日期时，务必谨慎。它不用于处理阳历出现前的日期（1582）。

20. FROM_UNIXTIME ()函数

语法：FROM_UNIXTIME(UNIX_TIMESTAMP)，FROM_UNIXTIME(UNIX_TIMESTAMP, FORMAT)。

返回"YYYY-MM-DD HH:MM:SS"或"YYYYMMDDHHMMSS"格式值的 UNIX_TIMESTAMP 参数表示，具体格式取决于该函数是否用在字符串中或是数字语境中。若 FORMAT 已经给出，则结果的格式是根据 FORMAT 字符串而定。FORMAT 可以包含同 DATE_FORMAT()函数输入项列表中相同的说明符，示例如下：

```
mysql> SELECT FROM_UNIXTIME(875996580);  -- '2017-10-04 22:23:00'
mysql> SELECT FROM_UNIXTIME(875996580) + 0;  -- 20171004222300
mysql> SELECT FROM_UNIXTIME(UNIX_TIMESTAMP(), '%Y %D %M %h:%i:%s %x');
  -- '2017 6th August 06:22:58 2017'
```

21. GET_FORMAT ()函数

语法：GET_FORMAT(DATE|TIME|DATETIME, 'EUR'|'USA'|'JIS'|'ISO'|'INTERNAL')。

返回一个格式字符串。这个函数在同 DATE_FORMAT()及 STR_TO_DATE()函数结合时很有用。第一个参数的 3 个可能值和第二个参数的 5 个可能值产生 15 个可能格式字符串（对于使用的说明符，可参见 DATE_FORMAT()函数说明表），见表 10.7。

表 10.7 GET_FORMAT 调用可能的 15 种格式说明

函数调用	结果
GET_FORMAT(DATE,'USA')	'%m.%d.%Y'
GET_FORMAT(DATE,'JIS')	'%Y-%m-%d'
GET_FORMAT(DATE,'ISO')	'%Y-%m-%d'
GET_FORMAT(DATE,'EUR')	'%d.%m.%Y'
GET_FORMAT(DATE,'INTERNAL')	'%Y%m%d'
GET_FORMAT(DATETIME,'USA')	'%Y-%m-%d %H.%i.%s'
GET_FORMAT(DATETIME,'JIS')	'%Y-%m-%d %H:%i:%s'
GET_FORMAT(DATETIME,'ISO')	'%Y-%m-%d %H:%i:%s'
GET_FORMAT(DATETIME,'EUR')	'%Y-%m-%d %H.%i.%s'
GET_FORMAT(DATETIME,'INTERNAL')	'%Y%m%d%H%i%s'
GET_FORMAT(TIME,'USA')	'%h:%i:%s %p'
GET_FORMAT(TIME,'JIS')	'%H:%i:%s'
GET_FORMAT(TIME,'ISO')	'%H:%i:%s'
GET_FORMAT(TIME,'EUR')	'%H.%i.%s'
HOUR_MINUTE	'HOURS:MINUTES'
DAY_MICROSECOND	'DAYS HOURS:MINUTES:SECONDS.MICROSECONDS'
DAY_SECOND	'DAYS HOURS:MINUTES:SECONDS'
DAY_MINUTE	'DAYS HOURS:MINUTES'
DAY_HOUR	'DAYS HOURS'
YEAR_MONTH	'YEARS-MONTHS'

ISO 格式为 ISO 9075，而非 ISO 8601。

用户也可以使用 TIMESTAMP，这时 GET_FORMAT()的返回值和 DATETIME 相同，示例如下：

```
mysql> SELECT DATE_FORMAT('2017-10-03',GET_FORMAT(DATE,'EUR'));
    -- '03.10.2017'
mysql> SELECT STR_TO_DATE('10.31.2017',GET_FORMAT(DATE,'USA'));
    -- '2017-10-31'
```

22. HOUR ()函数

语法：HOUR(time)。

返回 time 对应的小时数。对于日时值的返回值范围是从 0 到 23，示例如下：

```
mysql> SELECT HOUR('10:05:03');   -- 10
```

然而，TIME 值的范围实际上非常大，所以 HOUR 可以返回大于 23 的值。

```
mysql> SELECT HOUR('272:59:59');    -- 272
```

23. LAST_DAY ()函数

语法：LAST_DAY(date)。

获取一个日期或日期时间值，返回该月最后一天对应的值。若参数无效，则返回 NULL，示例如下：

```
mysql> SELECT LAST_DAY('2017-02-05');  -- '2017-02-28'
mysql> SELECT LAST_DAY('2017-02-05');  -- '2017-02-29'
mysql> SELECT LAST_DAY('2017-01-01 01:01:01');  -- '2017-01-31'
mysql> SELECT LAST_DAY('2017-03-32');  -- NULL
```

24. LOCALTIME ()函数

语法：LOCALTIME，LOCALTIME()。

LOCALTIME、LOCALTIME()和 NOW()具有相同意义。

25. LOCALTIMESTAMP ()函数

语法：LOCALTIMESTAMP, LOCALTIMESTAMP()。

LOCALTIMESTAMP、LOCALTIMESTAMP()和 NOW()具有相同意义。

26. MAKEDATE ()函数

语法：MAKEDATE(year,dayofyear)。

给出年份值和一年中的天数值，返回一个日期。dayofyear 必须大于 0，否则结果为 NULL。

```
mysql> SELECT MAKEDATE(2017,31), MAKEDATE(2017,32);  -- '2017-01-31', '2017-02-01'
mysql> SELECT MAKEDATE(2017,365), MAKEDATE(2017,365);-- '2017-12-31', '2017-12-30'
mysql> SELECT MAKEDATE(2017,0);   -- NULL
```

27. MAKETIME ()函数

语法：MAKETIME(hour,minute,second)。

返回由 hour、minute 和 second 参数计算得出的时间值，示例如下：

```
mysql> SELECT  MAKETIME(12,15,30);  -- '12:15:30'
```

28. MICROSECOND ()函数

语法：MICROSECOND(expr)。

从时间或日期时间表达式 expr 返回微秒值，其数字范围从 0 到 999999，示例如下：

```
mysql> SELECT MICROSECOND('12:00:00.123456');  -- 123456
mysql> SELECT MICROSECOND('2017-12-31 23:59:59.000010');  -- 10
```

29. MINUTE () 函数

语法：MINUTE(time)。

返回 time 对应的分钟数，范围是从 0 到 59，示例如下：

```
mysql> SELECT MINUTE('98-02-03 10:05:03');  -- 5
```

30. MONTH () 函数

语法：MONTH(date)。

返回 date 对应的月份，范围是从 1 到 12，示例如下：

```
mysql> SELECT MONTH('2018-02-03');  -- 2
```

31. MONTHNAME () 函数

语法：MONTHNAME(date)。

返回 date 对应月份的全名，示例如下：

```
mysql> SELECT MONTHNAME('2018-02-05');  -- 'February '
```

32. NOW () 函数

语法：NOW()。

返回当前日期和时间值，其格式为'YYYY-MM-DD HH:MM:SS'或 YYYYMMDDHHMMSS，具体格式取决于该函数是否用在字符串中或数字语境中，示例如下：

```
mysql> SELECT NOW();  -- '2017-12-15 23:50:26'
mysql> SELECT NOW() + 0;  -- 20171215235026
```

在一个存储过程或触发器内，NOW() 返回一个常数时间。该常数指示了该程序或触发语句开始执行的时间。这同 SYSDATE()的运行有所不同。

33. PERIOD_ADD () 函数

语法：PERIOD_ADD(P,N)。

添加 N 个月至周期 P(格式为 YYMM 或 YYYYMM)，返回值的格式为 YYYYMM，示例如下：

注意：周期参数 P 不是日期值。

```
mysql> SELECT PERIOD_ADD(9801,2);  -- 201803。
```

34. PERIOD_DIFF () 函数

语法：PERIOD_DIFF(P1,P2)。

返回周期 P1 和 P2 之间的月份数。P1 和 P2 的格式应该为 YYMM 或 YYYYMM，示例如下：

注意：周期参数 P1 和 P2 不是日期值。

```
mysql> SELECT  PERIOD_DIFF(201903,201703);  -- 24
```

35. QUARTER () 函数

语法：QUARTER(date)。

返回 date 对应的一年中的季度值，范围是从 1 到 4，示例如下：

```
mysql> SELECT QUARTER('98-04-01');  -- 2
```

36. SECOND () 函数

语法：SECOND(time)。

返回 time 对应的秒数，范围是从 0 到 59，示例如下：

```
mysql> SELECT SECOND('10:05:03');    -- 3
```

37．SEC_TO_TIME ()函数

语法：SEC_TO_TIME(seconds)。

返回被转化为小时、分钟和秒数的 seconds 参数值，其格式为 'HH:MM:SS' 或 HHMMSS，具体格式根据该函数是否用在字符串或数字语境中而定，示例如下：

```
mysql> SELECT SEC_TO_TIME(2378);     -- '00:39:38'
mysql> SELECT SEC_TO_TIME(2378) + 0; -- 3938
```

38．STR_TO_DATE ()函数

语法：STR_TO_DATE(str,FORMAT)。

这是 DATE_FORMAT()函数的倒转。它获取一个字符串 str 和一个格式字符串 FORMAT。若格式字符串包含日期和时间部分，则 STR_TO_DATE()返回一个 DATETIME 值。若该字符串只包含日期部分或时间部分，则返回一个 DATE 或 TIME 值。str 所包含的日期、时间或日期时间值应该在 FORMAT 指示的格式中被给定。对于可用在 FORMAT 中的说明符，可参见 DATE_FORMAT()函数说明表。所有其他的字符被逐字获取，因此不会被解释。若 str 包含一个非法日期、时间或日期时间值，则 STR_TO_DATE()返回 NULL。同时，一个非法值会引起警告，示例如下：

```
mysql> SELECT STR_TO_DATE('00/00/0000', '%m/%d/%Y');  -- '0000-00-00'
mysql> SELECT STR_TO_DATE('04/31/2017', '%m/%d/%Y');  -- '2017-04-31'
```

39．SUBDATE ()函数

语法：SUBDATE(date,INTERVAL expr TYPE)。

SUBDATE(expr,days)当被第二个参数的 INTERVAL 型式调用时，SUBDATE()和 DATE_SUB()的意义相同，示例如下：

```
mysql> SELECT DATE_SUB('2018-01-02', INTERVAL 31 DAY);  -- '2017-12-02'
mysql> SELECT SUBDATE('2018-01-02', INTERVAL 31 DAY);   -- '2017-12-02'
```

第二个形式允许对 days 使用整数值。在这些情况下，它被算作由日期或日期时间表达式 expr 中提取的天数。

```
mysql> SELECT SUBDATE('2018-01-02 12:00:00', 31);   -- '2017-12-02 12:00:00'
```

不能使用格式"%X%V"来将一个 year-week 字符串转化为一个日期，原因是当一个星期跨越一个月份界限时，一个年和星期的组合不能标示一个唯一的年和月份。若要将 year-week 转化为一个日期，则也应指定具体工作日。

```
mysql> SELECT str_to_date('201742 Monday', '%X%V %W');   -- 2017-10-18
```

40．SUBTIME ()函数

语法：SUBTIME(expr,expr2)。

SUBTIME()从 expr 中提取 expr2，然后返回结果。expr 是一个时间或日期时间表达式，而 expr2 是一个时间表达式，示例如下：

```
mysql> SELECT SUBTIME('2017-12-31 23:59:59.999999','1 1:1:1.000002');
   -- '2017-12-30 22:58:58.999997'
mysql> SELECT SUBTIME('01:00:00.999999', '02:00:00.999998');   -- '-00:59:59.999999'
```

41. SYSDATE ()函数

语法：SYSDATE()。

返回当前日期和时间值，格式为"YYYY-MM-DD HH:MM:SS"或"YYYYMMDDHHMMSS"，具体格式根据函数是否用在字符串或数字语境而定。在一个存储程序或触发器中，SYSDATE()返回其执行的时间，而非存储或触发语句开始执行的时间。

42. TIME()函数

语法：TIME(expr)。

提取一个时间或日期时间表达式的时间部分，并将其以字符串形式返回，示例如下：

```
mysql> SELECT TIME('2017-12-31 01:02:03');  -- '01:02:03'
mysql> SELECT TIME('2017-12-31 01:02:03.000123');  -- '01:02:03.000123'
```

43. TIMEDIFF ()函数

语法：TIMEDIFF(expr1,expr2)。

TIMEDIFF()返回起始时间 expr1 和结束时间 expr2 之间的时间。expr1 和 expr2 为时间表达式，两个的类型必须一样，示例如下：

```
mysql> SELECT TIMEDIFF('2000:01:01 00:00:00', '2000:01:01 00:00:00.000001');
    -- '-00:00:00.000001'
mysql> SELECT TIMEDIFF('2017-12-31 23:59:59.000001', '2017-12-30 01:01:01.000002');
    -- '46:58:57.999999'
```

44. TIMESTAMP ()函数

语法：TIMESTAMP(expr) , TIMESTAMP(expr,expr2)。

对于一个单参数，该函数将日期或日期时间表达式 expr 作为日期时间值返回；对于两个参数，它将时间表达式 expr2 添加到日期或日期时间表达式 expr 中，将 theresult 作为日期时间值返回，示例如下：

```
mysql> SELECT TIMESTAMP('2017-12-31');  -- '2017-12-31 00:00:00'
mysql> SELECT TIMESTAMP('2017-12-31 12:00:00','12:00:00');  -- '2017-01-01 00:00:00'
```

45. TIMESTAMPADD ()函数

语法：TIMESTAMPADD(interval,intexpr,datetime_expr)。

将整型表达式 int_expr 添加到日期或日期时间表达式 datetime_expr 中。int_expr 的单位被时间间隔参数给定，该参数必须是以下值的其中一个：FRAC_SECOND、SECOND、MINUTE、HOUR、DAY、WEEK、MONTH、QUARTER 或 YEAR。可使用所显示的关键词指定 interval 值，或使用 SQL_TSI 前缀。例如 DAY 或 SQL_TSI_DAY 都是正确的，示例如下：

```
mysql> SELECT TIMESTAMPADD(MINUTE,1,'2017-01-02');  -- '2017-01-02 00:01:00'
mysql> SELECT TIMESTAMPADD(WEEK,1,'2017-01-02');  -- '2017-01-09'
```

46. TIMESTAMPDIFF ()函数

语法：TIMESTAMPDIFF(interval,datetime_expr1,datetime_expr2)。

返回日期或日期时间表达式 datetime_expr1 和 datetime_expr2the 之间的整数差。其结果的单位由 interval 参数给出。interval 的法定值同 TIMESTAMPADD()函数说明中所列出的相同，示例如下：

```
mysql> SELECT TIMESTAMPDIFF(MONTH,'2017-02-01','2017-05-01');  -- 3
mysql> SELECT TIMESTAMPDIFF(YEAR,'2002-05-01','2017-01-01');  -- -1
```

47. TIME_FORMAT ()函数

语法：TIME_FORMAT(time,format)

其使用和 DATE_FORMAT()函数相同，然而 format 字符串可能会包含处理小时、分钟和秒的格式说明符。其他说明符产生一个 NULL 值或 0。若 time value 包含一个大于 23 的小时部分，则 %H 和%k 小时格式说明符会产生一个大于 0~23 的通常范围的值。另一个小时格式说明符产生小时值模数 12，示例如下：

```
mysql> SELECT TIME_FORMAT('100:00:00', '%H %k %h %I %l');  -- '100 100 04 04 4'
```

48. TIME_TO_SEC ()函数

语法：TIME_TO_SEC(time)。

返回已转化为秒的 time 参数，示例如下：

```
mysql> SELECT TIME_TO_SEC('22:23:00');  -- 80580
mysql> SELECT TIME_TO_SEC('00:39:38');  -- 2378
```

49. TO_DAYS ()函数

语法：TO_DAYS(date)。

给定一个日期 date，返回一个天数（从年份 0 开始的天数），示例如下：

```
mysql> SELECT TO_DAYS(950501);  -- 728779
mysql> SELECT TO_DAYS('2017-10-07');  -- 729669
```

50. TO_DAYS ()函数

语法：TO_DAYS()。

不用于阳历出现（1582）前的值，原因是当日历改变时，遗失的日期不会被考虑在内。

UNIX_TIMESTAMP() 和 UNIX_TIMESTAMP(date) 若无参数调用，则返回一个 UNIX TIMESTAMP('1970-01-01 00:00:00' GMT 之后的秒数)作为无符号整数。若用 date 来调用 UNIX_TIMESTAMP()，它会将参数值以'1970-01-01 00:00:00' GMT 后的秒数的形式返回。date 可以是一个 DATE 字符串、一个 DATETIME 字符串、一个 TIMESTAMP 或一个当地时间的 YYMMDD 或 YYYMMDD 格式的数字，示例如下：

```
mysql> SELECT UNIX_TIMESTAMP();  -- 882226357
mysql> SELECT UNIX_TIMESTAMP('2017-10-04 22:23:00');  -- 875996580
```

当 UNIX_TIMESTAMP 被用在 TIMESTAMP 列时，函数直接返回内部时戳值，而不进行任何隐含的'STRING-TO-UNIX-TIMESTAMP'转化。例如，向 UNIX_TIMESTAMP()传递一个溢出日期，它会返回 0，但只有基本范围检查会被履行（年份从 1970 到 2037，月份从 01 到 12，日期从 01 到 31）。

51. UTC_DATE ()函数

语法：UTC_DATE()。

UTC_DATE()返回当前 UTC 日期值，其格式为"YYYY-MM-DD"或"YYYYMMDD"，具体格式取决于函数是否用在字符串或数字语境中，示例如下：

```
mysql> SELECT UTC_DATE(), UTC_DATE() + 0;  -- '2017-10-29', 20171029
```

52. UTC_TIME ()函数

语法：UTC_TIME()

UTC_TIME()返回当前 UTC 值，其格式为"HH:MM:SS"或"HHMMSS"，具体格式根据该

函数是否用在字符串或数字语境而定,示例如下:

```
mysql> SELECT UTC_TIME(), UTC_TIME() + 0;  -- '18:07:53', 180753
```

53. UTC_TIMESTAMP ()函数

语法:UTC_TIMESTAMP()

UTC_TIMESTAMP()返回当前 UTC 日期及时间值,格式为"YYYY-MM-DD HH:MM:SS"或"YYYYMMDDHHMMSS",具体格式根据该函数是否用在字符串或数字语境而定,示例如下:

```
mysql> SELECT UTC_TIMESTAMP(), UTC_TIMESTAMP() + 0;
    -- '2017-08-14 18:08:04', 20170814180804
```

54. WEEK ()函数

语法:WEEK(date[,mode])。

该函数返回 date 对应的星期数。WEEK()的双参数形式允许指定该星期是否起始于周日或周一,以及返回值的范围是否为从 0 到 53 或从 1 到 53。若 mode 参数被省略,则使用 default_week_format 系统自变量的值,示例如下:

表 10.8 说明了 mode 参数的工作过程。

表 10.8 mode 参数的工作过程说明

模式	星期的第一天	范围	星期一是第一天
0	Sunday	0~53	一年中多一个星期天
1	Monday	0~53	一年多 3 天
2	Sunday	1~53	一年中多一个星期天
3	Monday	1~53	一年多 3 天
4	Sunday	0~53	一年多 3 天
5	Monday	0~53	一年中多一个星期一
6	Sunday	1~53	一年多 3 天
7	Monday	1~53	一年中多一个星期一

```
mysql> SELECT WEEK('2018-02-20');      -- 7
mysql> SELECT WEEK('2018-02-20',0);    -- 7
mysql> SELECT WEEK('2018-02-20',1);    -- 8
mysql> SELECT WEEK('2018-12-31',1);    -- 53
```

例如有一个日期位于前一年的最后一周,若不使用 2、3、6 或 7 作为 mode 参数选择,则 MySQL 返回 0:

```
mysql> SELECT YEAR('2018-01-01'), WEEK('2018-01-01',0);  -- 2018, 0
```

读者或许会提出意见,认为 MySQL 对于 WEEK()函数应该返回 52,原因是给定的日期实际上发生在 2017 年的第 52 周。决定返回 0 作为代替的原因是要求该函数能返回"给定年份的星期数"。这使得 WEEK() 函数在同其他从日期中抽取日期部分的函数结合时的使用更加可靠。

假如计算关于年份的结果包括给定日期所在周的第一天,则应使用 0、2、5 或 7 作为 mode 参数选择。

```
mysql> SELECT WEEK('2018-01-01',2);    -- 53
```

作为选择,可使用 YEARWEEK()函数,示例如下:

```
mysql> SELECT YEARWEEK('2018-01-01');          -- 201753
mysql> SELECT MID(YEARWEEK('2018-01-01'),5,2); -- '53'
```

55. WEEKDAY ()函数

语法:WEEKDAY(date)。

返回 date (0 =周一,1 = 周二,... 6 =周日)对应的工作日索引 weekday index for,示例如下:

```
mysql> SELECT WEEKDAY('2018-02-03 22:23:00'); -- 1
mysql> SELECT WEEKDAY('2017-11-05'); -- 2
```

56. WEEKOFYEAR ()函数

语法:WEEKOFYEAR(date)。

将该日期的阳历周以数字形式返回,范围是从 1 到 53。它是一个兼容度函数,相当于 WEEK(date,3),示例如下:

```
mysql> SELECT WEEKOFYEAR('2018-02-20'); -- 8
```

57. YEAR ()函数

语法:YEAR(date)。

返回 date 对应的年份,范围是从 1000 到 9999,示例如下:

```
mysql> SELECT YEAR('2018-04-23'); -- 2018
```

58. YEARWEEK ()函数

语法:YEARWEEK(date)。

YEARWEEK(date,start)返回一个日期对应的年或周。start 参数的工作同 start 参数对 WEEK() 的工作相同。结果中的年份可以和该年的第一周和最后一周对应的日期参数有所不同,示例如下:

```
mysql> SELECT YEARWEEK('1987-01-01'); -- 198653
```

周数和 WEEK()函数对可选参数 0 或 1 可能会返回的(0) w 有所不同,原因是此时 WEEK()返回给定年份的语境中的周。

10.5.5 MySQL 其他函数

1. 全文搜索函数 MATCH()

语法:MATCH (col1,col2,...) AGAINST (expr [IN BOOLEAN MODE | WITH QUERY EXPANSION])。

MySQL 支持全文索引和搜索功能。MySQL 中的全文索引类型为 FULLTEXT 的索引。FULLTEXT 索引仅可用于 MyISAM 表,它们可以从 CHAR、VARCHAR 或 TEXT 列中作为 CREATE TABLE 语句的一部分被创建,或是随后使用 ALTER TABLE 或 CREATE INDEX 被添加。对于较大的数据集,将资料输入一个没有 FULLTEXT 索引的表中,然后创建索引,其速度比把资料输入现有 FULLTEXT 索引的速度更快。

```
mysql> CREATE TABLE articles (
       id INT UNSIGNED AUTO_INCREMENT NOT NULL PRIMARY KEY,
       title VARCHAR(200),
       body TEXT,
       FULLTEXT (title,body)
     );
mysql> INSERT INTO articles (title,body) VALUES
     ('mysql Tutorial','dbms stands for DATABASE ...'),
     ('How To Use MySQL Well','After you went through a ...'),
```

```
            ('Optimizing MySQL','in this tutorial we will show ...'),
            ('1001 MySQL Tricks','1. Never run mysqld as root. 2. ....'),
            ('mysql vs. Yoursql',' in the following DATABASE comparison ...'),
            ('mysql Security','When configured properly,mysql ...');
mysql> SELECT * FROM articles WHERE MATCH (title,body) AGAINST ('DATABASE');
mysql> SELECT id, MATCH (title,body) AGAINST ('Tutorial') FROM articles;
mysql> SELECT id, body, MATCH (title,body) AGAINST ('Security implications of running My
SQL AS root') AS score FROM articles WHERE MATCH (title,body) AGAINST ('Security implications
 of running MySQL AS root');
mysql> SELECT * FROM articles WHERE MATCH (title,body) AGAINST ('mysql');
```

2. CAST 函数和操作符 BINARY

CAST 函数和操作符 BINARY，BINARY 操作符，将后面的字符串抛给一个二进制字符串。这是一种简单的方式来促使逐字节而不是逐字符地进行列比较。这使得比较区分大小写，即使该列不被定义为 BINARY 或 BLOB。BINARY 也会产生结尾空白，示例如下：

```
mysql> SELECT 'a' = 'A';         -- 1
mysql> SELECT BINARY 'a' = 'A';  -- 0
mysql> SELECT 'a' = 'a';         -- 1
mysql> SELECT BINARY 'a' = 'a';  -- 0
```

BINARY 影响整个比较，它可以在任何操作数前被给定，而产生相同的结果。

BINARY str 是 CAST(str AS BINARY)的缩略形式。

在一些语境中，如果将一个编入索引的列指派给 BINARY，MySQL 将不能有效使用这个索引。

例如将一个 BLOB 值或其他二进制字符串进行区分大小写的比较，可利用二进制字符串，如果没有字符集，则无法实现这个目的。

3. CONVERT()函数

CONVERT()函数是将一个字符串值转化为一个不区分大小写的字符集。其结果为一个非二进制字符串，因此 LIKE 操作也不会区分大小写。

```
SELECT  'A'  LIKE CONVERT(blob_col USING LATIN1) FROM TABLE;
```

若要使用另外一个字符集，则替换其在上述语句中的 LATIN1 名。

CONVERT()一般可用于比较出现在不同字符集中的字符串。

4. CAST ()函数

语法：CAST(expr AS type)。

与之类似的函数有 CONVERT(expr,type)和 CONVERT(expr USING transcoding_name)。

CAST()和 CONVERT()函数可用来将一个类型的值转换为另一个类型的值。

CAST()和 CONVERT(... USING ...)是标准 SQL 语法。带有 USING 的 CONVERT()被用来在不同的字符集之间转化数据。在 MySQL 中，自动译码名和相应的字符集名称相同。下面的语句将服务器默认字符集中的字符串"abc"转化为 UTF8 字符集中相应的字符串，示例如下：

```
SELECT  CONVERT('abc'  USING  utf8);
```

当想要在一个 CREATE ... SELECT 语句中创建一个特殊类型的列，则 CAST 函数会很管用，示例如下：

```
CREATE  TABLE  new_table  SELECT  CAST('2000-01-01' AS DATE);
```

该函数也可用于 ENUM 数据类型的列按词法顺序排序。通常 ENUM 列的排序在使用内部数值时发生。将这些值按照词法顺序派给 CHAR 结果，示例如下：

```
SELECT  enum_col FROM tbl_name ORDER BY CAST(enum_col AS CHAR);
```

CAST(str AS BINARY)和 BINARY str 相同。CAST(expr AS CHAR)将表达式视为一个带有默认字符集的字符串。

若用于一个如 CONCAT('Date: ',CAST(NOW() AS DATE))这样的比较复杂的表达式的一部分，CAST()函数也会改变结果。

不应在不同的格式中使用 CAST()函数来析取数据，但可以使用诸如 LEFT()或 EXTRACT()字符串函数来代替。

若要在数值语境中将一个字符串派给一个数值，通常情况下，除了将字符串值作为数字使用，不需要做任何事情，示例如下：

```
mysql> SELECT 1+'1';     -- 2
```

若要在一个字符串语境中使用一个数字，该数字会被自动转化为一个 BINARY 字符串，示例如下：

```
mysql> SELECT CONCAT('hello you ',2);    -- 'hello you 2'
```

MySQL 支持带符号和无符号的 64 比特值的运算。若正在使用数字操作符（如＋），而其中一个操作数为无符号整数,则结果为无符号。可使用 SIGNED 和 UNSIGNED CAST 操作符来覆盖它。将运算分别派给带符号或无符号 64 比特整数，示例如下：

```
mysql> SELECT CAST(1-2 AS UNSIGNED)     -- 18446744073709551615
mysql> SELECT CAST(CAST(1-2 AS UNSIGNED) AS SIGNED);    -- -1
```

如果任意一个操作数为一个浮点值，则结果为一个浮点值，且不会受到上述规则影响（关于这一点，DECIMAL 列值被视为浮点值），示例如下：

```
mysql> SELECT CAST(1 AS UNSIGNED) - 2.0;    -- -1.0
```

若在一个算术运算中使用了一个字符串，它会被转化为一个浮点数。

5. 加密函数 MD5 ()

语法：MD5(str)。

为字符串算出一个 MD5 的 128 比特检查和。该值以 32 位十六进制数字的二进制字符串的形式返回，若参数为 NULL，则会返回 NULL。返回值可被用作散列关键字，示例如下：

```
mysql> SELECT MD5('testing');    -- 'ae2b1fca515949e5d54fb22b8ed95575'
```

第 11 章

MySQL 的日期与时间

本章将把 MySQL 的日期和时间作为一个专题进行详细介绍，包括日期与时间数据类型及其适用场景、各种日期格式设置与显示、时间间隔的概念及运算、日期的加减运算等，同时提供大量的示例供读者参考和借鉴。

任何应用项目的开发，都离不开日期与时间的处理。通过本章的学习，读者可掌握 MySQL 日期与时间的处理技术，为应用项目开发打好坚实的基础。

11.1 MySQL 的日期与时间类型

MySQL 有 5 种表示时间值的日期和时间类型，分别为 DATE、TIME、YEAR、DATETIME 和 TIMESTAMP。详细内容见表 11.1。

表 11.1 MySQL 日期、时间类型

类型	大小（B）	范围	格式	用途	零值
DATE	4	1000－01－01～9999－12－31	YYYY－MM－DD	日期值	0000:00:00
TIME	3	－838:59:59～838:59:59	HH:MM:SS	时间值或持续时间	00:00:00
YEAR	1	1901～2155	YYYY	年份值	0000
DATETIME	8	1000－01－01 00:00:00～9999－12－31 23:59:59	YYYY－MM－DD HH:MM:SS	混合日期和时间值	0000－00－00 00:00:00
TIMESTAMP	4	1970－01－01 00:00:00～2037 年某时	YYYYMMDD HHMMSS	混合日期和时间值，时间戳	00000000000000

每种日期和时间类型都有一个有效范围。如果插入的值超过了这个范围，系统就会报错，并将 0 值插入到数据库中。不同的日期与时间类型有不同的 0 值，表 11.1 中已经详细列出。

11.1.1 YEAR 类型

1. YEAR 类型

YEAR 类型使用 1 个字节来表示年份，MySQL 中以 YYYY 的形式来显示 YEAR 类型的值。

2. YEAR 类型字段赋值表示方法

（1）使用 4 位字符串和数字表示。

其范围为 1901～2155。输入格式为'YYYY'或 YYYY。举一个例子，输入'2008'或者 2008，可直接保存 2008。如果超过了范围，就会变为 0000。

（2）使用 2 位字符串表示。

'00'或'0'～'69'转换为 2000～2069；例如：'35'，YEAR 值会转换成 2035。'70'～'99'转换为 1970～1999。例如：'90'，YEAR 值会转换成 1990。

（3）使用 2 位数字表示。

1～69 转换为 2001～2069；70～99 转换为 1970～1999。

（4）注意事项。

2 位数字和 2 位字符串是不一样的。如果是 0，转换后的 YEAR 值不是 2000，而是 0000。

3. YEAR 类型举例

（1）接下来看 YEAR 的示例，为此需创建一张表，SQL 语句如下：

```
mysql>USE db_fcms; /*打开数据库 db_fcms，这个数据库读者应事先创建好*/
CREATE TABLE dt_test(id INT NOT NULL,a VARCHAR(20) NULL, b YEAR NULL,PRIMARY KEY (id));
```

上述命令的运行结果如图 11.1 所示。

```
mysql> use db_fcms;
Database changed
mysql> CREATE TABLE dt_test(id INT NOT NULL,a varchar(20) NULL, b YEAR NULL,PRIM
ARY KEY (id));
Query OK, 0 rows affected (0.03 sec)
```

图 11.1　创建表

（2）现在往该表中插入一些数据，SQL 语句如下：

```
mysql>USE db_fcms; /*打开数据库 db_fcms，读者应事先创建好这个数据库*/
INSERT INTO dt_test (id, a,b) VALUES ('1','数字 2017', 2017);
INSERT INTO dt_test (id, a,b) VALUES ('2', '字符 2017','2017');
INSERT INTO dt_test (id, a,b) VALUES ('3', '字符 00', '00');
INSERT INTO dt_test (id, a,b) VALUES ('4', '字符 0','0');
INSERT INTO dt_test (id, a,b) VALUES ('5', '字符 69','69');
INSERT INTO dt_test (id, a,b) VALUES ('6', '字符 70','70');
INSERT INTO dt_test (id, a,b) VALUES ('7', '字符 99', '99');
INSERT INTO dt_test (id, a,b) VALUES ('8', '数字 1',1);
INSERT INTO dt_test (id, a,b) VALUES ('9', '数字 69',69);
INSERT INTO dt_test (id, a,b) VALUES ('10', '数字 70',70);
INSERT INTO dt_test (id, a,b) VALUES ('11', '数字 99',99);
INSERT INTO dt_test (id, a,b) VALUES ('12', '数字 2156',2156);
INSERT INTO dt_test (id, a,b) VALUES ('13', '字符 2156','2156');
INSERT INTO dt_test (id, a,b) VALUES ('14', '数字 0',0);
INSERT INTO dt_test (id, a,b) VALUES ('15', '字符 0000','0000');
INSERT INTO dt_test (id, a,b) VALUES ('16', 'NOW()函数', NOW());
INSERT INTO dt_test (id, a,b) VALUES ('30', 'current_time 系统变量 ', current_time);
INSERT INTO dt_test (id, a,b) VALUES ('18', 'current_time()函数', current_time());
INSERT INTO dt_test (id, a,b) VALUES ('19', '系统日期变量 current_date', current_date);
INSERT INTO dt_test (id, a,b) VALUES ('20', '系统日期函数 current_date()',current_date());
```

（3）数据显示，SQL 语句如下：

```
mysql>SELECT * FROM dt_test;
```

上述命令的运行结果如图 11.2 所示。

4. YEAR 类型使用总结

一般用 YEAR 类型来表示年份，所以在对该字段进行相关操作的时候，最好使用 4 位字符串或者数字表示，不要使用 2 位的字符串和数字。

有的时候可能会插入 0 或者'0'。这里要严格区分 0 和'0'，如果向 YEAR 类型的字段插入 0，存入该字段的年份是 0000；如果向 YEAR 类型的字段插入'0'，存入的年份是 2000。当然字符串'0'

和'00'和'000'是一样的效果，但是'0000'效果不一样。因为如果是 4 个 0 的话就使用了 YEAR 类型赋值的第一种方式，也就是超过了 YEAR 类型的范围，插入了 0。

图 11.2 查看表数据

获取当前日期年份可通过以下函数：

now()、current_time、current_time()、current_date、current_date()。

11.1.2 TIME 类型

1. TIME 类型

TIME 类型使用 3 个字节来表示时间。MySQL 中以 HH:MM:SS 的形式显示 TIME 类型的值。其中，HH 表示小时；MM 表示分钟，取值范围为 0~59；SS 表示秒，取值范围是 0~59。

TIME 类型的范围可以从-838：59：59~838：59：59。虽然小时的范围是 0~23，但是为了表示某种特殊需要的时间间隔，将 TIME 类型的范围扩大了，而且还支持了负值。

2. TIME 类型的字段赋值表示方法

TIME 类型的字段用'D HH:MM:SS'格式的字符串表示。其中 D 表示天数，取值范围是 0~34。小时的值等于 D*24 ＋ HH。例如'2 11：30：50'，TIME 类型会转换为 59：30：50。当然。输入时可以不严格按照这个格式，也可以是'HH:MM:SS'、'HH:MM'、'D HH:MM'、'D HH'、'SS'等形式。例如'30'，TIME 类型会自动转换为 00：00：30。

'HHMMSS'格式的字符串或 HHMMSS 格式的数值表示，例如："123456"，TIME 类型会转换成 12：34：56；输入 123456，TIME 类型会转换成 12：34：56。如果输入 0 或者'0'，那么 TIME 类型会转换为 0000：00：00。

使用 current_time、current_time()或者 now()获取当前系统时间。

3. TIME 类型举例

（1）接下来看 TIME 的示例，为此需创建一张表，SQL 语句如下：

```
mysql>USE db_fcms; /*打开数据库 db_fcms，读者应事先创建好这个数据库*/
mysql>CREATE TABLE dt_time(id INT NOT NULL,a VARCHAR(20) NULL, b TIME NULL,PRIMARY KEY (id));
```

（2）现在往该表中插入几条数据，SQL 语句如下：

```
mysql>USE db_fcms; /*打开数据库db_fcms,读者应事先创建好这个数据库*/
INSERT INTO dt_time (id, a,b) VALUES ('1','字符串 1 01:50:50', '1 01:50:50');
INSERT INTO dt_time (id, a,b) VALUES ('2', '字符串 01:50:50','01:50:50');
INSERT INTO dt_time (id, a,b) VALUES ('3', '字符串 50:05', '50:05');
INSERT INTO dt_time (id, a,b) VALUES ('4', '字符串 1 05:05','1 05:05');
INSERT INTO dt_time (id, a,b) VALUES ('5','字符串 59', '59');
INSERT INTO dt_time (id, a,b) VALUES ('6', '字符串 66','66');
INSERT INTO dt_time (id, a,b) VALUES ('7', '字符串 123456', '123456');
INSERT INTO dt_time (id, a,b) VALUES ('8', '数字 123456 ', 123456);
INSERT INTO dt_time (id, a,b) VALUES ('9','数字 0',0);
INSERT INTO dt_time (id, a,b) VALUES ('10', '字符串 0','0');
INSERT INTO dt_time (id, a,b) VALUES ('11', 'NOW()函数', NOW());
INSERT INTO dt_time (id, a,b) VALUES ('12', 'current_time系统变量 ', current_time);
INSERT INTO dt_time (id, a,b) VALUES ('13', 'current_time()函数', current_time());
INSERT INTO dt_time (id, a,b) VALUES ('16', '系统日期变量 current_date', current_date);
INSERT INTO dt_time (id, a,b) VALUES ('17', '系统日期函数 current_date()',current_date());
```

（3）数据显示，SQL 语句如下：

```
mysql>SELECT * FROM dt_time;
```

上述命令的运行结果如图 11.3 所示。

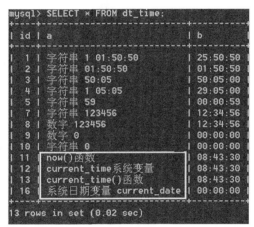

图 11.3　查看表数据

4. 关于 TIME 类型的总结

一个 TIME 值如果超出了 TIME 值的范围，将被裁为范围最接近的端点。举个例子,'880：00：00'将转换为 838：59：59。

无效的 TIME 值，虽然能成功插入但取值肯定和想要的有出入。示例如下：

```
mysql>INSERT INTO dt_time (id, a,b) VALUES ('14','不符合时间规则的值', '1 4 4 4 4 65:65');
```

但数据库取值变为 28:00:00。所以在使用 TIME 类型用来存储时间的时候，最好对格式进行一下校验，不要随便输入。

如果插入的 TIME 值是无效的，系统会提示报错，即使这个无效值被插入到表中了，其值也会被转换为 00：00：00。示例如下：

```
mysql>INSERT INTO dt_time (id, a,b) VALUES ('15','无效时间', '999999');
```

TIME 类型专门用来存储时间数据，而且只占 3 个字节。如果只需要记录时间，则选择 TIME 类型是最合适的。

当前日期函数 current_date、current_date()转换为 TIME 类型无效。

11.1.3 DATA 类型

1. DATE 类型

DATE 类型使用 4 个字节来表示日期。MySQL 中是以 YYYY－MM－DD 的形式显示 DATE 类型的值。其中 YYYY 表示年、MM 表示月、DD 表示日。

DATE 类型的范围可以从'1000－01－01'～'9999－12－31'。

2. DATE 类型的字段赋值表示方法

'YYYY－MM－DD'或'YYYYMMDD'格式的字符串表示，这种方式可以表达的范围是'1000－01－01'～'9999－12－31'。例如：'4008－2－8'，DATE 类型将转换为 4008－02－08；输入'40080308'，DATE 类型将转换为 4008－03－08。

MySQL 中还支持一些不严格的语法格式，任何标点都可以用来做间隔符。如'YYYY/MM/DD'，'YYYY@MM@DD'，'YYYY.MM.DD'等分隔形式。例如：'2011.3.8'，DATE 类型将转换为 2011－03－08。再如'YY/MM/DD'、'YY@MM@DD'、'YY.MM.DD'分隔形式。'89@3@8'，DATE 类型将转换为 1989－03－08。

'YY－MM－DD'或者'YYMMDD'格式的字符串表示，其中'YY'的取值为'00～69'，转换为 2000～2069；'70'～'99'，转换为 1970～1999。与 YEAR 类型一致。例如：'35－01－02'，DATE 类型将转换为 2035－01－02；'800102'，DATE 类型将转换为 1980－01－02。

YYYYMMDD 或 YYMMDD 格式的数字表示。其中，'YY'的取值，00～69 转换为 2000～2069，70～99 转换为 1970～1999。与 YEAR 类型一致。例如：20170502，DATE 类型将转换为 2017－05－02；790808，DATE 类型将转换为 1979－08－08；输入 0，那么 DATE 类型会转化为 0000－00－00。

使用 current_date 或 now() 来获取当前系统时间。

3. DATE 类型举例

（1）接下来看 DATE 的示例，为此需创建一张表，SQL 语句如下：

```
mysql>USE db_fcms; /*打开数据库 db_fcms,读者应事先创建好这个数据库*/
mysql>CREATE TABLE dt_date(id INT NOT NULL,a VARCHAR(20) NULL, b date NULL,PRIMARY KEY (id));
```

（2）现在往该表中插入一些数据，SQL 语句如下：

```
mysql> USE db_fcms; /*打开数据库 db_fcms,读者应事先创建好这个数据库*/
INSERT INTO dt_date (id, a,b) VALUES ('1', '字符串 2017-05-02', '2017-05-02');
INSERT INTO dt_date (id, a,b) VALUES ('2', '字符串 2017-05-02', '20170502');
INSERT INTO dt_date (id, a,b) VALUES ('3', '字符串 2017@05@02', '2017@05@02');
INSERT INTO dt_date (id, a,b) VALUES ('4', '字符串 2017#0502', '2017#0502');
INSERT INTO dt_date (id, a,b) VALUES ('5', '字符串 0999-05-02', '0999-05-02');
INSERT INTO dt_date (id, a,b) VALUES ('6', '字符串 690502', '690502');
INSERT INTO dt_date (id, a,b) VALUES ('7', '字符串 700502', '700502');
INSERT INTO dt_date (id, a,b) VALUES ('8', '数字 690502', 690502);
INSERT INTO dt_date (id, a,b) VALUES ('9', '数字 700502', 700502);
INSERT INTO dt_date (id, a,b) VALUES ('10', '字符串数字 0', '0');
INSERT INTO dt_date (id, a,b) VALUES ('11', '数字 0', 0);
INSERT INTO dt_date (id, a,b) VALUES ('12', '系统当前时间函数 NOW()', NOW());
INSERT INTO dt_date (id, a,b) VALUES ('13', '系统日期变量 current_date', current_date);
INSERT INTO dt_date (id, a,b) VALUES ('14', '系统日期函数 current_date()',current_date());
INSERT INTO dt_date (id, a,b) VALUES ('15', '系统函数 current_time()', current_time());
INSERT INTO dt_date (id, a,b) VALUES ('16', '系统变量 current_time', current_time);
```

（3）数据显示，SQL 语句如下：

```
mysql>SELECT * FROM dt_date;
```

上述命令的运行结果如图 11.4 所示。

```
+----+--------------------------------+------------+
| id | a                              | b          |
+----+--------------------------------+------------+
|  1 | 字符串 2017-05-02              | 2017-05-02 |
|  2 | 字符串 2017-05-02              | 2017-05-02 |
|  3 | 字符串 2017@05@02              | 2017-05-02 |
|  5 | 字符串 0999-05-02              | 0999-05-02 |
|  6 | 字符串 690502                  | 2069-05-02 |
|  7 | 字符串 700502                  | 1970-05-02 |
|  8 | 数字 690502                    | 2069-05-02 |
|  9 | 数字 700502                    | 1970-05-02 |
| 11 | 数字 0                         | 0000-00-00 |
| 12 | 系统当前时间函数NOW()          | 2018-07-22 |
| 13 | 系统日期变量 current_date      | 2018-07-22 |
| 15 | 系统函数current_time()         | 2018-07-22 |
| 16 | 系统变量current_time           | 2018-07-22 |
+----+--------------------------------+------------+
13 rows in set (0.00 sec)
```

图 11.4 查看表数据

4. DATE 类型的总结

DATE 类型值占 4 个字节，如果只需要记录日期，选择 DATE 类型是最合适的。

虽然 MySQL 支持 DATA 类型的一些不严格的语法格式，但是，在实际应用中，最好还是选择标准形式。日期中使用"－"做分隔符，时间用"："做分隔符，然后中间用空格隔开。如下面格式：2016－03－17 16:27:55。当然如果有特殊需要，可以使用"@""*"等特殊字符做分隔符。

获取当前日期可通过 now()、current_time、current_time()、current_date、current_date()

11.1.4 DATATIME 类型

1. DATETIME 类型

DATETIME 类型使用 8 个字节来表示日期和时间。MySQL 中以'YYYY－MM－DD HH:MM:SS'的形式来显示 DATETIME 类型的值。

从其形式上可以看出，DATETIME 类型可以直接用 DATE 类型和 TIME 类型组合而成。

2. DATETIME 类型的字段赋值表示方法

'YYYY－MM－DD HH:MM:SS'或'YYYYMMDDHHMMSS'格式的字符串表示。这种方式可以表达的范围是'1000－01－01 00:00:00'～'9999－12－31 23:59:59'。例如：'2017－05－02 08:08:08'，DATETIME 类型转换为 2017－05－02 08:08:08，输入'20170502080808'，同样转换为 2017－05－02 08:08:08。

MySQL 中还支持一些不严格的语法格式，任何的标点都可以用来做间隔符。情况与 DATE 类型相同，而且时间部分也可以使用任意的分隔符隔开，这与 TIME 类型不同，TIME 类型只能用':'隔开。例如：'2017@05@02 08*08*08'，数据库中 DATETIME 类型统一转换为 2017－05－02 08:08:08。

'YY－MM－DD HH:MM:SS'或'YYMMDDHHMMSS'格式的字符串表示，其中'YY'的取值，00～69，转换为 2000～2069，70～99 转换为 1970～1999。与 YEAR 型和 DATE 型相同。例如：'69－01－01 11:11:11'，数据库中插入 2069－01－01 11:11:11；现在输入'70－01－01 11:11:11'，数据库中插入 1970－01－01 11:11:11。

这种格式化的省略 YY 的简写也是支持一些不严格的语法格式的，如用'@'"*"来做间隔符。

使用 NOW()来获取当前系统日期和时间。

3. DATETIME 类型举例

（1）接下来看 DATETIME 的实例，为此需创建一张表，SQL 语句如下：

```
mysql>USE db_fcms; /*打开数据库db_fcms,读者应事先创建好这个数据库*/
CREATE TABLE dt_datetime(id INT NOT NULL,a VARCHAR(20) NULL, b datetime NULL,PRIMARY KEY (id));
```

（2）现在往该表中插入几条数据，SQL 语句如下：

```
mysql> USE db_fcms; /*打开数据库db_fcms,读者应事先创建好这个数据库*/
    INSERT INTO dt_datetime (id, a,b) VALUES ('1',' 字 符 串  2017-05-02 08:08:08', '2017-05-02 08:08:08');
    INSERT INTO dt_datetime (id, a,b) VALUES ('2', '字符串 20170502080808', '20170502080808');
    INSERT INTO dt_datetime (id, a,b) VALUES ('3', ' 字 符 串  2017@05@02 08*08*08','2017@05@02 08*08*08');
    INSERT INTO dt_datetime (id, a,b) VALUES ('4', '字符串 69-01-01 11:11:11','69-01-01 11:11:11');
    INSERT INTO dt_datetime (id, a,b) VALUES ('5', '字符串 70-01-01 11:11:11','70-01-01 11:11:11');
    INSERT INTO dt_datetime (id, a,b) VALUES ('6', '数字 20170502080808',20170502080808);
    INSERT INTO dt_datetime (id, a,b) VALUES ('7', '数字 690502080808',690502080808);
    INSERT INTO dt_datetime (id, a,b) VALUES ('8', '数字 700502080808',700502080808);
    INSERT INTO dt_datetime (id, a,b) VALUES ('9', '数字 0',0);
    INSERT INTO dt_datetime (id, a,b) VALUES ('10', '系统函数NOW()', NOW());
    INSERT INTO dt_datetime (id, a,b) VALUES ('11', '系统函数current_date()', current_date());
    INSERT INTO dt_datetime (id, a,b) VALUES ('12', '系统变量current_date', current_date);
    INSERT INTO dt_datetime (id, a,b) VALUES ('13', ' 系 统 函 数 current_time()', current_time());
    INSERT INTO dt_datetime (id, a,b) VALUES ('14', '系统变量current_time', current_time);
```

（3）数据库显示，SQL 语句如下：

```
mysql>SELECT * FROM dt_datetime;
```

上述命令的运行结果如图 11.5 所示。

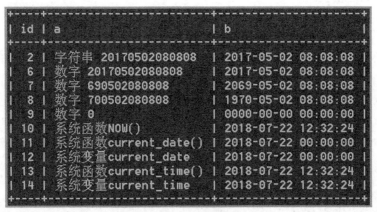

图 11.5　查看表数据

4. 关于 DATETIME 类型的总结

DATETIME 类型用来记录日期和时间，其作用等价于 DATE 类型和 TIME 类型的组合。一个 DATETIME 类型的字段可以用一个 DATE 类型的字段和一个 TIME 类型的字段代替。但是如果需要同时记录日期和时间，选择 DATETIME 类型是个不错的选择。

```
获取当前日期可通过now()、current_time、current_time()、current_date、current_date()
```

11.1.5 TIMESTAMP 类型

1. TIMESTAMP 类型

TIMESTAMP 类型使用 4 个字节来表示日期和时间。TIMESTAMP 类型的范围是从 1970－01－01 08:00:01～2038－01－19 11:14:07。

MySQL 以'YYYY－MM－DD HH:MM:SS'的形式显示 TIMESTAMP 类型的值。从其形式可以看出，TIMESTAMP 类型与 DATETIME 类型显示的格式是一样的。给 TIMESTAMP 类型字段赋值的表示方法基本与 DATETIME 类型相同，但值得注意的是——TIMESTAMP 类型范围比较小，没有 DATETIME 类型的范围那么大，所以输入值时要保证在 TIMESTAMP 类型的有效范围内。

2. TIMESTAMP 类型的字段赋值表示方法

同 DATATIME 一致。

3. TIMESTAMP 类型举例

（1）为此需创建一张表，SQL 语句如下：

```
mysql>USE db_fcms; /*打开数据库db_fcms,读者应事先创建好这个数据库*/
CREATE TABLE dt_timestamp(id INT NOT NULL,a VARCHAR(20) NULL, b TIMESTAMP NULL,PRIMARY KEY (id));
```

（2）现在往该表中插入几条数据，SQL 语句如下：

```
mysql> USE db_fcms; /*打开数据库db_fcms,读者应事先创建好这个数据库*/
INSERT INTO dt_timestamp(id, a,b) VALUES ('2', '字符串 20170502080808','20170502080808');
INSERT INTO dt_timestamp (id, a,b) VALUES ('3', '字符串 201705020808081','2017@05@02 08*08*08');
INSERT INTO dt_timestamp (id, a,b) VALUES ('4', '字符串 69-01-01 11:11:11','69-01-01 11:11:11');
INSERT INTO dt_timestamp (id, a,b) VALUES ('5', '字符串 70-01-01 11:11:11','70-01-01 11:11:11');
INSERT INTO dt_timestamp (id, a,b) VALUES ('6', '数字 20170502080808',20170502080808);
INSERT INTO dt_timestamp (id, a,b) VALUES ('7', '数字 690808080808',690808080808);
INSERT INTO dt_timestamp (id, a,b) VALUES ('8', '数字 700808080808',700808080808);
INSERT INTO dt_timestamp (id, a,b) VALUES ('9', '数字 0',0);
INSERT INTO dt_timestamp (id, a,b) VALUES ('10', '系统时间函数 NOW()',NOW());
INSERT INTO dt_timestamp (id, a,b) VALUES ('11', '空值 NULL',NULL);
INSERT INTO dt_timestamp (id, a,b) VALUES ('12', '系统时间变量 CURRENT_TIMESTAMP', CURRENT_TIMESTAMP);
INSERT INTO dt_timestamp (id, a,b) VALUES ('13', '超出最大时间范围 2038-01-19 11:14:07', '2039-01-19 11:14:07');
INSERT INTO dt_timestamp (id, a,b) VALUES ('14', '系统函数current_date()', current_date());
INSERT INTO dt_timestamp (id, a,b) VALUES ('15', '系统变量current_date', current_date);
INSERT INTO dt_timestamp (id, a,b) VALUES ('16', '系统函数current_time()', current_time());
INSERT INTO dt_timestamp (id, a,b) VALUES ('17', '系统变量current_time', current_time);
```

（3）数据库显示，SQL 语句如下：

```
mysql>SELECT * FROM dt_timestamp;
```

上述命令的运行结果如图 11.6 所示。

4. 关于 TIMESTAMP 类型的总结

TIMESTAMP 类型，其时间是根据时区来显示的。例如：在东八区插入的 TIMESTAMP 类型为 2017－05－02 14:21:25；在东七区显示时，时间就变成了 13:21:25；在东九区显示时，时间就变成了 15:21:25。

11.1 MySQL 的日期与时间类型

```
+----+--------------------------+---------------------+
| id | a                        | b                   |
+----+--------------------------+---------------------+
|  2 | 字符串 20170502080808    | 2017-05-02 08:08:08 |
|  3 | 字符串 20170502080808    | 2017-05-02 08:08:08 |
|  6 | 数字 20170502080808      | 2017-05-02 08:08:08 |
|  8 | 数字 700808080808        | 1970-08-08 08:08:08 |
|  9 | 数字 0                   | 0000-00-00 00:00:00 |
| 10 | 系统时间函数 NOW()       | 2018-07-22 13:55:17 |
| 11 | 空值 NULL                |                NULL |
| 14 | 系统函数current_date()   | 2018-07-22 00:00:00 |
| 15 | 系统变量current_date     | 2018-07-22 00:00:00 |
| 16 | 系统函数current_time()   | 2018-07-22 13:55:17 |
| 17 | 系统变量current_time     | 2018-07-22 13:55:17 |
+----+--------------------------+---------------------+
```

图 11.6 向表中添加数据

需要显示日期与时间，TIMESTAMP 类型能够根据不同地区的时区来转换时间，但是，TIMESTAMP 类型的范围太小，其最大时间为 2038－01－19 11:14:07。如果插入时间比'2038－01－19 11:14:07'大，将转换为 0 值。

获取当前日期可通过 now()、current_time、current_time()、current_date、current_date()。

11.1.6　MySQL 的日期选取

1. MySQL 的日期时间选取

选取日期时间的各个部分：日期、时间、年、季度、月、日、小时、分钟、秒、微秒。首先在 MySQL 命令窗口下设置一个变量@dt，将'2017－05－02 16:27:30.23456'值赋予@dt，然后对@dt 进行操作，SQL 命令如下：

```
mysql>SET @dt = '2017-05-02 16:27:30.23456';
SELECT date(@dt);          -- 2017-05-02
SELECT time(@dt);          -- 16:27:30.23456
SELECT year(@dt);          -- 2017
SELECT quarter(@dt);       -- 2 （季度数）
SELECT month(@dt);         -- 5
SELECT week(@dt);          -- 18 （一年当中的第几周）
SELECT day(@dt);           -- 2
SELECT hour(@dt);          -- 16
SELECT minute(@dt);        -- 27
SELECT second(@dt);        -- 30
SELECT microsecond(@dt);   -- 23456
```

2. MySQL Extract() 函数

可以实现上面类似的功能，SQL 命令如下：

```
mysql>SET @dt = '2017-05-02 16:27:30.123456';
SELECT EXTRACT(year FROM @dt);        -- 2017
SELECT EXTRACT(quarter FROM @dt);     -- 2
SELECT EXTRACT(month FROM @dt);       -- 5
SELECT EXTRACT(week FROM @dt);        -- 18
SELECT EXTRACT(day FROM @dt);         -- 2
SELECT EXTRACT(hour FROM @dt);        -- 16
SELECT EXTRACT(minute FROM @dt);      -- 27
SELECT EXTRACT(second FROM @dt);      -- 30
SELECT EXTRACT(microsecond FROM @dt); -- 123456
SELECT EXTRACT(year_month FROM @dt);  -- 201705
SELECT EXTRACT(day_hour FROM @dt);    -- 216
SELECT EXTRACT(day_minute FROM @dt);  -- 21627
SELECT EXTRACT(day_second FROM @dt);  -- 2162730
```

```
SELECT EXTRACT(day_microsecond FROM @dt); -- 2162730123456
SELECT EXTRACT(hour_minute FROM @dt); --       1627
SELECT EXTRACT(hour_second FROM @dt); --      162730
SELECT EXTRACT(hour_microsecond FROM @dt); -- 162730123456
SELECT EXTRACT(minute_second FROM @dt); --     2730
SELECT EXTRACT(minute_microsecond FROM @dt); -- 2730123456
SELECT EXTRACT(second_microsecond FROM @dt); -- 30123456
```

11.1.7 MySQL 选择日期类型的原则

MySQL 选择日期类型的原则如下：
- 在设计表结构时，关于日期类型；
- 如果只是用来记录"年份"而忽略其他的日期部分，则选取 YEAR 类型；
- 如果只是用来记录"日期"而忽略时间部分，则选取 DATE 类型；
- 如果只是用来记录"时间"忽略其他的日期部分，则选取 TIME 类型；
- 如果既要记录日期又要记录时间，那么就定义该列为 DATETIME 类型。

总之，一切从实际需求出发，进行表结构日期型字段的设计。关于 TIMESTAMP 类型，它和 DATATIME 类型差不多，只是范围小一些（最大日期到 2038 年）。其优点是相对于 DATETIME 占用空间小，建议用 DATATIME 代替。

TIMESTAMP 的使用方法同 DATETIME 一致，可参见 11.1.5 节。只是其日期范围相对 DATETIME 小一些，其日期范围为 1970－01－01 08:00:01～2038－01－19 11:14:07。DATETIME 的日期范围为'1000－01－01 00:00:00'～'9999－12－31 23:59:59'。其优点相对于 DATETIME 占用数据库空间小，尽管如此，建议使用 DATETIME。

11.1.8 MySQL 获得当前日期时间

- 对于 YEAR、TIME、DATE、DATETIME、TIMESTAMP 类型，统一使用 now()函数得到相应的结果。
- 对于 YEAR 类型，可通过 current_time、current_time()、current_date、current_date()得到结果。
- 对于 TIME 类型，可通过 current_time、current_time()得到结果，但 current_date、current_date() 函数无效。
- 对于 DATE 类型，可通过 current_time、current_time()、current_date、current_date()得到结果。
- DATETIME 可通过 current_time、current_time()得到结果，但 current_date、current_date() 只能得到日期部分。
- TIMESTAMP 可通过 current_time、current_time()得到结果，但 current_date、current_date() 只能得到日期部分。

11.2 MySQL 日期与时间函数实例

11.2.1 STR_TO_DATE()函数

```
STR_TO_DATE(str,FORMAT)
```

它是 DATE_FORMAT()函数的倒转，主要功能是将字符串转换为日期类型。它获取一个字符串 str 和一个格式字符串 FORMAT，其 str 的书写格式要与 FORMAT 要求的格式一致。若格式字符串包含日期和时间部分，则 STR_TO_DATE()返回一个 DATETIME 值；若该字符串只包含日期部分或时间部分，则返回一个 DATE 或 TIME 值。str 所包含的日期、时间或日期时间值应该在 FORMAT 指示的格式中被给定。对于可用在 FORMAT 中的说明符，参见 DATE_FORMAT()函数说明表。所有其他的字符被逐字获取，因此不会被解释。若 str 包含一个非法日期、时间或日期时间值，则 STR_TO_DATE()返回 NULL。同时，一个非法值会引起警告。

```
mysql> SELECT STR_TO_DATE('00/00/0000', '%m/%d/%Y'); -- '0000-00-00'
SELECT STR_TO_DATE('04/31/2017', '%m/%d/%Y'); -- '2017-04-31'
```

上述命令的运行结果如图 11.7 所示。

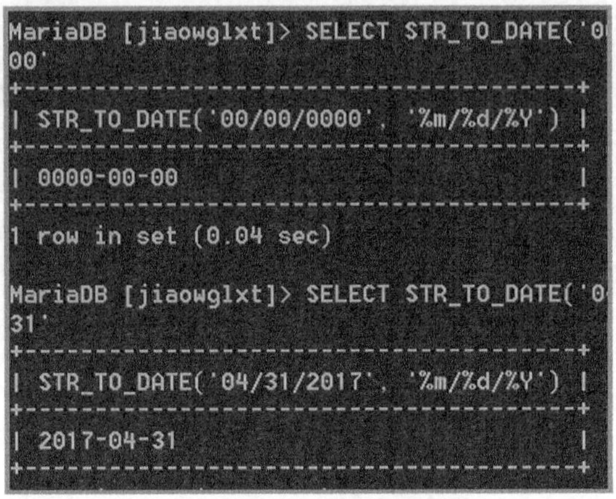

图 11.7　STR_TO_DATE()函数示例

11.2.2　DATE_FORMAT()函数

```
DATE_FORMAT(date,FORMAT)
```

根据 FORMAT 字符串安排 DATE 值的格式。以下是说明符，见表 11.2，可用在 FORMAT 字符串中。

表 11.2　DATE_FORMAT 格式说明

%a	缩写星期名
%b	缩写月名
%c	月，数值
%D	带有英文前缀的月中的天
%d	月的天，数值（00～31）
%e	月的天，数值（0～31）
%f	微秒
%H	小时（00～23）
%h	小时（01～12）
%I	小时（01～12）
%i	分钟，数值（00～59）
%j	年的天（001～366）

续表

%k	小时（0~23）
%l	小时（1~12）
%M	月名（英文单词表示）
%m	月，数值（00~12）
%p	AM 或 PM
%r	时间，12 小时（hh:mm:ss AM 或 PM）
%S	秒（00~59）
%s	秒（00~59）
%T	时间，24 小时（hh:mm:ss）
%U	周（00~53）星期日是一周的第一天
%u	周（00~53）星期一是一周的第一天
%V	周（01~53）星期日是一周的第一天，与%X 使用
%v	周（01~53）星期一是一周的第一天，与%x 使用
%W	星期名（英文单词表示）
%w	周的天（0：星期日，6：星期六）
%X	年，其中的星期日是周的第一天，4 位，与%V 一起使用
%x	年，其中的星期一是周的第一天，4 位，与%v 一起使用
%Y	年，4 位
%y	年，2 位

FORMAT 字符串中，所有其他字符都将被复制到结果中，无须作出翻译。

注意：'%'字符须在格式指定符之前。

月份和日期说明符的范围从零开始，原因是 MySQL 允许存储诸如 '2017-00-00'的不完全日期，示例如下：

```
mysql> SELECT DATE_FORMAT('2017-10-04 22:23:00', '%W %M %Y'); -- 'wednesday October 2017'
SELECT DATE_FORMAT('2017-10-04 22:23:00', '%H:%i:%s'); -- '22:23:00'
SELECT DATE_FORMAT('2017-10-04 22:23:00', '%D %y %a %d %m %b %j');-- '4th 17 web 04 10 Oct 277'
SELECT DATE_FORMAT('2017-10-04 22:23:00', '%H %k %I %r %T %S %w');-- '22 22 10 10:23:00 PM 22:23:00 00 3'
SELECT DATE_FORMAT('2017-01-01', '%X %V');-- '2017 01'
```

11.2.3　TIME_FORMAT()函数

```
TIME_FORMAT(time,format)
```

TIME_FORMAT 函数的"format"格式说明见表 11.3。

表 11.3　format 函数格式说明

操作符	说明
%f	微秒（000000~999999）

续表

操作符	说明
%H	小时（00～23）
%k	小时（0～23）
%h	小时（00～12）
%I	小时（00～12）
%i	分钟（00～59）
%p	（上午）AM或（下午）PM
%r	时间 12 小时制后加 AM或 PM FORMAT（小时 hh:分钟 mm:秒 ss 上午 AM/下午 PM）
%S	秒（00～59）
%s	秒（00～59）
%T	时间 24 小时制 FORMAT（小时 hh:分钟 mm:秒 ss）

其使用和 DATE_FORMAT()函数相同，然而 FORMAT 字符串可能仅会包含处理小时、分钟和秒的格式说明符。其他说明符产生一个 NULL 值或 0。若 time value 包含一个大于 23 的小时部分，则%H 和%k 小时格式说明符会产生一个大于 0～23 的通常范围的值。另一个小时格式说明符产生小时值模数 12，示例如下：

```
mysql>
SELECT TIME_FORMAT('100:00:00', '%H %k %h %I %l'); -- '100 100 04 04 4'
SELECT TIME_FORMAT('15:02:28', '%H %i %s');-- '15 02 28'
SELECT TIME_FORMAT('15:02:28', '%h:%i:%s %p');-- '03:02:28 PM'
SELECT TIME_FORMAT('15:02:28', '%h:%i%p');-- '03:02PM'
SELECT TIME_FORMAT('17:42:03.000001', '%r');-- '05:42:03 PM'
SELECT TIME_FORMAT('17:42:03.000001', '%T');-- '17:42:03'
SELECT TIME_FORMAT('07:42:03.000001', '%f');-- '000001'
```

11.2.4 UNIX_TIMESTAMP()函数

MySQL 中的 UNIX_TIMESTAMP 函数有两种类型。

1. 无参数调用

UNIX_TIMESTAMP()，返回值：自'1970－01－01 00:00:00'的到当前时间的秒数差。

```
SELECT UNIX_TIMESTAMP();
```

上述命令的运行结果如图 11.8 所示。

图 11.8　不带参数的 UNIX_TIMESTAMP()函数示例

2. 有参数调用

UNIX_TIMESTAMP(date)，其中 date 可以是一个 DATE 字符串，一个 DATETIME 字符串，一个 TIMESTAMP 或者一个当地时间的 YYMMDD 或 YYYMMDD 格式的数字。

返回值：自'1970－01－01 00:00:00'与指定时间的秒数差。

```
mysql>SELECT UNIX_TIMESTAMP('2017-05-03'); -- 1493740800
```

上述命令的运行结果如图 11.9 所示。

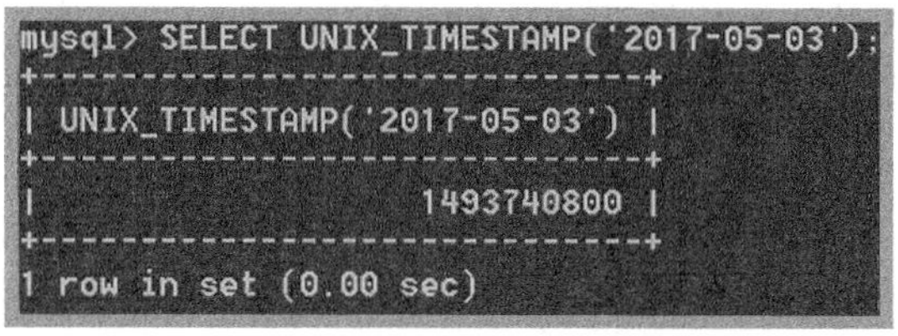
```
mysql> SELECT UNIX_TIMESTAMP('2017-05-03');
+------------------------------+
| UNIX_TIMESTAMP('2017-05-03') |
+------------------------------+
|                   1493740800 |
+------------------------------+
1 row in set (0.00 sec)
```

图 11.9　带参数的 UNIX_TIMESTAMP()函数示例

```
mysql>SELECT UNIX_TIMESTAMP(CURRENT_DATE()); --1493740800
```

上述命令的运行结果如图 11.10 所示。

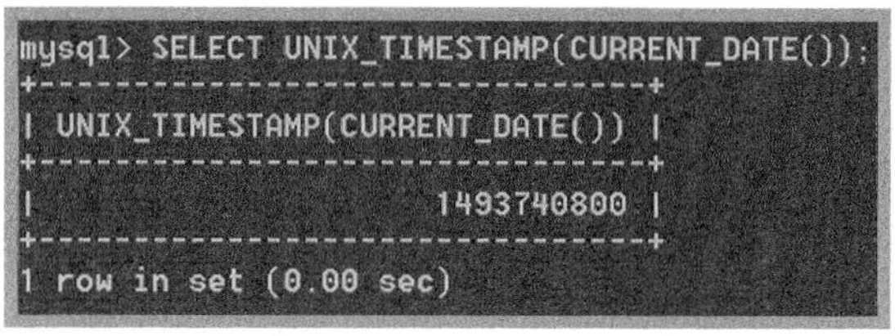
```
mysql> SELECT UNIX_TIMESTAMP(CURRENT_DATE());
+--------------------------------+
| UNIX_TIMESTAMP(CURRENT_DATE()) |
+--------------------------------+
|                     1493740800 |
+--------------------------------+
1 row in set (0.00 sec)
```

图 11.10　带参数的 UNIX_TIMESTAMP()函数示例

以下 3 种格式返回的结果相同：

```
mysql>SELECT UNIX_TIMESTAMP('20170503');
SELECT UNIX_TIMESTAMP('2017-5-3');
SELECT UNIX_TIMESTAMP('2017-05-03');
```

上述命令的运行结果如图 11.11 所示。

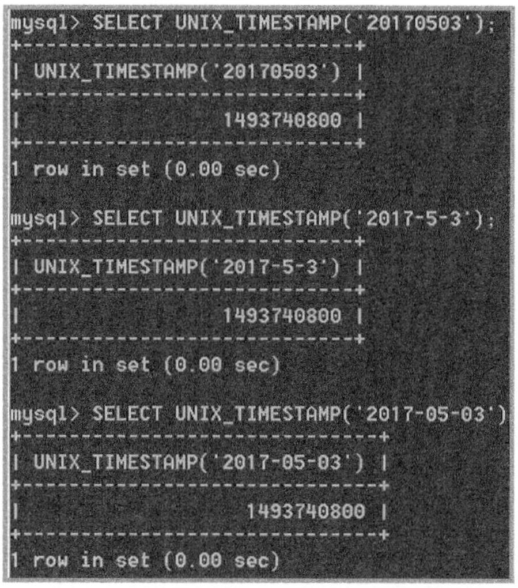
```
mysql> SELECT UNIX_TIMESTAMP('20170503');
+----------------------------+
| UNIX_TIMESTAMP('20170503') |
+----------------------------+
|                 1493740800 |
+----------------------------+
1 row in set (0.00 sec)

mysql> SELECT UNIX_TIMESTAMP('2017-5-3');
+----------------------------+
| UNIX_TIMESTAMP('2017-5-3') |
+----------------------------+
|                 1493740800 |
+----------------------------+
1 row in set (0.00 sec)

mysql> SELECT UNIX_TIMESTAMP('2017-05-03');
+------------------------------+
| UNIX_TIMESTAMP('2017-05-03') |
+------------------------------+
|                   1493740800 |
+------------------------------+
1 row in set (0.00 sec)
```

图 11.11　带参数的 UNIX_TIMESTAMP()函数示例

结果都是 1493740800。

11.2.5　INTERVAL expr TYPE()函数

“INTERVAL expr TYPE”负责对时间间隔（多少天、多少小时、多少分钟等）进行设定，它必须与 DATE_ADD()、DATE_SUB()函数联合使用。

TYPE 可能为 day（天）、hour（小时）、minute（分钟）、second（秒）、microsecond（毫秒）、week（周）、month（月）、quarter（季度）、year（年）、hour_second（小时:分钟:秒）、hour_minute（小时:分钟）、minute_second（分钟:秒）等其中之一。详见表 11.4。

"expr" 为日期格式表达式，如 interval 1 day 表示准备增加一天；interval －1 day 表示准备减少一天；interval 5 hour 表示准备增加 5 小时；interval －5 hour 表示准备减少 5 小时。

type、expr 书写格式对照见表 11.4。

表 11.4　type 值及 expr 书写格式对照表

type 值	预期的 expr 格式
MICROSECOND	MICROSECONDS
SECOND	SECONDS
MINUTE	MINUTES
HOUR	HOURS
DAY	DAYS
WEEK	WEEKS
MONTH	MONTHS
QUARTER	QUARTERS
YEAR	YEARS
SECOND_MICROSECOND	SECONDS.MICROSECONDS
MINUTE_MICROSECOND	MINUTES.MICROSECONDS
MINUTE_SECOND	MINUTES:SECONDS
HOUR_MICROSECOND	HOURS.MICROSECONDS
HOUR_SECOND	HOURS:MINUTES:SECONDS
HOUR_MINUTE	HOURS:MINUTES
DAY_MICROSECOND	DAYS.MICROSECONDS
DAY_SECOND	DAYS HOURS:MINUTES:SECONDS
DAY_MINUTE	DAYS HOURS:MINUTES
DAY_HOUR	DAYS HOURS
YEAR_MONTH	YEARS－MONTH

11.2.6　给日期增加一个时间间隔函数 DATE_ADD()

该函数的语法格式为 DATE_ADD(data，INTERVAL expr TYPE)，其中"data"为日期格式的字符串，"INTERVAL expr TYPE"为时间间隔设定，告诉 DATE_ADD()函数要对"data"所要进行的时间间隔处理动作。

> 注意：关于"INTERVAL expr TYPE"，可参考 11.2.5 节的说明。

为了进行示例演示，首先设定一个基准日期：'2017－05－03 15:50:26'，然后在这个日期的基础上进行日期的增减运算，示例如下。

- 设定基准日期。

mysql>set @dt = '2017-05-03 15:50:26.123456'; -- 设置@dt 变量并赋值。

- 给基准日期"@dt"加 1 天。

```
mysql>SELECT DATE_ADD(@dt, INTerval 1 day);-- 加 1 天，同 SELECT DATE_SUB(@dt, INTerval
-1 day);
```

上述命令的运行结果如图 11.12 所示。

- 给基准日期"@dt"减 1 天。

```
mysql>SELECT DATE_ADD(@dt, INTERVAL -1 day); -- 减 1 天 同 SELECT DATE_SUB(@dt, INTERVAL
1 day);
```

上述命令的运行结果如图 11.13 所示。

图 11.12　DATE_ADD()函数加 1 天示例　　　　图 11.13　DATE_ADD()函数减 1 天示例

- 给基准日期"@dt"加 1 小时。

```
mysql>SELECT DATE_ADD(@dt, INTERVAL 1 hour);    --加 1 小时
```

上述命令的运行结果如图 11.14 所示。

- 给基准日期"@dt"加 1 分钟。

```
mysql>SELECT DATE_ADD(@dt, INTERVAL 1 minute);    -- 加 1 分钟
```

上述命令的运行结果如图 11.15 所示。

图 11.14　DATE_ADD()函数加 1 小时示例　　　　图 11.15　DATE_ADD()函数加 1 分钟示例

- 给基准日期"@dt"加 1 秒。

```
mysql>SELECT DATE_ADD(@dt, INTERVAL 1 second); --加 1 秒
```

上述命令的运行结果如图 11.16 所示。

- 给基准日期"@dt"加 1 微秒。

```
mysql>SELECT DATE_ADD(@dt, INTERVAL 1 microsecond);--加 1 微秒
```

上述命令的运行结果如图 11.17 所示。

图 11.16　DATE_ADD()函数加 1 秒示例　　　　图 11.17　DATE_ADD()函数加 1 微秒示例

- 给基准日期"@dt"加 1 周。

```
mysql>SELECT DATE_ADD(@dt, INTERVAL 1 week);--加1周
```

上述命令的运行结果如图 11.18 所示。

- 给基准日期"@dt"加 1 月。

```
mysql>SELECT DATE_ADD(@dt, INTERVAL 1 month);--加1月
```

上述命令的运行结果如图 11.19 所示。

图 11.18　DATE_ADD()函数加 1 周示例　　　图 11.19　DATE_ADD()函数加 1 月示例

- 给基准日期"@dt"加 1 季度。

```
mysql>SELECT DATE_ADD(@dt, INTERVAL 1 quarter);--加1季度
```

上述命令的运行结果如图 11.20 所示。

- 给基准日期"@dt"加 1 年。

```
mysql>SELECT DATE_ADD(@dt, INTERVAL 1 year);--加1年
```

上述命令的运行结果如图 11.21 所示。

图 11.20　DATE_ADD()函数加 1 季度示例　　　图 11.21　DATE_ADD()函数加 1 年示例

- 给基准日期"@dt"加 1 小时 15 分 30 秒。

```
mysql>SELECT DATE_ADD(@dt, INTERVAL '01:15:30' hour_second);--加1小时15分30秒
```

上述命令的运行结果如图 11.22 所示。

- 给基准日期"@dt"加 1 天 1 小时 15 分 30 秒。

```
mysql>SELECT DATE_ADD(@dt, INTERVAL '1 01:15:30' day_second);--加1天1小时15分30秒
```

上述命令的运行结果如图 11.23 所示。

图 11.22　DATE_ADD()函数加 1 小时 15 分 30 秒　　　图 11.23　DATE_ADD()函数加 1 天 1 小时 15 分 30 秒

注意：MySQL DATE_SUB()函数是减少一个时间间隔，DATE_ADD 是增加一个时间间隔，DATE_SUB()函数和 DATE_ADD()函数用法一致，不再赘述。另外，MySQL 中还有两个函数 subdate()、subtime()，建议用 DATE_SUB()函数来替代。

11.2.7 两个日期相减函数 DATEDIFF()

MySQL 日期相减函数 DATEDIFF(date1,date2)，用 data1 减 date2，即用第一个日期 date1 减第二个日期 date2，返回天数。

> 注意：date1 与 date2 必须为日期格式，可以是'YYYY－MM－DD'或'YYYY:MM:DD'或'YY－MM－DD'或'YY:MM:DD'都可以，但不能'YYYY－MM'或'YY－MM'或'YYYY:MM'或'YY:MM'，这些不符合日期格式（其中任意一个）的相减，返回 NULL；如果 date1 及 date2 中，包含时间格式，若时间格式非法，则返回 NULL；若时间格式正确，其日期部分正常运算但时间部分被忽略。

示例如下。
- 两个日期相减，返回大于 0 的数。

```
mysql>SELECT DATEDIFF('2017-05-04', '2017-05-01');
```

上述命令的运行结果如图 11.24 所示。
- 两个日期相减，返回小于 0 的数值。

```
mysql>SELECT DATEDIFF('2017-05-01', '2017-05-04');
```

上述命令的运行结果如图 11.25 所示。

图 11.24　DATEDIFF()函数返回大于 0 的数值示例　　图 11.25　DATEDIFF()函数返回小于 0 的数值示例

- 两个日期相减，返回 NULL。

```
mysql>SELECT DATEDIFF('2017-05', '2017-05-04');
```

上述命令的运行结果如图 11.26 所示。

图 11.26　DATEDIFF()函数返回 NULL 示例

11.2.8 两个时间相减函数 TIMEDIFF()

TIMEDIFF(time1,time2)，time1、time2 为时间格式的字符串，用 time1 减 time2 即用第一个时间 time1 减第二个时间 time2，返回时间的差值（X 时:X 分:X 秒），该差值为时间格式的字符串。

若 time1、time2 都不包含时间格式，返回 "00:00:00"；若其中一个包含，另外一个不包含，则返回 NULL，下面的示例提供了不同格式的两个时间相减后的不同结果，示例如下。
- TIMEDIFF()含年、月、日的两个时间相减，返回时间差值。

11.2 MySQL 日期与时间函数实例

```
mysql>SELECT TIMEDIFF('2017-05-04 09:04:01','2017-05-01 09:04:10');
```

上述命令的运行结果如图 11.27 所示。

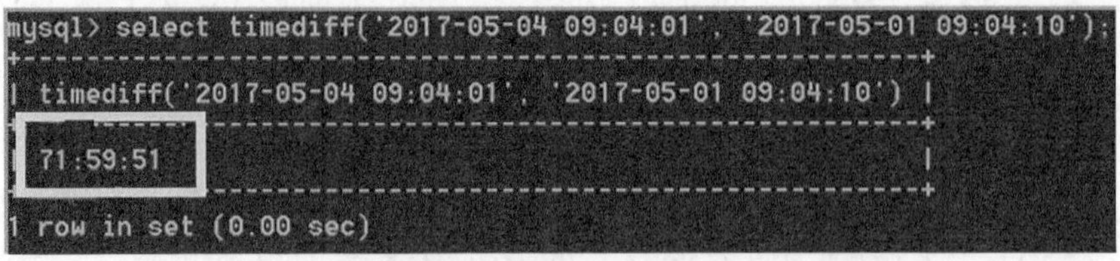

图 11.27 TIMEDIFF()函数两个时间相减返回时间差值字符串

- TIMEDIFF()不含年、月、日的两个时间相减，返回时间差值。

```
mysql>SELECT TIMEDIFF('09:05:01','08:05:02');
```

上述命令的运行结果如图 11.28 所示。

- TIMEDIFF()两个年、月、日格式的时间相减，返回 00:00:00。

```
mysql>SELECT TIMEDIFF('2017-05-01', '2017-05-02');
```

上述命令的运行结果如图 11.29 所示。

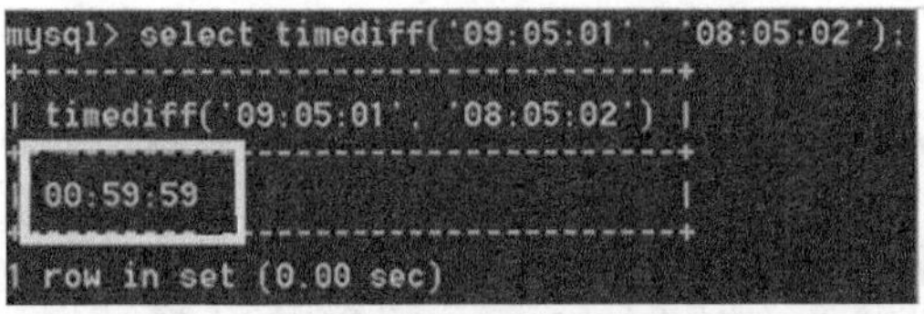

图 11.28 TIMEDIFF()返回时间差值字符串 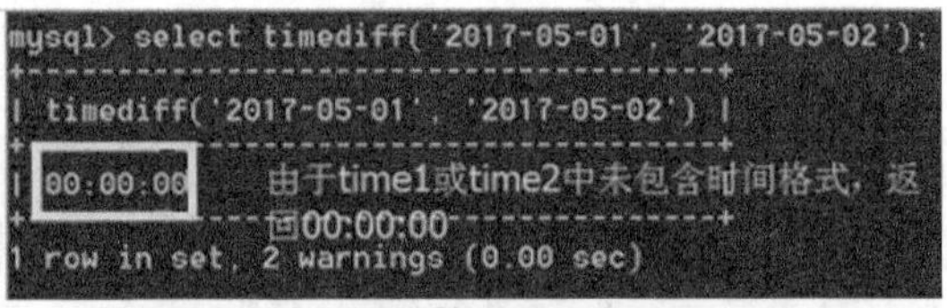 图 11.29 TIMEDIFF()返回时间差值字符串

- TIMEDIFF()两个时间相减，返回 NULL。

```
mysql>SELECT TIMEDIFF('2017-05-03 00:00:01', '2017-05-02');
```

上述命令的运行结果如图 11.30 所示。

图 11.30 TIMEDIFF()两个时间相减返回 NULL

11.2.9 两个时间相减函数 TIMESTAMPDIFF()

TIMESTAMPDIFF(interval,datetime_expr1,datetime_expr2)，返回日期或日期时间表达式 datetime_expr1 和 datetime_expr2the 之间的整数差，数值类型。用 datetime_expr2 减 datetime_expr1，其差值的时间计量单位由 interval 参数给出，该参数必须是 MICROSECOND 微秒、SECOND 秒、MINUTE 分钟、HOUR 小时、DAY 天、WEEK 星期、MONTH 月、QUARTER 季度、YEAR 年等其中一个。

datetime_expr1、datetime_expr2，其中任意一个的日期时间格式非法，返回 NULL。

下面来看 TIMESTAMPDIFF()函数的日期加减运算例。示例中有 3 个参数，第一个参数定义返回结果的计量单位（由 interval 参数规定，如"时""分""秒"等），第二、第 3 个参数为日期或日期时间格式的字符串。

- TIMESTAMPDIFF()两个时间差值的计量单位为 ms。

```
mysql>SELECT TIMESTAMPDIFF(MICROSECOND ,'2017-05-04','2017-05-30');
```

上述命令的运行结果如图 11.31 所示。

图 11.31　两个时间相减后的差值计量单位为 ms

- TIMESTAMPDIFF()两个时间差值的计量单位为 s。

```
mysql>SELECT TIMESTAMPDIFF(SECOND,'2017-05-04','2017-05-30');
```

上述命令的运行结果如图 11.32 所示。

```
+-------------------------------------------------+
| TIMESTAMPDIFF(SECOND,'2017-05-04','2017-05-30') |
+-------------------------------------------------+
|                                         2246400 |
+-------------------------------------------------+
```

图 11.32　两个时间相减后的差值计量单位为 s

- TIMESTAMPDIFF()两个时间差值的计量单位为 min。

```
mysql>SELECT TIMESTAMPDIFF(MINUTE ,'2017-05-04','2017-05-30');
```

上述命令的运行结果如图 11.33 所示。

```
+--------------------------------------------------+
| TIMESTAMPDIFF(MINUTE ,'2017-05-04','2017-05-30') |
+--------------------------------------------------+
|                                            37440 |
+--------------------------------------------------+
```

图 11.33　两个时间相减后的差值计量单位为 min

- TIMESTAMPDIFF()两个时间差值的计量单位为 h。

```
mysql>SELECT TIMESTAMPDIFF(HOUR ,'2017-05-04','2017-05-30');
```

上述命令的运行结果如图 11.34 所示。

图 11.34　两个时间相减后的差值计量单位为 h

- TIMESTAMPDIFF()两个时间差值的计量单位为天。

```
mysql>SELECT TIMESTAMPDIFF(DAY ,'2017-05-04','2017-05-30');
```

上述命令的运行结果如图 11.35 所示。

图 11.35　两个时间相减后的差值计量单位为天

- TIMESTAMPDIFF()两个时间差值的计量单位为周。

```
mysql>SELECT TIMESTAMPDIFF(WEEK ,'2017-05-04','2017-05-30');
```

上述命令的运行结果如图 11.36 所示。

图 11.36　两个时间相减后的差值计量单位为周

- TIMESTAMPDIFF()两个时间差值的计量单位为月。

```
mysql>SELECT TIMESTAMPDIFF(MONTH,'2017-05-04','2017-10-30');
```

上述命令的运行结果如图 11.37 所示。

图 11.37　两个时间相减后的差值计量单位为月

- TIMESTAMPDIFF()两个时间差值的计量单位为季度。

```
mysql>SELECT TIMESTAMPDIFF(QUARTER ,'2017-05-04','2017-11-30');
```

上述命令的运行结果如图 11.38 所示。

图 11.38　两个时间相减后的差值计量单位为季度

- TIMESTAMPDIFF()两个时间差值的计量单位为年。

```
mysql>SELECT TIMESTAMPDIFF(YEAR ,'2017-05-04','2020-10-30');
```

上述命令的运行结果如图 11.39 所示。

```
| TIMESTAMPDIFF(YEAR ,'2017-05-04','2020-10-30') |
|                                              3 |
```

图 11.39　两个时间相减后的差值计量单位为年

- TIMESTAMPDIFF()函数两个时间使用":"日期分隔符，其差值的计量单位为天。

```
mysql>SELECT TIMESTAMPDIFF(day,'2017:01:04','2017:01:10');
```

上述命令的运行结果如图 11.40 所示。

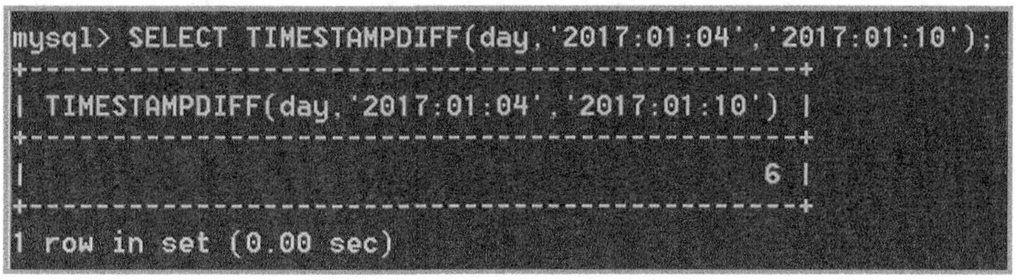

```
mysql> SELECT TIMESTAMPDIFF(day,'2017:01:04','2017:01:10');
+----------------------------------------------+
| TIMESTAMPDIFF(day,'2017:01:04','2017:01:10') |
+----------------------------------------------+
|                                            6 |
+----------------------------------------------+
1 row in set (0.00 sec)
```

图 11.40　使用':'分隔符的两个时间相减后的差值计量单位为天

- TIMESTAMPDIFF()函数两个时间使用":"日期分隔符，其中一个日期格式非法，其差值返回 NULL。

```
mysql>SELECT TIMESTAMPDIFF(day,'2017:01','2017:01:10');
```

上述命令的运行结果如图 11.41 所示。

```
mysql> SELECT TIMESTAMPDIFF(day,'2017:01','2017:01:10');
+-------------------------------------------+
| TIMESTAMPDIFF(day,'2017:01','2017:01:10') |
+-------------------------------------------+
|      日期分隔符非法                  NULL |
+-------------------------------------------+
1 row in set, 1 warning (0.04 sec)
```

图 11.41　使用':'分隔符的两个时间相减后的差值为 NULL

在这个例子中，"2017:01"或"2017－01"均为非法的日期格式，因此返回 NULL。

- TIMESTAMPDIFF()函数，两个时间相减，第二个日期小于第一个日期，其差值返回负数。

```
mysql>SELECT TIMESTAMPDIFF(year,'2017-05-04 09:00:00','2012-08-30 12:01:01');
```

上述命令的运行结果如图 11.42 所示。

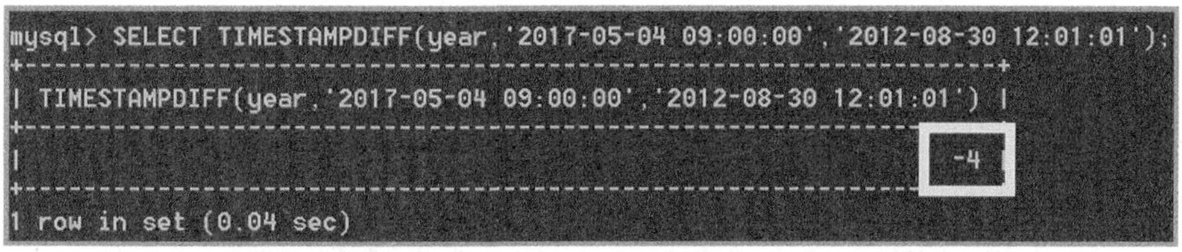

```
mysql> SELECT TIMESTAMPDIFF(year,'2017-05-04 09:00:00','2012-08-30 12:01:01');
+-----------------------------------------------------------------+
| TIMESTAMPDIFF(year,'2017-05-04 09:00:00','2012-08-30 12:01:01') |
+-----------------------------------------------------------------+
|                                                              -4 |
+-----------------------------------------------------------------+
1 row in set (0.04 sec)
```

图 11.42　用第二个日期小于第一个日期的两个时间相减后的差值为负数

11.2.10　添加时间间隔函数 TIMESTAMPADD()

TIMESTAMPADD(interval,int_expr,datetime_expr)，将整型表达式 int_expr 添加到日期或日期

时间表达式 datetime_expr 中，返回日期或日期时间格式的字符串。式中的 interval 和 TIMESTAMPDIFF()列举的取值一样。interval 的取值为 MICROSECOND 微秒、SECOND 秒、MINUTE 分钟、HOUR 小时、DAY 天、WEEK 星期、MONTH 月、QUARTER 季度、YEAR 年。

datetime_expr1、datetime_expr2，其中任意一个的日期时间格式非法，返回 NULL，示例如下。

- TIMESTAMPADD()，添加时间间隔，将第 3 个日期参数加上微秒的间隔数。

```
mysql>SELECT TIMESTAMPADD(MICROSECOND,10,'2017-05-04 12:15:20.123456');
```

上述命令的运行结果如图 11.43 所示。

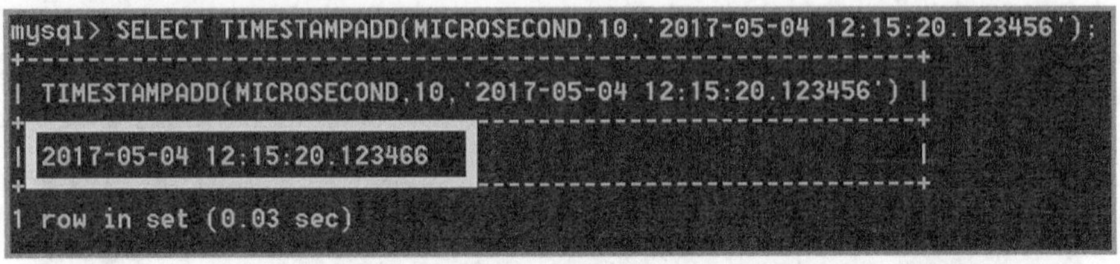

```
mysql> SELECT TIMESTAMPADD(MICROSECOND,10,'2017-05-04 12:15:20.123456');
+-----------------------------------------------------------+
| TIMESTAMPADD(MICROSECOND,10,'2017-05-04 12:15:20.123456') |
+-----------------------------------------------------------+
| 2017-05-04 12:15:20.123466                                |
+-----------------------------------------------------------+
1 row in set (0.03 sec)
```

图 11.43 TIMESTAMPADD()函数加微秒间隔示例

- TIMESTAMPADD()，添加时间间隔，将第 3 个日期参数加上秒的间隔数。

```
mysql>SELECT TIMESTAMPADD(SECOND,10,'2017-05-04 12:15:20.123456');
```

上述命令的运行结果如图 11.44 所示。

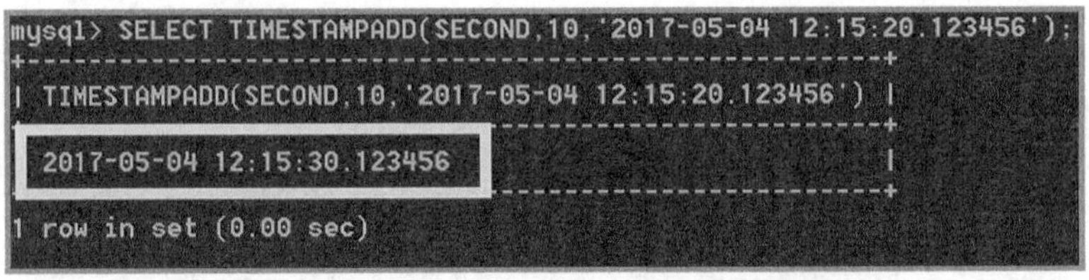

```
mysql> SELECT TIMESTAMPADD(SECOND,10,'2017-05-04 12:15:20.123456');
+------------------------------------------------------+
| TIMESTAMPADD(SECOND,10,'2017-05-04 12:15:20.123456') |
+------------------------------------------------------+
| 2017-05-04 12:15:30.123456                           |
+------------------------------------------------------+
1 row in set (0.00 sec)
```

图 11.44 TIMESTAMPADD()函数加秒间隔示例

- TIMESTAMPADD()，添加时间间隔，将第 3 个日期参数加上分钟的间隔数。

```
mysql>SELECT TIMESTAMPADD(MINUTE,10,'2017-05-04 12:15:20.123456');
```

上述命令的运行结果如图 11.45 所示。

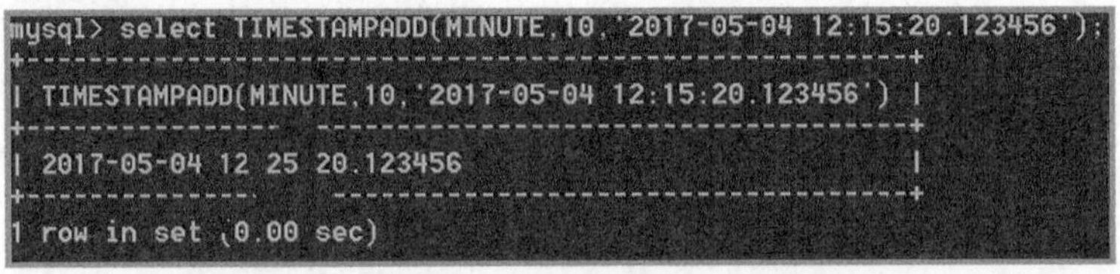

```
mysql> select TIMESTAMPADD(MINUTE,10,'2017-05-04 12:15:20.123456');
+------------------------------------------------------+
| TIMESTAMPADD(MINUTE,10,'2017-05-04 12:15:20.123456') |
+------------------------------------------------------+
| 2017-05-04 12 25 20.123456                           |
+------------------------------------------------------+
1 row in set (0.00 sec)
```

图 11.45 TIMESTAMPADD()函数加分钟间隔示例

- TIMESTAMPADD()，添加时间间隔，将第 3 个日期参数加上小时的间隔数。

```
mysql>SELECT TIMESTAMPADD(HOUR,10,'2017-05-04 12:15:20.123456');
```

上述命令的运行结果如图 11.46 所示。

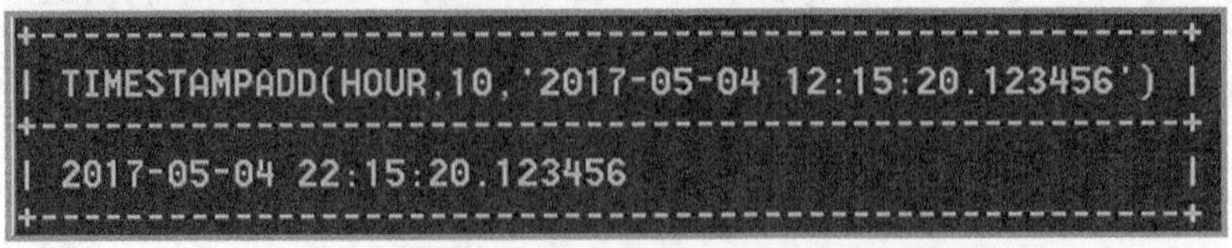

```
+----------------------------------------------------+
| TIMESTAMPADD(HOUR,10,'2017-05-04 12:15:20.123456') |
+----------------------------------------------------+
| 2017-05-04 22:15:20.123456                         |
+----------------------------------------------------+
```

图 11.46 TIMESTAMPADD()函数加小时间隔示例

- TIMESTAMPADD()，添加时间间隔，将第 3 个日期参数加上天的间隔数。

```
mysql>SELECT TIMESTAMPADD(DAY,10,'2017-05-04 12:15:20.123456');
```

上述命令的运行结果如图 11.47 所示。

```
+-------------------------------------------------------+
| TIMESTAMPADD(DAY,10,'2017-05-04 12:15:20.123456') |
+-------------------------------------------------------+
| 2017-05-14 12:15:20.123456                            |
+-------------------------------------------------------+
```

图 11.47　TIMESTAMPADD()函数加天间隔示例

- TIMESTAMPADD()，添加时间间隔，将第 3 个日期参数加上星期（周）的间隔数。

```
mysql>SELECT TIMESTAMPADD(WEEK,1,'2017-05-04 12:15:20.123456');
```

上述命令的运行结果如图 11.48 所示。

```
+-------------------------------------------------------+
| TIMESTAMPADD(WEEK,1,'2017-05-04 12:15:20.123456') |
+-------------------------------------------------------+
| 2017-05-11 12:15:20.123456                            |
+-------------------------------------------------------+
```

图 11.48　TIMESTAMPADD()函数加星期（周）间隔示例

- TIMESTAMPADD()，添加时间间隔，将第 3 个日期参数加上月的间隔数。

```
mysql>SELECT TIMESTAMPADD(MONTH,1,'2017-05-04 12:15:20.123456');
```

上述命令的运行结果如图 11.49 所示。

```
+--------------------------------------------------------+
| TIMESTAMPADD(MONTH,1,'2017-05-04 12:15:20.123456') |
+--------------------------------------------------------+
| 2017-06-04 12:15:20.123456                             |
+--------------------------------------------------------+
```

图 11.49　TIMESTAMPADD()函数加月间隔示例

- TIMESTAMPADD()，添加时间间隔，将第 3 个日期参数加上季度的间隔数。

```
mysql>SELECT TIMESTAMPADD(QUARTER,1,'2017-05-04 12:15:20.123456');
```

上述命令的运行结果如图 11.50 所示。

```
+----------------------------------------------------------+
| TIMESTAMPADD(QUARTER,1,'2017-05-04 12:15:20.123456') |
+----------------------------------------------------------+
| 2017-08-04 12:15:20.123456                               |
+----------------------------------------------------------+
```

图 11.50　TIMESTAMPADD()函数加季度间隔示例

- TIMESTAMPADD()，添加时间间隔，将第 3 个日期参数加上年的间隔数。

```
mysql>SELECT TIMESTAMPADD(YEAR,1,'2017-05-04 12:15:20.123456');
```

上述命令的运行结果如图 11.51 所示。

11.2 MySQL 日期与时间函数实例

```
+-----------------------------------------------------+
| TIMESTAMPADD(YEAR,1,'2017-05-04 12:15:20.123456')   |
+-----------------------------------------------------+
| 2018-05-04 12:15:20.123456                          |
+-----------------------------------------------------+
```

图 11.51　TIMESTAMPADD()函数加年间隔示例

- TIMESTAMPADD()，添加时间间隔，将第 3 个日期格式参数减少 10min。

```
mysql>SELECT TIMESTAMPADD(MINUTE,-10,'2017-05-04 12:15:20.123456');
```

上述命令的运行结果如图 11.52 所示。

```
+-------------------------------------------------------+
| TIMESTAMPADD(MINUTE,-10,'2017-05-04 12:15:20.123456') |
+-------------------------------------------------------+
| 2017-05-04 12:05:20.123456                            |
+-------------------------------------------------------+
```

图 11.52　TIMESTAMPADD()函数减少 10min 示例

- TIMESTAMPADD()，添加时间间隔，若第 3 个日期参数为非法日期格式，则返回 NULL。

```
mysql>SELECT TIMESTAMPADD(MINUTE,10,'2017-05 12:15:20.123456');
```

上述命令的运行结果如图 11.53 所示。

```
+---------------------------------------------------+
| TIMESTAMPADD(MINUTE,10,'2017-05 12:15:20.123456') |
+---------------------------------------------------+
| NULL                                              |
+---------------------------------------------------+
```

图 11.53　TIMESTAMPADD()函数非法日期格式返回 NULL 示例

第 12 章 MySQL 的分组与统计

本章将把 MySQL 的分组与统计运算作为一个专题进行详细介绍，包括 COUNT()函数、DISTINCT 与 COUNT()函数连用、GROUP BY 与 COUNT()函数连用、CASE WHEN 语句与 COUNT()函数连用、GROUP BY 与聚集函数(MIN()、MAX()、AVG()和 SUM())连用、GROUP BY 的 HAVING 分组结果的筛选等，同时提供大量的示例供读者参考和借鉴。

任何应用项目的开发，都离不开分组与统计的处理。通过本章的学习，读者可掌握这项技术，为应用项目开发打下坚实的基础。

12.1 MySQL COUNT()函数

12.1.1 准备工作

（1）创建表。

为了验证 MySQL 的 COUNT()函数，需要为此准备些数据，首先创建一张表，代码如下：

```
use db_fcms;
CREATE TABLE tb_student (
  id INT(11) NOT NULL,
  stu_name VARCHAR(255) CHARACTER SET utf8mb4 DEFAULT NULL COMMENT '读者姓名',
  tea_name VARCHAR(255) DEFAULT NULL COMMENT '教师姓名',
  stu_class VARCHAR(255) DEFAULT NULL COMMENT '所在班级名称',
  stu_sex VARCHAR(255) DEFAULT NULL COMMENT '读者性别',
  stu_sex_int TINYINT(4) DEFAULT NULL,
  PRIMARY KEY (id)
) ENGINE=InnoDB DEFAULT CHARSET=utf8;
```

（2）插入数据。

往刚刚创建的表中添加数据，代码如下：

```
INSERT INTO tb_student (id, stu_name, tea_name, stu_class, stu_sex,stu_sex_int) VALUES
('0', '小明', '老张', '一班', '男',0),('1', '小红', '老张', '一班', '女',0),
('2', '小刚', '老王', '一班', '男',0),('3', '小兰', '老王', '一班', '女',0),
('4', '小军', '老张', '二班', '男',0),('5', '小芳', '老张', '二班', '女',0),
('6', '小强', '老王', '二班', '男',0),('7', '小娜', '老王', '二班', '女',0),
('8', '小A', '老李', '三班', '男',0),('9', '小B', '老李', '三班', '女',0),
('10', '小C', '老赵', '三班', '男',0),('11', '小D', '老赵', '三班', '女',0),
('12', '小E', '老马', '四班', '男',0),('13', '小F', '老马', '四班', '女',0),
('14', '小G', '老王', '四班', '男',0),('15', '小H', '老王', '四班', '女',0),
('16', NULL, NULL, NULL, NULL,NULL);
```

12.1.2 COUNT(*|n|空值|字段名)

因为当 COUNT 的表达式为 NULL 时不会计数，所以 COUNT(fieldname)当 fieldname 为 NULL 时不会计数，示例如下：

```
SELECT COUNT(stu_name) AS count FROM tb_student;   结果: 16
SELECT COUNT(id) AS count FROM tb_student; 结果: 17
SELECT COUNT(*) AS count FROM tb_student; 结果: 17
SELECT COUNT(0) AS count FROM tb_student; 结果: 17
```

其中一个结果是 16，其他结果是 17，说明 COUNT(字段)遇到"字段"列值为 NULL 时，是不被计数的，其他情况全部计数。

```
SELECT COUNT(NULL) AS count FROM tb_student ; 结果:0
```

说明 NULL 是不被计数的。

12.1.3　DISTINCT 与 COUNT 连用

DISTINCT 与 COUNT 连用，DISTINCT 的作用是对查询结果去重。DISTINCT fielda 在查询结果中 fielda 的值不会重复。当 COUNT 的表达式包括 DISTINCT 时，其所表达的意思就是对被 DISTINCT 的字段不重复的值计数。例如：

```
mysql>SELECT DISTINCT stu_class FROM tb_student;
```

上述命令的运行结果如图 12.1 所示。

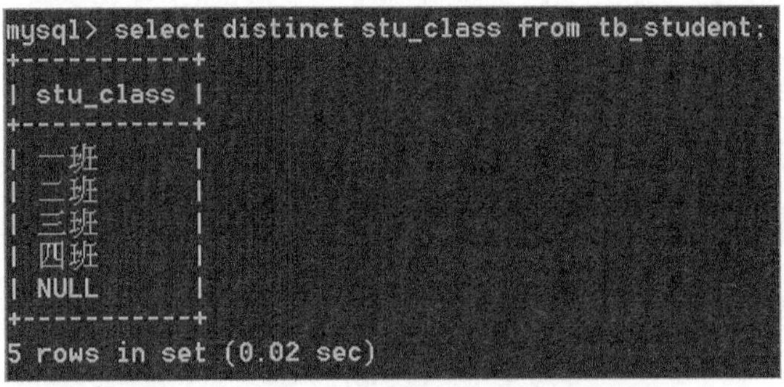

图 12.1　DISTINCT 与 COUNT 连用查询不重复的数据

```
mysql>SELECT COUNT(DISTINCT stu_class) AS count FROM tb_student;
```

上述命令的运行结果如图 12.2 所示。

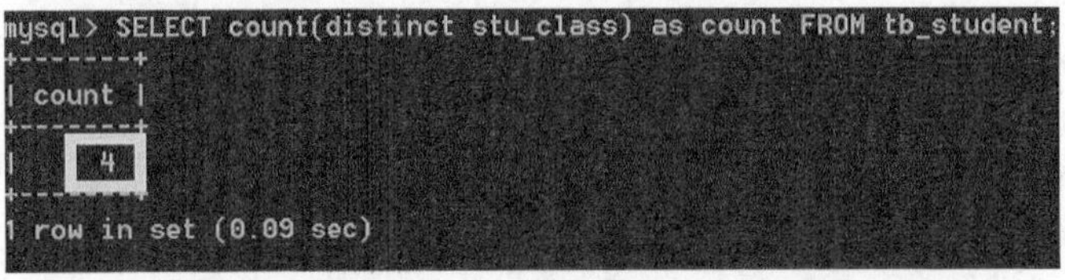

图 12.2　DISTINCT 与 COUNT 连用对不重复的数据计数

12.1.4　GROUP BY（多个字段）与 COUNT 分组计数

GROUP BY（多个字段）与 COUNT 分组计数，GROUP BY fielda 是表示根据 fielda 的不同取值对查询结果进行分组。如对于 tb_student 表，根据 stu_sex 的不同取值（男，女）可把查询结果分成两组。fielda 有 n 个不同的取值，查询结果就会被分成 n 组。当分组字段有多个时候，如 GROUP BY fielda, fieldb，会对 fielda 和 fieldb 进行合并，然后依据合并后的不同值进行分组，有 n 个不同合并值就分成 n 个组。

当 COUNT 与 GROUP BY 连用时，COUNT 是对 GROUP BY 结果的各个分组进行计数。下面来看不同分组条件下的 COUNT()函数的结果。

（1）单个分组条件，示例如下：

```
mysql>SELECT stu_sex ,COUNT(*) AS count FROM tb_student GROUP BY stu_sex ;
```

上述命令的运行结果如图 12.3 所示。

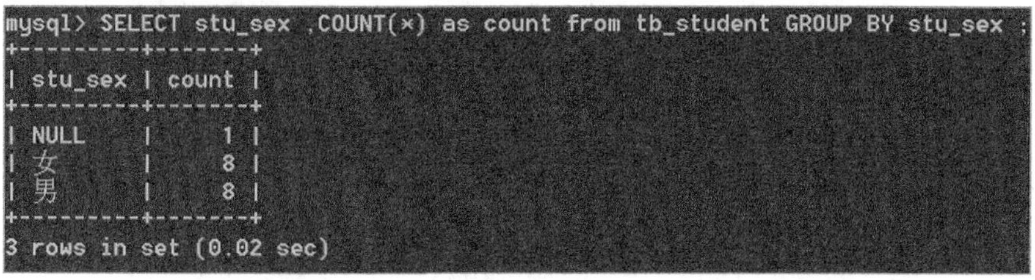

```
mysql> SELECT stu_sex ,COUNT(*) as count from tb_student GROUP BY stu_sex ;
+---------+-------+
| stu_sex | count |
+---------+-------+
| NULL    |     1 |
| 女      |     8 |
| 男      |     8 |
+---------+-------+
3 rows in set (0.02 sec)
```

图 12.3　COUNT 与 GROUP BY 连用单个分组条件

（2）多个分组条件，示例如下：

```
mysql>SELECT stu_sex,stu_class,COUNT(*) AS count FROM tb_student GROUP BY stu_sex,stu_cl
ass;
```

上述命令的运行结果如图 12.4 所示。

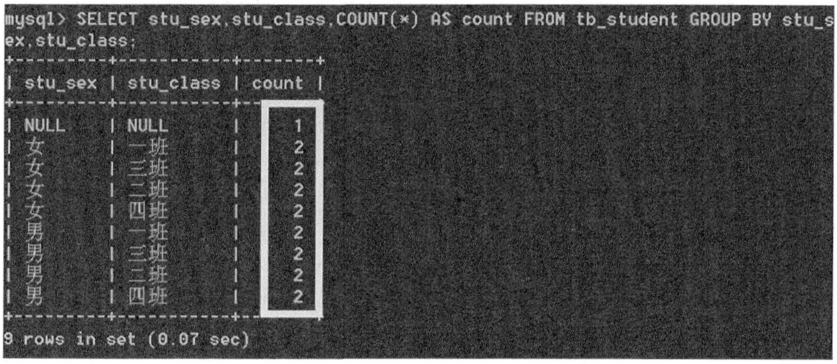

```
mysql> SELECT stu_sex,stu_class,COUNT(*) AS count FROM tb_student GROUP BY stu_s
ex,stu_class;
+---------+-----------+-------+
| stu_sex | stu_class | count |
+---------+-----------+-------+
| NULL    | NULL      |     1 |
| 女      | 一班      |     2 |
| 女      | 三班      |     2 |
| 女      | 二班      |     2 |
| 女      | 四班      |     2 |
| 男      | 一班      |     2 |
| 男      | 三班      |     2 |
| 男      | 二班      |     2 |
| 男      | 四班      |     2 |
+---------+-----------+-------+
9 rows in set (0.07 sec)
```

图 12.4　COUNT 与 GROUP BY 连用多个分组条件

12.1.5　CASE WHEN 语句与 COUNT 连用

CASE WHEN 语句与 COUNT 连用实现按过滤计数，在上述数据中，如果要查每个教师教了多少个学生，如一班同学、二班同学、三班同学、四班同学，有两种计数方法。

（1）方法一，对教师和班级分组计数。

```
mysql>SELECT tea_name AS '教师',stu_class AS '班级',COUNT(*) AS '读者人数' FROM tb_student
GROUP BY tea_name,stu_class;
```

上述命令的运行结果如图 12.5 所示。

（2）方法二，使用 CASE WHEN。

```
mysql>SELECT tea_name,
COUNT(CASE WHEN stu_class='一班' then 1 else NULL end) AS 一班人数,
COUNT(CASE WHEN stu_class='二班' then 1 else NULL end) AS 二班人数,
COUNT(CASE WHEN stu_class='三班' then 1 else NULL end) AS 三班人数,
COUNT(CASE WHEN stu_class='四班' then 1 else NULL end) AS 四班人数
FROM tb_student GROUP BY tea_name;
```

12.2 MySQL MIN()、MAX()、AVG()和SUM()函数

图 12.5 CASE WHEN 语句与 COUNT 连用对教师和班级分组计数

上述命令的运行结果如图 12.6 所示。

图 12.6 CASE WHEN 语句与 COUNT 连用对教师和班级分组计数

12.2 MySQL MIN()、MAX()、AVG()和SUM()函数

12.2.1 准备工作

（1）创建表。

为了验证 MySQL 的 MIN()、MAX()、AVG()和 SUM()函数，需要为此准备些数据，首先创建一张测试用表，代码如下：

```
mysql>use db_fcms;
mysql>CREATE TABLE tb_student2 (
    id INT(11) NOT NULL,
    stu_name VARCHAR(255) CHARACTER SET utf8mb4 DEFAULT NULL COMMENT '读者姓名',
    tea_name VARCHAR(255) DEFAULT NULL COMMENT '教师姓名',
    stu_class VARCHAR(255) DEFAULT NULL COMMENT '所在班级名称',
    stu_sex VARCHAR(255) DEFAULT NULL COMMENT '读者性别',
    stu_age INT(3) DEFAULT NULL COMMENT '年龄',
    stu_zonghcj DECIMAL(12,2) DEFAULT NULL COMMENT '综合成绩',
    stu_xs DECIMAL(5,2) DEFAULT NULL COMMENT '系数',
    PRIMARY KEY (id)
) ENGINE=InnoDB DEFAULT CHARSET=utf8;
```

（2）插入数据。

往刚刚创建的表中添加些数据，代码如下：

```
    mysql>INSERT INTO tb_student2 (id, stu_name, tea_name, stu_class, stu_sex,stu_age,stu_zo
nghcj,stu_xs) VALUES
    ('0','小明','老张','一班','男',14,230.09,1.22),('1','小红','老张','一班','女',16,
250.22,1.42),('2','小刚','老王','一班','男',15,330.56,1.52),('3','小兰','老王','一班','女',
13,680.98,0.62),('4','小军','老张','二班','男',12,236.66,1.72),
    ('5','小芳','老张','二班','女',16,645.21,0.82),('6','小强','老王','二班','男
```

',17,690.12,0.92),('7','小娜','老王','二班','女',18,218.23,1.56),('8','小A','老李','三班','男',19,430.82,1.45),('9','小B','老李','三班','女',20,630.72,0.55),
('10','小C','老赵','三班','男',20,830.42,0.66),('11','小D','老赵','三班','女',20,770.22,0.77),('12','小E','老马','四班','男',21,660.42,0.88),('13','小F','老马','四班','女',14,678.52,0.99),('14','小G','老王','四班','男',15,1001.32,0.52),
('15','小H','老王','四班','女',17,1267.97,0.22);

12.2.2 MAX()最大值函数

MAX(expr)函数用来求"expr"的最大值,其中"expr"为表达式,可以是表的数值型列名,也可以是任何合法的表达式,示例如下。

(1)找出 tb_student2 表中综合成绩的最大值。

```
mysql>SELECT MAX(stu_zonghcj) FROM tb_student2;
```

上述命令的运行结果如图 12.7 所示。

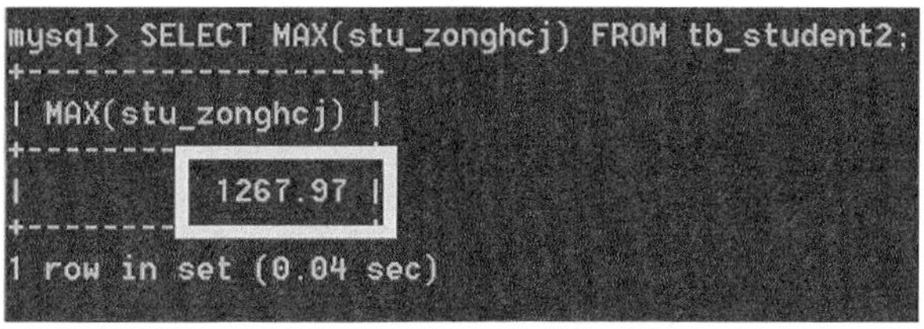

图 12.7　找出综合成绩的最大值

(2)找出 tb_student2 表中"综合成绩"与"系数"相乘后的最大值。

```
mysql>SELECT MAX(stu_zonghcj * stu_xs) AS 相乘后最大值 FROM tb_student2;
```

上述命令的运行结果如图 12.8 所示。

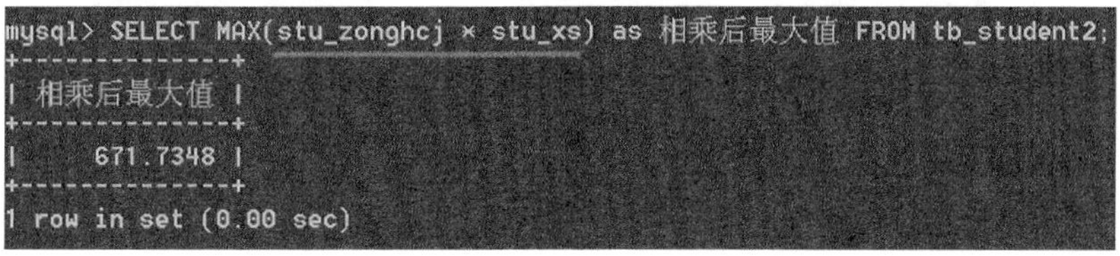

图 12.8　找出"综合成绩"与"系数"相乘后的最大值

(3)找出每个班级中综合成绩的最大值,此 SQL 句法需与 GROUP BY 关键字一起使用。

```
mysql>SELECT stu_class,MAX(stu_zonghcj) FROM tb_student2 GROUP BY stu_class;
```

上述命令的运行结果如图 12.9 所示。

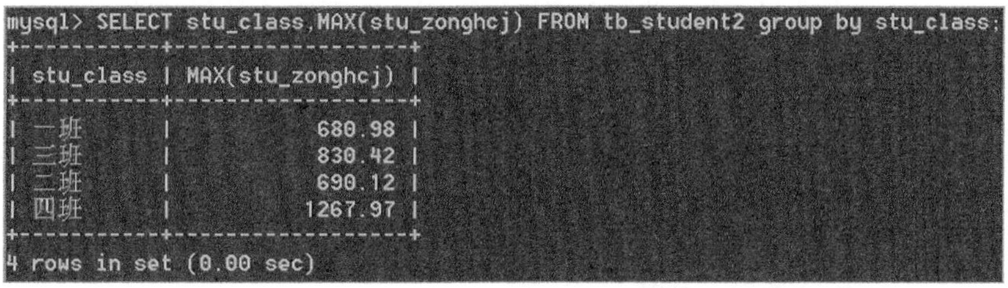

图 12.9　找出每个班级中综合成绩的最大值

(4)找出每个班级中"综合成绩"与"系数"相乘后的最大值,此 SQL 句法需与 GROUP BY 关键字一起使用。

```
SELECT stu_class,MAX(stu_zonghcj * stu_xs) FROM tb_student2 GROUP BY stu_class;
```

上述命令的运行结果如图 12.10 所示。

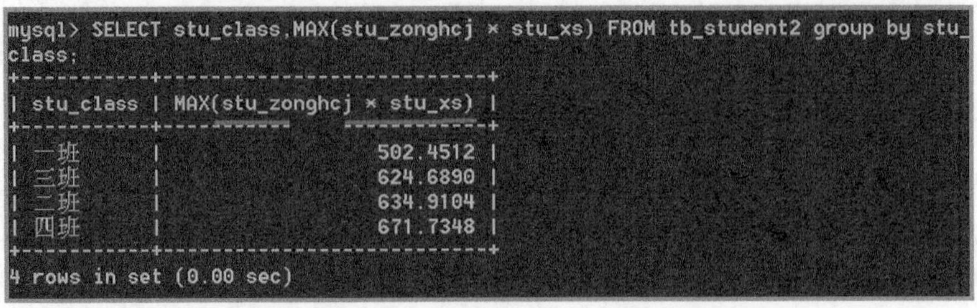

```
mysql> SELECT stu_class,MAX(stu_zonghcj × stu_xs) FROM tb_student2 group by stu_
class;
+-----------+---------------------------+
| stu_class | MAX(stu_zonghcj × stu_xs) |
+-----------+---------------------------+
| 一班      |                  502.4512 |
| 三班      |                  624.6890 |
| 二班      |                  634.9104 |
| 四班      |                  671.7348 |
+-----------+---------------------------+
4 rows in set (0.00 sec)
```

图 12.10　找出每个班级中“综合成绩”与“系数”相乘后的最大值

12.2.3　MIN()最小值函数

MIN(expr)函数用来求“expr”的最小值，其中“expr”为表达式，可以是表的数值型列名，也可以是任何合法的表达式，示例如下。

（1）找出 tb_student2 表中综合成绩的最小值。

```
SELECT MIN(stu_zonghcj) FROM tb_student2;
```

上述命令的运行结果如图 12.11 所示。

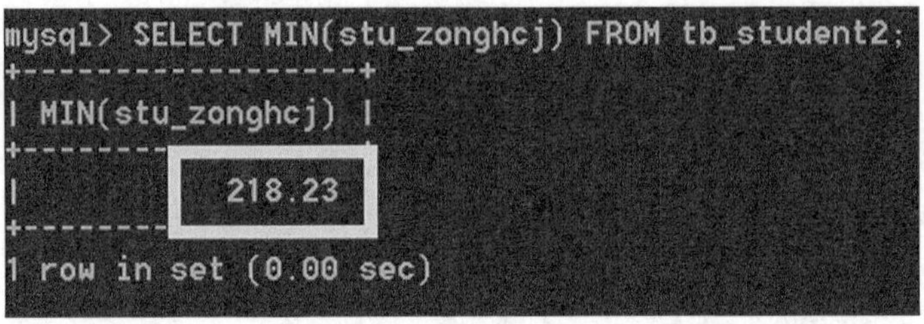

```
mysql> SELECT MIN(stu_zonghcj) FROM tb_student2;
+------------------+
| MIN(stu_zonghcj) |
+------------------+
|           218.23 |
+------------------+
1 row in set (0.00 sec)
```

图 12.11　找出每个班级中综合成绩的最小值

（2）找出 tb_student2 表中“综合成绩”与“系数”相乘后的最小值。

```
SELECT MIN(stu_zonghcj * stu_xs) AS 相乘后最小值 FROM tb_student2;
```

上述命令的运行结果如图 12.12 所示。

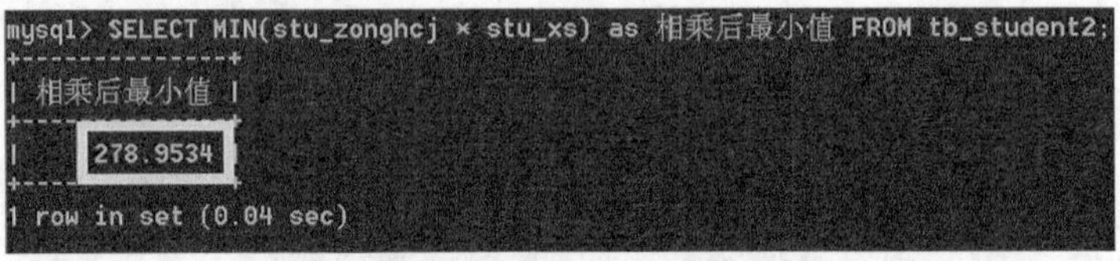

```
mysql> SELECT MIN(stu_zonghcj × stu_xs) as 相乘后最小值 FROM tb_student2;
+--------------+
| 相乘后最小值 |
+--------------+
|     278.9534 |
+--------------+
1 row in set (0.04 sec)
```

图 12.12　找出每个班级中综合成绩的最小值

（3）找出每个班级中综合成绩的最小值，此 SQL 句法需与 GROUP BY 关键字一起使用。

```
SELECT stu_class,MIN(stu_zonghcj) FROM tb_student2 GROUP BY stu_class;
```

上述命令的运行结果如图 12.13 所示。

（4）找出每个班级中“综合成绩”与“系数”相乘后的最小值，此 SQL 句法需与 GROUP BY 关键字一起使用。

```
SELECT stu_class,MIN(stu_zonghcj * stu_xs) FROM tb_student2 GROUP BY stu_class;
```

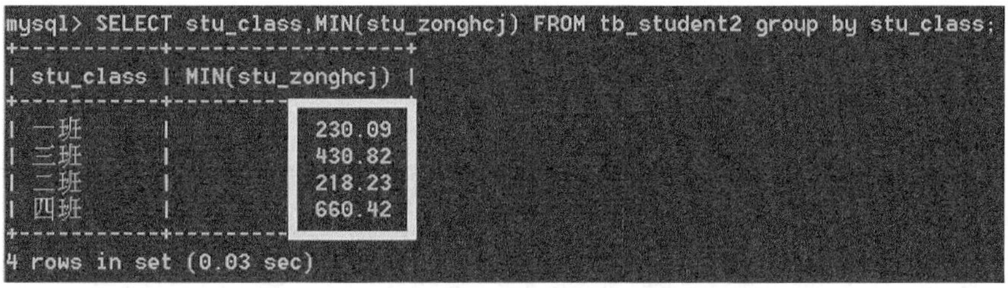

```
mysql> SELECT stu_class,MIN(stu_zonghcj) FROM tb_student2 group by stu_class;
+-----------+------------------+
| stu_class | MIN(stu_zonghcj) |
+-----------+------------------+
| 一班      |           230.09 |
| 三班      |           430.82 |
| 二班      |           218.23 |
| 四班      |           660.42 |
+-----------+------------------+
4 rows in set (0.03 sec)
```

图 12.13　找出每个班级中综合成绩的最小值

上述命令的运行结果如图 12.14 所示。

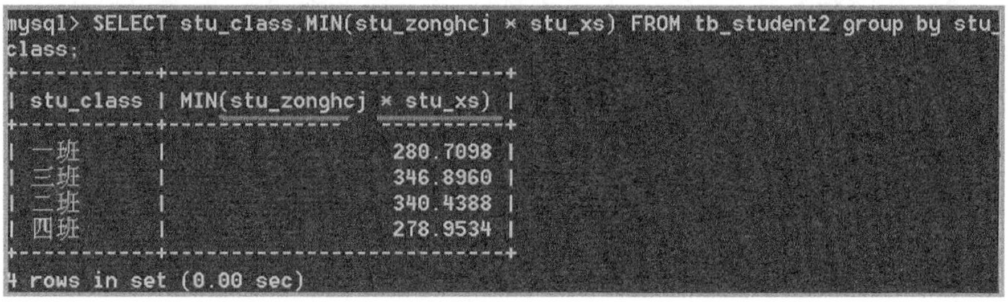

```
mysql> SELECT stu_class,MIN(stu_zonghcj * stu_xs) FROM tb_student2 group by stu_
class;
+-----------+---------------------------+
| stu_class | MIN(stu_zonghcj * stu_xs) |
+-----------+---------------------------+
| 一班      |                  280.7098 |
| 三班      |                  346.8960 |
| 二班      |                  340.4388 |
| 四班      |                  278.9534 |
+-----------+---------------------------+
4 rows in set (0.00 sec)
```

图 12.14　找出每个班级中“综合成绩”与“系数”相乘后的最小值

12.2.4　AVG()求平均函数

AVG(expr)函数用来求“expr”的平均值，其中“expr”为表达式，可以是表的数值型列名，也可以是任何合法的表达式，示例如下。

（1）求 tb_student2 表中综合成绩的平均值。

```
SELECT AVG(stu_zonghcj) FROM tb_student2;
```

上述命令的运行结果如图 12.15 所示。

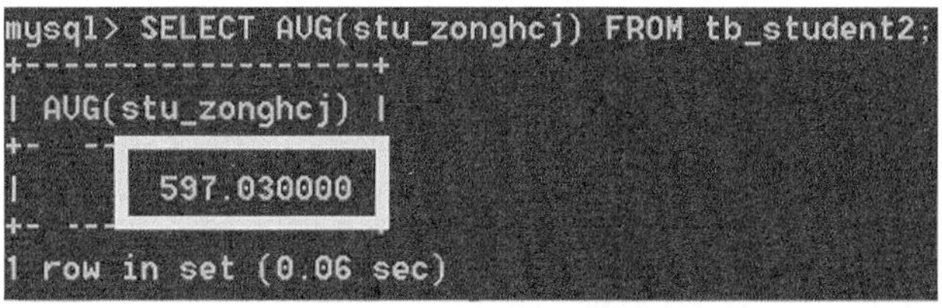

```
mysql> SELECT AVG(stu_zonghcj) FROM tb_student2;
+------------------+
| AVG(stu_zonghcj) |
+------------------+
|       597.030000 |
+------------------+
1 row in set (0.06 sec)
```

图 12.15　求综合成绩的平均值

（2）求 tb_student2 表中“综合成绩”与“系数”相乘后的平均值。

```
SELECT SUM(stu_zonghcj * stu_xs) AS 相乘后平均值 FROM tb_student2;
```

上述命令的运行结果如图 12.16 所示。

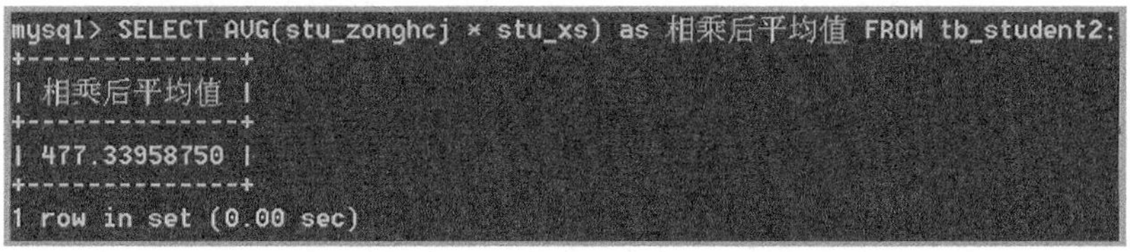

```
mysql> SELECT AVG(stu_zonghcj * stu_xs) as 相乘后平均值 FROM tb_student2;
+--------------+
| 相乘后平均值 |
+--------------+
| 477.33958750 |
+--------------+
1 row in set (0.00 sec)
```

图 12.16　求“综合成绩”与“系数”相乘后的平均值

（3）求每个班级中综合成绩的平均值，此 SQL 句法需与 GROUP BY 关键字一起使用。

12.2 MySQL MIN()、MAX()、AVG()和SUM()函数

```sql
SELECT stu_class AS '班级',AVG(stu_zonghcj) AS '平均值' FROM tb_student2 GROUP BY stu_class;
```

上述命令的运行结果如图 12.17 所示。

```
mysql> SELECT stu_class as '班级',AVG(stu_zonghcj) as '平均值' FROM tb_student2
group by stu_class;
+------+------------+
| 班级 | 平均值     |
+------+------------+
| 一班 | 372.962500 |
| 三班 | 665.545000 |
| 二班 | 447.555000 |
| 四班 | 902.057500 |
+------+------------+
4 rows in set (0.02 sec)
```

图 12.17 求每个班级中综合成绩的平均值

（4）找出每个班级中"综合成绩"与"系数"相乘后的平均值，此 SQL 句法需与 GROUP BY 关键字一起使用。

```sql
SELECT stu_class AS '班级',AVG(stu_zonghcj * stu_xs) FROM tb_student2 GROUP BY stu_class;
```

上述命令的运行结果如图 12.18 所示。

```
mysql> SELECT stu_class as '班级',AVG(stu_zonghcj * stu_xs) FROM tb_student2 group by stu_class;
+------+---------------------------+
| 班级 | AVG(stu_zonghcj * stu_xs) |
+------+---------------------------+
| 一班 |              390.17025000 |
| 三班 |              528.18290000 |
| 二班 |              477.86915000 |
| 四班 |              513.13605000 |
+------+---------------------------+
4 rows in set (0.00 sec)
```

图 12.18 找出每个班级中"综合成绩"与"系数"相乘后的平均值

12.2.5 SUM()求和函数

SUM(expr)用来对"expr"进行求和，其中"expr"为表达式，可以是表的数值型列名，也可以是任何合法的表达式，示例如下。

（1）求 tb_student2 表中综合成绩的和。

```sql
SELECT SUM(stu_zonghcj) FROM tb_student2;
```

上述命令的运行结果如图 12.19 所示。

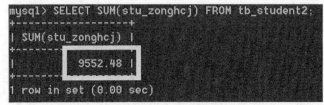

图 12.19 求综合成绩的和

（2）求 tb_student2 表中"综合成绩"与"系数"相乘后的和。

```sql
SELECT SUM(stu_zonghcj * stu_xs) AS 相乘后和 FROM tb_student2;
```

上述命令的运行结果如图 12.20 所示。

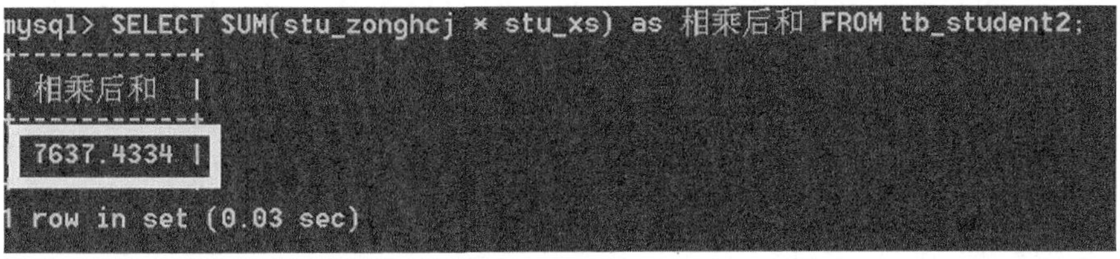

图 12.20　求"综合成绩"与"系数"相乘后的和

（3）求每个班级中综合成绩的和，此 SQL 句法需与 GROUP BY 关键字一起使用。

```
SELECT stu_class AS '班级',SUM(stu_zonghcj) AS '班级总成绩' FROM tb_student2 GROUP BY stu_class;
```

上述命令的运行结果如图 12.21 所示。

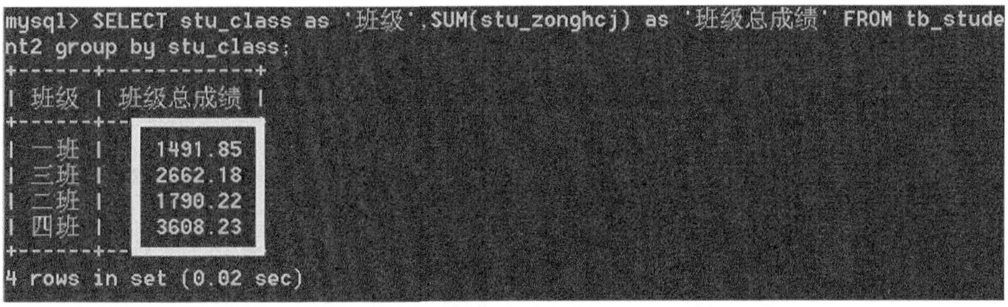

图 12.21　求每个班级中综合成绩的和

（4）找出每个班级中"综合成绩"与"系数"相乘后的和，此 SQL 句法需与 GROUP BY 关键字一起使用。

```
SELECT stu_class AS '班级',SUM(stu_zonghcj * stu_xs) FROM tb_student2 GROUP BY stu_class;
```

上述命令的运行结果如图 12.22 所示。

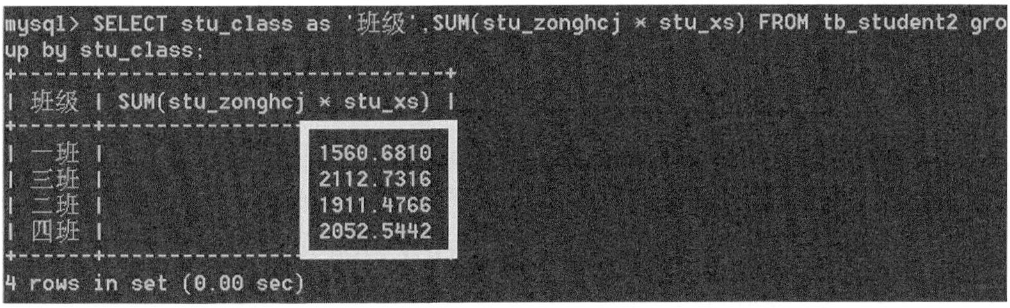

图 12.22　找出每个班级中"综合成绩"与"系数"相乘后的和

12.3　MySQL GROUP BY 分组

12.3.1　准备工作

关于 SELECT 的 "GROUP BY" 子句，在前面的章节中已出现过，但没有具体讲解它的用法。SELECT 的 GROUP BY 子句，其用途非常广泛，如查询统计、表间统计结果相互更新（将某张表的分组统计结果更新到另外一张表中）等，离不开 GROUP BY 的分组统计。

(1) 创建表。

为了验证 MySQL 的 GROUP BY 的用法，需为此准备些数据，首先创建一张测试用表，代码如下：

```
mysql>use db_fcms;
CREATE TABLE tb_student3 (
  id INT(11) NOT NULL,
  stu_name VARCHAR(255) CHARACTER SET utf8mb4 DEFAULT NULL COMMENT '读者姓名',
  tea_name VARCHAR(255) DEFAULT NULL COMMENT '教师姓名',
  stu_class VARCHAR(255) DEFAULT NULL COMMENT '所在班级名称',
  stu_sex VARCHAR(255) DEFAULT NULL COMMENT '读者性别',
  stu_age INT(3) DEFAULT NULL COMMENT '年龄',
  stu_zonghcj DECIMAL(12,2) DEFAULT NULL COMMENT '综合成绩',
  stu_xs DECIMAL(5,2) DEFAULT NULL COMMENT '系数',
  PRIMARY KEY (id)
) ENGINE=InnoDB DEFAULT CHARSET=utf8;
```

(2) 插入数据。

在刚刚创建的表中添加些数据，代码如下：

```
mysql>INSERT INTO tb_student3 (id, stu_name, tea_name, stu_class, stu_sex,stu_age,stu_zo
nghcj,stu_xs) VALUES ('0','小明','老张','一班','男',14,230.09,1.22),('1','小红','老张','一
班','女',16,250.22,1.42),('2','小刚','老王','一班','男',15,330.56,1.52),('3','小兰','老王',
'一班','女',13,680.98,0.62),('4','小军','老张','二班','男',12,236.66,1.72),('5','小芳','老
张','二班','女',16,645.21,0.82),('6','小强','老王','二班','男',17,690.12,0.92),('7','小娜',
'老王','二班','女',18,218.23,1.56),('8','小A','老李','三班','男',19,430.82,1.45),('9','小
B','老李','三班','女',20,630.72,0.55),('10','小C','老赵','三班','男',
20,830.42,0.66),('11','小D','老赵','三班','女',20,770.22,0.77),('12','小E','老马','四班',
'男',21,660.42,0.88),('13','小F','老马','四班','女',14,678.52,0.99),('14','小G','老王',
'四班','男',15,1001.32,0.52),('15','小明A','老张','一班','男',14,230.09,1.22),('16','小红A',
'老张','一班','女',16,250.22,1.42),('17','小刚A','老王','一班','男',15, 330.56,
1.52),('18','小兰A','老王','一班','女',13,680.98,0.62),('19','小军A','老张','二班','男',
12,236.66,1.72),('20','小芳A','老张','二班','女',16,645.21,0.82),('21','小强A','老王','二
班','男',17,690.12,0.92),('22','小娜A','老王','二班','女',18,218.23,1.56),('23','小AA','
老李','三班','男',19,430.82,1.45),('24','小BA','老李','三班','女',20,630.72,0.55),('25','
小CA','老赵','三班','男',20,830.42,0.66),('26','小DA','老赵','三班','女',20,770.22,
0.77),('27','小EA','老马','四班','男',21,660.42,0.88),('28','小FA','老马','四班','女',14,
678.52,0.99),('29','小GA','老王','四班','男',15,1001.32,0.52),('30','小HA','老王','四班',
'女',17,1267.97,0.22);
```

12.3.2 GROUP BY 说明

GROUP BY 语法可以根据给定数据列的每个列值对查询结果进行分组统计，最终得到一个按给定数据列进行分组的汇总结果。SELECT 子句中的列名必须为在 GROUP BY 子句中指明的列或针对该列所运用的函数表达式（如 SUM(列)、MAX(列)、MIN(列)、AVG(列)等）。该列函数表达式对于 GROUP BY 子句定义的每个组返回一个相应的处理结果。

12.3.3 GROUP BY 举例

(1) 查出 tb_student3 表中各班级的综合成绩平均值。

这个 SQL 语句该怎么写呢？首先查看数据，班级列包含一班、二班、三班、四班；再查看综合成绩列，这些列值都体现在每个人头上，那么，要想查出各班级的综合成绩平均值，就必须以"班级"进行分组，然后对分组的结果求平均值，这就要用到 AVG 函数。SQL 语句如下：

```
mysql>SELECT stu_class AS '班级',AVG(stu_zonghcj) AS '综合成绩平均值' FROM tb_student3
GROUP BY stu_class;
```

上述命令的运行结果如图 12.23 所示。

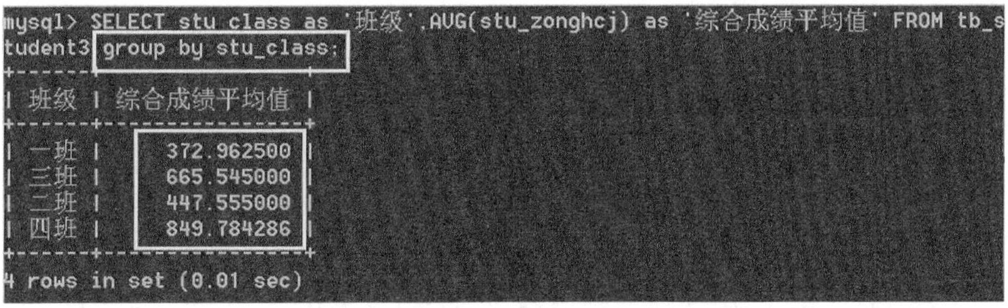

```
mysql> SELECT stu_class as '班级',AVG(stu_zonghcj) as '综合成绩平均值' FROM tb_s
tudent3 group by stu_class;
+------+----------------+
| 班级 | 综合成绩平均值 |
+------+----------------+
| 一班 |     372.962500 |
| 三班 |     665.545000 |
| 二班 |     447.555000 |
| 四班 |     849.784286 |
+------+----------------+
4 rows in set (0.01 sec)
```

图 12.23　各班级的综合成绩平均值

（2）验证一下“一班”的平均综合成绩是 372.962500 对不对？

```
mysql>SELECT COUNT(*) FROM tb_student3 WHERE stu_class='一班';
mysql>SELECT SUM(stu_zonghcj) FROM tb_student3 WHERE stu_class='一班';
mysql>SELECT SUM(stu_zonghcj) /COUNT(*) AS '平均成绩' FROM tb_student3 WHERE stu_class='一班';
```

上述命令的运行结果如图 12.24 所示。

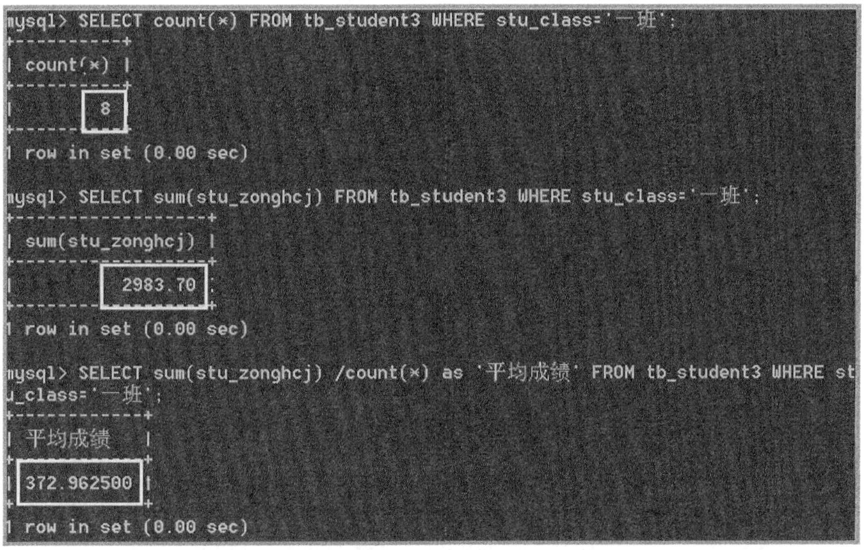

```
mysql> SELECT count(*) FROM tb_student3 WHERE stu_class='一班';
+----------+
| count(*) |
+----------+
|        8 |
+----------+
1 row in set (0.00 sec)

mysql> SELECT sum(stu_zonghcj) FROM tb_student3 WHERE stu_class='一班';
+------------------+
| sum(stu_zonghcj) |
+------------------+
|          2983.70 |
+------------------+
1 row in set (0.00 sec)

mysql> SELECT sum(stu_zonghcj) /count(*) as '平均成绩' FROM tb_student3 WHERE st
u_class='一班';
+------------+
| 平均成绩   |
+------------+
| 372.962500 |
+------------+
1 row in set (0.00 sec)
```

图 12.24　验证一班的平均综合成绩是 372.962500 对不对

结论：通过验证。

（3）查出 tb_student3 表中教师所在班级的综合成绩平均值。

查出 tb_student3 表中，教师所在班级的综合成绩平均值，将查出的结果按“班级”进行升序排序。

这个 SQL 语句又该怎么写呢？上一条 SQL 语句只是求班级综合成绩平均值，现在是求教师所在班级的综合成绩平均值，加了一个“教师”条件。首先查看数据，教师列包括“老张”“老王”“老李”“老赵”等；班级列包含一班、二班、三班、四班；再查看综合成绩列，这些列值都体现在每个人头上，那么，要想查出教师所在班级的综合成绩平均值，就必须以“教师”“班级”这两列进行分组，然后对分组的结果求平均值，这就要用到 AVG 函数。最后再加上“ORDER BY expr ASC（升序小到达）|DESC（降序大到小）”。SQL 语句如下：

```
mysql>SELECT tea_name AS '教师',stu_class AS '班级',AVG(stu_zonghcj) AS '综合成绩平均值
```

```
' FROM tb_student3  GROUP BY tea_name,stu_class ORDER BY '班级';
```

上述命令的运行结果如图 12.25 所示。

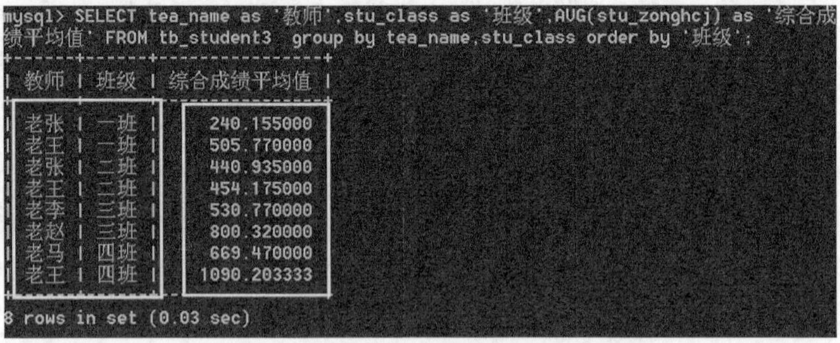

图 12.25　教师所在班级的综合成绩平均值

（4）查出 tb_student3 表中教师所在班级男女生的综合成绩平均值。

查出 tb_student3 表中，教师所在班级男生和女生的综合成绩平均值，将查出的结果按 "班级" 进行升序排序。

这个 SQL 语句又该怎么写呢？上一条 SQL 语句是求教师所在班级综合成绩平均值，现在加了男女生。SQL 语句如下：

```
mysql>SELECT tea_name AS '教师',stu_class AS '班级',stu_sex AS '性别',AVG(stu_zonghcj)
AS '综合成绩平均值' FROM tb_student3  GROUP BY tea_name,stu_class,stu_sex ORDER BY '班级';
```

上述命令的运行结果如图 12.26 所示。

图 12.26　教师所在班级男生和女生的综合成绩平均值

12.4　MySQL HAVING 分组统计结果的筛选

关于 SELECT 的 "GROUP BY" 子句，在前面的章节中已出现过，但没有具体讲解它的用法，下面对它进行具体详细的说明。

12.4.1　MySQL HAVING 说明

关于 HAVING，它是对分组统计后的结果进行进一步的筛选，即在分组统计结果中把不满足 HAVING 后面跟的筛选条件的结果筛选掉。它必须和 GROUP BY 子句联合使用，如果 SQL 语句中脱离了 GROUP BY 而加入 HAVING，语句将无法执行，要求必须掌握它。

12.4.2　MySQL HAVING 示例

下面为 MySQL HAVING 的示例。

（1）查出 tb_student3 表中各班级的综合成绩平均值且这些平均值都大于 600 的记录。

这个 SQL 语句只需再加上“HAVING '综合成绩平均值'>600”就可以了，SQL 语句如下：

```
mysql>SELECT stu_class AS '班级',AVG(stu_zonghcj) AS '综合成绩平均值' FROM tb_student3 GROUP BY stu_class havINg 综合成绩平均值 > 600;
```

上述命令的运行结果如图 12.27 所示。

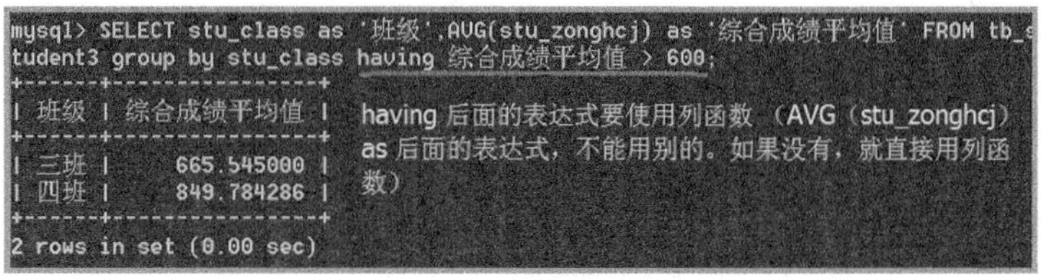

```
mysql> SELECT stu_class as '班级',AVG(stu_zonghcj) as '综合成绩平均值' FROM tb_student3 group by stu_class having 综合成绩平均值 > 600;
+------+----------------+
| 班级 | 综合成绩平均值 |
+------+----------------+
| 三班 |     665.545000 |
| 四班 |     849.784286 |
+------+----------------+
2 rows in set (0.00 sec)
```


图 12.27　各班级的综合成绩平均值且这些平均值都大于 600 的记录

（2）查出 tb_student3 表中，教师所在班级的综合成绩平均值且这些平均值都大于 600 的记录。将查出的结果按“班级”进行升序排序，SQL 语句如下：

```
mysql>SELECT tea_name AS '教师',stu_class AS '班级',AVG(stu_zonghcj) AS '综合成绩平均值' FROM tb_student3  GROUP BY tea_name,stu_class  havINg 综合成绩平均值 > 600 ORDER BY '班级';
```

上述命令的运行结果如图 12.28 所示。

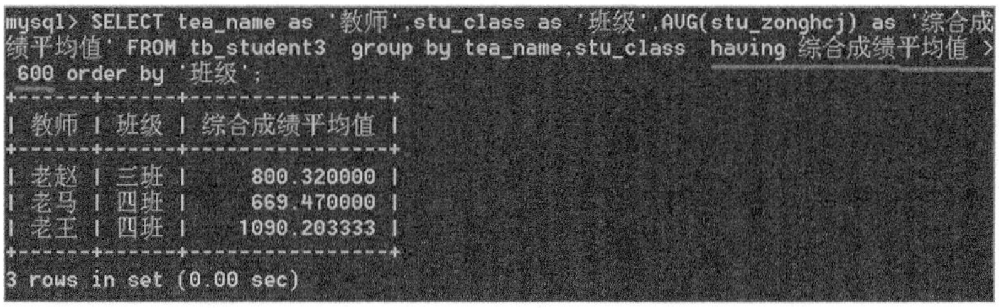

```
mysql> SELECT tea_name as '教师',stu_class as '班级',AVG(stu_zonghcj) as '综合成绩平均值' FROM tb_student3  group by tea_name,stu_class  having 综合成绩平均值 > 600 order by '班级';
+------+------+----------------+
| 教师 | 班级 | 综合成绩平均值 |
+------+------+----------------+
| 老赵 | 三班 |     800.320000 |
| 老马 | 四班 |     669.470000 |
| 老王 | 四班 |    1090.203333 |
+------+------+----------------+
3 rows in set (0.00 sec)
```

图 12.28　教师所在班级的综合成绩平均值且这些平均值都大于 600 的记录

（3）查出 tb_student3 表中，教师所在班级男生和女生的综合成绩平均值且这些平均值都大于 600 的记录，将查出的结果按“班级”进行升序排序。SQL 语句如下：

```
mysql>SELECT tea_name AS '教师',stu_class AS '班级',stu_sex AS '性别',AVG(stu_zonghcj) AS '综合成绩平均值' FROM tb_student3  GROUP BY tea_name,stu_class,stu_sex havINg 综合成绩平均值 > 600 ORDER BY '班级';
```

上述命令的运行结果如图 12.29 所示。

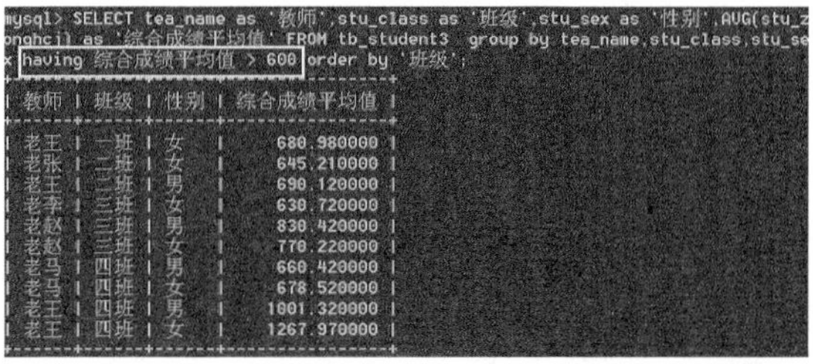

```
mysql> SELECT tea_name as '教师',stu_class as '班级',stu_sex as '性别',AVG(stu_z
onghcj) as '综合成绩平均值' FROM tb_student3  group by tea_name,stu_class,stu_se
x having 综合成绩平均值 > 600 order by '班级';
+------+------+------+----------------+
| 教师 | 班级 | 性别 | 综合成绩平均值 |
+------+------+------+----------------+
| 老王 | 一班 | 女   |     680.980000 |
| 老张 | 二班 | 女   |     645.210000 |
| 老王 | 二班 | 男   |     690.120000 |
| 老李 | 三班 | 女   |     630.720000 |
| 老赵 | 三班 | 男   |     830.420000 |
| 老赵 | 三班 | 女   |     770.220000 |
| 老马 | 四班 | 男   |     660.420000 |
| 老马 | 四班 | 女   |     678.520000 |
| 老王 | 四班 | 男   |    1001.320000 |
| 老王 | 四班 | 女   |    1267.970000 |
+------+------+------+----------------+
```

图 12.29　教师所在班级男生和女生的综合成绩平均值且这些平均值都大于 600 的记录

第 13 章 MySQL 的多表联合操作

本章将把 MySQL 的多表联合操作处理作为一个专题进行详细介绍，包括数据库的约束、表间的一对一、一对多和多对多关联关系、多表操作应用实例、多表查询适用场景等，同时提供大量的范例及摘自一个在用系统中的经典 SQL 语句供读者参考和借鉴。

任何应用项目的开发，也同样离不开多表的联合操作。读者掌握这项技术，为应用项目开发打下坚实的基础。

13.1 MySQL 多表操作基础部分

13.1.1 数据库的约束

在前面的章节中，都零散地介绍了有关"约束"的建立，本节将详细介绍数据库的"约束"。约束，也可以称作"限制"，任何数据库也包括 MySQL 都离不开"约束"的管理，那么，"约束"到底是个什么概念呢？它在数据库中到底起什么作用呢？下面一一回答这些问题。

在回答问题之前，先举一个例子：在一个数据库里有两张表，一张是"任课教师"表（teacher），里面有两条记录，第一条：教师 A、第二条：教师 B，见表 13.1。

表 13.1 任课教师表

任课教师表（teacher）
教师姓名
教师 A
教师 B

另外一张表是"班级"表（class），用于记录"班级"和"任课教师"，见表 13.2。

表 13.2 班级表

班级表	
班级	任课教师
一班	教师 A
二班	教师 B
三班	教师 A

规定"任课教师"这列的数据只能来自"任课教师"表，换句话说"班级"表中"任课教师"列的数据不能出现"教师 A"和"教师 B"这个范围以外的数据。现在打算将班级为"三班"、任课教师为"教师 C"的数据添加到"班级"表中。刚才说了"任课教师"列的数据不能出现"教

师 A"或"教师 B"以外的数据,那么这个"教师 C"是不是超出了"教师 A"和"教师 B"这个范围。如果添加成功了,就会变成这样,见表 13.3。

表 13.3 班级表数据添加

班级表	
班级	任课教师
一班	教师 A
二班	教师 B
三班	教师 A
三班	教师 C

当然,"教师 C"肯定超出了"教师 A"和"教师 B"这个范围,逻辑上,是不允许被添加的。如果不做"任课教师"列的数据不能出现"教师 A"或"教师 B"以外的数据这个"约束",一旦添加成功,这是不是违反了当初制定的这一逻辑规定,当然是违反了。那么,怎么样才能让数据库防止类似这种违反逻辑现象的发生呢?那就是给数据库中的表加约束或者限制,做到防患未然。

约束的概念:约束是一种限制,它通过对表的行或列的数据做出某种限制,来确保表数据的完整性、逻辑性以及唯一性。

约束的作用:确保数据库数据尤其是应用数据的完整性、逻辑性以及唯一性。

约束的种类:MySQL 中,有以下常用的几种约束,见表 13.4。

表 13.4 MySQL 表约束种类

约束类型	主键	默认值	唯一	外键	非空
关键字	PRIMARY KEY	DEFAULT	UNIQUE	FOREIGN KEY	NOT NULL

主键(PRIMARY KEY):用于约束表中的一行,作为这一行的标识符,在一张表中通过主键就能准确定位到一行,因此主键十分重要。主键要求这一行的数据不能有重复且不能为空。还有一种特殊的主键——复合主键。主键不仅可以是表中的一列,也可以由表中的两列或多列来共同标识。

默认值约束(DEFAULT):规定表中当有 DEFAULT 约束的列,插入数据为空时该如何处理。DEFAULT 约束只会在使用 INSERT 语句时才能体现出来,INSERT 语句中,如果被 DEFAULT 约束的位置没有值,那么这个位置将会被 DEFAULT 的值填充。

唯一约束(UNIQUE):它规定一张表中指定的一列的值一定不能有重复值,即这一列每个值都是唯一的。当 INSERT 语句新插入的数据和已有数据重复的时候,如果有 UNIQUE 约束,则 INSERT 失败。

外键(FOREIGN KEY):既能确保数据完整性,也能体现表之间的关联关系。

一个表可以有多个外键,每个外键必须 REFERENCES(参考)另一个表的主键,被外键约束的列,其取值必须在它所参考的列中有对应值。在 INSERT 时,如果被外键约束的值没有在参考列中有对应,则 INSERT 失败。

非空约束(NOT NULL):被非空约束的列,在插入值时必须非空。但在 MySQL 中违反非空约束,不会报错,只会有警告,这是 MySQL 不同于其他数据库(如 ORACLE)的地方。

主键约束,为了反映主键约束,需为此建表,SQL 语句如下:

```
mysql>CREATE TABLE dptment
```

```
(
dpt_name     CHAR(20) NOT NULL,
people_num   INT(10) DEFAULT '10',
CONSTRAINT dpt_pk PRIMARY KEY (dpt_name)
);
```

【例 13.1】主键、UNIQUE（唯一）、FOREIGN KEY 约束，SQL 语句如下：

```
mysql>CREATE TABLE employe
(
id       INT(10) PRIMARY KEY,
name     CHAR(20),
age      INT(10),
salary   INT(10) NOT NULL,
phone    INT(12) NOT NULL,
IN_dpt   CHAR(20) NOT NULL,
UNIQUE   (phone),
CONSTRAINT emp_fk FOREIGN KEY (in_dpt) REFERENCES dptment(dpt_name)
);
```

【例 13.2】复合主键、FOREIGN KEY 约束，SQL 语句如下：

```
mysql>CREATE TABLE project
(
proj_num    INT(10) NOT NULL,
proj_name   CHAR(20) NOT NULL,
start_date  DATE NOT NULL,
end_date    DATE DEFAULT '2015-04-01',
of_dpt      CHAR(20) REFERENCES dptment(dpt_name),
CONSTRAINT proj_pk PRIMARY KEY (proj_num,proj_name)
);
```

13.1.2 多表查询使用场景

在进行数据库设计的时候，其中的数据库表结构设计是其重要内容之一，不可能把一个应用项目所涉及的信息都做在一张表里，而是多张表。既然是多张表，那么表间肯定存在某种关联关系，这种关联关系体现在数据库里就是外键关联，关于外键关联关系在下面的有关章节加以说明。既然表间存在这种关系，在查询需要的信息以及表间数据相互更新操作时，就离不开多表查询与更新操作。举一个例子，电商系统的商品表取名为 product，用于记录商品信息；商品图片信息表取名为 product_pic，用于记录各类商品的图片信息，那么，这两张表之间存在何种关联呢？在 product_pic 里面肯定有一个 product_id 字段，用于记录 prodect_pic 表中哪些行的图片都与 product 表中的唯一 ID 对应，把"product 表的唯一 ID"取名为 product_id，这样一来，两个表（product、product_pic）拥有共同的字段 product_id。在设计上，用 prodect 表的 prodect_id 字段对应 prodect_pic 表的 prodect_id 字段，实现一对多的关系，即一件商品允许有多张图片。为此，创建这两张表并插入一些数据。

（1）创建商品信息表，SQL 代码如下：

```
mysql>USE db_fcms; /*打开数据库 db_fcms,这个数据库读者应事先创建好*/
CREATE TABLE product (
    product_id INT(11) NOT NULL COMMENT '唯一 ID',
    product_name VARCHAR(30) DEFAULT NULL COMMENT '商品名称',
    product_price DECIMAL(8,2) DEFAULT NULL COMMENT '商品单价',
    PRIMARY KEY (product_id))
ENGINE= InnoDB DEFAULT CHARSET=utf8 CHECKSUM=1 DELAY_KEY_WRITE=1
ROW_FORMAT=DYNAMIC COMMENT '商品信息表';
```

（2）在表中插入数据，SQL 代码如下：

```
mysql>INSERT INTO product (product_id,product_name,product_price) VALUES (1,'各式男西服
',230.09),(2,'各式女西服',250.22),(3,'各式旅游鞋',230.09),(4,'各式男衬衣',250.22),(5,'各式女裙
',230.09),(6,'各式女鞋',250.22),(7,'各式男防寒服',230.09),(8,'各式女防寒服',250.22),(9,'各式男腰带
',230.09),(10,'各式女包',250.22);
```

（3）创建商品图片信息表，SQL 代码如下：

```
mysql>USE db_fcms; /*打开数据库db_fcms,这个数据库读者应事先创建好*/
CREATE TABLE product_pic (
    id INT(11) NOT NULL AUTO_INCREMENT COMMENT '唯一ID',
    product_id INT(11) DEFAULT NULL COMMENT '商品ID',
    tup VARCHAR(200) DEFAULT NULL COMMENT '商品图片',
    PRIMARY KEY  (id))
ENGINE= InnoDB DEFAULT CHARSET=utf8 CHECKSUM=1 DELAY_KEY_WRITE=1
ROW_FORMAT=DYNAMIC   COMMENT = '商品图片信息表';
```

（4）在表中插入数据，SQL 代码如下：

```
mysql>INSERT INTO product_pic (product_id,tup) VALUES (1,'d:/pic/1.jpg'),(1,'d:/pic/2.jp
g'),(1,'d:/pic/3.jpg '),(1,'d:/pic/4.jpg '),(1,'d:/pic/5.jpg '),(2,'d:/pic/6.jpg '),(2,'d:/pi
c/7.jpg '),(2,'d:/pic/8.jpg '),(2,'d:/pic/9.jpg '),(2,'d:/pic/10.jpg '),(3,'d:/pic/11.jpg '),
(3,'d:/pic/12.jpg '),(3,'d:/pic/13.jpg '),(3,'d:/pic/14.jpg '),(3,'d:/pic/15.jpg '),(4,'d:/pi
c/16.jpg '),(4,'d:/pic/17.jpg '),(4,'d:/pic/18.jpg '),(4,'d:/pic/19.jpg '),(4,'d:/pic/20.jpg
'),(5,'d:/pic/21.jpg '),(5,'d:/pic/22.jpg '),(5,'d:/pic/23.jpg '),(5,'d:/pic/24.jpg '),(5,'d:
/pic/25.jpg '),(6,'d:/pic/26.jpg '),(6,'d:/pic/27.jpg '),(6,'d:/pic/28.jpg '),(6,'d:/pic/29.j
pg '),(6,'d:/pic/30.jpg '),(7,'d:/pic/31.jpg '),(7,'d:/pic/32.jpg '),(7,'d:/pic/33.jpg '),(7,
'd:/pic/34.jpg '),(7,'d:/pic/35.jpg ');
```

现在开始操作这两张表，现在要查询 product 商品，并且要按照有无图片来排序，即有图片的放后面，没有图片的放前面，SQL 语句该怎么写呢？下面给出如下 4 个方案。

（1）方案 1——子查询，SQL 语句如下：

```
mysql>SELECT a.product_id,a.product_name FROM product a ORDER BY (SELECT COUNT(b.product
_id) FROM product_pic b WHERE a.product_id = b.product_id) ASC;
```

上述命令的运行结果如图 13.1 所示。

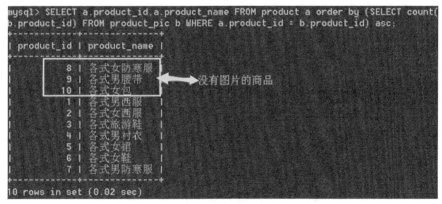

图 13.1　按有无图片 ASC（升序）排序

（2）方案 2——LEFT JOIN 左连接，SQL 语句如下：

```
mysql>SELECT a.product_id,a.product_name,b.tup FROM product a LEFT JOIN product_pic b ON
a.product_id = b.product_id ORDER BY b.tup ASC,a.product_id ASC;
```

上述命令的运行结果如图 13.2 所示。

```
mysql> SELECT a.product_id,a.product_name,b.tup FROM product a left join product
_pic b on a.product_id = b.product_id order by b.tup asc,a.product_id asc;
+------------+--------------+---------------+
| product_id | product_name | tup           |
+------------+--------------+---------------+
|          8 | 各式女防寒服 | NULL          |
|          9 | 各式男腰带   | NULL          |
|         10 | 各式女包     | NULL          |
|          1 | 各式男西服   | d:/pic/1.jpg  |
|          2 | 各式女西服   | d:/pic/10.jpg |
|          3 | 各式旅游鞋   | d:/pic/11.jpg |
|          3 | 各式旅游鞋   | d:/pic/12.jpg |
|          3 | 各式旅游鞋   | d:/pic/13.jpg |
|          3 | 各式旅游鞋   | d:/pic/14.jpg |
|          3 | 各式旅游鞋   | d:/pic/15.jpg |
|          4 | 各式男衬衣   | d:/pic/16.jpg |
|          4 | 各式男衬衣   | d:/pic/17.jpg |
|          4 | 各式男衬衣   | d:/pic/18.jpg |
|          4 | 各式男衬衣   | d:/pic/19.jpg |
|          1 | 各式男西服   | d:/pic/2.jpg  |
|          4 | 各式男衬衣   | d:/pic/20.jpg |
|          5 | 各式女裙     | d:/pic/21.jpg |
|          5 | 各式女裙     | d:/pic/22.jpg |
|          5 | 各式女裙     | d:/pic/23.jpg |
|          5 | 各式女裙     | d:/pic/24.jpg |
|          5 | 各式女裙     | d:/pic/25.jpg |
|          6 | 各式女鞋     | d:/pic/26.jpg |
|          6 | 各式女鞋     | d:/pic/27.jpg |
|          6 | 各式女鞋     | d:/pic/28.jpg |
|          6 | 各式女鞋     | d:/pic/29.jpg |
|          1 | 各式男西服   | d:/pic/3.jpg  |
|          6 | 各式女鞋     | d:/pic/30.jpg |
```


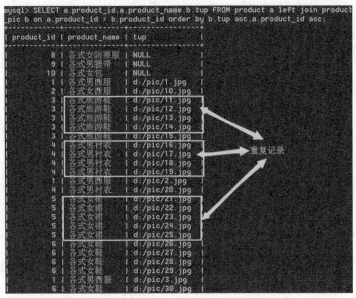

图 13.2　按有无图片 ASC（升序）排序方案 2

这样，product_pic 表中的 product_id 字段，如果其有多值与 product 表的 product_id 字段值对应，就会在结果集中重复出现，如图 13.2 所示。

（3）方案 3——对上面的结果通过 GROUP BY 去重，SQL 语句如下：

```
mysql>SELECT a.product_id,a.product_name,b.tup FROM product a LEFT JOIN product_pic b ON a.product_id =b.product_id GROUP BY a.product_id ORDER BY b.tup ASC;
```

上述命令的运行结果如图 13.3 所示。

```
mysql> select a.product_id,a.product_name,b.tup from product a left join product
_pic b on a.product_id =b.product_id group by a.product_id order by b.tup asc;
+------------+--------------+---------------+
| product_id | product_name | tup           |
+------------+--------------+---------------+
|          9 | 各式男腰带   | NULL          |
|          8 | 各式女防寒服 | NULL          |
|         10 | 各式女包     | NULL          |
|          1 | 各式男西服   | d:/pic/1.jpg  |
|          3 | 各式旅游鞋   | d:/pic/11.jpg |
|          4 | 各式男衬衣   | d:/pic/16.jpg |
|          5 | 各式女裙     | d:/pic/21.jpg |
|          6 | 各式女鞋     | d:/pic/26.jpg |
|          7 | 各式男防寒服 | d:/pic/31.jpg |
|          2 | 各式女西服   | d:/pic/6.jpg  |
+------------+--------------+---------------+
10 rows in set (0.00 sec)
```

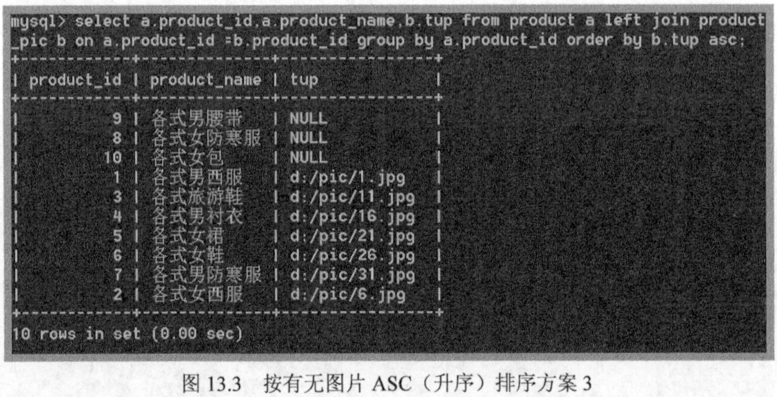

图 13.3　按有无图片 ASC（升序）排序方案 3

（4）方案 4——通过 DISTINCT 去重，SQL 语句如下：

```
mysql>SELECT DISTINCT a.product_id,a.product_name FROM product a LEFT JOIN product_pic b ON a.product_id = b.product_id ORDER BY b.tup ASC;
```

上述命令的运行结果如图 13.4 所示。

总结：

为了解决一个简单的排序需求，写了 4 个 SQL 语句，最终方案 4 是最佳的。在这个过程中，为了解决同一个问题，可以有多个方案，然后从中选优。在实际的开发过程中，事实上就是这样的，当积累了足够的经验之后，在解决某个问题时，就可以做到一步到位，省去了这个选优的过程。

本节主要说明的是多表操作的使用场景，上述的这个过程就是具体场景的体现，要求读者能够深刻理解场景的概念，不单纯是 SQL 的多表操作使用场景，还有其他的各式各样的场景，如软件系统架构设计场景、应用系统部署场景、现场实际环境场景等。

```
mysql> select distinct a.product_id,a.product_name from product a left join product_pic b on a.product_id = b.product_id order by b.tup asc;
+------------+--------------+
| product_id | product_name |
+------------+--------------+
|          9 | 各式男腰带   |
|          8 | 各式女防寒服 |
|         10 | 各式女包     |
|          1 | 各式男西服   |
|          3 | 各式旅游鞋   |
|          4 | 各式男衬衣   |
|          5 | 各式女裙     |
|          6 | 各式女鞋     |
|          7 | 各式男防寒服 |
|          2 | 各式女西服   |
+------------+--------------+
10 rows in set (0.00 sec)
```

图 13.4　按有无图片 ASC（升序）排序方案 4

13.1.3　一对一、一对多表关系分析

在一对一关系中，A 表中的一行最多只能匹配于 B 表中的一行，反之亦然。例如：读者表（student）和读者档案表（stu_archives）之间，一个读者只能对应一个读者档案，或者一名读者只能对应一个身份证号码。如果相关列字段都是主键或都具有唯一约束，则可以创建一对一关系。

表间一对一的关系并不常见，一般来说，在表结构设计上，会把存在这种一对一关系的信息放在同一张表中，没有必要放在两张表或多张表中，除非有其他特别的需求，否则，不会这样做。不过，可以利用一对一关系来实现如下功能。

- 分割具有多列的表。
- 由于安全原因而隔离表的一部分。
- 保存临时的数据。
- 保存只适用于主表的子集信息。

另外，在数据库内部，数据表间一对一关系的表现有两种，一种是具有 UNIQUE（唯一）属性的外键关联，一种是主键外键关联。

1.　一对一 UNIQUE 外键关联

一对一 UNIQUE 外键关联，如图 13.5 所示。

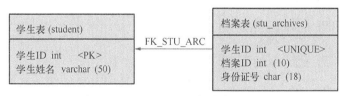

图 13.5　一对一 UNIQUE 外键关联示意图

2.　一对一主键外键关联

一对一主键关联：两个表的主键必须完全一致，通过两个表的主键建立关联关系。一对一主键外键关联，如图 13.6 所示。

3.　一对多表关系分析

一对多关系是最普通的一种关系。在这种关系中，A 表中的一行可以匹配 B 表中的多行，但

是 B 表中的一行只能匹配 A 表中的一行。像在《多表查询使用场景》中举的示例商品表（product）和商品图片表（product_pic）就是一对多的关系。如每个出版社出版很多书，但是每本书名只能出自一个出版社。

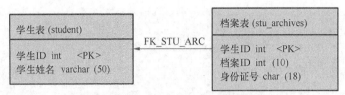

图 13.6　一对一主键外键关联示意图

只有当一个相关列是一个主键或具有唯一约束时，才能创建一对多关系。

13.1.4　多对多表关系分析

在多对多关系中，A 表中的一行可以匹配 B 表中的多行，反之亦然。要建立这种关系，需要定义第 3 个表，称为结合表。它的主键由 A 表和 B 表的外键组成。例如，读者表（student）和选修课（Elective）表具有多对多关系，即一名读者可以选多门选修课，一门选修课可以被多名读者选择。这是由于这些表都与"读者－选修课表"（stu_Elective）表具有一对多关系。stu_Elective 表的主键是 student 表主键与 Elective 表主键的组合，即复合主键。

多对多关系也很常见，例如某系统权限管理，其用户与菜单项功能之间的关系，一个用户可以选择多个菜单项功能，而每个菜单项功能又可以被多个用户选择。一共 3 张表：用户表（tb_USEr）、菜单项功能表（tb_menu）、操作权限表（tb_Jurisdiction），tb_Jurisdiction 表（结合表）中的一个字段："用户 ID"作为外键与 tb_user 的"用户 ID"关联；另一个字段"菜单项功能 ID"也作为外键与 tb_menu 表的"菜单项功能 ID"关联；tb_Jurisdiction 表（结合表）的主键就是字段"用户 ID"和"菜单项功能 ID"两字段的组合。

数据库中的多对多关联关系一般需采用"结合表"的方式处理，将多对多转化为两个一对多。数据表间多对多关系如图 13.7 所示。

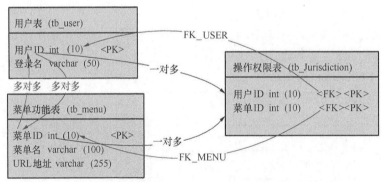

图 13.7　数据表间多对多关联示意图

13.2　MySQL 多表操作实例操作

13.2.1　笛卡儿积

什么是笛卡儿积？现在有两个集合 A 和 B，$A=\{0,1\}$，$B=\{2,3,4\}$，集合 $A×B$ 和 $B×A$ 的结果

集就可以分别表示为以下这种形式：

$A \times B = \{(0, 2), (1, 2), (0, 3), (1, 3), (0, 4), (1, 4)\}$；

$B \times A = \{(2, 0), (2, 1), (3, 0), (3, 1), (4, 0), (4, 1)\}$；

以上 $A \times B$ 和 $B \times A$ 的结果就可以叫做两个集合相乘的"笛卡儿积"。

从以上的数据分析可以得出以下两点结论：

两个集合相乘，不满足交换率，即 $A \times B \neq B \times A$。

A 集合和 B 集合相乘，包含了集合 A 中元素和集合 B 中元素相结合的所有的可能性。即两个集合相乘得到的新集合的元素个数是集合 A 的元素个数 × 集合 B 的元素个数。

数据库表连接数据行匹配时所遵循的算法就是以上提到的笛卡儿积，表与表之间的连接可以看成是在做乘法运算。

那么，数据库在什么情况下会出现笛卡儿积（Cartesian Product）现象？当然，在实际应用中书写 SQL 语句时，要避免笛卡儿积现象的出现，否则，查询结果集将无限度膨胀，有可能导致数据库挂机。笛卡儿积在数据库中又是如何体现的呢？准备工作如下。

（1）创建表 cp_student 读者表，SQL 代码如下：

```
mysql>USE db_fcms; /*打开数据库db_fcms,这个数据库读者应事先创建好*/
mysql>CREATE TABLE cp_student (
    id INT(11) NOT NULL COMMENT '唯一ID',
    stu_name VARCHAR(30) DEFAULT NULL COMMENT '读者姓名',
    PRIMARY KEY (id))
ENGINE= InnoDB DEFAULT CHARSET=utf8 CHECKSUM=1 DELAY_KEY_WRITE=1
ROW_FORMAT=DYNAMIC  COMMENT = '读者表';
```

（2）在表中插入数据，SQL 代码如下：

```
mysql>INSERT INTO cp_student (id,stu_name) VALUES (1,'小明'),(2,'小红');
```

（3）创建表 cp_subject 课程表，SQL 代码如下：

```
mysql>USE db_fcms; /*打开数据库db_fcms,这个数据库读者应事先创建好*/
mysql>CREATE TABLE cp_subject (
    id INT(11) NOT NULL COMMENT '唯一ID',
    stu_id INT(11) NOT NULL COMMENT '读者ID',
    sub_name VARCHAR(30) DEFAULT NULL COMMENT '课程名',
    PRIMARY KEY (id))
ENGINE= InnoDB DEFAULT CHARSET=utf8 CHECKSUM=1 DELAY_KEY_WRITE=1
ROW_FORMAT=DYNAMIC  COMMENT = '课程表';
```

（4）在表中插入数据，SQL 代码如下：

```
mysql>INSERT INTO cp_subject (id,stu_id,sub_name) VALUES (1,1,'英语'),(2,1,'数学'),(3,2,'物理'),(4,2,'化学');
```

1. 笛卡儿积 SQL 语句 1

```
mysql>SELECT * FROM cp_student a JOIN cp_subject b ;
```

或

```
mysql>SELECT * FROM cp_student a,cp_subject b;
```

上述命令的运行结果如图 13.8 所示。

13.2　MySQL 多表操作实例操作

图 13.8　笛卡儿积现象示意图

2. 笛卡儿积 SQL 语句 2（将两个表的位置换一下）

```
mysql>SELECT * FROM cp_subject a JOIN cp_student b;
```

或

```
mysql>SELECT * FROM cp_subject a, cp_student b;
```

上述命令的运行结果如图 13.9 所示。

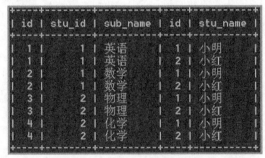

图 13.9　笛卡儿积现象示意图

3. 笛卡儿积 SQL 语句 3（交叉连接）

```
mysql>SELECT a.id,a.stu_id,a.sub_name,b.id,b.stu_name FROM cp_subject a cross JOIN cp_student b WHERE b.id = 1 OR b.id = 2;
```

上述命令的运行结果如图 13.10 所示。

图 13.10　笛卡儿积现象示意图

4. 笛卡儿积 SQL 语句 4（交叉连接，两表交换位置）

```
mysql>SELECT a.id,a.stu_id,a.sub_name,b.id,b.stu_name FROM cp_student b cross JOIN cp_subject a WHERE b.id = 1 OR b.id = 2;
```

上述命令的运行结果如图 13.11 所示。

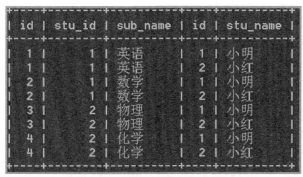

图 13.11 笛卡儿积现象示意图

从执行结果上来看，结果符合以上提出的两点结论。同时，SQL 语句的多表查询在没有任何查询条件的情况下以及交叉连接查询，会出现笛卡儿积现象。

5. 分析

以"SQL 语句 1"为例来看执行过程：FROM 语句把 cp_student 表和 cp_subject 表从数据库加载到内存中。

JOIN 语句相当于对两张表做了乘法运算，把 cp_student 表中的每一行记录按照顺序和 cp_subject 表中记录依次匹配。

匹配完成后，得到了一张有（cp_student 中记录数×cp_subject 表中记录数）条的临时表，这个在内存形成的临时表称为"笛卡儿积表"。

针对以上的理论，提出一个问题，如果两张表的数据量都比较大的话，那样就会占用很大的内存空间，这显然是不合理的。所以，在进行表连接查询的时候一般都会使用 JOIN xxx ON xxx 的语法，ON 语句的执行是在 JOIN 语句之前的，也就是说两张表数据行之间进行匹配的时候，会先判断数据行是否符合 ON 语句后面的条件，再决定是否 JOIN。

因此，SQL 优化的方案是当两张表的数据量比较大且又需要连接查询时，应该使用 FROM table1 JOIN table2 ON xxx 的语法，避免使用 FROM table1，table2 WHERE xxx 的语法，因为后者会在内存中先生成一张数据量比较大的笛卡儿积表，增加了内存的开销。

13.2.2 内部连接操作

1. 语法

```
... FROM table1 INNER JOIN table2 ON conditiona
```

- table1 第一个数据表。
- table2 第二个数据表。
- conditiona 条件。

2. 说明

将双方都同时满足 ON 条件的记录查出，可以理解为两个表的关键字的交集。

准备数据（适用于外连接及自连接）。

使用 7.2 节的数据进行操作。主要操作 ykxt_qj 及 ykxt_jiayou 两张表。

注意：准备的数据也适用于外连接（左、右外连接）及自连接。

3. 内连接的查询操作

从 ykxt_jiayou 表中查出加油日期大于或等于 2016 年 12 月 12 日的记录，要求同 ykxt_qj 表通过内连接进行查询，两表的内连接关键字字段为“qj”，条件为 ykxt_jiayou.qj ＝ ykxt_qj.qj；从 ykxt_jiayou 表列出的字段是 qj、sl、sl2、je 共 4 个字段。SQL 语句如下：

```
mysql>SELECT a.qj AS '期间',a.sl AS '加油数量升',a.sl2 AS '加油数量 KG',a.je AS '加油金额' FROM ykxt_jiayou a INNER JOIN ykxt_qj b ON a.qj = b.qj WHERE date(a.lrrq) >= date('2016-12-12');
```

上述命令的运行结果如图 13.12 所示。

```
mysql> select a.qj as '期间',a.sl as '加油数量升',a.sl2 as '加油数量KG',a.je as
'加油金额' from ykxt_jiayou a inner join ykxt_qj b on a.qj = b.qj where date(a.l
rrq) >= date('2016-11-01');
+-----------------------+------------+------------+----------+
| 期间                  | 加油数量升 | 加油数量KG | 加油金额 |
+-----------------------+------------+------------+----------+
| 2017/07/16-2017/08/15 |      25.00 |      43.30 |    99.00 |
+-----------------------+------------+------------+----------+
1 row in set (0.00 sec)
```

图 13.12　内连接的查询接操作

4. 内连接的更新操作

将 ykxt_jiayou 表的 sl（加油数量升）、sl2（加油数量公斤）、je（加油金额）这 3 列按 qj（期间）分组求和，然后将求和结果按 qj（期间）更新到 ykxt_qj 表的 sl（加油数量升）、sl1（加油数量公斤）、je（金额）列上。两表的连接条件是 ykxt_jiayou.qj ＝ ykxt_qj.qj。

如果 ykxt_qj 表结构中没有下面这 3 个列字段，可添加。

```
sl DECIMAL (12,2)  DEFAULT 0
sl1 DECIMAL (12,2)  DEFAULT 0
je DECIMAL (12,2)  DEFAULT 0
```

- 添加上面 3 个字段，SQL 语句如下：

```
mysql>
USE db_fcms; /*打开数据库 db_fcms，这个数据库读者应事先创建好*/
ALTER TABLE ykxt_qj Add column sl DECIMAL(12,2) NOT NULL DEFAULT 0;
ALTER TABLE ykxt_qj Add column sl1 DECIMAL(12,2) NOT NULL DEFAULT 0;
ALTER TABLE ykxt_qj Add column je DECIMAL(12,2) NOT NULL DEFAULT 0;
```

- 对这 3 个字段进行运算，SQL 语句如下：

```
mysql>USE db_fcms; /*打开数据库 db_fcms，这个数据库读者应事先创建好*/
mysql>UPDATE ykxt_qj SET sl=0,sl1=0,je=0;
mysql>UPDATE ykxt_qj a INNER JOIN (SELECT qj,SUM(sl) AS sl, SUM(sl2) AS sl1, SUM(je) AS je FROM ykxt_jiayou GROUP BY qj) b ON a.qj=b.qj SET a.sl=b.sl, a.sl1=b.sl1, a.je=b.je ;
```

关于此 SQL 的其他不同写法，可参阅 9.3.1 节和 9.3.2 节。

5. 内连接的删除操作

删除 ykxt_jiayou 表中按期间（qj）分组后每组记录数均小于 22 且期间（qj）前 4 位为“1981”的记录，我们来看下面的示例，SQL 语句如下：

```
mysql>USE db_fcms; /*打开数据库 db_fcms，这个数据库读者应事先创建好*/
mysql>DELETE t1 FROM ykxt_jiayou AS t1 INNER JOIN (SELECT qj FROM ykxt_jiayou group by qj HAVING count(qj) <= 22 ) AS t2  ON t1.qj = t2.qj  WHERE  SUBSTRING(t1.qj,1,4) ='1981';
```

上述命令的运行结果如图 13.13 所示。

```
mysql> DELETE t1 FROM ykxt_jiayou AS t1 INNER JOIN (SELECT qj FROM ykxt_jiayou G
ROUP BY qj HAVING count(qj) <= 22 ) AS t2  ON t1.qj = t2.qj  WHERE  substring(t1
.qj,1,4) ='1981';
Query OK, 14 rows affected (1.19 sec)
```

图 13.13　内连接的删除操作

13.2.3 左外连接操作

1. 语法

```
... FROM table1 LEFT JOIN table2 ON conditiona
```

- table1——第一个数据表。
- table2——第二个数据表。
- conditiona——条件。

2. 说明

除将双方都同时满足 ON 条件的记录查出外, table1 表(左表)条件外的记录也一并查出。table1 表(左表)条件外的那些记录, 对于 table2(右表)所使用(读者注意"使用"两个字, 不一定看得见那些补的 NULL, 事实上已经补了 NULL)的字段补 NULL。

3. 准备数据

除"同上"以外，还要加入一些数据以便说明问题，SQL 语句如下:

```
mysql>INSERT INTO ykxt_qj (qj) VALUES ('2018/08/16-2018/09/15'),('2018/09/16-2018/10/15'),('2018/10/16-2018/11/15'),('2018/11/16-2018/12/15'),('2018/12/16-2019/01/15'),('2019/01/16-2019/02/15'),('2019/02/16-2019/03/15'),('2019/03/16-2019/04/15'),('2019/04/16-2019/05/15'),('2019/05/16-2019/06/15'),('2019/06/16-2019/07/15'),('2019/07/16-2019/08/15'),('2019/08/16-2019/09/15'),('2019/09/16-2019/10/15'),('2019/10/16-2019/11/15');
mysql>INSERT INTO ykxt_jiayou (id, qj, kh, clbh, clmc, gg, dw, km, kmmc, hsxs, sl, sl2, je, dj, dj2, lrr, lrrq, xgr, xgrq, bz) VALUES ('ycs-150821-001', '1981/07/16-1981/08/15', '1788321', '1310000000001', '汽油', '95#', '升', '6401-4-3609-1-1-3', '普速-汽车用油', '1.732', '5.17', '8.95', '346.64', '67.05', '38.73', 'XXXX', '1981-08-21 00:00:00', 'XXXX', '1981-08-21 08:08:31', NULL),('ycs-150821-002', '1981/07/16-1981/08/15', '1788322', '1310000000001', '汽油', '95#', '升', '6401-4-3609-1-1-3', '普速-汽车用油', '1.732', '47.69', '82.60', '280.89', '5.89', '3.40', 'XXXX', '1981-08-21 00:00:00', NULL, NULL, NULL),('ycs-150821-003', '1981/07/16-1981/08/15', '1788323', '1310000000001', '汽油', '95#', '升', '6401-4-3609-1-1- 3', '普速-汽车用油', '1.732', '532.70', '922.64', '3341.01', '6.27', '3.62', 'XXXX', '1981-08-21 00:00:00', NULL, NULL, NULL),('ycs-150821-004', '1981/07/16-1981/08/15', '1788324', '1310000000001', '汽油', '95#', '升', '6401-4-3609-1-1-3', '普速-汽车用油', '1.732', '171.31', '296.71', '1078.16', '6.29', '3.63', 'XXXX', '1981-08-21 00:00:00', NULL, NULL, NULL);
```

4. 左外连接的查询操作示例

从 ykxt_jiayou 表中查出加油日期小于或等于 2015 年 12 月 12 日的记录, 要求与 ykxt_qj 表通过左外连接进行查询, 两表的左外连接关键字字段为 "qj", 条件为 ykxt_jiayou.qj = ykxt_qj.qj; 从 ykxt_jiayou 表列出的字段是 qj、sl、sl2、je 共 4 个字段, SQL 语句如下:

```
mysql>SELECT a.qj AS '期间',a.sl AS '加油数量升',a.sl2 AS '加油数量 KG',a.je AS '加油金额',b.je  FROM ykxt_jiayou a LEFT JOIN ykxt_qj b ON a.qj = b.qj WHERE date(a.lrrq) <= date('2015-12-12');
```

5. 左外连接的更新操作示例

将 ykxt_jiayou 表的 sl (加油数量升)、sl2 (加油数量公斤)、je (加油金额) 这 3 列按 qj (期间) 分组求和, 然后将求和结果按 qj (期间) 更新到 ykxt_qj 表的 sl (加油数量升)、sl1 (加油数量公斤)、je (金额) 列上。两表的左外连接条件是 ykxt_jiayou.qj = ykxt_qj.qj。

如果 ykxt_qj 表结构中没有下面这 3 个列字段, 可添加。

```
sl DECIMAL (12,2) DEFAULT 0
sl1 DECIMAL (12,2) DEFAULT 0
je DECIMAL (12,2) DEFAULT 0
```

- 添加上面的 3 个字段, SQL 语句如下:

```
mysql>USE db_fcms;  /*打开数据库 db_fcms,这个数据库读者应事先创建好*/
mysql>ALTER TABLE ykxt_qj Add column sl DECIMAL(12,2) NOT NULL DEFAULT 0;
mysql>ALTER TABLE ykxt_qj Add column sl1 DECIMAL(12,2) NOT NULL DEFAULT 0;
mysql>ALTER TABLE ykxt_qj Add column je DECIMAL(12,2) NOT NULL DEFAULT 0;
```

- 左外连接更新,SQL 语句如下:

```
mysql>UPDATE ykxt_qj set sl=0,sl1=0,je=0;
mysql>UPDATE ykxt_qj a
LEFT JOIN (SELECT qj,sum(sl) as sl, sum(sl2) as sl1, sum(je) as je FROM ykxt_jiayou
group by qj) b
ON a.qj=b.qj set
a.sl=if(b.qj ,b.sl,9),
a.sl1= if(b.qj ,b.sl1,99),
a.je= if(b.qj ,b.je,999);
mysql>SELECT * FROM ykxt_qj WHERE sl>0;
```

6. 左外连接的删除操作示例

删除 ykxt_jiayou 表中按 ykxt_qj 表的期间字段(qj)分组后每组记录数大于或等于 2 且 ykxt_jiayou 表的期间字段(qj)前 4 位为"2019"的记录,SQL 语句如下:

```
mysql>DELETE t1 FROM ykxt_jiayou AS t1 LEFT JOIN (SELECT qj FROM ykxt_qj GROUP BY qj HAVING COUNT(qj) >= 2 ) AS t2  ON t1.qj = t2.qj  WHERE  SUBSTRING(t1.qj,1,4) ='2019';
```

上述命令的运行结果如图 13.14 所示。

```
mysql> DELETE t1 FROM ykxt_jiayou AS t1 LEFT JOIN (SELECT qj FROM ykxt_qj GROUP
BY qj HAVING count(qj) >= 2 ) AS t2 ON t1.qj = t2.qj  WHERE  substring(t1.qj,1,
4) ='2019';
Query OK, 0 rows affected (0.03 sec)
```

图 13.14 删除操作

13.2.4 右外连接操作

1. 语法

```
... FROM table1 RIGHT JOIN table2 ON conditiona
```

- table1——第一个数据表。
- table2——第二个数据表。
- conditiona——条件。

2. 说明

除将双方都同时满足 ON 条件的记录查出,table2 表(右表)条件外的记录也一并查出。table2 表(右表)条件外的那些记录,对于 table1(左表)所使用(读者注意"使用"两个字,不一定看得见那些补的 NULL,事实上已经补了 NULL)的字段补 NULL。

3. 准备数据

同上。

4. 右外连接的查询操作示例

从 ykxt_jiayou 表中查出加油日期小于或等于 2015 年 12 月 12 日的记录,要求同 ykxt_qj 表通过右外连接进行查询,两表的右外连接关键字字段为"qj",条件为 ykxt_jiayou.qj = ykxt_qj.qj; 从 ykxt_jiayou 表列出的字段是 qj、sl、sl2、je 共 4 个字段,SQL 语句如下:

```
mysql>SELECT b.qj AS '期间',a.sl AS '加油数量升',a.sl2 AS '加油数量 KG',a.je AS '加油金额
```

```
',b.je  FROM ykxt_jiayou a right JOIN ykxt_qj b ON a.qj = b.qj WHERE date(a.lrrq) <= date('20
15-12-12');
```

此 SQL 语句未能显示出 ykxt_jiayou 相关列的 NULL，原因是被 WHERE date(a.lrrq) <= date('2015-12-12') 筛选掉了，那么如何让它们显示出来？SQL 语句如下：

```
mysql>SELECT b.qj as '期间',a.sl as '加油数量升',a.sl2 as '加油数量KG',a.je as '加油金额
',b.je  FROM ykxt_jiayou a right joIN ykxt_qj b ON a.qj = b.qj WHERE date(a.lrrq) <= date('20
15-08-28') or a.lrrq IS NULL;
```

此 SQL 语句显示出 ykxt_jiayou 相关列补的 NULL，原因是在 WHERE 条件中加入了 OR a.lrrq IS NULL，分析一下为什么？再如下面的 SQL 语句。

```
mysql>SELECT a.qj as '期间',a.sl as '加油数量升',a.sl2 as '加油数量KG',a.je as '加油金额
',b.je  FROM ykxt_jiayou a right joIN ykxt_qj b ON a.qj = b.qj and date(a.lrrq) <= date('2015
-08-28');
```

此 SQL 语句显示出 ykxt_jiayou 相关列补的 NULL，原因是在将 "date(a.lrrq) <= date('2015－08-28')" 放在了 ON 里，分析一下为什么？

5. 右外连接的更新操作示例

将 ykxt_jiayou 表的 sl（加油数量升）、sl2（加油数量公斤）、je（加油金额）这 3 列按 qj（期间）分组求和，然后将求和结果按 qj（期间）更新到 ykxt_qj 表的 sl（加油数量升）、sl1（加油数量公斤）、je（金额）列上。两表的左外连接条件是 ykxt_jiayou.qj = ykxt_qj.qj。

如果 ykxt_qj 表结构中没有下面这 3 个列字段，可添加。

```
sl DECIMAL(12,2) DEFAULT 0
sl1 DECIMAL(12,2) DEFAULT 0
je DECIMAL(12,2) DEFAULT 0
mysql>USE db_fcms; /*打开数据库 db_fcms，这个数据库读者应事先创建好*/
mysql>ALTER TABLE ykxt_qj Add column sl DECIMAL(12,2) NOT NULL DEFAULT 0;
mysql>ALTER TABLE ykxt_qj Add column sl1 DECIMAL(12,2) NOT NULL DEFAULT 0;
mysql>ALTER TABLE ykxt_qj Add column je DECIMAL(12,2) NOT NULL DEFAULT 0;
```

- 右外连接的更新 SQL 语句如下：

```
mysql>UPDATE ykxt_qj set sl=0,sl1=0,je=0;
mysql>UPDATE ykxt_qj a
right JOIN (SELECT qj,sum(sl) as sl, sum(sl2) as sl1, sum(je) as je FROM ykxt_jiayou
group by qj) b
ON a.qj=b.qj set
a.sl=if(b.qj ,b.sl,9),
a.sl1= if(b.qj ,b.sl1,99),
a.je= if(b.qj ,b.je,999);
mysql>SELECT * FROM ykxt_qj WHERE sl>0;
```

6. 右外连接的删除操作示例

删除 ykxt_jiayou 表中按 ykxt_qj 表的期间字段（qj）分组后每组记录数大于或等于 2 且 ykxt_jiayou 表的期间字段（qj）前 4 位为 "2019" 的记录，SQL 语句如下：

```
mysql>DELETE t1 FROM ykxt_jiayou AS t1 RIGHT JOIN (SELECT qj FROM ykxt_qj GROUP BY qj HA
VING COUNT(qj) >= 2 ) AS t2  ON t1.qj = t2.qj   WHERE  SUBSTRING(t1.qj,1,4) ='2019';
```

上述命令的运行结果如图 13.15 所示。

```
mysql> DELETE t1 FROM ykxt_jiayou AS t1 RIGHT JOIN (SELECT qj FROM ykxt_qj GROUP
 BY qj HAVING count(qj) >= 2 ) AS t2  ON t1.qj = t2.qj  WHERE  substring(t1.qj,1
,4) ='2019';
Query OK, 0 rows affected (0.00 sec)
```

图 13.15　删除操作

13.2.5 自连接操作

1. 说明

自连接就是自己连接自己。

2. 准备数据

```
mysql>CREATE TABLE tb2 (
    id INT(11) NOT NULL,
    gid char(1) DEFAULT NULL,
    col1 INT(11) DEFAULT NULL,
    col2 INT(11) DEFAULT NULL,
    PRIMARY KEY (id)
) ENGINE= InnoDB DEFAULT CHARSET=utf8;
mysql>INSERT INTO tb2 values
    (1,'A',31,6), (2,'B',25,83), (3,'C',76,21), (4,'D',63,56), (5,'E',3,17), (6,'A',29,97),
(7,'B',88,63), (8,'C',16,22), (9,'D',25,43), (10,'E',45,28), (11,'A',2,78), (12,'B',30,79), (
13,'C',96,73), (14,'D',37,40), (15,'E',14,86), (16,'A',32,67), (17,'B',84,38), (18,'C',27,9),
(19,'D',31,21), (20,'E',80,63), (21,'A',89,9), (22,'B',15,22), (23,'C',46,84), (24,'D',54,79)
,(25,'E',85,64), (26,'A',87,13), (27,'B',40,45), (28,'C',34,90), (29,'D',63,8), (30,'E',66,40
), (31,'A',83,49), (32,'B',4,90), (33,'C',81,7), (34,'D',11,12), (35,'E',85,10), (36,'A',39,7
5), (37,'B',22,39), (38,'C',76,67), (39,'D',20,11), (40,'E',81,36);
```

3. 自连接方式 1

通过自连接查询每组（gid 为"A"的一组；为"B"的一组；为"C"的一组；为"D"的一组；为"E"的一组；一共 5 个组）col2 最大值。

- 方法 1：

```
mysql>SELECT * FROM tb2 a WHERE NOT EXISTS (SELECT 'x' FROM tb2 WHERE gid=a.gid AND col2
>a.col2);
    SELECT 'x'FROM tb2 WHERE gid=a.gid AND col2>a.col2 —— SELECT 就进入了隐式迭代,同组中比当前
col2 大的就输出"x";
    然后 not EXISTS 来判断是否存在比当前 col2 大的,如果不存在就返回 true;返回 true 就输出当前 col2 这一列;
    这里的 EXISTS 与 not EXISTS 是判断语句,返回的是 true OR false;
```

- 方法 2：

```
mysql>SELECT * FROM (SELECT * FROM tb2 ORDER BY gid,col2 desc) t2 group by t2.gid;
    t2 按照 gid 和 col2 来降序排列,然后 group 分组,分组就取的是第一行(frist row),而第一行(frist row)就是
最大的值;
```

4. 自连接方式 2

通过自连接查询每组 col2 最大的 3 个值。

```
mysql>SELECT * FROM tb2 a WHERE 3 > (SELECT count(*) FROM tb2 WHERE gid=a.gid and col2>a
.col2) ORDER BY a.gid,a.col2 desc;
    比当前 col2 大的值如果小于 3 条就输出(注意必须是小于 3 条,如果等于 3 条就代表已经有了 3 条),然后输出后排序;
```

上面两条自连接 SQL 都比较难理解，但只要换个角度，其实理解起来也很容易。首先在 MySQL 中要把 SELECT 翻译为输出，并且要满足 WHERE 以后才输出；输出以后再分组，分组以后才轮到排序，排序之后才轮到取几个。

13.2.6 多表实例操作

1. 准备数据

还以 7.2 节的数据作为蓝本，来进行 MySQL 的多表操作演练，涉及的操作表如下。

- menu31：1 级菜单项表，里面存放的是一级菜单项（顶级菜单项）。

- menu32：2级菜单项表，里面存放的是2级菜单项，从属于1级菜单项。
- menu33：3级菜单项，里面存放的是3级菜单项，从属于2级菜单项。
- cdqx：用户访问菜单项权限表，里面存放的是哪些用户能操作哪些3级菜单项。
- ykxt_yongh：用户信息表，里面存放的是注册用户的信息。
- ykxt_dwb：上级部门信息表，里面存放的是相对于下级部门的上级部门信息。
- ykxt_bmb：下级部门信息表，里面存放的是下级部门信息。
- ykxt_cl：机动车辆信息表，里面存放的是机动车相关信息。
- ykxt_fk：卡号信息表，里面存放的是机动车加油卡号信息。
- ykxt_qj：期间表，里面存放的是机动车加油期间信息。
- ykxt_jiayou：加油明细表，里面存放的是机动车加油明细信息。

2. 实例

（1）查找 menu31.id 不存在于 menu32.father 的记录，示例如下。

SQL 语句 1：

```
mysql>SELECT * FROM menu31  a WHERE a.id not IN (SELECT b.father FROM menu32 b) ;
```

SQL 语句 2：

```
mysql>SELECT * FROM menu31  a WHERE NOT EXISTS (SELECT 'X' FROM menu32 b WHERE a.id = b.father) ;
```

（2）查找 menu32.father 不存在于 menu31.id 的记录，示例如下。

SQL 语句 1：

```
mysql>SELECT * FROM menu32  a WHERE CAST(a.father AS DECIMAL) not IN (SELECT CAST(b.id AS DECIMAL) FROM menu31 b) ;
```

SQL 语句 2：

```
mysql>SELECT * FROM menu32 a WHERE NOT EXISTS (SELECT 'X' FROM menu31 b WHERE CAST(a.father AS DECIMAL) = CAST(b.id AS DECIMAL)) ;
```

（3）查找 menu33 表且 menu31、menu32、menu33 它们关联字段相互存在的记录，示例如下。

SQL 语句 1：

```
mysql>SELECT a.id,a.name,a.fathername FROM menu33 a INNER JOIN menu32 b on CAST(a.father AS DECIMAL) = CAST(b.id AS DECIMAL)  INNER JOIN menu31 c on CAST(b.father AS DECIMAL) = CAST(c.id AS DECIMAL) WHERE a.id<=38;
```

SQL 语句 2：

```
mysql>SELECT a.id,a.name,a.fathername FROM menu33 a ,menu32 b,menu31 c WHERE CAST(a.father AS DECIMAL) = CAST(b.id AS DECIMAL) AND CAST(b.father AS DECIMAL) = CAST(c.id AS DECIMAL) AND a.id<=38;
```

（4）通过 UPDATE 语句实现表间数据更新——将 menu32 表的 id=4 和 id=6 记录的 fathername 列值更新为 menu31 表的 name 列值，两表的连接条件是 menu31.id=menu32.father，示例如下。

SQL 语句 1：

```
mysql>UPDATE menu32 SET fathername =(SELECT name FROM menu31 WHERE CAST(menu31.id AS DECIMAL) = CAST(menu32.father AS DECIMAL))WHERE id = 4 OR id = 6;
```

上述命令的运行结果如图 13.16 所示。

```
mysql> UPDATE menu32 SET
    -> fathername =(SELECT name FROM menu31
    -> WHERE cast(menu31.id as decimal) = cast(menu32.father as decimal))
    -> where id = 4 or id = 6;
Query OK, 2 rows affected (0.00 sec)
Rows matched: 2  Changed: 2  Warnings: 0
```

图 13.16　UPDATE 语句实现表间数据更新 SQL 语句 1

SQL 语句 2：

　　mysql>UPDATE menu31,menu32 SET menu32.fathername=menu31.name WHERE CAST(menu31.id AS DECIMAL) = CAST(menu32.father AS DECIMAL) AND (menu32.id = 4 OR menu32.id = 6);

上述命令的运行结果如图 13.17 所示。

```
mysql> UPDATE menu31,menu32 SET menu32.fathername=menu31.name WHERE cast(menu31.id as decimal) = cast(menu32.father as decimal) and (menu32.id = 4 or menu32.id = 6);
Query OK, 0 rows affected (0.00 sec)
Rows matched: 2  Changed: 0  Warnings: 0
```

图 13.17　UPDATE 语句实现表间数据更新 SQL 语句 2

SQL 语句 3：

　　mysql>UPDATE menu32 a INNER JOIN menu31 b ON CAST(b.id AS DECIMAL) = CAST(a.father AS DECIMAL) SET a.fathername = b.name WHERE a.id=4 OR a.id=6;

上述命令的运行结果如图 13.18 所示。

```
mysql> UPDATE menu32 a
    -> INNER JOIN menu31 b
    -> ON cast(b.id as decimal) = cast(a.father as decimal)
    -> SET a.fathername = b.name
    -> WHERE a.id=4 or a.id=6;
Query OK, 0 rows affected (0.00 sec)
Rows matched: 2  Changed: 0  Warnings: 0
```

图 13.18　UPDATE 语句实现表间数据更新 SQL 语句 3

SQL 语句 4：

　　mysql>UPDATE menu32 a LEFT JOIN menu31 b ON CAST(b.id AS DECIMAL) = CAST(a.father AS DECIMAL) SET a.fathername = b.name WHERE a.id=4 OR a.id=6;

上述命令的运行结果如图 13.19 所示。

```
mysql> UPDATE menu32 a
    -> LEFT JOIN menu31 b
    -> ON cast(b.id as decimal) = cast(a.father as decimal)
    -> SET a.fathername = b.name
    -> WHERE a.id=4 or a.id=6;
Query OK, 0 rows affected (0.00 sec)
Rows matched: 2  Changed: 0  Warnings: 0
```

图 13.19　UPDATE 语句实现表间数据更新 SQL 语句 4

SQL 语句 5：

　　mysql>UPDATE menu32 a RIGHT JOIN menu31 b ON CAST(b.id AS DECIMAL) = CAST(a.father AS DE

```
CIMAL) SET a.fathername = b.name WHERE a.id=4 OR a.id=6;
```

上述命令的运行结果如图 13.20 所示。

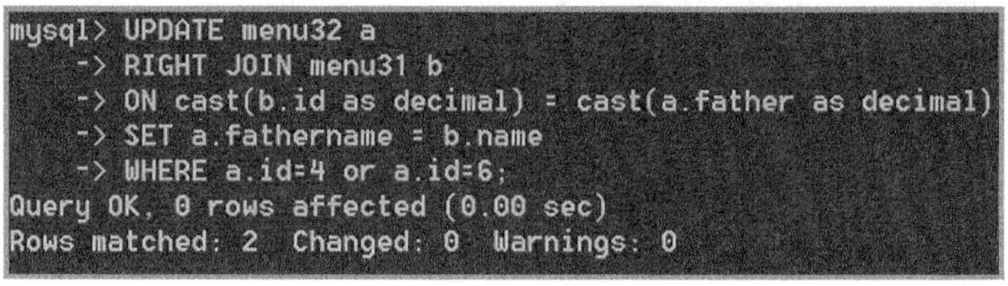

```
mysql> UPDATE menu32 a
    -> RIGHT JOIN menu31 b
    -> ON cast(b.id as decimal) = cast(a.father as decimal)
    -> SET a.fathername = b.name
    -> WHERE a.id=4 or a.id=6;
Query OK, 0 rows affected (0.00 sec)
Rows matched: 2  Changed: 0  Warnings: 0
```

图 13.20　UPDATE 语句实现表间数据更新 SQL 语句 5

（5）通过 UPDATE 语句实现表间数据更新——将 menu32 表 id＝4 和 id＝6 的 fathername 列值更新为 menu31 表的 name 列值；同时将 menu31 相应记录的 linkadd 列值更新为“https://www.baidu.com/s?ie＝utf－8&f”，两表的连接条件是 menu31.id ＝ menu32.father，示例如下：

```
    mysql>UPDATE menu32 a RIGHT JOIN menu31 b ON CAST(b.id AS DECIMAL) = CAST(a.father AS DE
CIMAL) SET a.fathername = b.name,b.linkadd = ' https://www.baidu.com/s?ie=utf-8&f '
    WHERE a.id=4 OR a.id = 6;
```

上述命令的运行结果如图 13.21 所示。

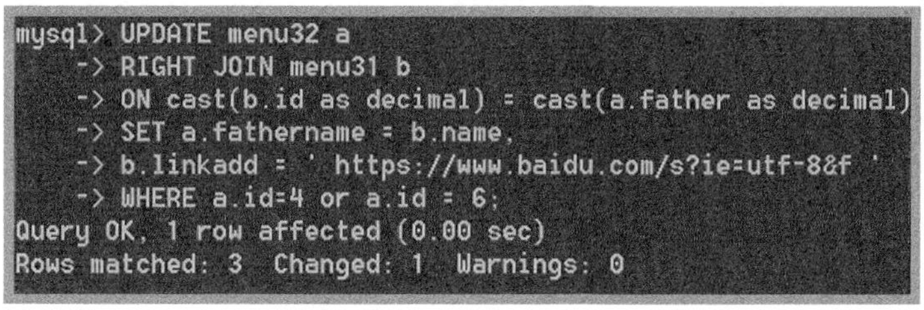

```
mysql> UPDATE menu32 a
    -> RIGHT JOIN menu31 b
    -> ON cast(b.id as decimal) = cast(a.father as decimal)
    -> SET a.fathername = b.name,
    -> b.linkadd = ' https://www.baidu.com/s?ie=utf-8&f '
    -> WHERE a.id=4 or a.id = 6;
Query OK, 1 row affected (0.00 sec)
Rows matched: 3  Changed: 1  Warnings: 0
```

图 13.21　UPDATE 语句实现表间数据更新

（6）通过 UPDATE 语句实现表间数据更新——将 ykxt_jiayou 表的 sl（加油数量升）、sl2（加油数量公斤）、je（加油金额）这 3 列按 qj（期间）分组求和，然后将求和结果按 qj（期间）更新到 ykxt_qj 表的 sl（加油数量升）、sl1（加油数量公斤）、je（金额）列上。两表的连接条件是 ykxt_jiayou.qj ＝ ykxt_qj.qj，来看下面的示例。

首先检查一下 ykxt_qj 表是否有下面的 3 个字段，如没有，则添加：

```
    sl DECIMAL(12,2) DEFAULT 0
    sl1 DECIMAL(12,2) DEFAULT 0
    je DECIMAL(12,2) DEFAULT 0
```

添加上面 3 个字段 SQL 语句如下。

```
    mysql>USE db_fcms; /*打开数据库 db_fcms，这个数据库读者应事先创建好*/
    mysql>ALTER TABLE ykxt_qj Add column sl DECIMAL(12,2) NOT NULL DEFAULT 0;
    mysql>ALTER TABLE ykxt_qj Add column sl1 DECIMAL(12,2) NOT NULL DEFAULT 0;
    mysql>ALTER TABLE ykxt_qj Add column je DECIMAL(12,2) NOT NULL DEFAULT 0;
```

SQL 语句 1：

```
    mysql>UPDATE ykxt_qj SET sl=0,sl1=0,je=0;
    mysql>UPDATE ykxt_qj a,(SELECT qj,SUM(sl) AS sl, SUM(sl2) AS sl1, SUM(je) AS je FROM ykx
t_jiayou GROUP BY qj) b SET a.sl=b.sl, a.sl1=b.sl1, a.je=b.je WHERE a.qj=b.qj;
```

上述命令的运行结果如图 13.22 所示。

```
mysql> update ykxt_qj set sl=0,sl1=0,je=0;
Query OK, 7 rows affected (0.05 sec)
Rows matched: 51  Changed: 7  Warnings: 0

mysql> UPDATE ykxt_qj a,(select qj,sum(sl) as sl, sum(sl2) as sl1, sum(je) as je
 from ykxt_jiayou group by qj) b SET a.sl=b.sl, a.sl1=b.sl1, a.je=b.je WHERE a.q
j=b.qj;
Query OK, 7 rows affected (0.01 sec)
Rows matched: 7  Changed: 7  Warnings: 0
```

图 13.22 UPDATE 语句实现表间数据更新

SQL 语句 2：

```
mysql>UPDATE ykxt_qj SET sl=0,sl1=0,je=0;
mysql>UPDATE ykxt_qj a INNER JOIN (SELECT qj,SUM(sl) AS sl, SUM(sl2) AS sl1, SUM(je) AS je FROM ykxt_jiayou GROUP BY qj) b ON a.qj=b.qj SET a.sl=b.sl, a.sl1=b.sl1, a.je=b.je ;
```

上述命令的运行结果如图 13.23 所示。

```
mysql> update ykxt_qj set sl=0,sl1=0,je=0;
Query OK, 7 rows affected (0.01 sec)
Rows matched: 51  Changed: 7  Warnings: 0

mysql> UPDATE ykxt_qj a
    -> INNER JOIN (select qj,sum(sl) as sl, sum(sl2) as sl1, sum(je) as je from
 ykxt_jiayou group by qj) b
    -> ON a.qj=b.qj
    -> SET a.sl=b.sl, a.sl1=b.sl1, a.je=b.je ;
Query OK, 7 rows affected (0.01 sec)
Rows matched: 7  Changed: 7  Warnings: 0
```

图 13.23 UPDATE 语句实现表间数据更新

SQL 语句 3：

```
mysql>UPDATE ykxt_qj SET sl=0,sl1=0,je=0;
mysql>UPDATE ykxt_qj a INNER JOIN (SELECT qj,SUM(sl) AS sl, SUM(sl2) AS sl1, SUM(je) AS je FROM ykxt_jiayou GROUP BY qj) b ON a.qj=b.qj SET a.sl=b.sl, a.sl1=b.sl1, a.je=b.je ;
```

上述命令的运行结果如图 13.24 所示。

```
mysql> update ykxt_qj set sl=0,sl1=0,je=0;
Query OK, 7 rows affected (0.01 sec)
Rows matched: 51  Changed: 7  Warnings: 0

mysql> UPDATE ykxt_qj a
    -> INNER JOIN (select qj,sum(sl) as sl, sum(sl2) as sl1, sum(je) as je from
 ykxt_jiayou group by qj) b
    -> ON a.qj=b.qj
    -> SET a.sl=b.sl, a.sl1=b.sl1, a.je=b.je ;
Query OK, 7 rows affected (0.02 sec)
Rows matched: 7  Changed: 7  Warnings: 0
```

图 13.24 UPDATE 语句实现表间数据更新

SQL 语句 4：

```
mysql>UPDATE ykxt_qj SET sl=0,sl1=0,je=0;
mysql>UPDATE ykxt_qj a SET a.sl =(SELECT b.sl FROM( SELECT qj,SUM(sl) AS sl FROM ykxt_jiayou GROUP BY qj) b WHERE a.qj = b.qj);
mysql>UPDATE ykxt_qj a SET a.sl1 =(SELECT b.sl1 FROM( SELECT qj,SUM(sl2) AS sl1 FROM ykxt_jiayou GROUP BY qj) b WHERE a.qj=b.qj);
mysql>UPDATE ykxt_qj a SET a.je = (SELECT b.je FROM( SELECT qj,SUM(je) AS je FROM ykxt_jiayou GROUP BY qj) b WHERE a.qj = b.qj);
```

3. 摘自应用系统中的 SQL 语句

> **注意**：应用系统为在用铁道机车（含机动车）燃油管理系统。之所以将应用系统中这些经典的 SQL 语句摘编于此，初衷是让读者感受一下这些 SQL 语句是如何写出来的（也包括 7.15.3 节中的一条排名 SQL），目的是为读者自己开发类似的 SQL 语句提供参考和借鉴，对于它们的工作原理，由于超出本书大纲范畴，不做剖析。感兴趣的读者可自行研究。

这些 SQL 语句将放在 Navicat for MySQL 环境下运行。

SQL 语句 1：

```
mysql>SELECT wk,jm,zd,llbm,km,yt,clbh,clmc,dw,kph,ROUND(SUM(qlsl),2) AS qlsl,ROUND(SUM(s
fsl),2) AS sfsl,ROUND((ROUND(SUM(je),2))/(ROUND(SUM(sfsl),2)),6) AS dj,ROUND(SUM(je),2) AS je
 FROM (SELECT '1' AS wk,f.lujmc AS jm,g.zhandmc AS zd,CONCAT(d.dw,'-',c.bm) AS llbm,a.km AS k
m ,a.kmmc AS yt,a.clbh AS clbh,CONCAT(a.clmc,'-',a.gg) AS clmc,a.dw AS dw,'01' AS kph,a.sl AS
 qlsl,a.sl AS sfsl,a.je AS je FROM ykxt_jiayou a,ykxt_fk b,ykxt_cl e,ykxt_dwb d ,ykxt_bmb c ,
ykxt_luj f,ykxt_zhand g WHERE a.kh=b.kh AND b.kh = e.kh AND e.ssbm=d.syh AND e.xsbm=c.syh AND
 c.zd1=d.syh AND d.zhandmc = g.syh AND g.lujmc = f.syh AND a.je>=-2461.86 AND a.je<=11043.20
AND DATE_FORMAT(a.lrrq,'%Y-%m-%d') >= '2014-10-20' AND DATE_FORMAT(a.lrrq,'%Y-%m-%d')<= '2017
-01-22') a WHERE a.wk = '1' GROUP BY a.wk,a.jm,a.zd,a.llbm,a.km,a.yt,a.clbh,a.clmc,a.dw,a.kph;
```

上述命令的运行结果如图 13.25 所示。

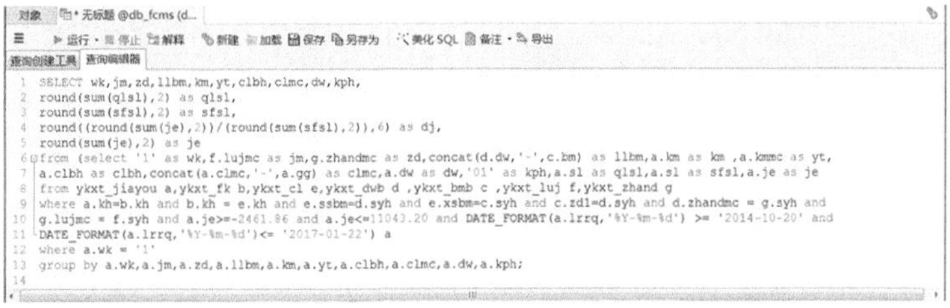

图 13.25　应用系统中经典 SQL 语句

SQL 语句 2：

```
mysql>SELECT a.fkh,a.qj,a.qc_zye,a.qc_yxye,a.bq_drje,a.bq_qcje,a.bq_jyje,a.qm_zye,a.qm_
yxye,a.qm_wqye,CASE WHEN (drje=0 OR drje IS NULL) AND (qcje=0 OR qcje IS NULL) AND (jyje=0 OR
 jyje IS NULL) then 'y'else 'n' END AS ifno FROM ykxt_fk_tz a LEFT JOIN (SELECT c.fkh AS fkh,
ROUND(SUM(c.bq_drje),2) AS drje,ROUND(SUM(c.bq_qcje),2) AS qcje,ROUND(SUM(c.bq_jyje),2) AS jy
je FROM (SELECT * FROM ykxt_fk_tz UNION ALL SELECT * FROM ykxt_fktz_ls) c GROUP BY fkh) b ON
a.fkh = b.fkh WHERE 1=1;
```

上述命令的运行结果如图 13.26 所示。

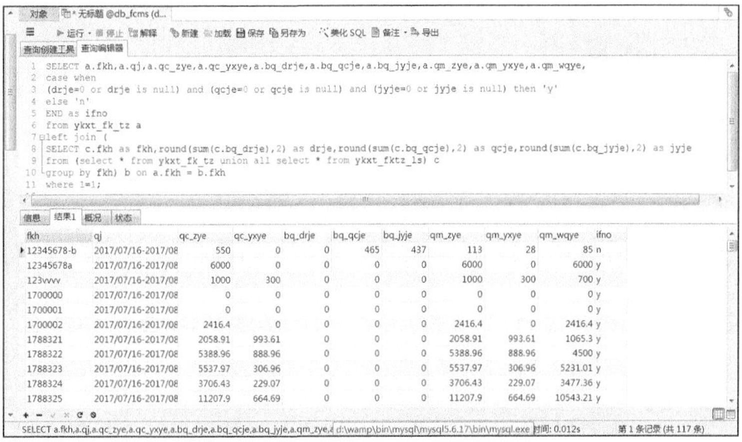

图 13.26　应用系统中经典 SQL 语句

13.2 MySQL 多表操作实例操作

SQL 语句 3：

```
mysql>SELECT a.fkh,a.qj,a.qc_zye,a.qc_yxye,a.bq_drje,a.bq_qcje,a.bq_jyje,a.qm_zye,a.qm_
yxye,a.qm_wqye ,CASE WHEN (drje=0 OR drje IS NULL) AND (qcje=0 OR qcje IS NULL) AND (jyje=0 O
R jyje IS NULL) then 'y'else 'n' END AS ifno FROM (SELECT * FROM ykxt_fk_tz UNION ALL SELECT
* FROM ykxt_fktz_ls) a LEFT JOIN (SELECT c.fkh AS fkh,ROUND(SUM(c.bq_drje),2) AS drje,ROUND(S
UM(c.bq_qcje),2) AS qcje,ROUND(SUM(c.bq_jyje),2) AS jyje FROM (SELECT * FROM ykxt_fk_tz UNION
 ALL SELECT * FROM ykxt_fktz_ls) c GROUP BY fkh) b ON a.fkh = b.fkh WHERE 1=1 AND a.qj='2016/
06/16-2016/07/15';
```

上述命令的运行结果如图 13.27 所示。

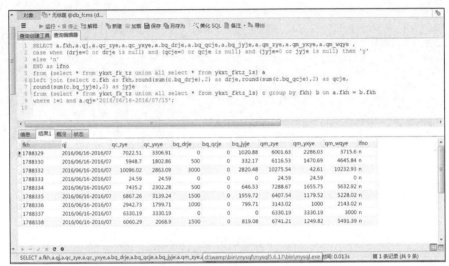

图 13.27　应用系统中经典 SQL 语句

SQL 语句 4：

```
mysql>DELETE FROM ykxt_fktz_cx;
mysql>INSERT INTO ykxt_fktz_cx(id,fkh,qj,qc_zye,qc_yxye,bq_drje,bq_qcje,bq_jyje,qm_zye,q
m_yxye,qm_wqye) SELECT 'admin',fkh,'2014/08/16-2016/12/15',0,0,ROUND(SUM(bq_drje),2),ROUND
(SUM(bq_qcje),2),ROUND(SUM(bq_jyje),2),0,0,0 FROM ykxt_fktz_ls GROUP BY fkh;
```

上述命令的运行结果如图 13.28 所示。

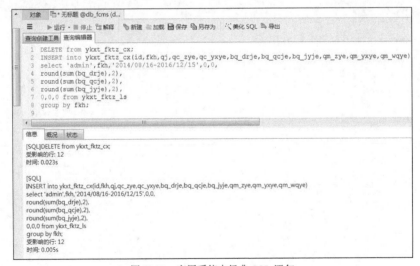

图 13.28　应用系统中经典 SQL 语句

第 13 章　MySQL 的多表联合操作

SQL 语句 5：

```
mysql>UPDATE ykxt_fktz_cx INNER JOIN
    ykxt_fk_tz on ykxt_fktz_cx.fkh = ykxt_fk_tz.fkh SET ykxt_fktz_cx.bq_drje = ykxt_fktz_cx.bq_drje + (SELECT ykxt_fk_tz.bq_drje
    FROM ykxt_fk_tz WHERE ykxt_fktz_cx.fkh = ykxt_fk_tz.fkh),ykxt_fktz_cx.bq_qcje = ykxt_fktz_cx.bq_qcje + (SELECT ykxt_fk_tz.bq_qcje
    FROM ykxt_fk_tz WHERE ykxt_fktz_cx.fkh = ykxt_fk_tz.fkh),ykxt_fktz_cx.bq_jyje = ykxt_fktz_cx.bq_jyje + (SELECT ykxt_fk_tz.bq_jyje
    FROM ykxt_fk_tz WHERE ykxt_fktz_cx.fkh = ykxt_fk_tz.fkh) WHERE ykxt_fktz_cx.fkh = ykxt_fk_tz.fkh;
```

上述命令的运行结果如图 13.29 所示。

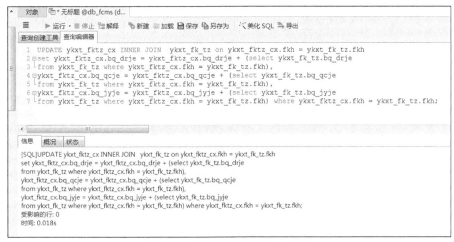

图 13.29　应用系统中经典 SQL 语句

SQL 语句 6：

```
mysql>UPDATE ykxt_fktz_cx INNER JOIN ykxt_fktz_ls on ykxt_fktz_cx.fkh = ykxt_fktz_ls.fkh SET ykxt_fktz_cx.qc_zye = ykxt_fktz_ls.qc_zye, ykxt_fktz_cx.qc_yxye = ykxt_fktz_ls.qc_yxye WHERE ykxt_fktz_ls.qj ='2014/08/16-2014/09/15' AND ykxt_fktz_cx.fkh = ykxt_fktz_ls.fkh ;
```

上述命令的运行结果如图 13.30 所示。

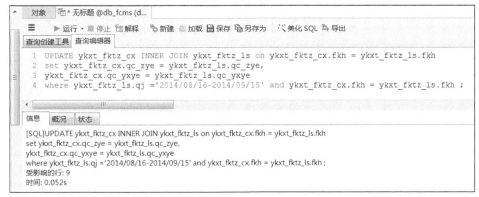

图 13.30　应用系统中经典 SQL 语句

SQL 语句 7：

```
mysql>UPDATE ykxt_fktz_cx INNER JOIN ykxt_fk_tz on ykxt_fktz_cx.fkh = ykxt_fk_tz.fkh SET ykxt_fktz_cx.qm_zye = ykxt_fk_tz.qm_zye,ykxt_fktz_cx.qm_yxye = ykxt_fk_tz.qm_yxye,ykxt_fktz_cx.qm_wqye = ykxt_fk_tz.qm_wqye WHERE ykxt_fktz_cx.fkh = ykxt_fk_tz.fkh;
```

上述命令的运行结果如图 13.31 所示。

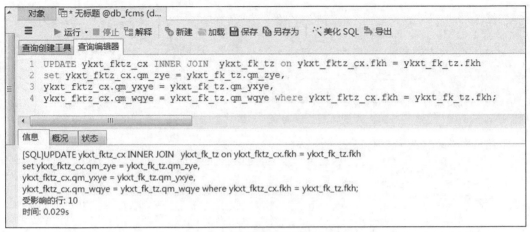

图 13.31　应用系统中经典 SQL 语句

4. 总结

关于本节的多表操作实例，举例至此，希望读者发挥自己的想象力。对于书中的举例，希望读者领会其中的原理，尤其是摘自这个应用系统中的 SQL 语句，这些 SQL 语句是被用在生产环境中，读者不必关心这些 SQL 语句的需求，而更关心 SQL 语句的句法，这些句法为读者提供以参考及借鉴，为自己书写同类型的 SQL 语句打下坚实的基础。

第 14 章 MySQL 工作机制

本章将重点讨论 MySQL 的工作机制，包括 MySQL 的线程分析、MySQL 的共享锁与排他锁，MySQL 的表级锁、页级锁与行级锁，MySQL 存储引擎和事务，MySQL 的事务处理等。

本章内容涉及 MySQL 的底层原理，适合 DBA 的读者。作为数据库的使用者也有必要了解一下，为数据库的性能优化及写出良好的应用程序打好基础。

14.1 MySQL 多线程分析

线程池是 MySQL 5.6 版本的一个核心功能，对于服务器应用而言，无论是 Web 应用服务还是 DB 服务，高并发请求始终是一个绕不开的话题。当有大量请求并发访问时，一定伴随着资源的不断创建和释放，导致资源利用率低，降低了服务质量。线程池是一种通用的技术，通过预先创建一定数量的线程，当有请求达到时，线程池分配一个线程提供服务，请求结束后，该线程又去服务其他请求。通过这种方式，避免了线程和内存对象的频繁创建和释放，降低了服务端的并发度，减少了上下文切换和资源的竞争，提高资源利用效率。所有服务的线程池本质都是为了提高资源利用效率，并且实现方式也大体相同。本节主要说明 MySQL 线程池的实现原理。

在 MySQL 5.6 出现以前，MySQL 处理连接的方式是 One－Connection－Per（每个）－Thread（线程），即对于每一个数据库连接，MySQL－Server 都会创建一个独立的线程服务，请求结束后，销毁线程。再来一个连接请求，则再创建一个连接，结束后再进行销毁。这种方式在高并发情况下，会导致线程的频繁创建和释放。当然，通过 thread－cache（线程缓存），可以将线程缓存起来，以供下次使用，避免频繁创建和释放的问题，但是还是无法解决高连接数的问题。One－Connection－Per－Thread 方式随着连接数暴增，导致需要创建同样多的服务线程，高并发线程意味着高的内存消耗，更多的上下文切换（cpu cache 命中率降低）以及更多的资源竞争，导致服务出现抖动。相对于 One－Thread－Per－Connection 方式，一个线程对应一个连接，Thread－Pool（线程池）实现方式中，线程处理的最小单位是 statement（语句），一个线程可以处理多个连接请求。这样，在保证充分利用硬件资源情况下（合理设置线程池大小），可以避免瞬间连接数暴增导致的服务器"抖动"。

14.1.1 调度方式实现

MySQL Server 同时支持 3 种连接管理方式，分别是"No－Threads""one－Thread－Per－Connection""Pool－Threads"。

（1）No－Threads 表示处理连接使用主线程处理，不额外创建线程，这种方式主要用于调试。

（2）One－Thread－Per－Connection 是线程池出现以前最常用的方式，为每一个连接创建一个线程服务。

（3）Pool－Threads 则是本文所讨论的线程池方式。MySQL－Server 通过一组函数指针来同时支持3种连接管理方式，对于特定的方式，将函数指针设置成特定的回调函数，连接管理方式通过 thread_handling 参数控制。

Pool－Threads 连接流程是通过 poll 监听 MySQL 端口的连接请求；收到连接后，调用 accept 接口，创建通信 socket；初始化 thd 实例和 vio 对象等；根据 thread_handling 方式设置，初始化 thd 实例的 scheduler 函数指针，调用 scheduler 特定的 add_connection 函数新建连接。

Pool－Threads 线程池的相关参数如下。

- thread_handling：表示线程池模型。
- thread_pool_size：表示线程池的 group 个数，一般设置为当前 CPU 核心数目。理想情况下，一个 group 一个活跃的工作线程，达到充分利用 CPU 的目的。
- thread_pool_stall_limit：用于 timer 线程定期检查 group 是否"停滞"，参数表示检测的间隔。
- thread_pool_idle_timeout：当一个 worker 空闲一段时间后会自动退出，保证线程池中的工作线程在满足请求的情况下，保持比较低的水平。
- thread_pool_oversubscribe：该参数用于控制 CPU 核心上"超频"的线程数。这个参数设置值不含 listen 线程计数。
- threadpool_high_prio_mode：表示优先队列的模式。

14.1.2　线程池实现

上面描述了 MySQL－Server 如何管理连接，下面描述线程池的实现框架，以及关键接口，如图 14.1 所示。

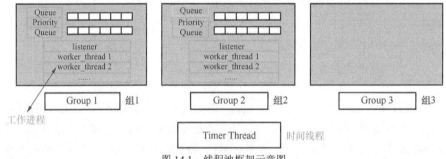

图 14.1　线程池框架示意图

图 14.1 中每一个黑方框代表一个 group，group 数目由 thread_pool_size 参数决定。每个 group 包含一个优先队列和普通队列，包含一个 listener 线程和若干个 worker（工作）线程，listener 线程和 worker（工作）线程可以动态转换，worker（工作）线程数目由工作负载决定，同时受到 thread_pool_oversubscribe 设置影响。此外，整个线程池有一个 timer 线程监控 group，防止 group "停滞"。

Pool－Threads 线程池的关键接口如下。

（1）tp_add_connection[处理新连接]。

- 创建一个 connection 对象。
- 根据（thread_id%group_count）确定 connection 分配到哪个 group。
- 将 connection 放进对应 group 的队列。
- 如果当前活跃线程数为 0，则创建一个工作线程。

（2）worker_main[工作线程]。

- 调用 get_event 获取请求。
- 如果存在请求，则调用 handle_event 进行处理，否则表示队列中已经没有请求，退出结束。

(3) get_event[获取请求]。
- 获取一个连接请求。
- 如果存在，则立即返回，结束。
- 若此时 group 内没有 listener，则线程转换为 listener 线程，阻塞等待。
- 若存在 listener，则将线程加入等待队列头部。
- 线程休眠指定的时间（thread_pool_idle_timeout）。
- 如果依然没有被唤醒，是超时，则线程结束，结束退出，否则表示队列里有连接请求到来，跳转 1。

注意：获取连接请求前，会判断当前的活跃线程数是否超过了 thread_pool_oversubscribe + 1，若超过了，则将线程进入休眠状态。

(4) handle_event[处理请求]。
- 判断连接是否进行登录验证，若没有，则进行登录验证。
- 关联 thd 实例信息。
- 获取网络数据包，分析请求。
- 调用 do_command 函数循环处理请求。
- 获取 thd 实例的套接子句柄，判断句柄是否在 epoll 的监听列表中。
- 若没有，调用 epoll_ctl 进行关联。
- 结束。

(5) listener[监听线程]。
- 调用 epoll_wait 进行对 group 关联的套接字监听，阻塞等待。
- 若请求到来，从阻塞中恢复。
- 根据连接的优先级别，确定是放入普通队列还是优先队列。
- 判断队列中任务是否为空，若队列为空，则 listener 转换为 worker 线程。
- 若 group 内没有活跃线程，则唤醒一个线程。

注意：这里 epoll_wait 监听 group 内所有连接的套接字，然后将监听到的连接请求 push 到队列，worker 线程从队列中获取任务，然后执行。

(6) timer_thread[监控线程]。
- 若没有 listener 线程，并且最近没有 io_event 事件，则创建一个唤醒或创建一个工作线程。
- 若 group 最近一段时间没有处理请求，并且队列里面有请求，则表示 group 已经 stall，则唤醒或创建线程。
- 检查是否有连接超时。

注意：timer 线程通过调用 check_stall 判断 group 是否处于 stall 状态，通过调用 timeout_check 检查客户端连接是否超时。

(7) tp_wait_begin[进入等待状态流程]。
- active_thread_count 减 1，waiting_thread_count 加 1。

- 设置 connection→waiting = true。
- 若活跃线程数为 0，并且任务队列不为空，或者没有监听线程，则唤醒或创建一个线程。

（8）tp_wait_end[结束等待状态流程]。
- 设置 connection 的 waiting 状态为 false。
- active_thread_count 加 1，waiting_thread_count 减 1。

注意：waiting_threads 这个 list 里面的线程是空闲线程，并非等待线程，所谓空闲线程是随时可以处理任务的线程，而等待线程则是因为等待锁，或等待 IO 操作等无法处理任务的线程。

- tp_wait_begin 和 tp_wait_end 的主要作用是由于汇报状态，即使更新 active_thread_count 和 waiting_thread_count 的信息。

（9）tp_init/tp_end。

分别调用 thread_group_init 和 thread_group_close 来初始化和销毁线程池与连接池。

连接池通常实现在 Client 端，是指应用（客户端）应预先创建一定的连接，利用这些连接服务于客户端所有的 DB 请求。如果某一个时刻，空闲的连接数小于 DB 的请求数，则需要将请求排队，等待空闲连接处理。通过连接池可以复用连接，避免连接的频繁创建和释放，从而减少请求的平均响应时间，并且在请求繁忙时，通过请求排队，可以缓冲应用对 DB 的冲击。线程池实现在 Server 端，通过创建一定数量的线程服务 DB 请求，相对于 one－conection－per－thread 的一个线程服务对应一个连接的方式，线程池服务的最小单位是语句，即一个线程可以对应多个活跃的连接。

通过线程池，可以将 Server 端的服务线程数控制在一定的范围，减少了系统资源的竞争和线程上下文切换带来的消耗，同时也避免出现高连接数导致的高并发问题。连接池和线程池相辅相成，通过连接池可以减少连接的创建和释放，提高请求的平均响应时间，并能很好地控制一个应用的 DB 连接数，但无法控制整个应用集群的连接数规模，从而导致高连接数，通过线程池则可以很好地应对高连接数，保证 Server 端能提供稳定的服务。如图 14.2 所示，每个 Web－Server 端维护了 3 个连接的连接池，对于连接池的每个连接实际不是独占 DB－Server 的一个 worker，而是可能与其他连接共享。这里假设 DB－Server 只有 3 个 group，每个 group 只有一个 worker，每个 worker 处理了两个连接的请求。

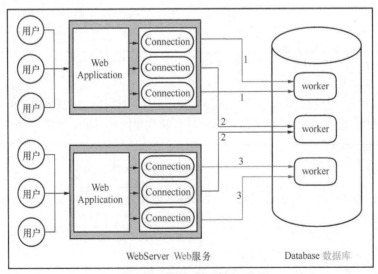

图 14.2　连接池与线程池框架图

14.1.3　线程池优化

线程池的优化主要涉及"调度死锁解决"和"大查询处理"两个方面，下面分别介绍。

1. 调度死锁解决

引入线程池解决了多线程高并发的问题，但也带来一个隐患。假设，A、B 两个事务被分配到不同的 group 中执行，A 事务已经开始，并且持有锁，但由于 A 所在的 group 比较繁忙，导致 A 执行一条语句后，不能立即获得调度执行；而 B 事务依赖 A 事务释放锁资源，虽然 B 事务可以被调度起来，但由于无法获得锁资源，导致仍然需要等待，这就是所谓的调度死锁。由于一个 group 会同时处理多个连接，但多个连接不是对等的。如有的连接是第一次发送请求；而有的连接对应的事务已经开启，并且持有了部分锁资源。为了减少锁资源争用，后者显然应该比前者优先处理，以达到尽早释放锁资源的目的。因此在 group 里面，可以添加一个优先级队列，将已经持有锁的连接，或者已经开启的事务的连接发起的请求放入优先队列，工作线程首先从优先队列获取任务执行。

2. 大查询处理

假设一种场景，某个 group 里面的连接都是大查询，那么 group 里面的工作线程数很快就会达到 thread_pool_oversubscribe 参数设置值，对于后续的连接请求，则会响应不及时（没有更多的连接来处理），这时候 group 就发生了 stall（搁置）。通过前面分析知道，timer 线程会定期检查这种情况，并创建一个新的 worker 线程来处理请求。如果大查询来源于业务请求，则此时所有 group 都面临这种问题，此时主机可能会由于负载过大，导致 hang（悬挂）住的情况。这种情况线程池本身无能为力，因为源头可能是 SQL 并发，或者 SQL 没有走对执行计划导致，通过其他方法，如 SQL 高低水位限流或者 SQL 过滤手段可以应急处理。但是，还有另外一种情况，就是 dump 任务。很多下游依赖于数据库的原始数据，通常通过 dump 命令将数据拉到下游，而这种 dump 任务通常都是耗时比较长，所以也可以认为是大查询。如果 dump 任务集中在一个 group 内，并导致其他正常业务请求无法立即响应，这个是不能容忍的，因为此时数据库并没有压力，只是因为采用了线程池策略，才导致了请求响应不及时，为了解决这个问题，将 group 中处理 dump 任务的线程不计入 thread_pool_oversubscribe 累计值，这样可以避免上述问题。

14.1.4　线程模式控制

首先通过下面的命令查看线程模式。

```
mysql>SHOW variables LIKE '%thread_handling%';
```

上述命令的运行结果如图 14.3 所示。

```
mysql> show variables like '%thread_handling%';
+-----------------+---------------------------+
| Variable_name   | Value                     |
+-----------------+---------------------------+
| thread_handling | one-thread-per-connection |
+-----------------+---------------------------+
1 row in set (0.00 sec)
```

图 14.3　线程模式控制系统变量

客户端发起连接到 MySQL Server，MySQL Server 监听进程，监听到新的请求，然后 MySQL

为其分配一个新的 thread，去处理此请求。从建立连接之开始，CPU 要给它划分一定的 thread stack（堆栈），然后进行用户身份认证，建立上下文信息，最后请求完成，关闭连接，同时释放资源，在高并发的情况下，将给系统带来巨大的压力，得不到性能保证。所以，MySQL 通过线程缓存来实现线程重用，减小这部分的消耗；一个 connection 断开，并不销毁承载它的线程，而是将此线程放入线程缓冲区，并处于挂起状态，当下一个新的 Connection 到来时，首先去线程缓冲区去查找是否有空闲的线程，如果有，则使用；如果没有，则新建线程。

MySQL 通过 thread_cache_size 这参数来设置可以重用线程的个数，它的大小可以通过状态变量 Threads_cached 和 Threads_created 来设置。

```
mysql>SHOW status LIKE 'thread%';
```

上述命令的运行结果如图 14.4 所示。

```
mysql> show status like 'thread%';
+-------------------+-------+
| Variable_name     | Value |
+-------------------+-------+
| Threads_cached    | 5     |
| Threads_connected | 1     |
| Threads_created   | 6     |
| Threads_running   | 1     |
+-------------------+-------+
4 rows in set (0.00 sec)
```

图 14.4　设置可以重用线程的个数

- Threads_cached：已经被线程缓存池缓存的线程个数。
- Threads_created：已经创建的线程个数，通过这个变化的趋势，可以判断 thread_ cache_size 参数值。

在 MySQL 5.5.16 版本以前，线程处理的模式是，每个请求就对应一个线程的模式，这就意味着当有成千上万的请求时，对应的也就需要成千上万的线程来相应这些请求，那么此刻问题就很明显了，系统的资源是有限的，必须要保证 thread_number*thread_stack（堆栈）不能超过可以使用的内存资源，还要考虑 CPU 的调度能力，I/O 的处理能力，这是一种很粗放的资源使用方式，同时，这种不加控制的处理方式，也会带来资源使用的冲突，大量互斥锁的出现，性能的急剧下降。在 5.5.16 版本以后通过 Thread Pool 来控制确保不会超过服务器的最大负载能力，避免出现服务无响应，导致死机的惨状。

14.1.5　InnoDB 存储引擎的线程控制机制

InnoDB 是一个多线程并发的存储引擎，内部的读写都是用多线程来实现的，所以 InnoDB 内部实现了一个比较高效的并发同步机制。InnoDB 并没有直接使用系统提供的锁（latch）同步结构，而是对其进行自己的封装和实现优化，同时也兼容系统的锁。下面我们来一一做分析。

1. 系统的 mutex（互斥）和 event（事件）

在 InnoDB 引擎当中，封装了操作系统提供的基本 mutex（互斥量）和 event（事件量），在 WINDOWS 下的实现暂时不做记录，主要还是对支持 POSIX（Portable Operating System Interface 可移植操作系统接口）系统来做介绍。在 POSIX 系统的实现是 os_fASt_mutex_t 和 os_event_t。os_fASt_mutex_t 相对简单，其实就是 pthread_mutex。定义如下：

```
typedef pthread_mutex os_fASt_mutex_t;
```

而 os_event_t 相对复杂，它是通过 os_fASt_mutex_t 和一个 pthread_cond_t 来实现的，定义如下：

```
typedef struct os_event_struct
    {   OS_FAST_MUTEX_T         os_mutex;
        IBOOL                   is_set;
        PTHREAD_COND_T          cond_var;
    }OS_EVENT_T;
```

对于系统的封装，最主要的就是 OS_EVENT_T 接口的封装，而在 OS_EVENT_T 的封装中，os_event_set、os_event_reset、os_event_wait 这 3 个方法是最关键的。

2. mutex 的实现

在 InnoDB 中，带有原子操作的 mutex 自定义互斥量是基础的并发和同步的机制，目的是为了减少 CPU 的上下文切换和提供高效率，一般 mutex 等待的时间不超过 100 微秒的条件下，这种 mutex 效率是非常高的。如果等待的时间长，建议选择 os_mutex 方式。虽然自定义 mutex 在自旋时间超过自旋阈值会进入事件等待状态，但是整个过程相对 os_mutex 来说，效率太低。在自定义 mute_t 的接口方法中，最核心的两个方法是：mutex_enter_func 和 mutex_exit 方法。mutex_enter_func 获得 mutex 锁，如果 mutex 被其他线程占用，先会自旋 SYNC_SPIN_ROUNDS，然后再等待占用锁的线程事件。mutex_exit 释放 mutex 锁，并向等待线程发送可以抢占 mutex 的事件量。

3. rw_lock 的实现

InnoDB 为了提高读的性能，自定义了 read write lock，也就是读写锁。其设计原则是：

（1）同一时刻允许多个线程同时读取内存中的变量；

（2）同一时刻只允许一个线程更改内存中的变量；

（3）同一时刻当有线程在读取变量时不允许任何线程写存在；

（4）同一时刻当有线程在更改变量时不允许任何线程读，也不允许出自己以外的线程写（线程内可以递归占有锁）；

（5）当有 rw_lock 处于线程读模式下是有线程写等待，这时候如果再有其他线程读请求锁的时，这个读请求将处于等待前面写完成。

从上面 5 点可以看出，rw_lock 在被占用是会处于读状态和写状态，称之为 S－latch(读共享)和 X-latch（写独占），InnoDB 引擎对 S-latch 和 X-latch 的描述见表 14.1。

表 14.1 InnoDB 引擎对 S-latch（读共享）与 X-latch（写独占）的处理关系

	S-latch（读共享）	X-latch（写独占）
S-latch（读共享）	兼容	不兼容
X-latch（写独占）	不兼容	不兼容

在 rw_lock_t 获得锁和释放锁的主要接口是：

- rw_lock_s_lock_func；
- rw_lock_x_lock_func；
- rw_lock_s_unlock_func；
- rw_lock_x_unlock_func。

这 4 个关键函数，其中 rw_lock_s_lock_func 和 rw_lock_x_lock_func 中定义了自旋函数，这两个自旋函数的流程和 mutex_t 中的自旋函数实现流程是相似的，其目的是要在自旋期间就完成锁的获得。从上面结构的定义和函数的实现可以知道 rw_lock 有 3 种状态。
- RW_LOCK_NOT_LOCKED 空闲状态。
- W_LOCK_SHARED 处于多线程并发都状态。
- W_LOCK_WAIT_EX 等待从 S-latch 成为 X-latch 状态。

4. 死锁调试

InnoDB 除了实现自定义 mutex_t 和 rw_lock_t，还对这两个类型的 latch 做了调试性死锁检测，这大大简化了 InnoDB 的 latch 调试，latch 的状态和信息可以实时查看到，但这仅仅是在 InnoDB 的调试版本中才能看到。与死锁检测相关的模块主要是 mutex level、rw_lock level 和 sync_cell。

在 latch 获得的时候，InnoDB 会调用 mutex_set_debug_info 函数向 sync_thread_t 中加入一个 latch 被获得的状态信息，其实就是包括获得 latch 的线程 id、获得 latch 的文件位置和 latch 的层标识（具体的细节可以查看 mutex_enter_func 和 mutex_spin_wait）。只有占用了 latch 才会体现在 sync_thread_t 中，如果只是在等待获得 latch 是不会加入到 sync_thread_t 当中的。InnoDB 可以通过 sync_thread_levels_empty_gen 函数来输出所有 latch 等待依赖的 cell_t 序列，追踪线程等待的位置。

5. 死锁检测

什么是死锁，通过表 14.2 的死锁示例可以做个简单的描述。

表 14.2　死锁示例

A 线程	动作	B 线程	动作
	mutex1 进入		mutex2 进入
	mutex2 进入		mutex1 进入
	执行任务		执行任务
	mutex2 释放		mutex1 释放
	mutex1 释放		mutex2 释放

表 14.2 中的 A 线程和 B 线程同时运行的时候，可能产生死锁的情况，如 A 线程获得了 mutex1 正在等待 mutex2 的锁，同时线程 2 获得了 mutex2 正在等待 mutex1 的锁。在这种情况下，线程 1 在等线程 2，线程 2 在等线程 1，就造成了死锁。

打一个通俗的比喻——当 A、B 两辆车同时通过一个洞口时，A 车与 B 车互不相让，导致谁也过不去，形成死锁。

了解了死锁的概念后，就可以开始分析 InnoDB 中关于死锁检测的流程细节，InnoDB 检测死锁的实质就是判断要进行锁的 latch（门闩）是否会产生所有线程的闭环，这个是通过 sync_array_cell_t 的内容来判断的。在开始等待 cell 事件的时候，会判断将自己的状态信息放入 sync_array_cell_t 当中，在进入 os event wait 之前会调用 sync_array_detect_deadlock 来判断是否死锁，如果死锁，会触发一个异常。死锁检测的关键在于 sync_array_detect_deadlock 函数。以下是检测死锁的流程描述。

（1）将进入等待的 latch 对应的 cell 作为参数传入到 sync_array_detect_deadlock 当中，其中 start 的参数和依赖的 cell 参数填写的都是这个 cell 自己。

（2）进入 sync_array_detect_deadlock 先判断依赖的 cell 是否正在等待 latch，如果没有，表示没有死锁，直接返回。如果有，先判断等待的锁被哪个线程占用，并获得占用线程的 id，通过占用线程的 id 和全局的 sync_array_t 等待 cell 数组状态信息调用 sync_array_deadlock_step 来判断等待线程的锁依赖。

（3）进入 sync_array_deadlock_step 先找到占用线程的对应 cell，如果 cell 和最初的需要 event wait 的 cell 是同一个 cell，表示是一个闭环，将产生死锁。如果没有，继续将查询到的 cell 作为参数递归调用 sync_array_detect_deadlock，执行第（2）步。这是个两函数交叉递归判断的过程。在检测死锁过程 latch 句柄、thread id、cell 句柄三者之间环环相扣和递归，通过 latch 本身的状态来判断闭环死锁。在上面的第（2）步会根据 latch 是 mutex 和 rw_lock 的区别做区分判断，这是由于 mutex 和 rw_lock 的运作机制不同造成的。因为关系数据库的 latch 使用非常频繁和复杂，检查死锁对于锁的调试是非常有效的，尤其是配合 thread_levels 状态信息输出来做调试，对死锁排查是非常有意义的。

6. 总结

通过上面的分析可以知道 InnoDB 除了实现对操作系统提供的 latch（门闩）结构封装意外，还提供了原子操作级别的自定义 latch，那么它为什么要实现自定义 latch 呢？减少操作系统上下文的切换，提高并发的效率。InnoDB 中实现的自定义 latch 只适合短时间的锁等待（最好不超过 50μs），如果是长时间锁等待，最好还是使用操作系统提供的，虽然自定义锁在等待一个自旋周期会进入操作系统的 event_wait，但这无疑比系统的 mutex lock 耗费的资源多。

14.2 MySQL 的共享锁与排他锁

MySQL 锁机制分为表级锁和行级锁，行级锁又分为共享锁和排他锁。共享锁又称为读锁，简称 S 锁，顾名思义，共享锁就是多个事务对于同一数据可以共享一把锁，都能访问到数据，但只能读不能修改。

排他锁又称为写锁，简称 X 锁，顾名思义，排他锁就是不能与其他锁并存，如一个事务获取了一个数据行的排他锁，其他事务就不能再获取该行的其他锁，包括共享锁和排他锁，获取了排他锁的事务是可以对数据就行读取和修改。

对于共享锁，就是多个事务只能读数据不能改数据。

对于排他锁，其他事务不能再在它的上面加其他的锁。MySQL InnoDB 引擎默认的修改数据语句——UPDATE、DELETE、INSERT 都会自动给涉及的数据加上排他锁；SELECT 语句默认不会加任何锁类型。

如果非要给 SELECT 语句加排他锁，可以使用 SELECT ...for UPDATE 语句；加共享锁，可以使用 SELECT ... lock in share mode 语句。

加过排他锁的数据行不能被其他事务修改，也不能通过 for UPDATE 和 lock in share mode 锁的方式查询数据，但可以直接通过 SELECT ...FROM...查询数据，因为普通 SELECT 查询是没有任何锁机制。

【例 14.1】排他锁测试。

还是用 7.2 节中表名为 ykxt_jiayou 的数据做测试。这里需要使用 Navicat for MySQL 工具。

> 注意：实验用表必须为 InnoDB 数据库引擎的表，因为 InnoDB 支持事务的行级锁。

现在对 id＝gdd－150821－001 的数据行排它查询，使用 begin 开启一个事务但不能通过提交或回滚关闭事务，因为提交或回滚事务就会释放锁，SQL 放在 Navicat for MySQL 环境下执行，如下。

```
begin;
SELECT * FROM ykxt_jiayou WHERE id = 'gdd-150821-001' for UPDATE;
```

上述命令的运行结果如图 14.5 所示。

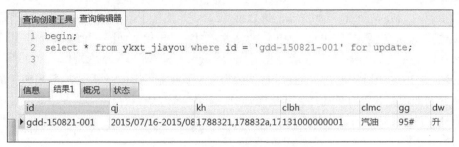

图 14.5　对 InnoDB 数据库引擎的表进行排他查询

查询出一条数据，现在打开另一个查询窗口，对同一数据分别使用排他锁和共享锁两种方式查询。

排他锁查寻，SQL 语句如下：

```
SELECT * FROM ykxt_jiayou WHERE id = 'gdd-150821-001' for UPDATE;
```

上述命令的运行结果如图 14.6 所示。

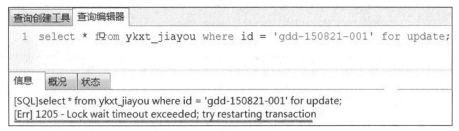

图 14.6　对 InnoDB 数据库引擎的表进行排它查询

共享锁查寻，SQL 语句如下：

```
SELECT * FROM ykxt_jiayou WHERE id = 'gdd-150821-001' lock in share mode;
```

上述命令的运行结果如图 14.7 所示。

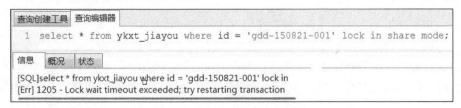

图 14.7　对 InnoDB 数据库引擎的表进行共享锁查询

看到打开了的排他锁查询和共享锁查询都会处于阻塞状态，因为 id = 'gdd－150821－001' 的数据已经被加上了排他锁，此处阻塞是等待排他锁释放。

普通锁查寻，SQL 语句如下：

```
SELECT * FROM ykxt_jiayou WHERE id = 'gdd-150821-001' ;
```

上述命令的运行结果如图 14.8 所示。

图 14.8　对 InnoDB 数据库引擎的表进行普通锁查询

看到是可以查询到数据的。如果发出"COMMIT;"或"ROLLBACK;"语句，则当前事务结束或者说被关闭，原来加的任何锁均被解除或者说释放，SELECT ... for UPDATE 和 SELECT ... lock in share mode 就能查出数据了。

【例 14.2】共享锁测试。

再看一下如果一个事务获取了共享锁，在其他查询中也只能加共享锁或不加锁。现在对 id＝gdd－150821－001 的数据行加共享锁，使用 begin 开启这个事务但不能通过提交或回滚关闭事务，因为提交或回滚事务就会释放锁。SQL 语句如下：

```
begin;
SELECT * FROM ykxt_jiayou WHERE id = 'gdd-150821-001' lock in share mode;
```

上述命令的运行结果如图 14.9 所示。

图 14.9　对 InnoDB 数据库引擎的表进行共享查询

现在对 id＝gdd－150821－001 的数据不加任何锁查询，使用 begin 开启这个事务但不能通过提交或回滚关闭事务，因为提交或回滚事务就会释放锁。SQL 语句如下：

```
begin;
SELECT * FROM ykxt_jiayou WHERE id = 'gdd-150821-001';
```

上述命令的运行结果如图 14.10 所示。

图 14.10　对 InnoDB 数据库引擎的表进行普通（不加任何锁）查询

现在对 id＝gdd－150821－001 的数据加共享锁查询，使用 begin 开启这个事务但不能通过提交或回滚关闭事务，因为提交或回滚事务就会释放锁。SQL 语句如下：

```
begin;
SELECT * FROM ykxt_jiayou WHERE id = 'gdd-150821-001' lock in share mode;
```

上述命令的运行结果如图 14.11 所示。

14.2 MySQL 的共享锁与排他锁

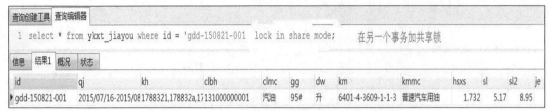

图 14.11 对 InnoDB 数据库引擎的表进行共享查询

最终看到的结果是可以查询数据的，但加排他锁就查询不到，因为排他锁与共享锁不能存在同一数据上，但共享锁可以。

【例 14.3】UPDATE、DELETE 和 INSERT 语句自动加排他锁测试。

最后验证上面说的 MySQL InnoDB 引擎中 UPDATE、DELETE 和 INSERT 语句自动加排他锁的问题。

现在对 id＝gdd－150821－001 的数据行进行 UPDATE 操作，使用 begin 开启这个事务但不能通过提交或回滚关闭事务，因为提交或回滚事务就会释放锁。SQL 语句如下：

```
begin;
UPDATE ykxt_jiayou SET kh = ' 1788321' WHERE id = 'gdd-150821-001' ;
```

上述命令的运行结果如图 14.12 所示。

图 14.12 对 InnoDB 数据库引擎的表进行 UPDATE 操作

现在对 id＝gdd－150821－001 的数据进行共享查询，SQL 语句如下：

```
SELECT * FROM ykxt_jiayou WHERE id = 'gdd-150821-001' lock in share mode;
```

上述命令的运行结果如图 14.13 所示。

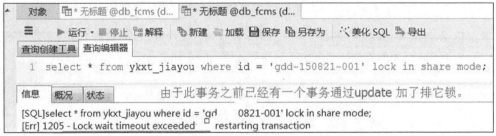

图 14.13 对 InnoDB 数据库引擎的表进行共享查询

此时共享查询处于阻塞，等待排他锁的释放，但是用普通查询就能查到数据，因为普通查询不需要锁机制，不与排他锁互斥，但查到的数据是修改数据之前的老数据。SQL 语句如下：

```
SELECT * FROM ykxt_jiayou WHERE id = 'gdd-150821-001';
```

上述命令的运行结果如图 14.14 所示。

然后提交数据，释放排他锁看下修改后的数据，此时可用排他锁、共享锁和普通查询，因为事务提交后该行数据释放排他锁。

图 14.14　对 InnoDB 数据库引擎的表进行非锁查询

UPDATE（更新）与 COMMIT（提交）命令运行结果如图 14.15 所示。

图 14.15　对 InnoDB 数据库引擎的表更新后提交事务

14.3　MySQL 的表级锁、页级锁与行级锁

MySQL 的 "表级锁""页级锁""行级锁"将依据不同的存储引擎设定不同的锁类型，每种锁类型将体现出不同的最终结果，从而决定数据库应用采用何种技术以及如何权衡和取舍。下面对这 3 种类型的锁分别介绍。

14.3.1　MySQL 的表级锁、页级锁与行级锁的简要介绍

1. 简单解释

- 表级锁：引擎 MyISAM，理解为锁住整个表，可以同时读，写不行。
- 页级锁：引擎 BDB，介于表级锁与行级锁之间，给一组相邻的记录加锁。
- 行级锁：引擎 InnoDB，单独的一行记录加锁。

2. 表级锁

直接锁定整张表，在锁定期间，其他进程无法对该表进行写操作。如果是写锁，其他进程则读也是不允许的。

3. 页级锁

表级锁速度快，但冲突多，行级冲突少，但速度慢。所以取了折中的页级，一次锁定相邻的一组记录。

4. 行级锁

仅对指定的行记录进行加锁，这样其他进程还是可以对同一个表中的其他记录进行操作。

5. MySQL 5.1 之后版本对锁的处理

- 对 MyISAM 和 MEMORY 表进行表级锁定。
- 对 BDB 表进行页级锁定。
- 对 InnoDB 表进行行级锁定。

6. 表写操作加锁原理

如果在表上没有锁，则在它上面放一个写锁，否则，把锁定请求放在写锁定队列中。

7. 对读操作加锁原理

如果在表上没有写锁定，则把一个读锁定放在它上面，否则，把锁请求放在读锁定队列中。

8. InnoDB 使用行锁定

BDB 使用页锁定。对于这两种存储引擎，都可能存在死锁。这是因为，在 SQL 语句处理期间，InnoDB 自动获得行锁定和 BDB 获得页锁定，而不是在事务启动时获得。

9. 行级锁定的优点

- 当在许多线程中访问不同的行时只存在少量锁定冲突。
- 回滚时只有少量的更改。
- 可以长时间锁定单一的行。

10. 行级锁定的缺点

- 比页级或表级锁定占用更多的内存。
- 当表数据被频繁使用时，比页级或表级锁定速度慢，因为必须获取更多的锁。
- 如果在大部分数据上经常进行 GROUP BY 操作或者必须经常扫描整个表，比其他锁定明显慢很多。

11. 表级锁定的优点

- 在以下情况下，表锁定优先于页级或行级锁定。
- 表的大部分数据用于读取。
- 对严格的关键字进行读取和更新，可以更新或删除用唯一关键字提取的一行。

如：

```
UPDATE tbl_name SET column=value WHERE unique_key_col=key_value;
DELETE FROM tbl_name WHERE unique_key_col=key_value;
```

SELECT 结合并行的 INSERT 语句（一个事务的 SELECT 语句被执行的同时，又有很多其他事务的 INSERT 语句在执行），并且很少的 UPDATE 或 DELETE 语句。

在整个表上有许多扫描或 GROUP BY 操作，没有任何写操作。

12. MySQL 锁表类型和解锁语句

如果想要在一个表上做大量的 INSERT 和 SELECT 操作，但是并行的插入却不可能时，可以将记录插入到临时表中，然后定期将临时表中的数据更新到实际的表里。可以用以下命令来实现：

```
mysql> LOCK TABLES real_table WRITE, INSERT_TABLE WRITE;
mysql> INSERT INTO real_table SELECT * FROM INSERT_TABLE;
mysql> TRUNCATE TABLE INSERT_TABLE;
mysql> UNLOCK TABLES;
```

锁是计算机协调多个进程或线程并发访问某一资源的机制,不同的数据库的锁机制大同小异。由于数据库资源是一种用户共享的资源,所以如何保证数据并发访问的一致性、有效性是所有数据库必须解决的一个问题,锁冲突也是影响数据库并发访问性能的一个重要因素。了解锁机制不仅可以更有效地开发利用数据库资源,也能够更好地维护数据库,从而提高数据库的性能。

MySQL 的锁机制比较简单,其最显著的特点是不同的存储引擎支持不同的锁机制。

例如 MyISAM 和 MEMORY 存储引擎采用的是表级锁(table-level-locking);BDB 存储引擎采用的是页面锁(page-level-locking),同时也支持表级锁;InnoDB 存储引擎既支持行级锁,也支持表级锁,默认情况下是采用行级锁。

上述 3 种锁的特性可大致归纳如下。

- 表级锁:开销小,加锁快;不会出现死锁;锁定粒度大,发生锁冲突的概率最高,并发度最低。
- 行级锁:开销大,加锁慢;会出现死锁;锁定粒度最小,发生锁冲突的概率最低,并发度也最高。
- 页面锁:开销和加锁时间界于表锁和行锁之间;会出现死锁;锁定粒度界于表锁和行锁之间,并发度一般。

3 种锁各有各的特点,若仅从锁的角度来说,表级锁更适合于以查询为主,只有少量按索引条件更新数据的应用,如 Web 应用。行级锁更适合于有大量按索引条件并发更新少量不同数据,同时又有并发查询的应用,如一些在线事务处理(OLTP)系统。

MySQL 表级锁有两种模式:表共享读锁(Table Read Lock)和表独占写锁(Table Write Lock)。什么意思呢,就是说对 MyISAM 表进行读操作时,它不会阻塞其他用户对同一表的读请求,但会阻塞对同一表的写操作;而对 MyISAM 表的写操作,则会阻塞其他用户对同一表的读和写操作。

MyISAM 表的读和写是串行的,即在进行读操作时不能进行写操作,反之也是一样。但在一定条件下 MyISAM 表也支持查询和插入的操作的并发进行,其机制是通过控制一个系统变量(concurrent_INSERT)来进行的,当其值设置为 0 时,不允许并发插入;当其值设置为 1 时,如果 MyISAM 表中没有空洞(即表中没有被删除的行),MyISAM 允许在一个进程读表的同时,另一个进程从表尾插入记录;当其值设置为 2 时,无论 MyISAM 表中有没有空洞,都允许在表尾并发插入记录。

MyISAM 锁调度是如何实现的呢,这也是一个很关键的问题。例如,当一个进程请求某个 MyISAM 表的读锁,同时另一个进程也请求同一表的写锁,此时 MySQL 将会如优先处理进程呢?通过研究表明,写进程将先获得锁(即使读请求先到锁等待队列)。但这也造成一个很大的缺陷,即大量的写操作会造成查询操作很难获得读锁,从而可能造成永远阻塞。所幸可以通过一些设置来调节 MyISAM 的调度行为。可通过指定参数 low-priority-updates,使 MyISAM 默认引擎给予用户优先的权利,设置其值为 1(set low_priority_updates=1),使优先级降低。

InnoDB 锁与 MyISAM 锁的最大不同在于:一是支持事务(TRANCSACTION),二是采用了行级锁。知道事务是由一组 SQL 语句组成的逻辑处理单元,其有 4 个属性(简称 ACID 属性)。

- 原子性(Atomicity):事务是一个原子操作单元,其对数据的修改,要么全部执行,要么全都不执行。

- 一致性（Consistent）：在事务开始和完成时，数据都必须保持一致状态。
- 隔离性（Isolation）：数据库系统提供一定的隔离机制，保证事务在不受外部并发操作影响的"独立"环境执行。
- 持久性（Durable）：事务完成之后，它对于数据的修改是永久性的，即使出现系统故障也能够保持。

13. InnoDB 有两种模式的行锁

共享锁允许一个事务去读一行，阻止其他事务获得相同数据集的排他锁。

```
( SELECT * FROM table_name WHERE ......lock in share mode)
```

排他锁允许获得排他锁的事务更新数据，阻止其他事务取得相同数据集的共享读锁和排它写锁。

```
(SELECT * FROM table_name WHERE.....for UPDATE)
```

为了允许行锁和表锁共存，实现多粒度锁机制，同时还有两种内部使用的意向锁（都是表锁），分别为意向共享锁和意向排他锁。

InnoDB 行锁是通过给索引项加锁来实现的，即只有通过索引条件检索数据，InnoDB 才使用行级锁，否则将使用表锁。

14. 对插入（INSERT）、更新（UPDATE）性能优化的几个重要参数

（1）bulk_insert_buffer_size：批量插入缓存大小，这个参数是针对 MyISAM 存储引擎来说的，在一次性插入 100~1000 条记录时可提高效率。默认值是 8MB，可以针对数据量的大小，翻倍增加。

（2）concurrent_insert：并发插入，当表没有空洞（删除过记录），在某进程获取读锁的情况下，其他进程可以在表尾部进行插入。

- 值可以设"0"，不允许并发插入。
- "1"当表没有空洞时，执行并发插入。
- "2"不管是否有空洞都执行并发插入。

默认是 1，针对表的删除频率来设置。

（3）delay_key_write：针对 MyISAM 存储引擎，延迟更新索引。意思是说，UPDATE 记录时，先将数据上传（up）到磁盘，但不上传（up）索引，将索引存在内存里，当表关闭时，将内存索引，写到磁盘。

- 值为"0"不开启。
- "1"开启。

默认开启。

（4）delayed_insert_limit、delayed_insert_timeout、delayed_queue_size：延迟插入，将数据先交给内存队列，然后慢慢地插入。但是这些配置，不是所有的存储引擎都支持。目前来看，常用的 InnoDB 不支持，MyISAM 支持。根据实际情况调大，一般默认够用了。

15. MySQL InnoDB 锁表与锁行

由于 InnoDB 预设是 Row－Level Lock，所以只有"明确"的指定主键，MySQL 才会执行 Row lock（只锁住被选取的资料列），否则 MySQL 将会执行 Table Lock（将整个资料表单给锁住）。

举个例子：假设有个表单 products，里面有 id 和 name 两个栏位，id 是主键。

【例 14.4】明确指定主键，并且有此资料，row lock。

```
SELECT * FROM products WHERE id='3' FOR UPDATE;
SELECT * FROM products WHERE id='3' AND type=1 FOR UPDATE;
```

【例 14.5】明确指定主键，若查无此笔资料，无 lock。

```
SELECT * FROM products WHERE id='-1' FOR UPDATE;
```

【例 14.6】无主键，table lock。

```
SELECT * FROM products WHERE name='Mouse' FOR UPDATE;
```

【例 14.7】主键不明确，table lock。

```
SELECT * FROM products WHERE id<>'3' FOR UPDATE;
```

【例 14.8】主键不明确，table lock。

```
SELECT * FROM products WHERE id LIKE '3' FOR UPDATE;
```

注意：1. FOR UPDATE 仅适用于 InnoDB，且必须在交易区块（BEGIN/COMMIT）中才能生效。

2. 要测试锁定的状况，可以利用 MySQL 的 CommAND Mode，开两个视窗来做测试（上节内容）。

14.3.2 MySQL 的表级锁、页级锁与行级锁总结

- MyISAM 只支持表级锁，InnoDB 支持行级锁。
- 添加了（行级锁/表级锁）锁的数据不能被其他事务再锁定，也不被其他事务修改（修改、删除）。
- 是表级锁时，不管是否查询到记录，都会锁定表。
- 如果 A 事务与 B 事务都对表进行查询但查询不到记录，则 A 事务与 B 事务不会进行 row（行）锁；如果 A 事务与 B 事务都对同一对象（表、行、页）获取了排他锁，此时 A 事务插入一条记录的话，则会因为 B 事务已经有锁而处于等待中，此时 B 事务若再插入一条数据，则会抛出 Deadlock found when trying to get lock（试图锁定时发现死锁），try restarting transaction（重新恢复事务），一旦 B 事务加的锁被释放（发出了 COMMIT 提交或 ROLLBACK 回滚），A 就获得了锁而插入成功。

14.4 MySQL 存储引擎和事务

（1）下述存储引擎支持事务。
- InnoDB：通过 MVCC 支持事务，允许 COMMIT、ROLLBACK 和保存点。
- NDB：通过 MVCC 支持事务，允许 COMMIT 和 ROLLBACK。
- BDB：支持事务，允许 COMMIT 和 ROLLBACK。

（2）事务安全表（TST）比起非事务安全表（NTST）有几大优势。
- 更安全，即使 MySQL 崩溃或遇到硬件问题，要么自动恢复，要么从备份加事务日志恢复，可以取回数据。
- 可以合并许多语句，并用 COMMIT 语句同时接受它们全部（如果 AUTOCOMMIT 被禁止）。
- 可以执行 ROLLBACK 来忽略改变（如果 AUTOCOMMIT 被禁止）。

如果更新失败，所有改变都变回原来。（用非事务安全表，所有发生的改变都是永久的）。

（3）非事务安全表自身有 3 个优点。
- 更快。

- 需要更少的磁盘空间。
- 执行更新需要更少的内存。

可以在同一个语句中合并事务安全和非事务安全表来获得两者最好的情况。尽管如此，在 AUTOCOMMIT 被禁止的事务里，变换到非事务安全表即时提交，并且不会被回滚。

虽然 MySQL 支持数个事务安全存储引擎，为获得最好结果，不应该在一个事务里混合不同表类型。如果混合表类型就会发生问题。

14.5 MySQL 的事务处理

14.5.1 MySQL 事务的 ACID

MySQL 事务的 ACID 说明如下。
- A（atomicity）表示原始性。
- C（consistency）表示一致性。
- I（isolation）表示隔离性。
- D（durability）表示持久性。

一个事务若具备了这 4 个特性，就确保了数据库的可靠性。下面分别介绍这 4 个特性。

1. 原始性

即操作要么返回正确的结果，要么返回错误的代码。

在数据库事务中实现调用操作的原子性，就不是那么简单的事情了。例如，顾客在 ATM 机前取款的过程称为原子性操作，要么都做，要么都不做，不能顾客钱未从 ATM 取得，但卡里的钱已经被扣除了或钱取得了，但卡里的钱未扣除，而这通过事务模型，可以保证顾客钱未取得，卡里的钱不能被扣除和钱取走，卡里钱被扣除。这个操作结果就是事务的原子性操作结果。那么，数据库操作的原子性是指整个数据库事务是不可分割工作单元，只有使事务中所有的数据库操作都执行成功，才算整个事务成功。事务中任何一个 SQL 语句执行失败，已经执行成功的 SQL 语句必须撤回，数据库状态应该回退到执行事务前的状态。

如果事务中的操作是只读，要保持原子性是很简单的，一旦发生任何错误，要么重试，要么返回错误代码。因为只读操作不会改变系统中任何相关部分，但是当事务中的操作需要改变系统中的状态时，例如插入记录或更新记录，那么情况就不像只读操作那么简单了。如果任一环节操作失败，都有可能引起状态的变化，如果不能回退到原始状态，这是任何数据库系统无法承受的，因此必须确保数据库系统中并发用户访问受影响部分的数据必须回退到事务开始前（原始）的状态。

2. 一致性

一致性是指事务将数据库从一种状态转变为下一种一致的状态，在事务开始之前和事务结束以后，数据库的完整性约束并没有被破坏。例如，表中有一个字段为姓名，为唯一约束，即在表中姓名列字段值不能重复。如果一个事务对姓名字段进行了修改，但是在事务提交或事务回滚后，表的姓名列字段值变得非唯一了，这就破坏了事务的一致性要求，即事务将从一种状态变为一种不一致的状态，因此事务是一致性的单位，如果事务中的某个动作失败了，系统可以自动撤销事务，返回初始化状态。

3. 隔离性

隔离性还有其他称呼，如并发控制（concurrency control）、可串行化（serializability）、锁（locking）等。事务的隔离性要求每个读写事务的对象对其他事务的操作对象能互相分离，即该事务提交对其他事务是不可见的,通常这使用锁来实现。当前数据库系统中提供了一种粒度锁(granular lock)的策略,允许事务锁住一个实体对象的自己,以此来提高事务之间的并发度。

4. 持久性

事务一旦提交,其结果是永久性的,即发生死机故障,数据库也能将数据恢复。需要注意的是,只能从事务本身的角度来保证结果的永久性。例如,在事务提交后,所有的变化都是永久的。即使当数据库因为崩溃而需要恢复时,也能保证恢复后提交的数据都不会丢失。但若不是数据库本身发生故障,而是一些外部原因,如 RAID 卡损坏、自然灾害等原因问题导致数据库发生问题,那么所有提交的数据都有可能会丢失。因此持久性保证的是——事务系统的高可靠性(High Reliability),而非高可用性(High Aavilability)。对于高可用性,事务本身并不能保证,需要一些系统共同配合来完成。

14.5.2 MySQL 的 COMMIT 与 ROLLBACK

关于 MySQL 的 COMMIT、ROLLBACK 等事务语句,只能在 InnoDB 引擎的表中进行,对于 MyISA 是不行的,这一点要注意。事务语句如下:

```
START TRANSACTION | BEGIN [WORK] #开始事务
COMMIT [WORK] [AND [NO] CHAIN] [[NO] RELEASE] #提交事务
ROLLBACK [WORK] [AND [NO] CHAIN] [[NO] RELEASE] #回退事务
SET AUTOCOMMIT = {0 | 1} #设置自动提交模式
```

在这一节中我们首先说一说 SQL 的分类(在前面的章节已提到过),便于更好地理解 MySQL 的 COMMIT 和 ROLLBACK。SQL 从功能上划分,可以分为 DDL、DML 和 DCL 这 3 大类。

(1) DDL(Data Definition Language):数据定义语言,用于定义和管理 SQL 数据库中的所有对象的语言。

- CREATE——创建表。
- ALTER——修改表。
- DROP——删除表。

(2) DML(Data Manipulation Language):数据操纵语言,SQL 中处理数据等操作统称为数据操纵语言。

- INSERT——数据的插入。
- DELETE——数据的删除。
- UPDATE——数据的修改。
- SELECT——数据的查询。

(3) DCL(Data Control Language)

数据控制语言,用来授予或回收访问数据库的某种特权,并控制数据库操纵事务发生的时间及效果,对数据库实行监视等。

- GRANT——授权。
- ROLLBACK——回滚。
- COMMIT—— 提交。

1. 提交数据的种类

- 显式提交、隐式提交及自动提交。
- 显式提交:用 COMMIT 命令直接完成的提交为显式提交。
- 隐式提交:用 SQL 命令间接完成的提交为隐式提交。这些命令是 ALTER、AUDIT、

COMMENT、CONNECT、CREATE、DISCONNECT、DROP、EXIT、GRANT、NOAUDIT、QUIT、REVOKE、RENAME 等。

- 自动提交：若把 MySQL 变量 AUTOCOMMIT 设置为 ON 或 1，则在插入、修改、删除语句执行后，系统将自动进行提交。反之，若把 MySQL 变量 AUTOCOMMIT 设置为 OFF 或 0 则禁止自动提交。
- 设置自动提交的命令：SET AUTOCOMMIT ON；或 SET AUTOCOMMIT 1。
- 禁止自动提交的命令：SET AUTOCOMMIT OFF；或 SET AUTOCOMMIT 0。
- 使用 START TRANSACTION，AUTOCOMMIT 将被禁用，直到使用 COMMIT 或 ROLLBACK 结束事务为止，然后 AUTOCOMMIT 模式恢复到原来的状态。

2. COMMIT/ROLLBACK 使用注意事项

COMMIT/ROLLBACK 都是用在 DML 语句（INSERT / DELETE / UPDATE / SELECT）之后。DML 语句执行完之后，处理过数据都会放在回滚段中（除了 SELECT 语句），等待用户进行提交（COMMIT）或者回滚（ROLLBACK），当用户执行 COMMIT/ROLLBACK 后，放在回滚段中的数据就会被删除。而 SELECT 语句执行后，数据都存在共享池。提供给其他人查询相同的数据时，直接在共享池中提取，不用再去数据库中提取，提高了数据查询的速度。

所有的 DML 语句都是要显式提交的，也就是说要在执行完 DML 语句之后，执行 COMMIT。而其他的诸如 DDL 语句，都是隐式提交的。也就是说，在运行那些非 DML 语句后，数据库已经进行了隐式提交，例如 CREATE TABLE，在运行脚本后，表已经建好了，并不需要再进行显式提交。

在提交事务（COMMIT）之前可以用 ROLLBACK 回滚事务，将数据回退到事务开始之前的状态。

3. 举例

（1）创建表。

```
mysql>CREATE TABLE tb_test
(
 PROD_ID VARCHAR(10) NOT NULL,
 PROD_DESC VARCHAR(25)  NULL,
 COST DECIMAL(6,2) NULL
) ENGINE=InnoDB CHARACTER SET 'utf8' COLLATE 'utf8_general_ci' ;
```

上述命令的运行结果如图 14.16 所示。

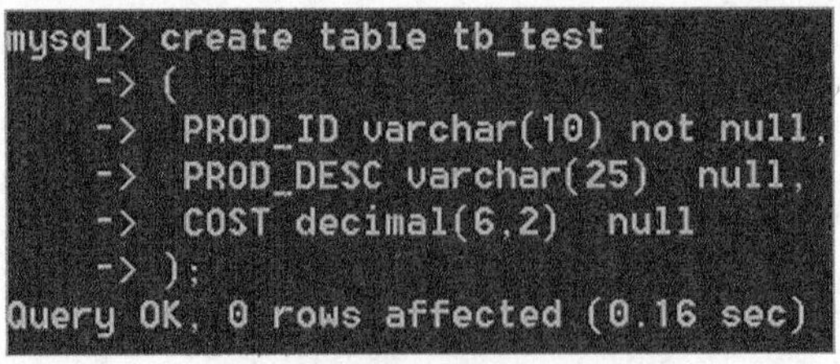

图 14.16　创建表

（2）禁止自动提交。

```
mysql>SET AUTOCOMMIT=0;
#SET AUTOCOMMIT=off;
```

上述命令的运行结果如图 14.17 所示。

图 14.17　禁止自动提交

(3) 设置事务特性。

设置事务特性必须在所有事务开始前设置。

```
#SET transaction read only;      #设置事务为只读
mysql>SET transaction read write;  #设置事务可读、写
```

上述命令的运行结果如图 14.18 所示。

图 14.18　在事务开始前设置事务特性

(4) 开始事务。

```
#begin;
mysql>start transaction;
```

上述命令的运行结果如图 14.19 所示。

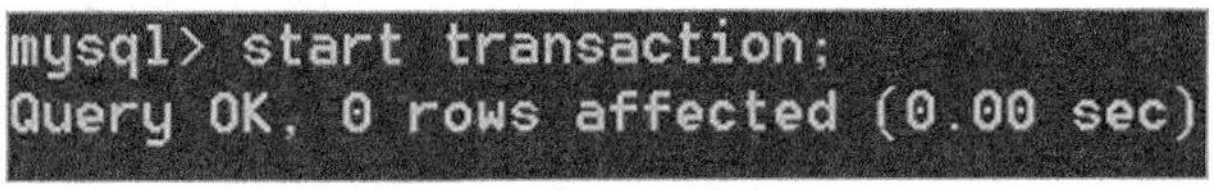

图 14.19　开始事务

(5) 插入数据。

```
mysql>INSERT INTO tb_test values('4456','mr right',46.97);
```

上述命令的运行结果如图 14.20 所示。

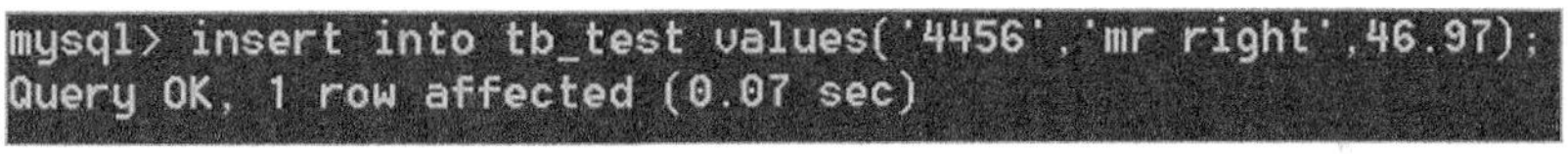

图 14.20　插入数据

(6) 查询数据。

```
SELECT * FROM tb_test;
```

上述命令的运行结果如图 14.21 所示。

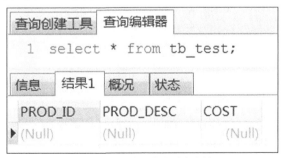

图 14.21　在提交事务之前查询数据

(7) 提交。

```
mysql>COMMIT;        #事务1
```

上述命令的运行结果如图 14.22 所示。

14.5 MySQL 的事务处理

```
mysql> commit;
Query OK, 0 rows affected (0.00 sec)
```

图 14.22　提交事务

（8）查询数据。

```
SELECT * FROM tb_test;
```

（9）插入数据。

```
mysql>INSERT INTO tb_test values('3345','mr wrong',54.90);
mysql>ROLLBACK;        #回到事务1，上次 COMMIT 处。事务 2
mysql>INSERT INTO tb_test values('1111','mr wan',89.76);
mysql>ROLLBACK;        #回到事务2，上次 ROLLBACK 处
```

上述命令的运行结果如图 14.23 所示。

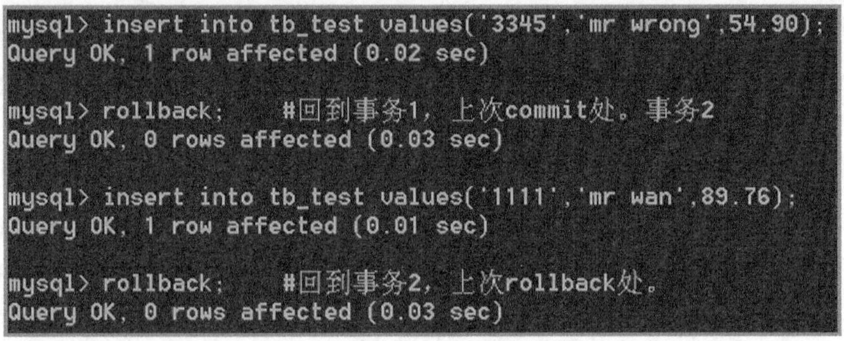

```
mysql> insert into tb_test values('3345','mr wrong',54.90);
Query OK, 1 row affected (0.02 sec)

mysql> rollback;       #回到事务1，上次commit处。事务2
Query OK, 0 rows affected (0.03 sec)

mysql> insert into tb_test values('1111','mr wan',89.76);
Query OK, 1 row affected (0.01 sec)

mysql> rollback;       #回到事务2，上次rollback处。
Query OK, 0 rows affected (0.03 sec)
```

图 14.23　插入数据后回滚

（10）查询数据。

```
SELECT * FROM tb_test;
```

上述命令的运行结果如图 14.24 所示。

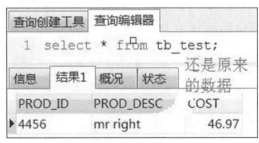

图 14.24　查询数据

14.5.3　MySQL 的事务保存点 SAVEPOINT

InnoDB 支持 SQL 语句 SAVEPOINT、ROLLBACK TO SAVEPOINT、RELEASE SAVEPOINT 和用于 ROLLBACK 的 WORK 关键词。

SAVEPOINT 的用途就是回退到什么地方可以由 SAVEPOINT 设置的保存点决定，这给事务增加了更为灵活的处理。如果没有 SAVEPOINT，发出回退命令将整个事务全部回退，有了这个 SAVEPOINT，发出回退命令可以只回退到这个点上，即将数据回退到设置这个（SAVEPOINT）保存点时的数据状态。

SAVEPOINT 语句用于设置一个事务保存点，带一个标识符名称。如果当前事务有一个同样名称的保存点，则旧的保存点被删除，新的保存点被设置。

1. ROLLBACK TO SAVEPOINT

该语句会向已命名的保存点回滚一个事务。如果在保存点被设置后，当前事务对数据进行了更改，则这些更改会在回滚中被撤销。但是，InnoDB 不会释放被存储在保存点之后的存储器中的行锁定。

> 注意：对于新插入的行，锁定信息被存储在行中的事务 ID 承载；如锁定没有被分开存储在存储器中，在这种情况下，行锁定在撤销中被释放。

在被命名的保存点之后设置的保存点被删除。

如果语句返回如图 14.25 所示的错误，则意味着不存在带有指定名称的保存点。

```
mysql> rollback to bg1;
ERROR 1305 (42000): SAVEPOINT bg1 does not exist
```

图 14.25　回滚到指定名称的保存点

2. RELEASE SAVEPOINT

该语句会从当前事务的一组保存点中删除已命名的保存点。但不会提交或回滚。如果保存点不存在，则会出现错误。

如果执行 COMMIT 或 ROLLBACK，则当前事务的所有保存点被删除。

测试保存点 SAVEPOINT，首先，用 Navicat 同时开启两个事务（两个新建查询窗口，第一个窗口为第 1 个事务；第二个窗口为第 2 个事务）。在"MySQL>"命令下执行下面的命令语句。

```
mysql>DROP TABLE tb_test;
mysql>CREATE TABLE tb_test
(
 PROD_ID VARCHAR(10) NOT NULL,
 PROD_DESC VARCHAR(25)  NULL,
 COST DECIMAL(6,2) NULL
) ENGINE=InnoDB CHARACTER SET 'utf8' COLLATE 'utf8_general_ci' ;
INSERT INTO tb_test values('4456','mr right',46.97);
mysql>COMMIT;
```

- 第 1 个事务，在第一个 Navicat 窗口中运行。

```
SELECT * FROM tb_test;
```

上述命令的运行结果如图 14.26 所示。

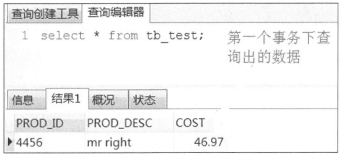

图 14.26　在第一个事务（第一个 Navicat 窗口）查询数据

```
begin;
    INSERT INTO tb_test values('9999','mr wrong',54.90);
```

上述命令的运行结果如图 14.27 所示。

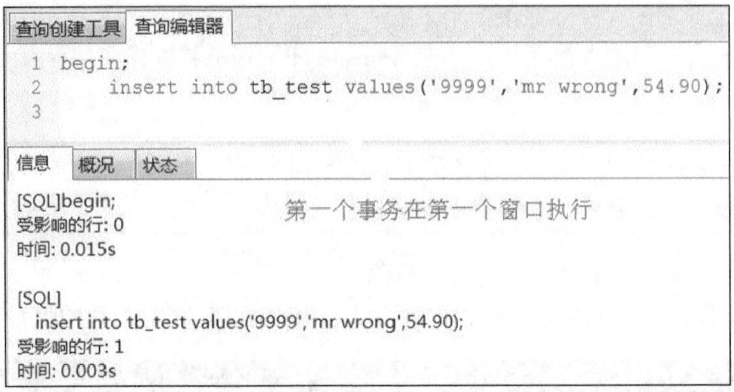

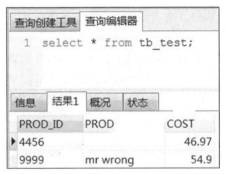

图 14.27　在第一个事务（第一个 Navicat 窗口）开启事务并插入数据

```
SELECT * FROM tb_test;
```

上述命令的运行结果如图 14.28 所示。

图 14.28　在第一个事务（第一个 Navicat 窗口）查询当前数据

- 第 2 个事务窗口下执行下面的命令。

```
SELECT * FROM tb_test;
```

上述命令的运行结果如图 14.29 所示。

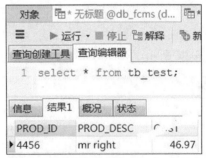

图 14.29　在第二个事务（第二个 Navicat 窗口）查询当前数据

- 第 1 个事务窗口下执行下面的命令。

```
SAVEPOINT p1;
    INSERT INTO tb_test values('1111','mr wan',89.76);
```

上述命令的运行结果如图 14.30 所示。

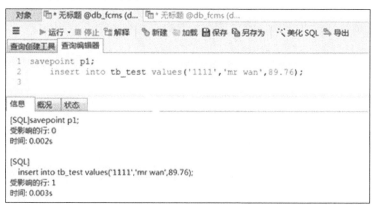

图 14.30　在第一个事务（第一个 Navicat 窗口）设置保存点并插入数据

在图 14.30 中，在第一个事务（第一个 Navicat 窗口）下设置保存点 p1，然后发出 INSERT 命令，这条 INSERT 后的数据能否存盘要依赖于后面的操作。接下来，查看一下 tb_test 表数据，命令如下。

```
SELECT * FROM tb_test;
```

上述命令的运行结果如图 14.31 所示。

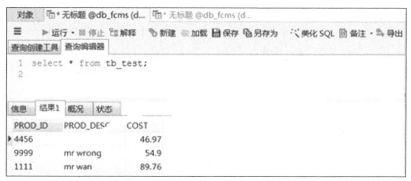

图 14.31　在第一个事务（第一个 Navicat 窗口）查询当前数据

在第一个事务设置保存点并发出一条 INSERT 命令后，马上在这个事务（第一个事务）下发出 SELECT 命令，结果'9999'和'1111'的记录均出现，其原因在前面已经说明，但在第二个事务下发出 SELECT 命令后还是原来的数据，即'4456'的记录。到目前为止，'9999'和'1111'的记录还没有真正写入操盘。接下来在第 2 个事务窗口下发出 SELECT 命令，看一下结果是什么。

- 在第 2 个事务窗口下执行 SELECT 命令，命令如下。

```
SELECT * FROM tb_test;
```

上述命令的运行结果如图 14.32 所示。

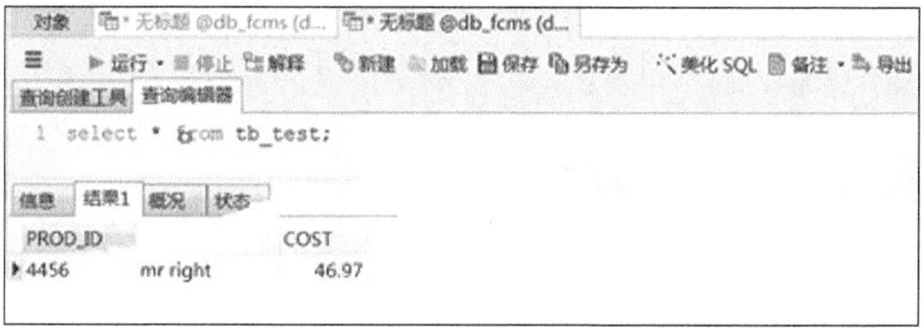

图 14.32　在第二个事务（第二个 Navicat 窗口）查询当前数据

14.5 MySQL 的事务处理

图 14.33 说明虽然在第一个事务窗口插入了'9999'和'1111'两条数据,但到目前为止还未物理存盘。

- 第 1 个事务窗口下执行下面的命令。

```
ROLLBACK to SAVEPOINT p1;
```

上述命令的运行结果如图 14.33 所示。

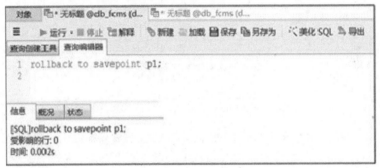

图 14.33　在第一个事务（第一个 Navicat 窗口）回滚事务到保存点 P1

在图 14.33 中,即在第一个事务下发出回退到 p1 保存点的命令,会导致什么结果?会作废至 p1 保存点以后的任何 DML（DELETE、INSERT 和 UPDATE）操作,这就意味着 p1 后的那条 INSERT 被作废了,即'1111'被作废,但'9999'的依然在第 1 事务开辟的内存中,等待处理。

- 第 2 个事务窗口下执行下面的命令。

```
SELECT * FROM tb_test;
```

上述命令的运行结果如图 14.34 所示。

图 14.34　在第 2 个事务（第 2 个 Navicat 窗口）查询当前数据

图 14.35,在第 2 个事务下查看表数据,结果依然是'4456',即原来的数据,不过到目前为止,'1111'的 INSERT 已经作废,'9999'的 INSERT 还保留着。接下来看一下第 1 个事务窗口下表数据。

- 第 1 个事务窗口下执行下面的命令。

```
SELECT * FROM tb_test;
```

上述命令的运行结果如图 14.35 所示。

图 14.35 表明'1111'的记录没有了,为什么?因为'1111'的记录已被回退（作废）,但'9999'的记录依然在内存中,所以'9999'显示了出来。接下来在第 1 个事务窗口下执行"COMMIT"命令,命令如下。

```
COMMIT;
```

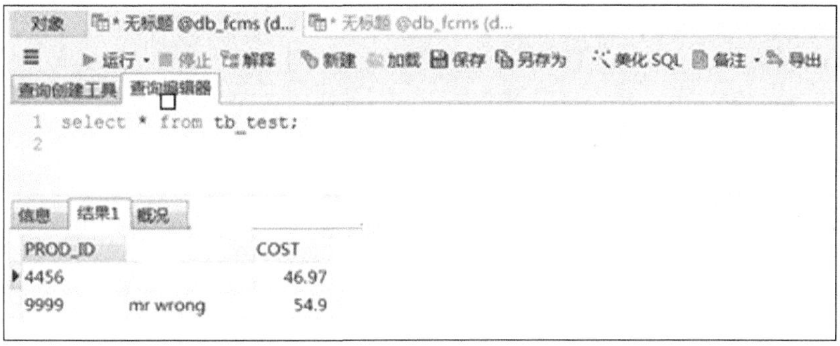

图14.35 在第一个事务（第一个Navicat窗口）查询当前数据

上述命令的运行结果如图14.36所示。

图14.36 在第一个事务（第一个Navicat窗口）提交当前数据

图14.36中，在第1个事务窗口下发出COMMIT（提交）命令，命令一旦发出，意味着结束当前事务并把内存中的数据写入磁盘（物理存盘）。接下来在第2个事务窗口查看表数据的最终结果。

- 第2个事务窗口下执行下面的命令。

```
SELECT * FROM tb_test;
```

上述命令的运行结果如图14.37所示。

图14.37 在第二个事务（第二个Navicat窗口）查询当前数据

由图14.37看出，'9999'的记录查出来了，为什么？因为在第1个事务窗口发出了COMMIT（提交或存盘）命令，'9999'的这条记录被物理存盘，因此，在第2个事务窗口使用SELECT命令查询，当然'9999'的记录就被查出来了。

- 第1个事务窗口下执行下面的命令。

```
BEGIN;
    SAVEPOINT point1; #设置保存点
    UPDATE tb_test SET PROD_ID=1;
```

```
    ROLLBACK to point1;    #回到保存点 point1
    RELEASE SAVEPOINT point1; #删除保存点
COMMIT;
```

上述命令的运行结果如图 14.38 所示。

图 14.38　事务保存点测试

```
SELECT * FROM tb_test;
```

上述命令的运行结果如图 14.39 所示。

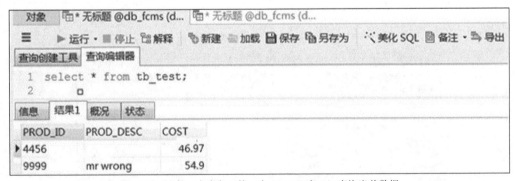

图 14.39　在第一个事务（第一个 Navicat 窗口）查询当前数据

由图 14.39 看出，'4456'和'9999'并未变为'1'，原因是在'point1'保存点后发出 UPDATE 命令，然后马上回退到"point1"保存点，即作废了刚刚发出的 UPDATE 命令。接下来，在第 2 个事务窗口查看表数据。

- 第 2 个事务窗口下执行下面的命令。

```
SELECT * FROM tb_test;
```

上述命令的运行结果如图 14.40 所示。

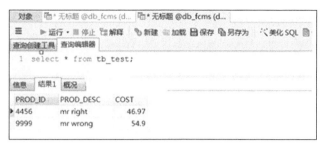

图 14.40　在第二个事务（第二个 Navicat 窗口）查询当前数据

图 14.40 表明在第 1 个事务窗口中的确作废了在该事务窗口发出的 UPDATE 命令。

14.5.4　MySQL 接受用户请求、SQL 语句执行过程

MySQL 作为一个关系型数据库系统，支持多线程，在用户刚连入数据库的时候，首先要验证用户的有效信息，接受用户的并发请求，并且限定请求的最大连接数，如果超过一定的连接数就拒绝访问等功能，所以在数据库的入口有一个连接管理器。

当用户连接进来的时候，就要开始处理 SQL 语句了，所以需要一个查询计划；SQL 语句有 3 种——DDL、DML、DCL，数据库要分析用户发来的是哪种语句，就需要有分析器，分析结束后，选择一条合适的路径，做优化，然后可以开始准备执行语句了。

如果执行的语句是涉及表修改的，就需要 I/O 的读写，需要和磁盘交互，查询求解引擎不能直接操作磁盘，所以需要有文件访问接口，也就是文件存储方法。

如果每次读写操作都由文件存储方法和磁盘直接打交道，会很慢，因为 I/O 本来就很慢，所以需要一个缓存管理器来临时存放磁盘上的常用数据，所以需要缓存管理器，缓存管理器会定期往磁盘上同步数据。

为了实现持久存储，缓存中的数据最终还是要写回磁盘的，如何写?写成何种格式？写多少个文件？所以需要一个磁盘空间管理器。

对于一个关系型数据库来说，最关键的问题是 ACID 问题——A（原子性）、C（数据的一致性）、I（数据的隔离性）、D（数据的持久性）以及各种锁的处理。

如果数据在写入的过程中断电了，数据会不会丢失呢?为了防止这个问题，需要日志管理器。当数据需要写入磁盘的时候，先写入事务日志，事务日志是可以被重新找回的。日志管理器通常是一段连续的磁盘空间（顺序读写），并且一般有两个。

如果在写入数据库的时候，写入操作执行了一半，突然断电了，虽然有日志，但是只知道是怎么回事，但还不能处理。那么这些不完整的数据怎么办？不完整的数据就不能让它存储，应该返回断电之前的状态，所以需要一个恢复管理器。

第 15 章 MySQL 存储引擎

本章将重点讨论 MySQL 的存储引擎，包括 MySQL 所涉及的存储引擎种类、引擎更换、引擎添加与拔出、数据文件的存放位置、引擎的应用场景等。

本章涉及 MySQL 原理性的内容，适合 DBA 的读者。作为数据库的普通使用者也有必要了解一下，为数据库的性能优化及写出良好的应用程序打好基础。

15.1 MySQL 数据库引擎介绍

关系数据库表是用于存储和组织信息的数据结构，可以将表理解为由行和列组成的表格，类似于 Excel 的电子表格的形式。有的表简单，有的表复杂，有的表根本不是用来存储任何长期的数据，有的表读取时非常快，但在插入数据时表现很差；而在实际开发过程中，就可能需要各种各样的表，不同的表，就意味着存储不同类型的数据，数据的处理上也会存在着差异，那么对于 MySQL 来说，它提供了很多种类型的存储引擎，可以根据对数据处理的需求，选择不同的存储引擎，从而最大限度地利用 MySQL 强大的功能。

一般来说，MySQL 有以下 4 种引擎：MyISAM、HEAP、InnoDB 和 Berkley（BDB）。MySQL 不同的版本所支持的引擎是有差异的。下面逐一介绍这 4 种引擎各自的特性。

1. MyISAM

MyISAM 是 MySQL 的 ISAM 扩展格式和默认的数据库引擎。除了提供 ISAM 里所没有的索引和字段管理的大量功能，MyISAM 还使用一种表格锁定的机制，来优化多个并发的读写操作。其代价是需要经常运行 OPTIMIZE（优化）TABLE 命令，来恢复被更新机制所浪费的空间。MyISAM 还有一些有用的扩展，例如用来修复数据库文件的 MyISAMChk 工具和用来恢复浪费空间的 MyISAMPack 工具。

MyISAM 强调了快速读取操作，这可能就是为什么 MySQL 受到了 Web 开发如此青睐的主要原因：在 Web 开发中所进行的大量数据操作都是读取操作。所以，大多数虚拟主机提供商和 Internet 平台提供商（Internet Presence Provider，IPP）只允许使用 MyISAM 格式。

MyISAM 提供了大量的特性，包括全文索引、压缩、空间函数（GIS）等，但 MyISAM 不支持事务和行级锁。有一个毫无疑问的缺陷就是崩溃后无法安全恢复。

MyISAM 会将表存储在两个文件中：数据文件和索引文件，分别是以".MYD"和".MYI"为扩展名。

在 MySQL 5.0 以前，只能处理 4GB 的数据，5.0 以后可以处理 256TB 的数据。

在数据不再进行修改操作时，可以对 MyISAM 表进行压缩，压缩后可以提高读能力，原因是减少了磁盘 I/O。

另外，MyISAM 表是独立于操作系统的，这说明可以轻松地将其从 Windows 服务器移植到 Linux 服务器；每当建立一个 MyISAM 引擎的表时（未指定新表的存储引擎时，默认使用

MyISAM），就会在本地磁盘上建立 3 个文件，每个 MyISAM 引擎的表在磁盘上存储成 3 个文件，这 3 个文件的文件名和表名相同，扩展名分别是".frm"（存储表定义）、".MYD"（MYData，存储数据）和".MYI"（MYINDEX，存储索引）。

例如：
- ykxt_luj.frm 用来存储表定义；
- ykxt_luj.MYD 用来存储数据；
- ykxt_luj.MYI 用来存储索引。

数据文件和索引文件可以放置在不同的目录，平均分布 I/O，获得更快的速度。

MyISAM 表无法处理事务，这就意味着有事务处理需求的表，不能使用 MyISAM 存储引擎。

MyISAM 存储引擎特别适合在以下情况使用。

筛选大量数据的表：MyISAM 存储引擎在筛选大量数据时非常迅速，这是它突出的优点。

一次性插入大量数据的表：MyISAM 的并发插入特性允许同时选择和插入数据。

2. MERGE 存储引擎

MERGE 存储引擎是一组 MyISAM 表的组合，这些 MyISAM 表结构必须完全相同，尽管其使用不如其他引擎突出，但是在某些情况下非常有用。MERGE 表就是几个相同 MyISAM 表的聚合器；MERGE 表中并没有数据，对 MERGE 类型的表可以进行查询、更新、删除操作，这些操作实际上是对内部的 MyISAM 表进行操作。

对于服务器日志这种信息，一般常用的存储策略是将数据分成很多表，每个名称与特定的时间端相关。例如：可以用 12 个相同的表来存储服务器日志数据，每个表用对应各个月份的名字来命名。当有必要基于所有 12 个日志表的数据来生成报表，这意味着需要编写并更新多表查询，以反映这些表中的信息。与其编写这些可能出现错误的查询，不如将这些表合并起来使用一条查询，之后再删除 MERGE 表，而不影响原来的数据，删除 MERGE 表只是删除 MERGE 表的定义，对内部的表没有任何影响。

3. HEAP

HEAP 允许只驻留在内存里的临时表格。由于驻留在内存里可以让 HEAP 要比 MyISAM 更快，但是它所管理的数据是不稳定的，而且如果在关机之前没有进行保存，那么所有的数据都会丢失。在数据行被删除的时候，HEAP 也不会浪费大量的空间。HEAP 表格在需要使用 SELECT 表达式来选择和操控数据的时候非常有用。要注意，用完表格之后就删除表格。

4. InnoDB 和 Berkley DB（BDB）

InnoDB 是 MySQL 的默认事务型引擎，它被设计用来处理大量的短期（short-lived）事务。除非有非常特别的原因需要使用其他的存储引擎，否则应该优先考虑 InnoDB 引擎。

注意：MariaDB 完全兼容 MySQL，包括 API 和命令行，其在存储引擎方面，使用 XtraDB 来代替 MySQL 的 InnoDB，XtraDB 完全兼容 InnoDB,创建一个 InnoDB 表内部默认会转换成 XtraDB。

Percona XtraDB 是 InnoDB 存储引擎的增强版，用来更好地发挥最新的计算机硬件系统性能，同时还包含一些在高性能环境下的新特性。XtraDB 存储引擎是完全的向下兼容，在 MariaDB 中，XtraDB 存储引擎被标识为"ENGINE＝InnoDB"，这与 InnoDB 是一样的，所以可以直接用 XtraDB 替换掉 InnoDB 而不会产生任何问题。XtraDB 在 InnoDB 的基础上构建，使 XtraDB 具有更多的特性，更多的参数指标和更多的扩展。从实践的角度来看，XtraDB 在 CPU 多核的条件下更有效地使用内存，并且性能更高。从 MariaDB 5.1 开始就默认使用 XtraDB 存储引擎。

InnoDB 是一个健壮的事务型存储引擎，这种存储引擎已经被很多互联网公司使用，为用户操作非常大的数据存储提供了一个强大的解决方案。InnoDB 还引入了行级锁定和外键约束，在以下场合使用 InnoDB 是理想的选择。

- 更新密集的表：InnoDB 存储引擎特别适合处理多重并发的更新请求。
- 事务：InnoDB 存储引擎是支持事务的标准 MySQL 存储引擎。
- 自动灾难恢复：与其他存储引擎不同，InnoDB 表能够自动从灾难中恢复。
- 外键约束：MySQL 支持外键的存储引擎只有 InnoDB。
- 支持自动增加列 AUTO_INCREMENT 属性。

InnoDB 存储引擎提供了具有提交、回滚和崩溃恢复能力的事务安全。但是对比 MyISAM 存储引擎，InnoDB 写的处理效率差一些并且会占用更多的磁盘空间，以保留数据和索引。

建议使用 MySQL 5.5 及以后的版本，因为这个版本及以后的版本的 InnoDB 引擎性能更好。

MySQL 4.1 以后的版本中，InnoDB 可以将每个表的数据和索引存放在单独的文件中。这样在复制备份崩溃恢复等操作中有明显优势。用户可以通过在 my.ini（Windows 的版本）或 my.cnf（UNIX 版本）中增加 innodb_file_per_table 来开启这个功能。

wamp 版本的 my.ini 配置文件如下：

```
[mysqld]
innodb_file_per_table = 1
```

生产环境下建议的 InnoDB 参数如下：

```
wamp 版本的 my.ini 配置文件
  [wampmysqld]
#设置 ibdata1 大小(精确到 M)
innodb_data_file_path = ibdata1:1066M;ibdata2:1066M:autoextend
#可自行根据服务器配置设置
innodb_buffer_pool_size = 1G
innodb_additional_mem_pool_size = 16M
innodb_log_file_size = 256M
```

一般来说，如果需要事务支持，并且有较高的并发读取频率，InnoDB 是不错的选择。

InnoDB 采用 MVCC 来支持高并发，并且实现了 4 个标准的隔离级别。其默认级别是 REPEATABLE READ（可重复读），并且通过间隙锁（next-key locking）策略防止幻读的出现。

InnoDB 是基于聚簇索引建立的，聚簇索引对主键查询有很高的性能。不过它的二级索引（secondary INDEX，非主键索引）中必须包含主键列，所以如果主键列值很大的话，其他的所有索引都会很大。因此表上的索引较多的话，主键列值应当尽可能得小。

InnoDB 的存储格式是平台独立的，可以实现跨平台迁移，如将数据和索引文件从 Windows 平台复制到 UNIX 平台或其他平台。

InnoDB 通过一些机制和工具支持真正的热备份，MySQL 的其他存储引擎不支持热备份。

InnoDB 和 Berkley DB（BDB）数据库引擎是造就 MySQL 能与其他数据库（ORACLE、SQL SERVER、SYBASE 等）比肩的直接产品。在使用 MySQL 的时候，所面对的每一个挑战几乎都源于 ISAM 和 MyISAM 不支持事务，也不支持外键。尽管要比 ISAM 和 MyISAM 引擎慢很多，但是 InnoDB 和 BDB 包括了对事务和外键的支持。如果设计需要这些特性，那就必须使用 InnoDB 或 BDB。

5. Archive 引擎

Archive 存储引擎只支持 INSERT 和 SELECT 操作，在 MySQL 5.1 之前不支持索引。

Archive 表适合日志和数据采集类应用。

Archive 引擎支持行级锁和专用的缓存区，所以可以实现高并发的插入，但它不是一个事物型的引擎，而是一个针对高速插入和压缩做了优化的简单引擎。

Archive 是归档的意思，在归档之后很多的高级功能就不再支持了，仅支持基本的插入和查询两种功能。在 MySQL 5.5 版以前，Archive 不支持索引，但是在 MySQL 5.5 以后的版本中就开始支持索引了。Archive 拥有很好的压缩机制，它使用 zlib 压缩库，在记录被请求时会实时压缩，所以它经常被用来当作数据仓库使用。

6. Blackhole 引擎

Blackhole 引擎没有实现任何存储机制，它会丢弃所有插入的数据，不做任何保存。但服务器会记录 Blackhole 表的日志，所以可以用于复制数据到备库，或者简单地记录到日志。但这种应用方式会碰到很多问题，因此并不推荐。

7. CSV 引擎

CSV 引擎可以将普通的 SCV 文件作为 MySQL 的表来处理，但不支持索引。

CSV 引擎可以作为一种数据交换的机制，非常有用。

8. Federated 引擎

Federated 引擎是访问其他 MySQL 服务器的一个代理，尽管该引擎看起来提供了一种很好的跨服务器的灵活性，但也经常带来问题，因此默认是禁用的。

9. Memory 引擎

如果需要快速地访问数据，并且这些数据不会被修改，重启以后丢失也没有关系，那么使用 Memory 表是非常有用。Memory 表至少比 MyISAM 表要快一个数量级。

Memory 表是表级锁，因此并发写入的性能较低。它不支持 BLOB 或 TEXT 类型的列，并且每行的长度是固定的，这可能呆滞部分内存的浪费。

临时表和 Memory 表不是一回事。临时表是指使用 CREATE TEMPORARY TABLE 语句创建的表，它可以使用任何存储引擎，只在单个连接中可见，当连接断开时，临时表也将不复存在。

使用 MySQL Memory 存储引擎的出发点是速度。为了得到最快的响应时间，采用的逻辑存储介质是系统内存。虽然在内存中存储表数据确实会提供很高的性能，但 mysqld 守护进程崩溃时，所有的 Memory 数据都会丢失。获得速度的同时也带来了一些缺陷。它要求存储在 Memory 数据表里的数据使用的是长度不变的格式，这意味着不能使用 BLOB 和 TEXT 这样长度可变的数据类型。VARCHAR 是一种长度可变的类型，但因为它在 MySQL 内部当做长度固定不变的 CHAR 类型，所以可以使用。

一般在以下情况下使用 Memory 存储引擎。

- 目标数据较小，而且被频繁地访问。在内存中存放数据，所以会造成内存的过多消耗。用户可以通过参数 max_heap_table_size 控制 Memory 表的大小，设置此参数，就可以限制 Memory 表的最大大小。
- 如果数据是临时的，而且要求必须立即使用，那么就可以存放在内存表中。
- 存储在 Memory 表中的数据如果突然丢失，不会对应用服务产生实质的负面影响。
- Memory 同时支持散列索引和 B 树索引。B 树索引优于散列索引的是，可以使用部分查询和通配查询，也可以使用"<"">"和">="等操作符方便数据处理。散列索引进行"相等比较"非常快，但是对"范围比较"的速度就慢多了，因此散列索引值适合使用在"="和"<>"的操作符中，不适合在"<"或">"操作符中，也同样不适合用在 ORDER BY 子句中。用户可以在表创建时利用 USING 子句指定要使用的版本。例如：

```
CREATE table users
```

```
(
    id SMALLINT UNSIGEND not null auto_INcrement,
    username varchar(15) not null,
    pwd varchar(15) not null,
    INDEX USING hash (username),
    primary key (id)
)engine=memory;
```

上述代码创建了一个表,在 username 字段上使用了 HASH 散列索引。下面的代码就创建一个表,使用 BTREE 索引。

```
CREATE table users2
(
    id SMALLINT UNSIGEND not null auto_INcrement,
    username varchar(15) not null,
    pwd varchar(15) not null,
    INDEX USING btree (username),
    primary key (id)
)engine=memory;
```

10. NDB 集群引擎

MySQL 服务器、NDB 集群存储引擎,以及分布式的、share-nothing 的、容灾的、高可用的 NDB 数据库的组合,被称为 MySQL 集群(MySQL Cluster)。

11. 其他第三方引擎

- XtraDB:是 InnoDB 的一个改进版本,可以作为 InnoDB 的一个完美的替代产品。
- TokuDB:使用了一种新的叫做分形树(Fractal Trees)的索引数据结构。
- Infobright:是有名的面向列的存储引擎。
- Groonga:是一款全文索引引擎。
- OQGraph:该引擎由 Open Query 研发,支持图操作(如查找两点之间的最短路径)。
- Q4M:该引擎在 MySQL 内部实现了队列操作。
- SphinxSE:该引擎为 Sphinx 全文索引搜索服务器提供了 SQL 接口。

15.2 MySQL 存储引擎的比较

不同的 MySQL 存储引擎有不同的特性,常用的 MySQL 存储引擎特性,见表 15.1。

表 15.1 MySQL 各类存储引擎的特性与区别

特性	MyISAM	Memory	InnoDB	Archive	NDB
存储上限	NDB	RAM	64TB	无	384EB
事务支持	否	否	是	否	是
锁粒度	表	表	行	表	行
MVCC(Multi Version Concurrency Control,多版本并发控制)	否	否	是	否	否
地理空间数据类型支持	是	否	是	是	是
地理空间索引支持	是	否	是	否	否
B-tree 索引	是	是	是	否	否
T-tree 索引	否	否	否	否	是

续表

特性	MyISAM	Memory	InnoDB	Archive	NDB
Hash 索引	否	是	否	否	是
全文检索索引	是	否	是	否	否
聚集索引	否	否	是	否	否
数据缓存	否	N/A（不适用）	是	否	是
索引缓存	是	N/A	是	否	是
数据压缩	是	否	是	是	否
数据加密	是	是	是	是	是
支持数据库集群	否	否	否	否	是
支持主从	是	是	是	是	是
支持外键	否	否	是	否	否
备份/时间点恢复	是	是	是	是	是
支持查询缓存	是	是	是	是	是
更新数据字典的统计	是	是	是	是	是

15.3 MySQL 数据文件存放位置

MySQL 的每个数据库都对应存放在一个与数据库同名的文件夹中，MySQL 数据库文件包括 MySQL 所建数据文件和 MySQL 存储引擎所建数据文件。

（1）MySQL 创建并管理的数据文件。

".frm"文件：存储数据表的结构，文件名与表名相同，每个表对应一个同名 frm 文件，与操作系统和存储引擎无关，即不管 MySQL 运行在何种操作系统上，使用何种存储引擎，都有这个文件。

除了必有的".frm"文件，根据 MySQL 所使用的存储引擎的不同（MySQL 常用的两个存储引擎是 MyISAM 和 InnoDB），存储引擎会创建各自不同的数据文件。

（2）MyISAM 存储引擎所建数据文件。
- ".MYD"文件：即 MY Data，表数据文件。
- ".MYI"文件：即 MY INDEX，索引文件。
- ".LOG"文件：日志文件。

（3）InnoDB 采用表空间（tablespace）来管理数据，存储表数据和索引。
- InnoDB 数据文件，如 ibdata1、ibdata2 等。
- 系统表空间文件，存储 InnoDB 系统信息和用户数据库表数据和索引，所有表共用。
- ".ibd"文件：单表表空间文件，每个表使用一个表空间文件（file per table），存放表数据和索引。
- 日志文件：ib_logfile1、ib_logfile2 等。

（4）MySQL 数据库存放位置。

MySQL 如果使用 MyISAM 存储引擎，数据库文件类型就包括".frm"".myd"".myi"，默认存放位置是"MySQL 安装目录下的"data\库名"文件夹下"。

MySQL 如果使用 InnoDB 存储引擎，数据库文件类型就包括“.frm”“.ibd”“ibdata1”“ib_logfile1”存放位置有两个，“.frm”“.ibd”文件默认存放位置是“MySQL 安装目录下的“data\库名”文件夹下”；“ibdata1”“ib_logfile1”文件默认存放位置是“MySQL 安装目录下的“data”文件夹下”。

（5）MySQL 存储引擎的查看。

```
mysql>SHOW engines;
```

上述命令的运行结果如图 15.1 所示。

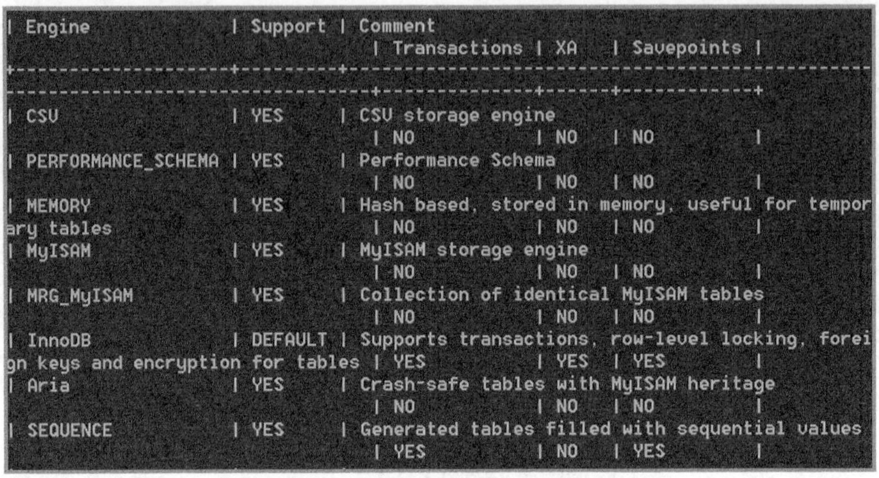

```
| Engine             | Support | Comment
                                | Transactions | XA   | Savepoints |
+--------------------+---------+--------------------------------------------
-----------------------------------+--------------+------+------------+
| CSV                | YES     | CSV storage engine
                                | NO           | NO   | NO         |
| PERFORMANCE_SCHEMA | YES     | Performance Schema
                                | NO           | NO   | NO         |
| MEMORY             | YES     | Hash based, stored in memory, useful for tempor
ary tables                      | NO           | NO   | NO         |
| MyISAM             | YES     | MyISAM storage engine
                                | NO           | NO   | NO         |
| MRG_MyISAM         | YES     | Collection of identical MyISAM tables
                                | NO           | NO   | NO         |
| InnoDB             | DEFAULT | Supports transactions, row-level locking, forei
gn keys and encryption for tables | YES        | YES  | YES        |
| Aria               | YES     | Crash-safe tables with MyISAM heritage
                                | NO           | NO   | NO         |
| SEQUENCE           | YES     | Generated tables filled with sequential values
                                | YES          | NO   | YES        |
```

图 15.1　MySQL 支持存储引擎的查看

15.4　MySQL 数据库引擎更换

介绍完这些引擎，知道了它们应该在什么情况下使用，那么接着就要学会如何来更换这些引擎了。

一种最简单的方法就是更改服务器配置，直接将其设置成所需要的引擎。这个在 Windows 下通过更改服务器安装目录下的 my.ini 中的 default-storage-engine 项即可。

除了更改服务器配置方法以外，还有一种更灵活的配置方法，那就是按表来设置引擎，这样就可以把那些需要用到事务处理的表设置成 InnoDB 或 BDB，不需要的设置成 MyISAM，这样，可以将性能提升很高，设置方法如下。

（1）可以在 CREATE Table 语句的最后添加扩展语句，如 TYPE＝MyISAM（或者 ENGINE ＝ InnoDB）来指定当前的引擎类型，也可以用 ALTER 语句在建立表后进行更改，如“ALTER TABLE my_table ENGINE＝InnoDB”；当不清楚当前数据库中各表的引擎时，可以使用“SHOW TABLE STATUS FROM dbname;”或“show create table table_name;”来查看，如“show table status from db_name where name＝'table_name';”。

（2）使用随 MySQL 服务器发布同时提供的 MySQL 客户端来创建表，在创建时可以选择使用的存储引擎。

（3）不同的引擎应用在不同的业务处理上，性能将有天壤之别。要想将 MySQL 数据库性能达到最佳，在配置服务器时也需要好好考虑。如果是在 Windows 下那么可以通过运行 MySQL Server Instance Configuration Wizard 来设置，它将引导设置当前服务器的类型等信息。

（4）在有大量数据需要插入的时候可以考虑使用 INSERT DELAYED 语句。当一个客户端使用 INSERT DELAYED 时，会立刻从服务器处得到一个确定，并且行被排入队列，当表没有被其他线程使用时，此行被插入。使用 INSERT DELAYED 的另一个重要的好处是，来自许多客户端的插入被集中在一起，并被编写入一个块。这比执行许多独立的插入要快很多。当然它也有其适用范围，具体可参考前面的教程，在本节里就不再赘述了。

15.5 MySQL 数据库引擎添加与拔出

下面说明 MySQL 数据库引擎添加与拔出的具体方法。

（1）能够使用存储引擎之前，必须使用 INSTALL PLUGIN 语句将存储引擎 plugin（插件）装载到 MySQL。例如，要想加载 example 引擎，首先应加载 ha_example.so 模块，命令如下：

```
INSTALL PLUGIN ha_example SONAME 'ha_example.so';
```

文件 ".so" 必须位于 MySQL 服务器库目录下（典型情况下是 installdir/lib）。

（2）要想"拔出"存储引擎，可使用 UNINSTALL PLUGIN 语句，命令如下：

```
UNINSTALL PLUGIN ha_example;
```

如果"拔出"了正被已有表使用的存储引擎，这些表将成为不可访问的。"拔出"存储引擎之前，可确保没有任何表使用该存储引擎。

（3）MySQL 数据库引擎的其他说明。

为了安装插件式存储引擎，plugin 文件必须位于恰当的 MySQL 库目录下，而且发出 INSTALL PLUGIN 语句的用户必须具有 SUPER 权限。

创建 table 时可以通过 engine 关键字指定使用的存储引擎，如果省略，则使用系统默认的存储引擎：

```
CREATE TABLE t (i INT) ENGINE = MyISAM;
```

查看系统中支持的存储引擎类型，命令如下：

```
mysql>SHOW ENGINES;
```

标准安装程序中只提供部分引擎的支持，如果需要使用其他的存储引擎，需要使用源代码加不同的参数重新编译。其中 DEFAULT 表明系统的默认存储引擎，可以通过修改配置参数来变更，命令如下：

```
default-storage-engine=MyISAM
```

查看某个存储引擎的具体信息，命令如下：

```
mysql> SHOW ENGINE InnoDB status;
```

15.6 MySQL 数据库引擎的应用场景

关于 MySQL 数据库引擎的选择，本节将系统地说明 MySQL 数据库引擎的选择及应用场景。

15.6.1 选择合适的 MySQL 存储引擎

大多数情况下，InnoDB 都是正确的选择，可以简单地归纳为一句话"除非需要用到某些 InnoDB 不具备的特性，并且没有其他办法可以替代，否则都应该优先选择 InnoDB 引擎"。

- MyISAM：默认的 MySQL 插件式存储引擎，它是在 Web、数据仓库和其他应用环境下常使用的存储引擎。
- InnoDB：用于事务处理应用程序，具有众多特性，包括 ACID 事务支持。
- Memory：将所有数据保存在 RAM 中，在需要快速查找引用和其他类似数据的环境下，可提供极快的访问。
- MERGE：允许 MySQL DBA 或开发人员将一系列等同的 MyISAM 表以逻辑方式组合在一起，并作为一个对象引用它们。对于诸如数据仓储等环境十分适合。

如果应用需要不同的存储引擎，可先考虑以下 4 个因素。
- 事务：如果应用需要事务支持，那么 InnoDB（或者 XtraDB）是目前最稳定并且经过验证的选择。
- 备份：如果可以定期地关闭服务器来执行备份，那么备份的因素可以忽略。反之，如果需要在线热备份，那么选择 InnoDB 就是基本的要求。
- 崩溃恢复：MyISAM 崩溃后发生损坏的概率比 InnoDB 要高很多，而且恢复速度也比较慢。
- 特有的特性：如果一个存储引擎拥有一些关键的特性，同时又缺乏一些必要的特性，那么有时候不得不做折中的考虑，或者在架构设计上做一些取舍。

有些查询 SQL 在不同的引擎上表现不同。比较典型的是 SELECT COUNT(*) FROM TABLE; 对于 MyISAM 确实会很快，但其他的可能都不行。

关于 MySQL 存储引擎的选择，从事务的角度来说明如何取舍。首先再来谈谈事务，事务可由一条非常简单的 SQL 语句组成，也可以有一组复杂的 SQL 语句组成。事务是访问并更新数据库中各种数据项的一个程序执行单元。在事务中操作，要么都做修改，要么都不做，这就是事务的目的。简单地说，发出的一条或一组 SQL 语句就是一个事务，MySQL 通过事务处理来增强在向表中更新和插入信息期间的可靠性。这种可靠性是通过如下方法实现的——数据库引擎允许更新表中的数据，但前提是，仅当应用程序的所有相关操作完全完成后才接受对表的更改。例如，会计中的每一笔会计分录处理将包括对借方科目和贷方科目数据的更改，需要使用事务处理功能保证对借方科目和贷方科目的数据更改都顺利完成后，才接受所做的修改；如果任一项操作失败了，都可以取消这个事务处理，则这些修改就不存在了。如果这个事务过程顺利完成了（借、贷双方的数据更改成功了），则可以通过允许这个修改（发出 COMMIT 提交语句）来确认这个操作。在事务处理上，再来谈谈常用的 MyISAM 和 InnoDB 的区别。

常用的 MyISAM 和 InnoDB 的在事务处理上的差异如下。
- InnoDB 和 MyISAM 是许多人在使用 MySQL 时最常用的两个引擎类型，这两个引擎类型各有优劣，视具体应用而定。基本的差别为——MyISAM 类型不支持事务处理等高级处理，而 InnoDB 类型支持。MyISAM 类型的表强调的是性能，其执行速度比 InnoDB 类型更快，但是不提供事务支持，而 InnoDB 提供事务支持以及外部键等高级数据库功能。
- InnoDB 不支持 FULLTEXT 类型的索引。
- InnoDB 中不保存表的具体行数，也就是说，执行 SELECT COUNT(*) FROM table 时，InnoDB 要扫描一遍整个表来计算有多少行，但是 MyISAM 只要简单地读出保存好的行数即可。当 COUNT(*)语句包含 WHERE 条件时，两种表的操作是一样的。
- 对于 AUTO_INCREMENT 类型的字段，InnoDB 中必须包含只有该字段的索引，但是在 MyISAM 表中，可以和其他字段一起建立联合索引。
- DELETE FROM table 时，InnoDB 不会重新建立表，而是一行一行地删除。
- LOAD TABLE FROM MASTER 操作对 InnoDB 是不起作用的，解决方法是首先把 InnoDB 表改成 MyISAM 表，导入数据后再改成 InnoDB 表。但是对于使用了"外键"的表不适用刚才说的这个解决方法。
- InnoDB 表的行锁也不是绝对的，假如在执行一个 SQL 语句时 MySQL 不能确定要扫描的范围，InnoDB 表同样会锁全表，如 UPDATE table set ifno='1' WHERE name LIKE '%luju%'。是锁行还是锁表要依赖具体的语境。
- 两种类型主要的差别就是 InnoDB 支持事务处理与外键和行级锁，而 MyISAM 不支持，因此，MyISAM 往往很容易被许多人认为只适合于中小型项目，其实这种认识是不对的。

从使用 MySQL 的用户角度出发，InnoDB 和 MyISAM 都是必用的，但从目前运维数据库平台要达到 99.9%的稳定性、方便的扩展性以及高可用性来说，MyISAM 绝对是首选，原因如下。

（1）目前平台上承载的大部分项目是读多写少的项目，而 MyISAM 的读性能比 InnoDB 强不少。

（2）MyISAM 的索引和数据是分开的，并且索引是有压缩的，内存使用率就对应提高了不少。能加载更多索引，而 InnoDB 是索引和数据是紧密捆绑的，没有使用压缩，从而会造成 InnoDB 比 MyISAM 体积庞大不少。

（3）从平台角度来说，运维人员或应用开发人员不小心 UPDATE 一个表，WHERE 写的不对，导致这个表没法正常用了，这个时候 MyISAM 的优越性就体现出来了，任意从哪一天复制的压缩包取出对应表的文件，放到一个数据库目录下，然后 dump 成 SQL 再导回到主库，问题就这么轻易解决了。如果是 InnoDB，恐怕就没这么简单了。

（4）从应用逻辑来说，SELECT COUNT(*) 和 ORDER BY 是使用最频繁的，大概能占了整个 SQL 总语句的 60%以上的操作，而这种操作，InnoDB 其实也是会锁表的。很多人认为 InnoDB 是行级锁，只会锁行，其实不然。对包含主键的 WHERE 条件，锁行没有问题，但对非主键的 WHERE 条件的更新都会锁全表的。

（5）就是经常有很多应用部门需要定期给他们提供某些表的数据，MyISAM 很方便，只要发给他们对应那表的 .frm /.MYD/ .MYI 的文件，让他们自己在对应版本的数据库启动就行，而 InnoDB 就需要导出 XXXX.SQL 了。如果像 MyISAM 那样提供文件，对方是无法使用的。

（6）如果和 MyISAM 比 INSERT 写操作的话，InnoDB 还达不到 MyISAM 的写性能。如果是针对基于索引的 UPDATE 操作，虽然 MyISAM 可能会逊色 InnoDB，但是对于高并发的写，理论上 InnoDB 会好一些，但作者觉得还不如在 MyISAM 引擎下，通过多实例（一个实例代表一套 MySQL 数据库系统）分库（代表一套 MySQL 数据库下的某个库）分表（代表某个库下的某张表）架构来解决。

如果是用 MyISAM 的话，MERGE 引擎适合做一些特大数据量的 SELECT COUNT(*)操作，如总量约几亿行的表。这不需要测试，结果肯定很快速。如果几亿 rows 的表在非 MyISAM 的 MERGE 引擎下，做这种操作，结果会怎样？作者没有做过这样的测试，但可以肯定的是相对于 MERGE 引擎非常慢。

当然 InnoDB 也不是绝对不用，用事务的项目如模拟炒股项目，应该用 InnoDB 引擎，即便活跃用户达到几十万的时候，也是轻松应付得了的。但如果从数据库平台应用出发，还是首选 MyISAM。可能有人会说，MyISAM 无法抵抗太多的并发写操作，没错，是这样的，但是可以通过架构来弥补，那就是在 MyISAM 下通过多实例（一个实例代表一套 MySQL 数据库系统）分库（代表一套 MySQL 数据库下的某个库）分表（代表某个库下的某张表）架构来解决。

15.6.2 MySQL 存储引擎应用场景

1. 日志型应用

MyISAM 或者 Archive 存储引擎对这类应用比较合适，因为它们开销低，而且插入速度非常快。

如果需要对记录的日志做分析报表，生成报表的 SQL 很可能会导致插入效率明显降低，这时候该怎么办？

一种解决方法是，利用 MySQL 内置的复制方案将数据复制一份到备库，然后在备库上执行比较消耗时间和 CPU 的查询。当然也可以在系统负载较低的时候执行报表查询操作，但应用在不断变化，如果依赖这个策略可能会导致以后有问题。

另一种解决方法是，将当前插入表与历史信息查询表分离，这样可以在已经没有插入操作的历史表上做频繁的查询操作，而不会干扰到最新的当前表上的插入操作。

2. 只读或者大部分情况下只读的表

有些表的数据用于编制类目或者分列清单，这种应用场景是典型的读多写少的业务。如果不介意 MyISAM 的崩溃恢复问题，选用 MyISAM 引擎是合适的。（MyISAM 只将数据写到内存中，然后等待操作系统定期将数据刷新到磁盘上。）

3. 订单处理

涉及订单处理，支持事务是必要的，InnoDB 是订单处理类应用的最佳选择。

4. 大数据量

如果数据增长到 10TB 以上的级别，可能需要建立数据仓库。Infobright 是 MySQL 数据仓库最成功的方案。也有一些大数据库不适合 Infobright，却可能适合 TokuDB。

第 16 章 MySQL 视图、存储程序

本章将重点阐述 MySQL 数据库编程，到了数据库的应用层了，体现数据库为应用项目开发所提供的解决方案。这些解决方案主要体现在存储过程、函数以及触发器的灵活运用上。

读者通过本章的学习，可以掌握 MySQL 存储程序的编写，进而达到开发数据库的目的，为开发出良好的应用打好基础。

16.1 MySQL 视图

16.1.1 为什么使用视图

1. 视图的概念

数据库中的视图，它是从一个或几个基本表（或视图）通过某种定义规则组织起来的虚拟表。它并不物理地存在于数据库中，数据库只存放它的定义，而不存放视图对应的数据，这些数据仍存放在原来的数据表中。所以数据表中的数据发生变化，从视图中查询出的数据也是随之变化的。从这个意义上讲，视图就好像是一个媒介，通过这个媒介可以展示数据库中想要展示的数据。也可以把视图理解为一个桥梁或纽带，是查阅者和数据库之间的桥梁或纽带。通俗来讲，视图是用来看的，除此以外没有其他的用途。

2. 视图的好处

数据库虽然可以存储海量数据，但是在数据表设计上却不可能为每种关系创建数据表。关系可以看成由行和列组成的一个二维表格。一个关系对应一个二维表格。例如：对于读者表，存储了读者信息，读者的属性包括学号、姓名、年龄和家庭住址等信息；而读者成绩表只存储了读者学号、科目和成绩等信息。现需获得读者姓名及成绩信息，那么就需要创建一个关系，该关系需要包括读者姓名、科目和成绩。但为该关系创建一个新的数据表，并利用实际信息进行填充，以备查询使用，是不合适的。因为这种做法很明显地造成了数据库中数据的大量冗余。

视图则是解决该问题的最佳策略。因为视图可以存储查询定义（或者说关系运算），那么，一旦使用视图存储了查询定义，就如同存储了一个新的关系。用户可以直接对视图中所存储的关系进行各种操作，就如同面对的是真实的数据表。

使用视图，可以定制用户数据，聚焦特定的数据。在实际中，公司有不同角色的工作人员，以销售公司为例的话，如采购人员，可以需要一些与其有关的数据，而与他无关的数据，对他没有任何意义，可以根据这一实际情况，专门为采购人员创建一个视图，在他查询数据时，只需 SELECT * FROM view_caigou 就可以了。

使用视图，可以简化数据操作，在使用查询时，很多时候要使用聚合函数，同时还要显示其他字段的信息，可能还会需要关联到其他表，这时写的语句可能会很长。如果这个动作频繁发生的话，可以创建视图，这以后，只需要输入 SELECT * FROM view1 就可以了。

使用视图，基表中的数据就有了一定的安全性，因为视图是虚拟的，物理上是不存在的，只是存储了数据的集合，可以将基表中重要的字段信息通过视图给用户展示，这就等于在用户和基表间加了隔离层。另外，视图是动态数据的集合，数据是随着基表的变化而变化的，但用户通过视图是不能对基表的数据进行更改的（视图是用来看的，不是用来改的），因此从某种程度上说，可以保证数据的安全性（当然，视图不是用来保证数据安全的，真正做到数据安全还得要靠其他专业的手段来实现）。

可以合并分离的数据，创建分区视图。随着用户业务量的不断扩展，一个大公司，其下都设有很多分公司，为了管理方便，需要统一表结构，定期查看各公司业务情况，而分别查看各个公司的数据是很不方便的，也不好比对。如果将各个分公司的数据合在一起，就方便多了，这时就可以将各分公司的数据合并为一个视图供相关用户查看。

16.1.2 MySQL 创建视图

1. 语法

```
CREATE
[OR replace]
[algORithm = {undefINed | merge | temptable}]
view [db_name.]view_name [(column_list)]
AS SELECT_statement [with [cASCaded | local] check option]
```

2. 解释

（1）ALGORITHM：表示视图选择的算法（可选参数）。

- UNDEFINED：MySQL 将自动选择所要使用的算法。
- MERGE：将视图的语句与视图定义合并起来，使得视图定义的某一部分取代语句的对应部分。
- TEMPTABLE：将视图的结果存入临时表，然后使用临时表执行语句。

（2）VIEW_NAME：视图名表示要创建的视图的名称。

（3）COLUMN_LIST：表示视图中的列名，默认与 SELECT 查询结果中的列名相同（可选参数）。

- WITH CHECK OPTION 表示更新视图时，要保证在该试图的权限范围之内（可选参数）。
- CASCADED：更新视图时，要满足所有相关视图和表的条件。
- LOCAL：更新视图时，要满足该视图本身定义的条件即可。

3. 说明

通过该语句可以创建视图，若给定了[OR replace]，则表示当已具有同名的视图时，将覆盖原视图。SELECT_statement 是一个查询语句，这个查询语句可从表或其他的视图中查询。视图属于数据库，因此需要指定数据库的名称，若未指定时，表示在当前的数据库创建新视图。

数据库不能包含相同名称的表和视图，并且，视图的列名也不能重复。

创建试图时最好加上 WITH CASCADED CHECK OPTION 参数，这种方式比较严格，可以保证数据的安全性。

4. 注意

MySQL 5.6（含 5.6）不支持含有子查询的视图。因此，对于含有子查询的 SQL 语句只能拆开来做。

5. 举例

下面以 7.2 节的数据为蓝本，进行视图举例。

【例 16.1】 创建一个名为 v1 的视图，其中包含了 ykxy_jiayou 表的全部记录。

```
mysql>CREATE OR REPLACE VIEW db_fcms.v1 AS SELECT * FROM ykxt_jiayou;
```

接下来就可以对这个视图进行操作，查询视图中 qj 为 "2015/07/16-2015/08/15" 的记录。

```
mysql>SELECT * FROM db_fcms.v1 WHERE qj='2015/07/16-2015/08/15';
```

【例 16.2】 创建一个名为 v2 的视图，其中只显示 "qj" 和 "kh" 信息。

```
mysql>CREATE OR REPLACE VIEW db_fcms.v2 AS SELECT qj,kh FROM ykxt_jiayou;
SELECT * FROM db_fcms.v2;
```

【例 16.3】 换个写法，会发现字段名变成了 "期间" 和 "卡号"。

```
mysql>CREATE OR REPLACE VIEW db_fcms.v3(期间,卡号) AS SELECT qj,kh FROM ykxt_jiayou;
```

【例 16.4】 再换一个写法，字段名同样变成了 "期间" 和 "卡号"。

```
mysql>CREATE OR REPLACE VIEW db_fcms.v4 AS SELECT qj AS '    期  间   ',kh AS '   卡  号
' FROM ykxt_jiayou;
SELECT * FROM db_fcms.v4;
```

6. 案例

下面的示例来自于一个正在启用的项目 "铁道机车（含机动车）燃油管理 ERP 系统"，读者无须关心每个例的业务需求，重点在弄清 SQL 语句的写法。

关于这些视图举例，在 MySQL 5.6（含 5.6）不支持，因此只能拆开来写达到原语句的目的，这也有助于深刻理解这种 SQL 语句的写法。

下面以 7.2 节的数据为蓝本，进行视图应用举例。这些视图脚本必须写在存储过程或存储函数或触发器内才能运行。

注意："铁道机车（含机动车）燃油管理 ERP 系统"，作者于 2014 年开发，2015 年正式启用，采用 WAMP 架构，MVC 开发模式，Web 服务采用 Apache 2.4.27，数据库采用 MariaDB 10.2.8，后端采用 PHP 7.2，前端采用 JavaScript ＋ HTML5，第三方技术采用内存缓存、百度 ECharts 图表、Lodop 打印等。

（1）第一个视图示例。

下面这个视图在 MySQL 5.6（含 5.6 版本）中不能创建，因此只能将这个含有子查询的视图 SQL 语句拆开来写。

```
--创建视图
-- MySQL 5.6（含 5.6）不支持此视图的创建，5.7 以后的版本可以直接这样写
-- -------------------------------------
CREATE OR REPLACE VIEW db_fcms.ykxt_piaoj2
AS SELECT wk AS wk,jm AS jm,zd AS zd,llbm AS llbm,km AS km,yt AS yt,clbh AS clbh,clmc AS
 clmc,dw AS dw,kph AS kph,ROUND(SUM(qlsl),2) AS qlsl,ROUND(SUM(sfsl),2) AS sfsl,ROUND((ROUND(
SUM(je),2))/ (ROUND(SUM(sfsl),2)),6) AS dj,ROUND(SUM(je),2) AS je FROM (SELECT   -- 从这个地方开
始拆
    '1' AS wk,f.lujmc AS jm,g.zhandmc AS zd,CONCAT(d.dw,'-',c.bm) AS llbm,a.km AS km,a.kmmc
 AS yt,a.clbh AS clbh,CONCAT(a.clmc,'-',a.gg) AS clmc,a.dw AS dw,'01' AS kph,a.sl AS qlsl,a.sl
 AS sfsl,a.je AS je FROM ykxt_jiayou a,ykxt_fk b,ykxt_cl e,ykxt_dwb d ,ykxt_bmb c ,ykxt_luj f
,ykxt_zhand g WHERE a.kh=b.kh AND b.kh = e.kh AND e.ssbm=d.syh AND e.xsbm=c.syh AND c.zd1=d.s
yh AND d.zhandmc = g.syh AND g.lujmc = f.syh AND a.je>=-2461.86 AND a.je<=11043.20 AND DATE_F
ORMAT(a.lrrq,'%Y-%m-%d') >= '2014-10-20' AND DATE_FORMAT(a.lrrq,'%Y-%m-%d')<= '2017-01-22'--
拆到这个地方结束，见下面...
    ) a
    WHERE a.wk = '1' GROUP BY a.wk,a.jm,a.zd,a.llbm,a.km,a.yt,a.clbh,a.clmc,a.dw,a.kph;
```

16.1　MySQL 视图

上面这个视图在 MySQL 5.6（含 5.6）中不能创建，因此只能将这个含有子查询的 SQL 语句拆开来写，SQL 语句如下：

```
CREATE OR REPLACE VIEW db_fcms.ykxt_piaoj1
AS SELECT '1' AS wk,f.lujmc AS jm,g.zhandmc AS zd,CONCAT(d.dw,'-',c.bm) AS llbm,a.km AS km,a.kmmc AS yt,a.clbh AS clbh,CONCAT(a.clmc,'-',a.gg) AS clmc,a.dw AS dw,'01' AS kph,a.sl AS qlsl,a.sl AS sfsl,a.je AS je FROM ykxt_jiayou a,ykxt_fk b,ykxt_cl e,ykxt_dwb d,ykxt_bmb c,ykxt_luj f,ykxt_zhand g WHERE a.kh=b.kh AND b.kh = e.kh AND e.ssbm=d.syh AND e.xsbm=c.syh AND c.zd1=d.syh AND d.zhandmc = g.syh AND g.lujmc = f.syh AND a.je>=-2461.86 AND a.je<=11043.20 AND DATE_FORMAT(a.lrrq,'%Y-%m-%d') >= '2014-10-20' AND DATE_FORMAT(a.lrrq,'%Y-%m-%d')<= '2017-01-22';
```

上述命令的运行结果如图 16.1 所示。

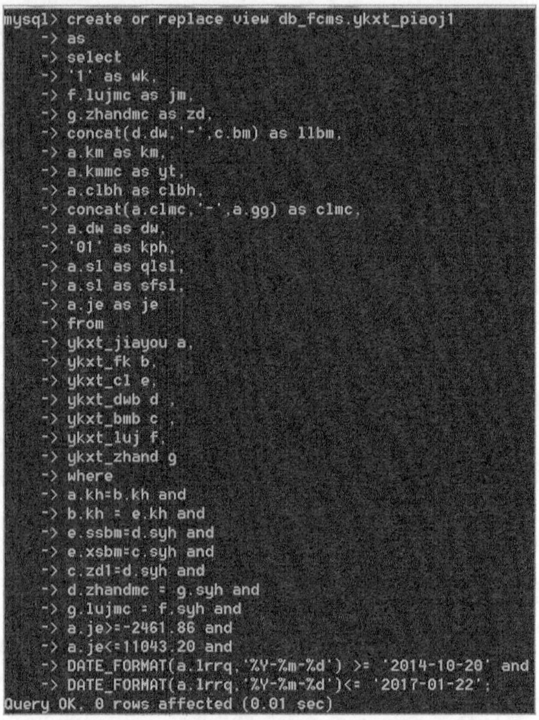

图 16.1　创建视图来自项目示例

```
CREATE OR REPLACE VIEW db_fcms.ykxt_piaoj2
AS SELECT wk AS wk,jm AS jm,zd AS zd,llbm AS llbm,km AS km,yt AS yt,clbh AS clbh,clmc AS clmc,dw AS dw,kph AS kph,ROUND(SUM(qlsl),2) AS qlsl,ROUND(SUM(sfsl),2) AS sfsl,ROUND((ROUND(SUM(je),2))/ (ROUND(SUM(sfsl),2)),6) AS dj,ROUND(SUM(je),2) AS je FROM db_fcms.ykxt_piaoj1 a WHERE a.wk = '1' GROUP BY a.wk,a.jm,a.zd,a.llbm,a.km,a.yt,a.clbh,a.clmc,a.dw,a.kph;
```

上述命令的运行结果如图 16.2 所示。

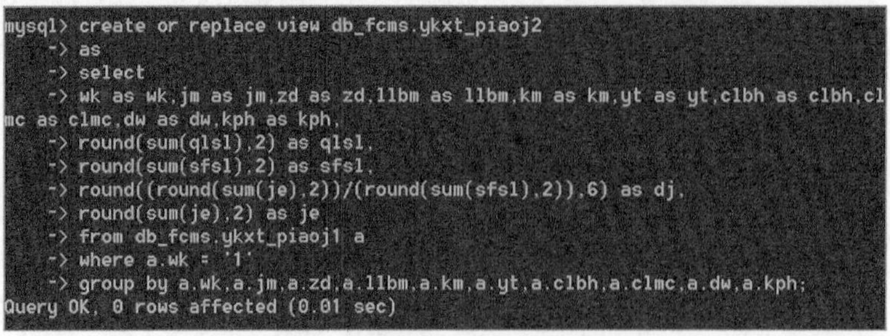

图 16.2　创建视图来自项目示例

```
SELECT * FROM ykxt_piaoj2;
```

上述命令的运行结果如图 16.3 所示。

llbm	km	yt	clbh	clmc	dw	kph	qlsl	sfsl	dj
动力车间-动力车间	6401-4-35020p2200	高铁汽车用油	131000000001	汽油-95#	升		277.20	277.20	5.759
动力车间-动力车间	6401-4-3609-1-1-3	普速汽车用油	131000000001	汽油-95#	升		1230.18	1230.18	5.974
塘沽车间-塘沽车间	6401-4-35020p2200	高铁汽车用油	131000000001	汽油-95#	升		3855.41	3855.41	5.879
塘沽车间-塘沽车间	6401-4-3609-1-1-3	普速汽车用油	131000000001	汽油-95#	升		3485.68	3485.68	5.852
天津车间-天津车间	6401-4-3609-1-1-3	普速汽车用油	131000000001	汽油-95#	升		4206.15	4206.15	5.707
天西车间-天西车间	6401-4-3609-1-1-3	普速汽车用油	131000000001	汽油-95#	升		4931.21	4931.21	5.720
小车班-小车班	6401-4-3609-1-1-3	普速汽车用油	131000000001	汽油-95#	升		6193.48	6193.48	5.952
德州车间-德州车间	6401-4-3609-1-1-3	普速汽车用油	131000000001	汽油-95#	升		3661.08	3661.08	5.374
接触网检修-接触网检	6401-4-35020p2200	高铁汽车用油	131000000001	汽油-95#	升		3365.06	3365.06	5.821
接触网检修-接触网检	6401-4-3609-1-1-3	普速汽车用油	131000000001	汽油-95#	升		1443.65	1443.65	5.750
检修车间-检修车间	6401-4-35020p2200	高铁汽车用油	131000000001	汽油-95#	升		1695.12	1695.12	5.706
检修车间-检修车间	6401-4-3609-1-1-3	普速汽车用油	131000000001	汽油-95#	升		1167.29	1167.29	5.677
沧州车间-沧州车间	6401-4-3609-1-1-3	普速汽车用油	131000000001	汽油-95#	升		5081.84	5081.84	5.704
监管车间-监管车间	6401-4-3609-1-1-3	普速汽车用油	131000000001	汽油-95#	升		49.40	49.40	5.601
设备科-设备科	6401-4-3502-p2200	轨道车用油	131100005000	柴油--35	KG		251.00	251.00	9.627
高铁车间-高铁班组二	6401-4-3502-p2200	轨道车用油	131000000001	汽油-95#	升		25.00	25.00	3.960
高铁车间-高铁车间	6401-4-35020p2200	高铁汽车用油	131000000001	汽油-95#	升		5828.12	5828.12	5.859
高铁车间-高铁车间	6401-4-3609-1-1-3	普速汽车用油	131000000001	汽油-95#	升		4984.08	4984.08	5.811

图 16.3　视图查询

（2）第二个视图示例。

同第一个例子一样，开始拆分下面这条 SQL 语句：

```
CREATE OR REPLACE VIEW db_fcms.v_tz
AS SELECT a.fkh,a.qj,a.qc_zye,a.qc_yxye,a.bq_drje,a.bq_qcje,a.bq_jyje,a.qm_zye,a.qm_yxye,
a.qm_wqye,CASE WHEN (drje=0 OR drje IS NULL) AND (qcje=0 OR qcje IS NULL) AND (jyje=0 OR jyje
 IS NULL) then 'y' else 'n' END AS ifno FROM ykxt_fk_tz a LEFT JOIN -- 把下面自“第 1 个(”开始至“第
2 个 )” 结束，括号内的部分做成视图 v_tz_2，这是第 2 步，见下面。
( -- 第 1 个(
SELECT c.fkh AS fkh,ROUND(SUM(c.bq_drje),2) AS drje,ROUND(SUM(c.bq_qcje),2) AS qcje,ROUN
D(SUM(c.bq_jyje),2) AS jyje FROM (
-- 把下面这句 SELECT 语句做成视图 v_tz_1，这是第 1 步，见下面。
SELECT * FROM ykxt_fk_tz UNION ALL SELECT * FROM ykxt_fktz_ls ) c GROUP BY fkh ) -- 第 2
个) b ON a.fkh = b.fkh WHERE 1=1;
```

拆分过程如下。

1）第 1 步的代码如下：

```
CREATE OR REPLACE VIEW db_fcms.v_tz_1 AS SELECT * FROM ykxt_fk_tz UNION ALL SELECT * FRO
M ykxt_fktz_ls;
```

上述命令的运行结果如图 16.4 所示。

```
mysql> create or replace view db_fcms.v_tz_1 as select * from ykxt_fk_tz union a
ll select * from ykxt_fktz_ls;
Query OK, 0 rows affected (0.01 sec)        在第2步要用到视图v_tz_1
```

图 16.4　拆分 SQL 创建视图

2）第 2 步的代码如下：

```
CREATE OR REPLACE VIEW db_fcms.v_tz_2 AS SELECT c.fkh AS fkh,ROUND(SUM(c.bq_drje),2) AS
drje,ROUND(SUM(c.bq_qcje),2) AS qcje,ROUND(SUM(c.bq_jyje),2) AS jyje FROM db_fcms.v_tz_1 c GR
OUP BY fkh;
```

其中 v_tz_2 视图后面要用到，v_tz_1 是第 1 步创建的视图。

3）第 3 步的代码如下：

```
CREATE OR REPLACE VIEW db_fcms.v_tz
   AS SELECT a.fkh,a.qj,a.qc_zye,a.qc_yxye,a.bq_drje,a.bq_qcje,a.bq_jyje,a.qm_zye,a.qm_yxye,
a.qm_wqye,CASE WHEN (drje=0 OR drje IS NULL) AND (qcje=0 OR qcje IS NULL) AND (jyje=0 OR jyje
 IS NULL) then 'y'else 'n' END AS ifno FROM ykxt_fk_tz a LEFT JOIN db_fcms.v_tz_2 b ON a.fkh
= b.fkh WHERE 1=1;
```

上述命令的运行结果如图 16.5 所示。

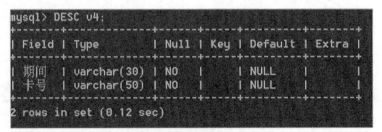

图 16.5 创建完整视图

4）展示视图的代码如下：

```
SELECT * FROM db_fcms.v_tz;
```

16.1.3 MySQL 查看视图

1. DESCRIBE 语句查看视图基本信息

【例 16.5】查看 v4 视图的基本信息。

```
mysql>DESC v4;
```

上述命令的运行结果如图 16.6 所示。

图 16.6 查看视图基本信息

2. SHOW TABLE STATUS LIKE 语句查看视图基本信息

【例 16.6】查看 v4 视图的基本信息。

```
mysql>SHOW TABLE STATUS LIKE 'v4';
```

3. SHOW CREATE VIEW 语句查看视图详细信息

【例 16.7】查看 v4 视图的详细信息。

```
mysql>SHOW CREATE VIEW v4;
```

4. 在 views 表中查看视图详细信息

```
mysql>USE Information_schema;
mysql>SELECT * FROM views;
```

16.1.4 MySQL 删除视图

DROP 语句删除视图

语法如下：

```
DROP view IF EXISTS [db_name.]v_name
```

其中 db_name 为数据库名；v_name 为要删除的视图名。

举例：

删除视图 v4，命令如下：

```
DROP view IF EXISTS db_fcms.v4;
```

16.1.5 MySQL 修改视图

1. CREATE OR REPLACE VIEW 语句

前面有述，此不重复。

2. 通过 ALTER 语句来修改

ALTER 语法如下：

```
ALTER view [db_name.]view_name [(column_list)]
AS SELECT_statement [with [cASCaded | local] check option]
```

其中的参数解释可参阅 16.1.2 节。

举例：

```
mysql>ALTER VIEW db_fcms.v2(期间 A,卡号 A) AS SELECT qj AS '期间',kh AS '卡号' FROM db_fcms.ykxt_jiayou with cascaded check option;
SELECT 期间 A FROM db_fcms.v2 WHERE 期间 A='2016/01/16-2016/02/15';
```

16.2 MySQL 存储过程/存储函数

存储过程（Stored Procedure）是一种在数据库中存储复杂程序，以便外部程序调用的一种数据库对象。在编写复杂 SQL 时使用存储过程与函数来完成，同时在实际开发中存储过程也会为 SQL 的复用性带来很大便利性，同时，也为应用项目开发方案的制订提供了很好的选择。

16.2.1 MySQL 变量的定义

MySQL 变量的种类，根据 MySQL 的手册，MySQL 的变量分为两种——系统变量和用户变量。但是在实际使用中，还会遇到诸如局部变量和会话变量等概念。MySQL 变量大体可细分为 4 种类型。

1. 局部变量

局部变量一般用在 SQL 语句块中，如存储过程的 begin/end。其作用域仅限于该语句块，在该语句块执行完毕后，局部变量就消失了。

局部变量一般用 declare 来声明，可以使用 default 来说明默认值。

例如，在存储过程中定义局部变量：

```
mysql>DROP procedure IF EXISTS add1;
DELIMITER //
CREATE procedure add1(IN a INT,IN b INT)
```

```
begin
    declare c INT default 0;
    SET c = a + b;
    SELECT c AS c;
end;
//
DELIMITER ;
```

在这个存储过程中定义的变量 c 就是局部变量。

上述命令的运行结果如图 16.7 所示。

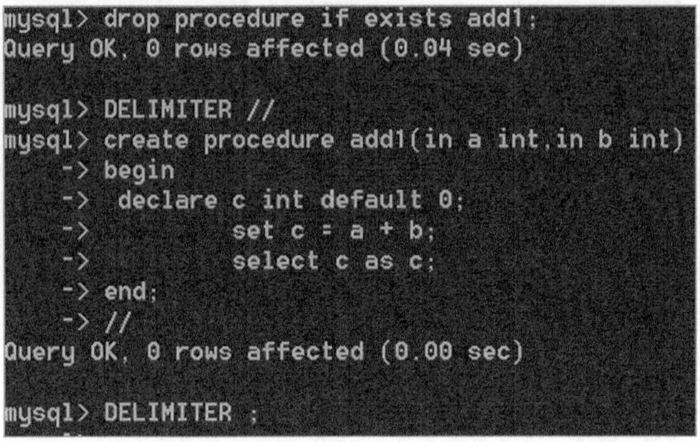

图 16.7 创建存储过程

2. 用户变量

（1）用户变量的作用域。

用户变量的作用域要比局部变量要广。用户变量可以作用于当前整个连接，当连接断开后，其所定义的用户变量都会自动消失。

（2）用户变量的定义。

用户变量的定义无须使用 declare 关键字进行定义，可以直接这样使用：

```
SELECT @变量名
```

（3）用户变量的赋值。

用户变量的赋值有两种方式，一种是直接用"＝"号，另一种是用"：＝"号。其区别在于使用 set 命令对用户变量进行赋值时，两种方式都可以使用；当使用 SELECT 语句对用户变量进行赋值时，只能使用"：＝"方式，因为在 SELECT 语句中，"＝"号被看作是比较操作符。

示例程序如下：

```
mysql>DROP procedure IF EXISTS math;
DELIMITER //
CREATE procedure math(IN a INT, IN b INT)
begin
    SET @var1 = 1;
    SET @var2 = 2;
    SELECT @sum:=(a + b) AS sum, @dif:=(a - b) AS dif;
end;
//
DELIMITER ;
```

上述命令的运行结果如图 16.8 所示。

```
mysql> drop procedure if exists math;
Query OK, 0 rows affected, 1 warning (0.00 sec)

mysql> DELIMITER //
mysql> create procedure math(in a int, in b int)
    -> begin
    ->     set @var1 = 1;
    ->     set @var2 = 2;
    ->     select @sum:=(a + b) as sum, @dif:=(a - b) as dif;
    -> end;
    -> //
Query OK, 0 rows affected (0.02 sec)

mysql> DELIMITER ;
```

图 16.8　创建存储过程

```
mysql> call math(3, 4);
```

上述命令的运行结果如图 16.9 所示。

```
mysql> call math(3, 4);
+-----+-----+
| sum | dif |
+-----+-----+
|   7 |  -1 |
+-----+-----+
1 row in set (0.00 sec)

Query OK, 0 rows affected (0.01 sec)
```

图 16.9　执行存储过程

```
mysql> SELECT @var1,@var2;    -- var1、var2 为用户变量 --
```

上述命令的运行结果如图 16.10 所示。

```
mysql> select @var1,@var2;    -- var1、var2为用户变量 --
+-------+-------+
| @var1 | @var2 |
+-------+-------+
|     1 |     2 |
+-------+-------+
1 row in set (0.00 sec)
```

图 16.10　输出存储过程变量

3. 会话变量

服务器为每个连接的客户端维护一系列会话变量。这些 session 变量是由系统定义的，在客户端连接时，使用相应全局变量的当前值对客户端的会话变量进行初始化。设置会话变量不需要特殊权限，但客户端只能更改自己的会话变量，而不能更改其他客户端的会话变量。会话变量的作用域与用户变量一样，仅限于当前连接。当连接断开后，其设置的所有会话变量均失效。

（1）设置会话变量有如下 3 种方式。

```
mysql>SET session var_name = value; -- var_name 必须是系统定义的且当前已经存在的，不允许自定义
mysql>SET @@session.var_name = value;  -- var_name 必须是系统定义的且当前已经存在的，不允许自定义
mysql>SET var_name = value; -- var_name 必须是系统定义的且当前已经存在的，不允许自定义
```

如：

```
mysql>SET SESSION AUTOCOMMIT = on; -- AUTOCOMMIT 必须是系统定义的且当前已经存在的，不允许自定义
mysql>SET @@SESSION.AUTOCOMMIT = on;  -- AUTOCOMMIT 必须是系统定义的且当前已经存在的，不允许自定义
mysql>SET AUTOCOMMIT = on; -- AUTOCOMMIT 必须是系统定义的且当前已经存在的，不允许自定义
```

16.2 MySQL 存储过程/存储函数

上述命令的运行结果如图 16.11 所示。

```
mysql> set session autocommit = on; -- autocommit 必须是系统定义的且当前已经存在
的，不允许自定义。
Query OK, 0 rows affected (0.00 sec)

mysql> set @@session.autocommit = on;  -- autocommit 必须是系统定义的且当前已经
存在的，不允许自定义。
Query OK, 0 rows affected (0.00 sec)

mysql> set autocommit = on; -- autocommit 必须是系统定义的且当前已经存在的，不允
许自定义。
Query OK, 0 rows affected (0.00 sec)
```

图 16.11　设置会话变量

（2）查看一个会话变量也有如下 3 种方式。

```
mysql>SELECT @@var_name; -- 要查看的会话变量名
mysql>SELECT @@session.var_name; -- 要查看的会话变量名
mysql>SHOW session variables LIKE "%auto%";
```

上述命令的运行结果如图 16.12 所示。

```
mysql> show session variables like "%auto%";
+---------------------------------+-------+
| Variable_name                   | Value |
+---------------------------------+-------+
| auto_increment_increment        | 1     |
| auto_increment_offset           | 1     |
| autocommit                      | ON    |
| automatic_sp_privileges         | ON    |
| innodb_autoextend_increment     | 64    |
| innodb_autoinc_lock_mode        | 1     |
| innodb_stats_auto_recalc        | ON    |
| sql_auto_is_null                | OFF   |
+---------------------------------+-------+
8 rows in set (0.00 sec)
```

图 16.12　查看会话变量

```
SHOW session variables;
```

上述命令的运行结果如图 16.13 所示。

Variable_name	Value
auto_increment_incr	1
auto_increment_offs	1
autocommit	ON
automatic_sp_privile	ON
back_log	80
basedir	d:\wamp\bin\mysql\mysql5.6.17\
big_tables	OFF
bind_address	*
binlog_cache_size	32768
binlog_checksum	CRC32
binlog_direct_non_tr	OFF
binlog_format	STATEMENT
binlog_max_flush_qu	0
binlog_order_comm	ON
binlog_row_image	FULL
binlog_rows_query_l	OFF
binlog_stmt_cache_s	32768
block_encryption_m	aes-128-ecb
bulk_insert_buffer_si	8388608

图 16.13　查看系统会话变量

4. 全局变量

全局变量影响服务器整体操作。当服务器启动时，它将所有全局变量初始化为默认值。这些默认值可以在选项文件中或在命令行中指定的选项进行更改。要想更改全局变量，必须具有 SUPER 权限。全局变量作用于 server 的整个生命周期，但是不能跨重启——即重启后所有设置的全局变量均失效。要想让全局变量重启后继续生效，需要更改相应的配置文件。

（1）要设置一个全局变量，有如下两种方式。

```
SET global var_name = value;      //注意：此处的 global 不能省略。SET 命令设置变量时若不指定 GLOBAL、SESSION 或者 LOCAL，默认使用 SESSION
SET @@global.var_name = value;   //同上
```

（2）要想查看一个全局变量，有如下两种方式。

```
SELECT @@global.var_name;
SHOW global variables LIKE "%var%";
SHOW global variables;
```

上述命令的运行结果如图 16.14 所示。

图 16.14　查看全局变量

16.2.2　MySQL SET 与 DECLARE 声明变量

1. MySQL 存储过程定义变量的方式

MySQL 存储过程中，定义变量有两种方式，使用 set 或 SELECT 直接赋值，变量名以@开头。例如：set var＝1；

以 DECLARE 关键字声明的变量，只能在存储过程中使用，称为存储过程变量，语法如下：

```
DECLARE variable_name [,variable_name...] datatype [DEFAULT value];
```

其中，datatype 为 MySQL 的数据类型，如 int,float, date, VARCHAR(length)等。

例如：

```
DECLARE l_v1 INT DEFAULT 0;
DECLARE l_INT INT UNSIGEND default 4000000;
```

```
DECLARE l_numeric number(8,2) DEFAULT 9.95;
DECLARE l_date date DEFAULT '1999-12-31';
DECLARE l_datetime datetime DEFAULT '1999-12-31 23:59:59';
DECLARE l_VARCHAR VARCHAR(255) DEFAULT 'This will not bepadded';
```

主要用在存储过程及函数中，或者是它们的传参中。

2. MySQL 存储过程定义变量两种方式的区别

在存储过程中常看到 declare 和 set @var_name 定义的变量。简单来说，declare 定义的类似是局部变量，set @var_name 定义的类似全局变量。在调用存储过程时，以 DECLARE 声明的变量都会被初始化为 NULL 且只在存储过程中的 begin 和 end 之间生效。

set @var_name 定义的变量，叫作会话变量，也叫作用户定义变量，它不会再次被初始化，从一个 session（会话）或链接开始到结束，它一直存在（如某个应用的一个连接过程中），即这个变量可以在被调用的存储过程或者代码之间共享数据。我们可以把 set 变量理解为全局性质的变量，但它不是 MySQL 全局变量。例如：在存储过程中，使用动态语句，预处理时，动态内容必须赋给一个@var_name 变量。

3. 举例

【例 16.8】定义存储过程。

```
PREPARE proc1 FROM "INSERT INTO cdqx VALUES(?,?)";
SET @p='b1';
SET @q='b2';
EXECUTE proc1 USING @p,@q;
SET @name='b3';
EXECUTE proc1 USING @p,@name;
DEALLOCATE PREPARE proc1;
```

上述命令的运行结果如图 16.15 所示。

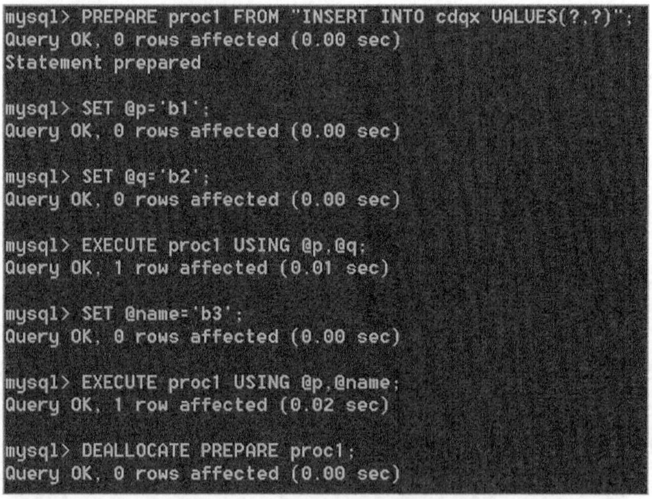

```
mysql> PREPARE proc1 FROM "INSERT INTO cdqx VALUES(?,?)";
Query OK, 0 rows affected (0.00 sec)
Statement prepared

mysql> SET @p='b1';
Query OK, 0 rows affected (0.00 sec)

mysql> SET @q='b2';
Query OK, 0 rows affected (0.00 sec)

mysql> EXECUTE proc1 USING @p,@q;
Query OK, 1 row affected (0.01 sec)

mysql> SET @name='b3';
Query OK, 0 rows affected (0.00 sec)

mysql> EXECUTE proc1 USING @p,@name;
Query OK, 1 row affected (0.02 sec)

mysql> DEALLOCATE PREPARE proc1;
Query OK, 0 rows affected (0.00 sec)
```

图 16.15　定义存储过程并执行

【例 16.9】创建一个存储过程。

```
DROP procedure IF EXISTS proc2;
DELIMITER //
CREATE  PROCEDURE  proc2()
BEGIN
DECLARE  a INT DEFAULT 1;
SET a=a+1;
SET @b=@b+1;
```

```
SELECT a,@b;
END;
//
DELIMITER;
DROP procedure IF EXISTS proc2;
DELIMITER //
CREATE procedure proc2()
begin
    DECLARE  a INT DEFAULT 1;
    SET a=a+1;
    SET @b=@b+1;
    SELECT a,@b;
end;
//
DELIMITER ;
```

上述命令的运行结果如图 16.16 所示。

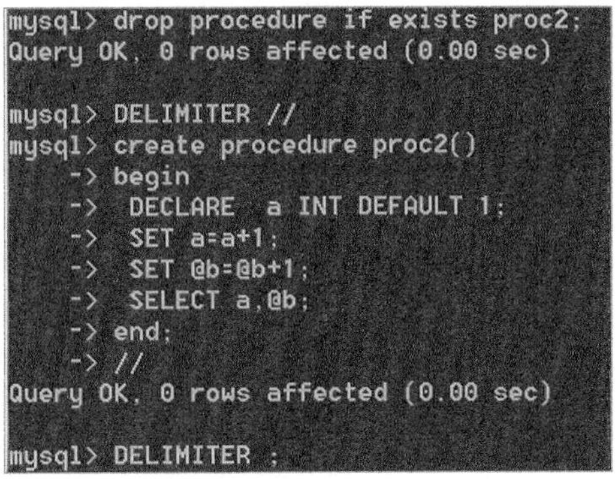

图 16.16 定义存储过程

给变量 b 初始化。

```
SET @b=1;
```

然后重复调用这个存储过程。

```
CALL proc2();
```

会发现 a 的值不改变,而 b 的值会一直增加。

【例 16.10】创建表。

```
DROP procedure IF EXISTS lsid3; -- 若 lsid3 过程存在,则删除
DELIMITER $$ -- 定界符。
--
-- 存储过程:取得当天最大的流水
--
CREATE DEFINER=root@localhost PROCEDURE lsid3(out lid VARCHAR(20)) -- 创建过程命令
BEGIN -- 语句体开始
-- 创建表
CREATE TABLE IF NOT EXISTS ykxt_lsh (
  rq VARCHAR(8) NOT NULL,
  lsh DECIMAL(10,0) NOT NULL,
  PRIMARY KEY (rq)
) ENGINE=InnoDB DEFAULT CHARSET=utf8;

SELECT CONVERT(DATE_FORMAT(sysdate(),'%y%m%d') ,char) INTO @l_fwqsj_str;
SELECT COUNT(*) INTO @l_sss FROM ykxt_lsh;
if @l_sss = 0 then
    INSERT INTO ykxt_lsh(rq,lsh) values(@l_fwqsj_str,1);
else
```

```
    SELECT rq INTO @ll_xflsh_rq FROM ykxt_lsh;
    if @ll_xflsh_rq = @l_fwqsj_str then
        UPDATE ykxt_lsh SET lsh = lsh + 1;
    else
        UPDATE ykxt_lsh SET rq = @l_fwqsj_str,lsh = 1;
    end if;
end if;
SELECT rq,CONVERT(lsh,char) INTO @ll_xflsh_rq,@ll_opid_char FROM ykxt_lsh;
SELECT CONCAT(@ll_xflsh_rq,@ll_opid_char) INTO lid;
END
$$
DELIMITER ;
```

16.2.3 MySQL 预处理语句

1. 语法

预制语句的 SQL 语法基于 3 个 SQL 语句：

```
PREPARE stmt_name FROM preparable_stmt;
EXECUTE stmt_name [USING @var_name [, @var_name] ...];
{DEALLOCATE | DROP} PREPARE stmt_name;
```

2. 解释

PREPARE 语句用于预备一个语句，并赋予它名称 stmt_name。

peparable_stmt 既可以是一个文字字符串，也可以是一个包含了语句文本的用户变量。该文本必须展现一个单一的 SQL 语句，而不是多个语句。使用本语句，"?"字符可以被用于制作参数，以指示当执行查询时，数据值在哪里与查询结合在一起。"?"字符不应加引号，即使想要把它们与字符串值结合在一起，也不要加引号。"?"只能被用于数据值应该出现的地方，不用于 SQL 关键词和标识符等。

如果带有此名称（stmt_name）的预制语句已经存在，则在新的语句被预备以前，它会被隐含地解除分配。这意味着，如果新语句包含一个错误并且不能被预备，则会返回一个错误，并且给定名称的语句将会不存在或者说消失。

预制语句的作用范围是客户端会话期间。在此会话期间内，语句被创建。其他客户端看不到它。

在预备了一个语句后，可使用一个 EXECUTE 语句（该语句引用了预制语句名称）来执行它。如果预制语句包含任何参数符 "?"，则必须提供一个列举用户变量且该变量必须包含要与参数相结合的值的 USING 子句。参数值只能由用户变量提供，USING 子句必须准确地指明用户变量。用户变量的数目与语句中的参数制作符 "?" 的数量必须保持一样多。

可以多次执行一个给定的预制语句，在每次执行前，把不同的变量传递给它，或把变量设置为不同的值。

要对一个预制语句解除分配，需使用 DEALLOCATE PREPARE 语句。尝试在解除分配后执行一个预制语句会导致错误。

已预制的语句的存活期就是当前的会话，也就是当前的数据库连接。如果终止了一个客户端会话或数据库连接一断开，即便没有对以前已预制的语句解除分配，则服务器会自动解除分配。

以下 SQL 语句可以被用在预制语句中：CREATE TABLE、DELETE、DO、INSERT、REPLACE、SELECT、SET、UPDATE 和多数的 SHOW 语句。

FROM 后面跟的就是要进行预制的 SQL 语句或值，这个语句或值既可以是一个字符串值，也可以是一个变量，如：

```
SET @sql = 'SELECT * FROM cdqx';
prepare p2 FROM @sql;
EXECUTE p2;
deallocate prepare p2;
```

FROM 后面如跟 SQL 语句，这个 SQL 语句只能是一条单独的语句，不能多条语句一起预制，如 prepare psql-1 FROM 'SELECT 1;SELECT 2';是错误的。

调用时利用 USING 关键字向 SQL 传递参数，但在调用之前先声明变量来保存参数的值，然后通过后面的 USING @v1,@v2,...来传递参数，示例如下。

```
SET @v1 = 1;
SET @v2 = 2;
EXECUTE psql-1 USING @v1, @v2;
```

这里需要注意的是，参数的值只能由变量来传递，不能直接写成 EXECUTE psql-1 USING 1,2;，这是错误的；多个参数之间用逗号隔开。

预制语句的 SQL 语法不能被用于带嵌套的风格中。也就是说，被传递给 PREPARE 的语句本身不能是一个 PREPARE、EXECUTE 或 DEALLOCATE PREPARE 语句。

预制语句的 SQL 语法可以在已存储的过程中使用，但是不能在已存储的函数或触发程序中使用。

3. PREPARE 的注意事项

- PREPARE stmt_name FROM preparable_stmt;预定义一个语句，并将它赋给 stmt_name，stmt_name 是不区分大小写的。
- 参数用"?"代表。即使 preparable_stmt 语句中的"?"所代表的是一个字符串，也不需要将"?"用引号包含起来。
- 如果新的 PREPARE 语句使用了一个已存在的 stmt_name，那么原有的将被立即释放，即使这个新的 PREPARE 语句因为错误而不能被正确执行。
- PREPARE stmt_name 的作用域是当前客户端连接会话或者当前数据库的连接。
- 要释放一个预定义语句的资源，可以使用 DEALLOCATE PREPARE 句法。
- EXECUTE stmt_name 句法中，如果 stmt_name 不存在，将会引发一个错误。
- 如果在终止客户端连接会话时，没有显式地调用 DEALLOCATE PREPARE 句法释放资源，服务器端会自己动释放它。
- 可以被预制的 SQL 语句的类型也是有限制的，并不是所有的 SQL 语句都可以被预制。在预定义语句中，CREATE TABLE、DELETE、DO、INSERT、REPLACE、SELECT、SET、UPDATE 和大部分的 SHOW 句法被支持。
- PREPARE 不可用在自定义函数。从 MySQL 5.0.13 开始，它可以被用于存储过程，但仍不支持在函数或触发器中使用。

4. 举例

下面以 7.2 节的数据为蓝本进行举例。

【例 16.11】带 USING 子句的预制语句。

```
mysql>PREPARE p1 FROM "INSERT INTO cdqx(yhid,cdid) VALUES(?,?)";
```

上述命令的运行结果如图 16.17 所示。

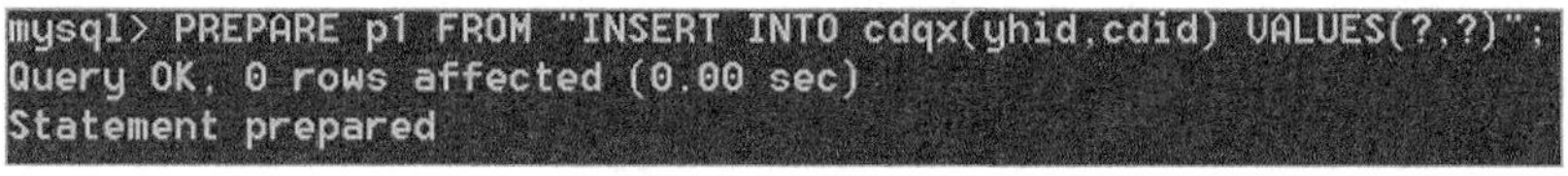

```
mysql> PREPARE p1 FROM "INSERT INTO cdqx(yhid,cdid) VALUES(?,?)";
Query OK, 0 rows affected (0.00 sec)
Statement prepared
```

图 16.17 定义预制语句

```
mysql>
SET @p=27;
SET @q=17;
EXECUTE p1 USING @p,@q;
```

上述命令的运行结果如图 16.18 所示。

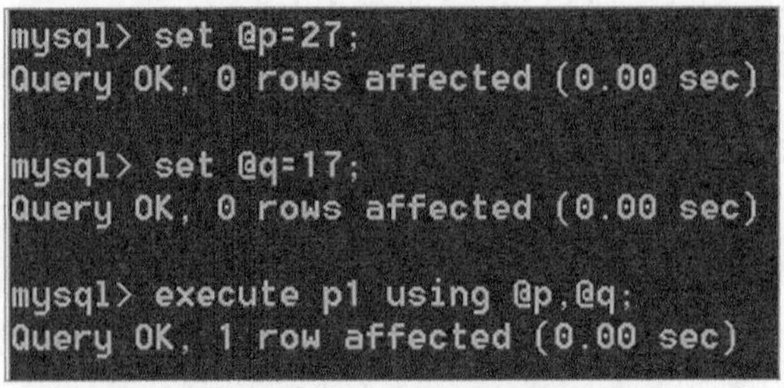

图 16.18　执行预制语句

```
mysql> SELECT * FROM cdqx WHERE yhid = '27';
```

上述命令的运行结果如图 16.19 所示。

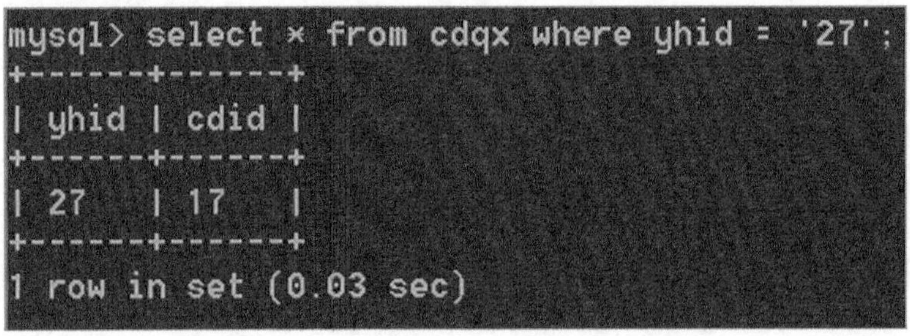

图 16.19　查看数据

```
mysql> deallocate prepare p1;
```

上述命令的运行结果如图 16.20 所示。

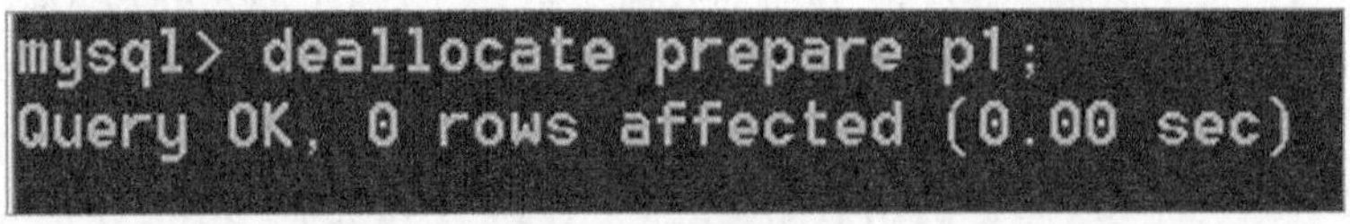

图 16.20　解除预制语句

【例 16.12】不带 USING 的预制语句。

```
SET @sql = 'SELECT * FROM cdqx';
prepare p2 FROM @sql;
EXECUTE p2;
deallocate prepare p2;
```

【例 16.13】直接书写字符串。

```
-- pow()乘方函数，sqrt()平方根函数
PREPARE p3 FROM 'SELECT SQRT(POW(?,2) + POW(?,2)) AS hypotenuse';
SET @a = 3;
SET @b = 4;
EXECUTE p3 USING @a, @b;
DEALLOCATE PREPARE p3;
```

上述命令的运行结果如图 16.21 所示。

第 16 章 MySQL 视图、存储程序

```
mysql> PREPARE p3 FROM 'SELECT SQRT(POW(?,2) + POW(?,2)) AS hypotenuse';
Query OK, 0 rows affected (0.00 sec)
Statement prepared

mysql> SET @a = 3;
Query OK, 0 rows affected (0.00 sec)

mysql> SET @b = 4;
Query OK, 0 rows affected (0.00 sec)

mysql> EXECUTE p3 USING @a, @b;
+------------+
| hypotenuse |
+------------+
|          5 |
+------------+
1 row in set (0.03 sec)

mysql> DEALLOCATE PREPARE p3;
Query OK, 0 rows affected (0.00 sec)
```

图 16.21 定义并执行预制语句

【例 16.14】语句的文本，作为一个用户变量。

```
SET @s = 'SELECT SQRT(POW(?,2) + POW(?,2)) AS hypotenuse';
PREPARE p4 FROM @s;
SET @a = 6;
SET @b = 8;
EXECUTE p4 USING @a, @b;
DEALLOCATE PREPARE p4;
```

上述命令的运行结果如图 16.22 所示。

```
mysql> SET @s = 'SELECT SQRT(POW(?,2) + POW(?,2)) AS hypotenuse';
Query OK, 0 rows affected (0.00 sec)

mysql> PREPARE p4 FROM @s;
Query OK, 0 rows affected (0.00 sec)
Statement prepared

mysql> SET @a = 6;
Query OK, 0 rows affected (0.00 sec)

mysql> SET @b = 8;
Query OK, 0 rows affected (0.00 sec)

mysql> EXECUTE p4 USING @a, @b;
+------------+
| hypotenuse |
+------------+
|         10 |
+------------+
1 row in set (0.00 sec)

mysql> DEALLOCATE PREPARE p4;
Query OK, 0 rows affected (0.00 sec)
```

图 16.22 定义并执行预制语句

【例 16.15】从 cdqx 表中返回一行。

```
SET @a=1;
PREPARE p5 FROM "SELECT * FROM cdqx LIMIT ?";
EXECUTE p5 USING @a;
DEALLOCATE PREPARE p5;
```

上述命令的运行结果如图 16.23 所示。

16.2 MySQL 存储过程/存储函数

```
mysql> SET @a=1;
Query OK, 0 rows affected (0.00 sec)

mysql> PREPARE p5 FROM "SELECT * FROM cdqx LIMIT ?";
Query OK, 0 rows affected (0.00 sec)
Statement prepared

mysql> EXECUTE p5 USING @a;
+------+------+
| yhid | cdid |
+------+------+
|  1   |  1   |
+------+------+
1 row in set (0.00 sec)

mysql> DEALLOCATE PREPARE p5;
Query OK, 0 rows affected (0.01 sec)
```

图 16.23　定义并执行预制语句

【例 16.16】从 cdqx 表中返回 2～6 行。

```
SET @skip=1; SET @rows=5;
PREPARE p6 FROM "SELECT * FROM cdqx LIMIT ?, ?";
EXECUTE p6 USING @skip, @rows;
DEALLOCATE PREPARE p6;
```

上述命令的运行结果如图 16.24 所示。

```
mysql> SET @skip=1; SET @rows=5;
Query OK, 0 rows affected (0.00 sec)

Query OK, 0 rows affected (0.00 sec)

mysql> PREPARE p6 FROM "SELECT * FROM cdqx LIMIT ?, ?";
Query OK, 0 rows affected (0.00 sec)
Statement prepared

mysql> EXECUTE p6 USING @skip, @rows;
+------+------+
| yhid | cdid |
+------+------+
|  1   |  10  |
|  1   |  11  |
|  1   |  12  |
|  1   |  13  |
|  1   |  14  |
+------+------+
5 rows in set (0.00 sec)

mysql> DEALLOCATE PREPARE p6;
Query OK, 0 rows affected (0.00 sec)
```

图 16.24　定义并执行预制语句

16.2.4　MySQL 存储过程的概念详解

1. 数据库存储过程综述

经常使用的操作数据库的 SQL 语句在执行的时候需先编译再执行，而存储过程（Stored Procedure）是一组为了完成特定功能的 SQL 语句集，经编译后存储在数据库中，用户通过指定存储过程的名字并给定参数（如果该存储过程带有参数）来调用执行它。

一个存储过程是一个可编程的函数，它在数据库中创建并保存。它可以由 SQL 语句和一些特殊的控制结构组成。当要求在不同的应用程序或平台上执行相同的函数，或者封装特定功能时，存储过程是非常有用的。数据库中的存储过程可以看做是对编程中面向对象方法的模拟。它允许控制数据的访问方式。

存储过程增强了 SQL 语句的功能和灵活性。存储过程可以用流控制语句编写，可以完成复杂的判断和运算。

存储过程被创建后，可以在程序中被多次调用，而不必重新编写该存储过程的 SQL 语句。而且数据库专业人员可以随时对存储过程进行修改，对应用程序源代码不受影响。

存储过程能实现较快的执行速度。如果某一操作包含大量的 Transaction-SQL 代码或分别被多次执行，那么存储过程要比批处理的执行速度快很多。因为存储过程是预编译的。在首次运行一个存储过程时，查询优化器对其进行分析优化，并且给出最终被存储在系统表中的执行计划。而批处理的 Transaction-SQL 语句在每次运行时都要进行编译和优化，速度相对要慢一些。

存储过程能够减少网络流量。针对同一个数据库对象的操作（如查询、修改），如果这一操作所涉及的 Transaction-SQL 语句被组织成存储过程，那么当客户在计算机上调用该存储过程时，网络中传送的只是该调用语句，从而大大减少网络流量并降低了网络负载。

存储过程可被作为一种安全机制来充分使用。系统管理员通过执行某一存储过程的权限进行限制，能够实现对相应的数据访问权限的限制，避免了非授权用户对数据的访问，保证了数据的安全。

2．关于 MySQL 数据库的存储过程

存储过程是数据库的一项重要的功能，但是 MySQL 在 5.0 以前并不支持存储过程，这使得 MySQL 在应用上大打折扣。现在的 MySQL 5.0 已经开始支持存储过程，这样既可以大大提高数据库的处理速度，也可以提高数据库编程的灵活性。

3．MySQL 存储过程的创建

（1）语法如下：

```
CREATE PROCEDURE 过程名 ([过程参数[,...]])[特性 ...] 过程体
```

或

```
CREATE PROCEDURE 过程名 ([[IN |OUT |INOUT] 参数名1 数据类型, [IN |OUT |INOUT] 参数名2 数据类型,...]) BEGIN ... END;
```

先看一个简单例子：

```
DELIMITER //
CREATE PROCEDURE proc_1(OUT s_INT INT)
BEGIN
SELECT COUNT(*) INTO @s FROM cdqx;
END
//
DELIMITER ;
```

上述命令的运行结果如图 16.25 所示。

1）这里需要注意的是"DELIMITER //"和"DELIMITER;"，DELIMITER 是分割符的意思，因为 MySQL 默认以";"为分隔符，如果没有声明分割符，那么编译器会把存储过程当成 SQL 语句进行处理，则存储过程的编译过程会报错，所以要事先用 DELIMITER 关键字申明当前段分隔

符，这样 MySQL 才会将";"当做存储过程中的代码，不会执行这些代码，用完了之后要把分隔符还原。

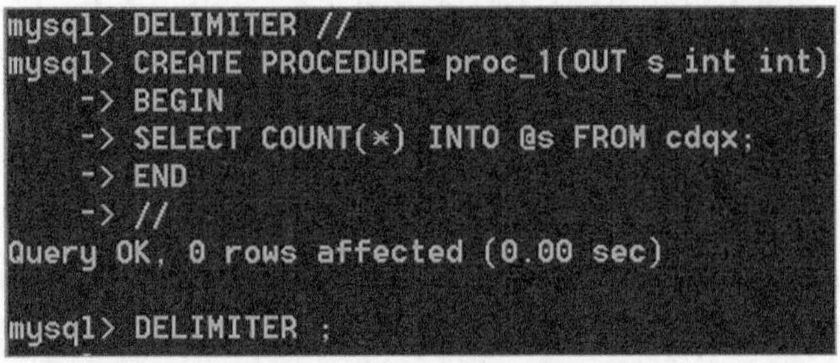

```
mysql> DELIMITER //
mysql> CREATE PROCEDURE proc_1(OUT s_int int)
    -> BEGIN
    -> SELECT COUNT(*) INTO @s FROM cdqx;
    -> END
    -> //
Query OK, 0 rows affected (0.00 sec)

mysql> DELIMITER ;
```

图 16.25 创建存储过程

2）存储过程根据需要可能会有输入、输出和输入/输出参数，这里有一个输出参数 s，类型是 int 型，如果有多个参数用","分割开，如 CREATE PROCEDURE proc_1(in v1 int,in v2 int,in v3 int) ...

3）过程体的开始与结束使用 BEGIN 与 END 进行标识。

（2）详细解释如下：

1）DELIMITER 声明分割符——DELIMITER 分隔符（可以是"//""$$""##"等）。分隔符通过 DELIMITER 声明以后，要注意恢复到声明之前的状态，在要恢复的位置上打 DELIMITER;即可。上面的注意已经说得很清楚了。但还需要注意一点的是，只有在 MySQL 命令模式下需要这样做，其他的不需要。

2）参数——MySQL 存储过程的参数用在存储过程的定义，共有 3 种参数类型，IN、OUT 和 INOUT，形式如下。

```
CREATE PROCEDURE proc_name([[IN |OUT |INOUT ] 参数名 数据类型, [IN |OUT |INOUT ] 参数名 数据类型,...])
```

- IN 输入参数：表示该参数的值必须在调用存储过程时指定，在存储过程中修改该参数的值不能被返回，为默认值。
- OUT 输出参数：该值可在存储过程内部被改变，并可返回。
- INOUT 输入输出参数：调用时指定，并且可被改变和返回。

4. 举例

【例 16.17】IN（作为输入参数）例子。

创建存储程序，代码如下：

```
mysql>DROP procedure IF EXISTS proc_IN;
DELIMITER //
CREATE PROCEDURE proc_IN(IN p_IN INT)
BEGIN
 SELECT p_IN;
 SET p_IN=2;
 SELECT p_IN;
 END;
 //
DELIMITER ;
```

上述命令的运行结果如图 16.26 所示。

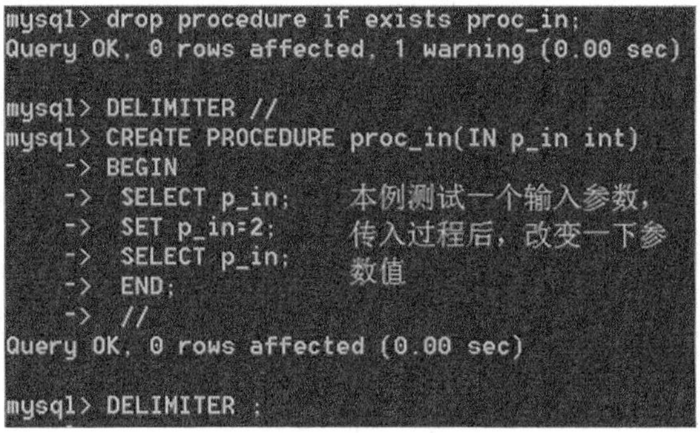

图 16.26　创建存储过程

执行存储程序，命令如下：

```
mysql>call proc_IN(10);
```

上述命令的运行结果如图 16.27 所示。

```
SET @p_IN=9;
CALL proc_IN(@p_IN);
```

上述命令的运行结果如图 16.28 所示。

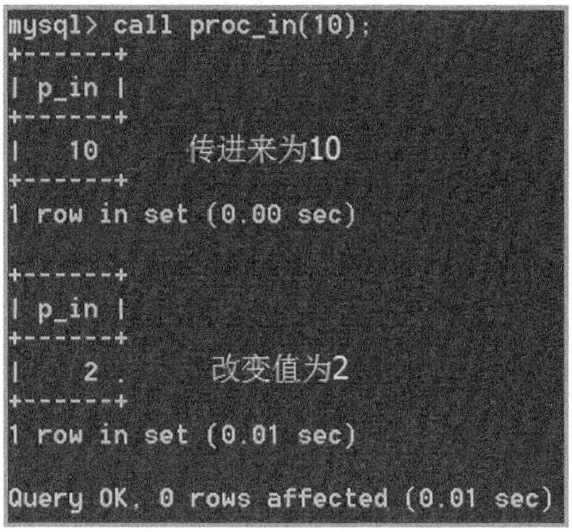

图 16.27　执行存储过程

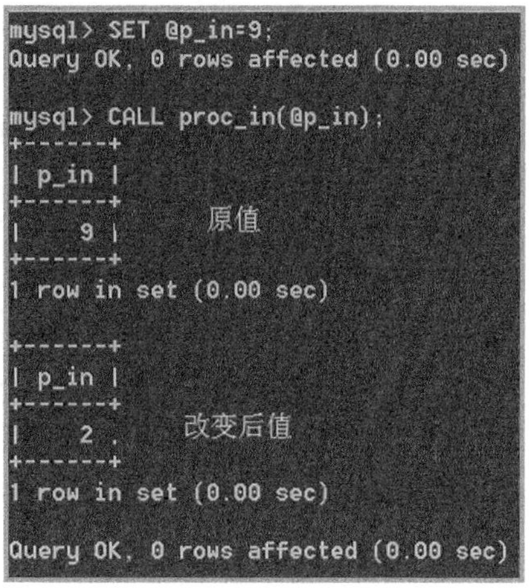

图 16.28　执行存储过程

【例 16.18】OUT（作为输出参数）例子。

创建存储程序，代码如下：

```
DROP procedure IF EXISTS proc_out;
DELIMITER //
CREATE PROCEDURE proc_out(OUT p_out INT)
BEGIN
 SELECT p_out;
 SET p_out=2;
 SELECT p_out;
END;
//
DELIMITER ;
```

上述命令的运行结果如图 16.29 所示。

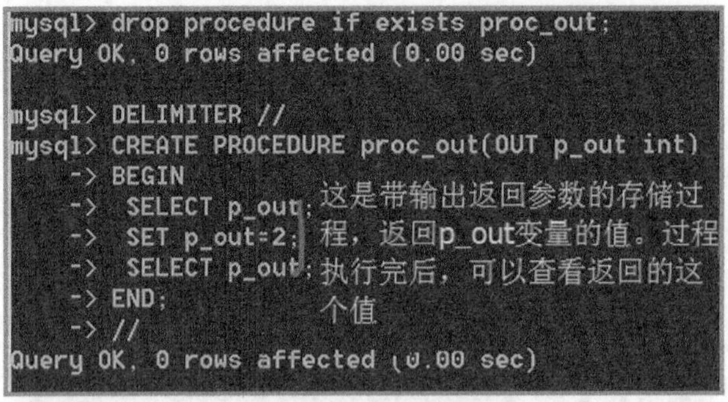

16.2 MySQL 存储过程/存储函数

图 16.29 执行存储过程

执行存储程序，命令如下：

```
SET @v1=99;
CALL proc_out(@v1);
```

上述命令的运行结果如图 16.30 所示。

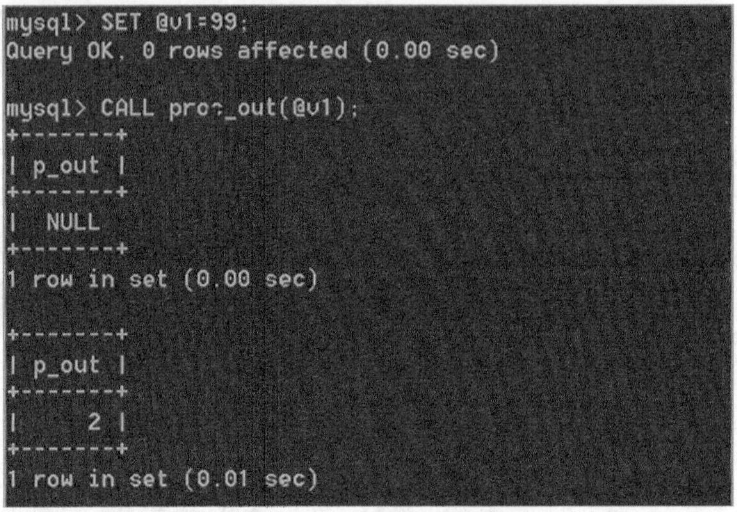

图 16.30 执行存储过程

在这个示例中，为什么 p_out 显示了 NULL，尽管在执行过程之前，给@v1 赋了 99 值，但 p_out 被定义为返回参数，因此，它是不能接收值的。即便在过程执行之前给 v1 赋值，但过程内部不能接收。@v1 传入后，替换 p_out 变量，SELECT p_out 相当于 SELECT @v1。下面来看这个返回值@v1，命令如下：

```
SELECT @v1;
```

上述命令的运行结果如图 16.31 所示。

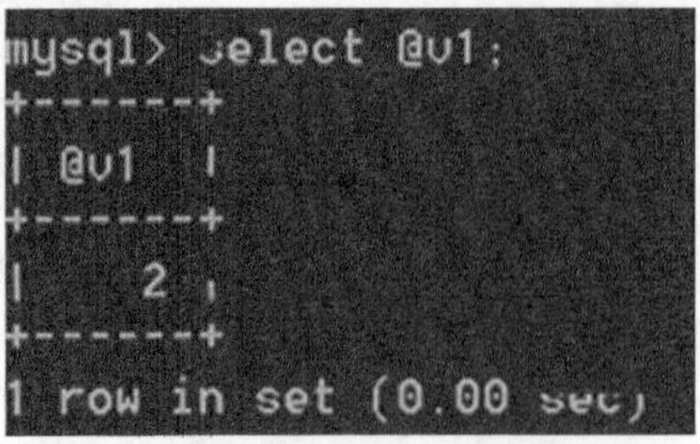

图 16.31 输出过程变量

在这个示例中，“2”被返回了，这就是说这个“2”已经脱离了存储过程本身。如果这个过程被某个应用程序（如 PHP）调用，那么应用程序就可以获得这个值了。这个示例和存储函数一样，返回值。

【例 16.19】 INOUT（既可以作为输入，也可以作为输出参数）示例。

创建存储程序，代码如下：

```
DROP procedure IF EXISTS proc_inout;
DELIMITER //
CREATE PROCEDURE proc_inout(INOUT p_INout INT)
BEGIN
SELECT p_INout;
SET p_INout=2;
SELECT p_INout;
END
//
DELIMITER ;
```

上述命令的运行结果如图 16.32 所示。

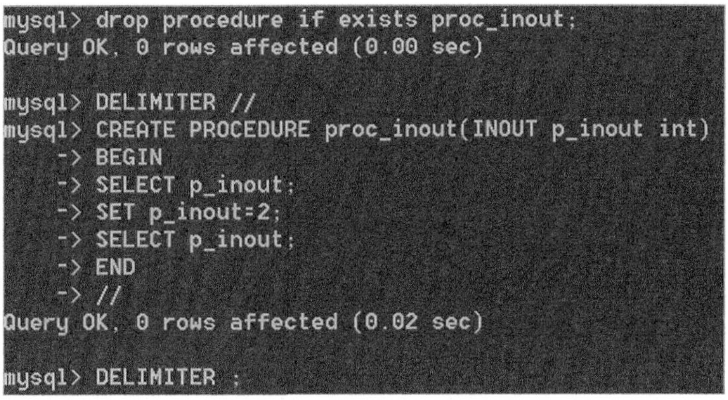

```
mysql> drop procedure if exists proc_inout;
Query OK, 0 rows affected (0.00 sec)

mysql> DELIMITER //
mysql> CREATE PROCEDURE proc_inout(INOUT p_inout int)
    -> BEGIN
    -> SELECT p_inout;
    -> SET p_inout=2;
    -> SELECT p_inout;
    -> END
    -> //
Query OK, 0 rows affected (0.02 sec)

mysql> DELIMITER ;
```

图 16.32　创建存储过程

执行存储程序，命令如下：

```
SET @v2=99;
CALL proc_inout(@v2);
```

上述命令的运行结果如图 16.33 所示。

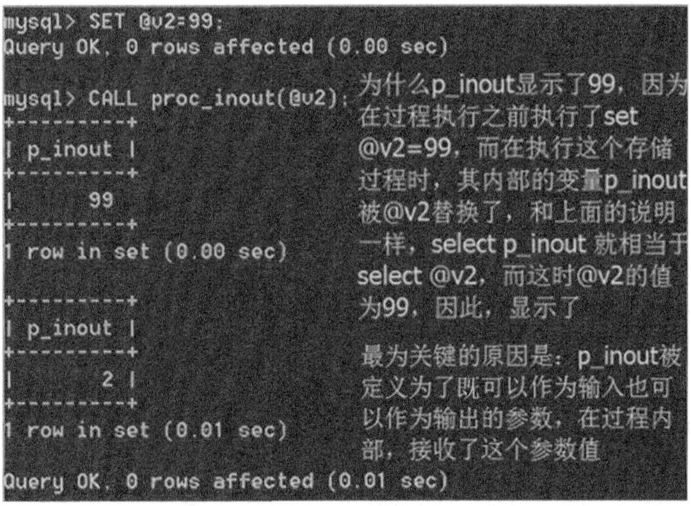

```
mysql> SET @v2=99;
Query OK, 0 rows affected (0.00 sec)

mysql> CALL proc_inout(@v2);
+---------+
| p_inout |
+---------+
|      99 |
+---------+
1 row in set (0.00 sec)

+---------+
| p_inout |
+---------+
|       2 |
+---------+
1 row in set (0.01 sec)

Query OK, 0 rows affected (0.01 sec)
```


图 16.33　创建存储过程

在这个示例中，为什么 p_inout 显示了 99，因为在过程执行之前执行了 "set @v2=99"，而在执行这个存储过程时，其内部的变量 p_inout 被@v2 替换了，说明作为输入/输出参数可以接收外部变量值，只有输出参数不可以。现在来看这个返回值@v2。

```
SELECT @v2;
```

上述命令的运行结果如图 16.34 所示。

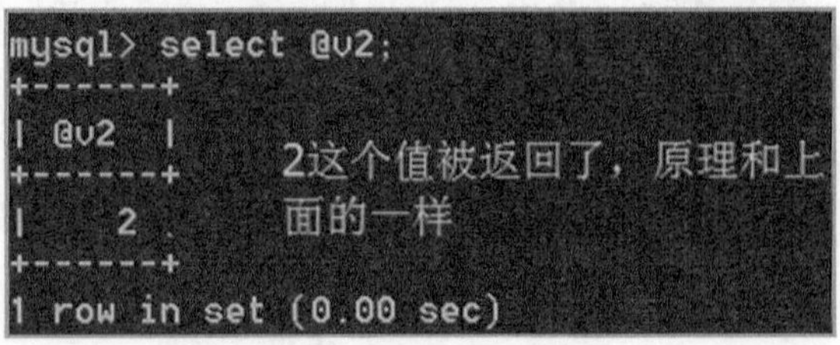

图 16.34　输出过程变量

16.2.5　MySQL 结束符的设置

1. MySQL 中修改命令结束符 delimiter 的用法

在 16.2.2 节，大量使用了 delimiter 定义的结束符，那么，MySQL 中的 delimiter 到底是做什么用的呢？MySQL 的 delimiter 会告诉 MySQL 解释器,命令的结束符是什么？默认情况下 MySQL 的命令是以分号 ";" 结束的。在遇到 ";" 时，MySQL 就可以执行命令了。

2. 举例

```
mysql>delimiter $
```

就是告诉 MySQL 解释器，当碰到$时，才执行命令。

【例 16.20】默认的 ";" 作为命令结束标志。

```
mysql>SELECT * FROM cdqx; -- 回车时就会执行这条语句
```

【例 16.21】定义 "$" 为命令结束标志。

```
mysql>delimiter $
mysql>SELECT * FROM cdqx; -- 回车时不会执行了
```

-- 输入 "$" 后并按回车键才会执行上述语句。

```
mysql>delimiter ;   -- 将命令结束符重新设定为(;)
```

【例 16.22】将自定义的命令结束标志运用于存储过程创建。

```
DROP procedure IF EXISTS p;
delimiter $ -- 告诉命令解释器当前的命令结束标志为 $
CREATE procedure p (IN aa INT)
BEGIN
SELECT @aa := aa * 10 AS c; -- SELECT 使用了:=赋值,可参阅前面有关章节的说明
END
$  -- 遇见$后命令解释器认为该命令到此结束，然后创建 p 过程
call p(10);
$ -- 遇见$后命令解释器认为该命令到此结束，然后执行 call p(10)
DROP procedure IF EXISTS p23;
$ -- 遇见$后命令解释器认为该命令到此结束，然后执行 DROP procedure IF EXISTS p23
CREATE procedure p23 (IN aa INT)
BEGIN
SELECT @aa := aa * 100 AS c ;
```

```
END
$    -- 遇见$后命令解释器认为该命令到此结束，然后创建 p23 过程
call p23(10); -- 这个命令不被执行，等待键入$后执行
```

上述命令的运行结果如图 16.35 和图 16.36 所示。

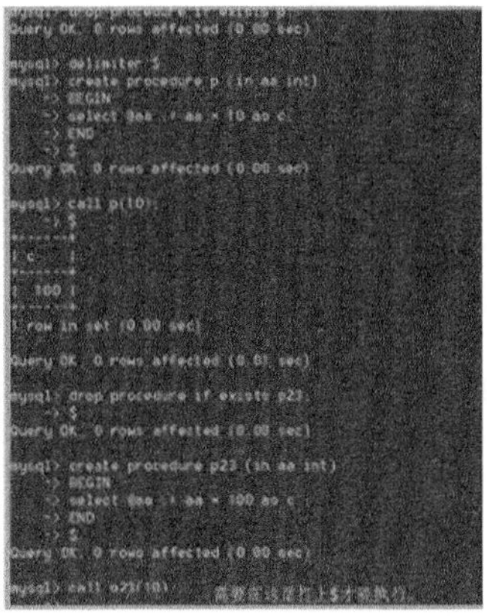

图 16.35　输出过程变量 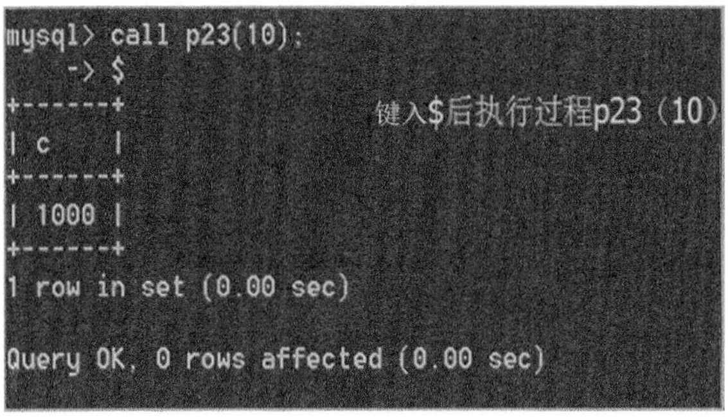　　　　　　　　图 16.36　创建并执行存储过程

16.2.6　MySQL 存储过程的 BEGIN ... END

1. 语法

```
[begin_label:] BEGIN
    [statement_list]
END [end_label]
```

2. 解释

存储程序可以使用 BEGIN ... END 来包含多个语句。statement_list 代表一个或多个语句的列表。statement_list 之内每个语句都必须用分号(;)来结尾。

BEGIN...END 可以被标记。除非 begin_label 存在，否则 end_label 不能被给出，如果二者都存在，它们必须是同样的。

通常 begin-end 用于定义一组语句块，在各大数据库中的客户端工具中可直接调用，但在 MySQL 中不可以。

begin-end、流程控制语句、局部变量只能用于函数，存储过程内部，游标和触发器的内部。如：

```
begin
SELECT * FROM db_cms.cdqx;
end
```

16.2.7　MySQL IF 语句

1. 语法

```
IF search_condition_1 THEN
statement_list_1
[ELSEIF search_condition_2 THEN
statement_list_2]
[ELSEIF search_condition_3 THEN
statement_list_3]
...
[ELSEIF search_condition_n THEN
```

```
    statement_list_n]
[ELSE
    statement_list]
END IF;
```

2. 解释

search_condition_1...n 为条件表达式；statement_list_1...n 为语句。

如果 search_condition_1 成立（值为 TRUE），则执行 statement_list_1，执行完毕后跳出本流程，即执行 end if 后面的语句；如果 search_condition_1 不成立（值为 FALSE），则进入第 2 个流程判断，即进入 search_condition_2 表达式判断，如 search_condition_2 成立（值为 TRUE）则执行 statement_list_2，执行完毕后跳出本流程，即执行 end if 后面的语句；如果不成立（值为 FALSE），则进入第 3 个流程判断，即进入 search_condition_3 表达式判断....若所有的 search_condition_1...n 都不成立，则执行 statement_list，如图 16.37 所示。

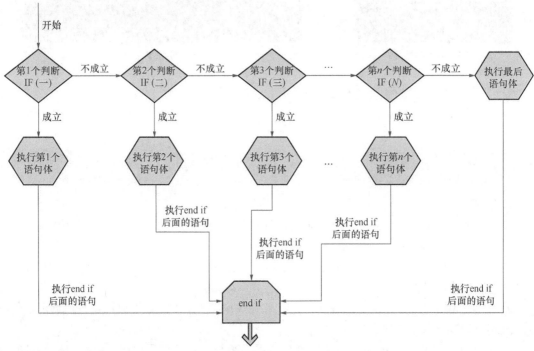

图 16.37　IF 语句工作流程示意图

3. 举例

【例 16.23】 创建存储过程 IF 语句。

```
DROP procedure IF EXISTS tt_if;  -- 若过程"tt_if"存在，则删除
delimiter $ -- 分界符
CREATE procedure tt_IF(IN b INT,IN v1 INT,IN v2 INT,IN v3 INT,IN v INT)
BEGIN
IF b>=1 AND b<=10 THEN
    SELECT v1+b;
elseif b>=11 AND b<=20 then
    SELECT v2+b;
elseif b>=21 AND b<=30 then
    SELECT v3+b;
else
    SELECT v+b;
END IF;
END;
```

```
$
delimiter ; -- 恢复分界符
```

注意：end if 后面要加 ";"。由于 MySQL 不支持语句块，因此这段代码不能拿来直接运行，需写在存储过程或存储函数或触发器内才能运行这段代码。这段代码需要关注的是其语法，这段代码本身无任何实际意义。

上述命令的运行结果如图 16.38 所示。

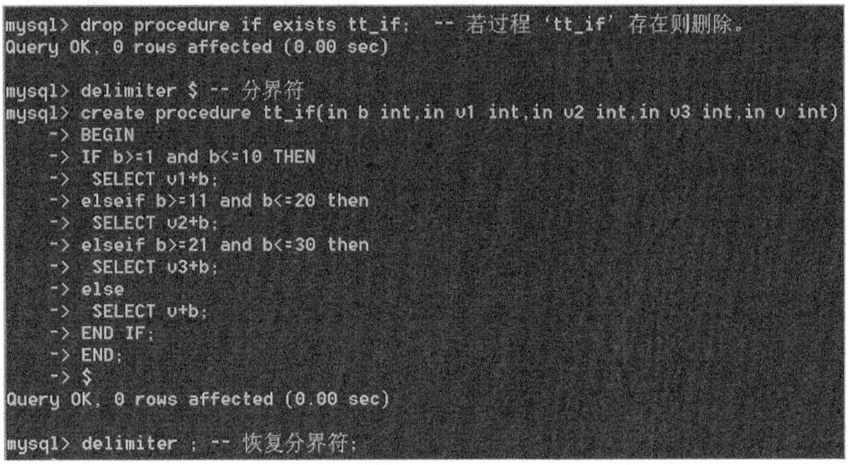

图 16.38 创建存储过程 IF 语句示例

```
call tt_IF(100,10,20,30,40);
```

上述命令的运行结果如图 16.39 所示。

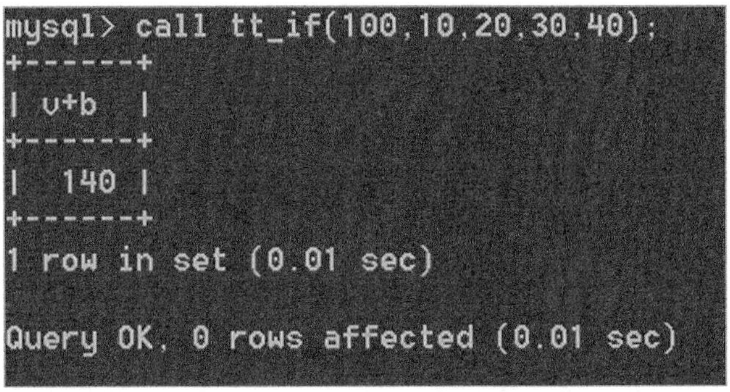

图 16.39 执行存储过程 IF 语句示例

【例 16.24】创建存储过程语句。

```
DROP procedure IF EXISTS test_if; ,若过程"test_if"存在，则删除
delimiter // -- 分界符
CREATE procedure test_IF(IN x INT)   -- 创建过程命令。
begin    -- 创建过程标准语法，语句体开始。
if x=1 then  -- x 为传入过程的变量，当 x 为 1 则执行 SELECT 'OK';
    SELECT 'OK';
elseif x=0 then  -- x 为传入过程的变量，否则，当 x 为 0，则执行 SELECT 'No'
    SELECT 'No';
else  -- x 为传入过程的变量，当 x 即不是 1 也不是 0 时，则执行 SELECT 'good'
    SELECT 'good';
end if; -- if 语句结束
end  -- begin 结束
//
```

```
delimiter ; -- 恢复结束符
```

上述命令的运行结果如图 16.40 所示。

```
mysql> drop procedure if exists test_if;   -- 若过程 'test_if' 存在则删除。
Query OK, 0 rows affected (0.00 sec)

mysql> delimiter // -- 分界符
mysql> create procedure test_if(in x int)   -- 创建过程命令。
    -> begin    -- 创建过程标准语法, 语句体开始。
    -> if x=1 then   -- x为传入过程的变量, 当x为1则执行select 'OK';
    ->  select 'OK';
    -> elseif x=0 then   -- x为传入过程的变量, 否则, 当x为0则执行select 'No';
    ->  select 'No';
    -> else    -- x为传入过程的变量, 当x即不是1也不是0时执行select 'good';
    ->  select 'good';
    -> end if;  -- if语句结束。
    -> end   -- begin 结束。
    -> //
Query OK, 0 rows affected (0.00 sec)

mysql> delimiter ; -- 恢复结束符;
```

图 16.40　创建存储过程 IF 语句示例

16.2.8　MySQL CASE 语句

1. 语法

（1）语法格式 1。

```
CASE
    WHEN search_condition_1 THEN statement_list_1
    [WHEN search_condition_2 THEN statement_list_2]
    [WHEN search_condition_3 THEN statement_list_3]
    ......
  [ELSE
    statment_list]
END CASE
```

（2）语法格式 2。

```
CASE case_value
    WHEN when_value_1 THEN statement_list_1
    [WHEN when_value_2 THEN statement_list_2]
    [WHEN when_value_3 THEN statement_list_3]
    ......
    [ELSE
    statement_list]
END CASE
```

2. 语法格式 1 解释

search_condition_1...n 为条件表达式；statement_list_1...n 为语句。

如果 search_condition_1 成立（值为 TRUE），则执行 statement_list_1，执行完毕后跳出本流程，即执行 end case 后面的语句；如果 search_condition_1 不成立（值为 FALSE），则进入第 2 个流程判断，即进入 search_condition_2 表达式判断，如果 search_condition_2 成立（值为 TRUE），则执行 statement_list_2，执行完毕后跳出本流程，即执行 end case 后面的语句；如果不成立（值为 FALSE），则进入第 3 个流程判断，即进入 search_condition_3 表达式判断。若所有的 search_condition_1...n 都不成立，则执行 statement_list，如图 16.41 所示。

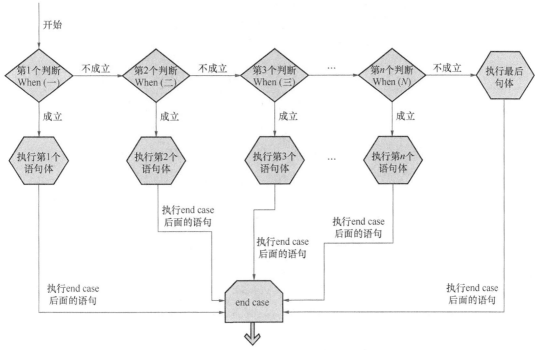

图 16.41　CASE 语句语法格式 1 工作流程示意图

3. 语法格式 1 举例

```
DROP procedure IF EXISTS tt_case1;   -- 若过程"tt_case1"存在，则删除
delimiter $ -- 分界符
CREATE procedure tt_case1(IN b INT,IN v1 INT,IN v2 INT,IN v3 INT,IN v INT)
BEGIN
CASE
WHEN b>=1 AND b<=10 THEN
    SELECT v1+b;
WHEN b>=11 AND b<=20 then
    SELECT v2+b;
WHEN b>=11 AND b<=20 then
    SELECT v3+b;
ELSE
    SELECT v+b;
END CASE;
END;
$
delimiter ;
```

注意：END CASE 后面要加 ";"。由于 MySQL 不支持语句块，因此这段代码不能直接运行。需写在存储过程或存储函数或触发器内才能运行这段代码。这段代码需要关注的是其语法，这段代码本身无任何实际意义。

上述命令的运行结果如图 16.42 所示。

```
call tt_case1(9,10,20,30,40);
```

上述命令的运行结果如图 16.43 所示。

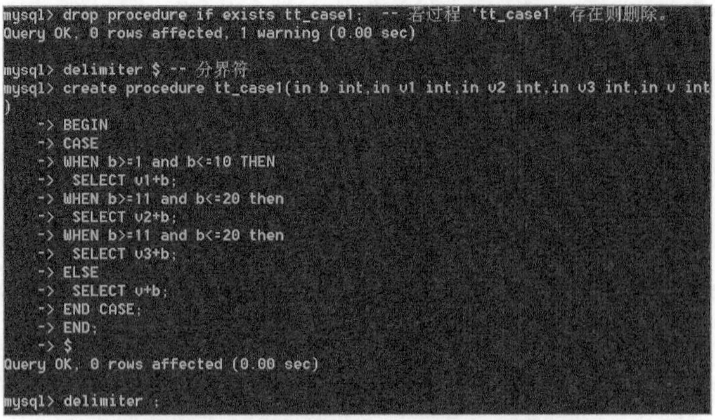

图 16.42 创建存储过程 CASE 语句语法格式 1 示例

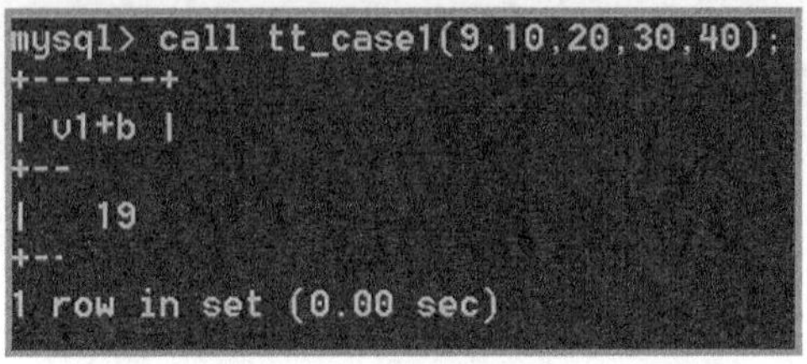

图 16.43 执行存储过程 CASE 语句语法格式 1 示例

4. 语法格式 2 解释

```
CASE case_value
    WHEN when_value_1 THEN statement_list_1
    [WHEN when_value_2 THEN statement_list_2]
    [WHEN when_value_3 THEN statement_list_3]
    ......
    [ELSE
    statement_list]
END CASE
```

case_value 为表达式；when_value_1...n 为表达式；statement_list_1...n 为语句。

如果 when_value_1 等于 case_value（结果为 TRUE），则执行 statement_list_1，执行完毕后跳出本流程，即执行 end case 后面的语句；如果 when_value_1 不等于 case_value（结果为 FALSE），则进入第 2 个流程判断，即进入 when_value_2 表达式，如果 when_value_2 等于 case_value（结果为 TRUE），则执行 statement_list_2，执行完毕后跳出本流程，即执行 end case 后面的语句；如果 when_value_2 不等于 case_value（结果为 FALSE），则进入第 3 个流程判断，即进入 when_value_3 表达式。若所有的 when_value_1...n 都不等于 case_value，则执行 statement_list，如图 16.44 所示。

5. 语法格式 2 举例

【例 16.25】CASE 语句语法格式 2 举例，代码如下。

```
DROP procedure IF EXISTS tt_case2;   -- 若过程 "tt_case2" 存在，则删除
delimiter $ -- 分界符
CREATE procedure tt_case2(IN b INT,IN v1 INT,IN v2 INT,IN v3 INT,IN v INT)
BEGIN
SET @a = 1000;
CASE b
WHEN v1 THEN
    SELECT v1+@a;
WHEN v2 then
    SELECT v2+@a;
WHEN v3 then
```

```
        SELECT v3+@a;
ELSE
        SELECT v+@a;
END CASE;
END;
$
delimiter ; -- 恢复;结束符
```

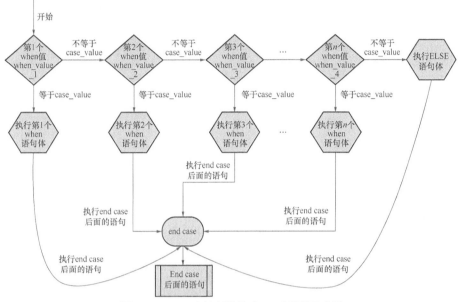

图 16.44　CASE 语句语法格式 2 工作流程示意图

> 注意：END CASE 后面要加";"。由于 MySQL 不支持语句块，因此这段代码不能直接运行。需写在存储过程或存储函数或触发器内才能运行这段代码。这段代码需要关注的是其语法，这段代码本身无任何实际意义。

上述命令的运行结果如图 16.45 所示。

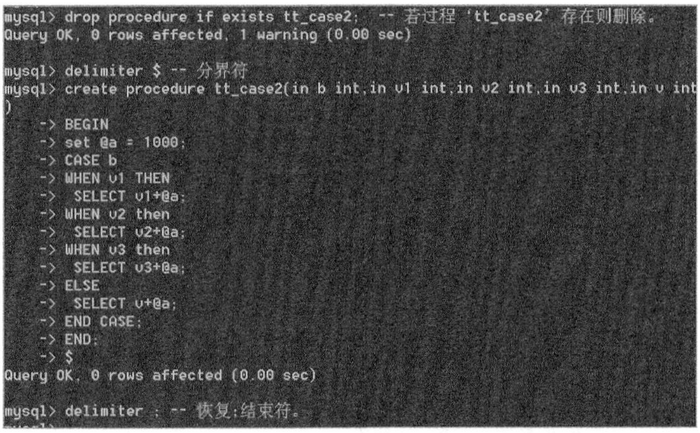

图 16.45　CASE 语句语法格式 2 创建存储过程

```
call tt_case2(10,10,20,30,40);
call tt_case2(20,10,20,30,40);
call tt_case2(30,10,20,30,40);
call tt_case2(40,10,20,30,40);
```

上述命令的运行结果如图 16.46 所示。

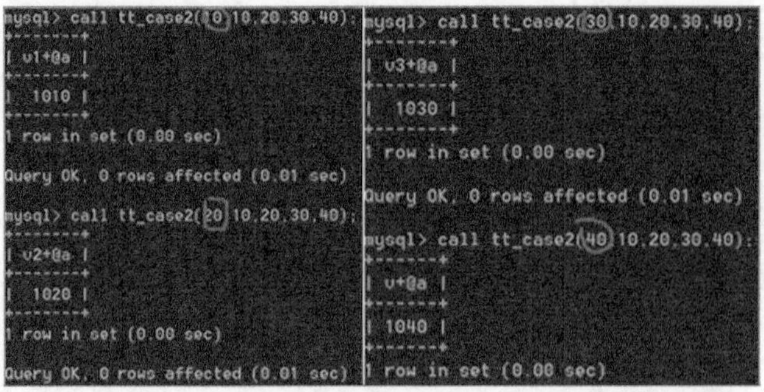

16.2 MySQL 存储过程/存储函数

图 16.46 CASE 语句语法格式执行存储过程

16.2.9 MySQL WHILE 语句

1. 语法

```
[begin_label:] WHILE search_condition DO
    statement_list
END WHILE [end_label]
```

2. 解释

WHILE search_condition DO ...END WHILE 可以被标记。除非 begin_label 存在，否则 end_label 不能被给出，如果二者都存在，它们必须是同样的。

search_condition 为条件表达式；statement_list 为语句。

如 search_condition 一直为 TRUE 则执行 DO 和 END WHILE 之间的语句——statement_list，否则，退出本循环，执行 END WHILE 后面的语句，如图 16.47 所示。

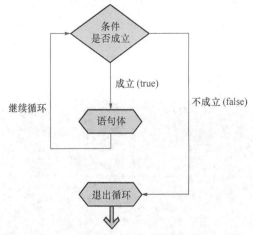

图 16.47 WHILE 语句工作流程示意图

3. 举例

【例 16.26】WHILE 循环举例，代码如下。

```
DROP procedure IF EXISTS tt_while;    -- 若过程 "tt_while" 存在，则删除
delimiter $ -- 分界符
CREATE procedure tt_while(IN x INT)    -- 创建过程命令
begin    -- 语句体开始
    declare i INT default 1;
    SET @a = 1;
    WHILE @a <= x DO
        SET @a = @a+1;
```

```
    END WHILE;
    WHILE i <= x DO
        SET i = i+1;
    END WHILE;
    SELECT @a,i;
end  -- begin 结束
$
delimiter ;
```

上述命令的运行结果如图 16.48 所示。

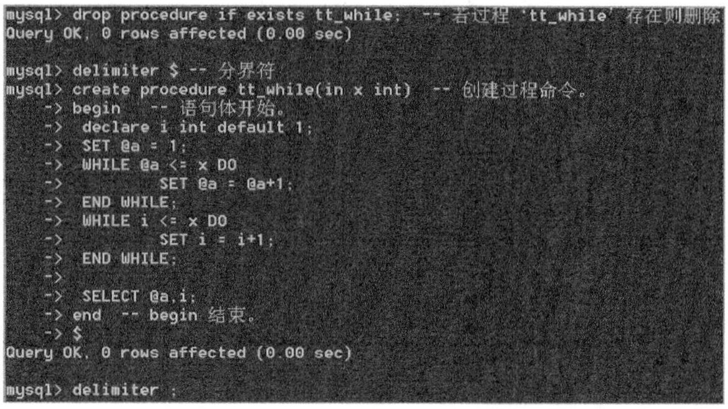

图 16.48 WHILE 语句创建存储过程

```
SET @vv = 100;
call tt_while(@vv);
```

上述命令的运行结果如图 16.49 所示。

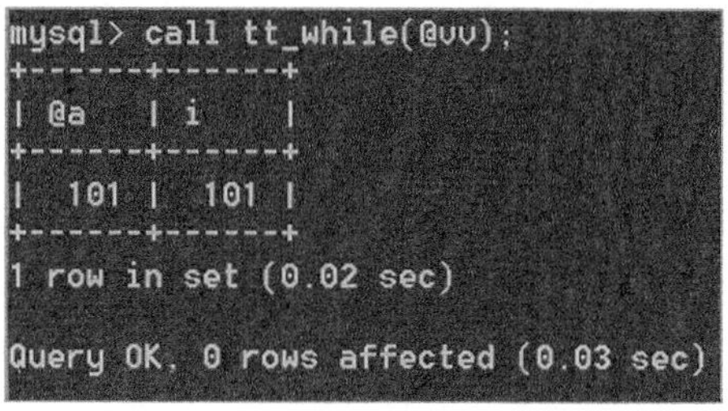

图 16.49 WHILE 语句执行存储过程

注意：END WHILE 后面要加 ";"。由于 MySQL 不支持语句块，因此这段代码不能拿来直接运行。需写在存储过程或存储函数或触发器内才能运行这段代码。这段代码需要关注的是其语法。

16.2.10 MySQL LOOP 语句

1. 语法

```
[begin_label:] LOOP
    statement_list
END LOOP [end_label]
```

2. 解释

LOOP ...END LOOP 可以被标记。除非 begin_label 存在，否则 end_label 不能被给出，如果二者都存在，它们必须是同样的。

此循环没有内置循环条件，但可以通过 leave 语句退出循环，如图 16.50 所示。

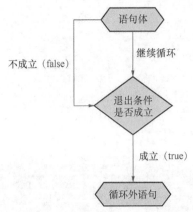

图 16.50 LOOP 语句工作流程示意图

3. 举例

【例 16.27】LOOP 循环用来计算 1+2+3+4+5+6+7+8+9+10＝55。

```
use db_fcms;
DROP procedure IF EXISTS test_loop;
delimiter //   -- 分界符
CREATE procedure test_loop(out sum INT)
begin
declare i INT default 1;
declare s INT default 0;
loop_label_1:loop
SET s = s+i;
SET i = i+1;
if i>10 then
    leave loop_label_1;
end if;
end loop loop_label_1;
SET sum = s;
SELECT sum AS sum;
end;
//
delimiter ;
```

上述命令的运行结果如图 16.51 所示。

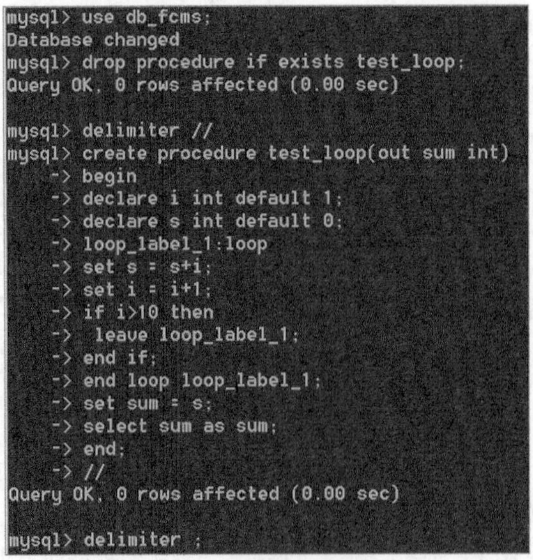

图 16.51 LOOP 语句创建存储过程

```
call test_loop(@sum);
```

上述命令的运行结果如图 16.52 所示。

```
SELECT @sum;
```

上述命令的运行结果如图 16.53 所示。

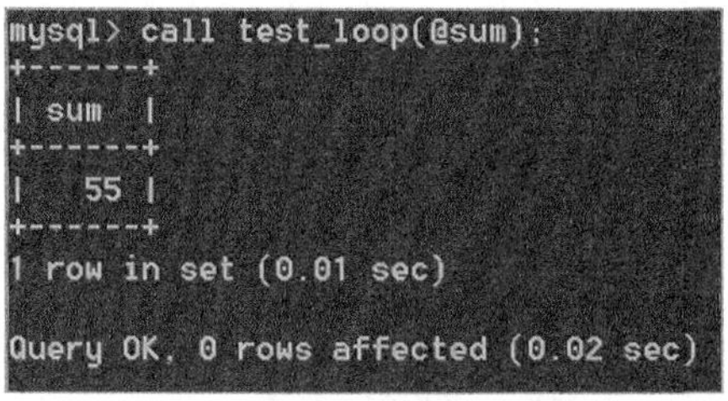

图 16.52　LOOP 语句执行存储过程

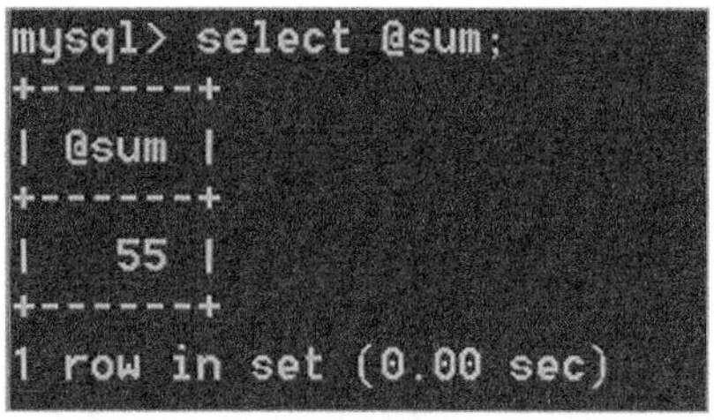

图 16.53　LOOP 语句输出存储过程变量

16.2.11　MySQL REPEAT 语句

1．语法

```
[begin_label:]REPEAT
...
UNTIL condition
END REPEAT [begin_label]
```

2．解释

REPEAT ...END REPEAT 可以被标记。除非 begin_label 存在，否则 end_label 不能被给出，如果二者都存在，它们必须是同样的。

该语句执行一次循环体，之后判断 condition 条件是否为真，为真则退出循环，否则继续执行循环体，如图 16.54 所示。

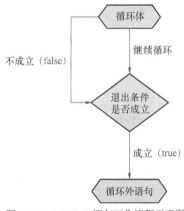

图 16.54　REPEAT 语句工作流程示意图

3．举例

【例 16.28】REPEAT 循环用来计算 1＋2＋3＋4＋5＋6＋7＋8＋9＋10＝55。

```
use db_fcms;
DROP procedure IF EXISTS test_repeat;
delimiter //
CREATE procedure test_repeat(out sum INT)
begin
declare i INT default 1;
```

```
declare s INT default 0;
repeat
SET s = s+i;
SET i = i+1;
until i>10 -- 此处不能有分号
end repeat;
SET sum = s;
end;
//
delimiter ;
SELECT @s;
```

上述命令的运行结果如图 16.55 所示。

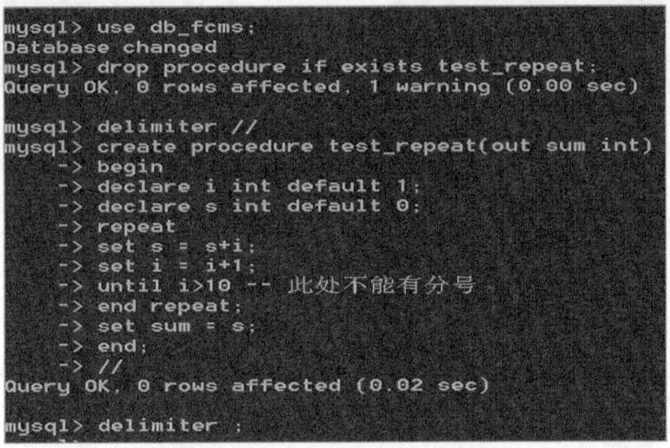

图 16.55　REPEAT 语句创建存储过程

```
call test_repeat(@s);
```

上述命令的运行结果如图 16.56 所示。

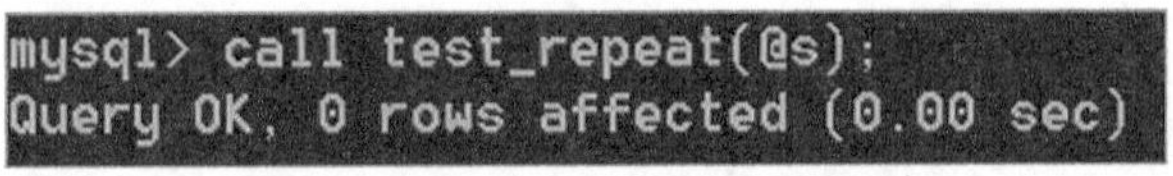

图 16.56　REPEAT 语句执行存储过程

```
SELECT @s;
```

上述命令的运行结果如图 16.57 所示。

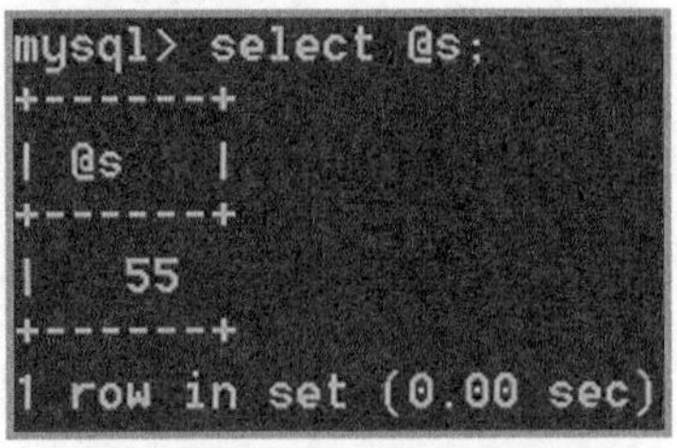

图 16.57　REPEAT 语句输出存储过程变量

16.2.12　MySQL ITERATE 语句

1. ITERATE 语句说明

LOOP、LEAVE、ITERATE 更像其他编程语言中的 goto 语句。LOOP 要设定一个 label 指定循环的开始位置，而 LEAVE 则像其他语言中的 break 会离开 LOOP 指定的块，ITERATE 则会再次回到 LOOP 开始的语句。

必须用在循环中，作用是跳出当前的循环，进行下一轮的循环，与编程语言中的 continue 跳过当前循环含义一样。

2. 举例

【例 16.29】下面的存储过程，首先在 LOOP 语句开始前声明了一个 loop_label_1，然后在 if 语句总判断变量 x 是否大于 10，如果大于 10 则会使用 LEAVE 语句退出循环，而如果 x 是奇数时会回到循环开始继续执行，这有点像 continue 语句，否则对 str 执行 CONCAT 操作，并进入下一次循环。代码如下：

```
DELIMITER $$
DROP PROCEDURE IF EXISTS p_iterate $$
CREATE PROCEDURE P_iterate()
    BEGIN
        DECLARE x   INT;
        DECLARE str VARCHAR(255);
        SET x = 1;
        SET str = '';
        loop_label_1: LOOP
                    IF  x > 10 THEN
                        LEAVE  loop_label_1;
                    END IF;
                    SET  x = x + 1;
                    IF  (x mod 2) THEN
                        ITERATE  loop_label_1;
                    ELSE
                        SET  str = CONCAT(str,x,',');
                    END  IF;
        END LOOP;
        SELECT str;
    END$$
DELIMITER ;
call p_iterate();
```

上述命令的运行结果如图 16.58 所示。

```
mysql> call p_iterate();
+-------------+
| str         |
+-------------+
| 2,4,6,8,10, |
+-------------+
1 row in set (0.00 sec)

Query OK, 0 rows affected (0.01 sec)
```

图 16.58　ITERATE 语句执行存储过程

16.2.13　MySQL 存储过程 BEGIN...END 嵌套

MySQL 的存储过程 BEGIN...END 嵌套示例代码如下：

```
DROP procedure IF EXISTS proc_a;
DELIMITER $$
CREATE PROCEDURE proc_a()
BEGIN
 DECLARE _a CHAR(64) DEFAULT 'hi';
 DECLARE _b CHAR(64) DEFAULT 'hello1';
 DECLARE _c CHAR(64) DEFAULT '';
 BEGIN
```

```
        DECLARE _a1 INT UNSIGNED;
        DECLARE _a2 INT UNSIGNED;
        DECLARE _a3 INT UNSIGNED;
        DECLARE _done INT UNSIGNED DEFAULT 0;
        DECLARE _b CHAR(64) DEFAULT 'hello2';
        DECLARE _cur CURSOR FOR
        SELECT CAST(yhid AS UNSIGNED) AS a, CAST(cdid AS UNSIGNED) AS b, CAST(cdid AS UNSIGNED
) AS c FROM db_fcms.cdqx;
        DECLARE CONTINUE  HANDLER  FOR NOT FOUND SET _done = 1;
        SET _done = 0;
        OPEN _cur;
         FETCH _cur INTO _a1, _a2, _a3;
         WHILE _done != 1 DO
          SET _a = CONCAT(_a, _a1, _a2, _a3);
          SET _done = 0;
          FETCH _cur INTO _a1, _a2, _a3;
         END WHILE;
        CLOSE _cur;
        SET _c = _b;
      END;
      SET _b = _a;
     SELECT _b, _c;
     END;
     $$
     DELIMITER ;
     call proc_a();
```

上述命令的运行结果如图 16.59 所示。

```
mysql> call proc_a();
+-----------------------------------------------------------------+--------+
| _b                                                              | _c     |
+-----------------------------------------------------------------+--------+
| hi11111010111111121211313114141151511616117171181811919122120201 | hello2 |
+-----------------------------------------------------------------+--------+
1 row in set (0.01 sec)

Query OK, 0 rows affected (0.02 sec)
```

图 16.59 BEGIN...END 嵌套执行存储过程

16.2.14 MySQL SELECT...INTO 语句

1. 语法

```
SELECT col_name[,...] INTO var_name[,...] table_expr
```

2. 解释

- col_name：要从数据库中查询的列字段名。
- var_name：变量名，和列字段清单一一对应，将查询得到的值赋给对应的变量。
- table_expr：SELECT 语句中的其余部分，包括可选的 FROM 子句和 WHERE 子句。

需要注意的是，在使用 SELECT ...INTO 语句时，变量名不能和数据表中的字段名相同，否则会出错。

3. 举例

【例 16.30】SELECT ... INTO 语句示例，代码如下：

```
DROP procedure IF EXISTS proc_b;
DELIMITER $$
CREATE procedure proc_b()
Begin
```

```
declare v_1 VARCHAR(30);
declare v_2 VARCHAR(100);
SELECT name,fathername INTO v_1,v_2 FROM menu32 WHERE ID=1;
SELECT v_1,v_2;
End;
$$
DELIMITER ;
call proc_b();
```

上述命令的运行结果如图 16.60 所示。

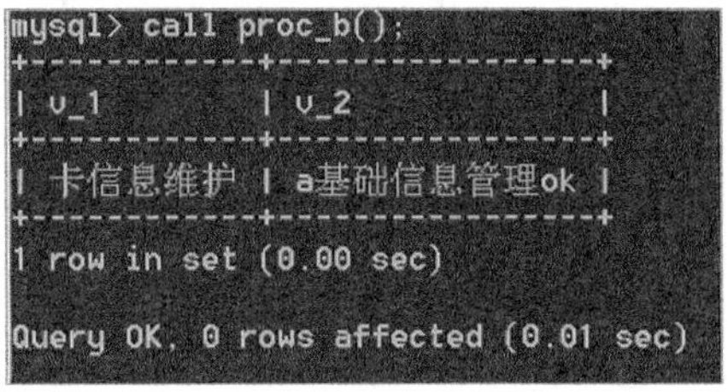

图 16.60 SELECT...INTO 语句执行存储过程

16.2.15 MySQL 存储函数

1. 开启创建函数的功能

MySQL 数据库默认为关闭创建函数功能。

（1）查看是否开启了创建函数的功能，命令如下：

```
show variables LIKE '%func%';
```

（2）开启创建函数的功能，命令如下：

```
set global log_bin_trust_function_creators = 1;
```

注意："1"为开启，"0"为关闭，数据库默认为关闭。

2. MySQL 数据库存储函数的概念

封装一段 SQL 代码，完成一种特定的功能，返回结果。它是特殊的存储过程。

3. MySQL 数据库存储函数的语法

```
CREATE function 函数([函数参数[,....]]) Returns 返回类型
Begin
    ...  -- 语句体
    Return (返回的数据);
end;
```

4. 与存储过程的区别

与存储过程返回参数不同的是，存储函数在定义时没用直接声明哪个变量是返回参数，而只是使用了 returns 声明了返回参数所属的数据类型，返回参数是在函数体中使用 return 返回要返回的数据变量的形式来表示的。这里需要注意的是，存储函数只支持输入参数，并且输入参数前没有 IN 或 INOUT。

- 函数必须有返回值。
- 存储函数的参数类型类似于存储过程的 IN 参数。
- 存储函数有且只有一个返回值，而存储过程不能有返回值。
- 函数只能有输入参数，而且不能带 in，而存储过程可以有多个 in、out、inout 参数。

- 存储过程中的语句功能更强大，存储过程可以实现很复杂的业务逻辑，而函数有很多限制，如不能在函数中使用 INSERT、UPDATE、DELETE、CREATE 等语句；存储函数只完成查询的工作，可接受输入参数并返回一个结果，也就是函数实现的功能针对性比较强。
- 存储过程可以调用存储函数。但函数不能调用存储过程。
- 存储过程一般是作为一个独立的部分来执行（call 调用）。而函数可以作为查询语句的一个部分来调用。

5. 存储函数中的限制

（1）流控制语句（IF, CASE, WHILE, LOOP, WHILE, REPEAT, LEAVE, ITERATE）也是合法的。

（2）变量声明（DECLARE）以及指派（SET）是合法的。

（3）允许条件声明。

（4）异常处理声明也是允许的。

（5）不能在函数中访问表，因此在函数中使用以下语句是非法的。

- ALTER（改变）；
- CACHE INDEX（缓存索引）；
- CALL（呼叫）；
- COMMIT（提交）；
- CREATE（创建）；
- DELETE（删除）；
- DROP（去除）；
- FLUSH PRIVILEGES（提取到内存）；
- GRANT（授予）；
- INSERT（插入）；
- KILL（终止）；
- LOCK（锁）；
- OPTIMIZE（优化）；
- REPAIR（修复）；
- REPLACE（替换）；
- REVOKE（撤销）；
- ROLLBACK（回退）；
- SAVEPOINT（保存点）；
- SELECT FROM table（从表里查询数据）；
- SET system variable（设置系统变量）；
- SET TRANSACTION（设置事务状态）；
- SHOW（展示）；
- START TRANSACTION（开始事务）；
- TRUNCATE（截断）；
- UPDATE（更新）。

6. 举例

【例 16.31】创建一个函数将"2017-05-17 00:00:00"中的 datetime 时间转化为"2017 年 5 月 17 日 0 时 0 分 0 秒"格式。

```
use db_fcms
DELIMITER $$
DROP FUNCTION IF EXISTS fun_b $$
CREATE FUNCTION  fun_b(gdate DATETIME) RETURNS VARCHAR(255)
BEGIN
  DECLARE x VARCHAR(255) DEFAULT '';
  SET x= date_format(gdate,'%Y年%m月%d日%h时%i分%s秒');
  RETURN x;
END $$
DELIMITER ;
```

- 函数变量为当前时间，语句如下：

```
SELECT fun_b(NOW());
```

上述命令的运行结果如图 16.61 所示。

图 16.61　函数变量为当前时间

- 函数变量为一个日期型字符串，语句如下：

```
SELECT fun_b('2017-05-17 16:23:22');
```

上述命令的运行结果如图 16.62 所示。

图 16.62　函数变量为日期型字符串

- 将此自定义存储函数应用于数据查询中，语句如下：

```
SELECT qj AS '期间',kh AS '卡号',fun_b(xgrq) AS '修改日期' FROM ykxt_jiayou WHERE xgrq IS
NOT NULL AND LENGTH(kh)<=7;
```

【例 16.32】创建函数，如果字符串 str 为空值，则返回空字符串；如果字符串 str 的长度小于 n，返回原 str；如果字符串长度大于 n，则返回前 n 位 str。

```
DELIMITER $$
DROP FUNCTION IF EXISTS db_fcms.fun_c $$
CREATE FUNCTION db_fcms.fun_c(s VARCHAR(255),n INT) RETURNS VARCHAR(255)
BEGIN
  IF(ISNULL(s)) THEN RETURN '';
  ELSEIF CHAR_LENGTH(s) < n THEN RETURN s;
  ELSE RETURN CONCAT(LEFT(s,n),'...');
  END IF;
END $$
DELIMITER ;
```

```sql
SELECT fun_c('abcdefg',3);
```

上述命令的运行结果如图 16.63 所示。

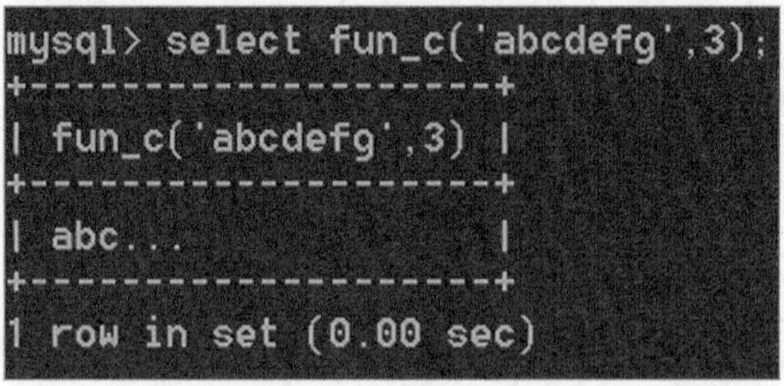

```
mysql> select fun_c('abcdefg',3);
+---------------------+
| fun_c('abcdefg',3)  |
+---------------------+
| abc...              |
+---------------------+
1 row in set (0.00 sec)
```

图 16.63 执行存储函数

【例 16.33】 创建函数，将给出的"_s"字符串叠加 n 次。

```sql
DELIMITER $$
DROP FUNCTION IF EXISTS db_fcms.fun_d $$
CREATE FUNCTION db_fcms.fun_d(n INT,_s VARCHAR(25)) RETURNS text
BEGIN
    DECLARE i INT DEFAULT 0;
    DECLARE s TEXT DEFAULT '';
    IF(ISNULL(_s)) THEN
        RETURN '给的字符串为空，不能叠加，返回空字符串。';
    ELSEIF (n <= 0) OR (n IS NULL) THEN
        RETURN '给的叠加次数小于或等于 0 或 为空，因此不能叠加。';
    ELSE
        myloop_1:LOOP
        SET i=i+1;
        SET s = CONCAT(s,_s);
        IF i > n THEN
                LEAVE myloop_1;
        END IF;
        END LOOP myloop_1;
        RETURN s;
    END IF;
END $$
DELIMITER ;
```

- n 为 0 或 null，SQL 语句如下：

```sql
SELECT fun_d(0,'A0');
```

上述命令的运行结果如图 16.64 所示。

```
mysql> select fun_d(0,'A0');
+----------------------------------------------------------------+
| fun_d(0,'A0')                                                  |
+----------------------------------------------------------------+
| 您给的叠加次数小于或等于0 或 为空，因此不能叠加。              |
+----------------------------------------------------------------+
1 row in set (0.00 sec)
```

图 16.64 执行存储函数

- n 正常_s 为 null，SQL 语句如下：

```sql
SELECT fun_d(5,NULL);
```

上述命令的运行结果如图 16.65 所示。

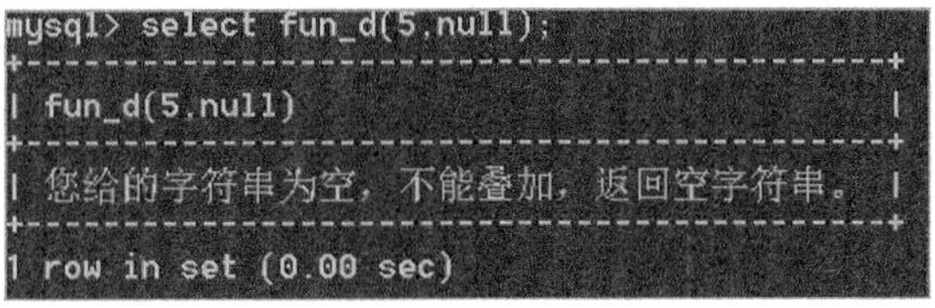

图 16.65 执行存储函数

- n、_s 均正常，SQL 语句如下：

```
SELECT fun_d(5,'a0');
```

上述命令的运行结果如图 16.66 所示。

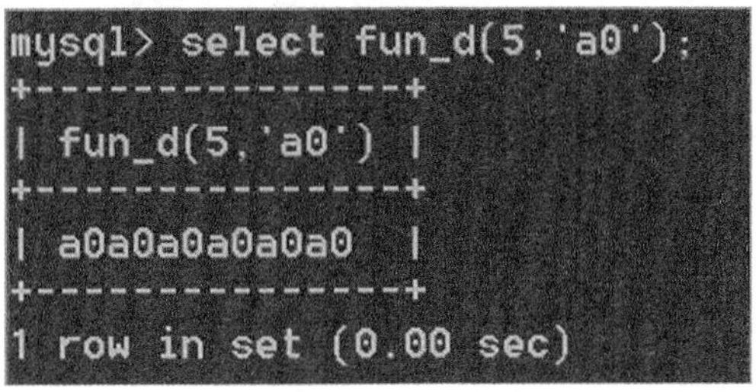

图 16.66 执行存储函数

【例 16.34】一个经典的函数样本，代码如下：

```
DROP function IF EXISTS fun_a;
DELIMITER $$
CREATE FUNCTION fun_a (idh INT)  RETURNS VARCHAR(100)
BEGIN
    DECLARE dsrxx VARCHAR(100);
    DECLARE ajlx VARCHAR(20);
    DECLARE cx VARCHAR(20);
    DECLARE zdlx VARCHAR(20);
      DECLARE fname VARCHAR(200);
    SELECT ID,father INTO ajlx,cx FROM menu33 WHERE ID = idh;
    CASE ajlx
        WHEN 1 THEN
            CASE cx
                WHEN '1' THEN SET zdlx = 'DIC_XSYS_DSRSSDW';
                WHEN '2' THEN SET zdlx = 'DIC_XSES_DSRSSDW';
                WHEN '4' THEN SET zdlx = 'DIC_XSZS_DSRSSDW';
            END CASE;
        WHEN 2 THEN
            CASE cx
                WHEN '1' THEN SET zdlx = 'DIC_MSYS_DSRSSDW';
                WHEN '2' THEN SET zdlx = 'DIC_MSES_DSRSSDW';
                WHEN '4' THEN SET zdlx = 'DIC_MSZS_DSRSSDW';
            END CASE;
        WHEN 6 THEN
            CASE cx
                WHEN '1' THEN SET zdlx = 'DIC_XZYS_DSRSSDW';
                WHEN '2' THEN SET zdlx = 'DIC_XZES_DSRSSDW';
                WHEN '4' THEN SET zdlx = 'DIC_XZZS_DSRSSDW';
            END CASE;
        WHEN 7 THEN SET zdlx = 'DIC_PC_DSRSSDW';
        WHEN 8 THEN SET zdlx = 'DIC_ZX_DSRSSDW';
    END CASE;
    SET fname = CONCAT("%",zdlx,"%");
    SELECT GROUP_CONCAT(id) AS DSRXXS INTO dsrxx FROM menu33  WHERE fathername LIKE   CONCAT(
"%",zdlx,"%")   GROUP BY father ;
```

```
        RETURN dsrxx;
END;
$$
DELIMITER ;
```

- 调用该函数，SQL 语句如下：

```
SELECT fun_a(1);
```

上述命令的运行结果如图 16.67 所示。

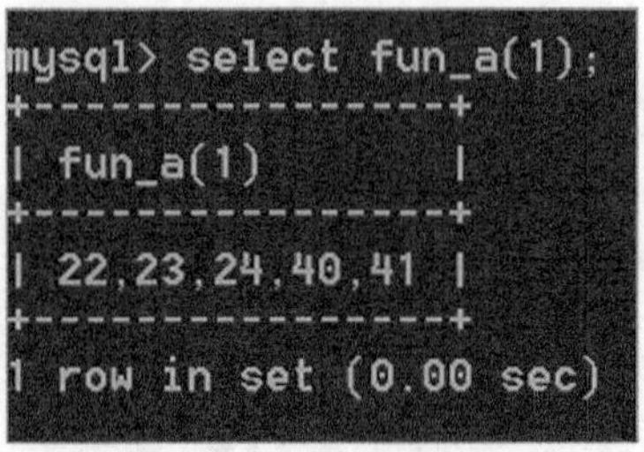

图 16.67　执行存储函数

16.3　MySQL 触发器

什么是触发器，打个通俗的比喻，天黑了（事件），开灯（触发了），看到东西了（触发器执行结果）；放鞭炮（事件），点燃引线（触发了），鞭炮响了（触发器的结果）。这就是触发器的整个过程。

触发器和存储函数一样，也是一种特殊的存储过程，但它不能用来主动执行，而是被动的，也就是说，它是被动执行的，是在别人的要求下执行的。

16.3.1　MySQL 触发器的概念

触发器是一种与表操作有关的数据库对象，当触发器所在表上出现指定事件时，将调用该对象，即表的操作事件触发表上的触发器的执行。

16.3.2　MySQL 触发器的作用

触发器是一种特殊的存储过程，它在插入、删除或修改特定表中的数据时触发执行，它比数据库本身标准的功能有更精细和更复杂的数据控制能力。其作用总结如下。

- 操作限制，可以基于数据库某值的状态决定用户是否具有某种操作权限。例如：可以基于时间限制用户的操作，如不允许下班后和节假日修改数据库数据；可以基于特定的数据限制用户的操作，如不允许股票价格的升幅一次超过 10%。
- 操作痕迹日志，可以将用户的操作行为记入日志以跟踪用户对数据库的操作。
- 审计用户操作数据库的语句，把用户对数据库的更新写入审计表。
- 实现复杂的业务逻辑校验规则，实现非标准的数据逻辑性检查和约束。触发器可产生比规则更为复杂的限制。与数据库所提供的标准校验规则不同，触发器可以引用列或数据库对象，校验规则可以由自己制订并按照意志进行规则校验。例如：触发器可回退任何企图吃进超过自己保证金的期货；实现复杂的非标准的数据库相关完整性规则。
- 触发器可以对数据库中相关的表进行连环更新。例如，在表 1 列 1 上的删除触发器可导致相应删除在其他表中的与之匹配的行；在修改或删除时级联修改或删除其他表中的与之匹

配的行；在修改或删除时把其他表中的与之匹配的行设成 NULL 值；在修改或删除时把其他表中的与之匹配的行级联设成默认值。
- 触发器能够拒绝或回退那些破坏相关完整性的变化，取消试图进行数据更新的事务。当插入一个与其主健不匹配的外部键时，这种触发器会起作用。例如，可以在 table1.col1 上生成一个插入触发器，如果新值与 table1.col1 中的某值不匹配时，插入被回退。
- 同步实时地复制表中的数据，自动计算数据值，如果数据的值达到了一定的要求，则进行特定的处理。例如：如果公司账号上的资金低于 5 万元，则立即给财务人员发送警告数据。

16.3.3　MySQL 触发器的优点

1. 触发器的"自动性"

对程序员来说，触发器是看不到的，但是它的确做事情了，如果不用触发器的话，更新了 user 表的 name 字段时，程序员还要写代码去更新其他表里面的冗余字段。

2. 触发器的数据完整性

触发器有回滚性，举个例子：假如更新 5 张表的数据，必须都得更新才能确保数据的完整性，触发器不会出现更新某几张后而丢下另外的几张。但是如果是用 PHP 代码去写的话，就有可能出现这种情况的，如更新了两张表的数据，这个时候，数据库无法连接了，可能会出现意想不到的结果。触发器不会这样，如果一旦数据库无法连接或发生其他情况，那么触发器要么都做完，要么都回滚，确保数据的完整性（在事务特性中有详细阐述）。

16.3.4　MySQL 触发器的创建

1. 创建触发器语法

```
CREATE TRIGGER trigger_name
trigger_time
trigger_event ON tbl_name
FOR EACH ROW
trigger_stmt
```

2. 解释

触发器创建语法 4 要素：
① 监视地点（table）；
② 监视事件（INSERT/UPDATE/DELETE）；
③ 触发时机（after/before）；
④ 触发事件（INSERT/UPDATE/DELETE）。

- trigger_name：标识触发器名称，用户自行指定；
- trigger_time：标识触发时机，取值为 BEFORE 或 AFTER——触发时机；
- trigger_event：标识触发事件，取值为 INSERT、UPDATE 或 DELETE——监视事件；
- tbl_name：标识建立触发器的表名，即在哪张表上建立触发器——监视地点；
- trigger_stmt：触发器程序体，可以是一句 SQL 语句，或者用 BEGIN 和 END 包含的多条语句。

由此可见，可以建立 6 种触发器，即 BEFORE INSERT（插入之前）、BEFORE UPDATE（更新之前）、BEFORE DELETE（删除之前）、AFTER INSERT（插入之后）、AFTER UPDATE（更新之后）和 AFTER DELETE（删除之后）。

也就是说在一个表上可同时最多建立这 6 个触发器。

3. **触发事件 trigger_event**

MySQL 的触发事件除了对 INSERT、UPDATE、DELETE 基本操作进行定义,还定义了 LOAD DATA 和 REPLACE 语句,这两种语句也能引起上述 6 种类型的触发器的触发。

- LOAD DATA 语句用于将一个文件装入到一个数据表中,相当于一系列的 INSERT 操作。
- REPLACE 语句一般来说和 INSERT 语句很像,当只是在表中插入的数据和原来 primary key 或 unique 索引一致时,会先删除原来的数据,然后增加一条新数据,也就是说,一条 REPLACE 语句有时候等价于一条 INSERT 语句;有时候等价于一条 DELETE 语句加上一条 INSERT 语句。
- INSERT 型触发器,插入某一行时激活触发器,可能通过 INSERT、LOAD DATA、REPLACE 语句触发。
- UPDATE 型触发器,更改某一行时激活触发器,可能通过 UPDATE 语句触发。
- DELETE 型触发器,删除某一行时激活触发器,可能通过 DELETE、REPLACE 语句触发。

4. **BEGIN ... END 详解**

在 MySQL 中,BEGIN ... END 语句的语法如下:

```
BEGIN
statement_list]
END
```

其中,statement_list 代表一个或多个语句的列表,列表内的每条语句都必须用分号(;)来结尾。

而在 MySQL 中,分号是语句结束的标识符,遇到分号表示该段语句已经结束,MySQL 可以开始执行了。因此,解释器遇到 statement_list 中的分号后就开始执行。

DELIMITER 是定界符,分隔符的意思,它是一条命令,语法如下:

```
DELIMITER new_delemiter
```

new_delemiter 可以设为 1 个或多个长度的符号,默认的是分号(;),可以把它修改为其他符号,如 "$"。DELIMITER $,在这之后的语句,以 "$" 结束,解释器不会有什么反应,只有遇到了 $,才认为是语句结束。注意:使用完之后,还应该记得把它复原。

5. **变量详解**

MySQL 中使用 DECLARE 来定义一局部变量,该变量只能在 BEGIN...END 复合语句中使用,并且应该定义在复合语句的开头,即其他语句之前,语法如下:

```
DECLARE var_name[,...] type [DEFAULT value]
```

其中:

- var_name 为变量名称,同 SQL 语句一样,变量名不区分大小写;
- type 为 MySQL 支持的任何数据类型;可以同时定义多个同类型的变量,用逗号隔开;
- 变量初始值为 NULL,如果需要,可以使用 DEFAULT 子句提供默认值,值可以被指定为一个表达式。

对变量赋值采用 SET 语句,语法如下:

```
SET var_name = expr [,var_name = expr] ...
```

6. **NEW 与 OLD 详解**

MySQL 的 NEW 和 OLD 关键字所操作的对象是触发器所在表中,执行了触发器的那一行数据。

（1）具体说明。
- 在 INSERT 型触发器中，NEW 用来表示之前（BEFORE）或之后（AFTER）插入的新数据。
- 在 UPDATE 型触发器中，OLD 用来表示之前（BEFORE）或之后（AFTER）被修改的原数据。
- NEW 用来表示之前（BEFORE）或之后（AFTER）修改的新数据。
- 在 DELETE 型触发器中，OLD 用来表示之前（BEFORE）或之后（AFTER）被删除的原数据。

（2）使用方法。

NEW.columnName（columnName 为相应数据表某一列名）。

OLD 是只读的，而 NEW 则可以在触发器中使用 SET 赋值。

16.3.5　MySQL 触发器的查看与删除

1. 触发器的查看

和查看数据库（SHOW databases;）查看表格（SHOW tables;）一样，查看触发器的语法如下：

```
SHOW TRIGGERS [FROM schema_name];
```

其中，schema_name 即 Schema 的名称，在 MySQL 中 Schema 和 Database 是一样的，也就是说，可以指定数据库名，这样就不必先"USE database_name;"了。

【例 16.35】查看数据库中的触发器，命令如下：

```
SHOW triggers FROM db_fcms;
```

2. 触发器的删除

和删除数据库、表格、存储过程以及存储函数一样，删除触发器的语法如下：

```
DROP TRIGGER [IF EXISTS] [schema_name.]trigger_name
```

16.3.6　MySQL 触发器的执行顺序

1. 触发器的执行顺序

建立的数据库一般都是 InnoDB 数据库，其建立的表是事务性表，也就是事务安全的。这时，若 SQL 语句或触发器执行失败，MySQL 会回滚事务，具体执行顺序如下：

如果 BEFORE 触发器执行失败，SQL 无法正确执行。

正常情况下，BEFORE 触发器先于 SQL 执行，BEFORE 触发器执行成功后才去执行 SQL，但 BEFORE 触发器未成功执行，则导致与之连带的 SQL 也不能执行。

SQL 执行失败时，AFTER 型触发器不会触发。

如果含有 AFTER 触发器的 SQL 未成功执行，即执行失败了，则导致这个连带的 AFTER 触发器不会被触发，也就不会被执行了。

AFTER 类型的触发器执行失败，SQL 会自动回滚。

2. 总结

触发器确保了数据的一致性。也就是说，不管是这个 SQL，还是与之连带的触发器，只要有一方未成功执行，要么触发器不被触发，要么触发器执行之后再回滚，这样一来，就确保了数据库的一致性。

16.3.7 MySQL 触发器实例

【例 16.36】使班级表中的班级读者数随着读者的添加自动更新。

为此创建两个表：

```
班级表：class(班级号 classid, 班内读者数 stucount)
学生表 student(学号 stuid, 所属班级号 classid)
--
-- 创建表 tb_class 班级表
--
DROP TABLE IF EXISTS tb_class;
CREATE TABLE tb_class (
  classid INT(11) NOT NULL COMMENT '班级号',
  stucount INT DEFAULT 0 COMMENT '班内读者数',
  PRIMARY KEY (classid)
) ENGINE=InnoDB DEFAULT CHARSET=utf8;
--
-- 插入数据
--
INSERT INTO tb_class(classid,stucount) values
(1,1),
(2,2);
SELECT * FROM tb_class;
-- 创建表 tb_student 学生表
DROP TABLE IF EXISTS tb_student;
CREATE TABLE tb_student (
  stuid INT(11) NOT NULL COMMENT '学号',
  classid INT DEFAULT 0 COMMENT '所属班级号',
  PRIMARY KEY (stuid)
) ENGINE=InnoDB DEFAULT CHARSET=utf8;
-- 插入数据
 INSERT INTO tb_student(stuid,classid) values
(1,1),
(2,2),
(3,2);
SELECT * FROM tb_student;
```

触发器代码如下：

```
DELIMITER $
DROP trigger IF EXISTS tri_a $
CREATE trigger tri_a  after INSERT
on tb_student for each row
begin
    declare c INT;
    SET c = (SELECT stucount FROM tb_class  WHERE classid=new.classid);
    UPDATE tb_class SET stucount = c + 1 WHERE classid = new.classid;
end;
$
DELIMITER ;
```

上述命令的运行结果如图 16.68 所示。

在表 tb_student 中插入一条学号为 4，所属班级为 1 的一条记录。插入后 tb_class（班级表）的 classid（班级号）为 1 记录的 stucount（学生数）应由 1 变为 2 就对了。

```
INSERT INTO tb_student(stuid,classid) values (4,1);
SELECT * FROM tb_student;
```

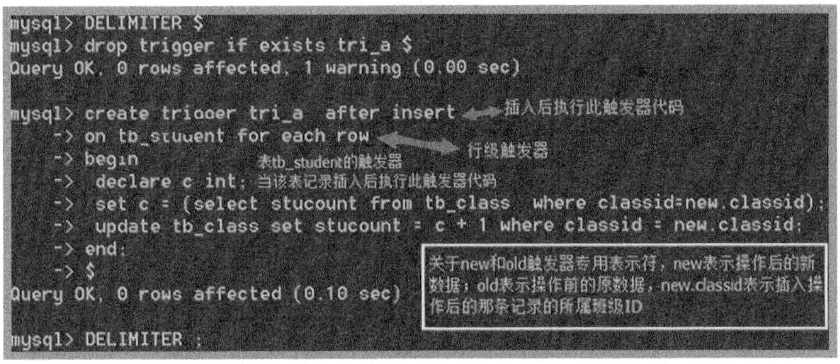

图 16.68 触发器创建 AFTER INSERT 触发器

上述命令的运行结果如图 16.69 所示。

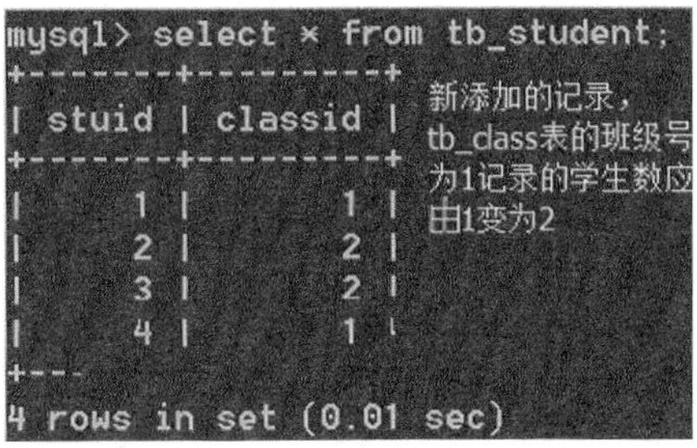

图 16.69 触发器查看学生表数据

```
SELECT * FROM tb_class;
```

上述命令的运行结果如图 16.70 所示。

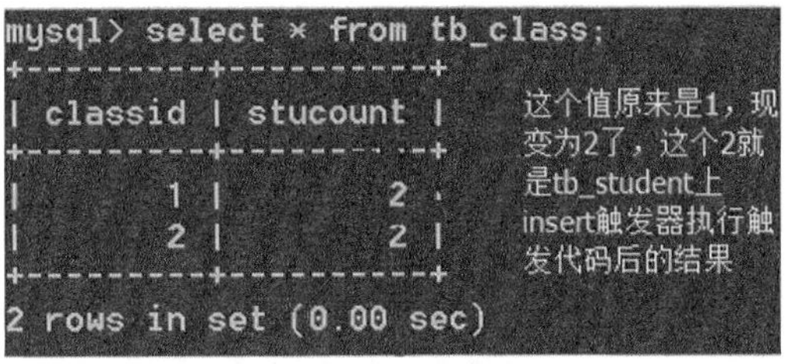

图 16.70 触发器查看班级表数据

【例 16.37】增加 tab1 表记录后自动将记录增加到 tab2 表中。

```
-- 创建表 tab1
DROP TABLE IF EXISTS tab1;
CREATE TABLE tab1(
    tab1_id VARCHAR(11)
);
-- 创建表 tab2
DROP TABLE IF EXISTS tab2;
CREATE TABLE tab2(
    tab2_id VARCHAR(11)
);
```

(1) 创建触发器。

```
DELIMITER $
DROP TRIGGER IF EXISTS tri_b $
CREATE TRIGGER tri_b
AFTER INSERT ON tab1
FOR EACH ROW
```

16.3 MySQL 触发器

```
BEGIN
    INSERT INTO tab2(tab2_id) values(new.tab1_id);
END;
$
DELIMITER ;
```

（2）开始测试。

```
INSERT INTO tab1(tab1_id) values('0001');
SELECT * FROM tab1;
```

（3）查看触发结果。

```
SELECT * FROM tab2;
```

【例 16.38】删除 tab1 表记录后自动将 tab2 表中对应的记录删除。

（1）创建触发器 tri_c。

```
DELIMITER $
DROP TRIGGER IF EXISTS tri_c $
CREATE TRIGGER tri_c
AFTER DELETE ON tab1
FOR EACH ROW
BEGIN
    DELETE FROM tab2  WHERE tab2_id=old.tab1_id;
END;
$
DELIMITER ;
```

（2）开始测试。

```
DELETE FROM tab1 WHERE tab1_id='0001';
SELECT * FROM tab1;
```

（3）查看触发器结果。

```
SELECT * FROM tab2;
```

上述命令的运行结果如图 16.71 所示。

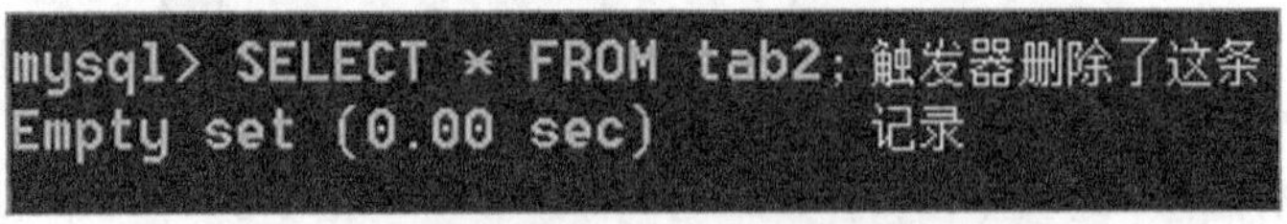

```
mysql> SELECT * FROM tab2;   触发器删除了这条
Empty set (0.00 sec)         记录
```

图 16.71 触发器查看 tab2 表数据（触发结果）

【例 16.39】出售商品，销售信息插入订单表后同时更新商品表商品的剩余数量。

（1）准备工作。

```
-- 创建表 商品表 tb_sp
DROP TABLE IF EXISTS tb_sp;
CREATE TABLE tb_sp (
gid INT(11) NOT NULL AUTO_INCREMENT, -- 商品ID
spname VARCHAR(30) DEFAULT NULL, -- 商品名称
spnum INT(11) DEFAULT NULL, -- 商品剩余数量
PRIMARY KEY  (gid)
) ENGINE=MyISAM DEFAULT CHARSET=utf8 CHECKSUM=1 DELAY_KEY_WRITE=1 ROW_FORMAT=DYNAMIC
COMMENT='tb_sp';
-- 创建表 订单表 tb_dd
DROP TABLE IF EXISTS  tb_dd ;
CREATE TABLE tb_dd (
oid INT(11) NOT NULL AUTO_INCREMENT, -- 订单ID
```

```
gid INT DEFAULT NULL, -- 商品ID
xssl INT(11) DEFAULT NULL, -- 销售数量
PRIMARY KEY  (oid)
) ENGINE=MyISAM DEFAULT CHARSET=utf8 CHECKSUM=1 DELAY_KEY_WRITE=1 ROW_FORMAT=DYNAMIC
COMMENT='tb_dd';
-- 插入数据tb_sp
INSERT INTO tb_sp(spname,spnum) values('商品1',10),('商品2',10),('商品3',10);
如果在没使用触发器之前：假设现在卖了3个商品1，需要做两件事
往订单表插入一条记录。
INSERT INTO tb_dd(gid,xssl) values(1,3);
更新商品表商品1的剩余数量。
UPDATE tb_sp SET spnum=spnum - 3 WHERE gid=1;
```

（2）通过触发器来完成。

```
delimiter $ -- 告诉MySQL语句的结尾符换成以$结束
DROP TRIGGER IF EXISTS tri_d $
CREATE trigger tri_d
after INSERT on tb_dd
for each row
begin
UPDATE tb_sp  SET spnum = spnum - new.xssl WHERE gid = new.gid;
end;
$
delimiter ; -- 告诉MySQL语句的结尾符恢复原来的;结束
```

（3）开始测试。

1）执行下面的SQL语句。

```
INSERT INTO tb_dd(gid,xssl) values(1,3);
```

2）查看一下tb_sp。

```
SELECT * FROM tb_sp;
```

上述命令的运行结果如图16.72所示。

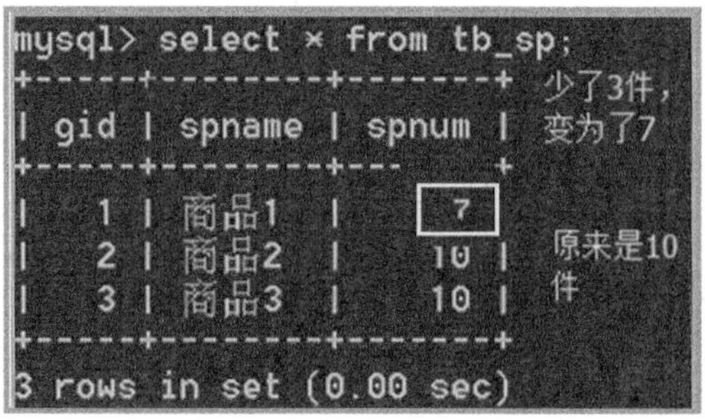

图16.72　触发器查看tb_sp表数据

此时会发现商品1的数量由原来的10变为7，说明在插入一条订单的时候，触发器自动做了更新操作。

现在还存在两种情况，当用户撤销一个订单的时候，这边直接删除一个订单，把对应的商品数量复原；当用户修改一个订单的数量时，这个触发器又该怎么写呢？先分析一下第一种情况，监视地点：tb_dd表；监视事件：DELETE；触发时机：AFTER；触发动作：UPDATE。对于DELETE而言，原本有一行，后来被删除，想引用被删除的这一行，用old来表示，old.列名可以引用被删除的行的值。

16.3 MySQL 触发器

（1）触发器代码如下。

```
delimiter $ -- 告诉MySQL语句的结尾符换成以$结束
DROP TRIGGER IF EXISTS tri_e $
CREATE trigger tri_e
after DELETE on tb_dd
for each row
begin
UPDATE tb_sp SET spnum = spnum + old.xssl WHERE gid = old.gid;
end;
$
delimiter  ; -- 告诉MySQL语句的结尾符恢复原来的";"结束。
```

（2）执行下面的语句：

```
DELETE FROM tb_dd WHERE oid = 1;
```

（3）查询一下 tb_sp 表数据：

```
SELECT * FROM tb_sp ;
```

上述命令的运行结果如图 16.73 所示。

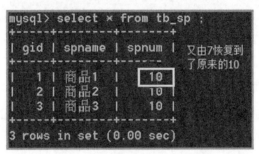

图 16.73　触发器查看 tb_sp 表数据

此时会发现商品 1 的数量又变为 10 了。

第二种情况，就是当用户修改一个订单的数量时，这个触发器又该怎么写呢？

监视地点：tb_dd 表、监视事件：UPDATE、触发时间：AFTER、触发动作：UPDATE。对于 UPDATE 而言：被修改的行，修改前的数据（原来的数据），用 old 来表示，old.列名——引用被修改之前行中的值（原值）；修改的后的数据，用 new 来表示，new.列名——引用被修改之后行中的值（新值）。

那这个触发器的功能是这样的，先把旧的数量恢复到商品剩余数量中，然后再减去新的数量就是修改后的剩余商品数量了。

（1）触发器代码如下。

```
delimiter $ -- 告诉MySQL语句的结尾符换成以$结束
DROP TRIGGER IF EXISTS tri_f $
CREATE trigger tri_f
after UPDATE on tb_dd
for each row
begin
UPDATE tb_sp SET spnum = spnum + old.xssl - new.xssl WHERE gid = new.gid;
-- 或 UPDATE tb_sp SET spnum = spnum + old.xssl - new.xssl WHERE gid = old.gid;
end;
$
delimiter  ; --  告诉MySQL语句的结尾符换成";"结束
```

（2）开始测试。

目前商品表的所有商品的剩余数量全部为 10，下面来看一下。

```
SELECT * FROM tb_sp;
```

（3）再在订单表中插入一条数据。

```
INSERT INTO tb_dd(gid,xssl) values(1,3);
```

（4）查看并验证数据。

这条数据插入后，商品表商品 1 的剩余数量变为 7。

```
SELECT * FROM tb_dd;
```

上述命令的运行结果如图 16.74 所示。

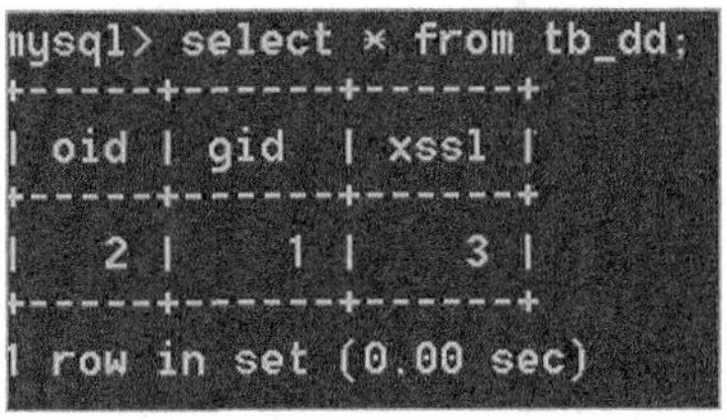

图 16.74　查看 tb_dd 表数据

```
SELECT * FROM tb_sp;
```

上述命令的运行结果如图 16.75 所示。

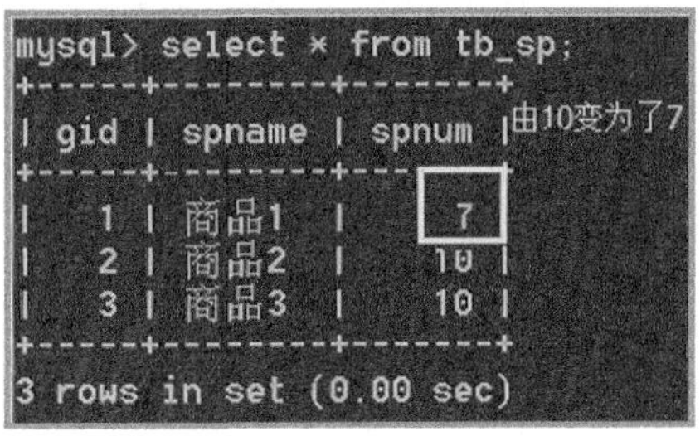

图 16.75　查看 tb_sp 表数据

修改 tb_dd 表"商品 1"的销售数量，将销售数量改为 6（由 3 改 6）。改 6 后，"商品 1"的剩余数量应该为 4。即 7（"商品 1"当前剩余数量）＋3（之前销售数量）-6（当前修改后的新数量），7＋ 3－6 ＝ 4。

```
UPDATE tb_dd SET xssl = 6 WHERE oid = 2 AND gid = 1;
```

查看一下 tb_sp 表"商品 1"的剩余数量，如果为 4，那就对了。

```
SELECT * FROM tb_sp;
```

上述命令的运行结果如图 16.76 所示。

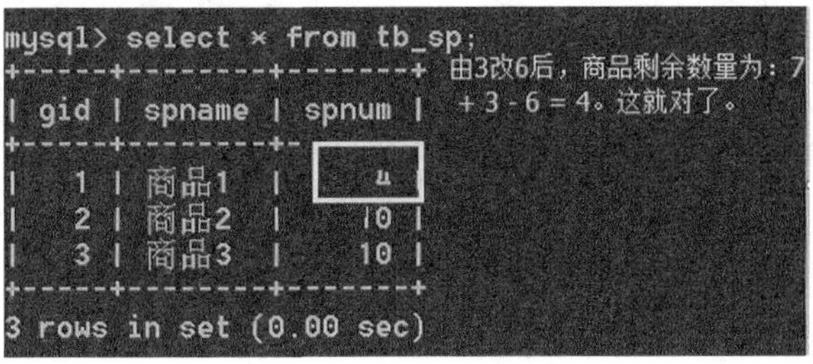

图 16.76　查看 tb_sp 表数据

【例 16.40】 更新或删除用户信息，与之相关的数据同步发生变化。

（1）准备数据。

创建 uuser 表并加入数据。

```
DROP TABLE IF EXISTS uuser ;
CREATE TABLE uuser (
id INT(11) NOT NULL AUTO_INCREMENT COMMENT '用户 ID',
name VARCHAR(50) NOT NULL default '' COMMENT '名称',
sex INT(1) NOT NULL default '0' COMMENT '0 为男，1 为女',
PRIMARY KEY  (id)
) ENGINE=MyISAM  DEFAULT CHARSET=utf8 ;
INSERT INTO uuser (id, name, sex) VALUES
(1, '张映', 0),
(2, 'tank', 0);
```

创建 ccomment 表并加入数据。

```
DROP TABLE IF EXISTS ccomment ;
CREATE TABLE ccomment (
c_id INT(11) NOT NULL AUTO_INCREMENT COMMENT '评论 ID',
u_id INT(11) NOT NULL COMMENT '用户 ID',
name VARCHAR(50) NOT NULL default '' COMMENT '用户名称',
content VARCHAR(1000) NOT NULL default '' COMMENT '评论内容',
PRIMARY KEY  (c_id)
) ENGINE=MyISAM  DEFAULT CHARSET=utf8 ;
INSERT INTO ccomment (c_id, u_id, name, content) VALUES
(1, 1, '张映', '触发器测试'),
(2, 1, '张映', '解决字段冗余'),
(3, 2, 'tank', '使代码更简单');
```

（2）需求描述。

要做的事情是：当更新 user 表的 name 时，触发器同时更新 comment 表，就不要写 php 代码去更新了；当用户被删除时，comment 表中有关该用户的数据将被删除。

（3）建立更新 user 表数据触发器 updatename。

```
delimiter ||
DROP trigger IF EXISTS updatename ||     -- 删除同名的触发器，
CREATE trigger updatename after UPDATE on uuser for each row    -- 建立触发器，
begin
 -- old,new 都是代表当前操作的记录行，把它当成表名，也行；
if new.name!=old.name then    -- 当表中用户名称发生变化时，执行
UPDATE ccomment SET ccomment.name=new.name WHERE ccomment.u_id=old.id;
end if;
end;
||
delimiter ;
```

上述命令的运行结果如图 16.77 所示。

```
MariaDB [jiaowglxt]> CREATE trigger updatename after UPDATE on uuser for each ro
w   -- 建立触发器，
    -> begin
    ->  -- old,new都是代表当前操作的记录行，把它当成表名，也行；
    -> if new.name!=old.name then    -- 当表中用户名称发生变化时，执行
    -> UPDATE ccomment SET ccomment.name=new.name WHERE ccomment.u_id=old.id;
    -> end if;
    -> end;
    -> ||
Query OK, 0 rows affected (0.03 sec)
```

图 16.77 创建更新触发器

（4）建立删除 user 表数据的触发器 deletecomment。

```
delimiter ||
DROP trigger IF EXISTS deletecomment ||
CREATE trigger deletecomment before DELETE on uuser for each row
begin
DELETE FROM ccomment WHERE ccomment.u_id=old.id;
end;
||
delimiter ;
```

上述命令的运行结果如图 16.78 所示。

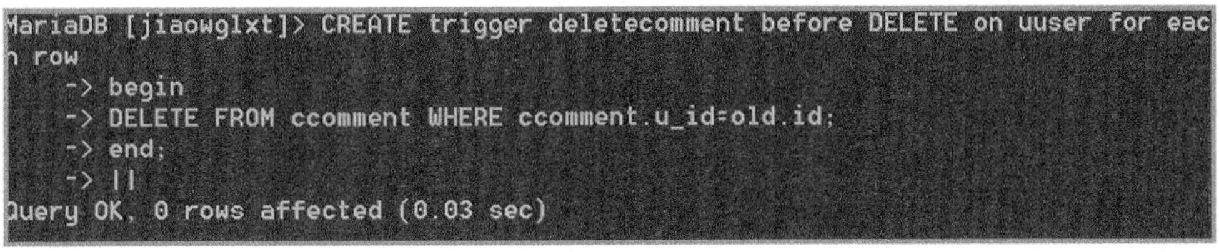

```
MariaDB [jiaowglxt]> CREATE trigger deletecomment before DELETE on uuser for eac
h row
    -> begin
    -> DELETE FROM ccomment WHERE ccomment.u_id=old.id;
    -> end;
    -> ||
Query OK, 0 rows affected (0.03 sec)
```

图 16.78　创建删除触发器

（5）开始测试。

UPDATE 触发器。

```
UPDATE uuser SET name='苍鹰' WHERE id = 1;
```

更新 uuser 表后，查看 ccomment 表的 name 字段数据是否发生变化。

DELETE 触发器。

```
DELETE FROM uuser WHERE id = 1;
```

删除 uuser 表数据后，查看 ccomment 表数据是否发生变化。

第 17 章 MySQL 备份与恢复

本章将重点讲解 MySQL 数据库的备份与恢复，包括 mysqldump 与 BingLog 两种方式对 MySQL 数据库进行备份与恢复操作等。

数据备份是保证数据安全的最后一道屏障，当出现由于不可抗力，如火灾、自然灾害等导致服务器损坏，数据库已无法再启用时，在这一时刻，数据库的备份将显得尤为重要，可以将损失降到最低。假如没有备份，那后果将不堪设想。

通过本章的学习，读者可掌握 mysqldump 与 BingLog 两种方式对 MySQL 数据库进行备份与恢复操作技术。

17.1 MySQL 数据库备份的多种操作手段

17.1.1 数据库备份的重要性

数据备份是保证数据安全的最后一道屏障，当出现由于不可抗力，如火灾、自然灾害等导致服务器损坏，数据库已无法再启用时，在这一时刻，数据库的备份将显得尤为重要，可以将损失降到最低；假如没有备份，那后果将不堪设想。因此，其重要性主要体现在以下 3 个方面。

- 使数据库的失效次数减到最少，从而使数据库保持最大的可用性。
- 当数据库失效后，使恢复时间减到最少，从而使恢复的效益达到最高。
- 当数据库失效后，确保尽量少的数据丢失或根本不丢失，从而使数据具有最大的可恢复性。

17.1.2 mysqldump 常用命令

1. 导出某个数据库，结构 + 数据

语法如下：

```
shell>mysqldump -hlocalhost -u -p --opt --default-character-set=gbk|utf8|latin1 db_name > source/db_bakup/db_name.sql
```

其中"localhost"为服务器 IP 地址，"-u"后面为数据库的账户名，"-p"后面为账户密码，"--default-character-set＝gbk|utf8|latin1"为设定导出文件的字符集，"source/db_bakup/db_name.sql"为导出文件的存放位置，如图 17.1 所示。

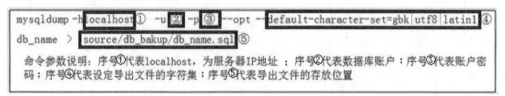

图 17.1　导出某个数据库的结构+数据命令解释

命令如下：

```
shell>mysqldump  -hlocalhost  -uroot -proot   --opt --default-character-set=gbk db_fcms >
d:/mysql_dbbk/db_fcms.sql
```

上述命令的运行结果如图 17.2 和图 17.3 所示。

```
D:\wamp\bin\mysql\mysql5.6.17\bin>mysqldump  -hlocalhost -uroot -proot   --opt --
default-character-set=gbk db_fcms > d:/mysql_dbbk/db_fcms.sql
Warning: Using a password on the command line interface can be insecure.
```

图 17.2　导出某个数据库结构＋数据

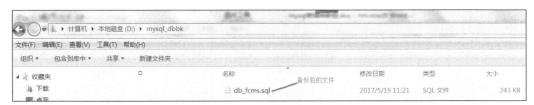

图 17.3　导出某个数据库结构＋数据形成的 SQL 文件

2. 导出某个数据库的表，结构＋数据＋函数＋存储过程

语法如下：

```
shell>mysqldump -h192.168.1.218 -u -p --opt -R --default-character-set=gbk|utf8|latin1
db_name > source/db_backup/db_name.sql
```

命令如下：

```
shell>mysqldump  -hlocalhost -uroot -proot   --opt -R --default-character-set=gbk db_fcms
> d:/mysql_dbbk/db_fcms_1.sql
```

上述命令的运行结果如图 17.4 所示。

```
D:\wamp\bin\mysql\mysql5.6.17\bin>mysqldump  -hlocalhost -uroot -proot   --opt -R
--default-character-set=gbk db_fcms > d:/mysql_dbbk/db_fcms_1.sql
Warning: Using a password on the command line interface can be insecure.
```

图 17.4　导出某个数据库的表结构＋数据＋函数＋存储过程

3. 导出多个数据库

语法如下：

```
shell>mysqldump -h192.168.1.218 -u -p --opt --databases --default-character-set=gbk|utf8
|latin1 db_name1 db_name2 db_name3 >source/db_backup/db_name.sql
```

命令如下：

```
shell>mysqldump  -hlocalhost -uroot -proot   --opt --databases --default-character-set=gb
k   db_fcms  db_gp4 db_gp5 > d:/mysql_dbbk/db_fcms_2.sql
```

上述命令的运行结果如图 17.5 所示。

```
D:\wamp\bin\mysql\mysql5.6.17\bin>mysqldump  -hlocalhost -uroot -proot   --opt --
databases --default-character-set=gbk    db_fcms  db_gp4 db_gp5 > d:/mysql_dbbk/
db_fcms_2.sql
Warning: Using a password on the command line interface can be insecure.
```

图 17.5　导出多个数据库

4. 导出所有的数据库

语法如下：

```
shell>mysqldump -h192.168.1.218 -u -p --opt --all-databases --default-character-set=gbk|utf8|latin1 >source/db_backup/db_name.sql
```

命令如下：

```
shell>mysqldump -hlocalhost -uroot -proot --opt --all-databases --default-character-set=gbk>d:/mysql_dbbk/db_fcms_3.sql
```

上述命令的运行结果如图 17.6 和图 17.7 所示。

```
D:\wamp\bin\mysql\mysql5.6.17\bin>mysqldump -hlocalhost -uroot -proot --opt --all-databases --default-character-set=gbk    > d:/mysql_dbbk/db_fcms_3.sql
Warning: Using a password on the command line interface can be insecure.
```

图 17.6 导出多个数据库

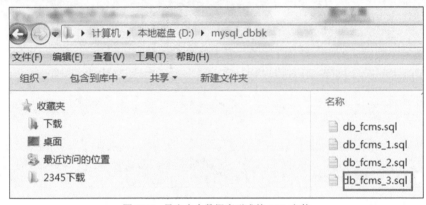

图 17.7 导出多个数据库形成的 SQL 文件

5. 导出某个数据库的结构

语法如下：

```
shell>mysqldump -h192.168.1.218 -u -p --opt --no-data db_name> source/db_backup/db_name.sql
```

命令如下：

```
shell>mysqldump -hlocalhost -uroot -proot --opt --no-data db_fcms> d:/mysql_dbbk/db_fcms_4.sql
```

上述命令的运行结果如图 17.8 所示。

```
D:\wamp\bin\mysql\mysql5.6.17\bin>mysqldump -hlocalhost -uroot -proot --opt --no-data db_fcms > d:/mysql_dbbk/db_fcms_4.sql
Warning: Using a password on the command line interface can be insecure.
```

图 17.8 导出某个数据库的结构

6. 导出某个数据库的数据

语法如下：

```
shell>mysqldump -h192.168.1.218 -u -p --opt --no-create-info --default-character-set=gbk|utf8|latin1 db_name>source/db_backup/db_name.sql
```

命令如下：

```
shell>mysqldump -hlocalhost -uroot -proot --opt --no-create-info --default-character-set= gbk db_fcms>d:/mysql_dbbk/db_fcms_5.sql
```

上述命令的运行结果如图 17.9 所示。

```
D:\wamp\bin\mysql\mysql5.6.17\bin>mysqldump -hlocalhost -uroot -proot --opt --no-create-info --default-character-set=gbk db_fcms  > d:/mysql_dbbk/db_fcms_5.sql
Warning: Using a password on the command line interface can be insecure.
```

图 17.9　导出某个数据库的数据

7. 导出某个数据库的某张表

语法如下：

```
shell>mysqldump -h192.168.1.218 -u -p --opt --default-character-set=gbk|utf8|latin1 db_name tbl_name>source/db_backup/db_name.sql
```

命令如下：

```
shell>mysqldump -hlocalhost -uroot -proot --opt --default-character-set=gbk db_fcms ykxt_jiayou>d:/mysql_dbbk/db_fcms_6.sql
```

上述命令的运行结果如图 17.10 所示。

```
D:\wamp\bin\mysql\mysql5.6.17\bin>mysqldump -hlocalhost -uroot -proot --opt --default-character-set=gbk db_fcms ykxt_jiayou > d:/mysql_dbbk/db_fcms_6.sql
Warning: Using a password on the command line interface can be insecure.
```

图 17.10　导出某个数据库的某张表

8. 导出某个数据库的某张表的结构

语法如下：

```
shell>mysqldump -h192.168.1.218 -u -p --opt --no-data db_name tal_name>source/db_backup/db_name.sql
```

命令如下：

```
shell>mysqldump -hlocalhost -uroot -proot --opt --no-data db_fcms ykxt_jiayou> d:/mysql_dbbk/db_fcms_7.sql
```

9. 导出某个数据库的某张表的数据

语法如下：

```
shell>mysqldump -h192.168.1.218 -u -p --opt --no-create-info --default-character-set=gbk db_name tbl_name>source/db_backup/db_name.sql
```

命令如下：

```
shell>mysqldump -hlocalhost -uroot -proot --opt --no-create-info --default-character-set=gbk db_fcms ykxt_jiayou> d:/mysql_dbbk/db_fcms_8.sql
```

上述命令的运行结果如图 17.11 和图 17.12 所示。

```
D:\wamp\bin\mysql\mysql5.6.17\bin>mysqldump -hlocalhost -uroot -proot --opt --no-create-info --default-character-set=gbk db_fcms ykxt_jiayou > d:/mysql_dbbk/db_fcms_8.sql
Warning: Using a password on the command line interface can be insecure.
```

图 17.11　导出某个数据库某张表的数据

```
名称                修改日期            类型         大小
db_fcms.sql         2017/5/19 13:21    SQL 文件    235 KB
db_fcms_1.sql       2017/5/19 13:25    SQL 文件    269 KB
db_fcms_2.sql       2017/5/19 13:32    SQL 文件    1,668 KB
db_fcms_3.sql       2017/5/19 13:37    SQL 文件    8,390 KB
db_fcms_4.sql       2017/5/19 14:12    SQL 文件    56 KB
db_fcms_5.sql       2017/5/19 14:15    SQL 文件    186 KB
db_fcms_6.sql       2017/5/19 14:18    SQL 文件    90 KB
db_fcms_7.sql       2017/5/19 14:21    SQL 文件    3 KB
db_fcms_8.sql       2017/5/19 14:23    SQL 文件    89 KB
```
一共8个备份导出文件

图 17.12　导出某个数据库某张表的数据形成的 SQL 文件

10. 跨主机备份数据库

语法如下：

```
mysqldump -hhost1 -u -p --opt -R --default-character-set=gbk/utf8/LATIN1  sourcedb|mysql -hhost2 -u -p -C --default-character-set=gbk/utf8/latin1  targetdb
```

这个方法可以将 host1 主机中的 sourcedb 复制到 Host2 主机中 targetdb 中，但必须 Host2 预先已经创建了 targetdb 数据库才可以。

命令如下：

```
shell>mysqldump -h localhost -uroot -proot --opt db_fcms|mysql -h localhost -u root -p root -C db_fcms2
```

上述命令的运行结果如图 17.13 所示。

```
D:\wamp\bin\mysql\mysql5.6.17\bin>mysqldump -hlocalhost -uroot -proot --opt db_fcms | mysql -hlocalhost -uroot -proot -C db_fcms2
Warning: Using a password on the command line interface can be insecure.
Warning: Using a password on the command line interface can be insecure.
```

图 17.13　跨主机备份数据库

注意：加入-R（存储过程及函数一并移走）后，mysqldump 没反应了，原因不明。

17.1.3　mysqldump 备份所有数据库

语法如下：

```
shell>mysqldump -h192.168.1.218 -u -p --opt --all- databases --default-character-set=gbk | utf8|latin1>source/db_backup/db_name.sql
```

命令如下：

```
shell>mysqldump -hlocalhost -uroot -proot --opt --all- databases --default-character-set=gbk > d:/mysql_dbbk/db_fcms_3.sql
```

上述命令的运行结果如图 17.14 和图 17.15 所示。

```
D:\wamp\bin\mysql\mysql5.6.17\bin>mysqldump -hlocalhost -uroot -proot --opt --all-databases --default-character-set=gbk   > d:/mysql_dbbk/db_fcms_3.sql
Warning: Using a password on the command line interface can be insecure.
```

图 17.14　导出所有数据库

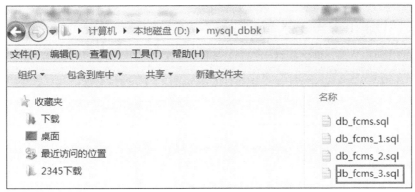

图 17.15　导出所有数据库形成的 SQL 文件

17.1.4　mysqldump 备份多个数据库

语法如下：

```
shell>mysqldump -h192.168.1.218 -u -p --opt -- databases --default-character-set=gbk| utf8|latin1   db_name1 db_name2 db_name3 > source/db_backup/db_name.sql
```

命令如下：

```
shell>mysqldump -hlocalhost -uroot -proot --opt -- databases --default-character-set=gbk   db_fcms db_gp4 db_gp5 > d:/mysql_dbbk/db_fcms_2.sql
```

上述命令的运行结果如图 17.16 和图 17.17 所示。

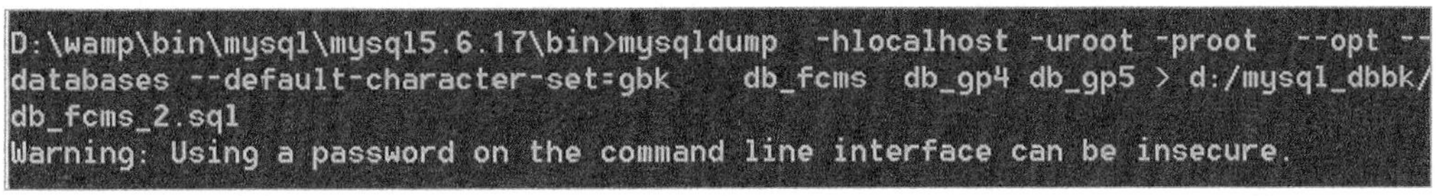

```
D:\wamp\bin\mysql\mysql5.6.17\bin>mysqldump -hlocalhost -uroot -proot --opt --
databases --default-character-set=gbk   db_fcms db_gp4 db_gp5 > d:/mysql_dbbk/
db_fcms_2.sql
Warning: Using a password on the command line interface can be insecure.
```

图 17.16　备份多个数据库

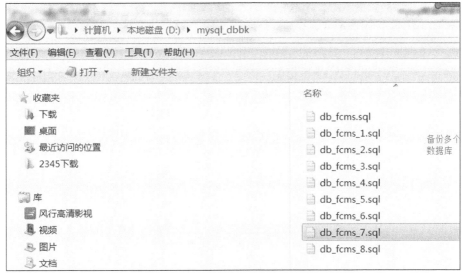

图 17.17　备份多个数据库形成的 SQL 文件

17.1.5 MySQL 命令恢复 mysqldump 备份的数据库

1. 语法

```
mysql -u 用户名 -p 密码 -h 主机 数据库 < 路径
```

注意：恢复要使用 mysql.exe 命令。

2. 实例

首先备份一个数据库，然后创建一个新的数据库，最后将备份的数据库恢复到新数据库中。

（1）将本书采用的 db_fcms 数据库备份，要求表结构＋数据＋函数＋存储过程。

```
shell>mysqldump -hlocalhost -uroot -proot --opt -R --default-character-set=gbk db_fcms > d:/mysql_dbbk/db_fcms_bf_1.sql
```

上述命令的运行结果如图 17.18 和图 17.19 所示。

```
D:\wamp\bin\mysql\mysql5.6.17\bin>mysqldump -hlocalhost -uroot -proot --opt -R -
-default-character-set=gbk db_fcms > d:/mysql_dbbk/db_fcms_bf_1.sql
Warning: Using a password on the command line interface can be insecure.
```

图 17.18　表结构＋数据＋函数＋存储过程备份

| 📄 db_fcms_bf_1.sql | 2017/5/19 16:12 | SQL 文件 | 269 KB |

图 17.19　表结构＋数据＋函数＋存储过程备份形成的 SQL 文件

（2）创建一个新的数据库，取名为 db_fcms_hf。

```
CREATE DATABASE IF NOT EXISTS db_fcms_hf DEFAULT CHARACTER SET utf8 COLLATE utf8_general_ci;
```

上述命令的运行结果如图 17.20 和图 17.21 所示。

```
mysql> CREATE DATABASE IF NOT EXISTS db_fcms_hf DEFAULT CHARACTER SET utf8 COLLA
TE utf8_general_ci;
Query OK, 1 row affected (0.03 sec)
```

图 17.20　创建一个新的数据库

图 17.21　创建一个新的数据库

（3）实施恢复。

恢复要用 mysql.exe 命令恢复 mysqldump 备份的文件。

```
shell>mysql -uroot -proot -hlocalhost --default-character-set=gbk db_fcms_hf< d:/mysql_dbbk/db_fcms_bf_1.sql
```

将上面代码输入到 shell 下执行，运行结果如图 17.22 和图 17.23 所示。

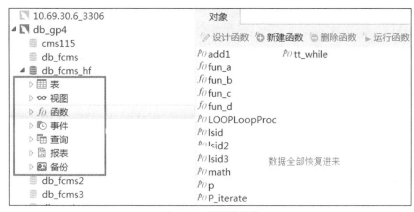

图 17.22　恢复数据库

图 17.23　恢复数据库

17.2　MySQL BINLOG 日志管理

17.2.1　MySQL BINLOG 日志详解

1. MySQL 的 binlog 说明

看"binlog"这个单词：bin 二进制，log 日志，合起来就是二进制日志。MySQL 的二进制日志可以说是 MySQL 最重要的日志了。它记录了所有的 DDL（数据定义语言——CREATE 语句）和 DML（数据操纵语言——除了 SELECT 语句的 INSERT、UPDATE、DELETE）语句，以事件形式记录，还包含语句所执行的消耗的时间，MySQL 的二进制日志属事务安全型的。

一般来说，开启了二进制日志大概会有 1%的性能损耗（参见 MySQL 官方中文手册）。

二进制有两个最重要的使用场景。

（1）MySQL 在 Master 端开启 binlog，slaves 通过 Replication（复制）把 master 的二进制日志传递给 slaves 来达到 master-slave 数据一致的目的。

（2）数据恢复，通过使用 Mysqlbinlog 工具来使恢复数据。

二进制日志包括两类文件 。

（1）二进制日志索引文件（文件名后缀为.INDEX）用于记录所有的二进制文件。

（2）二进制日志文件（文件名后缀为.00000*）记录数据库所有的 DDL 和 DML（除 SELECT 以外）语句事件。

2. MySQL binlog 的 3 种工作模式

（1）Row level。

日志中会记录每一行数据被修改的情况，然后在 slave 端对相同的数据进行修改。其优点是能清楚地记录每一行数据修改的细节；缺点是数据量太大。

（2）Statement level（默认）。

每一条被修改数据的 SQL 都会记录到 master 的 bin-log 中，slave 在复制的时候，SQL 进程会解析成和原来 master 端执行过的相同的 SQL 并再次执行。其优点是解决了 Row level 的缺点，不需要记录每一行的数据变化，减少 bin-log 日志量，节约磁盘 IO，提高性能；缺点是容易出现主从复制不一致的情况。

（3）Mixed（混合模式）。

Mixed 结合了 Row level 和 Statement level 的优点。

3. binlog 模式的选择

使用 MySQL 较少的功能——不用存储过程、触发器和函数，在这种情况下选择默认的 Statement level。

用到 MySQL 的特殊功能（存储过程、触发器和函数），则选择 Mixed 模式。

用到 MySQL 的特殊功能（存储过程、触发器和函数），又要求数据最大化则选择 Row 模式。

4. 设置 MySQL binlog 模式

（1）查看 MySQL binlog 模式。

```
mysql>SHOW global variables LIKE "binlog%";
```

上述命令的运行结果如图 17.24 所示。

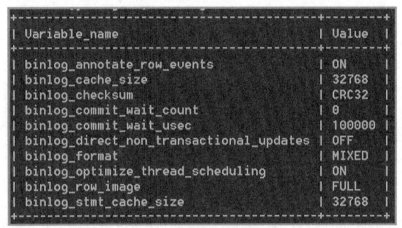

图 17.24　查看 MySQL binlog 模式

（2）MySQL 中设置 binlog 模式。

1）第 1 种方式。

语法如下：

```
mysql>SET global binlog_format='row'|'mixed '|'statement';
```

命令如下：

```
SET global binlog_format='mixed';
```

上述命令的运行结果如图 17.25 所示。

```
mysql> set global binlog_format='row';
Query OK, 0 rows affected (0.00 sec)
```

图 17.25　设置 binlog 模式

2）第 2 种方式。

配置文件中设置 binlog 模式——打开 MySQL 数据库的启动配置文件 my.ini，找到[mysqld]模块,在其下加入 binlog_format='ROW'这一行。配置完成后需重启 MySQL 服务,如图 17.26 所示。

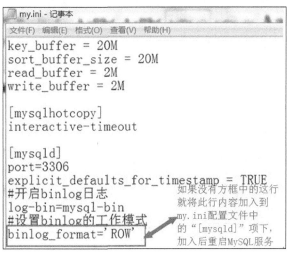

图 17.26　设置 binlog 模式

5. 开启 MySQL 的 binlog 日志

MySQL 配置文件中设置 binlog 日志开启——打开 MySQL 数据库的启动配置文件 my.ini,找到[mysqld]项,在其下加入 log-bin=MySQL-bin 这一行。

配置完成后需重启 MySQL 服务,如图 17.27 所示。

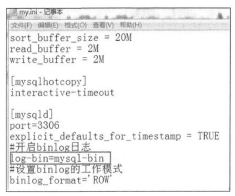

图 17.27　开启 binlog 模式

6. 开启 MySQL 的 binlog 日志,命令方式

(1) 语法如下:

```
shell>MySQL -hlocalhost -uroot -proot -e "SET global sql_log_bin=1|0";
```

其中 0 表示禁止;1 表示开启。

全局变量 sql_log_bin=1 表示开启;sql_log_bin=0 表示禁止。

(2) 举例。

- 开启日志,命令如下:

```
D:\wamp\bin\mysql\mysql5.6.17\bin\mysql -hlocalhost -uroot -proot -e "SET global sql_log_bin=1 ";
```

上述命令的运行结果如图 17.28 所示。

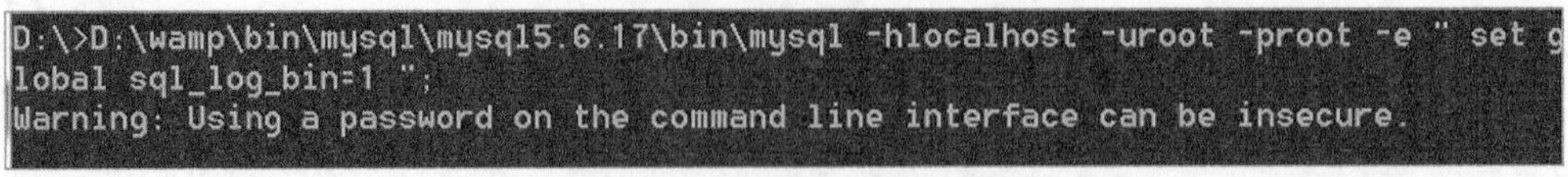

17.2 MySQL BINLOG 日志管理

图 17.28 开启 binlog 模式命令

- 查看开启状态，命令如下：

```
D:\wamp\bin\mysql\mysql5.6.17\bin\mysql  -hlocalhost -uroot -proot -e "SHOW global variables LIKE 'sql_log_bin'\G";
```

上述命令的运行结果如图 17.29 所示。

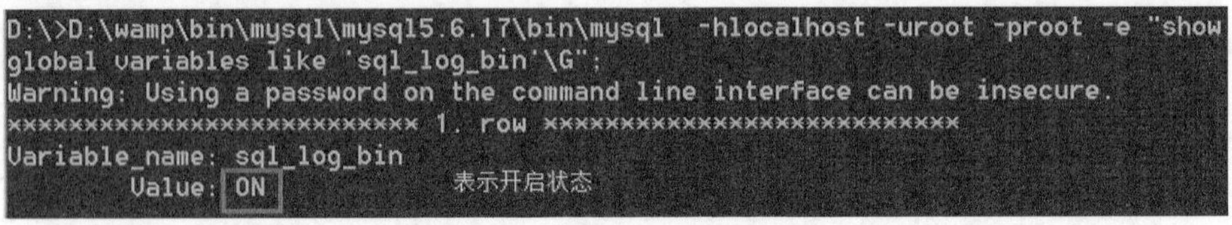

图 17.29 查看 binlog 模式命令

- 禁止日志，命令如下：

```
D:\wamp\bin\mysql\mysql5.6.17\bin\mysql -hlocalhost -uroot -proot -e " SET global sql_log_bin=0 ";
```

上述命令的运行结果如图 17.30 所示。

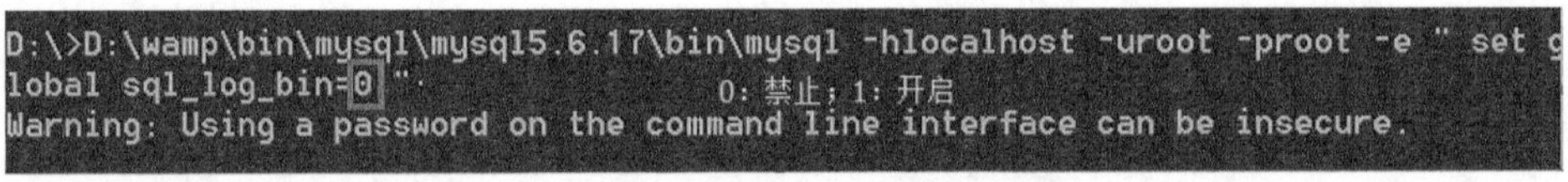

图 17.30 禁止 binlog 模式命令

- 查看状态，命令如下：

```
D:\wamp\bin\mysql\mysql5.6.17\bin\mysql  -hlocalhost -uroot -proot -e "SHOW global variables LIKE 'sql_log_bin'\G";
```

上述命令的运行结果如图 17.31 所示。

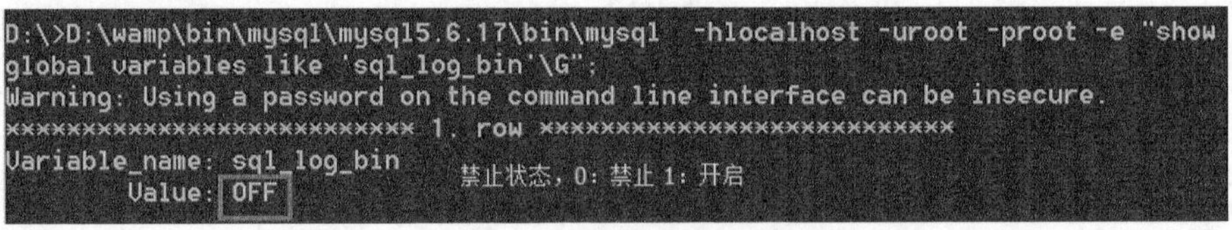

图 17.31 查看 binlog 模式命令

- 查看命令，命令如下：

```
D:\wamp\bin\mysql\mysql5.6.17\bin\mysql  -hlocalhost -uroot -proot -e "SHOW global variables LIKE 'sql_log_bin'\G";
```

- 禁止日志，命令如下：

```
D:\wamp\bin\mysql\mysql5.6.17\bin\mysql -hlocalhost -uroot -proot -e " set global sql_log_bin=0 ";
```

- 查看一下是否开启了 binlog，命令如下：

```
mysql>SHOW  variables  LIKE  'log_%';
```

上述命令的运行结果如图 17.32 所示。

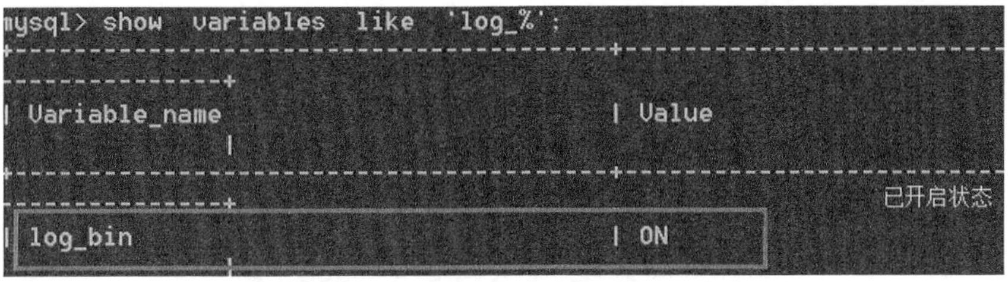

图 17.32　查看是否开启了 binlog 模式

7. 设置 MySQL 的 binlog 日志自动清理期限

（1）动态设置。

- 语法如下：

```
SET global expire_logs_days = n（天数 0～99）;
```

- 设置 binlog 日志 10 天后自动删除，命令如下：

```
mysql>SET global expire_logs_days = 10;
```

- 查看一下设置结果，命令如下：

```
mysql>SHOW variables LIKE 'expire_logs_days';
```

上述命令的运行结果如图 17.33 所示。

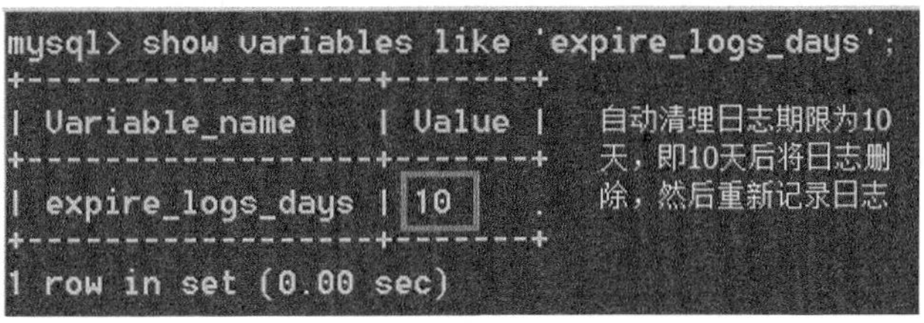

图 17.33　查看 MySQL 的 binlog 日志自动清理期限

（2）设置到配置文件。

打开 MySQL 数据库配置文件 my.ini（在 MySQL 安装根目录下），找到"[mysqld]"项目，在里面加入：

#设置备份日志多少天后自动销毁：expire_logs_days＝n（0～99）这行（如果没有就加入），如图 17.34 所示。

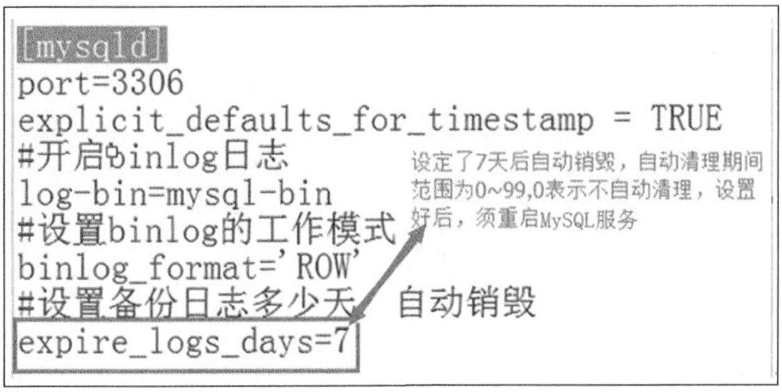

图 17.34　MySQL 的 binlog 日志自动清理期限设置到配置文件

17.2　MySQL BINLOG 日志管理

8. 常用 binlog 日志操作命令

（1）查看所有 binlog 日志列表。

```
mysql> SHOW MASTER logs;
```

上述命令的运行结果如图 17.35～图 17.37 所示。

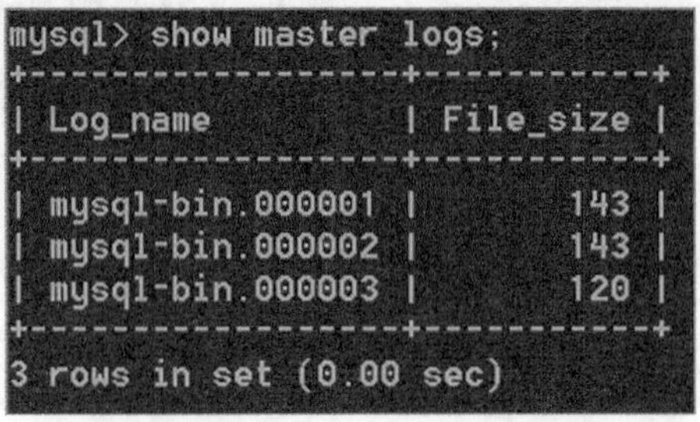

图 17.35　查看所有 binlog 日志列表

这些文件的位置在 MySQL 安装目录下的"data"文件夹下。

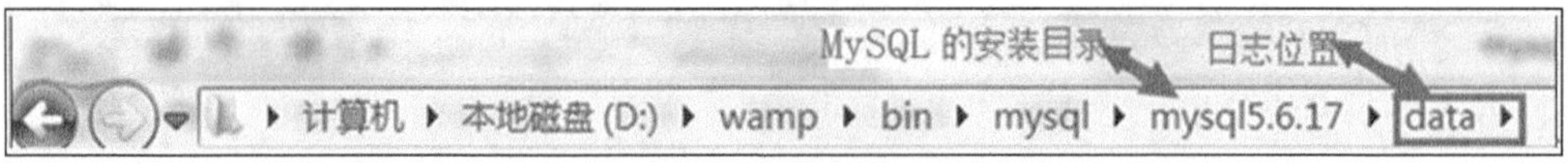

图 17.36　查看所有 binlog 日志列表

图 17.37　查看所有 binlog 日志列表

（2）查看 MASTER 状态，即最后（最新）一个 binlog 日志的编号名称及其最后一个操作事件 pos 结束点（Position）值。

```
mysql> SHOW MASTER status;
```

上述命令的运行结果如图 17.38 所示。

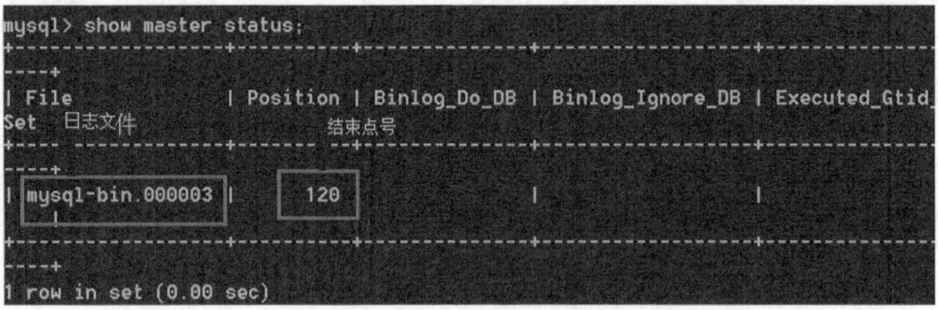

图 17.38　查看最后（最新）binlog 日志信息

（3）刷新 log 日志，自此刻开始产生一个新编号的 binlog 日志文件。

```
mysql> flush logs;
```

上述命令的运行结果如图 17.39 所示。

第 17 章　MySQL 备份与恢复

```
mysql> flush logs;
Query OK, 0 rows affected (0.09 sec)

mysql> show master status;
+------------------+----------+--------------+------------------+-------------------+
| File             | Position | Binlog_Do_DB | Binlog_Ignore_DB | Executed_Gtid_Set |
+------------------+----------+--------------+------------------+-------------------+
| mysql-bin.000004 |      120 |              |                  |                   |
+------------------+----------+--------------+------------------+-------------------+
1 row in set (0.00 sec)
```

图 17.39　刷新 log 日志

注意：每当 mysqld 服务重启时，会自动执行此命令，刷新 binlog 日志；在 mysqldump 备份数据时加 -F 选项也会刷新 binlog 日志。

（4）重置（清空）所有 binlog 日志。

```
mysql> RESET MASTER;
```

上述命令的运行结果如图 17.40 所示。

```
mysql> reset master;
Query OK, 0 rows affected (0.10 sec)
```

图 17.40　重置（清空）所有 binlog 日志

9. 查看某个 binlog 日志内容常用有两种方式

（1）使用 mysqlbinlog 自带查看命令。

注意：binlog 是二进制文件，Windows 的记事本或其他普通文件查看器等都无法打开，必须使用自带的 mysqlbinlog 命令查看。

binlog 日志与数据库文件在同目录中（笔者的环境配置安装是 D:\wamp\bin\mysql\mysql5.6.17\data）。

- 在 MySQL 5.5 以下版本使用 mysqlbinlog 命令时如果报错，就加上 "--no-defaults" 选项，执行下面的 SQL 语句。

```
use db_fcms
INSERT INTO cdqx(yhid,cdid) values('100','2'),('100','3'),('100','4'),('100','5');
UPDATE cdqx SET yhid = '18' WHERE yhid = '8';
```

- 在 shell 下输入下面的命令。

```
D:\wamp\bin\mysql\mysql5.6.17\bin\mysqlbinlog D:\wamp\bin\mysql\mysql5.6.17\data\mysql-bin.000001
```

- 截取一个片段分析，如图 17.41 所示。

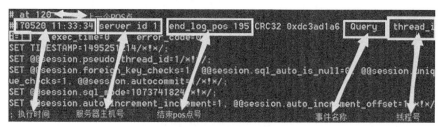

图 17.41　使用 Mysqlbinlog 命令查看 binlog 日志内容

注意：
server id 1 数据库主机的服务号。
end_log_pos 195 pos 点结束号。
thread_id=1 线程号

（2）上面读取的 binlog 日志内容不方便看，再次介绍更为方便的查询命令。
- 语法如下：

```
mysql> SHOW binlog events [IN 'log_name'] [FROM pos] [LIMIT [offSET,] row_count];
```

- 解释如下：
  - IN 'log_name'：指定要查询的 binlog 文件名（不指定就是第一个 binlog 文件）。
  - FROM pos：指定从哪个 pos 起始点开始查起（不指定就是从整个文件首个 pos 点开始算）。
  - LIMIT [offset,]：偏移量（不指定就是 0）。
  - row_count：查询总条数（不指定就是所有行）。
- 日志格式如图 17.42 所示。

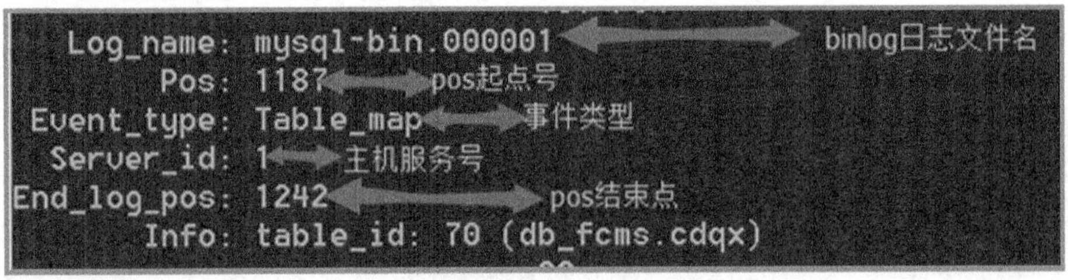

图 17.42 查看 binlog 日志内容

- 示例如下：
  - 查询第一个(最早)的 binlog 日志，命令如下：

```
mysql> SHOW binlog events\G;
```

  - 指定查询 MySQL-bin.000001 文件，命令如下：

```
mysql> SHOW binlog events IN 'Mysql-bin.000001'\G;
```

  - 指定查询 MySQL-bin.000001 文件，从 pos 点:344 开始查起，命令如下：

```
mysql> SHOW binlog events IN 'Mysql-bin.000001' FROM 344\G;
```

  - 指定查询 MySQL-bin.000001 文件，从 pos 点:344 开始查起，查询 10 条，命令如下：

```
mysql> SHOW binlog events IN 'Mysql-bin.000001' FROM 344 limit 10\G;
```

  - 指定查询 MySQL-bin.000001 文件，从 pos 点:344 开始查起，偏移 2 行，查询 10 条，命令如下：

```
mysql> SHOW binlog events IN 'Mysql-bin.000001' FROM 344 limit 2,10\G;
```

10. binlog 日志恢复

以 db_fcms 数据库为蓝本进行 binlog 日志恢复举例。
- 从现在开始，首先执行一次完整的数据库备份，将 db_fcms 数据库备份到 d:\mysql_dbbk\bk_db_fcms.sql 文件中，命令如下：

```
shell> D:\wamp\bin\mysql\mysql5.6.17\bin\mysqldump -hlocalhost -uroot -proot --opt -R
-F --default-character-set=gbk db_fcms > d:/mysql_dbbk/bk_db_fcms.sql
```

上述命令的运行结果如图 17.43 所示。

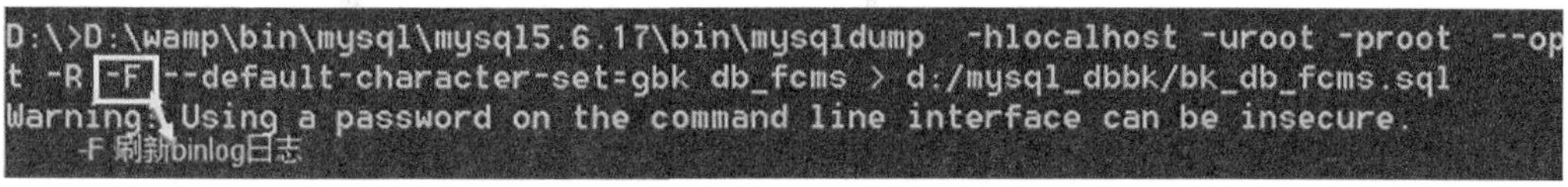

```
D:\>D:\wamp\bin\mysql\mysql5.6.17\bin\mysqldump -hlocalhost -uroot -proot --op
t -R -F --default-character-set=gbk db_fcms > d:/mysql_dbbk/bk_db_fcms.sql
Warning: Using a password on the command line interface can be insecure.
    -F 刷新binlog日志
```

图 17.43 完整的数据库备份

- 由于使用了-F 选项，当备份工作刚开始时系统会刷新 log 日志，产生新的 binlog 日志来记录备份之后的数据库"增删改"操作，查看一下这个日志文件，命令如下：

```
mysql> SHOW MASTER status;
```

上述命令的运行结果如图 17.44 所示。

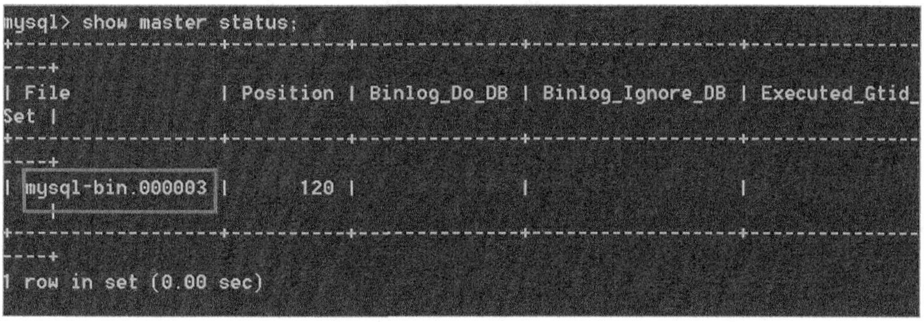

```
mysql> show master status;
+------------------+----------+--------------+------------------+-------------------+
| File             | Position | Binlog_Do_DB | Binlog_Ignore_DB | Executed_Gtid_Set |
+------------------+----------+--------------+------------------+-------------------+
| mysql-bin.000003 |      120 |              |                  |                   |
+------------------+----------+--------------+------------------+-------------------+
1 row in set (0.00 sec)
```

图 17.44 查看完整的数据库备份产生的新的日志文件

也就是说，MySQL-bin.000003 是用来记从现在开始对数据库的所有"增、删、改"的操作。
- 对 db_fcms 进行操作，创建一张表并插入、修改数据等。
  - 创建表，命令如下：

```
CREATE TABLE IF NOT EXISTS tb_stu (
    id INt(10) UNSIGEND NOT NULL AUTO_INCREMENT,
    name varchar(16) NOT NULL,
    sex enum('m','w') NOT NULL DEFAULT 'm',
    age tINyINT(3) UNSIGEND NOT NULL,
    classid char(6) DEFAULT NULL,
    PRIMARY KEY (id)
) ENGINE=InnoDB DEFAULT CHARSET=utf8;
```

  - 插入数据，命令如下：

```
mysql>INSERT INTO db_fcms.tb_stu(name,sex,age,classid) values
('yiyi','w',20,'cls1'),
('xiaoer','m',22,'cls3'),
('zhangsan','w',21,'cls5'),
('lisi','m',20,'cls4'),
('wangwu','w',26,'cls6');
```

  - 查看数据，命令如下：

```
mysql> SELECT * FROM db_fcms.tb_stu;
```

  - 现在执行修改数据操作，命令如下：

```
mysql> UPDATE db_fcms.tb_stu SET name='李四' WHERE id=4;
```

17.2 MySQL BINLOG 日志管理

```
mysql> UPDATE db_fcms.tb_stu SET name='小二' WHERE id=2;
```

➤ 查看修改后的结果，命令如下：

```
mysql> SELECT * FROM db_fcms.tb_stu;
```

● 假设由于误操作，将数据库删除了，命令如下：

```
mysql> DROP DATABASE db_fcms;
```

上述命令的运行结果如图 17.45 所示。

```
mysql> drop database db_fcms;
Query OK, 68 rows affected (1.36 sec)
```

图 17.45　将数据库删除

数据库给删除了，那该怎么恢复被删除的数据库呢？先仔细查看最后一个 binlog 日志，并记录下关键的 pos 点，到底是哪个 pos 点的操作导致了数据库的删除。

➤ 备份一下最后一个 binlog 日志文件。

```
shell>copy D:\wamp\bin\mysql\mysql5.6.17\data\mysql-bin.000003  d:\
```

上述命令的运行结果如图 17.46 和图 17.47 所示。

```
D:\>copy D:\wamp\bin\mysql\mysql5.6.17\data\mysql-bin.000003  d:\
已复制         1 个文件。
```

图 17.46　备份日志文件

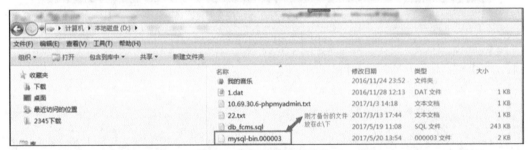

图 17.47　备份后的日志文件

➤ 此时执行一次刷新日志索引操作，重新开始新的 binlog 日志记录文件，理论上说 mysql-bin.000003 文件不会再有后续写入了（便于分析原因及查找 pos 点），以后所有数据库操作都会写入到下一个日志文件。

```
mysql> flush logs;
mysql> SHOW MASTER status;
```

上述命令的运行结果如图 17.48 所示。

➤ 读取 binlog 日志，分析问题。

方式 1，使用 Mysqlbinlog 读取 binlog 日志，命令如下：

```
D:\wamp\bin\mysql\mysql5.6.17\bin\mysqlbinlog D:\wamp\bin\mysql\mysql5.6.17\data\mysql-bin.000003
```

方式 2，登录服务器，并查看（推荐），命令如下：

```
mysql>SHOW binlog events IN 'Mysql-bin.000003';
```

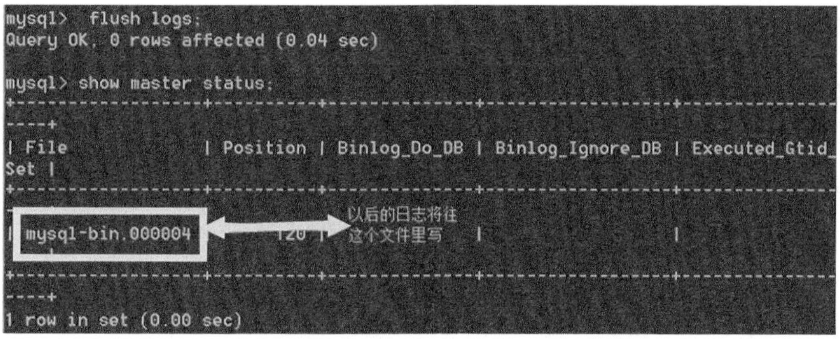

图 17.48　刷新日志，重新开始新的 binlog 日志记录文件。

方式 3，通过 Navicat for MySQL 查看（更好），命令如下：

```
SHOW binlog events IN 'Mysql-bin.000003';
```

上述命令的运行结果如图 17.49 所示。

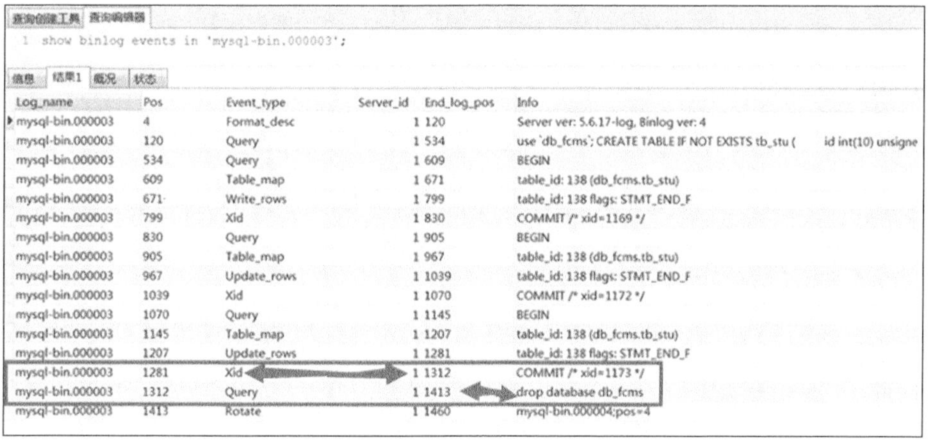

Log_name	Pos	Event_type	Server_id	End_log_pos	Info
mysql-bin.000003	4	Format_desc	1	120	Server ver: 5.6.17-log, Binlog ver: 4
mysql-bin.000003	120	Query	1	534	use `db_fcms`; CREATE TABLE IF NOT EXISTS tb_stu (　id int(10) unsigne
mysql-bin.000003	534	Query	1	609	BEGIN
mysql-bin.000003	609	Table_map	1	671	table_id: 138 (db_fcms.tb_stu)
mysql-bin.000003	671	Write_rows	1	799	table_id: 138 flags: STMT_END_F
mysql-bin.000003	799	Xid	1	830	COMMIT /* xid=1169 */
mysql-bin.000003	830	Query	1	905	BEGIN
mysql-bin.000003	905	Table_map	1	967	table_id: 138 (db_fcms.tb_stu)
mysql-bin.000003	967	Update_rows	1	1039	table_id: 138 flags: STMT_END_F
mysql-bin.000003	1039	Xid	1	1070	COMMIT /* xid=1172 */
mysql-bin.000003	1070	Query	1	1145	BEGIN
mysql-bin.000003	1145	Table_map	1	1207	table_id: 138 (db_fcms.tb_stu)
mysql-bin.000003	1207	Update_rows	1	1281	table_id: 138 flags: STMT_END_F
mysql-bin.000003	1281	Xid	1	1312	COMMIT /* xid=1173 */
mysql-bin.000003	1312	Query	1	1413	drop database db_fcms
mysql-bin.000003	1413	Rotate	1	1460	mysql-bin.000004;pos=4

图 17.49　读取 binlog 日志

通过分析，造成数据库破坏的 pos 点区间是介于 1312～1413，只要恢复到 1312 前就可。

现在把之前备份的数据恢复，为此先创建一个库，库名和原来的 db_fcms 一样（经测试，必须这样，否则恢复不进去），命令如下：

```
CREATE DATABASE IF NOT EXISTS db_fcms  DEFAULT CHARACTER SET utf8 COLLATE utf8_general_c
i;
```

上述命令的运行结果如图 17.50 所示。

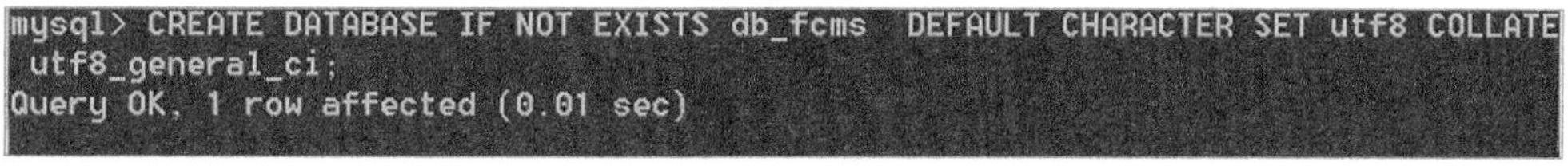

图 17.50　创建数据库

开始恢复先前备份的数据库，命令如下：

```
D:\wamp\bin\mysql\mysql5.6.17\bin\mysql -uroot  -proot  -hlocalhost  --default-character
-set=gbk db_fcms<d:/mysql_dbbk/bk_db_fcms.sql
```

上述命令的运行结果如图 17.51 所示。

```
D:\>D:\wamp\bin\mysql\mysql5.6.17\bin\mysql -uroot -proot -hlocalhost --defau
lt-character-set=gbk  db_fcms_hf2< d:/mysql_dbbk/bk_db_fcms.sql
Warning: Using a password on the command line interface can be insecure.
ERROR 1418 (HY000) at line 1896: This function has none of DETERMINISTIC, NO SQL
, or READS SQL DATA in its declaration and binary logging is enabled (you *might
* want to use the less safe log_bin_trust_function_creators variable)
```

图 17.51　恢复先前备份的数据库

但在备份数据库以后所做的那些操作怎么办呢？就得从 mysql-bin.000003 日志文件做文章了。从 binlog 日志恢复数据，恢复语法格式如下：

```
mysqlbinlog  mysql-bin.0000xx | MySQL -u 用户名 -p 密码  数据库名
```

常用的选项如下：

```
--start-position=4                        起始 pos 点
--stop-position=1312                      结束 pos 点
--start-datetime="2017-05-20 14:01:54"    起始时间点
--stop-datetime="2017-05-20 14:49:55"     结束时间点
--databASe=db_fcms   指定只恢复 db_fcms 数据库（一台主机上往往有多个数据库，只限本地 log 日志）
```

不常用的选项如下：

```
-u --user=name Connect to the remote server as username.连接到远程主机的用户名
-p --pASswORd[=name] PASswORd to connect to remote server.连接到远程主机的密码
-h --host=name Get the binlog FROM server.从远程主机上获取 binlog 日志
--read-FROM-remote-server   Read binary logs FROM a MySQL server.从某个 MySQL 服务器上读取
binlog 日志
```

实际是将读出的 binlog 日志内容，通过管道符传递给 MySQL 命令。这些命令与文件尽量写成绝对路径。

- 完全恢复（不靠谱，因为最后那条 DROP database db_fcms 也在日志里，必须想办法把这条语句排除掉，做部分恢复），命令如下：

```
D:\wamp\bin\mysql\mysql5.6.17\bin\mysqlbinlog  D:\wamp\bin\mysql\mysql5.6.17\data\mysql-
bin.000003 | D:\wamp\bin\mysql\mysql5.6.17\bin\mysql -uroot -proot -v db_fcms
```

- 指定 pos 结束点恢复（部分恢复），命令如下：

--stop-position=830 pos 结束点，此 pos 结束点介于"插入数据"与更新"name='李四'"之间，这样可以恢复到更改"name='李四'"之前的"插入数据"，命令如下：

```
D:\wamp\bin\mysql\mysql5.6.17\bin\mysqlbinlog  --stop-position=830 --database=db_fcms D:
\wamp\bin\mysql\mysql5.6.17\data\mysql-bin.000003 | D:\wamp\bin\mysql\mysql5.6.17\bin\mysql -
uroot -proot -v
```

上述命令的运行结果如图 17.52 所示。

在另一终端登录查看结果（成功恢复了）：

```
mysql> SELECT * FROM db_fcms.tb_stu;
```

上述命令的运行结果如图 17.53 所示。

- 指定 pos 点区间恢复（部分恢复）：

更新 name='李四'这条数据，日志区间是 Pos[905] → End_log_pos[1039]，按事务区间是 Pos[830] → End_log_pos[1070]；

```
SET @@session.character_set_client=28,@@session.collation_connection=28,@@ses
n.collation_server=8
-------------

-------------
SET @@session.lc_time_names=0
-------------

-------------
SET @@session.collation_database=DEFAULT
-------------

-------------
CREATE TABLE IF NOT EXISTS tb_stu (
          id int(10) unsigned NOT NULL AUTO_INCREMENT,
          name varchar(16) NOT NULL,
          sex enum('m','w') NOT NULL DEFAULT 'm',              恢复建表
          age tinyint(3) unsigned NOT NULL,
          classid char(6) DEFAULT NULL,
          PRIMARY KEY (id)
         ) ENGINE=InnoDB DEFAULT CHARSET=utf8
-------------

-------------
SET TIMESTAMP=1495258990
-------------

-------------
BEGIN
-------------

-------------
BINLOG '
btcfWRMBAAAAPgAAAJ8CAAAAAIoAAAAAAAEAB2RiX2ZjbXMABnRiX3N0dQAFAw/+Af4GMAD3Af4S
EL2eTdw=
```

图 17.52　指定 pos 结束点恢复（部分恢复）

```
mysql>  select * from db_fcms.tb_stu;
+----+----------+-----+-----+---------+
| id | name     | sex | age | classid |
+----+----------+-----+-----+---------+
|  1 | yiyi     | w   |  20 | cls1    |
|  2 | xiaoer   | m   |  22 | cls3    |
|  3 | zhangsan | w   |  21 | cls5    |
|  4 | lisi     | m   |  20 | cls4    |
|  5 | wangwu   | w   |  26 | cls6    |
+----+----------+-----+-----+---------+
5 rows in set (0.00 sec)
```

图 17.53　查看恢复结果

更新 name='小二'这条数据，日志区间是 Pos[1145] → End_log_pos[1281]，按事务区间是 Pos[1070] → End_log_pos[1312]；

➢ 单独恢复 name='李四' 这步操作，按下面的命令进行。

```
D:\wamp\bin\mysql\mysql5.6.17\bin\mysqlbinlog --start-position=905 --stop-position=1039
--DATABASE=db_fcms  D:\wamp\bin\mysql\mysql5.6.17\data\mysql-bin.000003 | D:\wamp\bin\mysql\
mysql5.6.17\bin\mysql -uroot -proot -v db_fcms
```

上述命令的运行结果如图 17.54 和图 17.55 所示。

```
D:\>D:\wamp\bin\mysql\mysql5.6.17\bin\mysqlbinlog --start-position=905 --stop-po
sition=1039 --database=db_fcms  D:\wamp\bin\mysql\mysql5.6.17\data\mysql-bin.000
003 | D:\wamp\bin\mysql\mysql5.6.17\bin\mysql -uroot -proot -v db_fcms
Warning: Using a password on the command line interface can be insecure.
```

图 17.54　单独恢复 name='李四'的记录

17.2 MySQL BINLOG 日志管理

id	name	sex	age	classid
1	yiyi 恢复了	w	20	cls1
2	xiaoer	m	22	cls3
3	zhangsan	w	21	cls5
4	李四	m	20	cls4
5	wangwu	w	26	cls6

图 17.55　查看恢复结果

➢ 按事务区间单独恢复更新 name＝'李四' 这条数据，按下面的命令进行。

```
D:\wamp\bin\mysql\mysql5.6.17\bin\mysqlbinlog --start-position=830 --stop-position=1070
--DATABASE=db_fcms  D:\wamp\bin\mysql\mysql5.6.17\data\mysql-bin.000003 | D:\wamp\bin\mysql\
mysql5.6.17\bin\mysql -uroot -proot -v db_fcms
```

上述命令的运行结果如图 17.56 所示。

```
D:\>D:\wamp\bin\mysql\mysql5.6.17\bin\mysqlbinlog --start-position=830 --stop-po
sition=1070 --database=db_fcms  D:\wamp\bin\mysql\mysql5.6.17\data\mysql-bin.000
003 | D:\wamp\bin\mysql\mysql5.6.17\bin\mysql -uroot -proot -v db_fcms
Warning: Using a password on the command line interface can be insecure.
```

图 17.56　按事务区间单独恢复

➢ 单独恢复 name＝'小二' 这步操作，按下面的命令进行。

```
D:\wamp\bin\mysql\mysql5.6.17\bin\mysqlbinlog --start-position=1145 --stop-position=1281
--DATABASE=db_fcms  D:\wamp\bin\mysql\mysql5.6.17\data\mysql-bin.000003 | D:\wamp\bin\mysql\
mysql5.6.17\bin\mysql -uroot -proot -v db_fcms
```

➢ 单独恢复 name＝'小二' 这步操作，也可以按事务区间单独恢复，按下面的命令进行。

```
D:\wamp\bin\mysql\mysql5.6.17\bin\mysqlbinlog --start-position=1070 --stop-position=1312
--DATABASE=db_fcms D:\wamp\bin\mysql\mysql5.6.17\data\mysql-bin.000003 | D:\wamp\bin\mysql\
mysql5.6.17\bin\mysql -uroot -proot -v db_fcms
```

上述命令的运行结果如图 17.57 和图 17.58 所示。

```
D:\>D:\wamp\bin\mysql\mysql5.6.17\bin\mysqlbinlog --start-position=1070 --stop-p
osition=1312 --database=db_fcms  D:\wamp\bin\mysql\mysql5.6.17\data\mysql-bin.000
003 | D:\wamp\bin\mysql\mysql5.6.17\bin\mysql -uroot -proot -v db_fcms
Warning: Using a password on the command line interface can be insecure.
```

图 17.57　按事务区间单独恢复

id	name	sex	age	classid
1	yiyi	w 恢复了	20	cls1
2	小二	m	22	cls3
3	zhangsan	w	21	cls5
4	李四	m	20	cls4
5	wangwu	w	26	cls6

图 17.58　查看恢复结果

- 将 name＝'李四'、name＝'小二' 多步操作一起恢复，需要按事务区间，可按下面的命令进行。

```
D:\wamp\bin\mysql\mysql5.6.17\bin\mysqlbinlog --start-position=830 --stop-position=1312
--DATABASE=db_fcms  D:\wamp\bin\mysql\mysql5.6.17\data\mysql-bin.000003 | D:\wamp\bin\mysql\
```

```
mysql5.6.17\bin\mysql -uroot -proot -v db_fcms
```

上述命令的运行结果如图 17.59 所示。

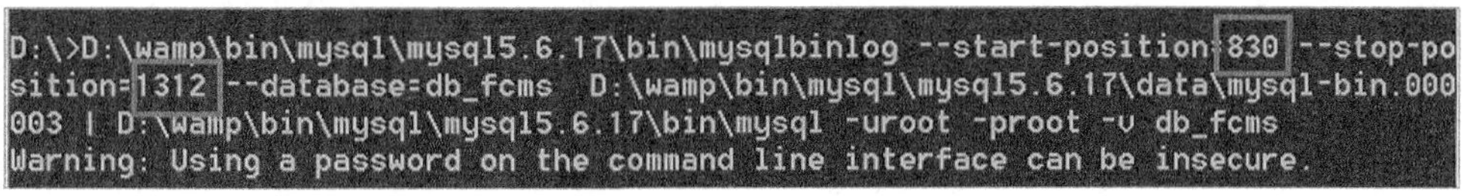

图 17.59　查看恢复结果

- 也可指定时间区间恢复（部分恢复），除了用 pos 点的办法进行恢复，也可以通过指定时间区间进行恢复，按时间恢复需要用 mysqlbinlog 命令读取 binlog 日志内容，找时间节点。如把刚恢复的 tb_stu 表删除掉，再用时间区间点恢复，操作如下。
    - ➢ 删除表 tb_stu，命令如下：

```
mysql> DROP TABLE db_fcms.tb_stu;
```

上述命令的运行结果如图 17.60 所示。

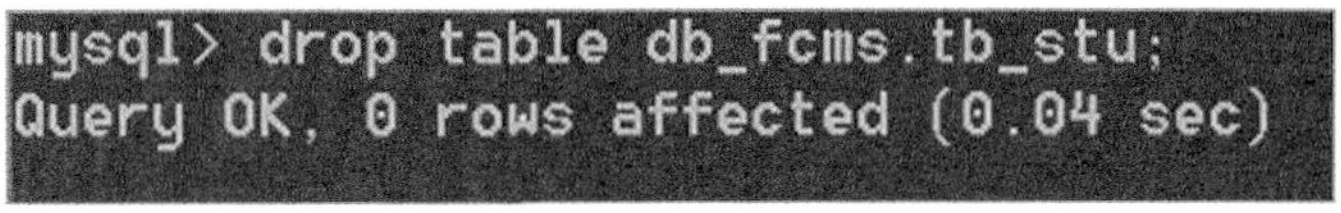

图 17.60　删除表 tb_stu

➢ 看一下这个表还在不在，命令如下：

```
mysql> DESC db_fcms.tb_stu;
```

上述命令的运行结果如图 17.61 所示。

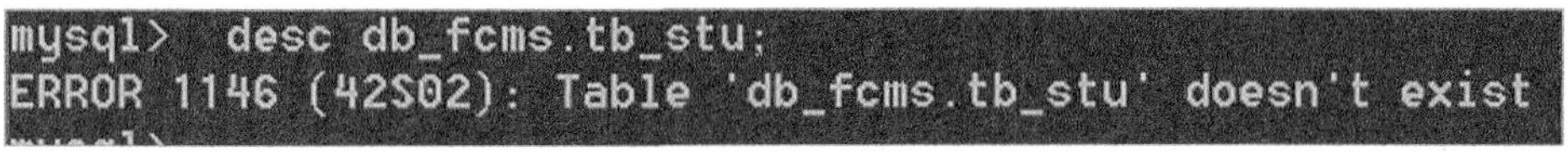

图 17.61　查看表 tb_stu 是否存在

说明已不存在。

➢ 开始恢复，按下面的命令进行。

```
D:\wamp\bin\mysql\mysql5.6.17\bin\mysqlbinlog --start-datetime="2017-05-20 17:17:05" --stop-datetime="2017-05-20 17:17:34" --DATABASE=db_fcms  D:\wamp\bin\mysql\mysql5.6.17\data\mysql-bin.000004 | D:\wamp\bin\mysql\mysql5.6.17\bin\mysql -uroot -proot -v db_fcms
```

其中：

```
--start-datetime="2017-05-20 17:17:05"    起始时间点
--stop-datetime="2017-05-20 17:17:34"     结束时间点
```

注意：在这个时间点范围内（"2017-05-20 17:17:05" ~ "2017-05-20 17:17:34"），不能包含"DROP table db_fcms.tb_stu;"语句，否则数据恢复了以后又被删除。

17.2.2　MySQL 增量备份 BINLOG 日志

MySQL 的 binlog 记录的是 ddl 和 dml 语句操作的结果，事实上 MySQL 的 binlog 一直在任劳任怨地工作着，所谓的增量是由操作者来决定，由操作者决定在 binlog 日志文件中，哪些是增量数据，哪些不是。在实际应用中，会根据实际情况来决定如何利用 MySQL 的 binlog 文件。其实 binlog 是全量数据备份的一个补充，当然全量备份是必须要做的，绝不能依靠 binlog 文件。当在上次全量备份之后和下次全量备份之前，出现了数据丢失等情况下，binlog 文件就派上用场了，这部分丢失的数据可以通过 binlog 找回。

另外，在人工或自助备份 MySQL 数据的时候，可能会遇到数据基数很大的情况，如果每天都备份整个全库，将会耗费很大的资源，这个时候就可以充分利用 MySQL 生成的 binlog 文件进行增量备份，每天记录一个 breakpoint，备份的时候从前一天 breakpoint 往后进行增量备份就可以了，但这个代码 MySQL 本身并不提供，需要由开发者自行研制开发。还有一种情况也可以用到增量备份，那就是在线迁移数据的时候，在不停服务的情况下迁移全库数据就可以采用增量备份补充增量数据。

通过 binlog 进行增量备份时，如果不需要过滤特定的 database 和 table 就可以直接通过 MySQL 自带的 master/slave 机制来进行增量备份。如果需要过滤出特定的 database 或者 table，那么就需要自己写代码过滤 binlog。下面就来说说这个代码所包含的功能。

使用 Mysqlbinlog 工具将 binlog 的二进制文件解析成文本，可以写到硬盘上或者放到管道里（"｜"）。文本的解析可以通过 Mysqlbinlog --start-datetime="2017-05-21 00:00:00" --stop-datetime="2017-05-21 23:59:59" MySQL-bin.000004 -r xxxx.sql 命令就把 2017-05-21 这一天的所有操作都写到了 xxxx.sql 里，就是说 xxxx.SQL 备份了 2017-05-21 号这一天的所有操作，且解析成了 SQL 文本，给过滤程序创造了条件。

例如：

```
D:\wamp\bin\mysql\mysql5.6.17\bin\mysqlbinlog --start-datetime="2017-05-20 00:00:00" --stop-datetime="2017-05-20 23:59:59" --DATABASE=db_fcms  D:\wamp\bin\mysql\mysql5.6.17\data\mysql-bin.000003  -r  D:\mysql-logbin\1.sql
```

需要一个 binlog 的过滤程序对文本的 binlog 进行过滤，过滤的目的是找出特定的 database 和 table 的 SQL 语句。

在过滤的时候不能按行进行检索，因为可能有一个 SQL 语句在多个行，这时可以通过分隔符";"来进行划分，这里要注意的是要先将"注意"去掉，因为"注意"中很有可能含有";"（MySQL 的注意包括/*、#、--），还要注意字符串中的";"也不能算进来（处理字符串的时候要注意双引号的转义）。

将 SQL 逐条进行过滤，这里同样需要一些关于字符串的处理，这里需要注意的是，use 语句的上下文环境，这个将决定 SQL 所对应的 database，然后将 SQL 的命令列成清单进行表名位置的匹配，获取表名以后再进行过滤。

因为在备份 binlog 的同时又有新的 binlog 产生，这时就需要一个循环，不停地进行上述的步骤，直到剩下的 binlog 大小足够小，就可以停一小段时间 MySQL 的写操作，将剩下的 binlog 完全同步过去。

第 18 章　全解 MySQL 性能优化

本章主要阐述与 MySQL 数据库性能优化相关的问题，全解加快 MySQL 执行效率与运行状态分析，包括数据库架构的选择、表字段类型的选择、数据库索引对性能的影响、查询优化技术等。

SQL 优化是任何数据库永恒的话题，MySQL 也不例外。SQL 语句的书写，里面包含了很大的学问，完成同样的查询，可以有多种不同的写法，在这些写法中，哪种写法最优就是本章所要讨论的问题。

性能不理想的系统中除了一部分是因为应用程序的负载确实超过了服务器的实际处理能力，更多的是因为系统中存在大量的 SQL 语句需要优化。

通过本章的学习，读者可掌握监控 MySQL 性能、提高 SQL 执行效率、解决低效率 SQL 问题以及找出造成系统运行变慢的根源等技术。

18.1　MySQL 数据库设计良好架构的必要性

在本节讨论的不是 MySQL 数据库本身的架构，而是面向未来应用开发如何设计适应客户应用需求的数据架构。一个满足应用需求的数据架构是应用软件项目成败的关键，因此，要牢固树立数据架构的概念。下面开始讨论应用需求数据架构。

18.1.1　应用需求数据架构的概念

应用需求数据架构就是说在 MySQL 数据库层面，要采用数据库提供的哪些技术或者说哪些资源，如采用什么类型的数据库引擎；采用何种字符集；数据库配置参数的调整等。在应用需求层面，如何分布数据，如采用多少个库，每个库都存放什么数据，这些数据的类型如何定义等；也包括 MySQL 数据库服务器集群配置解决方案等，这些都属于应用数据库数据架构的设计范畴，也是应用数据库数据架构的概念。

MySQL 数据库配置参数的建议如下：

- 建议设置 default-storage-engine＝InnoDB，一般不建议使用 MyISAM 引擎。
- 调整 InnoDB_buffer_pool_size 的大小，如果是单实例且绝大多数是 InnoDB 引擎表的话，可考虑设置为物理内存的 50%～70%。
- 设置 InnoDB_file_per_table＝1，使用独立表空间。
- 调整 InnoDB_data_file_path＝ibdata1:1G:autoextend，不要用默认的 10M，在高并发场景下，性能会有很大提升。
- 设置 InnoDB_log_file_size＝256M，设置 InnoDB_log_files_in_group＝2，基本可以满足大多数应用场景。
- 调整 max_connection（最大连接数）、max_connection_errOR（最大错误数）设置，根据业务量大小进行设置。

- open_files_limit、InnoDB_open_files、table_open_cache、table_definition_cache 可以设置大约为 max_connection 的 10 倍。
- key_buffer_size 建议调小，32M 左右即可，另外建议关闭 query cache。
- mp_table_size 和 max_heap_table_size 设置不要过大，另外 sORt_buffer_size、join_buffer_size、read_buffer_size、read_rnd_buffer_size 等设置也不要过大。

18.1.2 MySQL 常见数据库服务器配置架构

1. 主从复制解决方案

这是 MySQL 自身提供的一种高可用解决方案，数据同步方法采用的是 MySQL replication（复制）技术。MySQL replication（复制）就是"从服务器"到"主服务器"拉取二进制日志文件，然后再将日志文件解析成相应的 SQL 在"从服务器"上重新执行一遍主服务器的操作，通过这种方式保证数据的安全性。

为了达到更高的可用性，在实际的应用环境中，一般都是采用 MySQL replication（复制）技术配合高可用集群软件——keepalived 来实现自动 failover（故障转移），如图 18.1 所示。

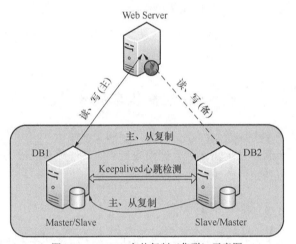

图 18.1　MySQL 主从复制（集群）示意图

2. MMM/MHA 高可用解决方案

MMM 提供了 MySQL 双主复制配置的监控、故障转移和管理的一套可伸缩的脚本套件。在 MMM 高可用方案中，典型的应用是双主多从架构，通过 MySQL replication 技术可以实现两个服务器互为主从，且在任何时候只有一个节点可以被写入，避免了多点写入的数据冲突。同时，当可写的主节点故障时，MMM 套件可以立刻监控到，然后将服务自动切换到另一个主节点，继续提供服务，从而实现 MySQL 的高可用，如图 18.2 所示。

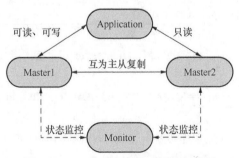

图 18.2　MySQL 双主复制（集群）示意图

3. Heartbeat/SAN 高可用解决方案

在这个方案中,处理 failover(故障转移)的方式是高可用集群软件 Heartbeat,它的作用是监控和管理各个节点间连接的网络,并监控集群服务,当节点出现故障或者服务不可用时,自动在其他节点启动集群服务。在数据共享方面,通过 SAN(Storage Area Network)存储共享数据,如图 18.3 所示。

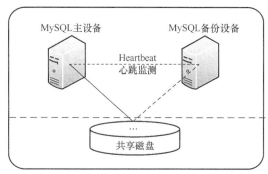

图 18.3　Heartbeat/SAN 配置示意图

4. Heartbeat/DRBD 高可用解决方案

此方案处理 failover(故障转移)的方式上依旧采用 Heartbeat,不同的是,在数据共享方面,采用了基于块级别的数据同步软件 DRBD 来实现。

DRBD 是一个用软件实现的、无共享的和服务器之间镜像块设备内容的存储复制解决方案。和 SAN 网络不同,它并不共享存储,而是通过服务器之间的网络复制数据,如图 18.4 所示。

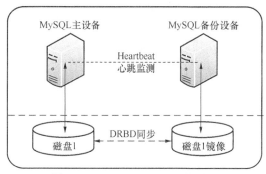

图 18.4　Heartbeat/DRBD 配置示意图

18.1.3　MySQL 数据库服务器经典配置架构

图 18.5 所示是 MySQL 服务器经典主从配置架构。

其中:

dbm157 是 MySQL 主服务器,dbm158 是 MySQL 主备份机,dbs159/160/161 是 MySQL 从服务器。

MySQL 写操作一般采用基于 heartbeat+DRBD+MySQL 搭建高可用集群的方案。通过 heartbeat 实现对 MySQL 主进行状态监测,而 DRBD 实现 dbm157 数据同步到 dbm158。

读操作普遍采用基于 LVS+Keepalived 搭建高可用高扩展集群的方案。前端 AS 应用通过 VIP 连接到 LVS,LVS 有 keepliaved 做成高可用模式,实现互备。

18.2 MySQL 字段类型的选择

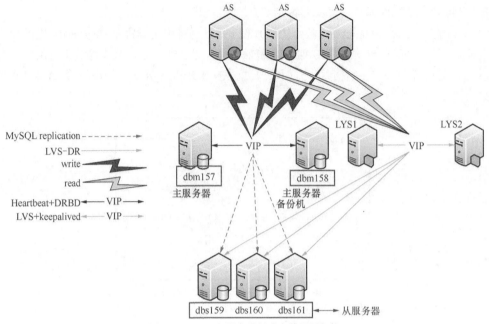

图 18.5 MySQL 服务器经典主从配置架构

最后，MySQL 主服务器从节点 dbs159/160/161（从服务器）通过 MySQL 主从复制功能同步 MySQL 主的数据，通过 lvs 功能提供给前端 AS 应用进行读操作，并实现负载均衡。

18.2 MySQL 字段类型的选择

在数据库设计过程中要本着够用的原则，如果把数据字段的取值范围设为最大或者默认值的话，会导致存储空间大量的浪费。在数据量特别大的情况下，这样的设计将会使数据库空间造成严重的浪费，也会对数据库的执行效率造成很大的影响。所以在做数据库设计的时候要谨慎、小心，将未来的维护成本降到最低。

下面说一下字段设计原则。

- 当数据存储的是字符，且长度是一个固定区间定值的话就可以考虑使用 CHAR 来进行存储。如果字符长度是未知的且长度变化特别明显的话，这个时候最好使用 VARCHAR 来存储。但是不管使用的是哪种字段来进行存储，都不要把字段的初始长度设置为最大化，应该是根据业务需求来存储最合适长度的字段。
- 数据库设计过程中尽量使用 int 来作为字段类型，因为在所有的数据类型中 int 不管是存储空间还是执行速度方面都是最好的。例如：如果业务中存储的数据长度不是特别长的话，就可以考虑使用 int 来进行存储，或者业务中要对数据进行排序时，需要使用某一标识权重之类的，也可以使用 int 来进行存储。但是不要因为 int 高效，而有意识地把所有字段都设计成 int 来处理，最终还是要根据业务的具体需求来设计相应的字段。
- 在涉及金额的时候，如果对精度要求不高的情况下可以优先使用 float，其次是使用 double 进行存储。如果对精度要求比较高的情况下，则使用 decimal 来存储，但是 decimal 的效率没有 float 和 double 那么高效。具体使用哪种还是要根据业务的具体需求来选择。
- 关于 date 和 datetime 的用法，就要看想要存储时间的精确值了。如果仅仅是想要精确到天的话使用 date 就够了；如果要精确到秒就要使用 datetime 了。

- int（1）和 int（10）的区别是什么？其实 1 和 10 只是设定其显示的长度，也就是不管 int（x）的这个 x 的值是什么，存储数字的取值范围还是 int 本身数据类型所决定的，不受其显示长度的影响，x 只是数据显示长度而已。
- VARCHAR（1）和 CHAR（10）的差别是什么？实际存储长度超出这个设定值的时候会怎么样呢？在 MySQL 5.5 版以后，VARCHAR（x），这个"x"其实是存储字段的长度范围，就是一个字符代表一个长度，不管这个字符是汉字还是字符都算一个长度单位。VARCHAR 虽然设置了长度值，可是因为 VARCHAR 是可变的长度类型，也就是当存储的长度小于 x 时候，其实际的存储空间不是 x，而是实际存储的字符长度加一些标示长度。当然如果超过 x 的长度的话还是会报错的。而 CHAR（y），这个"y"的值就是存储空间实际的存储长度，超过这个长度的话就会报错。

总之，在确定数据字段类型的时候，一切从实际出发，够用即可。但也必须考虑数据在未来的各种演变可能或者说业务需求变化，尤其是像"系数"之类的字段，目前精度是保留小数点 3 位，但未来有没有可能变成 4 位、5 位或更多，这些必须考虑，必须做调研。在此，笔者讲一个亲身经历，有一个成本分摊系数，定的是保留小数点 3 位，软件上线一年后，上级要求该系数调整到保留小数点 4 位，就多这么一位，导致客户业务暂停了好几天。为什么暂停呢，按 3 位运算所分摊的成本相对 4 位运算出偏差了，不得不暂停了。等到发现问题之后已形成了一大堆业务数据了，为此要花费人力、物力解决偏差，还要重新调整数据库及应用软件系统，这些都是需要成本的，最不愿看到的是客户有意见了。因此，字段类型设计是很关键的。如果一味地追求性能而忽略未来的业务需求；或一味地追求业务需求而忽略性能，都是不可取的。如果能在性能与业务需求之间找到平衡点，这是最好的，这条原则也适合其他方面的设计。如果业务需求只能以牺牲性能为代价，那也只能如此了。

18.3 MySQL 数据库索引

关于 MySQL 数据库索引在前面的章节中有所阐述,本节将系统地说明 MySQL 数据库索引的概念、优劣、适合等内容。

18.3.1 MySQL 索引的概念

索引是一种特殊的文件（InnoDB 数据表上的索引是表空间的一个组成部分），它们包含着对数据表里所有记录的引用指针。通俗地说，数据库索引好比是一本书前面的目录，能加快数据库的查询速度。在没有索引的情况下，数据库会遍历全部数据后选择符合条件的；而有了相应的索引之后,数据库会直接在索引中查找符合条件的选项。如果把 SQL 语句换成"SELECT * FROM 表名 WHERE id＝2000000"，那么是要求数据库按照顺序读取完 200 万行数据以后给出结果还是直接在索引中定位呢？

索引分为聚簇索引和非聚簇索引两种，聚簇索引是按照数据存放的物理位置为顺序的，而非聚簇索引就不一样了；聚簇索引能提高多行检索的速度，而非聚簇索引对于单行的检索速度非常快。

18.3.2 MySQL 索引的优缺点

为什么要创建索引呢？创建索引可以大大提高系统的性能。
- 通过创建唯一索引，可以保证数据库表中每一行数据的唯一性。

- 可以大大加快数据的检索速度,这也是创建索引的主要原因。
- 可以加速表和表之间的连接,特别是在实现数据的参考完整性方面特别有意义。
- 在使用分组和排序子句进行数据检索时,同样可以显著减少查询中分组和排序的时间。
- 通过使用索引,可以在查询的过程中,使用优化隐藏器,提高系统的性能。
- 既然如此,也许有人会问,增加索引有如此多的优点,为什么不对表中的每一个列创建一个索引呢?这种想法固然有其合理性,然而也有其片面性。虽然索引有许多优点,但是为表中的每一个列都创建索引,是非常不明智的,这是因为增加索引也有许多不利的方面,具体如下。

1)创建索引和维护索引要耗费时间,这种时间随着数据量的增加而增加。

2)索引需要占物理空间,除了数据表占数据空间之外,每一个索引还要占一定的物理空间。如果要建立聚簇索引,那么需要的空间就会更大。

3)当对表中的数据进行增加、删除和修改的时候,索引也要动态的维护,这样就降低了数据的维护速度。

1. 什么样的字段适合创建索引

索引是建立在数据库表中的某些列的上面。因此,在创建索引的时候,应该仔细考虑在哪些列上可以创建索引,在哪些列上不能创建索引。

一般来说,应该在以下列上创建索引,例如:

- 在经常需要搜索的列上,可以加快搜索的速度;
- 在作为主键的列上,强制该列的唯一性和组织表中数据的排列结构;
- 在经常用在连接的列上,这些列主要是一些外键,可以加快连接的速度;
- 在经常需要根据范围进行搜索的列上创建索引,因为索引已经排序,其指定的范围是连续的;
- 在经常需要排序的列上创建索引,因为索引已经排序,这样查询可以利用索引的排序,加快排序查询时间;
- 在经常使用在 WHERE 子句中的列上面创建索引,加快条件的判断速度。
- 建立索引,一般按照 SELECT 的 WHERE 条件来建立,如 SELECT 的条件是 WHERE f1 AND f2,那么如果在字段 f1 或字段 f2 上建立索引是没有用的,只有在字段 f1 和 f2 上同时建立索引才可以。

2. 什么样的字段不适合创建索引

同样,对于有些列不应该创建索引。一般来说,不应该创建索引的这些列具有下列特点。

- 对于那些在查询中很少使用或者参考的列不应该创建索引。这是因为,既然这些列很少使用到,因此有索引或者无索引,并不能提高查询速度。相反,由于增加了索引,反而降低了系统的维护速度和增大了空间需求。
- 对于那些只有很少数据值的列也不应该增加索引。这是因为,由于这些列的取值很少,例如人事表的性别列。在查询的结果中,结果集的数据行占了表中数据行的很大比例,即需要在表中搜索的数据行的比例很大。加索引,并不能明显加快检索速度。
- 对于那些定义为 text、image 和 bit 数据类型的列不应该增加索引。这是因为,这些列的数据量要么相当大,要么取值很少。
- 当修改需求远远大于检索需求时,不应该创建索引。这是因为,修改和检索是互相矛盾的。当增加索引时,会提高检索性能,但是会降低修改性能。当减少索引时,会提高修改性能,降低检索性能。因此,当修改需求远远大于检索需求时,不应该创建索引。

3. 创建索引的方法

创建索引，例如 CREATE INDEX ＜索引的名字＞ on table_name (列的列表)。

修改表，例如 ALTER table table_name add INDEX[索引的名字] (列的列表)。

创建表的时候指定索引，例如 CREATE table table_name ([...], INDEX [索引的名字] (列的列表))。

4. 查看表中索引的方法

```
SHOW INDEX FROM table_name; 查看索引
```

5. 索引类型及创建例子

PRIMARY KEY（主键索引）的命令如下：

```
ALTER TABLE table_name add primary key ( column )
```

UNIQUE 或 UNIQUE KEY（唯一索引）的命令如下：

```
ALTER TABLE table_name add unique (column)
```

FULLTEXT（全文索引）的命令如下：

```
ALTER TABLE table_name add fulltext (column )
```

INDEX（普通索引）的命令如下：

```
ALTER TABLE table_name add INDEX INDEX_name ( column )
```

多列索引（聚簇索引）的命令如下：

```
ALTER TABLE table_name add INDEX INDEX_name ( column1, column2, column3 )
```

修改表中的索引的命令如下：

```
ALTER TABLE tablename DROP primary key,add primary key(filed_a,filed_b)
```

18.3.3 MySQL 索引的类型

1. 普通索引

这是最基本的索引，它没有任何限制。

（1）直接创建索引，命令如下：

```
CREATE INDEX INDEXNAME ON TABLE(column(length))
```

（2）修改表结构的方式添加索引，命令如下：

```
ALTER TABLEADD INDEX INDEXNAME ON (column(length))
```

（3）创建表的时候同时创建索引，命令如下：

```
CREATE TABLE table (
    id INT(11) NOT NULL AUTO_INCREMENT ,title char(255) CHARACTER SET utf8 COLLATE utf8_general_ci NOT NULL ,
    content text CHARACTER SET utf8 COLLATE utf8_general_ci NULL ,time INT(10) NULL DEFAULT NULL ,
    PRIMARY KEY (id),
    INDEX INDEXNAME (title(length))
)
```

（4）删除索引，命令如下：

```
DROP INDEX INDEXNAME ON table
```

2. 唯一索引

与普通索引类似，不同的是，索引列的值必须唯一，但允许有空值（注意和主键不同）。如果是组合索引，则列值的组合必须唯一，创建方法和普通索引类似。

（1）创建唯一索引，命令如下：

```
CREATE UNIQUE INDEX INDEXNAME ON TABLE(column(length))
```

（2）修改表结构时指定，命令如下：

```
ALTER TABLE ADD UNIQUE INDEXNAME ON (column(length))
```

（3）创建表的时候指定，命令如下：

```
CREATE TABLE table (
id INt(11) NOT NULL AUTO_INCREMENT ,
title char(255) CHARACTER SET utf8 COLLATE utf8_general_ci NOT NULL ,
content text CHARACTER SET utf8 COLLATE utf8_general_ci NULL ,
time INt(10) NULL DEFAULT NULL ,
PRIMARY KEY (id),
UNIQUE INDEXNAME (title(length))
);
```

3. 全文索引（FULLTEXT）

从 MySQL 3.23 版本开始支持全文索引和全文检索，FULLTEXT 索引仅可用于 MyISAM 表。它们可以从 CHAR、VARCHAR 或 TEXT 字段类型的列中作为 CREATE TABLE 语句的一部分被创建，或是随后使用 ALTER TABLE 或 CREATE INDEX 被添加。对于较大的数据集，将资料输入一个没有 FULLTEXT 索引的表中，然后创建索引，其速度比把资料输入现有 FULLTEXT 索引的速度更为快。不过切记对于大容量的数据表，生成全文索引是一个非常消耗时间和消耗硬盘空间的做法。

（1）创建表添加全文索引，命令如下：

```
CREATE TABLE table (
id INt(11) NOT NULL AUTO_INCREMENT ,
title char(255) CHARACTER SET utf8 COLLATE utf8_general_ci NOT NULL ,
content text CHARACTER SET utf8 COLLATE utf8_general_ci NULL ,
time INt(10) NULL DEFAULT NULL ,
PRIMARY KEY (id),
FULLTEXT (content)
);
```

（2）修改表结构添加全文索引，命令如下：

```
ALTER TABLE article ADD FULLTEXT INDEX_content(content)
```

（3）直接创建全文索引，命令如下：

```
CREATE FULLTEXT INDEX INDEX_content ON article(content)
```

4. 单列索引、多列索引

多个单列索引与单个多列索引的查询效果不同，因为执行查询时，MySQL 只能使用一个索引，会从多个索引中选择一个限制最为严格的索引。

5. 组合索引（最左前缀）

平时用的 SQL 查询语句一般都有比较多的限制条件，所以为了进一步提高 MySQL 的效率，就要考虑建立组合索引。例如针对 title 和 time 建立一个组合索引：

```
ALTER TABLE article ADD INDEX INDEX_titme_time (title(50),time(10)).
```

建立这样的组合索引，其实是相当于分别建立了下面两个组合索引：

```
title,time
title
```

为什么没有 time 这个索引呢？这是因为 MySQL 组合索引"最左前缀"的结果。简单的理解就是只从最左面的开始组合。并不是只要包含这两列的查询都会用到该组合索引，如下面的两个 SQL 所示：

（1）使用上面的索引。

```
SELECT * FROM article WHREE title="PHP 程序员" AND time=1234567890
SELECT * FROM article WHREE utitle="PHP 程序员"
```

（2）不使用上面的索引。

```
SELECT * FROM article WHREE time=1234567890
```

18.3.4 MySQL 索引的优化

使用索引有好处，但过多地使用索引将会造成滥用。索引也会有它的缺点：虽然索引大大提高了查询速度，同时却会降低更新表的速度，如对表进行 INSERT、UPDATE 和 DELETE。因为更新表时，MySQL 不仅要保存数据，还要保存索引文件。建立索引会占用磁盘空间的索引文件。一般情况这个问题不太严重，但如果在一个大数据量表上创建了多种组合索引，索引文件会膨胀得很快。索引只是提高效率的一个因素，如果 MySQL 有大数据量的表，就需要花时间研究建立最优秀的索引，或优化查询语句。下面是一些总结以及 MySQL 索引的注意事项和优化方法。

1. 何时使用聚集索引或非聚集索引

何时使用聚集索引或非聚集索引见表 18.1。

表 18.1 何时使用聚集索引或非聚集索引说明表

动作描述	使用聚集索引	使用非聚集索引
列经常被分组排序	使用	使用
返回某范围内的数据	使用	不使用
一个或极少不同值	不使用	不使用
小数目的不同值	使用	不使用
大数目的不同值	不使用	使用
频繁更新的列	不使用	使用
外键列	使用	使用
主键列	使用	使用
频繁修改索引列	不使用	使用

事实上，可以通过前面聚集索引和非聚集索引的定义的示例来理解表 18.1。如返回某范围内的数据一项。如某个表有一个时间列，恰好把聚合索引建立在了该列，这时查询 2004 年 1 月 1 日～2004 年 10 月 1 日的全部数据时，这个速度就将是很快的，聚集索引只需要找到要检索的所有数据中的开头和结尾数据即可；而不像非聚集索引，必须先在目录中查到每一项数据对应的页码，然后再根据页码查到具体内容。

2. 索引不会包含有 NULL 值的列

只要列中包含有 NULL 值都将不会被包含在索引中，复合索引中只要有一列含有 NULL 值，那么这一列对于此复合索引就是无效的。所以在数据库设计时不要让字段的默认值为 NULL。

3. 使用短索引

对列进行索引，如果可能应该指定一个前缀长度。例如有一个 CHAR(255) 的列，如果在前 10 个或 20 个字符内，多数值是唯一的，那么就不要对整个列进行索引。短索引不仅可以提高查询速度，而且可以节省磁盘空间和 I/O 操作。

4. 索引列排序

MySQL 查询只使用一个索引，如果 WHERE 子句中已经使用了索引的话，那么 ORDER BY 中的列是不会使用索引的。因此数据库默认排序可以符合要求的情况下不要使用排序操作；尽量不要包含多个列的排序，如果需要最好给这些列创建复合索引。

5. LIKE 语句操作

一般情况下不鼓励使用 LIKE 操作，如果非使用不可，如何使用也是一个问题。LIKE '%aaa%' 不会使用索引而 LIKE "aaa%" 可以使用索引。

6. 不要在列上进行运算

```
SELECT * FROM users WHERE YEAR(adddate)<2007
```

上面的 SQL 语句将在每个行上进行运算，这将导致索引失效而进行全表扫描，因此可以改成：

```
SELECT * FROM users WHERE adddate<'2007-01-01'
```

18.4 MySQL 查询优化

关于 MySQL 查询优化，很多人刚开始书写 SQL 的时候往往被忽略，好的做法是每书写一条 SQL 语句，要检查一下是否可优化，确认最佳后才算完成。

SQL 语句优化的方法很多，如通过优化索引、优化 SQL 语句本身等手段，达到优化 SQL 的目的。

18.4.1 MySQL 查询优化应注意的问题

- 对查询进行优化，应尽量避免全表扫描，首先应考虑在 WHERE 及 ORDER BY 涉及的列上建立索引。
- 应尽量避免在 WHERE 子句中使用!=或＜＞操作符，否则将引擎放弃使用索引而进行全表扫描。
- 应尽量避免在 WHERE 子句中对字段进行 NULL 值判断，否则将导致引擎放弃使用索引而进行全表扫描，如 SELECT id FROM t WHERE num IS NULL。可以在 num 上设置默认值 0，确保表中 num 列没有 NULL 值，如 SELECT id FROM t WHERE num=0。
- 应尽量避免在 WHERE 子句中使用 OR 来连接条件，否则将导致引擎放弃使用索引而进行全表扫描，如下面的语句：

```
SELECT id FROM t WHERE num=10 OR num=20
```

可以改为下面的语句：

```
SELECT id FROM t WHERE num=10 UNION ALL SELECT id FROM t WHERE num=20
```

- 下面的查询也将导致全表扫描。

```
SELECT id FROM t WHERE name LIKE '%abc%'
```

- in 和 not in 也要慎用，否则会导致全表扫描，如下面的语句：

```
SELECT id FROM t WHERE num IN(1,2,3)
```

- 对于连续的数值，能用 BETWEEN 就不要用 in 了。

```
SELECT id FROM t WHERE num between 1 AND 3
```

- 如果在 WHERE 子句中使用参数，也会导致全表扫描。因为 SQL 只有在运行时才会解析局部变量，但优化程序不能将访问计划的选择推迟到运行时；它必须在编译时进行选择。然而，如果在编译时建立访问计划，变量的值还是未知的，因而无法作为索引选择输入项。如下面的语句将进行全表扫描：

```
SELECT id FROM t WHERE num=@num
```

可以改为强制查询使用索引，语句如下：

```
SELECT id FROM t with(INDEX(索引名)) WHERE num=@num
```

- 应尽量避免在 WHERE 子句中对字段进行表达式操作，这将导致引擎放弃使用索引而进行全表扫描，如下面的语句：

```
SELECT id FROM t WHERE num/2=100
```

应改为下面的语句：

```
SELECT id FROM t WHERE num=100*2
```

- 应尽量避免在 WHERE 子句中对字段进行函数操作，这将导致引擎放弃使用索引而进行全表扫描，如下面的语句：

```
SELECT id FROM t WHERE SUBSTRING(name,1,3)='abc'    --name 以 abc 开头的 id
SELECT id FROM t WHERE DATEDIFF(day,createdate,'2017-05-23')=0    --'2017-05-23'生成的 id
```

应改为下面的语句：

```
SELECT id FROM t WHERE name LIKE 'abc%'
SELECT id FROM t WHERE createdate>='2005-11-30' AND createdate<'2005-12-1'
```

- 不要在 WHERE 子句中的"="左边进行函数、算术运算或其他表达式运算，否则系统将可能无法正确使用索引。
- 在使用索引字段作为条件时，如果该索引是复合索引，那么必须使用到该索引中的第一个字段作为条件时才能保证系统使用该索引，否则该索引将不会被使用，并且应尽可能地让字段顺序与索引顺序相一致。
- 很多时候用 exists 代替 in 是一个好的选择。

```
SELECT num FROM a WHERE num IN(SELECT num FROM b)
```

用下面的语句替换：

```
SELECT num FROM a WHERE EXISTS(SELECT 1 FROM b WHERE num=a.num)
```

- 并不是所有索引对查询都有效，SQL 语句是根据表中数据来进行查询优化的，当索引列有大量数据重复时，SQL 查询可能不会去利用索引，如某表中有字段 sex、male、female

几乎各一半，那么即使在 sex 上建了索引也对查询效率起不了作用。
- 索引并不是越多越好，索引固然可以提高相应的 SELECT 的效率，但同时也降低了 INSERT 及 UPDATE 的效率，因为 INSERT 或 UPDATE 时有可能会重建索引，所以怎样建索引需要慎重考虑，视具体情况而定。一个表的索引数最好不要超过 6 个，若太多则应考虑那些不常使用列上的索引是否有必要。
- 应尽可能地避免更新 clustered 索引数据列，因为 clustered 索引数据列的顺序就是表记录的物理存储顺序，一旦该列值改变将导致整个表记录的顺序的调整，会耗费相当大的资源。若应用系统需要频繁更新 clustered 索引数据列，那么需要考虑是否将该索引建为 clustered 索引。
- 尽量使用数字型字段，若只含数值信息的字段尽量不要设计为字符型，这会降低查询和连接的性能，并会增加存储开销。这是因为引擎在处理查询和连接时会逐个比较字符串中每一个字符，而对于数字型而言只需要比较一次就够了。
- 尽可能地使用 VARCHAR/nVARCHAR 代替 CHAR/nCHAR，因为首先变长字段存储空间小，可以节省存储空间，其次对于查询来说，在一个相对较小的字段内搜索效率显然要高些。
- 任何地方都不要使用 SELECT * FROM t，用具体的字段列表代替 "*"，不要返回用不到的任何字段。
- 尽量使用表变量来代替临时表。如果表变量包含大量数据，应注意索引非常有限（只有主键索引）。
- 避免频繁创建和删除临时表，以减少系统表资源的消耗。
- 临时表并不是不可使用，适当地使用它们可以使某些例程更有效，例如，当需要重复引用大型表或常用表中的某个数据集时。但是，对于一次性事件，最好使用导出表。
- 在新建临时表时，如果一次性插入数据量很大，那么可以使用 SELECT into 代替 CREATE table，避免造成大量 log，以提高速度；如果数据量不大，为了缓和系统表的资源，应先 CREATE table，然后 INSERT。
- 如果使用到了临时表，在存储过程的最后务必将所有的临时表显式删除，先 truncate table，然后 DROP table，这样可以避免系统表的较长时间锁定。
- 尽量避免使用游标，因为游标的效率较差，如果游标操作的数据超过 1 万行，那么就应该考虑改写。
- 使用基于游标的方法或临时表方法之前，应先寻找基于集的解决方案来解决问题，基于集的方法通常更有效。
- 与临时表一样，游标并不是不可使用。对小型数据集使用 FAST_FORWARD 游标通常要优于其他逐行处理方法，尤其是在必须引用几个表才能获得所需的数据时。在结果集中包括 "合计" 的历程通常要比使用游标执行的速度快。如果开发时间允许，基于游标的方法和基于集的方法都可以尝试一下，看哪一种方法的效果更好。
- 在所有的存储过程和触发器的开始处设置 SET NOCOUNT ON，在结束时设置 SET NOCOUNT OFF。无须在执行存储过程和触发器的每个语句后向客户端发送 DONE_IN_PROC 消息。
- 尽量避免向客户端返回大数据量，若数据量过大，应该考虑相应需求是否合理。
- 尽量避免大事务操作，提高系统并发能力。

18.4.2 MySQL EXPLAN 详解

EXPLAIN 显示了 MySQL 如何使用索引来处理 SELECT 语句以及连接表，可以帮助选择更好的索引和写出更优化的查询语句。

1. EXPLAIN 项目说明

先看一个实际 SQL 语句的 EXPLAIN。

```
EXPLAIN SELECT wk,jm,zd,llbm,km,yt,clbh,clmc,dw,kph, ROUND(SUM(qlsl),2) AS qlsl,ROUND
(SUM(sfsl),2) AS sfsl, ROUND((ROUND(SUM(je),2))/(ROUND(SUM(sfsl),2)),6) AS dj, ROUND(SUM(je),
2) AS je FROM (SELECT '1' AS wk,f.lujmc AS jm,g.zhandmc AS zd,CONCAT(d.dw,'-',c.bm) AS llbm,a
.km AS km ,a.kmmc AS yt, a.clbh AS clbh,CONCAT(a.clmc,'-',a.gg) AS clmc,a.dw AS dw,'01' AS kp
h,a.sl AS qlsl,a.sl AS sfsl,a.je AS je FROM ykxt_jiayou a,ykxt_fk b,ykxt_cl e,ykxt_dwb d ,ykx
t_bmb c ,ykxt_luj f,ykxt_zhand g WHERE a.kh=b.kh AND b.kh = e.kh AND e.ssbm=d.syh AND e.xsbm=
c.syh AND c.zdl=d.syh AND d.zhandmc = g.syh AND g.lujmc = f.syh AND a.je>=-2461.86 AND a.je<=
11043.20 AND DATE_FORMAT(a.lrrq,'%Y-%m-%d') >= '2014-10-20' AND DATE_FORMAT(a.lrrq,'%Y-%m-%d'
)<= '2017-01-22') a WHERE a.wk = '1' GROUP BY a.wk,a.jm,a.zd,a.llbm,a.km,a.yt,a.clbh,a.clmc,a
.dw,a.kph;
```

上述命令的运行结果如图 18.6 所示。

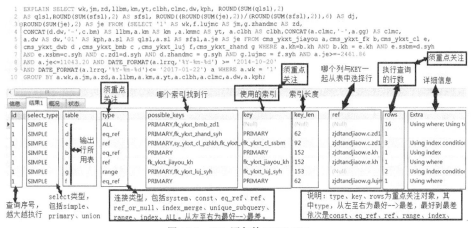

图 18.6 SQL 语句的 EXPLAIN

MySQL 的 EXPLAIN 执行计划的详细解释如下。

（1）id。

id 是 SELECT 识别符。这是 SELECT 查询序列号。这个不重要，查询序号即为 SQL 语句执行的顺序，顺序号越大越先执行；相同的顺序号，从上到下顺序执行，看下面这条 SQL 语句：

```
use db_fcms;
EXPLAIN SELECT * FROM (SELECT * FROM  ykxy_jiayou LIMIT 20) a;
```

它的执行结果如图 18.7 所示。

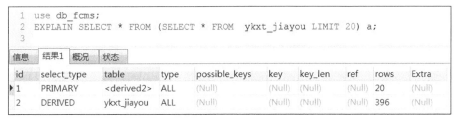

图 18.7 SQL 语句的 EXPLAIN

这时可以看到 id 的变化了。

（2）select_type。

select 类型，它有以下几种值。

- simple，它表示简单的 SELECT，没有 UNION 和子查询。
- primary，最外面的 SELECT，在有子查询的语句中，最外面的 SELECT 查询就是 primary，图 18.7 中就是这样。
- UNION，UNION 语句的第二个或者说是后面那一个，现执行下面这条语句。

```
use db_fcms;
EXPLAIN SELECT * FROM ykxt_jiayou limit 10 UNION SELECT * FROM ykxt_jiayou limit 10,10;
```

执行结果如图 18.8 所示。

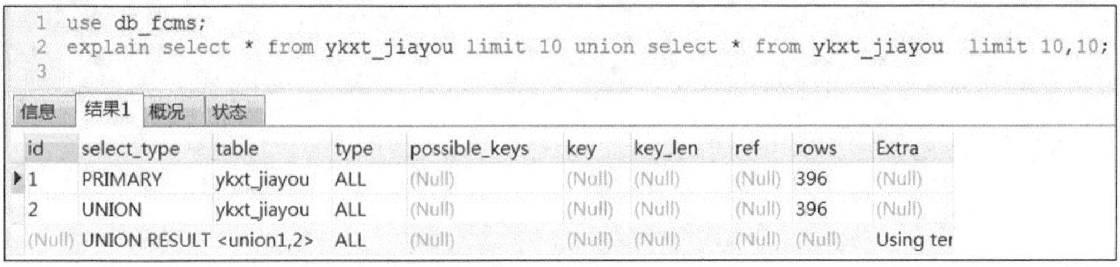

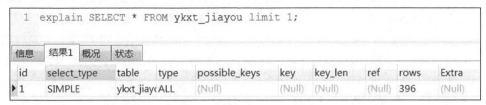

图 18.8 SQL 语句的 EXPLAIN

图 18.8 说明第二条语句使用了 UNION。

- UNION，UNION 中的第二个或后面的 SELECT 语句，取决于外面的查询。
- UNION RESULT，UNION 的结果如图 18.8 所示。

（3）table。

输出的行所用的表，这个参数显而易见，容易理解。

（4）type。

连接类型。有多个参数，先从最佳到最差逐一介绍（**重要**）。

1）system：查询出的数据仅有一行，这是 const 类型的特列，平时不会出现，这个也可以忽略不计。

2）const：表最多有一个匹配行，const 用于比较 primary key 或者 unique 索引。因为只匹配一行数据，所以速度很快。const 的出现，说明一定是用到 primarykey 或者 unique，并且只检索出两条数据的情况下才会是 const，看下面这条语句。

```
EXPLAIN SELECT * FROM ykxt_jiayou limit 1;
```

执行结果如图 18.9 所示。

图 18.9 SQL 语句的 EXPLAIN

结果虽然只搜索一条数据，但是因为没有用到指定的索引，所以不会出现 const（图 18.9 显示为 ALL）。继续看下面这条语句。

```
EXPLAIN SELECT * FROM ykxt_jiayou WHERE id = 'gdd-150821-001';
```

id 是主键，所以使用了 const。所以说可以理解为 const 是最优化的。

执行结果如图 18.10 所示。

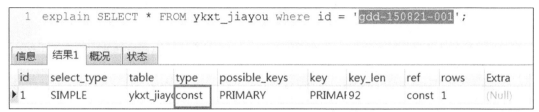

图 18.10　SQL 语句的 EXPLAIN

3) eq_ref: 对于 eq_ref 的解释，MySQL 手册是这样说的："对于每个来自于前面的表的行组合，从该表中读取一行。这可能是最好的联接类型，除了 const 类型。它用在一个索引的所有部分被联接使用并且索引是 UNIQUE 或 PRIMARY KEY"。eq_ref 可以用于使用"＝"比较带索引的列。看下面的这条语句。

```
EXPLAIN SELECT * FROM menu32 a,menu33 b WHERE a.id = b.father;
```

很明显，MySQL 使用 eq_ref 联接来处理 a(menu32) 表。

执行结果如图 18.11 所示。

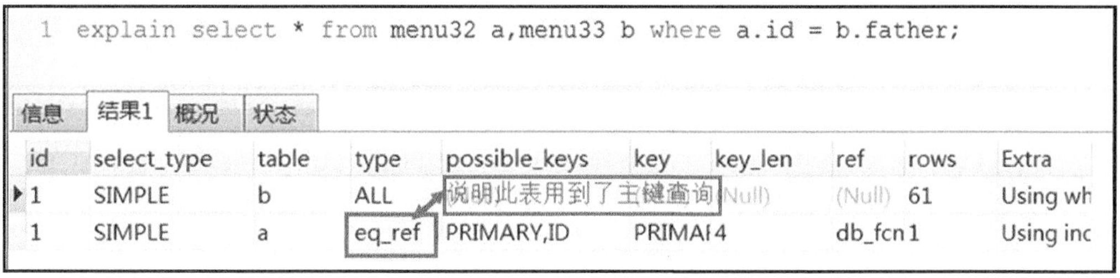

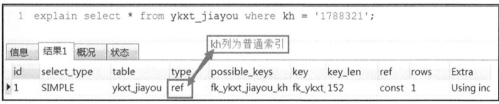

图 18.11　SQL 语句的 EXPLAIN

4) ref: 对于每个来自于前面的表的行组合，所有存在匹配索引值的行将从这张表中读取。如果联接只使用键的最左边的前缀，或如果查询的键（查询条件中的关键字）不是 UNIQUE 或 PRIMARY KEY（换句话说，如果联接不能基于关键字选择单个行的话），则使用 ref。如果使用的键仅匹配少量行，该联接类型是不错的。看下面这条语句。

```
EXPLAIN SELECT * FROM ykxt_jiayou WHERE kh = '1788321';
```

执行结果如图 18.12 所示。

图 18.12　SQL 语句的 EXPLAIN

5) ref_or_null: 该联接类型如同 ref，增添了可以专门搜索包含 NULL 值的行。

到此，上面介绍的 5 种情况是比较不错的，这样的 SQL 无须优化。下面的这些情况是不好的，应该给予 SQL 语句优化。

18.4 MySQL 查询优化

6）index_merge：该联接类型表示使用了索引合并优化方法。在这种情况下，key 列包含了使用的索引的清单，key_len 包含了使用的索引的最长的关键元素。

7）unique_subquery：基于唯一索引的子查询，如果出现它，子查询外面的查询数据量不大的话（几十万）还可以接受，如果很大的话（几百或上千万），这样的 SQL 语句就该优化了。关于含有子查询是 SQL 语句，MySQL 的处理是这样的，查询中的第一个子 SELECT，取决于外面的查询结果，换句话说就是子查询的查询方式依赖于外面的查询结果，就是外面的查询结果集与子查询结果集逐一匹配，笛卡儿积式的逐一匹配，迭代式地逐一匹配。尤其是外面的查询语句采用了 INSERT、UPDATE、DELETE 等，这样，MySQL 基本不会自动优化。

8）index_subquery：如果出现这个就更糟糕了。

9）range：给定范围内的检索，使用一个索引来检查行，看下面两条语句。

```
EXPLAIN SELECT * FROM ykxt_jiayou WHERE id IN ('gdd-150821-002','gdd-150821-003','gdd-150821-004');
```

执行结果如图 18.13 所示。

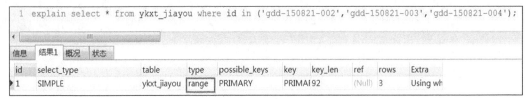

图 18.13　SQL 语句的 EXPLAIN

```
EXPLAIN SELECT * FROM ykxt_jiayou WHERE  qj IN ('2015/07/16-2015/08/15','2015/08/16-2015/09/15');
```

执行结果如图 18.14 所示。

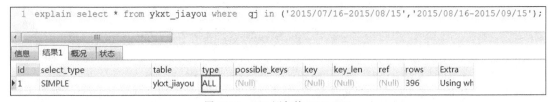

图 18.14　SQL 语句的 EXPLAIN

id 有索引，qj 没有索引，结果是第一条语句的联接类型是 range，第二个是 ALL。BETWEEN 也是这样，看下面的语句。

```
EXPLAIN SELECT * FROM ykxt_jiayou WHERE  sl between 10 AND 100;
```

执行结果如图 18.15 所示。

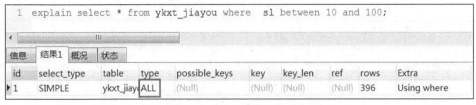

图 18.15　SQL 语句的 EXPLAIN

```
EXPLAIN SELECT * FROM ykxt_jiayou WHERE kh = ' 1788371';
```

这样的语句是不会使用 range 的，它会使用更好的联接类型就是上面介绍的 ref。
执行结果如图 18.16 所示。

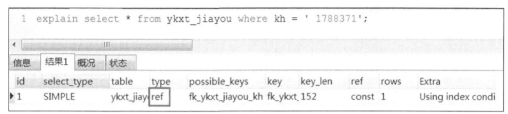

图 18.16 SQL 语句的 EXPLAIN

10）index：该联接类型与 ALL 相同，除了只有索引树被扫描。这通常比 ALL 快，因为索引文件通常比数据文件小。（也就是说虽然 all 和 INDEX 都是读全表，但 INDEX 是从索引中读取的，而 all 是从硬盘中读的）当查询只使用作为单索引一部分的列时，MySQL 可以使用该联接类型。

11）ALL：对于每个来自于先前的表的行组合，进行完整的表扫描。如果表是第一个没标记 const 的表，在通常的情况下会很差。但可以增加更多的索引而不要使用 ALL，使得行能基于前面的表中的常数值或列值被检索。

（5）possible_keys。

提示使用哪个索引会在该表中找到行，不太重要。

（6）keys。

MySQL 使用的索引，简单且重要。

（7）key_len。

MySQL 使用的索引长度。

（8）ref。

ref 列显示使用哪个列或常数与 key 一起从表中选择行。

（9）rows。

显示 MySQL 执行查询的行数，简单且重要，数值越大越不好，说明没有用好索引。

（10）extra。

该列包含 MySQL 解决查询的详细信息，如下所示。

1）distinct：MySQL 发现第 1 个匹配行后，停止为当前的行组合搜索更多的行。

2）not exists。

3）range checked for each record：没有找到合适的索引。

4）using filesort：MySQL 手册是这么解释的，即 MySQL 需要额外的一次传递，以找出如何按排序顺序检索行。通过根据联接类型浏览所有行并为所有匹配 WHERE 子句的行保存排序关键字和行的指针来完成排序。然后关键字被排序，并按排序顺序检索行。

5）using index：只使用索引树中的信息而不需要进一步搜索读取实际的行来检索表中的信息。这个比较容易理解，就是说明是否使用了索引。

```
EXPLAIN SELECT * FROM ykxt_jiayou WHERE id='gdd-150921-085';
    extra 为 using index（id 建有索引）
EXPLAIN SELECT COUNT(*) FROM  ykxt_jiayou were id='gdd-150921-085' ;
    extra 为 using where（id 未建立索引）
```

6）using temporary：为了解决查询，MySQL 需要创建一个临时表来容纳结果。典型情况如查询包含可以按不同情况列出列的 GROUP BY 和 ORDER BY 子句时。出现 using temporary 就说明语句需要优化了。举个例子来说，看下面的语句。

```
EXPLAIN SELECT b.name FROM menu32 a,menu33 b  WHERE a.id = b.father ORDER BY a.id DESC;
```

执行结果如图 18.17 所示。

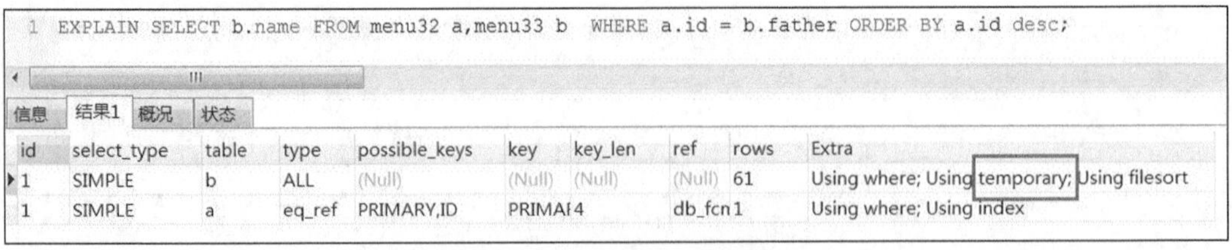
1 EXPLAIN SELECT b.name FROM menu32 a,menu33 b WHERE a.id = b.father ORDER BY a.id desc;

信息 结果1 概况 状态

id	select_type	table	type	possible_keys	key	key_len	ref	rows	Extra
1	SIMPLE	b	ALL	(Null)	(Null)	(Null)	(Null)	61	Using where; Using temporary; Using filesort
1	SIMPLE	a	eq_ref	PRIMARY,ID	PRIMAI	4	db_fcn	1	Using where; Using index

图 18.17 SQL 语句的 EXPLAIN

这条语句会使用 using temporary，见图 18.17。而下面这条语句则不会。

```
EXPLAIN SELECT b.name FROM menu32 a,menu33 b  WHERE a.id = b.father ORDER BY b.father DE
SC;
```

执行结果如图 18.18 所示。

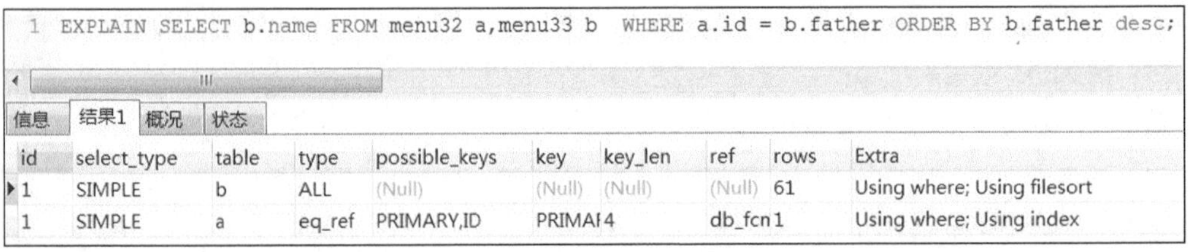
1 EXPLAIN SELECT b.name FROM menu32 a,menu33 b WHERE a.id = b.father ORDER BY b.father desc;

信息 结果1 概况 状态

id	select_type	table	type	possible_keys	key	key_len	ref	rows	Extra
1	SIMPLE	b	ALL	(Null)	(Null)	(Null)	(Null)	61	Using where; Using filesort
1	SIMPLE	a	eq_ref	PRIMARY,ID	PRIMAI	4	db_fcn	1	Using where; Using index

图 18.18 SQL 语句的 EXPLAIN

这是为什么呢？它俩之间只是一个 ORDER BY 不同，MySQL 表关联的算法是 Nest Loop Join，是通过驱动表的结果集作为循环基础数据，然后一条一条地通过该结果集中的数据作为过滤条件到下一个表中查询数据，合并结果。EXPLAIN 结果中，第一行出现的表就是驱动表（Important!）以上两个查询语句，驱动表都是 b（menu33），如上面的执行计划所示。

对驱动表可以直接排序，对非驱动表的字段排序需要对循环查询的合并结果（临时表）进行排序，因此，ORDER BY a.id desc 时，就要先 using temporary 了。

驱动表的定义：当进行多表连接查询时，又指定了联接条件，满足查询条件的记录行数少的表为驱动表，如上例，menu33 表虽然记录条数大于 menu32 表，但两表连接查询后，menu33 表满足连接查询条件的记录数是小于 menu32 的，可以通过下面的语句证实。

```
SELECT COUNT(*) FROM (SELECT father AS ft FROM menu33 GROUP BY father) a ;
    COUNT (*) 结果为 23。
SELECT COUNT(*) FROM menu32 ;
    COUNT (*) 结果为 28。
```

因此，menu33 为驱动表。当未指定联接条件时，行数少的表为驱动表。

永远用小结果集驱动大结果集。当不确定是用哪种类型的 join 时，让 MySQL 优化器自动去判断，只需写 SELECT * FROM t1,t2 WHERE t1.field ＝ t2.field。

7）using where：按照官方的解释，WHERE 子句用于限制哪一个行匹配下一个表。除非专门从表中索取或检查所有行，如果 extra 值不是 using where 并且表联接类型为 ALL 或 INDEX，查询可能会有一些错误。

如果想要使查询尽可能快，应找出 using filesort 和 using temporary 的 extra 值。

8）using sort_union(...),using union(...),using intersect(...)：这些函数说明如何为 index_merge 联

接类型合并索引扫描。

9）using index for group-by：类似于访问表的 using index 方式，using index for group-by 表示 MySQL 发现了一个索引，可以用来查询 GROUP BY 或 DISTINCT 的所有列，而不要额外搜索硬盘访问实际的表。并且，按最有效的方式使用索引，以便对于每个组，只读取少量索引条目。

2. 实例

【例 18.1】 SQL 语句范例 1。

```
EXPLAIN SELECT a.fkh,a.qj,a.qc_zye,a.qc_yxye,a.bq_drje,a.bq_qcje,a.bq_jyje,a.qm_zye,a.qm
_yxye,a.qm_wqye,CASE WHEN (drje=0 OR drje IS NULL) AND (qcje=0 OR qcje IS NULL) AND (jyje=0
OR jyje IS NULL) then 'y'else 'n' END AS ifno FROM ykxt_fk_tz a LEFT JOIN (SELECT c.fkh AS fk
h,ROUND(SUM(c.bq_drje),2) AS drje,ROUND(SUM(c.bq_qcje),2) AS qcje,ROUND(SUM(c.bq_jyje),2) AS
jyje FROM (SELECT * FROM ykxt_fk_tz UNION ALL SELECT * FROM ykxt_fktz_ls) c GROUP BY fkh) b O
N a.fkh = b.fkh WHERE 1=1;
```

执行结果如图 18.19 所示。

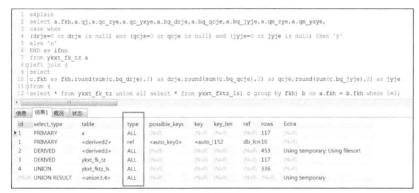

图 18.19　SQL 语句的 EXPLAIN

【例 18.2】 SQL 语句范例 2。

```
EXPLAIN SELECT a.fkh,a.qj,a.qc_zye,a.qc_yxye,a.bq_drje,a.bq_qcje,a.bq_jyje,a.qm_zye,a.qm
_yxye,a.qm_wqye ,CASE WHEN (drje=0 OR drje IS NULL) AND (qcje=0 OR qcje IS NULL) AND (jyje=0
OR jyje IS NULL) then 'y'else 'n' END AS ifno FROM (SELECT * FROM ykxt_fk_tz UNION ALL SELEC
T * FROM ykxt_fktz_ls) a LEFT JOIN (SELECT c.fkh AS fkh,ROUND(SUM(c.bq_drje),2) AS drje,ROUND
(SUM(c.bq_qcje),2) AS qcje,ROUND(SUM(c.bq_jyje),2) AS jyje FROM (SELECT * FROM ykxt_fk_tz UNI
ON ALL SELECT * FROM ykxt_fktz_ls) c GROUP BY fkh) b ON a.fkh = b.fkh WHERE 1=1 AND a.qj='201
6/06/16-2016/07/15';
```

执行结果如图 18.20 所示。

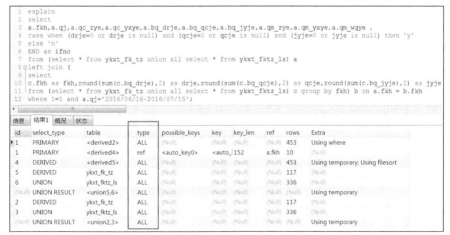

图 18.20　SQL 语句的 EXPLAIN

18.4 MySQL 查询优化

【例 18.3】 SQL 语句范例 3。

```
    DELETE FROM ykxt_fktz_cx;
    EXPLAIN  INSERT INTO ykxt_fktz_cx(id,fkh,qj,qc_zye,qc_yxye,bq_drje,bq_qcje,bq_jyje,qm_zy
e, qm_yxye,qm_wqye) SELECT 'admin',fkh,'2014/08/16-2016/12/15',0,0,ROUND(SUM(bq_drje),2),ROUN
D (SUM(bq_qcje),2),ROUND(SUM(bq_jyje),2),0,0,0 FROM ykxt_fktz_ls GROUP BY fkh;
```

执行结果如图 18.21 所示。

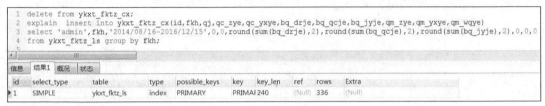

图 18.21　SQL 语句的 EXPLAIN

【例 18.4】 SQL 语句范例 4。

```
    EXPLAIN  UPDATE ykxt_fktz_cx INNER JOIN
    ykxt_fk_tz on ykxt_fktz_cx.fkh = ykxt_fk_tz.fkh SET ykxt_fktz_cx.bq_drje = ykxt_fktz_cx.
bq_drje + (SELECT ykxt_fk_tz.bq_drje
    FROM ykxt_fk_tz WHERE ykxt_fktz_cx.fkh = ykxt_fk_tz.fkh),ykxt_fktz_cx.bq_qcje = ykxt_fkt
z_cx.bq_qcje + (SELECT ykxt_fk_tz.bq_qcje
    FROM ykxt_fk_tz WHERE ykxt_fktz_cx.fkh = ykxt_fk_tz.fkh),ykxt_fktz_cx.bq_jyje = ykxt_fkt
z_cx.bq_jyje + (SELECT ykxt_fk_tz.bq_jyje FROM ykxt_fk_tz WHERE ykxt_fktz_cx.fkh = ykxt_fk_tz
.fkh) WHERE ykxt_fktz_cx.fkh = ykxt_fk_tz.fkh;
```

执行结果如图 18.22 所示。

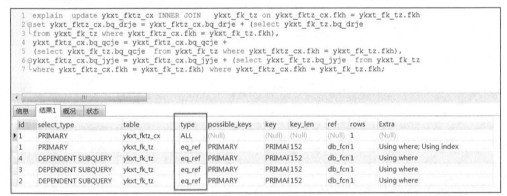

图 18.22　SQL 语句的 EXPLAIN

【例 18.5】 SQL 语句范例 5。

```
    EXPLAIN  UPDATE ykxt_fktz_cx INNER JOIN ykxt_fktz_ls on ykxt_fktz_cx.fkh = ykxt_fktz_ls.
fkh SET ykxt_fktz_cx.qc_zye = ykxt_fktz_ls.qc_zye, ykxt_fktz_cx.qc_yxye = ykxt_fktz_ls.qc_yxy
e WHERE ykxt_fktz_ls.qj ='2014/08/16-2014/09/15' AND ykxt_fktz_cx.fkh = ykxt_fktz_ls.fkh ;
```

执行结果如图 18.23 所示。

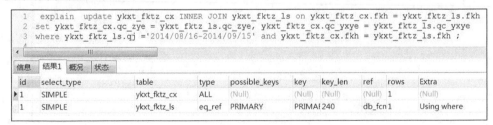

图 18.23　SQL 语句的 EXPLAIN

【例 18.6】SQL 语句范例 6。

```
  EXPLAIN  UPDATE ykxt_fktz_cx INNER JOIN ykxt_fk_tz on ykxt_fktz_cx.fkh = ykxt_fk_tz.fkh
SET ykxt_fktz_cx.qm_zye = ykxt_fk_tz.qm_zye,ykxt_fktz_cx.qm_yxye = ykxt_fk_tz.qm_yxye,ykxt_fk
tz_cx.qm_wqye = ykxt_fk_tz.qm_wqye WHERE ykxt_fktz_cx.fkh = ykxt_fk_tz.fkh;
```

执行结果如图 18.24 所示。

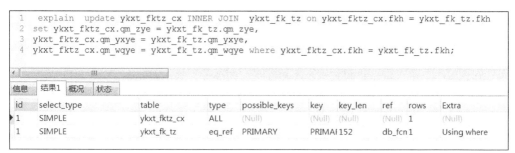

图 18.24 SQL 语句的 EXPLAIN

3. 总结

MySQL 中的 EXPLAIN 命令显示了 MySQL 如何使用索引来处理 SELECT 语句以及连接表。EXPLAIN 显示的信息可以帮助选择更好的索引和写出更优化的查询语句。

（1）EXPLAIN 的使用方法。

在 SELECT 语句前加上 EXPLAIN 就可以了。

如：EXPLAIN SELECT a.* form a,b WHERE a.id=b.id。

（2）EXPLAIN 列的解释。

- table：显示这一行的数据是关于哪张表的。
- type：这是重要的列，显示连接使用了何种类型。从最好到最差的连接类型为 const、eq_reg、ref、range、INDEX 和 ALL。
- possible_keys：显示可能应用在这张表中的索引。如果为空，则没有可能的索引。但可以在相关的列中从 WHERE 语句里选择一个合适的语句。
- key：实际使用的索引。如果为 NULL，则没有使用索引。很少的情况下，MySQL 会选择优化不足的索引，但可以在 SELECT 语句中使用 USE INDEX（INDEXname）来强制使用一个索引或者用 IGNORE INDEX（INDEXname）来强制 MySQL 忽略索引。
- key_len：使用的索引的长度。在不损失精确性的情况下，长度越短越好。
- ref：显示索引的哪一列被使用了，如果可能的话，那一定是一个常数。
- rows：MySQL 认为必须检查的用来返回请求数据的行数。
- extra：关于 MySQL 如何解析查询的额外信息。不好的示例是 using temporary 和 using filesort：意思 MySQL 根本不能使用索引，结果是检索速度会很慢。

（3）TYPE 的各项含义。

- system：表只有一行。这是 const 连接类型的特殊情况。
- const：表中的一个记录的最大值能够匹配这个查询（索引可以是主键或唯一索引）。因为只有一行，这个值实际就是常数，因为 MySQL 先读这个值，然后把它当作常数来对待。
- eq_ref：在连接中，MySQL 在查询时，从前面的表中，对每一个记录的联合都从表中读取一个记录，它在查询使用了索引为主键或唯一键的全部时使用。
- ref：这个连接类型只有在查询使用了不是唯一或主键或者是这些类型的部分（如利用最

左边前缀）时发生。对于之前的表的每一个行联合，全部记录都将从表中读出。这个类型严重依赖于根据索引匹配的记录多少，当然，越少越好。
- range：这个连接类型使用索引返回一个范围中的行，如使用＞或＜查找信息时发生的情况。
- INDEX：这个连接类型对前面的表中的每一个记录联合进行完全扫描（比 ALL 更好，因为索引一般小于表数据）。
- ALL：这个连接类型对于前面的每一个记录联合进行完全扫描，这一般比较糟糕，应该尽量避免。

（4）extra 的各项含义。
- Distinct：一旦 MySQL 找到了与行相联合匹配的行，就不再搜索了。
- not exists：MySQL 优化了 LEFT JOIN，一旦它找到了匹配 LEFT JOIN 标准的行，就不再搜索了。
- Range checked for each record（index map:#）：没有找到理想的索引，因此对于从前面表中来的每一个行组合，MySQL 检查使用哪个索引，并用它来从表中返回行。这是使用索引最慢的连接之一。
- using filesort：看到这个的时候，查询就需要优化了。MySQL 需要进行额外的步骤来发现如何对返回的行排序。它根据连接类型以及存储排序键值和匹配条件的全部行的行指针来排序全部行。
- using index：列数据是从使用了索引中的信息而没有读取实际行动的表返回的，这发生在对表的全部的请求列都是同一个索引的部分的时候。
- using temporary：看到这个的时候，查询需要优化了。这里，MySQL 需要创建一个临时表来存储结果，这通常发生在对不同的列集进行 ORDER BY 上。
- where used：使用了 WHERE 从句来限制哪些行将与下一张表匹配或者是返回给用户。如果不想返回表中的全部行，并且连接类型 ALL 或 INDEX，这就会发生，或者是查询有问题。

（5）一般经验。

当在 EXPLAIN 结果中看到 subquery、dependent subquery 或者 using temporary、using join buffer 等出现时，这就告诉此 SQL 需要优化，通过加索引、修改 SQL 语句本身等手段，尽可能避免这些词语的出现。关于 EXPLAIN 的结果集，这里只是简单举例说明，优化是个漫长的过程。

18.4.3 MySQL 多表查询优化

MySQL 多表查询优化也是一个永恒的话题。当好不容易写出了一条多表查询的 SQL 语句并融入到项目系统中，在初期不存在任何问题，但随着时间的延续，发现某些功能怎么变得越来越不好使了呢？这时，就得需要找出症结所在。当然，原因很多，在这些原因当中，有没有当初书写的 SQL 语句出现了问题？下面研究的就是如何追踪 SQL 语句中存在的问题。

1. 简单关联子查询的优化

很多时候，在 MySQL 上实现的子查询的性能较差，这听起来实在有点难过。特别有时候，用到 IN()子查询语句时，对于上了某种数量级的表来说，耗时多得难以估计。假设有这样的一个 EXISTS 查询语句，如下：

```
    SELECT * FROM ykxt_jiayou a WHERE EXISTS (SELECT 'X' FROM ykxt_qj b WHERE a.sl>=10 AND a
.qj=b.qj);
```

执行结果如图 18.25 所示。

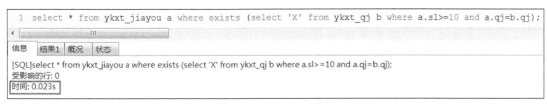

图 18.25　简单子查询

本机测试结果用时 0.023s。

通过 EXPLAIN 可以看到子查询是一个相关子查询(DEPENDENCE SUBQUERY);,MySQL 会首先对外表 ykxt_jiayou 进行全表扫描,然后根据返回的 qj 逐次执行子查询。如果外层表是一个很大的表,可以想象查询性能会表现得比此次测试更糟糕。

执行分析如图 18.26 所示。

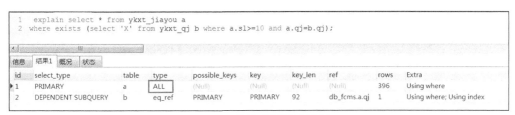

图 18.26　简单子查询执行分析

一种简单的优化方案为使用 INNER JOIN 的方法来代替子查询,查询语句则可以改为如下的语句:

```
SELECT * FROM ykxt_jiayou a INNER JOIN ykxt_qj  b USING(qj) WHERE a.sl>=10;
```

执行结果如图 18.27 所示。

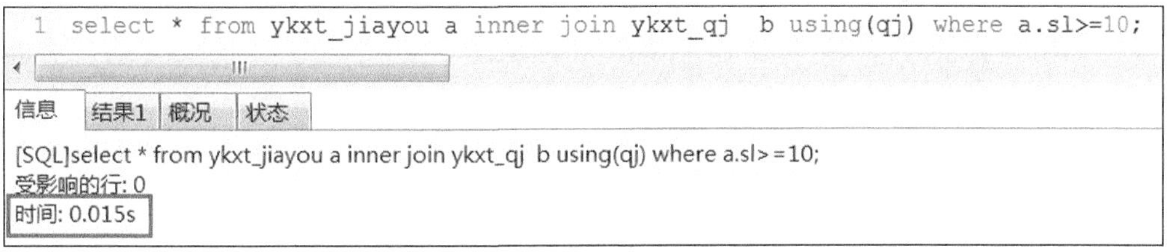

图 18.27　简单子查询优化后的 SQL 语句

本机测试结果用时 0.015s。

通过 EXPLAIN 可以看到 MySQL 使用了 SIMPLE 类型(子查询或 UNION 以外的查询方式);MySQL 优化器会先过滤 ykxt_qj,然后对 ykxt_jiayou 和 ykxt_qj 做笛卡儿积得出结果集后,再通过 ON 条件来过滤数据。

分析结果如图 18.28 所示。

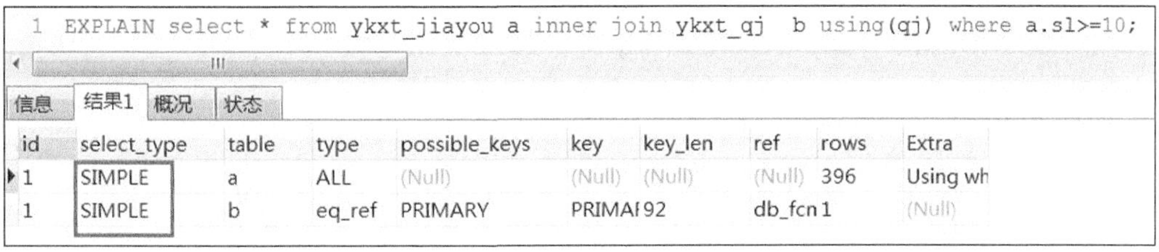

图 18.28　简单子查询执行分析

2. 多表联合查询效率分析及优化

- 多表连接类型。

关于多表连接类型，在前面的章节都有讲述，在此，再重温一遍。

笛卡儿积（交叉连接）在 MySQL 中可以为 CROSS JOIN 或者省略 CROSS 即 JOIN，或者使用 "，"，如：

```
SELECT * FROM table1 CROSS JOIN table2;
SELECT * FROM table1 JOIN table2;
SELECT * FROM table1,table2;
```

- 内连接 INNER JOIN 在 MySQL 中把 INNER JOIN 叫作等值连接，即需要指定等值连接条件。在 MySQL 中 CROSS 和 INNER JOIN 被划分在一起。

```
JOIN_table: table_reference [INNER | CROSS] JOIN table_factor [JOIN_condition]
```

- MySQL 中的外连接，分为左连接和右连接，即除了返回符合连接条件的结果，还要返回左表（左连接）或者右表（右连接）中不符合连接条件的结果，相对应的使用 NULL 对应补齐。其原理——从左表读出一条，选出所有与 on 匹配的右表纪录（n 条）进行连接，形成 n 条记录；如果右边表没有与 ON 条件匹配的列，那连接的字段都是 NULL。然后继续读下一条。

可以用右表没有 ON 匹配，则显示 NULL 的规律，来找出所有在左表且不在右表的记录，如下面的语句。

```
SELECT id, name, action FROM user u LEFT JOIN user_action a ON u.id = a.user_id WHERE a.user_id IS NULL
```

1. 一般用法

（1）LEFT [OUTER] JOIN。

除了返回符合连接条件的结果，还需要显示左表中不符合连接条件的数据列，相对应使用 NULL。

```
SELECT column_name FROM table1 LEFT [OUTER] JOIN table2 ON table1.column=table2.column
```

（2）RIGHT [OUTER] JOIN。

RIGHT 与 LEFT JOIN 相似，不同的是除了显示符合连接条件的结果，还需要显示右表中不符合连接条件的数据列，相对应使用 NULL。

```
SELECT column_name FROM table1 RIGHT [OUTER] JOIN table2 ON table1.column=table2.column
```

（3）"on a.c1 = b.c1" 等同于 "USING(c1)"。

（4）INNER JOIN 和 ","（逗号）在语义上是等同的。

当 MySQL 在从一个表中检索信息时，可以提示它选择了哪一个索引。

如果 EXPLAIN 显示 MySQL 使用了可能的索引列表中错误的索引，这个特性将是很有用的。通过指定 USE INDEX(key_list)，可以告诉 MySQL 使用可能的索引中最合适的一个索引在表中查找记录行。

可选的二选一句法 IGNORE INDEX (key_list)可被用于告诉 MySQL 不使用特定的索引。例如下面的语句。

```
SELECT * FROM table1 USE INDEX (key1,key2) WHERE key1=1 AND key2=2 AND key3=3;
SELECT * FROM table1 IGNORE INDEX (key3) WHERE key1=1 AND key2=2 AND key3=3;
```

2. 表连接的约束条件

添加显示条件 WHERE、ON、USING。

（1）WHERE 子句，命令如下：

```
SELECT * FROM table1,table2 WHERE table1.id=table2.id;
```

（2）ON，命令如下：

```
SELECT * FROM table1 LEFT JOIN table2 ON table1.id=table2.id;
SELECT * FROM table1 LEFT JOIN table2 ON table1.id=table2.id LEFT JOIN table3 ON table2.id=table3.id;
```

（3）USING 子句，命令如下：

如果连接的两个表和连接条件的两个列具有相同的名字的话可以使用 USING。

【例 18.7】使用 USING 连接两个表。

```
SELECT ... FROM table1 LEFT JOIN table2 USING()
```

（4）连接多于两个表的情况举例。

【例 18.8】连接多个表。

```
SELECT artists.artist, cds.title, genres.genre FROM cds LEFT JOIN genres ON cds.genreid=genres.genreid LEFT JOIN artists ON cds.artistid = artists.artistid;
```

或者

```
SELECT artists.artist, cds.title, genres.genre FROM cds LEFT JOIN genres ON cds.genreid=genres.genreid  LEFT JOIN artists ON cds.artistid=artists.artistid WHERE (genres.genre ='pop');
```

另外需要注意的地方在 MySQL 中涉及多表查询的时候，需要根据查询的情况，想好使用哪种连接方式效率更高。

1）MySQL 如何优化 LEFT JOIN 和 RIGHT JOIN？

在 MySQL 中，A LEFT JOIN B，join_condition 执行过程如下。

- 根据表 A 和 A 依赖的所有表设置表 B。
- 根据 LEFT JOIN 条件中使用的所有表（除了 B）设置表 A。
- LEFT JOIN 条件用于确定如何从表 B 搜索行。（注意：在这一步不使用 WHERE 子句中的任何条件）。
- 进行所有标准 WHERE 优化。
- 如果 A 中有一行匹配 WHERE 子句，但 B 中没有一行匹配 ON 条件，则生成另一个 B 行，其中所有列设置为 NULL。换句话说就是 A 中多出来的那些行，针对 B 表的列补 NULL。

2）RIGHT JOIN 的执行过程类似 LEFT JOIN，只是表的角色反过来。

3）联接优化器计算表应联接的顺序。

LEFT JOIN 和 STRAIGHT_JOIN 强制表读顺序可以帮助联接优化器更快地工作，因为检查的表交换更少。如果执行下面的查询，MySQL 进行全扫描 b，因为 LEFT JOIN 强制它在 d 之前读取，语句如下。

```
SELECT * FROM a,b LEFT JOIN c ON (c.key=a.key) LEFT JOIN d ON (d.key=a.key)WHERE b.key=d.key;
```

在这种情况下修复时用 a 的相反顺序，b 列于 FROM 子句中，修改后的语句如下：

```
SELECT * FROM b,a LEFT JOIN c ON (c.key=a.key) LEFT JOIN d ON (d.key=a.key) WHERE b.key=d.key;
```

MYSQL 可以进行下面的 LEFT JOIN 优化，如果对于产生的 NULL 行，WHERE 条件总为假，LEFT JOIN 变为普通联接。

【例 18.9】在下面的查询中如果 t2.column1 为 NULL，WHERE 子句将为 false。语句如下：

```
SELECT * FROM t1 LEFT JOIN t2 ON USING(column1) WHERE t2.column2=5;
```

因此，可以安全地将查询转换为普通联接。

```
SELECT * FROM t1, t2 WHERE t2.column2=5 AND t1.column1=t2.column1;
```

这样可以更快，因为 MySQL 可以在表 t1 之前使用表 t2。这是由 WHERE 子句中 t2.column2=5 决定的。

3. 其他手段

假如某个系统中的关键表有购物分享表、图片表、文件表、评论表、标签表和分类表等。当查看一个图片的详细信息时，就要从以上表里抽取信息。显示的最终结果包括图片所属的分类、图片标签和图片的评论，有文件的话还要显示文件下载信息等。难道让这 6 个表去关联查询吗？当然不能用这么多的关联来查询数据，可以只查询一个表即可。在这 6 个表当中，分享表是主表，可以在主表里建立一个缓存字段。如 col1_cache_data 字段赋予它 text 类型，这样可以存储很长的字符串，而不至于超过字段的最大存储。那么，这个缓存字段怎么用呢？在新增一条分享信息后，产生分享 ID。如果用户发布图片或文件的话，那么图片信息进入图片表，文件信息进入文件表，然后把新产生的图片或文件信息写入到缓存字段里。同样的，如果用户有选择分类，打了标签的话，也把相应的信息写入到缓存字段里。对于评论而言，没有必要把全部评论存到缓存字段里，因为不知道它有多少条记录，可以把最新的 10 条存到缓存字段里用于显示，这样缓存字段就变成一个二维或三维数组，序列化后存储到分享表里，示例如下：

```
$cache_data = array(
 'img' = array(
  name => '123.jpg',
  url => ' http://10.69.30.6/123.jpg',
  width => 800,
  width => 600,
 ),
 'file' = array(
  name => '234.zip',
  download_url => 'http://10.69.30.6/234.zip',
  size => 1.2Mb,
 ),
 'category' = array(
  1 => array(
   id => 5,
   name => PHP 频道
  ),
  2 => array(
   id => 6,
   name => PHP 技术
  ),
 ),
 'tag' => array(
  tag_1
  tag_2
   tag_3
  ...
 ),
 'message' => array(
```

```
    1 => array(id, uid, name, content, time),
    2 => array(id, uid, name, content, time),
    3 => array(id, uid, name, content, time),
    4 => array(id, uid, name, content, time),
  ),
)
```

将上面的数组结构，序列化存入数据库。

```
UPDATE share SET col1_cache_data=mysql_real_escape_string(serialize($cache_data)) WHERE id=1;
```

这样查询就变得简单了，只需要查询一条就行了，取到缓存字段"col1_cache_data"，把其反序列化，把数组信息提取出来，然后显示到页面。

> 注意：上面说的是作者在一个应用系统中所采取的一个查询优化策略。当然，这个策略已不属于本书所要阐述的范畴了。在这里说明一下，目的在于在未来的开发工作中提供一个借鉴或启发，优化查询的手段不只是基于 MySQL 本身的 SQL 语句优化，更好、更实用的优化方法应该在基于 MySQL 本身查询优化的基础上再进行脱离，这是 MySQL 本身的一种优化措施，大部分的生产系统都是这样做的，如缓存文件技术。

18.4.4 MySQL 子查询分析

关于子查询，在前面的章节中，引用的示例里面都涉及子查询，但没有作为一个专题并系统地进行说明。在本节里，将详细地说明。

1. 子查询的概念

当一个查询是另一个查询的一部分时，称之为子查询，它被嵌入到主查询（最外面的那个查询）中。

子查询是使用频率比较高的一种查询类型，优化子查询，对于整个系统的性能也有直接的影响。

2. MySQL 子查询的位置

从子查询出现在 SQL 语句的位置来看，它可以出现在目标列中，也可以出现在 FROM 子句中，还可以出现在 JOIN/ON 子句、GROUPBY 子句、HAVING 子句以及 ORDERBY 子句等位置。下面依次来看这 4 种形式的子查询，以及对它们进行优化的一些做法。

（1）子查询出现在目标列位置。

当子查询出现在目标列位置的时候，这种查询只能是标量子查询。也就是说子查询返回的结果只能是一个元组的一个属性。否则，数据库会返回错误信息。为了验证上面这段话，我们来搭建一些数据。

```
use db_fcms;
CREATE TABLE t1 (k1 INT primary key, c1 INT);
CREATE TABLE t2 (k2 INT primary key, c2 INT);
INSERT INTO t2 values (1, 10), (2, 2), (3,30);
```

查看一下数据，语句如下：

```
SELECT t1.c1,(SELECT t2.c2 FROM t2) FROM t1, t2;
```

执行结果如图 18.29 所示。

```
mysql> select t1.c1,(select t2.c2 from t2) from t1, t2;
Empty set (0.00 sec)
```

图 18.29　子查询在目标列位置

然后，在 t1 表中插入一些数据，命令如下：

```
INSERT INTO t1 values (1, 1), (2, 2), (3, 3);
```

此时，再次执行查询，可以看到执行的结果，如图 18.30 所示。

```
SELECT t1.c1,(SELECT t2.c2 FROM t2) FROM t1,t2;
```

```
mysql> select t1.c1,(select t2.c2 from t2) from t1,t2;
ERROR 1242 (21000): Subquery returns more than 1 row
```

图 18.30　子查询在目标列位置

此时清空 t2 表，然后再执行查询，执行结果如图 18.31 所示。

```
DELETE FROM t2;
SELECT t1.c1,(SELECT t2.c2 FROM t2) FROM t1,t2;
```

```
mysql> delete from t2;
Query OK, 3 rows affected (0.01 sec)

mysql> select t1.c1,(select t2.c2 from t2) from t1,t2;
Empty set (0.00 sec)
```

图 18.31　清空 t2 表数据后子查询在目标列位置

此时返回的结果就又正常了。

进一步实验。现在把刚刚从 t2 表中删除的数据再插入到 t2 表，语句如下：

```
INSERT INTO t2 values (1, 10), (2, 2), (3, 30);
```

然后查看数据，语句如下：

```
SELECT t1.c1,(SELECT t2.c2 FROM t2 WHERE k2=1) FROM t1, t2;
```

通过以上实验，可以得出这样一个结论，子查询必须只能返回一个元组中的一个属性。或者更严谨地说，出现在目标列上的子查询只能返回标量，即空值或单个元组的单个属性。

（2）子查询出现在 FROM 子句的位置。

简单来说，FROM 子句部分的子查询只能是非相关子查询，非相关子查询出现在 FROM 子句中可以上拉到父层，在多表连接时统一考虑连接代价然后进行优化。

如果是相关子查询出现在 FROM 子句中，数据库可能返回错误提示。接下来看一些例子。

- 在 FROM 子句位置处使用相关子查询。

```
mysql> SELECT * FROM t1,(SELECT * FROM t2 WHERE t1.k1=t2.k2);
```

- 把相关条件去掉后的 SQL 语句。

```
SELECT * FROM t1,(SELECT * FROM t2) b;
```

（3）子查询出现在 WHERE 子句中。

出现在 WHERE 子句中的子查询，是一个条件表达式的一部分，而表达式可以分为操作符和操作数，根据参与运算的操作符的不同类型，操作符也不尽相同。如 >, <, =, <> 等操作。这时对子查询有一定的要求（如 INT 型的等值操作，要求子查询必须是标量子查询（只返回一个结果））。另外，子查询出现在 WHERE 子句中的格式，也有用谓词指定的一些操作，如 IN、BETWEEN、EXISTS 等。

(4) JOIN/ON 子句位置。

JOIN/ON 子句可以分为两部分,一是 JOIN 块,类似于 FROM 子句;二是 ON 子句块,类似于 WHERE 子句。这两部分都可以出现子查询。子查询的处理方式同 FROM 子句和和 WHERE 子句。

3. 子查询的类型

(1) 从查询对象间的关系上来区分。

从查询对象间的关系上来区分,子查询可以分为相关子查询和非相关子查询。

1) 相关子查询。

子查询的执行依赖于外层父查询的一些属性的值。子查询依赖于父查询的一些参数,当父查询的参数改变时,子查询需要根据新参数值重新执行。下面给出一个例子。

【例 18.10】相关子查询示例。

```
SELECT * FROM t1 WHERE c1=ANY(SELECT c2 FROM t2 WHERE t2.c2=t1.c1);
```

- ANY:与比较操作符联合使用,表示与子查询返回的所有值比较,有一个为 TRUE,则返回 TRUE。
- ALL:与比较操作符联合使用,表示与子查询返回的所有值比较都为 TRUE,则返回 TRUE。

执行结果如图 18.32 所示。

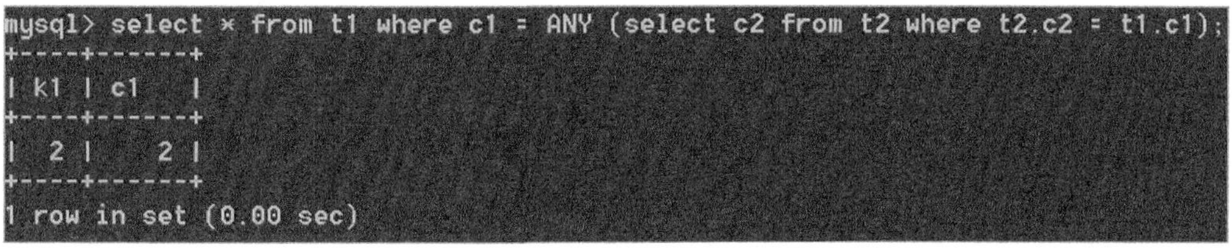

图 18.32 相关子查询

2) 非相关子查询。

子查询的执行不依赖于外层父查询的任何属性。这样的子查询具有独立性,可以独自求解,形成的一个子查询计划先与外层的查询求解,示例如下。

【例 18.11】非相关子查询示例。

```
SELECT * FROM t1 WHERE c1=ANY(SELECT c2 FROM t2 WHERE t2.c2=10);
```

(2) 从特定的谓词来区分。

1) [NOT] IN/ALL/ANY/SOME 子查询。

语义相近,表示"[取反] 存在、所有、任何、任何",左边的操作数,右边是子查询,是最常见的子查询类型之一。

2) [NOT] EXISTS 子查询。

半连接语义,表示"[取反]存在",没有左操作数,右边是子查询,也是最常见的子查询类型之一。

注意:子查询的分类还可以从语句的构成的复杂程度和查询的结果等方面来进行分类,这里不再赘述,把重点放在如何对子查询进行优化上。

4. 如何对子查询进行优化

(1) 子查询合并。

在某些情况下,多个子查询可以合并为一个子查询。合并的条件是语义等价,即合并前后的查询产生相同的结果集。合并后还是子查询,可以通过其他技术消除子查询。这样可以把多次表扫描，多次表连接转化为单次表扫描和单次表连接，示例如下。

【例 18.12】子查询合并。

```
SELECT * FROM t1 WHERE k1<10 AND (EXISTS(SELECT 'X' FROM t2 WHERE t2.k2<5 AND t2.c2=1) OR EXISTS(SELECT 'Y' FROM t2 WHERE t2.k2<5 AND t2.c2=2));
```

执行结果如图 18.33 所示。

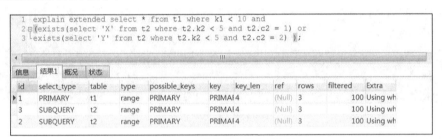

图 18.33　子查询的合并

查看这条语句的查询执行计划，命令如下：

```
EXPLAIN extended SELECT * FROM t1 WHERE k1 < 10 AND (EXISTS(SELECT 'X' FROM t2 WHERE t2.k2<5 AND t2.c2 = 1) OR EXISTS(SELECT 'Y' FROM t2 WHERE t2.k2<5 AND t2.c2=2));
```

执行结果如图 18.34 所示。

id	select_type	table	type	possible_keys	key	key_len	ref	rows	filtered	Extra
1	PRIMARY	t1	range	PRIMARY	PRIMA	4	(Null)	3	100	Using wh
3	SUBQUERY	t2	range	PRIMARY	PRIMA	4	(Null)	3	100	Using wh
2	SUBQUERY	t2	range	PRIMARY	PRIMA	4	(Null)	3	100	Using wh

图 18.34　子查询的合并执行分析

可以看到，这条查询语句有两个子查询。

把这条语句简化，语句如下：

```
SELECT * FROM t1 WHERE k1 < 10 AND (EXISTS(SELECT 'X' FROM t2 WHERE t2.k2<5 AND (t2.c2=1 OR t2.c2=2)));
```

再来查看这一条语句的查询执行计划，命令如下：

```
EXPLAIN extended SELECT * FROM t1 WHERE k1 < 10 AND (EXISTS(SELECT k2 FROM t2 WHERE t2.k2<5 AND (t2.c2=1 OR t2.c2=2)));
```

执行结果如图 18.35 所示。

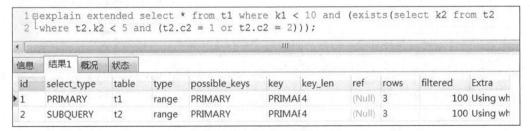

图 18.35　子查询的合并执行分析

很明显，已经消除了一套子查询，但是最后结果是一样的。

两个 EXISTS 子句可以合并为一个，条件也进行了合并。

（2）子查询展开。

子查询展开又称为子查询的反嵌套或者是子查询的上拉。把一些子查询置于外层的父查询中，其实质是把某些子查询转化为等价的多表连接操作。带来的一个明显的好处就是有关访问路径、连接方法和连接顺序可能被有效地利用，使得查询语句的层次尽可能地减少。

常见的 IN、ALL、EXISTS 依据情况转换为半连接（SEMI JOIN）、普通类型的子查询等情况属于此类。直接比较两条语句的查询执行计划，命令如下：

```
EXPLAIN SELECT * FROM t1, (SELECT * FROM t2 WHERE t2.k2 > 10) v_t2 WHERE t1.k1 < 10 AND
v_t2.k2 < 20;
```

执行结果如图 18.36 所示。

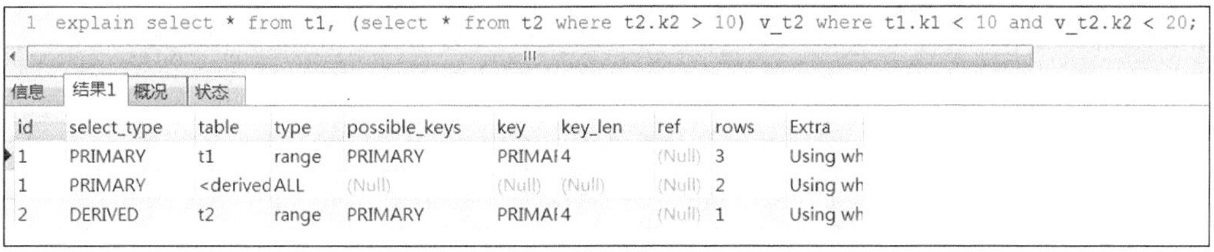

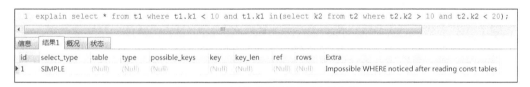

图 18.36　子查询的展开执行分析

查看优化后的语句执行计划，命令如下：

```
EXPLAIN SELECT * FROM t1 WHERE t1.k1 < 10 AND t1.k1 IN(SELECT k2 FROM t2 WHERE t2.k2 > 1
0 AND t2.k2 < 20);
```

执行结果如图 18.37 所示。

图 18.37　子查询的展开优化后执行分析

完全把它变成了简单查询。

5. MySQL 可以支持什么格式的子查询

（1）MySQL 支持什么类型的子查询。

- 简单的 SELECT 查询中的子查询。
- 带有 DISTINCT、ORDERBY、LIMIT 操作简单 SELECT 查询中的子查询。

（2）MySQL 不支持对什么样的子查询进行优化。

- 带有 UNOIN 操作的查询。
- 带有 GROUPBY、HAVING、聚集函数的查询。
- 使用 ORDERBY 中带有 LIMIT 的查询。
- 内表外表的连接数超过 MySQL 最大表的连接数。

18.4.5　MySQL JOIN 语句优化分析

在 MySQL 中，只有一种 JOIN 算法，Nested Loop Join。它实际上就是通过驱动表（FROM 后的第一个表）的结果集作为循环的基础数据，然后将结果集中的数据作为过滤条件一条条地到下一个表中查询数据，最后合并结果。如果还有第 3 个表，则将前两个表的 Join 结果集作为循环基础数据，再一次通过循环查询条件到第 3 个表中查询数据，如此反复。

对于 JOIN 语句，有关章节已经说了不少了，在此没必要重复，只需掌握以下优化原则就可以了，如下：

- 用小结果集驱动大结果集，尽量减少 Join 语句中的 Nested Loop 的循环总次数。
- 优先优化 Nested Loop 的内层循环，因为内层循环是循环中执行次数最多的，每次循环提升很小的性能都能在整个循环中提升很大的性能。
- 保证 Join 语句中被驱动表的 Join 条件字段已经被索引。
- 当无法保证被驱动表的 Join 条件字段被索引且内存充足的情况下，可以通过参数 Join_buffer_size 设置 Join Buffer 的大小。

18.4.6　MySQL 数据导入优化

1. 如何提升 MySQL 导入速度

最快的当然是直接 copy 数据库表的数据文件（版本和平台最好要相同或相似才可以这样做）。

- 设置 innodb_flush_log_at_trx_commit＝0，相对于 innodb_flush_log_at_trx_commit＝1 可以十分明显地提升导入速度。
- 使用 load data local infile 提速明显。
- 修改参数 bulk_insert_buffer_size，调大批量插入的缓存。
- 合并多条 INSERT 为一条，如 INSERT INTO t values(a,b,c),(d,e,f) …。
- 手动使用事务。

2. MySQL 批量 SQL 插入性能优化

对于一些数据量较大的系统，数据库面临的问题除了查询效率低下，还有就是数据入库时间长。因此，优化数据库插入性能是很有意义的。经过对 MySQL InnoDB 的一些性能测试，发现一些可以提高 INSERT 效率的方法，仅供读者参考。

（1）一条 SQL 语句插入多条数据。

常用的插入语句如下：

```
INSERT INTO INSERT_TABLE (datetime, uid, content, type) VALUES ('0', 'userid_0', 'content_0', 0);
INSERT INTO INSERT_TABLE (datetime, uid, content, type) VALUES ('1', 'userid_1', 'content_1', 1);
```

可以修改为如下语句：

```
INSERT INTO INSERT_TABLE (datetime, uid, content, type) VALUES ('0', 'userid_0', 'content_0', 0), ('1', 'userid_1', 'content_1', 1);
```

修改后的插入操作能够提高程序的插入效率。其原因是合并后，日志量（MySQL 的 binlog 和 InnoDB 的事务）减少了，降低日志刷盘的数据量和频率，从而提高效率。通过合并 SQL 语句，同时也能减少 SQL 语句解析的次数，减少网络传输的 I/O。

（2）在事务中进行插入处理。

把插入修改成：

```
START TRANSACTION;
INSERT INTO INSERT_TABLE (datetime, uid, content, type) VALUES ('0', 'userid_0', 'content_0', 0);
```

```
INSERT INTO INSERT_TABLE (datetime, uid, content, type) VALUES ('1', 'userid_1', 'content_1', 1);
...
COMMIT;
```

使用事务可以提高数据的插入效率,这是因为进行一个 INSERT 操作时,MySQL 内部会建立一个事务,在事务内才进行真正插入处理操作。通过使用事务可以减少创建事务的消耗,所有插入都在执行后才进行提交操作。

(3)数据有序插入。

数据有序插入是指插入记录在主键上是有序排列,例如 datetime 是记录的主键,示例如下。

【例 18.13】数据有序插入。

```
INSERT INTO INSERT_TABLE (datetime, uid, content, type) VALUES ('1', 'userid_1', 'content_1', 1);
INSERT INTO INSERT_TABLE (datetime, uid, content, type) VALUES ('0', 'userid_0', 'content_0', 0);
INSERT INTO INSERT_TABLE (datetime, uid, content, type) VALUES ('2', 'userid_2', 'content_2', 2);
```

可以修改为下面的语句。

```
INSERT INTO INSERT_TABLE (datetime, uid, content, type) VALUES ('0', 'userid_0', 'content_0', 0);
INSERT INTO INSERT_TABLE (datetime, uid, content, type) VALUES ('1', 'userid_1', 'content_1', 1);
INSERT INTO INSERT_TABLE (datetime, uid, content, type) VALUES ('2', 'userid_2', 'content_2', 2);
```

由于数据库插入时,需要维护索引数据,无序的记录会增大维护索引的成本。可以参照 InnoDB 使用的 B+tree 索引,如果每次插入记录都在索引的最后面,索引的定位效率很高,并且对索引调整较小;如果插入的记录在索引中间,需要 B+tree 进行分裂合并等处理,会消耗较多资源,并且插入记录的索引定位效率会下降,数据量较大时会有频繁的磁盘操作。

按照经验,"合并数据+事务"的方法在较小数据量时,性能提高是很明显的,数据量较大时(千万以上),性能会急剧下降,这是由于此时数据量超过了 InnoDB_buffer 的容量,每次定位索引涉及较多的磁盘读写操作,性能下降较快。而使用"合并数据+事务+有序数据"的方式在数据量达到千万级以上表现依旧良好,在数据量较大时,有序数据索引定位较为方便,不需要频繁对磁盘进行读写操作,所以可以维持较高的性能。

3. 注意事项

SQL 语句是有长度限制,在将数据合并在同一 SQL 中时,务必不能超过 SQL 长度限制,通过 max_allowed_packet 配置可以修改,默认是 1M,测试时修改为 8M。

事务需要控制大小,事务太大可能会影响执行的效率。MySQL 有 InnoDB_log_buffer_size 配置项,超过这个值会把 InnoDB 的数据刷到磁盘中,这时,效率会有所下降。所以比较好的做法是,在数据达到这个值前进行事务提交。

18.4.7 MySQL INSERT 性能提高

在 18.4.6 节里,简单谈到提高 INSERT 速度的方法,本节将详细介绍提高 INSERT 速度的经验总结。

如果同时从同一个客户端插入很多行,使用含多个 VALUE 的 INSERT 语句同时插入,这比使用单行 INSERT 语句快(在某些情况下快几倍)。如果正向一个非空表添加数据,可以调节

bulk_insert_buffer_size 参数值，使数据插入更快。

如果从不同的客户端插入很多行，能通过 INSERT DELAYED 语句加快速度。

用 MyISAM 数据库引擎，如果在表中没有删除的行，能在 SELECT 语句正在运行的同时插入行。

当从一个文本文件装载一个表数据时，使用 LOAD DATA INFILE。这通常比使用很多 INSERT 语句快几十倍。

当表有很多索引时，有可能要多做些工作使得 LOAD DATA INFILE 更快些，可以通过下列原则实现。

- 有选择地用 CREATE TABLE 创建表。
- 执行 FLUSH TABLES 语句或命令 mysqladmin flush-tables。
- 使用 myisamchk --keys-used＝0 -rq tbl_name 命令，将从表中取消所有索引的使用。
- 用 LOAD DATA INFILE 把数据插入到表中，因为不更新任何索引，因此速度会很快。
- 如果只想在以后读取表，使用 myisampack 压缩它。
- 用 myisamchk -r -q tbl_name 重新创建索引。这将在写入磁盘前在内存中创建索引树，并且它更快，因为避免了大量磁盘搜索，结果索引树也被完美地创建。
- 执行 FLUSH TABLES 语句或 mysqladmin flush-tables 命令。
- 锁定表可以加速用多个语句执行的 INSERT 操作，这样性能会提高，因为索引缓存区仅在所有 INSERT 语句完成后刷新到磁盘上一次。一般有多少 INSERT 语句即有多少索引缓存区刷新。如果能用一个语句插入所有的行，就不需要锁定。对于事务表，应使用 BEGIN 和 COMMIT 代替 LOCK TABLES 来加快插入。

INSERT、UPDATE 和 DELETE 操作在 MySQL 中是很快的，通过为在一行中多于大约 5 次连续不断地插入或更新的操作加锁，可以获得更好的整体性能。如果在一行中进行多次插入，可以执行 LOCK TABLES，随后立即执行 UNLOCK TABLES 以允许其他的线程访问表，这也会获得好的性能。

- 锁表命令如下：

```
LOCK TABLES ORDER WRITE;
```

- 禁用键命令如下：

```
ALTER TABLE ORDER DISABLE KEYS ;
```

- 插入数据命令如下：

```
INSERT INTO ORDER VALUES (1,11,'UPDATED');
INSERT INTO ORDER VALUES (2,11,'UPDATED');
```

- 启用键命令如下：

```
ALTER TABLE ORDER ENABLE KEYS;
```

- 解锁表命令如下：

```
UNLOCK TABLES;
```

为了对 LOAD DATA INFILE 和 INSERT 在 MyISAM 表得到更快的速度，通过增加 key_buffer_size 系统变量来扩大键高速缓冲区。

18.4.8 MySQL GROUP BY 分组优化

满足 GROUP BY 子句的一般方法是扫描整个表并创建一个新的临时表,表中每个组的所有行应为连续的,然后使用该临时表来找到组并应用聚合函数(如果有的话)。在某些情况中,MySQL 能够做得更好,即通过索引访问而不用创建临时表。

为 GROUP BY 使用索引的最重要的前提条件是所有 GROUP BY 列引用同一索引的属性,并且索引按顺序保存其关键字。是否用索引访问来代替临时表的使用还取决于在查询中使用了哪部分索引或为该部分指定的条件以及选择的聚合函数等。

由于 GROUP BY 实际上也同样会进行排序操作,而且与 ORDER BY 相比,GROUP BY 主要只是多了排序之后的分组操作。当然,如果在分组的时候还使用了其他的一些聚合函数,那么还需要一些聚合函数的计算。所以在 GROUP BY 的实现过程中,与 ORDER BY 一样也可以利用到索引。在 MySQL 中,GROUP BY 的实现同样有 3 种方式,其中有两种方式会利用现有的索引信息来完成 GROUP BY,另外一种为完全无法使用索引的场景下使用。下面分别针对这 3 种实现方式做一个分析。

1. 使用松散索引扫描(Loose Index Scan)实现 GROUP BY

"松散索引扫描"的定义如下:

- 定义 1,松散索引扫描,实际上就是当 MySQL 完全利用索引扫描来实现 GROUP BY 的时候,并不需要扫描所有满足条件的索引键即可完成操作得出结果。
- 定义 2,优化 GROUP BY 最有效的办法是当可以直接使用索引来完全获取需要 GROUP 的字段。使用这个访问方法时,MySQL 使用对关键字排序的索引类型(如 BTREE 索引),这使得索引中用于 GROUP BY 的字段不必完全涵盖 WHERE 条件中索引对应的 key(键)。由于只包含索引中关键字的一部分,因此称为松散的索引扫描。意思就是索引中用于 GROUP BY 的字段,没必要包含多列索引的全部字段。例如:有一个索引 idx(c1,c2,c3),此索引必须是一个联合索引,那么 GROUP BY c1、GROUP BY c1,c2,这样 c1 或 c1、c2 都只是索引 idx 的一部分。要注意的是,索引中用于 group 的字段必须符合索引的"最左前缀"原则。GROUP BY c1,c3 是不会使用松散的索引扫描的。
- 松散索引的定义 2 示例。

假如有一个索引 idx(c1,c2,c3),然后执行"SELECT c1, c2 FROM t1 WHERE c1<10 group by c1, c2;"这条 SQL 语句,索引中用于 GROUP 的字段为 c1、c2,不必完全涵盖 WHERE 条件中索引对应的 KEY,WHERE 条件中索引为 c1,c1 对应的 KEY 为 idx,翻译过来就是不必完全涵盖 WHERE 条件中索引对应的 idx,再换句话说就是 WHERE 条件中的索引列可以是这个联合索引所包含列的其中之一或之二。那么,这样的索引查询称为松散的索引扫描。

要利用到松散索引扫描实现 GROUP BY,需要至少满足以下 5 个条件。

1)查询针对一个单表。

2)GROUP BY 条件字段必须在同一个索引中最前面的连续位置。

3)GROUP BY 包括索引的第 1 个连续部分(如果对于 GROUP BY,查询有一个 DISTINCT 子句,则所有 DISTINCT 的属性指向索引开头)。

4)在使用 GROUP BY 的同时,如果有聚合函数,只能使用 MAX 和 MIN 这两个聚合函数,并且它们均指向相同的列。

5)如果引用到了该索引中 GROUP BY 条件之外的字段条件(WHERE 条件中)的时候,必须以常量形式存在,但 MIN()或 MAX()函数的参数除外;或者说索引的任何其他部分(除了那些来自查询中引用的 GROUP BY）必须为常数（也就是说，必须按常量数量来引用它们），但 MIN() 或 MAX()函数的参数除外。

如果 SQL 中有 WHERE 语句且 SELECT 中引用了该索引中 GROUP BY 条件之外的字段条件的时候，WHERE 中这些字段要以常量形式存在。

上面的说法的确费解，用作者的话说就是在 WHERE 条件中引用的列，这个列不在 GROUP BY 引用的列范围之内，但在联合索引列范围之内，要想实现 GROUP BY 的松散索引扫描，则操作符后面跟的必须是一个常量值而不是一个集合值。

如果查询中有 WHERE 条件，则条件必须为索引，不能包含非索引的字段。

（1）松散索引扫描，命令如下：

```
EXPLAIN SELECT qj FROM ykxt_jiayou GROUP BY qj;
```

执行结果如图 18.38 所示。

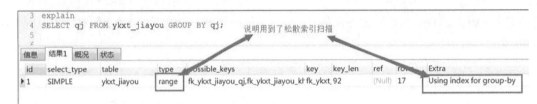

图 18.38 松散索引扫描分析

（2）非松散索引扫描，命令如下：

```
EXPLAIN SELECT qj,kh FROM ykxt_jiayou WHERE date(lrrq)>date('2011-01-01') GROUP BY kh;
```

执行结果如图 18.39 所示。

图 18.39 非松散索引扫描分析

松散索引扫描，此类查询的 EXPLAIN 输出显示 extra 列的 using index for group-by。

书写几个利用松散索引扫描的 SQL 语句，为此添加一个联合索引。

```
DROP INDEX sy_lujzhandquanx ON ykxt_yongh;
ALTER TABLE ykxt_yongh ADD INDEX sy_lujzhandquanx (quanx,luj,zhand,id) USING BTREE ;
```

执行结果如图 18.40 所示。

```
mysql> ALTER TABLE ykxt_yongh ADD INDEX sy_lujzhandquanx (quanx, luj, zhand,id)
USING BTREE ;
Query OK, 8 rows affected (0.04 sec)
Records: 8  Duplicates: 0  Warnings: 0
```

图 18.40 添加联合索引

```
EXPLAIN SELECT quanx, luj FROM ykxt_yongh GROUP BY quanx,luj;
```

执行结果如图 18.41 所示。

```
 3   explain    SELECT  quanx,luj FROM ykxt_yongh GROUP BY quanx,luj;
 4
```

信息	结果1	概况	状态						
id	select_type	table	type	possible_keys	key	key_len	ref	rows	Extra
▶ 1	SIMPLE	ykxt_yongh	index	sy_lujzhandquanx	sy_lujzh	398	(Null)	8	Using index

图 18.41　联合索引扫描执行分析

```
    EXPLAIN    SELECT DISTINCT quanx,luj FROM ykxt_yongh;
    EXPLAIN    SELECT quanx, MIN(id) FROM ykxt_yongh GROUP BY quanx;
    EXPLAIN    SELECT quanx,luj FROM ykxt_yongh WHERE quanx ='超级管理' GROUP BY quanx,luj;
    EXPLAIN    SELECT MAX(id), MIN(id), quanx,luj FROM ykxt_yongh WHERE luj =' lsidqt-1612192'
GROUP BY quanx,luj;
    EXPLAIN    SELECT   luj  FROM ykxt_yongh  WHERE quanx ='超级管理' GROUP BY quanx,luj;
    EXPLAIN    SELECT quanx,luj FROM ykxt_yongh WHERE zhand = 'lsidqt-16121918' GROUP BY quanx,
luj;
```

（3）不能利用松散索引扫描的查询。

1）SUM()聚合函数，命令如下：

```
EXPLAIN  SELECT quanx,SUM(id) FROM ykxt_yongh GROUP BY quanx;
```

GROUP BY 子句中的域不引用索引开头，如下所示：

```
EXPLAIN   SELECT quanx,luj FROM ykxt_yongh GROUP BY luj,zhand;
```

查询引用了 GROUP BY 部分后面的关键字的一部分，并且没有等于常量的等式，示例如下。

【例 18.14】查询示例。

```
EXPLAIN SELECT quanx,zhand FROM ykxt_yongh GROUP BY quanx,luj;
```

在这个示例中，引用到了"zhand"（zhand 必须为组合索引中的一个），因为 GROUP BY 中没有 zhand 并且没有等于常量的等式，所以不能使用松散索引扫描。可以这样修改一下，修改后的语句如下：

```
EXPLAIN SELECT quanx,zhand FROM ykxt_yongh WHERE quanx='日常管理' GROUP BY quanx,luj;
```

修改后的语句则利用了松散扫描索引。下面这个例子不能使用松散索引扫描，语句如下：

```
EXPLAIN SELECT quanx,zhand FROM ykxt_yongh WHERE zhand='lsidqt-16121918' GROUP BY quanx,
luj;
```

2）松散索引扫描的效率高的原因解释。

因为在没有 WHERE 子句，也就是必须经过全索引扫描的时候，松散索引扫描需要读取的键值数量与分组的组数量一样多，也就是说比实际存在的键值数目要少很多。而在 WHERE 子句包含范围判断式或者等值表达式的时候，松散索引扫描查找满足范围条件的每个组的第 1 个关键字，并且再次读取尽可能最少数量的关键字。

2. **使用紧凑索引扫描（Tight Index Scan）实现 GROUP BY**

紧凑索引扫描实现 GROUP BY 和松散索引扫描的区别如下：

- 紧凑索引扫描需要在扫描索引的时候，读取所有满足条件的索引键，然后再根据读取出的数据来完成 GROUP BY 操作得到相应结果。这时执行计划的 extra 信息中已经没有"using index for group-by"了，但并不是说 MySQL 的 GROUP BY 操作并不是通过索引完成的，只不过是需要访问 WHERE 条件所限定的所有索引键信息之后才能得出结果。这就是通过紧凑索引扫描来实现 GROUP BY 的执行计划输出信息。
- 在 MySQL 中，MySQL Query Optimizer 首先会选择尝试通过松散索引扫描来实现 GROUP

BY 操作，当发现某些情况无法满足松散索引扫描实现 GROUP BY 的要求之后，才会尝试通过紧凑索引扫描来实现。
- 当 GROUP BY 条件字段并不连续或者不是索引前缀部分的时候，MySQL Query Optimizer 无法使用松散索引扫描。这时检查 WHERE 中的条件字段是否有索引的前缀部分，如果有此前缀部分，且该部分是一个常量且与 GROUP BY 后的字段组合起来成为一个连续的索引。这时按紧凑索引扫描，示例如下。

【例 18.15】紧凑索引扫描。

```
SELECT max(id) FROM ykxt_yongh WHERE zhand='lsidqt-16121918' GROUP BY luj;
```

需读取 zhand='lsidqt-16121918' 的所有数据，然后在读取的数据中完成 GROUP BY 操作得到结果（这里 GROUP BY 字段并不是一个连续索引，WHERE 中 zhand 正好弥补这一缺失的索引键，又恰好是一个常量，因此使用紧凑索引扫描）。luj、zhand 这个顺序是可以使用该索引。如果连接的顺序不符合索引的"最左前缀"原则，则不使用紧凑索引扫描。

- 以下例子使用紧凑索引扫描。

GROUP BY 中有一个缺项，但已经由条件 zhand='lsidqt-16121918'补充，示例如下。

【例 18.16】使用紧凑索引扫描。

```
EXPLAIN SELECT luj,zhand FROM ykxt_yongh WHERE zhand='lsidqt-16121918' GROUP BY luj,zhand;
```

执行结果如图 18.42 所示。

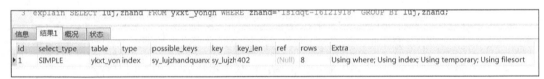

图 18.42 紧凑索引扫描执行分析

GROUP BY 不以关键字的第 1 个元素开始，但是有一个条件提供该元素的常量。

【例 18.17】使用 GROUP BY 的紧凑索引扫描。

```
EXPLAIN SELECT quanx,zhand FROM ykxt_yongh WHERE zhand='lsidqt-16121918' GROUP BY luj,zhand;
```

执行结果如图 18.43 所示。

图 18.43 紧凑索引扫描执行分析

- 下面这个例子不使用紧凑索引扫描。

quanx,luj 连接起来并不符合索引"最左前缀"原则。

【例 18.18】非紧凑索引扫描。

```
EXPLAIN SELECT quanx,zhand FROM ykxt_yongh WHERE zhand='lsidqt-16121918' GROUP BY zhand;
```

执行结果如图 18.44 所示。

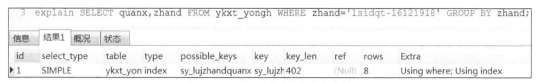

图 18.44 非紧凑索引扫描执行分析

3. 使用临时表实现 GROUP BY

MySQL Query Optimizer（查询优化）发现仅通过索引扫描并不能直接得到 GROUP BY 的结果之后，它就不得不选择通过使用临时表然后再排序的方式来实现 GROUP BY 了。下面的示例即是这样的情况。id 并不是一个常量条件，而是一个范围，而且 GROUP BY 字段为 luj。所以 MySQL 无法根据索引的顺序来帮助 GROUP BY 的实现，只能先通过索引范围扫描得到需要的数据，然后将数据存入临时表，再进行排序和分组操作来完成 GROUP BY，示例如下。

【例 18.19】使用临时表实现 GROUP BY。

```
EXPLAIN SELECT id FROM ykxt_yongh WHERE id between 1 AND 114 GROUP BY luj;
```

执行结果如图 18.45 所示。

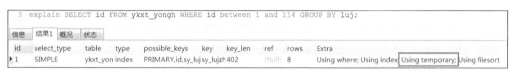

图 18.45 使用临时表进行 GROUP BY

18.4.9 MySQL ORDER BY 索引优化

在一些情况下，MySQL 可以直接使用索引来满足一个 ORDER BY 或 GROUP BY 子句而无须做额外的排序。尽管 ORDER BY 不是和索引的顺序准确匹配，索引还是可以被用到，只要不用的索引部分和所有的额外的 ORDER BY 字段在 WHERE 子句中都被包括了就可以。

1. 使用索引的 ORDER BY

下面的查询都会使用索引来解决 ORDER BY 或 GROUP BY 部分。

【例 18.20】使用索引的 ORDER BY 示例。

```
SELECT * FROM t1 ORDER BY key_part1,key_part2,... ;
SELECT * FROM t1 WHERE key_part1=constant ORDER BY key_part2;
SELECT * FROM t1 WHERE key_part1=constant GROUP BY key_part2;
SELECT * FROM t1 ORDER BY key_part1 DESC, key_part2 DESC;
SELECT * FROM t1 WHERE key_part1=1 ORDER BY key_part1 DESC, key_part2 DESC;
```

2. 不使用索引的 ORDER BY

在另一些情况下，MySQL 无法使用索引来满足 ORDER BY，尽管它会使用索引来找到记录来匹配 WHERE 子句，这些情况如下。

- 对不同的索引键做 ORDER BY。

```
SELECT * FROM t1 ORDER BY key1, key2;
```

- 在非连续的索引键部分上做 ORDER BY。

```
SELECT * FROM t1 WHERE key2=constant ORDER BY key_part2;
```

- 同时使用了 ASC 和 DESC。

```
SELECT * FROM t1 ORDER BY key_part1 DESC, key_part2 ASC;
```

- 用于搜索记录的索引键和做 ORDER BY 的不是同一个。

```
SELECT * FROM t1 WHERE key2=constant ORDER BY key1;
```

- 有很多表一起做连接,而且读取的记录中在 ORDER BY 中的字段都不全是来自第一个非常数的表中(也就是说,在 EXPLAIN 分析的结果中的第一个表的连接类型不是 const)。
- 使用了不同的 ORDER BY 和 GROUP BY 表达式。
- 表索引中的记录不是按序存储。例如 HASH 和 HEAP 表就是这样。

3. 人为指定索引

(1) USE INDEX。

在查询语句中表名的后面,添加 USE INDEX 来要求 MySQL 去参考的索引列表,就可以让 MySQL 不再考虑其他可用的索引。

```
EXPLAIN SELECT * FROM sales2 USE INDEX (ind_sales2_id) WHERE id>3;
```

(2) IGNORE INDEX。

如果用户只是单纯地想让 MySQL 忽略一个或者多个索引,则可以使用 IGNORE INDEX。

```
EXPLAIN SELECT * FROM sales2  IGNORE INDEX (ind_sales2_id) WHERE id>3 ;
```

(3) FORCE INDEX。

为强制MySQL使用一个特定的索引,可在查询中使用FORCE INDEX。当使用FORCE INDEX 时,即便使用索引的效率不是很高,MySQL 还是选择使用了索引,这是 MySQL 留给用户的一个自行选择执行计划的权利。

```
EXPLAIN SELECT * FROM sales2 FORCE INDEX(index_sales2_id) WHERE id > 0 ;
```

4. MySQL 自动优化 ORDER BY 的条件

(1) ORDER BY 的索引优化。

如果一个 SQL 语句形如:

```
SELECT [column1],[column2],...FROM [TABLE] ORDER BY [sort];
```

在[sort]这个栏位上建立索引就可以实现利用索引进行 ORDER BY 优化。

(2) WHERE + ORDER BY 的索引优化。

形如:

```
SELECT [column1],[column2],...FROM [TABLE] WHERE [columnX] = [value] ORDER BY [sort];
```

建立一个联合索引(columnX,sort)来实现 ORDER BY 优化。

> 注意:如果 columnX 对应多个值,如下面的语句就无法利用索引来实现 ORDER BY 的优化。
> ```
> SELECT [column1],[column2],... FROM [TABLE] WHERE [columnX] IN ([value1],[value2],…) ORDER BY[sort];
> ```

(3) WHERE+多个字段 ORDER BY。

```
SELECT * FROM [table] WHERE uid=1 ORDER x,y LIMIT 0,10;
```

建立索引(uid,x,y)实现 ORDER BY 的优化,比建立(x,y,uid)索引效果要好得多。

5. MySQL ORDER BY 不能使用索引来优化排序的情况

- 对不同的索引键做 ORDER BY(key1,key2 分别建立索引)。

```
SELECT * FROM t1 ORDER BY key1, key2;
```

- 在非连续的索引键部分上做 ORDER BY（key_part1,key_part2 建立联合索引;key2 建立索引）。

```
SELECT * FROM t1 WHERE key2=constant ORDER BY key_part2;
```

- 同时使用了 ASC 和 DESC（key_part1,key_part2 建立联合索引）。

```
SELECT * FROM t1 ORDER BY key_part1 DESC, key_part2 ASC;
```

- 用于搜索记录的索引键和做 ORDER BY 的不是同一个（key1,key2 分别建立索引）。

```
SELECT * FROM t1 WHERE key2=constant ORDER BY key1;
```

- 如果在 WHERE 和 ORDER BY 的栏位上应用表达式（函数）时，则无法利用索引来实现 ORDER BY 的优化。

```
SELECT * FROM t1 ORDER BY YEAR(logINdate) LIMIT 0,10;
```

6. 特别提示

MySQL 一次查询只能使用一个索引。如果要对多个字段使用索引，建立复合索引。在 ORDER BY 操作中，MySQL 只有在排序条件不是一个条件表达式的情况下才使用索引。

18.4.10 MySQL OR 索引分析

"OR" 出现在 SQL 语句的 WHERE 中，关于它与索引之间会发生什么关系，一般不建议在创建了索引的列使用 "OR"，换句话说 "OR" 在数据库上很难优化，通常的做法是优化其逻辑，用其他的操作符代替 "OR"。

1. OR 与索引

WHERE 语句里面如果带有 OR 条件，MyISAM 和 InnoDB EXPLAIN 的结果一样。

（1）MyISAM 表，命令如下：

```
CREATE TABLE IF NOT EXISTS a (
  id INt(1) NOT NULL AUTO_INCREMENT,
  uid INt(11) NOT NULL,
  anum char(20) DEFAULT NULL,
  PRIMARY KEY (id),
  KEY uid (uid)
) ENGINE=MyISAM  DEFAULT CHARSET=utf8 AUTO_INCREMENT=6 ;
INSERT INTO a(uid,anum) values(1,'s1'),(2,'s2') ,(3,'s3') ,(4,'s4') ,(5,'s5') ,(6,'s6')
,(7,'s7') ,(8,'s8') ,(9,'s9') ,(10,'s10') ,(11,'s11') ,(12,'s12') ,(13,'s13') ,(14,'s14') ,(1
5,'s15') ,(16,'s16') ,(17,'s17') ,(18,'s18') ,(19,'s19');
```

EXPLAIN 查看执行计划，命令如下。

```
EXPLAIN SELECT * FROM a WHERE id=6 OR uid =2;
```

执行结果如图 18.46 所示。

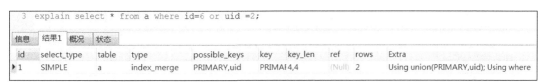

图 18.46 查询 MyISAM 引擎表

（2）InnoDB 表，命令如下：

```
CREATE TABLE IF NOT EXISTS b (
  id INt(1) NOT NULL AUTO_INCREMENT,
  uid INt(11) NOT NULL,
  anum char(20) DEFAULT NULL,
  PRIMARY KEY (id),
  KEY uid (uid)
) ENGINE= InnoDB DEFAULT CHARSET=utf8 AUTO_INCREMENT=6 ;
INSERT INTO b(uid,anum) values(1,'s1'),(2,'s2') ,(3,'s3') ,(4,'s4') ,(5,'s5') ,(6,'s6') ,(7,'s7') ,(8,'s8') ,(9,'s9') ,(10,'s10') ,(11,'s11') ,(12,'s12') ,(13,'s13') ,(14,'s14') ,(15,'s15') ,(16,'s16') ,(17,'s17') ,(18,'s18') ,(19,'s19');
```

EXPLAIN 查看执行计划，命令如下：

```
EXPLAIN SELECT * FROM b WHERE id=6 OR uid =2;
```

执行结果如图 18.47 所示。

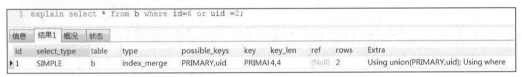

图 18.47　查询 InnoDB 引擎表

两种引擎下，EXPLAIN 的结果是一样的，利用了两个索引的 UNION（联合）。

（3）必须所有的 OR 条件都必须是独立索引，命令如下：

```
CREATE TABLE IF NOT EXISTS a1 (
  id INt(1) NOT NULL AUTO_INCREMENT,
  uid INt(11) NOT NULL,
  anum char(20) DEFAULT NULL,
  PRIMARY KEY (id)
) ENGINE=InnoDB DEFAULT CHARSET=utf8 AUTO_INCREMENT=6 ;
INSERT INTO a1(uid,anum) values(1,'s1'),(2,'s2') ,(3,'s3') ,(4,'s4') ,(5,'s5') ,(6,'s6') ,(7,'s7') ,(8,'s8') ,(9,'s9') ,(10,'s10') ,(11,'s11') ,(12,'s12') ,(13,'s13') ,(14,'s14') ,(15,'s15') ,(16,'s16') ,(17,'s17') ,(18,'s18') ,(19,'s19');
```

EXPLAIN 查看执行计划，命令如下：

```
EXPLAIN SELECT * FROM a1 WHERE id=1 OR uid =2;
```

执行结果如图 18.48 所示。

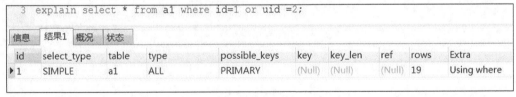

图 18.48　查询 InnoDB 引擎表

说明全表扫描了。

（4）用 UNION 替换 OR（适用于索引列）。

通常情况下，用 UNION 替换 WHERE 子句中的 OR 将会起到较好的效果。对索引列使用 OR 将造成全表扫描。

> 注意：以上规则只针对多个索引列有效。如果有 column 没有被索引，查询效率可能会因为没有选择 OR 而降低。

加入 a1 表的 id 和 uid 上都建有索引，示例如下。

高效的 SQL 语句，命令如下：

```
EXPLAIN SELECT id,uid,anum FROM b WHERE id=6 UNION  SELECT id,uid,anum FROM b WHERE uid=2;
```

执行结果如图 18.49 所示。

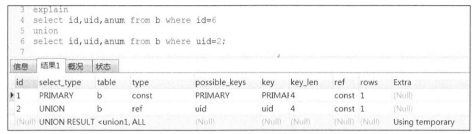

图 18.49　高效 SQL 语句示例

低效的 SQL 语句，命令如下：

```
EXPLAIN SELECT id,uid,anum FROM b WHERE id = 6 OR uid = 2;
```

如果坚持要用 OR，那就需要返回记录最少的索引列写在最前面。

（5）用 IN 来替换 OR。

低效的语句，命令如下：

```
EXPLAIN SELECT id FROM b WHERE uid = 2 OR uid = 6 OR uid = 9;
```

执行结果如图 18.50 所示。

图 18.50　低效 SQL 语句示例

高效的语句，命令如下：

```
EXPLAIN SELECT id FROM b WHERE uid IN(2,6,9);
```

执行结果如图 18.51 所示。

图 18.51　高效 SQL 语句示例

2. OR 的改进方法

```
SELECT id FROM tbname1 WHERE  f_id = 123456789 AND (f_m ='1234567891' OR f_p ='1234567891' ) limit 1;
```

从这条语句可以看出，f_m 和 f_p 两个字段都有可能存电话号码，一般思路是用 OR 。但当表数据量很大时，这条语句就会出问题了。

tbanme1 上有索引 idx_id_m(f_id,f_m)、idx_phone(f_p)、idx_id_e(f_id,f_e)，EXPLAIN 的结果

却使用了 idx_id_e 索引，有时候可能是 idx_id_m 的 f_id。因为 MySQL 的每条查询，每个表上只能选择一个索引。如果使用了 idx_id_m 索引，恰好有一条数据，因为有 limit 1，那么很快得到结果；但如果 f_m 没有数据，那 f_p 字段只能在 f_id 条件下挨个查找，扫描几十万行。那么如何优化这样的 SQL 呢？

> 注意：f_m、f_p 都要有相应的索引。

（1）方法一

```
(SELECT f_id FROM t_tbname1 WHERE  f_id = 12345678  AND f_m ='1234567891' limit 1 )
UNION ALL
(SELECT f_id FROM t_tbname1 WHERE  f_id =12345678  AND f_p ='1234567891' limit 1 );
```

两条独立的 SQL 都能用上索引，查询各自 limit，如果都有结果集返回，则随便取一条就行。

（2）方法二

如果这种查询特别频繁（又无缓存），改成单独的 SQL 执行，如大部分号码值都在 f_m 上，那就先执行 SQL1，有结果则结束，判断没有结果再执行 SQL2，让代码去处理更多的事情。

18.4.11 MySQL STATUS 获得 MySQL 状态

1. MySQL 状态信息解释说明

在 LAMP 或 WAMP 架构的网站开发过程中，有些时候需要了解 MySQL 的服务器状态信息，如：
- 当前 MySQL 启动后的运行时间。
- 当前 MySQL 的客户端会话连接数。
- 当前 MySQL 服务器执行的慢查询数。
- 当前 MySQL 执行了多少 SELECT 语句。
- 执行了多少 UPDATE/DELETE/INSERT 语句等统计信息。

根据当前 MySQL 服务器的运行状态进行对应的调整或优化工作。

在 MySQL 中，可以使用 SHOW STATUS 指令语句来查看 MySQL 服务器的状态信息。

关于 MySQL 运行状态详细解释，见表 18.2。

表 18.2 MySQL 运行状态详细说明

状态名	作用域	详细解释
Aborted_clients	Global	由于客户端没有正确关闭连接导致客户端终止而中断的连接数
Aborted_connects	Global	试图连接到 MySQL 服务器而失败的连接数
Binlog_cache_disk_use	Global	使用临时二进制日志缓存但超过 binlog_cache_size 值并使用临时文件来保存事务中的语句的事务数量
Binlog_cache_use	Global	使用临时二进制日志缓存的事务数量
Bytes_received	Both	从所有客户端接收到的字节数
Bytes_sent	Both	发送给所有客户端的字节数
com*		各种数据库操作的数量
Compression	Session	客户端与服务器之间只否启用压缩协议
Connections	Global	试图连接到（不管是否成功）MySQL 服务器的连接数

续表

状态名	作用域	详细解释
created_tmp_disk_tables	Both	服务器执行语句时在硬盘上自动创建的临时表的数量
created_tmp_files	Global	mysqld 已经创建的临时文件的数量
created_tmp_tables	Both	服务器执行语句时自动创建的内存中的临时表的数量。如果 created_tmp_disk_tables 较大，可能要增加 tmp_table_size 值使临时表基于内存而不基于硬盘
Delayed_errors	Global	用 INSERT DELAYED 写的出现错误的行数（可能为 duplicate key）
Delayed_insert_threads	Global	使用的 INSERT DELAYED 处理器线程数
Delayed_writes	Global	写入的 INSERT DELAYED 行数
Flush_commands	Global	执行的 FLUSH 语句数
Handler_commit	Both	内部提交语句数
Handler_delete	Both	行从表中删除的次数
Handler_discover	Both	MySQL 服务器可以问 NDB CLUSTER 存储引擎是否知道某一名字的表。这被称作发现 Handler_discover 说明通过该方法发现的次数
Handler_prepare	Both	A counter for the prepare phase of two-phase commit operations
Handler_read_first	Both	索引中第一条被读的次数。如果较高，它建议服务器正执行大量全索引扫描；例如，SELECT col1 FROM foo，假定 col1 有索引
Handler_read_key	Both	根据键读一行的请求数，如果较高，说明查询和表的索引正确
Handler_read_next	Both	按照键顺序读下一行的请求数。如果用范围约束或如果执行索引扫描来查询索引列，该值增加
Handler_read_prev	Both	按照键顺序读前一行的请求数。该读方法主要用于优化 ORDER BY ... DESC
Handler_read_rnd	Both	根据固定位置读一行的请求数。如果正执行大量查询并需要对结果进行排序该值较高。可能使用了大量需要 MySQL 扫描整个表的查询或连接没有正确使用键
Handler_read_rnd_next	Both	在数据文件中读下一行的请求数。如果正进行大量的表扫描，该值较高。通常说明表索引不正确或写入的查询没有利用索引
Handler_rollback	Both	内部 ROLLBACK 语句的数量
Handler_savepoint	Both	在一个存储引擎放置一个保存点的请求数量
Handler_savepoint_rollback	Both	在一个存储引擎的要求回滚到一个保存点数目
Handler_update	Both	在表内更新一行的请求数
Handler_write	Both	在表内插入一行的请求数
InnoDB_buffer_pool_pages_data	Global	包含数据的页数（脏或干净）
InnoDB_buffer_pool_pages_dirty	Global	当前的脏页数

续表

状态名	作用域	详细解释
InnoDB_buffer_pool_pages_flushed	Global	要求清空的缓冲池页数
InnoDB_buffer_pool_pages_free	Global	空页数
InnoDB_buffer_pool_pages_latched	Global	在 InnoDB 缓冲池中锁定的页数。这是当前正读或写或由于其他原因不能清空或删除的页数
InnoDB_buffer_pool_pages_misc	Global	忙的页数，因为它们已经被分配优先用作管理，例如行锁定或适用的哈希索引。该值还可以计算为 InnoDB_buffer_pool_pages_total - InnoDB_buffer_pool_pages_free - InnoDB_buffer_pool_pages_data
InnoDB_buffer_pool_pages_total	Global	缓冲池总大小（页数）
InnoDB_buffer_pool_read_ahead_rnd	Global	InnoDB 初始化的"随机"read-aheads 数。当查询以随机顺序扫描表的一大部分时发生
InnoDB_buffer_pool_read_ahead_seq	Global	InnoDB 初始化的顺序 read-aheads 数，当 InnoDB 执行顺序全表扫描时发生
InnoDB_buffer_pool_read_requests	Global	InnoDB 已经完成的逻辑读请求数
InnoDB_buffer_pool_reads	Global	不能满足 InnoDB 必须单页读取的缓冲池中的逻辑读数量
InnoDB_buffer_pool_wait_free	Global	一般情况，通过后台向 InnoDB 缓冲池写。但是，如果需要读或创建页，并且没有干净的页可用，则它还需要先等待页面清空。该计数器对等待实例进行记数。如果已经适当设置缓冲池大小，该值应小
InnoDB_buffer_pool_write_requests	Global	向 InnoDB 缓冲池的写数量
InnoDB_data_fsyncs	Global	fsync()操作数
InnoDB_data_pendINg_fsyncs	Global	当前挂起的 fsync()操作数
InnoDB_data_pendINg_reads	Global	当前挂起的读数
InnoDB_data_pendINg_writes	Global	当前挂起的写数
InnoDB_data_read	Global	至此已经读取的数据数量（字节）
InnoDB_data_reads	Global	数据读总数量
InnoDB_data_writes	Global	数据写总数量
InnoDB_data_written	Global	至此已经写入的数据量（字节）
InnoDB_dblwr_pages_written	Global	已经执行的双写操作数量
InnoDB_dblwr_writes	Global	双写操作已经写好的页数
InnoDB_log_waits	Global	必须等待的时间，因为日志缓冲区太小，在继续前必须先等待对它清空
InnoDB_log_write_requests	Global	日志写请求数
InnoDB_log_writes	Global	向日志文件的物理写数量
InnoDB_os_log_fsyncs	Global	向日志文件完成的 fsync()写数量
InnoDB_os_log_pendINg_fsyncs	Global	挂起的日志文件 fsync()操作数量
InnoDB_os_log_pendINg_writes	Global	挂起的日志文件写操作

续表

状态名	作用域	详细解释
InnoDB_os_log_written	Global	写入日志文件的字节数
InnoDB_page_size	Global	编译的 InnoDB 页大小（默认 16KB），许多值用页来记数；页的大小很容易转换为字节
InnoDB_pages_created	Global	创建的页数
InnoDB_pages_read	Global	读取的页数
InnoDB_pages_written	Global	写入的页数
InnoDB_row_lock_current_waits	Global	当前等待的待锁定的行数
InnoDB_row_lock_time	Global	行锁定花费的总时间，单位为 ms
InnoDB_row_lock_time_avg	Global	行锁定的平均时间，单位为 ms
InnoDB_row_lock_time_max	Global	行锁定的最长时间，单位为 ms
InnoDB_row_lock_waits	Global	一行锁定必须等待的时间数
InnoDB_rows_deleted	Global	从 InnoDB 表删除的行数
InnoDB_rows_inserted	Global	插入到 InnoDB 表的行数
InnoDB_rows_read	Global	从 InnoDB 表读取的行数
InnoDB_rows_updated	Global	InnoDB 表内更新的行数
Key_blocks_not_flushed	Global	键缓存内已经更改但还没有清空到硬盘上的键的数据块数量
Key_blocks_unused	Global	键缓存内未使用的块数量。可以使用该值来确定使用了多少键缓存
Key_blocks_used	Global	键缓存内使用的块数量。该值为高水平线标记，说明已经同时最多使用了多少块
Key_read_requests	Global	从缓存读键的数据块的请求数
Key_reads	Global	从硬盘读取键的数据块的次数，如果 Key_reads 较大，则 Key_buffer_size 值可能太小。可以用 Key_reads/Key_read_requests 计算缓存损失率
Key_write_requests	Global	将键的数据块写入缓存的请求数
Key_writes	Global	向硬盘写入将键的数据块的物理写操作的次数
LASt_query_cost	Session	用查询优化器计算的最后编译的查询的总成本。用于对比同一查询的不同查询方案的成本。默认值 0 表示还没有编译查询。默认值是 0LASt_query_cost 具有会话范围
Max_used_connections	Global	服务器启动后已经同时使用的连接的最大数量
ndb*		ndb 集群相关
Not_flushed_delayed_rows	Global	等待写入 INSERT DELAY 队列的行数
Open_files	Global	打开的文件的数目
Open_streams	Global	打开的流的数量（主要用于记录）
Open_table_definitions	Global	缓存的.frm 文件数量

续表

状态名	作用域	详细解释
Open_tables	Both	当前打开的表的数量
Opened_files	Global	文件打开的数量。不包括诸如套接字或管道其他类型的文件，也不包括存储引擎用来做自己的内部功能的文件
Opened_table_definitions	Both	已经缓存的.frm 文件数量
Opened_tables	Both	已经打开的表的数量。如果 Opened_tables 较大，table_cache 值可能太小
Prepared_stmt_count	Global	当前的预处理语句的数量（最大数为系统变量：max_prepared_stmt_count）
Qcache_free_blocks	Global	查询缓存内自由内存块的数量
Qcache_free_memory	Global	用于查询缓存的自由内存的数量
Qcache_hits	Global	查询缓存被访问的次数
Qcache_inserts	Global	加入到缓存的查询数量
Qcache_lowmem_prunes	Global	由于内存较少从缓存删除的查询数量
Qcache_not_cached	Global	非缓存查询数（不可缓存，或由于 query_cache_type 设定值未缓存）
Qcache_queries_in_cache	Global	登记到缓存内的查询的数量
Qcache_total_blocks	Global	查询缓存内的总块数
Queries	Both	服务器执行的请求个数，包含存储过程中的请求
Questions	Both	已经发送给服务器的查询的个数
Rpl_status	Global	失败安全复制状态（还未使用）
select_full_join	Both	没有使用索引的联接的数量，如果该值不为 0，应仔细检查表的索引
select_full_range_join	Both	在引用的表中使用范围搜索的联接的数量
select_range	Both	在第一个表中使用范围的联接的数量。一般情况不是关键问题，即使该值相当大
select_range_check	Both	在每一行数据后对键值进行检查的不带键值的联接的数量。如果不为 0，应仔细检查表的索引
select_scan	Both	对第一个表进行完全扫描的联接的数量
Slave_heartbeat_period	Global	复制的心跳间隔
Slave_open_temp_tables	Global	从服务器打开的临时表数量
Slave_received_heartbeats	Global	从服务器心跳数
Slave_retried_transactions	Global	本次启动以来从服务器复制线程重试次数
Slave_runnINg	Global	如果该服务器是连接到主服务器的从服务器，则该值为 ON
Slow_launch_threads	Both	创建时间超过 slow_launch_time 秒的线程数
Slow_queries	Both	查询时间超过 long_query_time 秒的查询的个数

续表

状态名	作用域	详细解释
Sort_merge_pASses	Both	排序算法已经执行的合并的数量。如果这个变量值较大，应考虑增加 sort_buffer_size 系统变量的值
Sort_range	Both	在范围内执行的排序的数量
Sort_rows	Both	已经排序的行数
Sort_scan	Both	通过扫描表完成的排序的数量
ssl_*		ssl 连接相关
Table_locks_immediate	Global	立即获得的表的锁的次数
Table_locks_waited	Global	不能立即获得的表的锁的次数。如果该值较高，并且有性能问题，应首先优化查询，然后拆分表或使用复制
Threads_cached	Global	线程缓存内的线程的数量
Threads_connected	Global	当前打开的连接的数量
Threads_created	Global	创建用来处理连接的线程数。如果 Threads_created 较大，可能要增加 thread_cache_size 值。缓存访问率的计算方法 Threads_created/Connections
Threads_runnINg	Global	激活的（非睡眠状态）线程数
Uptime	Global	服务器已经运行的时间（以 s 为单位）
Uptime_sINce_flush_status	Global	最近一次使用 FLUSH STATUS 的时间（以 s 为单位）

2. MySQL 状态信息查看简单例

为了方便地查看想要查看的 MySQL 状态信息，可以在 SHOW status 语句后加上对应的 LIKE 子句。

【例 18.21】查询当前 MySQL 本次启动后的运行统计时间。

```
SHOW status LIKE 'uptime';
```

执行结果如图 18.52 所示。

【例 18.22】查询 SELECT 语句执行次数。

```
SHOW status LIKE 'com_select';
```

执行结果如图 18.53 所示。

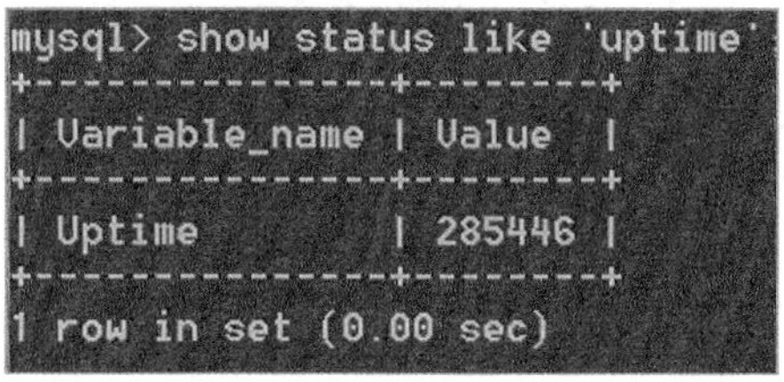

图 18.52　MySQL 本次启动后的运行统计时间 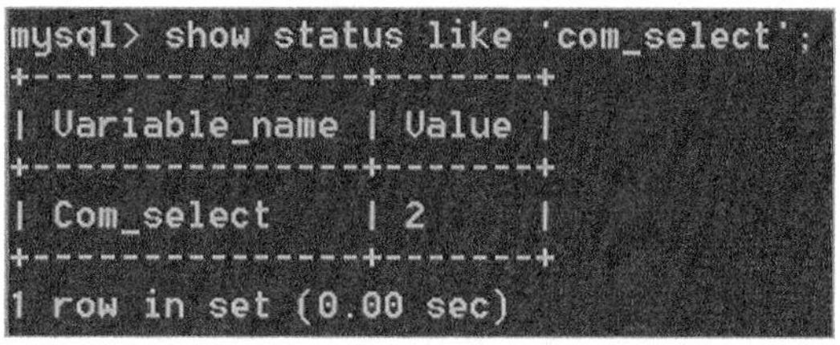　　图 18.53　查看 SELECT 语句执行次数

此外，与 WHERE 子句中的 LIKE 关键字类似，SHOW status 后的 LIKE 关键字也可以使用"_"或"%"等通配符来进行模糊匹配。

【例 18.23】查看 MySQL 服务器的线程信息。

```
SHOW status LIKE 'Thread_%';
```

执行结果如图 18.54 所示。

【例 18.24】 SHOW 的完整语法。

上面的示例查看的是当前 SESSION（会话）的详细状态，如果要查看所有的状态信息，怎么办呢？先来看一下 SHOW 的完整语法。

```
SHOW [统计范围] STATUS [LIKE '状态项名称']
```

统计范围关键字分为 GLOBAL 和 SESSION(或 LOCAL)两种。

在 SHOW status 的完整语法中，"[]"中的部分是可选的，如果的 SHOW status 语句中不包含统计范围关键字，则默认统计范围为 SESSION，也就是只统计当前连接的状态信息。如果需要查询自当前 MySQL 启动后所有连接执行的 SELECT 语句总数，可以执行如下语句：

```
SHOW global status LIKE 'com_select';
```

执行结果如图 18.55 所示。

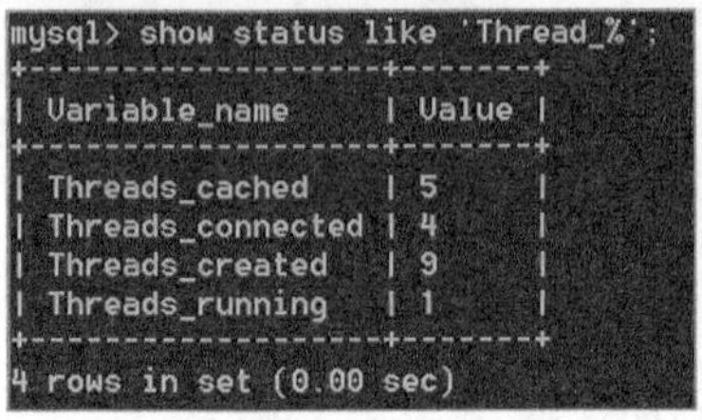

图 18.54　查看 MySQL 服务器线程信息 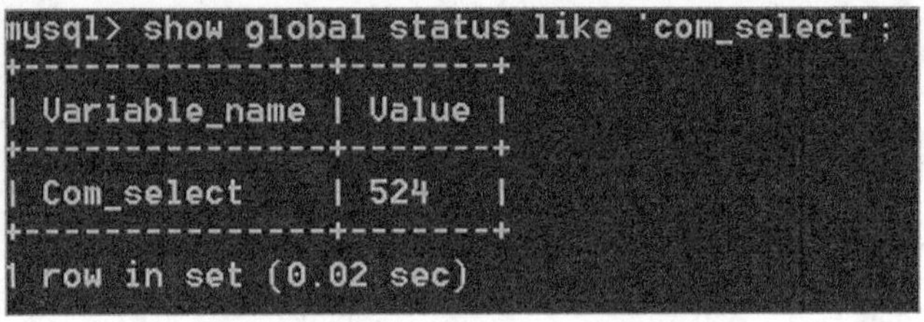　　　图 18.55　查询执行 SELECT 语句总数

以上即是 SHOW status 的详细用法。由于 SHOW status 的状态统计项较多，在此就不一一解释每个统计项的具体含义，仅列出部分常用的状态信息查看语句。

3．常用的状态信息查看

【例 18.25】 查看 MySQL 本次启动后的运行时间（单位：s）。

```
SHOW status LIKE 'uptime';
```

执行结果如图 18.56 所示。

【例 18.26】 查看 SELECT 语句的执行数。

```
SHOW global status LIKE 'com_select';
```

执行结果如图 18.57 所示。

图 18.56　MySQL 启动运行时间 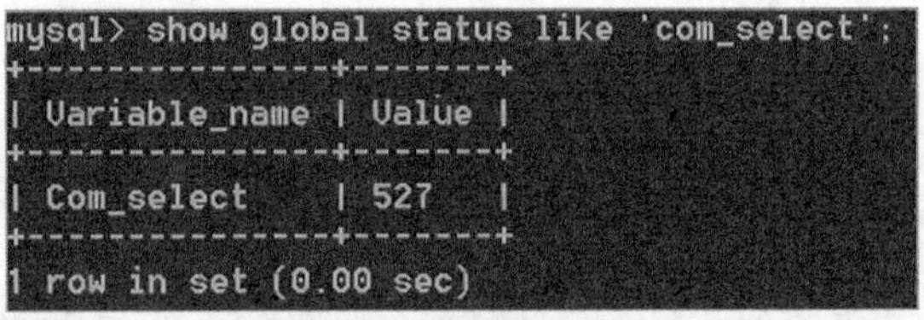　　　图 18.57　查看 SELECT 语句的执行数

【例 18.27】 查看 INSERT 语句的执行数。

```
SHOW global status LIKE 'com_INSERT';
```

执行结果如图 18.58 所示。

【例 18.28】 查看 UPDATE 语句的执行数。

```
SHOW global status LIKE 'com_UPDATE';
```

执行结果如图 18.59 所示。

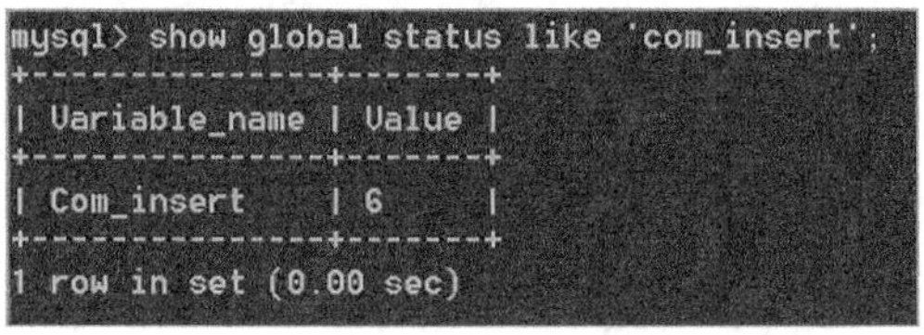

图 18.58　查看 INSERT 语句的执行数 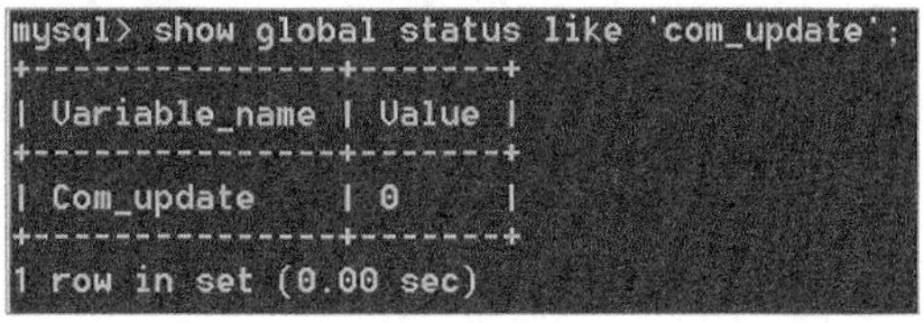　　　图 18.59　查看 UPDATE 语句的执行数

【例 18.29】查看 DELETE 语句的执行数。

```
SHOW global status LIKE 'com_DELETE';
```

执行结果如图 18.60 所示。

【例 18.30】查看试图连接到 MySQL（不管是否连接成功）的连接数。

```
SHOW status LIKE 'connections';
```

执行结果如图 18.61 所示。

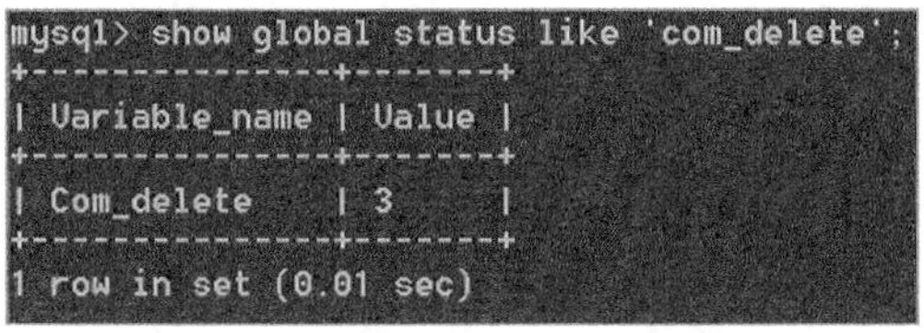

图 18.60　查看 DELETE 语句的执行数　　　图 18.61　查看试图连接到 MySQL 的连接数

【例 18.31】查看线程缓存内的线程的数量。

```
SHOW status LIKE 'threads_cached';
```

执行结果如图 18.62 所示。

【例 18.32】查看当前打开的连接的数量。

```
SHOW status LIKE 'threads_connected';
```

执行结果如图 18.63 所示。

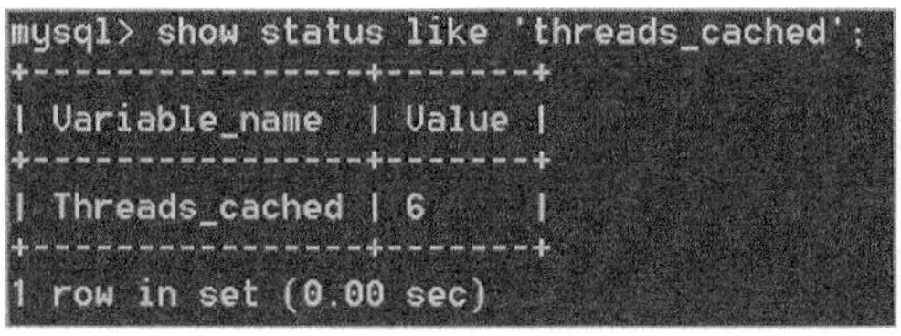

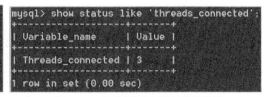

图 18.62　查看线程缓存内的线程的数量　　　图 18.63　查看当前打开的连接的数量

【例 18.33】查看当前打开的连接的数量。

```
SHOW status LIKE 'threads_connected';
```

执行结果如图 18.64 所示。

【例 18.34】查看创建用来处理连接的线程数。

如果 Threads_created 较大，可能要增加 thread_cache_size 值。

```
SHOW status LIKE 'Threads_created';
```

执行结果如图 18.65 所示。

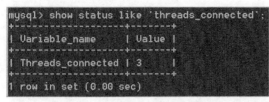

图 18.64　查看当前打开的连接的数量　　　图 18.65　查看创建用来处理连接的线程数

【例 18.35】查看激活的（非睡眠状态）线程数。

```
SHOW status LIKE 'threads_runnINg';
```

执行结果如图 18.66 所示。

【例 18.36】查看立即获得的表的锁的次数。

```
SHOW status LIKE 'table_locks_immediate';
```

执行结果如图 18.67 所示。

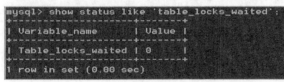

图 18.66　查看激活的（非睡眠状态）线程数　　　图 18.67　查看立即获得的表的锁的次数

【例 18.37】查看不能立即获得的表的锁的次数。

如果该值较高，并且有性能问题，应首先优化查询，然后拆分表或使用复制。

```
SHOW status LIKE 'table_locks_waited';
```

执行结果如图 18.68 所示。

【例 18.38】查看创建时间超过 slow_launch_time 秒的线程数。

```
SHOW status LIKE 'slow_launch_threads';
```

执行结果如图 18.69 所示。

图 18.68　查看不能立即获得的表的锁的次数　　　图 18.69　查看创建时间超过
　　　　　　　　　　　　　　　　　　　　　　　　　slow_launch_time 秒的线程数

【例 18.39】查看查询时间超过 long_query_time 秒的查询的个数。

```
SHOW status LIKE 'slow_queries';
```

执行结果如图 18.70 所示。

【例 18.40】查看 MySQL 服务器配置信息。

```
SHOW variables;
```

【例 18.41】查看 MySQL 服务器运行的各种状态值。

```
SHOW global status;
```

【例 18.42】慢查询。

```
SHOW variables LIKE '%slow%';
SHOW global status LIKE '%slow%';
```

【例 18.43】连接数。

```
SHOW variables LIKE 'max_connections';
```

执行结果如图 18.71 所示。

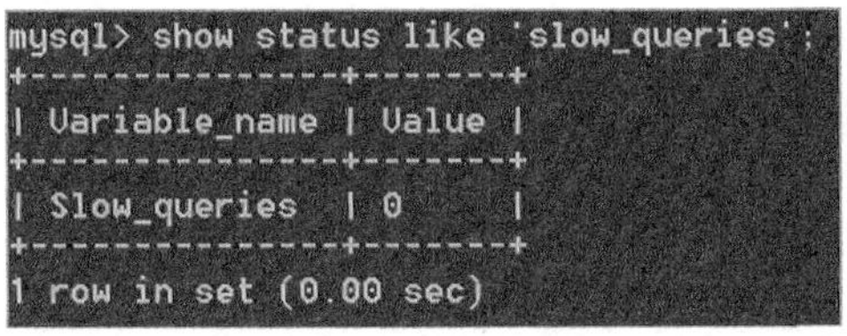

```
mysql> show status like 'slow_queries';
+---------------+-------+
| Variable_name | Value |
+---------------+-------+
| Slow_queries  | 0     |
+---------------+-------+
1 row in set (0.00 sec)
```

图 18.70　查看查询时间超过 long_query_time 秒的查询的个数

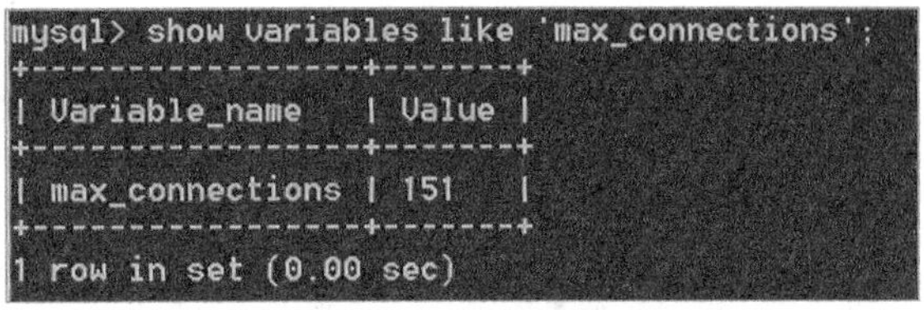

```
mysql> show variables like 'max_connections';
+-----------------+-------+
| Variable_name   | Value |
+-----------------+-------+
| max_connections | 151   |
+-----------------+-------+
1 row in set (0.00 sec)
```

图 18.71　查看最大设置连接数

```
SHOW global status LIKE 'max_used_connections';
```

执行结果如图 18.72 所示。

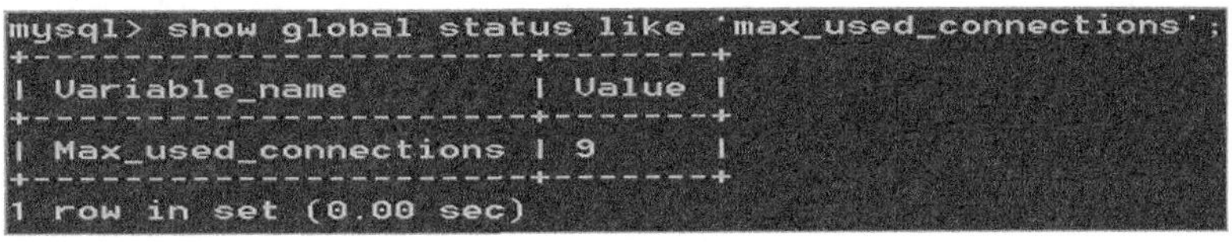

```
mysql> show global status like 'max_used_connections';
+----------------------+-------+
| Variable_name        | Value |
+----------------------+-------+
| Max_used_connections | 9     |
+----------------------+-------+
1 row in set (0.00 sec)
```

图 18.72　查看响应连接数

设置的最大连接数是 151，而响应的连接数是 9。

```
max_used_connections / max_connections * 100% = 6% （理想值 ≈ 85%）
```

【例 18.44】查看 key_buffer_size 参数值。

key_buffer_size 是对 MyISAM 表性能影响最大的一个参数，不过数据库中多为 InnoDB。

```
SHOW variables LIKE 'key_buffer_size';
```

执行结果如图 18.73 所示。

```
SHOW global status LIKE 'key_read%';
```

执行结果如图 18.74 所示。

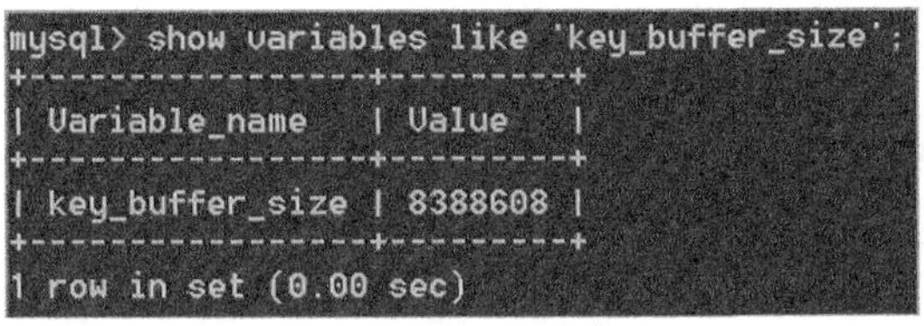

```
mysql> show variables like 'key_buffer_size';
+-----------------+---------+
| Variable_name   | Value   |
+-----------------+---------+
| key_buffer_size | 8388608 |
+-----------------+---------+
1 row in set (0.00 sec)
```

图 18.73　查看内存缓存字节

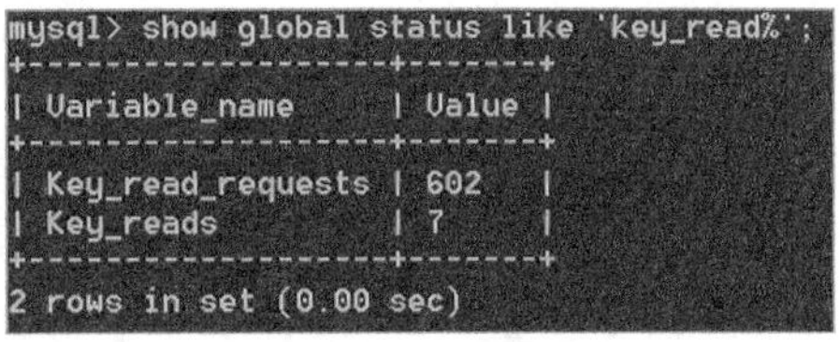

```
mysql> show global status like 'key_read%';
+-------------------+-------+
| Variable_name     | Value |
+-------------------+-------+
| Key_read_requests | 602   |
| Key_reads         | 7     |
+-------------------+-------+
2 rows in set (0.00 sec)
```

图 18.74　查看内存索引读取总请求数及未命中请求数

一共有 602 个索引读取请求，有 7 个请求在内存中没有找到直接从硬盘读取索引，计算索引未命中缓存的概率：

```
key_cache_miss_rate = Key_reads / Key_read_requests * 100% =1.2%
```

需要适当加大 key_buffer_size，命令如下：

```
SHOW global status LIKE 'key_blocks_u%';
```

执行结果如图 18.75 所示。

Key_blocks_unused 表示未使用的缓存簇（blocks）数，Key_blocks_used 表示曾经用到的最大的 blocks 数。

```
Key_blocks_used / (Key_blocks_unused + Key_blocks_used) * 100% ≈0.134%（理想值 ≈ 80%）
```

【例 18.45】查看临时表信息。

```
SHOW global status LIKE 'created_tmp%';
```

执行结果如图 18.76 所示。

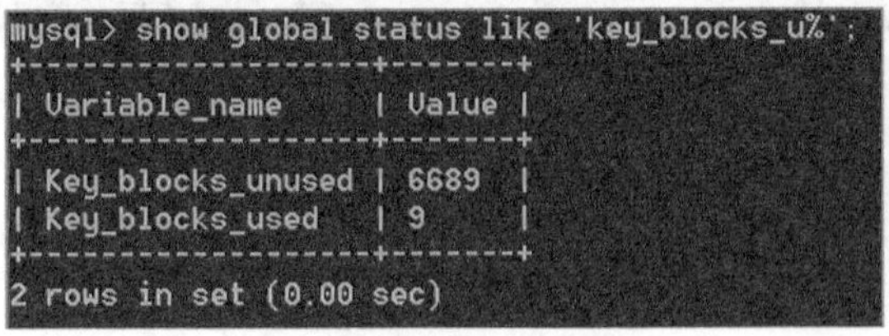

```
mysql> show global status like 'key_blocks_u%';
+-------------------+-------+
| Variable_name     | Value |
+-------------------+-------+
| Key_blocks_unused | 6689  |
| Key_blocks_used   | 9     |
+-------------------+-------+
2 rows in set (0.00 sec)
```

图 18.75　查看内存未使用及用到的 blocks 数

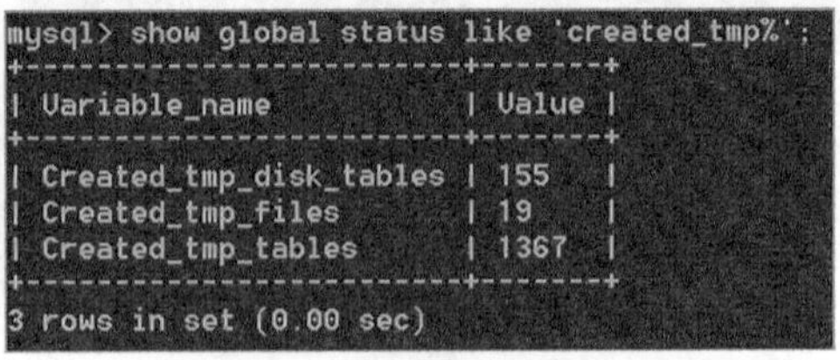

```
mysql> show global status like 'created_tmp%';
+-------------------------+-------+
| Variable_name           | Value |
+-------------------------+-------+
| Created_tmp_disk_tables | 155   |
| Created_tmp_files       | 19    |
| Created_tmp_tables      | 1367  |
+-------------------------+-------+
3 rows in set (0.00 sec)
```

图 18.76　查看 MySQL 服务创建的临时文件文件数

每次创建临时表，created_tmp_tables 增加，如果是在磁盘上创建临时表，created_tmp_disk_tables 也增加，created_tmp_files 表示 MySQL 服务创建的临时文件文件数。created_tmp_disk_tables/created_tmp_tables * 100% ＝ 11.34% （理想值＜＝ 25%）。

```
SHOW variables WHERE Variable_name IN ('tmp_table_size', 'max_heap_table_size');
```

执行结果如图 18.77 所示。

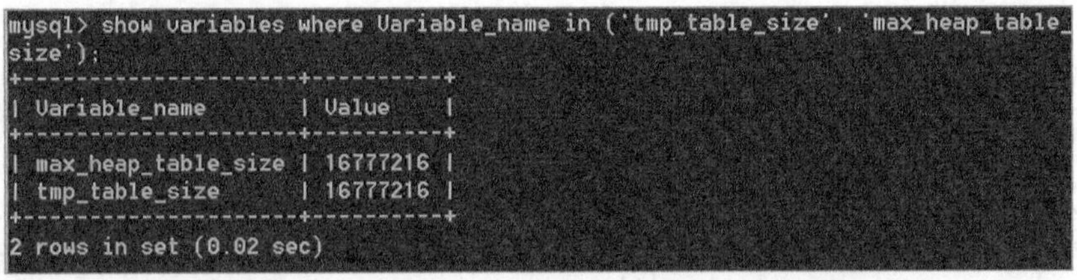

```
mysql> show variables where Variable_name in ('tmp_table_size', 'max_heap_table_
size');
+---------------------+----------+
| Variable_name       | Value    |
+---------------------+----------+
| max_heap_table_size | 16777216 |
| tmp_table_size      | 16777216 |
+---------------------+----------+
2 rows in set (0.02 sec)
```

图 18.77　查看 tmp_table_size、max_heap_table_size 参数值

tmp_table_size 为内部内存临时表的最大值，每个线程都要分配。它规定了内部内存临时表的最大值，每个线程都要分配。（实际起限制作用的是 tmp_table_size 和 max_heap_table_size 的最小值。）如果内存临时表超出了限制，那么 MySQL 就会自动地把它转化为基于磁盘的 MyISAM 表，存储在指定的 tmpdir 目录下。优化查询语句的时候，要避免使用临时表，如果实在避免不了的话，要保证这些临时表是存在内存中的。如果需要的话且有很多 GROUP BY 语句，同时有足够的内存，增大 tmp_table_size（和 max_heap_table_size）的值。这个变量不适用与用户创建的内存表（memory table）。可以比较内部基于磁盘的临时表的总数和创建在内存中的临时表的总数（creatd_tmp_disk_tables 和 created_tmp_tables），一般的比例关系是 created_tmp_disk_tables/created_tmp_tables＜5%。

max_heap_table_size 为用户可以创建的内存表（memory table）的大小。这个变量定义了用户可以创建的内存表（memory table）的大小。这个值用来计算内存表的最大行数值。这个变量支持动态改变，即 set @max_heap_table_size＝#，但是对于已经存在的内存表就没有什么用了，除非这个表被重新创建（CREATE table）或者修改（ALTER table）或者删除（TRUNCATE table）。服务重启也会设置已经存在的内存表为全局 max_heap_table_size 的值。这个变量和 tmp_table_size 一起限制了内部内存表的大小。

【例 18.46】查看 open table 的情况。

```
SHOW global status LIKE 'open%tables%';
```

执行结果如图 18.78 所示。

Open_tables 表示打开表的数量，Opened_tables 表示打开过的表数量，如果 Opened_tables 数量过大，说明配置中 table_cache（5.1.3 之后这个值叫做 table_open_cache）值可能太小，查询一下服务器 table_cache 值，命令如下：

```
SHOW variables LIKE 'table_open_cache';
```

执行结果如图 18.79 所示。

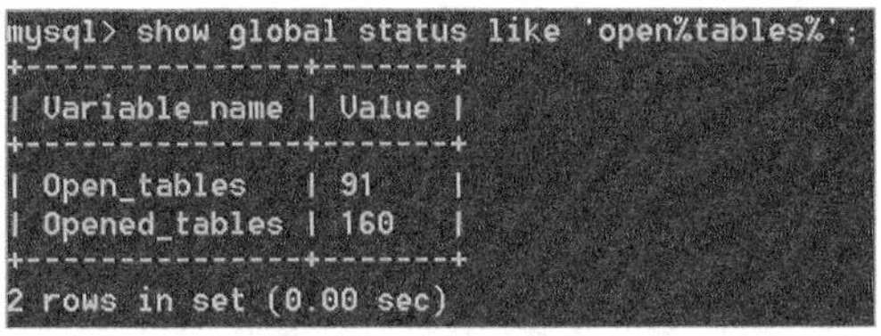

图 18.78　查看 Open_tables、Opened_tables 参数值

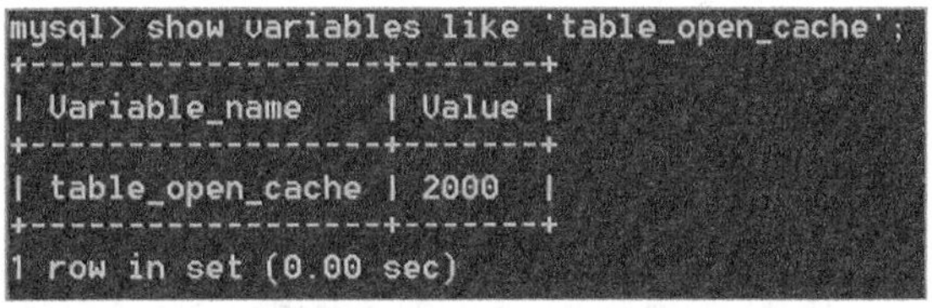

图 18.79　查看 table_open_cache 参数值

```
Open_tables / Opened_tables * 100% =56.87% 理想值（>= 85%）
Open_tables / table_open_cache * 100% = 4.55% 理想值（<= 95%）
```

【例 18.47】查看进程使用情况。

```
SHOW global status LIKE 'Thread%';
```

执行结果如图 18.80 所示。

如果在 MySQL 服务器配置文件中设置了 thread_cache_size，当客户端断开之后，服务器处理此客户的线程将会缓存起来以响应下一个客户而不是销毁（前提是缓存数未达上限）。Threads_created 表示创建过的线程数，如果发现 Threads_created 值过大的话，表明 MySQL 服务器一直在创建线程，这也是比较耗资源，可以适当增加配置文件中 thread_cache_size 值，查询服务器 thread_cache_size 配置，命令如下：

```
SHOW variables LIKE 'thread_cache_size';
```

执行结果如图 18.81 所示。

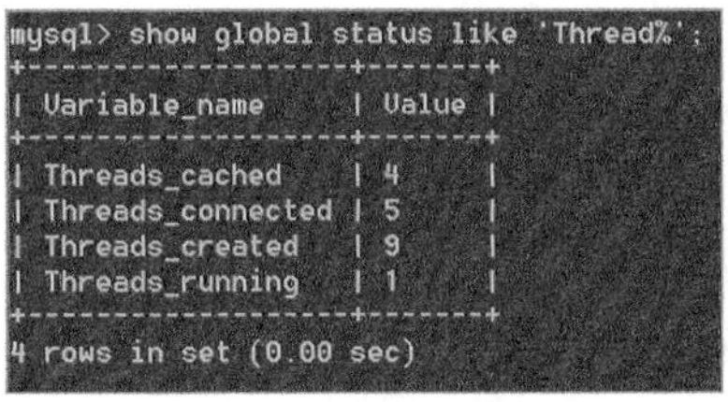

图 18.80　查看进程使用情况

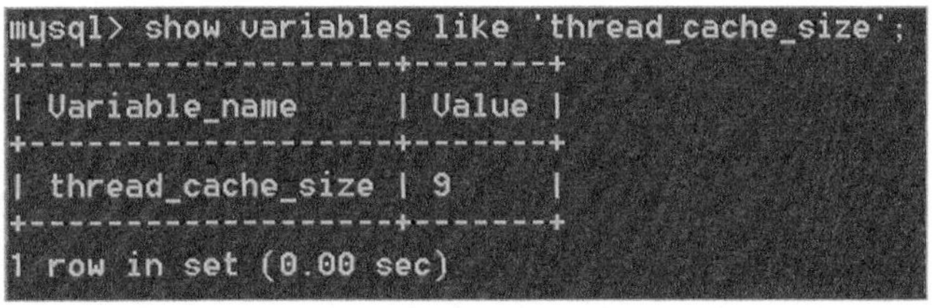

图 18.81　查看 thread_cache_size 参数

【例 18.48】查询缓存（query cache）信息。

```
SHOW global status LIKE 'qcache%';
```

执行结果如图 18.82 所示。

- qcache_free_blocks 为缓存中相邻内存块的个数。数目大说明可能有碎片。FLUSH QUERY CACHE 会对缓存中的碎片进行整理，从而得到一个空闲块。
- qcache_free_memory：缓存中的空闲内存。
- qcache_hits：每次查询在缓存中命中时就增大。
- qcache_inserts：每次插入一个查询时就增大。命中次数除以插入次数就是不中比率。
- qcache_lowmem_prunes：缓存出现内存不足并且必须要进行清理，以便为更多查询提供空间的次数。这个数字最好长时间来看；如果这个数字在不断增长，就表示可能碎片非常严重，或者内存很少（上面的 qcache_free_blocks 和 qcache_free_memory 可以告诉属于哪种情况）。
- qcache_not_cached：不适合进行缓存的查询的数量，通常是由于这些查询不是 SELECT 语句或者用了 now() 之类的函数。
- qcache_queries_in_cache：当前缓存的查询（和响应）的数量。
- qcache_total_blocks：缓存中块的数量。

再查询一下服务器关于 query_cache 的配置信息，命令如下：

```
SHOW variables LIKE 'query_cache%';
```

执行结果如图 18.83 所示。

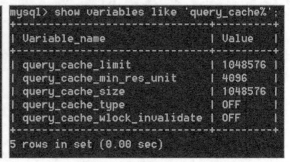

图 18.82　查看 qcache 打头的　　　　图 18.83　查看 query_cache 打头的
　　　　缓存参数设置值　　　　　　　　　　　　缓存参数设置值

各值的解释如下。

- query_cache_limit：超过此大小的查询将不缓存。
- query_cache_min_res_unit：缓存块的最小大小。
- query_cache_size：查询缓存大小。
- query_cache_type：缓存类型，决定缓存什么样的查询，示例中表示不缓存 SELECT sql_no_cache 查询。
- query_cache_wlock_invalidate：当有其他客户端正在对 MyISAM 表进行写操作时，如果查询在 query cache 中，是否返回 cache 结果还是等写操作完成再读表获取结果。
- query_cache_min_res_unit 的配置是一柄"双刃剑"，默认是 4KB，设置值大对大数据查询有好处，但如果查询都是小数据，就容易造成内存碎片和浪费。

查询缓存碎片率 = qcache_free_blocks/qcache_total_blocks*100%。如果查询缓存碎片率超过 20%，可以用 FLUSH QUERY CACHE 整理缓存碎片，或者试试减小 query_cache_min_res_unit。

查询缓存利用率=(query_cache_size–qcache_free_memory)/query_cache_size * 100%。查询缓存利用率在 25%以下的话，说明 query_cache_size 设置得过大，可适当减小；查询缓存利用率在 80%以上而且 qcache_lowmem_prunes＞50 的话，说明 query_cache_size 可能有点小，要不就是碎片太多。

查询缓存命中率=(qcache_hits–qcache_inserts)/qcache_hits*100%。

【例 18.49】查看排序使用情况。

```
SHOW global status LIKE 'sort%';
```

执行结果如图 18.84 所示。

```
mysql> show global status like 'sort%';
+-------------------+-------+
| Variable_name     | Value |
+-------------------+-------+
| Sort_merge_passes | 0     |
| Sort_range        | 0     |
| Sort_rows         | 4074  |
| Sort_scan         | 299   |
+-------------------+-------+
4 rows in set (0.00 sec)
```

图 18.84　查看“sort”打头的参数设置值

sort_merge_passes 包括两步，MySQL 首先会尝试在内存中做排序，使用的内存大小由系统变量 sort_buffer_size 决定，如果它的大小不够把所有的记录都读到内存中，MySQL 就会把每次在内存中排序的结果存到临时文件中，等 MySQL 找到所有记录之后，再把临时文件中的记录做一次排序。再次排序就会增加 sort_merge_passes。实际上，MySQL 会用另一个临时文件来存再次排序的结果，所以通常会看到 sort_merge_passes 增加的数值是建临时文件数的两倍。因为用到了临时文件，所以速度可能会比较慢，增加 sort_buffer_size 会减少 sort_merge_passes 和创建临时文件的次数。但盲目的增加 sort_buffer_size 并不一定能提高速度。另外，增加 read_rnd_buffer_size 的值对排序的操作也有一定的帮助。

【例 18.50】查看文件打开数（open_files）信息。

```
SHOW global status LIKE 'open_files';
```

执行结果如图 18.85 所示。

```
SHOW variables LIKE 'open_files_limit';
```

执行结果如图 18.86 所示。

```
mysql> show global status like 'open_files';
+---------------+-------+
| Variable_name | Value |
+---------------+-------+
| Open_files    | 30    |
+---------------+-------+
1 row in set (0.00 sec)
```

图 18.85　查看当前文件打开数

```
mysql> show variables like 'open_files_limit';
+------------------+-------+
| Variable_name    | Value |
+------------------+-------+
| open_files_limit | 7048  |
+------------------+-------+
1 row in set (0.00 sec)
```

图 18.86　查看 open_files_limit 参数

比较合适的设置是 Open_files/open_files_limit*100%＜=75％。

【例 18.51】查看表锁情况信息。

```
SHOW global status LIKE 'table_locks%';
```

执行结果如图 18.87 所示。

Table_locks_immediate 表示立即释放表锁数，Table_locks_waited 表示需要等待的表锁数，如果 Table_locks_immediate/Table_locks_waited＞5000，最好采用 InnoDB 引擎，因为 InnoDB 是行锁而 MyISAM 是表锁，对于高并发写入的应用 InnoDB 效果会好些。

【例 18.52】 查看表扫描情况信息。

```
SHOW global status LIKE 'handler_read%';
```

执行结果如图 18.88 所示。

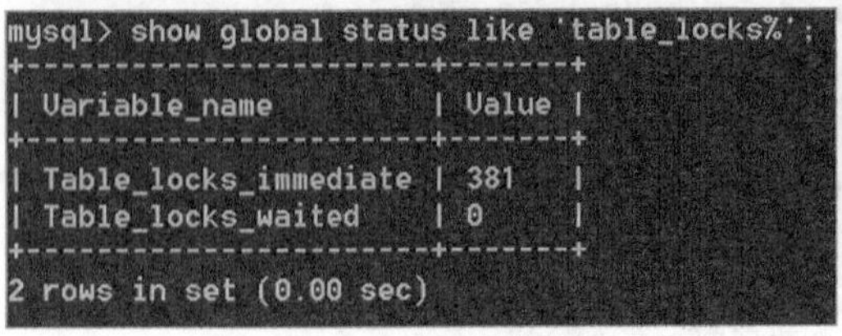

```
mysql> show global status like 'table_locks%';
+-----------------------+-------+
| Variable_name         | Value |
+-----------------------+-------+
| Table_locks_immediate | 381   |
| Table_locks_waited    | 0     |
+-----------------------+-------+
2 rows in set (0.00 sec)
```

图 18.87　查看表锁情况

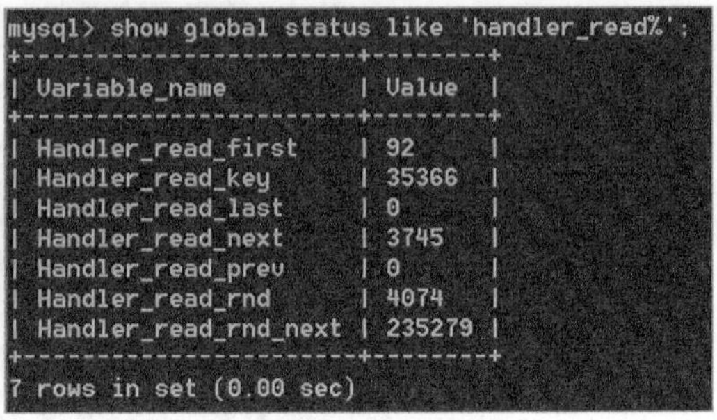

```
mysql> show global status like 'handler_read%';
+-----------------------+--------+
| Variable_name         | Value  |
+-----------------------+--------+
| Handler_read_first    | 92     |
| Handler_read_key      | 35366  |
| Handler_read_last     | 0      |
| Handler_read_next     | 3745   |
| Handler_read_prev     | 0      |
| Handler_read_rnd      | 4074   |
| Handler_read_rnd_next | 235279 |
+-----------------------+--------+
7 rows in set (0.00 sec)
```

图 18.88　查看表扫描情况

各值的解释可参见上表，在此就不一一列举了。

查看服务器完成的查询请求次数，命令如下：

```
mysql> SHOW global status LIKE 'com_select';
```

计算表扫描率，公式如下：

```
表扫描率 = Handler_read_rnd_next/com_select
```

如果表扫描率超过 4000，说明进行了太多表扫描，很有可能索引没有建好，增加 read_buffer_size 值会有一些好处，但最好不要超过 8MB。

18.4.12　MySQL 慢查询 SLOW

在 Web 开发中，经常会写出一些 SQL 语句，但一条糟糕的 SQL 语句可能让整个程序都变得非常慢，超过 10s 一般用户就会选择关闭网页，如何优化 SQL 语句将那些运行时间比较长的 SQL 语句找出呢？MySQL 给提供了一个很好的功能，那就是慢查询！所谓的慢查询就是通过设置来记录超过一定时间的 SQL 语句！那么如何应用慢查询呢？

1. 开启 MySQL 的慢查询日志功能

默认情况下，MySQL 是不会记录超过一定执行时间的 SQL 语句。要开启这个功能，需要修改 MySQL 的配置文件，Windows 下修改 my.ini，Linux 下修改 my.cnf 文件，在[mysqld]最后增加如下命令，然后重启 MySQL：

```
slow_query_log
long_query_time = 1
```

执行结果如图 18.89 所示。

```
[mysqld]
port=3306
explicit_defaults_for_timestamp = TRUE
#开启binlog日志
log-bin=mysql-bin
#设置binlog的工作模式
binlog_format='ROW'
#设置备份日志多少天后自动销毁
expire_logs_days=7
# 每个表独立一个 idb 文件
innodb_file_per_table = 1
#开启慢查询
slow_query_log
long_query_time = 1
```

图 18.89　开启慢查询日志功能的 my.ini 配置文件参数设置

2. 测试慢查询日志功能

进入 MySQL 控制台，执行如下语句。

```
SELECT sleep(2);
```

执行结果如图 18.90 所示。

```
mysql> select sleep(2);
+----------+
| sleep(2) |
+----------+
|        0 |
+----------+
1 row in set (2.04 sec)
```

图 18.90　测试慢查询日志功能

查看慢查询日志文件 tj20161124HK-slow.log（主机名-slow.log，存放在：MySQL 安装目录\data 下，笔者的主机名为：tj20161124HK），在文件最后发现如图 18.91 所示的信息。

执行结果。

```
wampmysqld64, Version: 5.6.17-log (MySQL Community Server
(GPL)). started with:TCP Port: 3306, Named Pipe: (null)Time
            Id Command    Argument# Time: 170527
10:11:53# User@Host: root[root] @ localhost [127.0.0.1]  Id:
   1# Query_time: 2.044117  Lock_time: 0.000000 Rows_sent:
1  Rows_examined: 0use db_fcms;SET timestamp=1495851113;
select sleep(2);  2秒后执行
```

图 18.91　查看慢查询日志

3. 说明

- slow_query_log 这句是开启记录慢查询功能，slow_query_log=0 关闭；slow_query_log=1 开启（这个 1 可以不写）。
- long_query_time=1　这句是记录超过 1 秒的 SQL 执行语句。

4. 日志文件存放位置

默认是放在 MySQL 的 data 目录，并且文件名为 host_name-slow.log 即主机名-slow.log，如在

笔者的开发机上就是 tj20161124HK-slow.log。如果日志文件不想放在 data 目录，可以通过如下配置指定存放的目录及日志文件名，如下：

slow_query_log_file＝file_name，其中 file_name 就是存放日志的目录和文件名。

注意：MySQL 5.5 版之前是：log-slow-queries = file_name。

5. 记录低于 1 秒的慢查询记录

MySQL 5.21 版以前 long_query_time 参数的单位是 s，默认值是 10。这相当于说最低只能记录执行时间超过 10s 的查询。怎么记录查询时间超过 100ms 的 SQL 语句记录呢？在 MySQL 5.21 之后版本支持 ms。

- 进入 MySQL 控制台，运行如下 SQL 语句。

```
SET global long_query_time=0.1; (1秒=1000毫秒)
```

执行结果如图 18.92 所示。

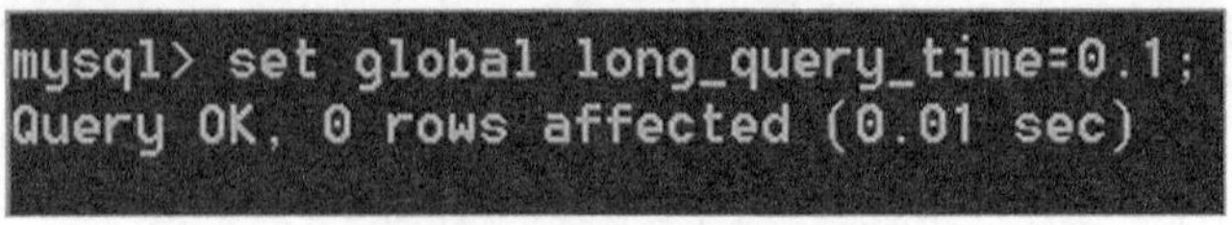

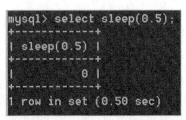

图 18.92　设置慢查询限定秒数

该句是设置记录慢查询超过时间 100ms 的 SQL，记住要重启 MySQL 才能生效。

- 测试。

在测试之前，调整配置文件 long_query_time = 0.1，然后重启 MySQL。进入 MySQL 控制台，执行如下 SQL 语句。

```
SELECT sleep(0.5);
```

执行结果如图 18.93 所示。

图 18.93　参数慢查询限定秒数

查看慢查询日志文件，看到最后添加的新信息如图 18.94 所示。

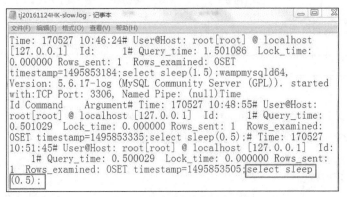

图 18.94　查看慢查询日志

即执行时间超过 0.1s（100ms）的 SQL 语句被记录在案。在系统上线一段时间后，需要时不时地关注这个日志文件，找出超过预定时间的 SQL 语句，然后决定如何处置。

18.4.13　合理使用 MySQL 锁机制

为了保证数据的一致性与完整性，任何一个数据库系统都存在锁定机制。锁定机制的优劣直接影响到一个数据库系统的并发处理能力和性能，所以锁定机制的实现也就成为了各种数据库的核心技术之一。本节将对 MySQL 中两种使用最为频繁的存储引擎 MyISAM 和 InnoDB 各自的锁定机制进行较为详细的分析。

1. MySQL 锁定机制简介

总的来说，MySQL 各存储引擎使用了 3 种类型（级别）的锁定机制：行级锁定、页级锁定和表级锁定。下面先分析一下 MySQL 这 3 种锁定的特点和各自的优劣。

（1）行级锁定。

行级锁定是目前各大数据库管理软件所实现的锁定颗粒度最小的，所以发生锁定资源争用的概率也最小，能够给予应用程序尽可能大的并发处理能力而提高一些需要高并发应用系统的整体性能。

但是由于锁定资源的颗粒度很小，所以每次获取锁和释放锁消耗的资源也更多，带来的消耗自然也就更大了。此外，行级锁定也最容易发生死锁。

（2）表级锁定。

表级别的锁定是 MySQL 各存储引擎中最大颗粒度的锁定机制。该锁定机制最大的特点是实现逻辑简单，带来的系统负面影响最小。所以获取锁和释放锁的速度很快。由于表级锁一次会将整个表锁定，所以可以很好地避免死锁问题。

当然，锁定颗粒度大所带来最大的负面影响就是出现锁定资源争用的概率也会最高，致使并发大度较低。

（3）页级锁定。

页级锁定的特点是锁定颗粒度介于行级锁定与表级锁之间，所以获取锁定所需要的资源开销，以及所能提供的并发处理能力也同样是介于上面两者之间。另外，页级锁定和行级锁定一样，会发生死锁。

在 MySQL 数据库中，使用表级锁定的主要是 MyISAM，Memory 和 CSV 等一些非事务性存储引擎，而使用行级锁定主要是 InnoDB 存储引擎和 NDBCluster 存储引擎，页级锁定主要是 BerkeleyDB 存储引擎的锁定方式。

2. InnoDB 锁定模式及其实现机制

总的来说，InnoDB 的锁定机制和 Oracle 数据库有不少相似之处。InnoDB 的行级锁定同样分为两种类型：**共享锁**和**排他锁**，而在锁定机制的实现过程中为了让行级锁定和表级锁定共存，InnoDB 也同样使用了意向锁（表级锁定）的概念，也就有了意向共享锁和意向排他锁这两种。

当对某个资源加锁时，如果有共享锁，可以再加一个共享锁，不过不能加排他锁。如果有排他锁，就在表上添加意向共享锁或意向排他锁。

意向共享锁可以同时并存多个，但是意向排他锁同时只能有一个存在。所以，可以说 InnoDB 的锁定模式实际上可以分为 4 种，如下。

- 共享锁（S）；
- 排他锁（X）；
- 意向共享锁（IS）；

- 意向排他锁（IX）。

3. InnoDB 与 Oracle 锁机制的区别

Oracle 锁定数据是通过需要锁定的某行记录所在的物理 block 上的事务槽上表级锁定信息，InnoDB 的锁定则是通过在指向数据记录的第一个索引键之前和最后一个索引键之后的空域空间上标记锁定信息而实现的。InnoDB 的这种锁定实现方式被称为"NEXT-KEYlocking"（间隙锁），因为 Query 执行过程中，如果通过范围查找的话，它会锁定整个范围内所有的索引键值，即使这个键值并不存在。

间隙锁有一个比较致命的弱点，就是当锁定一个范围键值之后，即使某些不存在的键值也会被无辜的锁定，而造成在锁定的时候无法插入锁定键值范围内的任何数据。在某些场景下这可能会对性能造成很大的危害。而 InnoDB 给出的解释是为了组织幻读的出现，所以使用间隙锁来实现锁定。

除了间隙锁给 InnoDB 带来性能的负面影响之外，通过索引实现锁定的方式还存在其他几个较大的性能隐患，如下。

- 当 Query 无法利用索引的时候，会放弃行级别锁定而改用表级别的锁定。
- 当 Quuery 使用的索引并不包含所有过滤条件的时候，间隙锁会锁定不包含的记录，而不是具体的索引键。
- 当 Query 在使用索引定位数据的时候，如果使用的索引键一样但访问的数据行不同的时候（索引只是过滤条件的一部分），一样会被锁定。

4. InnoDB 事务隔离级别下的锁定及死锁

在 InnoDB 的事务管理和锁定机制中，有专门检测死锁的机制，会在系统中产生死锁之后的很短时间内就检测到该死锁的存在。当 InnoDB 检测到系统中产生了死锁之后，InnoDB 会通过相应的判断来选择产生死锁的两个事务中较小的事务来回滚，而让另外一个较大的事务成功完成。但是有一点需要注意的是——当产生死锁的场景中涉及不止 InnoDB 存储引擎的时候，InnoDB 是没办法检测到该死锁的，这时候就只能通过锁定超时限制来解决该死锁了。另外，死锁的产生过程的示例将在本节最后的 InnoDB 锁定示例中演示。

5. InnoDB 锁定机制例

下面以 InnodDB 引擎来说明产生死锁的情况。

（1）行锁定演示。

行锁定演示见表 18.3。

表 18.3 行锁定演示

Session1	Session2
SET AUTOCOMMIT＝0（禁止自动提交）	SET AUTOCOMMIT＝0（禁止自动提交）
UPDATE test SET b ＝ "b1" WHERE a ＝ 1；更新但不提交	无动作
无动作	UPDATE test SET b ＝ "b1" WHERE a ＝ 1；被阻塞，等待
COMMIT；提交	无动作
无动作	UPDATE test SET b ＝ "b1" WHERE a ＝ 1；解除阻塞

（2）无索引升级为表锁定。

无索引升级为表锁定见表 18.4。

表 18.4　无索引升级为表锁定

Session1（禁止自动提交）	Session2（禁止自动提交）
UPDATE test SET b ＝"2" WHERE b ＝ 2000;	UPDATE test SET b ＝"3" WHERE b ＝ 3000; 阻塞，等待
COMMIT;	无动作
无动作	UPDATE test SET b ＝"3" WHERE b ＝ 3000;解除阻塞，完成更新

（3）间隙锁带来的插入问题。

间隙锁带来的插入问题见表 18.5。

表 18.5　间隙锁带来的插入问题

Session1（禁止自动提交）	Session2（禁止自动提交）
SELECT * FROM test; UPDATE test SET b ＝ a * 100 WHERE a ＜ 4 AND a ＞ 1;	无动作
无动作	INSERT INTO test values(2,"200");被阻塞，等待
COMMIT;	无动作
无动作	INSERT INTO test values(2,"200");Query OK, 1 row affected (38.68 sec)

（4）死锁例。

死锁示例见表 18.6。

表 18.6　死锁示例

Session1（禁止自动提交）	Session2（禁止自动提交）
UPDATE t1 SET id ＝ 110 WHERE id ＝ 11;	无动作
无动作	UPDATE t2 SET id ＝ 210 WHERE id ＝ 21;
UPDATE t2 SET id＝2100 WHERE id＝21;阻塞，等待 session2 释放	无动作
无动作	UPDATE t1 SET id＝1100 WHERE id＝11; 阻塞，等待 session1 释放
两个 session 互相等待对方的资源释放之后才能释放自己的资源，造成了死锁	无动作

6. 合理利用锁机制优化 MySQL

（1）MyISAM 表锁优化建议。

在优化 MyISAM 存储引擎锁定问题的时候，最关键的就是如何让其提高并发度。由于锁定级别是不可能改变的，所以首先需要尽可能让锁定的时间变短，然后让可能并发进行的操作尽可能地并发进行。缩短锁定时间可通过以下办法实现。

- 尽量减少大 Query，将复杂 Query 分拆成小的 Query 分布进行。
- 尽可能地建立足够高效的索引，让数据检索更迅速。
- 尽量让 MyISAM 存储引擎的表只存放必要的信息，控制字段类型。

- 利用合适的机会优化 MyISAM 表数据文件。

(2) 分离能并行的操作。

可能有些人会认为在 MyISAM 存储引擎表上的读写锁就只能是完全的串行化,没办法再并行了。读者不要忘记了,MyISAM 的存储引擎还有一个非常有用的特性,那就是 concurrent insert(并发插入)的特性,如下:

- concurrent_insert=2,无论 MyISAM 存储引擎的表数据文件的中间部分是否存在因为删除数据而留下的空闲空间,都允许在数据文件尾部进行并发插入。
- concurrent_insert=1,当 MyISAM 存储引擎表数据文件中间不存在空闲空间的时候,可以从文件尾部进行并发插入。
- concurrent_insert=0,无论 MyISAM 存储引擎的表数据文件的中间部分是否存在因为删除数据而留下的空闲空间,都不允许并发插入。

7. 合理利用读写优先级

表级锁定对于读和写是有不同优先级设定的,默认情况下是写优先级要大于读优先级。所以,如果可以根据各自系统环境的差异决定读与写的优先级。如果系统是一个以读为主,而且要优先保证查询性能的话,可以通过设置系统参数选项 low_priority_updates=1,将写的优先级设置为比读的优先级低,即可告诉 MySQL 尽量先处理读请求。

8. InnoDB 行锁优化建议

- 尽可能让所有的数据检索都通过索引来完成,从而避免 InnoDB 因为无法通过索引键加锁而升级为表级锁定。
- 合理设计索引,让 InnoDB 在索引键上面加锁尽可能准确,尽可能地缩小锁定范围,避免造成不必要的锁定而影响其他 Query 的执行。
- 尽可能减少基于范围的数据检索过滤条件,避免间隙锁带来的负面影响而锁定了不该锁定的记录。
- 尽量控制事务的大小,减少锁定的资源量和锁定时间长度。
- 在业务环境允许的情况下,尽量使用较低级别的事务隔离,以减少 MySQL 因为实现事务隔离级别所带来的附加成本。

9. 减少 InnoDB 死锁产生概率

由于 InnoDB 的行级锁定和事务性,所以肯定会产生死锁。下面是一些比较常用的减少死锁产生概率的做法。

- 类似业务模块中,尽可能按照相同的访问顺序来访问,防止产生死锁。
- 在同一个事务中,尽可能做到一次锁定所需要的所有资源,减少死锁产生概率。
- 对于非常容易产生死锁的业务部分,可以尝试使用升级锁定颗粒度,通过表级锁定来减少死锁产生的概率。
- 系统锁定争用情况查询对于两种锁定级别,MySQL 内部有两组专门的状态变量记录系统内部锁资源争用情况。

查看 MySQL 表级锁定的争用状态变量。

```
SHOW status LIKE 'table%';
```

执行结果如图 18.95 所示。

- Table_locks_immediate:产生表级锁定的次数。
- Table_locks_waited:出现表级锁定争用而发生等待的次数。

对于 InnoDB 所使用的行级锁定，系统中是通过另外一组更为详细的状态变量来记录的，如下：

```
SHOW status LIKE 'InnoDB_row_lock%';
```

执行结果如图 18.96 所示。

```
mysql> show status like 'table%';
+----------------------------+-------+
| Variable_name              | Value |
+----------------------------+-------+
| Table_locks_immediate      | 73    |
| Table_locks_waited         | 0     |
| Table_open_cache_hits      | 0     |
| Table_open_cache_misses    | 0     |
| Table_open_cache_overflows | 0     |
+----------------------------+-------+
5 rows in set (0.00 sec)
```

图 18.95　查看表级锁定变量

```
mysql> show status like 'innodb_row_lock%';
+-------------------------------+-------+
| Variable_name                 | Value |
+-------------------------------+-------+
| Innodb_row_lock_current_waits | 0     |
| Innodb_row_lock_time          | 0     |
| Innodb_row_lock_time_avg      | 0     |
| Innodb_row_lock_time_max      | 0     |
| Innodb_row_lock_waits         | 0     |
+-------------------------------+-------+
5 rows in set (0.00 sec)
```

图 18.96　查看 InnoDB 行级锁定变量

InnoDB 的行级锁定状态变量不仅记录了锁定等待次数，还记录了锁定总时长、每次平均时长以及最大时长。此外，还有一个非累积状态量显示了当前正在等待锁定的等待数量。下面对各个状态量的说明如下。

- InnoDB_row_lock_current_waits：当前正在等待锁定的数量。
- InnoDB_row_lock_time：从系统启动到现在锁定总时间长度。
- InnoDB_row_lock_time_avg：每次等待所花费的平均时间。
- InnoDB_row_lock_time_max：从系统启动到现在等待最长的一次所花费的时间。
- InnoDB_row_lock_waits：系统启动后到现在总共等待的次数。

对于这 5 个状态变量，比较重要的主要是 InnoDB_row_lock_time_avg（等待平均时长），InnoDB_row_lock_waits（等待总次数）以及 InnoDB_row_lock_time（等待总时长）这 3 项。尤其是当等待次数很多，而且每次等待时长也不少的时候，就需要分析系统中为什么会有如此多的等待，然后根据分析结果着手指定优化计划。

此外，InnoDB 除了提供这 5 个系统状态变量，还提供其他更为丰富的即时状态信息供分析使用，可以通过如下方法查看。

- 通过创建 InnoDBMonitor 表来打开 InnoDB 的 monitor 功能。
- 通过使用"SHOW engine InnoDB status;"查看细节信息。

18.4.14　MySQL 优先级

通过锁机制，可以实现多线程同时对某个表进行操作。在某个时刻，用户甲、乙、丙可能会同时或者先后（前面一个作业还没有完成）对数据表 A 进行查询或者更新操作，当某个线程涉及到更新操作时，就需要获得独占的访问权。在更新的过程中，所有其他想要访问这个表的线程必须要等到其更新完成为止。此时就会导致锁竞争的问题，从而导致用户等待时间的延长。本节详细说明采取哪些措施可以有效地避免锁竞争，减少 MySQL 用户的等待时间。

为了更清晰的说明这个问题，笔者先模拟一个日常的案例，通过案例读者来看下面的内容。

首先，用户甲对数据表 A 发出了一个查询请求。

然后，用户乙对数据表 A 发出了一个更新请求。此时用户乙的请求只有在用户甲的作业完成之后才能够得到执行。

最后，用户丙对数据表 A 发出了一个查询请求。在 MySQL 数据库中，更新语句的优先级要比查询语句的优先级高，为此用户丙的查询语句只有在用户乙的更新作业完成之后才能够执行。而用户乙的更新作业又必须在用户甲的查询语句完成之后才能够执行。此时就存在比较严重的锁竞争问题。

现在数据库 DBA 所要做的就是在数据库设计与优化过程中，采取哪些措施来降低这种锁竞争的不利情况？

（1）措施 1：利用 Lock Tables 来提高更新速度。

对于更新作业来说，在一个锁定中进行许多更新要比所有锁定的更新要来得快。为此如果一个表更新频率比较高，如电商的购物车以及超市的收银系统，那么可以通过使用 Lock Tables 选项来提高更新速度。更新的速度提高了，那么与 SELECT 查询作业的冲突就会明显减少，锁竞争的现象也能够得到明显地抑制。

（2）措施 2：将某个表分为若干个表来降低锁竞争。

如一个大型电商，其销售记录，每天的更新操作是非常多的，此时如果用户在更新的同时，另外有用户需要对其进行查询，显然锁竞争的现象会比较严重。针对这种情况，其实可以人为地将某张表分为几个表。如可以为某一地域或某一城市或某一城市某一个区等细分成多表。如此，各地域、各城市、各区之间用户的操作都是在属于自身的表中完成，相互之间不会产生干扰。在数据统计分析时，可以通过视图将它们整合成一张表。

（3）措施 3：调整某个作业的优先级。

默认情况下，在 MySQL 数据库中，更新操作比 SELECT 查询有更高的优先级。如果用户乙先发出了一个查询申请，然后用户丙再发出一个更新请求，最后用户甲发出查询请求。当用户甲的查询作业完成之后，系统会先执行谁的请求呢？注意：默认情况下系统并不遵循先来后到的规则，也不会先执行用户乙的查询请求，而是执行用户丙的更新进程。这主要是因为，更新进程比查询进程具有更高的优先级。

但是在有些特定的情况下，可能这种优先级不符合企业的需求。此时数据库管理员需要根据实际情况来调整语句的优先级。如果确实需要的话，那么可以通过以下 3 种方式来实现。

- 通过 LOW_PRIOITY 属性。这个属性可以将某个特定的语句的优先级降低。如可以调低某个特定的更新语句或者插入语句的优先级。不过需要注意的是，这个属性只有对特定的语句有用。即其作用域只针对某个特定的语句，而不会对全局造成影响。
- 通过 HIGH_PRIOITY 属性。与通过 LOW_PRIOITY 属性对应，有一个 HIGH_PRIOITY 属性。顾名思义，这个属性可以用来提高某个特定的 SELECT 查询语句的优先级。如上面这个案例，在用户乙的查询语句中加入 HIGH_PRIOITY 属性的话，那么用户甲查询完毕之后，会立即执行用户乙的查询语句。等到用户乙执行完毕之后，才会执行用户丙的更新操作。可见，此时查询语句的优先级得到了提升。这里需要注意，跟上面这个属性一样，这个作用域也只限于特定的查询语句，而不会对没有加这个参数的其他查询语句产生影响。也就是说，其他查询语句如果没有加这个属性，那么其优先级别仍然低于更新进程。
- 通过 SET LOW_PRIORIT_UPDATES=1 选项。以上两个属性都是针对特定的语句，而不会造成全局的影响。如果现在数据库管理员需要对某个连接来调整优先级别，该如何实现呢？如上例，现在需要将用户乙连接语句的优先级别提高，而不是每次查询时都需要使用上面的属性。此时就需要使用 SET LOW_PRIORIT_UPDATES=1 选项。通过这个选项可以制订具体连接中的所有更新进程都是用比较低的优先级。注意这个选项只针对特定的连接有用。对于其他的连接，就不适用。

采用 LOW_PRIORITY_UPDATES 选项。上面谈到的属性，前面两个针对特定的语句，后面一个是针对特定的连接，都不会对整个数据库产生影响。如果现在需要在整个数据库范围之内，降低更新语句的优先级，是否可以实现？如上面这个案例，在不使用其他参数的情况下，就让用户乙的查询语句比用户丙的更新具有更优先执行？如果用户有这种需求的话，可以使用 LOW_PRIORITY_UPDATES 选项来启动数据库。采用这个选项启动数据库时，系统会给数据库中所有的更新语句比较低的优先级。此时用户乙的查询语句就会比用户丙的更新请求更早被执行。而对于查询作业来说，不存在锁定的情况。为此用户甲的查询请求与用户丙的查询请求可以同时进行。为此通过调整语句执行的优先级，可以有效地降低锁竞争的情况。

可见，可以利用属性或者选项来调整某条语句的优先级。如现在有一个应用，主要供用户来进行查询。更新的操作一般都是由管理员来完成，并且对于用户来说更新的数据并不敏感。此时基于用户优先的原则，可以考虑将查询的优先级别提高。对于用户来说，其遇到锁竞争的情况就会比较少，从而可以缩短用户的等待时间。在调整用户优先级时，需要考虑其调整的范围，即只是调整特定的语句还是调整特定的连接，又或者对整个数据库生效。

（4）措施 4：对于混合操作的情况，可以采用特定的选项。

有时候会遇到混合操作的作业，如既有更新操作又有插入操作又有查询操作时，要根据特定的情况，采用特定的选项。如现在需要对数据表同时进行插入和删除的作业，此时如果能够使用 INSERT Delayed 选项，将会给用户带来很大的帮助。再如对同一个数据表执行 SELECT 和 DELETE 语句会有锁竞争的情况。此时数据库管理员也可以根据实际情况来选择使用 DELETE Limint 选项来解决所遇到速度问题。

通常情况下，锁竞争与死锁不同，并不会对数据库的运行带来很大的影响，只是可能会延长用户的等待时间。如果用户并发访问的机率并不是很高，此时锁竞争的现象就会很少。那么采用上面的这些措施并不会带来多大的收益。相反，如果用户对某个表的并发访问比较多，特别是不同的用户会对同一个表执行查询、更新、删除、插入等混合作业，那么采取上面这些措施可以在很大程度上降低锁冲突，减少用户的等待时间。

18.4.15　MySQL MyISAM 索引键缓存

1. MyISAM 索引键缓存概述

为了能最小化磁盘 I/O，MyISAM 存储引擎采用了很多数据库系统使用的一种策略。它采用一种机制将经常访问的表保存在内存区块中。

对索引区块来说，它维护着一个叫索引缓存（索引缓冲）的结构体。这个结构体中放着许多那些经常使用的索引区块的缓冲区块。

对数据区块来说，MySQL 没有使用特定的缓存。它依靠操作系统的本地文件系统缓存。

MySQL 对 MyISAM 索引缓存的改进：

线程之间不再是串行地访问索引缓存。多个线程可以并行地访问索引缓存。

可以设置多个索引缓存，同时也能指定数据表索引到特定的缓存中。

可以通过系统变量 key_buffer_size 来控制索引缓存区块的大小。如果这个值大小为 0，那么就不使用缓存。当这个值小到不足以分配区块缓冲的最小数量（8）时，也不会使用缓存。

当索引缓存无法操作时，索引文件就只通过操作系统提供的本地文件系统缓冲来访问（换言之，表索引区块采用的访问策略和数据区块的一致）。

一个索引区块在 MyISAM 索引文件中是一个连续访问的单元。通常这个索引区块的大小和 B 树索引节点大小一样（索引在磁盘中是以 B 树结构来表示的。这个树的底部时叶子节点，叶子节点之上则是非叶子节点）。

在索引缓存结构中所有的区块大小都是一样的。这个值可能等于、大于或小于表的索引区块大小。通常这两个值是不一样的。

当必须访问来自任何表的索引区块时，服务器首先检查在索引缓存中是否有可用的缓冲区块。如果有，服务器就访问缓存中的数据，而非磁盘。就是说，它直接存取缓存，而不是存取磁盘。否则，服务器选择一个（多个）包含其他不同表索引区块的缓存缓冲区块，将它的内容替换成请求表的索引区块的拷贝。一旦新的索引区块在缓存中了，索引数据就可以存取了。

当发生被选中要替换的区块内容修改了的情况时，这个区块就被认为"脏"了。那么，在替换之前，它的内容就必须先刷新到它所指向的目标索引。

通常服务器遵循 LRU（最近最少使用）策略：当要选择替换的区块时，它选择最近最少使用的索引区块。为了想要让选择变得更容易，索引缓存模块会维护一个包含所有使用区块特别的队列（LRU 链）。当一个区块被访问了，就把它放到队列的最后位置。当区块要被替换时，在队列开始位置的区块就是最近最少使用的，它就是第一候选删除对象。

2. MyISAM 索引键缓存

（1）共享访问索引缓存。

在 MySQL 4.1 以前，访问索引缓存是串行的：两个线程不能并行地访问索引缓存缓冲。服务器处理一个访问索引区块的请求只能等它之前的请求处理完。结果，新的请求所需的索引区块就不在任何索引缓存缓冲区块中，因为其他线程把包含这个索引区块的缓冲给更新了。

从 MySQL 4.1.0 开始，服务器支持共享方式访问索引缓存。

没有正在被更新的缓冲可以被多个线程访问。

缓冲正被更新时，需要使用这个缓冲的线程只能等到更新完成之后。

多个线程可以初始化需要替换缓存区块的请求，只要它们不干扰别的线程（也就是，它们请求不同的索引区块，因此不同的缓存区块被替换）。

共享方式访问索引缓存使得服务器明显改善了吞吐量。

（2）多重索引缓存。

共享访问索引缓存改善了性能，却不能完全消除线程间的冲突。它们仍然争抢控制管理存取索引缓存缓冲的结构。为了更进一步减少索引缓存存取冲突，MySQL 4.1 版以后提供了多重索引缓存特性。这将不同的表索引指定到不同的索引缓存。

当有多个索引缓存，服务器在处理指定的 MyISAM 表查询时必须知道该使用哪个。默认所有的 MyISAM 表索引都缓存在默认的索引缓存中。想要指定到特定的缓存中，可以使用 CACHE INDEX 语句。

如下语句所示，指定表的索引 t1、t2、t3 等缓存到名为 hot_cache 的缓存中。

```
SET GLOBAL hot_cache.key_buffer_size=128*1024;
```

执行结果如图 18.97 所示。

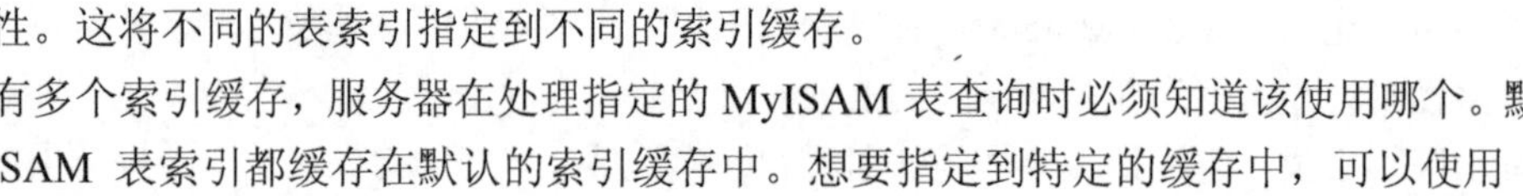

```
mysql> SET GLOBAL hot_cache.key_buffer_size=128*1024;
Query OK, 0 rows affected (0.00 sec)
```

图 18.97 指定表的索引 t1、t2、t3 等缓存到名为 hot_cache 的缓存中

```
USE db_fcms;
CACHE INDEX fk_ykxt_jiayou_kh,fk_ykxt_jiayou_clbh,fk_ykxt_jiayou_km IN hot_cache;
```

执行结果如图 18.98 所示。

图 18.98　指定表的索引缓存到缓存中

CACHE INDEX 语句中用到的索引缓存是根据用 SET GLOBAL 语句的参数设定的值或者服务器启动参数指定的值创建的，命令如下：

```
SET GLOBAL keycache1.key_buffer_size=128*1024;
```

想要删除索引缓存，只需设置它的大小为 0 即可，命令如下：

```
SET GLOBAL keycache1.key_buffer_size=0;
```

索引缓存变量是一个结构体变量，由名字和组件构成。例如 keycache1.key_buffer_size，keycache1 就是缓存名，key_buffer_size 是缓存组件。默认表索引在服务器启动时指定到主（默认的）索引缓存中。当一个索引缓存被删掉后，指定到这个缓存的所有索引都被重新指向到了默认索引缓存中。

对一个繁忙的系统来说，建议以下 3 条策略来使用索引缓存。
- 热缓存占用 20%的总缓存空间，用于繁重搜索但很少更新的表。
- 冷缓存占用 20%的总缓存空间，用于中等强度更新的表，如临时表。
- 冷缓存占用 60%的总缓存空间，作为默认的缓存，用于所有其他表。

使用 3 个缓存的好处在于，存取一个缓存结构时不会阻止对其他缓存的访问。访问一个表索引的查询不会跟指定到其他缓存的查询竞争。性能提高还表现在以下几点。
- 热缓存只用于检索记录，因此它的内容总是不需要变化。所以，无论什么时候一个索引区块需要从磁盘中引入，被选中要替换的缓存区块的内容总是要先被刷新。
- 索引被指向热缓存中后，如果没有需要扫描全部索引的查询，那么对应到 B 树中非叶子节点的索引区块极可能还保留在缓存中。
- 在临时表里必须频繁地执行一个更新操作是相当快的，如果要被更新的节点已经在缓存中了，它无须先从磁盘中读取出来。当临时表的索引大小和冷缓存大小一样时，那么在需要更新一个节点时它已经在缓存中存在的几率是相当高的。

3. **中点插入策略**

默认 MySQL 4.1 的索引缓存管理系统采用 LRU 策略来选择要被清除的缓存区块，不过它也支持更完善的方法，叫作"中点插入策略"。

使用中点插入策略时，LRU 链就被分割成两半：一个热子链和一个温子链。两半分割的点不是固定的，不过缓存管理系统会注意不让温子链部分"太短"，总是至少包括全部缓存区块的 key_cache_division_limit 比率。key_cache_division_limit 是缓存结构体变量的组件部分，因此它是每个缓存都可以设置这个参数值。

当一个索引区块从表中读入缓存时，它首先放在温子链的末尾。当达到一定的访问率（访问这个区块）后，它就提升到热子链中。目前，要提升一个区块的访问率对每个区块来说都是一样的。将来，会让访问率依靠 B 树中对应的索引区块节点的级别：包含非叶子节点的索引区块所要求的提升访问率就低一点，包含叶子节点的 B 索引树的区块的值就高点。

提升起来的区块首先放在热子链的末尾。这个区块在热子链内一直循环。如果这个区块在该子链开头位置停留时间足够长了，它就会被降级回温子链。这个时间是由索引缓存结构体变量的组件 key_cache_age_threshold 值来决定的。

这个阈值是这么描述的，一个索引缓存包含了 N 个区块，热子链开头的区块在低于 N*key_cache_age_threshold/100 次访问后就被移动到温子链的开头位置。它又首先成为被删除的候选对象，因为要被替换的区块还是从温子链的开头位置开始的。

中点插入策略就能在缓存中总能保持更有价值的区块。如果更喜欢采用 LRU 策略，只需让 key_cache_division_limit 的值低于默认值 100。

中点插入策略能帮助改善有效扫描索引，通过设定 key_cache_division_limit 远远低于 100 以采用中点插入策略。在扫描索引操作时，那些有价值的频繁访问的节点就会保留在热子链中。

4. 索引预载入

如果索引缓存中有足够的区块用来保存全部索引，或者至少足够保存全部非叶子节点，那么在使用前载入索引缓存就很有意义了。将索引区块以十分有效的方法预载入索引缓存缓冲，从磁盘中顺序地读取索引区块。

没有预载入，查询所需的索引区块仍然需要被放到缓存中。虽然索引区块要保留在缓存中，但因为有足够的缓冲，它们可以从磁盘中随机读取到，而非顺序的。

想要预载入缓存，可以使用 LOAD INDEX INTO CACHE 语句。如下语句预载入了表 ykxt_jiayou 和 cdqx 的索引节点（区块）：

```
LOAD INDEX INTO CACHE ykxt_jiayou,cdqx IGNORE LEAVES;
```

执行结果如图 18.99 所示。

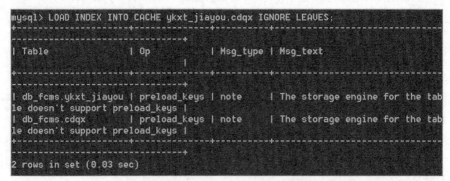

图 18.99　预载入表 ykxt_jiayou 和 cdqx 的索引节点（区块）

增加修饰语 IGNORE LEAVES 就只预载入非叶子节点的索引区块。因此，上述语句加载了 ykxt_jiayou 的全部索引区块，但是只加载 cdqx 的非叶子节点区块。

如果使用 CACHE INDEX 语句将索引指向一个索引缓存,将索引区块预先放到那个缓存中。否则,索引区块只会加载到默认的缓存中。

5. 索引缓存大小

MySQL 4.1 引进了对每个索引缓存的新变量 key_cache_block_size。这个变量可以指定每个索引缓存的区块大小。用它就可以来调整索引文件 I/O 操作的性能。

当读缓冲的大小和本地操作系统的 I/O 缓冲大小一样时,就达到了 I/O 操作的最高性能了。但是设置索引节点的大小和 I/O 缓冲大小一样未必能达到最好的总体性能。读比较大的叶子节点时,服务器会读进来很多不必要的数据,这大大阻碍了读其他叶子节点。

目前,还不能控制数据表的索引区块大小。这个大小在服务器创建索引文件".MYI"时已经设定好了,它根据数据表的索引大小的定义而定。在很多时候,它设置成和 I/O 缓冲大小一样。在将来,可以改变它的值,并且会全面采用变量 key_cache_block_size。

6. 重建索引缓存

索引缓存可以通过修改其参数值在任何时候重建它,例如:

```
SET GLOBAL cold_cache.key_buffer_size=4*1024*1024;
```

如果设定索引缓存的结构体变量组件变量 key_buffer_size 或 key_cache_block_size 任何一个的值和它当前的值不一样,服务器就会清空原来的缓存,在新的变量值基础上重建缓存。如果缓存中有任何的"脏"索引块,服务器会先把它们保存起来然后才重建缓存。重新设定其他的索引缓存变量并不会重建缓存。

重建缓存时,服务器会把所有的"脏"缓冲的内容先刷新到磁盘中。之后,缓存的内容就无效了。不过,重建的时候并不阻止那些需要使用指向到缓存中的索引的查询。相反地,服务器使用本地文件系统缓存直接访问数据表索引。文件系统缓存不如索引缓存来的高效,因此,可以预见这时的查询会比较慢。一旦缓存重建完毕,指向它的索引又可以使用了,同时也就不再使用文件系统缓存来访问索引了。

18.4.16 MySQL 查询缓存工作过程

MySQL 查询缓存可以跳过 SQL 解析优化查询等阶段,直接返回缓存结果给用户。查询缓存的工作流程如下:

1. 命中条件

缓存存在一个 hash(哈希)表中,通过查询 SQL,查询数据库、客户端协议等作为 key。在判断是否命中前,MySQL 不会解析 SQL,而是直接使用 SQL 去查询缓存,SQL 任何字符上的不同,如空格,都会导致缓存不命中。

如果查询中有不确定数据,例如 CURRENT_DATE()和 NOW()函数,那么查询完毕后则不会被缓存。所以,包含不确定数据的查询是肯定不会找到可用缓存的。

2. 工作流程

(1)服务器接收 SQL,以 SQL 和一些其他条件为 key 查找缓存表(额外性能消耗)。
(2)如果找到了缓存,则直接返回缓存(性能提升)。
(3)如果没有找到缓存,则执行 SQL 查询,包括原来的 SQL 解析、优化等。
(4)执行完 SQL 查询结果以后,将 SQL 查询结果存入缓存表(额外性能消耗)。

3. 缓存失效

当某个表正在写入数据,则这个表的缓存(命中检查和缓存写入等)将会处于失效状态。在 InnoDB 中,如果某个事务修改了表,则这个表的缓存在事务提交前都会处于失效状态,在这个事务提交前,这个表的相关查询都无法被缓存。

4. 缓存的内存管理

缓存会在内存中开辟一块内存(query_cache_size)来维护缓存数据,其中有大概 40KB 的空间是用来维护缓存的元数据的,例如空间内存、数据表和查询结果的映射、SQL 和查询结果的映射等。

MySQL 将这个大内存块分为小的内存块(query_cache_min_res_unit),每个小块中存储自身的类型、大小和查询结果数据,还有指向前后内存块的指针。

MySQL 需要设置单个小存储块的大小,在 SQL 查询开始(还未得到结果)时就去申请一块空间,所以即使缓存数据没有达到这个大小,也需要用这个大小的数据块去存储。如果结果超出这个内存块的大小,则需要再去申请一个内存块。当查询完成发现申请的内存块有富裕,则会将富裕的空间释放,这就会造成内存碎片问题,如图 18.100 所示。

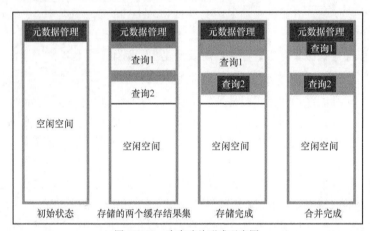

图 18.100 内存碎片形成示意图

此处查询 1 和查询 2 之间的空白部分就是内存碎片,这部分空闲内存是由查询 1 查询完以后释放的,假设这个空间大小小于 MySQL 设定的内存块大小,则无法再被使用,造成碎片问题。

在查询开始时申请分配内存 Block 需要锁住整个空闲内存区,所以分配内存块是非常消耗资源的。注意这里所说的分配内存是在 MySQL 初始化时已经开辟好的那块内存上分配的。

5. 缓存使用时机

通过缓存命中率判断,缓存命中率=缓存命中次数(qcache_hits)/查询次数(com_select)。

通过缓存写入率,写入率=缓存写入次数(qcache_inserts)/查询次数(qcache_inserts)。

通过"命中-写入率"判断,比率=命中次数(qcache_hits)/写入次数(qcache_inserts),高性能 MySQL 中称之为比较能反映性能提升的指数,一般来说达到 3:1 则算是查询缓存有效,而最好能够达到 10:1。

6. 缓存配置参数

(1) query_cache_type:是否打开缓存,可选项如下。
- OFF:关闭。
- ON:总是打开。
- DEMAND:只有明确写了 SQL_CACHE 的查询才会纳入缓存。

(2) query_cache_size:缓存使用的总内存空间大小,单位是字节,这个值必须是 1024 的整数倍,否则 MySQL 实际分配可能跟这个数值不同。

(3) query_cache_min_res_unit:分配内存块时的最小单位大小。

(4) query_cache_limit:MySQL 能够缓存的最大结果,如果超出,则增加 qcache_not_cached

的值，并删除查询结果。

（5）query_cache_wlock_invalidate：如果某个数据表被锁住，是否仍然从缓存中返回数据，默认是 OFF，表示仍然可以返回。

7. GLOBAL STAUS 中关于缓存的参数解释

- qcache_free_blocks：缓存池中空闲块的个数。
- qcache_free_memORy：缓存中空闲的内存量。
- qcache_hits：缓存命中次数。
- qcache_inserts：缓存写入次数。
- qcache_lowmen_prunes：因内存不足删除缓存次数。
- qcache_not_cached：查询未被缓存次数，例如查询结果超出缓存块大小、查询中包含可变函数等。
- qcache_queries_in_cache：当前缓存中缓存的 SQL 数量。
- qcache_total_blocks：缓存总 block 数。

8. 减少碎片策略

- 选择合适的 block 大小。
- 使用 FLUSH QUERY CACHE 命令整理碎片。这个命令在整理缓存期间，会导致其他连接无法使用查询缓存。

注意：清空缓存的命令式 RESET QUERY CACHE。

9. 查询缓存问题分析

查询缓存问题分析过程如图 18.101 所示。

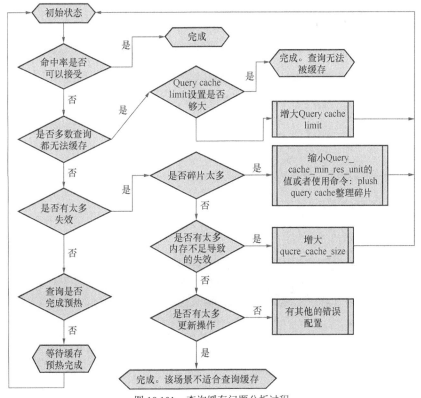

图 18.101　查询缓存问题分析过程

10. InnoDB 与查询缓存

InnoDB 会对每个表设置一个事务计数器，里面存储当前最大的事务 ID。当一个事务提交时，InnoDB 会使用 MVCC 中系统最大的事务 ID 和最新当前表的计数器。

只有比这个最大 ID 大的事务能使用查询缓存，其他比这个 ID 小的事务则不能使用查询缓存。另外，在 InnoDB 中，所有加锁操作的事务都不使用任何查询缓存。

18.4.17 MySQL 查看查询缓存

用户可以通过下面的 SQL 查看当前缓存相关参数状态。

1. 查看缓存设置

```
SHOW VARIABLES LIKE '%query_cache%';
```

执行结果如图 18.102 所示。

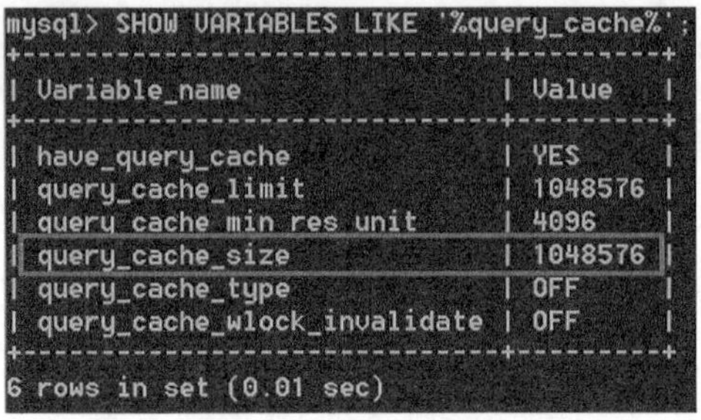

图 18.102　查看缓存设置

（1）query_cache_type：查询缓存类型有 0、1、2 这 3 个取值。0 不使用查询缓存；1 表示始终使用查询缓存；2 表示按需使用查询缓存。

如果 query_cache_type 为 1 而又不想利用查询缓存中的数据，可以用下面的 SQL 语句：

```
SELECT SQL_NO_CACHE * FROM my_table WHERE condition;
```

如果值为 2，要使用缓存的话，需要使用 SQL_CACHE 开关参数。

```
SELECT SQL_CACHE * FROM my_table WHERE condition;
```

（2）query_cache_size：默认情况下 query_cache_size 为 0，表示为查询缓存预留的内存为 0，则无法使用查询缓存。所以需要设置 query_cache_size 的值，命令如下：

```
SET GLOBAL query_cache_size = 134217728;
```

注意：134217728/1024/1024 = 128M。

执行结果如图 18.103 所示。

图 18.103　设置 query_cache_size 的值

上面的值如果设得太小不会生效。如用下面的 SQL 设置 query_cache_size 大小。

```
SET GLOBAL query_cache_size = 4000;
```

4000 不会生效。

2. 查看缓存命中次数（是个累加值）

```
SHOW STATUS LIKE 'Qcache_hits';
```

执行结果如图 18.104 所示。

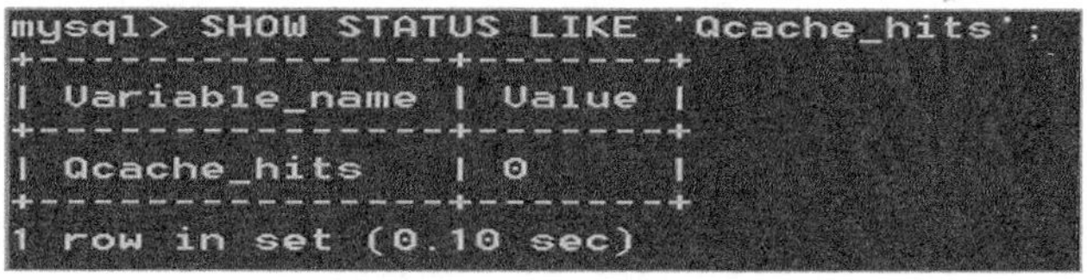

图 18.104　查看缓存命中次数

查询缓存可以看作是 SQL 文本和查询结果的映射。如果第二次查询的 SQL 和第一次查询的 SQL 完全相同（注意必须是完全相同，即使多一个空格或者大小写不同都认为不同）且开启了查询缓存，那么第二次查询就直接从查询缓存中取结果。

另外即使完全相同的 SQL，如果使用不同的字符集和不同的协议等也会被认为是不同的查询而分别进行缓存。

3. 缓存数据失效时机

在表的结构或数据发生改变时，查询缓存中的数据不再有效。有这些 INSERT、UPDATE、DELETE、TRUNCATE、ALTER TABLE、DROP TABLE 或 DROP DATABASE 会导致缓存数据失效。所以查询缓存适合有大量相同查询的应用，不适合有大量数据更新的应用。

可以使用下面 3 个 SQL 来清理查询缓存：

（1）FLUSH QUERY CACHE；表示清理查询缓存内存碎片。

执行结果如图 18.105 所示。

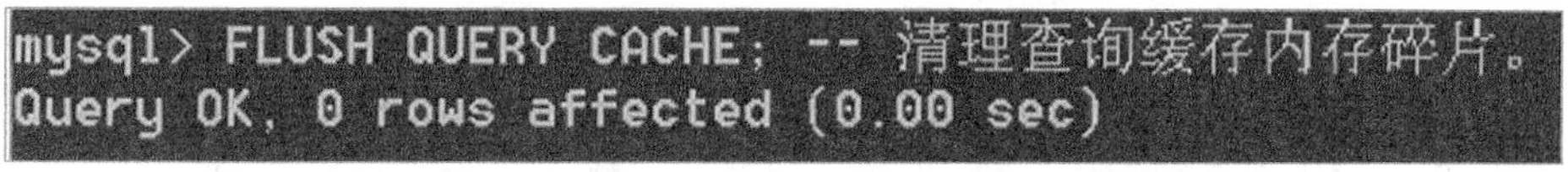

图 18.105　清理查询缓存内存碎片

（2）RESET QUERY CACHE；表示从查询缓存中移出所有查询。

执行结果如图 18.106 所示。

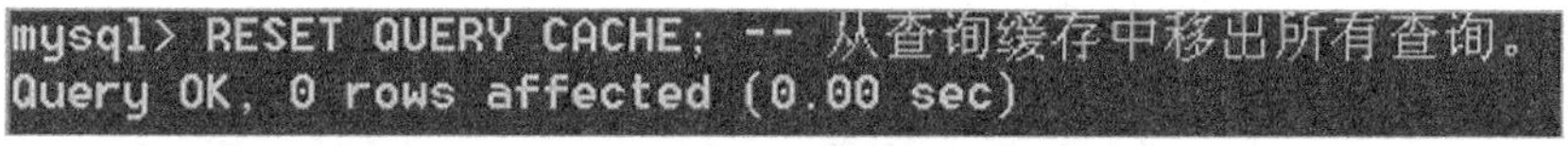

图 18.106　从查询缓存中移出所有查询

（3）FLUSH TABLES；表示关闭所有打开的表，同时该操作将会清空查询缓存中的内容。

执行结果如图 18.107 所示。

图 18.107　关闭所有打开的表并清空查询缓存

18.4.18　MySQL 查询缓存开启

开启缓存，设置缓存大小，具体实施如下。

18.4 MySQL 查询优化

1. 修改配置文件

```
Windows 下是 my.ini, linux 下是 my.cnf;
```

(1) 在配置文件 my.ini 的[mysqld]下追加：

```
query_cache_type = 1
query_cache_size = 134217728
```

需要重启 MySQL 生效。

(2) MySQL 命令方式：

```
SET global query_cache_type = 1;
SET global query_cache_size = 134217728;
```

执行结果如图 18.108 所示。

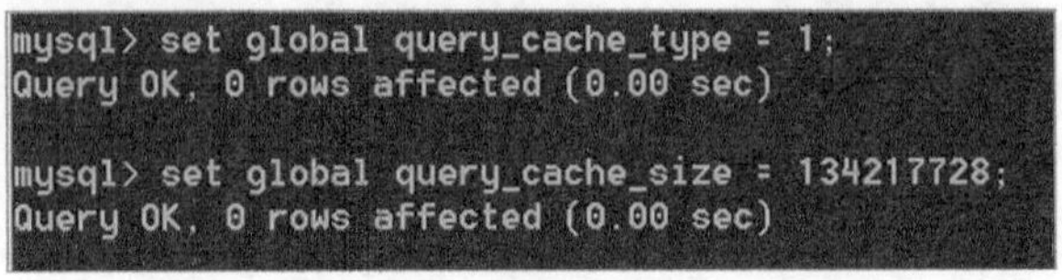

图 18.108　设置缓存大小

(3) 在 MySQL 命令行输入：

```
SHOW variables LIKE "%query_cache%";
```

执行结果如图 18.109 所示。

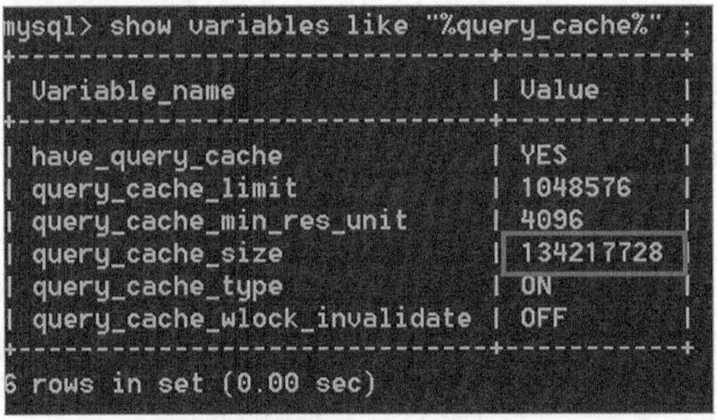

图 18.109　查看缓存

查看是否设置成功，现在可以使用缓存了。

当然如果数据表有更新怎么办，没关系，MySQL 默认会和这个表有关系的缓存删除，下次查询的时候会直接读表然后再缓存。

【例 18.53】仅对当前会话开启查询缓存。

```
SET session query_cache_type = ON;
```

执行结果如图 18.110 所示。

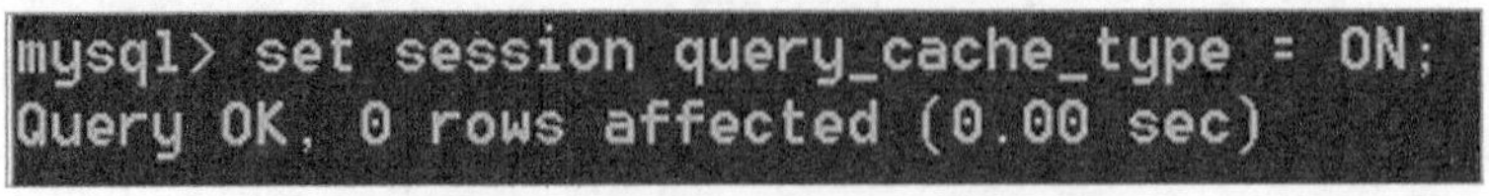

图 18.110　设置仅对当前会话开启查询缓存

```
USE db_fcms
```

qcache_hits 表示 MySQL 缓存查询在缓存中命中的累计次数，是个累加值。

```
SHOW STATUS LIKE 'Qcache_hits';
```

执行结果如图 18.111 所示。

```
SHOW STATUS LIKE 'Qcache%';
```

执行结果如图 18.112 所示。

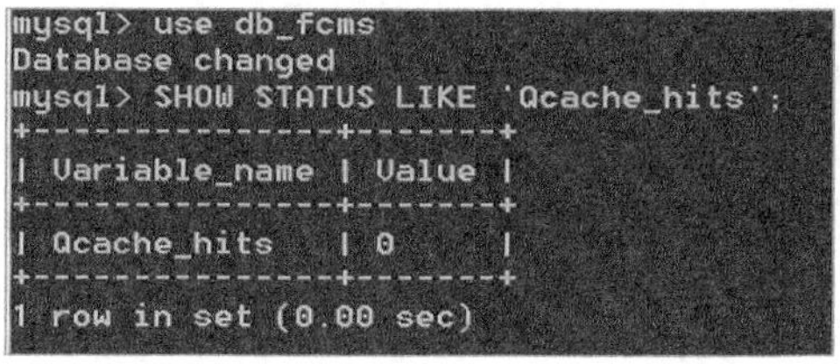

图 18.111　缓存查询在缓存中命中累计次数

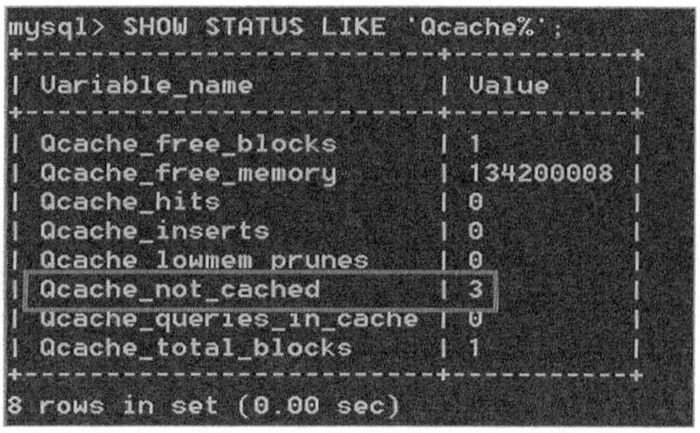

图 18.112　"Qcache" 打头的缓存变量信息

表示 SQL 在缓存中直接得到结果，不需要再去解析。

```
SELECT COUNT(*) FROM menu33;
SHOW STATUS LIKE 'Qcache_hits';
```

执行结果如图 18.113 所示。

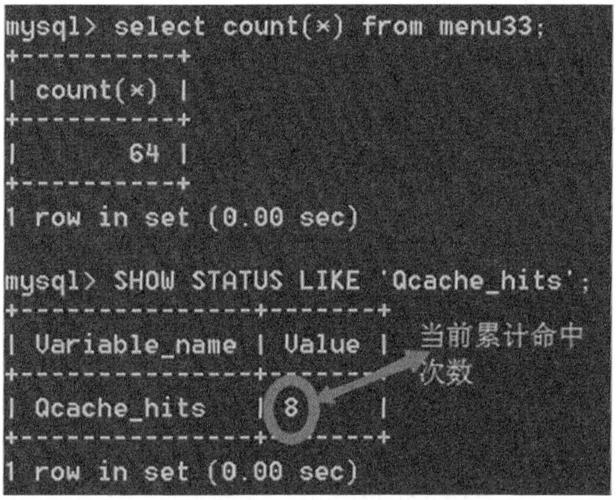

图 18.113　查看缓存查询在缓存中命中累计次数

插入数据后，跟这个表所有相关的 SQL 缓存就会被清空。

```
INSERT INTO menu33(name,father,fathername,linkadd)  values('abbaabbbxsd','24', 'ssdaannn
dwwww','cvfaannnaanaa');
```

执行结果如图 18.114 所示。

18.4 MySQL 查询优化

```
mysql> insert into menu33(name,father,fathername,linkadd) values('abbaabbbxsd',
'24','ssdaannndwwww','cvfaannnaanaa');
Query OK, 1 row affected (0.00 sec)
```

图 18.114 清空与此表相关的 SQL 缓存

```
SELECT COUNT(*) FROM menu33;
SHOW STATUS LIKE 'Qcache_hits';
```

执行结果如图 18.115 所示。

还是等于 8,说明上一条 SQL 是没有直接从缓存中直接得到的。

```
SELECT COUNT(*) FROM menu33;
SHOW STATUS LIKE  'Qcache_hits';
```

执行结果如图 18.116 所示。

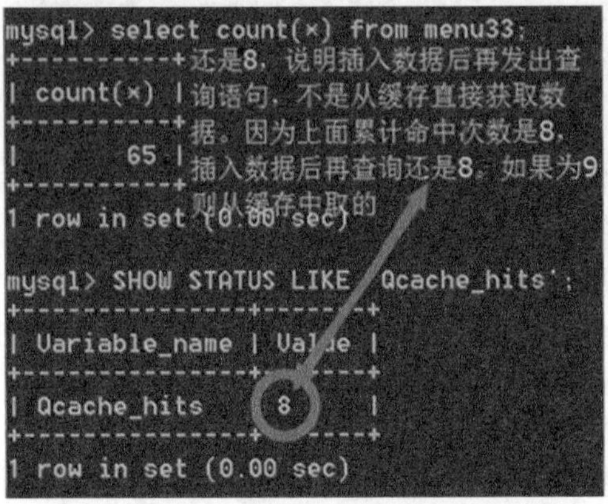

图 18.115 查看缓存查询在缓存中命中累计次数 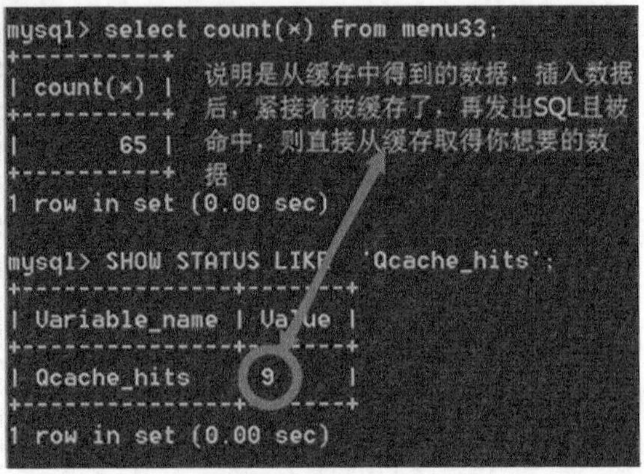   图 18.116 查看缓存查询在缓存中命中累计次数

以上的相关内容就是对 MySQL 缓存查询和设置的介绍,希望读者能有所收获。

2. 补充说明

(1) query_cache_type 使用查询缓存的方式。

一般会把 query_cache_type 设置为 ON,默认情况下应该是 ON。

```
SELECT @@query_cache_type;
```

执行结果如图 18.117 所示。

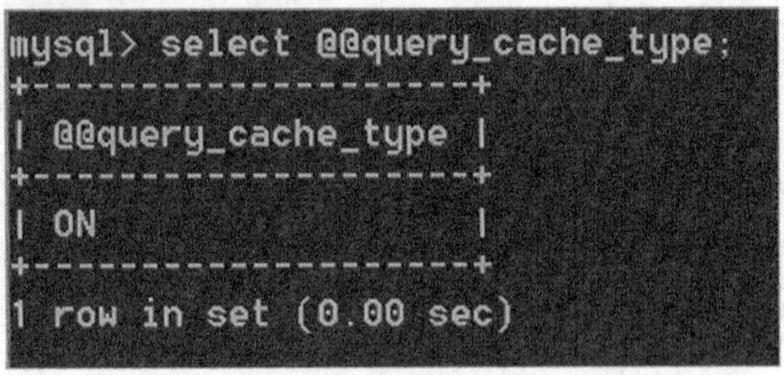

图 18.117 查看缓存方式

query_cache_type 有 3 个值:

- "0" 代表关闭查询缓存 OFF。
- "1" 代表开启 ON。
- "2" (DEMAND) 代表当 SQL 语句中有 SQL_CACHE 关键词时才缓存,如下面的语句。

```
SELECT SQL_CACHE  name  FROM menu33 WHERE id = 9;
```

这样当执行 SELECT id,name FROM tablename;这样就会用到查询缓存。在 query_cache_type 打开的情况下，如果不想使用缓存，需要指明，语句如下：

```
SELECT sql_no_cache id,name FROM tablename;
```

当 SQL 中用到 MySQL 函数，也不会缓存。当然也可以禁用查询缓存，命令如下：

```
SET session query_cache_type=off;
```

（2）系统变量 have_query_cache 设置查询缓存是否可用。

```
SHOW variables LIKE 'have_query_cache';
```

执行结果如图 18.118 所示。

上面的显示，表示设置查询缓存是可用的。

（3）系统变量 query_cache_size：表示查询缓存大小，也就是分配内存大小给查询缓存。如果分配大小为 0，那么起不到作用。查看该参数的值，命令如下：

```
SELECT @@global.query_cache_size;
```

执行结果如图 18.119 所示。

图 18.118　查看查询缓存是否可用　　　　图 18.119　查看查询缓存大小

设置缓存大小，命令如下：

```
SET @@global.query_cache_size=67108864;
```

执行结果如图 18.120 所示。

图 18.120　设置查询缓存大小

这里是设置 64MB。再次查看。

```
SELECT @@global.query_cache_size;
```

执行结果如图 18.121 所示。

显示设置新的大小，表示设置成功。

（4）query_cache_limit 控制缓存查询结果的最大值。

如果查询结果很大，也缓存，这个明显是不可能的。MySQL 可以设置一个最大的缓存值，当查询缓存数结果数据超过这个值就不会进行缓存。默认为 1MB，也就是超过了 1MB 查询结果就不会缓存。查看该参数值，命令如下：

```
SELECT @@global.query_cache_limit;
```

执行结果如图 18.122 所示。

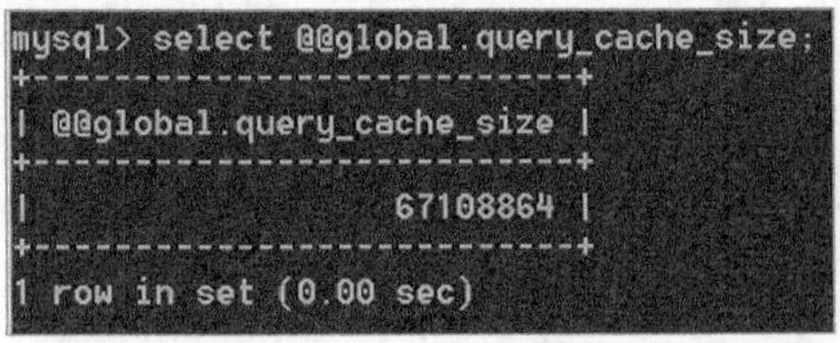

18.4 MySQL 查询优化

图 18.121 查看查询缓存大小

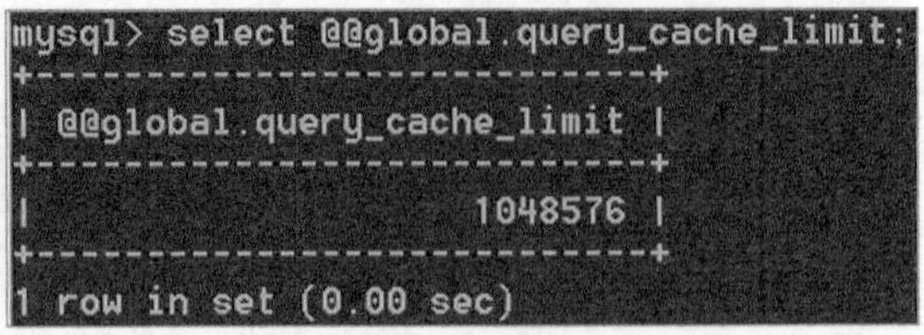

图 18.122 查看查询缓存上限

这个是默认的数值 1M，如果需要修改，就像设置缓存大小一样设置，使用 set 重新指定大小。如设置缓存数据的最大值为 8MB，命令如下：

```
SET @@global.query_cache_limit=8192;
```

执行结果如图 18.123 所示。

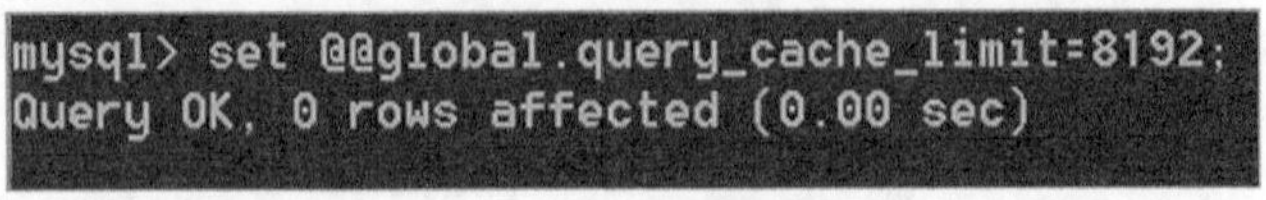

图 18.123 设置查询缓存上限

```
SELECT @@global.query_cache_limit;
```

执行结果如图 18.124 所示。

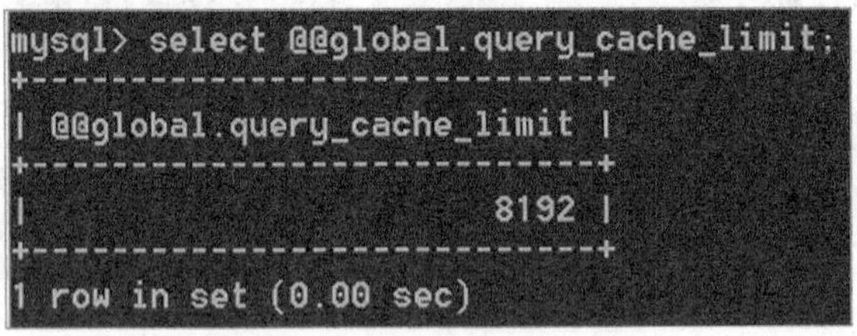

图 18.124 查看查询缓存上限

这就意味着 SQL 的查询结果集的大小只要不超过 8MB 就允许缓存，否则，不被缓存。

通过这 4 个步骤就可以打开了查询缓存，具体值的大小和查询的方式，这个因不同的情况来指定，查看 MySQL 查询缓存相关变量，命令如下：

```
SHOW variables LIKE '%query_cache%';
```

执行结果如图 18.125 所示。

（5）查看缓存的状态。

```
SHOW status LIKE '%Qcache%';
```

执行结果如图 18.126 所示。

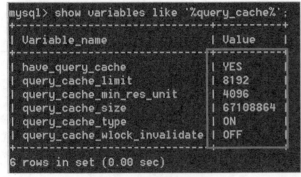

图 18.125 查看缓存相关变量

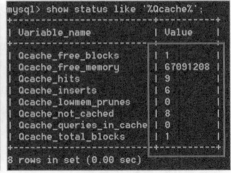

图 18.126 查看缓存状态

MySQL 提供了一系列的 Global Status 来记录 Query Cache 的当前状态，具体如下。

- qcache_free_blocks：目前还处于空闲状态的 Query Cache 中内存 Block 数目。
- qcache_free_memory：目前还处于空闲状态的 Query Cache 内存总量。
- qcache_hits：Query Cache 命中次数。
- qcache_inserts：向 Query Cache 中插入新的 Query Cache 的次数，也就是没有命中的次数。
- qcache_lowmem_prunes：当 Query Cache 内存容量不够，需要从中删除老的 Query Cache 以给新的 Cache 对象使用的次数。
- qcache_not_cached：没有被 Cache 的 SQL 数，包括无法被 Cache 的 SQL 以及由于 query_cache_type 设置的不会被 Cache 的 SQL。
- qcache_queries_in_cache：目前在 Query Cache 中的 SQL 数量。
- qcache_total_blocks：Query Cache 中总的 Block 数量。

（6）检查查询缓存使用情况。

检查是否从查询缓存中受益的最简单的办法就是检查缓存命中率。当服务器收到 SELECT 语句的时候，qcache_hits 和 com_select 这两个变量会根据查询缓存的情况，进行递增查询。缓存命中率的计算公式是 qcache_hits/(qcache_hits＋Com_select)。

```
SHOW status LIKE '%Com_select%';
```

执行结果如图 18.127 所示。

```
mysql> show status like '%Com_select%';
+---------------+-------+
| Variable_name | Value |
+---------------+-------+
| Com_select    | 13    |
+---------------+-------+
1 row in set (0.00 sec)
```

图 18.127　查看查询缓存使用情况

query_cache_min_res_unit 的配置是一把”双刃剑”，默认是 4KB，设置值大，对大数据查询有好处，但如果查询都是小数据查询，就容易造成内存碎片和浪费。

查询缓存碎片率＝qcache_free_blocks/qcache_total_blocks*100%。如果查询缓存碎片率超过 20%，可以用 FLUSH QUERY CACHE 整理缓存碎片，或者试试减小 query_cache_min_res_unit。

查询缓存利用率＝(query_cache_size-qcache_free_memory)/query_cache_size * 100%。

查询缓存利用率在 25%以下的话，说明 query_cache_size 设置得过大，可适当减小；查询缓存利用率在 80%以上而且 qcache_lowmem_prunes＞50 的话，说明 query_cache_size 可能有点小，要不就是碎片太多。

```
查询缓存命中率＝(qcache_hits-qcache_inserts)/qcache_hits * 100%
```

例如服务器查询缓存碎片率＝20.46%，查询缓存利用率＝62.26%，查询缓存命中率＝1.94%，命中率很差，可能写操作比较频繁的原因，而且可能有些碎片。

18.4.19　MySQL 优化 MySQL 连接数

可能很少有人遇见过“MySQL: ERROR 1040: Too many connections”的信息提示，一旦出现，说明 MySQL 数据库出了问题，出现了异常。出现这种情况的原因不止一种，最有可能的就是访问量过高导致 MySQL 服务器扛不住了，这个时候就要考虑增加从服务器以分散压力；另外一种原因就是 MySQL 配置文件中 max_connections 值过小。这是本节重点讲述的。

1. **查看 MySQL 服务器的最大连接数**
   - 首先，来查看 MySQL 的最大连接数。

```
SHOW variables LIKE '%max_connections%';
```

执行结果如图 18.128 所示。

   - 其次，查看服务器响应的最大连接数。

```
SHOW global status LIKE 'Max_used_connections';
```

执行结果如图 18.129 所示。

图 18.128　查看 MySQL 的最大连接数　　　　图 18.129　查看服务器响应的最大连接数

可以看到服务器响应的最大连接数为 3，远远低于 MySQL 服务器允许的最大连接数值。

对于 MySQL 服务器最大连接数值的设置范围比较理想的是：服务器响应的最大连接数值占服务器上限连接数值的比例值在 10%以上，如果在 10%以下，说明 MySQL 服务器最大连接上限值设置过高。

```
Max_used_connections / max_connections * 100% = 3/151 *100% ≈ 2%
```

可以看到占比远低于 10%。

注意：这是本地测试服务器，结果值没有太大的实际意义，将来可以根据实际情况设置连接数的上限值。

2. **MySQL 最大连接数的设置**
   - 方法 1：

```
SET GLOBAL max_connections=256;
```

执行结果如图 18.130 所示。

图 18.130　设置 MySQL 最大连接数

   - 方法 2：

修改 MySQL 配置文件 Windows 为 my.ini；unix 为 my.cnf，在[mysqld]段添加或修改 max_connections = 值。如，将其定为 500：

```
max_connections=500
```

执行结果如图 18.131 所示。

图 18.131 设置 MySQL 最大连接数

重启 MySQL 服务即可。

3. MySQL 相关连接参数及命令

```
SHOW status LIKE 'Threads%';
```

执行结果如图 18.132 所示。

Threads_connected:表示当前连接数。准确来说，Threads_running 是代表当前并发数。

MySQL 服务器的线程数需要在一个合理的范围之内，这样才能保证 MySQL 服务器平稳地运行。Threads_created 表示创建过的线程数，通过 Threads_created 就可以查看 MySQL 服务器的进程状态。

```
SHOW global status LIKE 'Thread%';
```

执行结果如图 18.133 所示。

图 18.132 查看连接数　　　　图 18.133 查看 MySQL 服务器的进程状态

如果在 MySQL 服务器配置文件中设置了 thread_cache_size，当客户端断开之后，服务器处理此客户的线程将会缓存起来以响应下一个客户，而不是销毁（前提是缓存数未达上限）。

Threads_created 表示创建过的线程数，如果发现 Threads_created 值过大的话，表明 MySQL 服务器一直在创建线程，这也是比较耗资源，可以适当增加配置文件中 thread_cache_size 值，查询服务器 thread_cache_size（可以重新利用保存在缓存中线程的数量）配置：

```
SHOW variables LIKE 'thread_cache_size';
```

执行结果如图 18.134 所示。

图 18.134 查看 thread_cache_size 参数配置

```
SHOW status LIKE '%下面变量%';
```

下面的这些变量与 MySQL 用户连接相关，特摘录出来供读者参考。
- aborted_clients：由于客户没有正确关闭连接已经死掉，已经放弃的连接数量。
- aborted_connects：尝试已经失败的 MySQL 服务器的连接的次数。
- connections：试图连接 MySQL 服务器的次数。
- created_tmp_tables：当执行语句时，已经被创建了的隐含临时表的数量。
- delayed_insert_threads：正在使用的延迟插入处理器线程的数量。
- delayed_writes：用 INSERT DELAYED 写入的行数。
- delayed_errors：用 INSERT DELAYED 写入的发生某些错误（可能重复键值）的行数。
- flush_commands：执行 FLUSH 命令的次数。
- handler_delete：请求从一张表中删除行的次数。
- handler_read_first：请求读入表中第一行的次数。
- handler_read_key：请求数字基于键读行。
- handler_read_next：请求读入基于一个键的一行的次数。
- handler_read_rnd：请求读入基于一个固定位置的一行的次数。
- handler_update：请求更新表中一行的次数。
- handler_write：请求向表中插入一行的次数。
- Key_blocks_used：用于关键字缓存的块的数量。
- Key_read_requests：请求从缓存读入一个键值的次数。
- Key_reads：从磁盘物理读入一个键值的次数。
- Key_write_requests：请求将一个关键字块写入缓存次数。
- Key_writes：将一个键值块物理写入磁盘的次数。
- max_used_connections：同时使用的连接的最大数目。
- not_flushed_key_blocks：在键缓存中已经改变但是还没被清空到磁盘上的键块。
- not_flushed_delayed_rows：在 INSERT DELAY 队列中等待写入的行的数量。
- open_tables：打开表的数量。
- open_files：打开文件的数量。
- open_streams：打开流的数量（主要用于日志记载）。
- opened_tables：已经打开的表的数量。
- questions：发往服务器的查询的数量。
- slow_queries：要花超过 long_query_time 时间的查询数量。
- threads_connected：当前打开的连接的数量。
- threads_running：不在睡眠的线程数量。
- uptime：服务器工作了多少秒。
- my.ini：配置缓存参数。

```
InnoDB_buffer_pool_size=128M    -- InnoDB 引擎缓冲区
query_cache_size=50M        -- 查询缓存
tmp_table_size=102M         -- 临时表大小
key_buffer_size=16m
```

执行结果如图 18.135 所示。

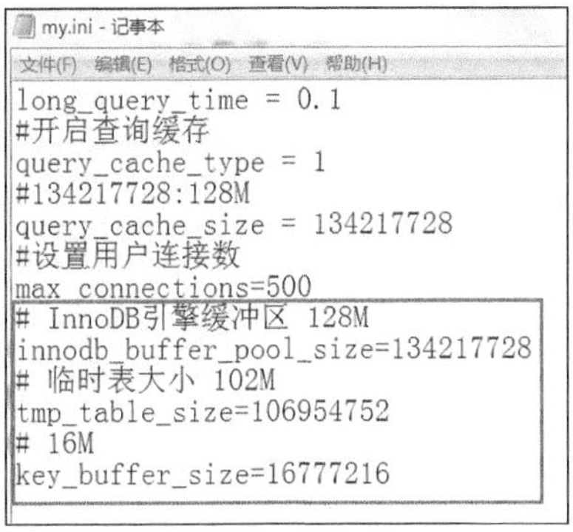

my.ini - 记事本

文件(F) 编辑(E) 格式(O) 查看(V) 帮助(H)

```
long_query_time = 0.1
#开启查询缓存
query_cache_type = 1
#134217728:128M
query_cache_size = 134217728
#设置用户连接数
max_connections=500
# InnoDB引擎缓冲区 128M
innodb_buffer_pool_size=134217728
# 临时表大小 102M
tmp_table_size=106954752
# 16M
key_buffer_size=16777216
```

图 18.135　my.ini 配置文件

重启 MySQL 即可。

18.4.20　MySQL 数据库损坏的修复

1. 表损坏的修复

（1）表损坏的症状。

一个损坏的表的典型症状如下。

当在从表中选择数据之时，得到如下错误：

```
incorrect key file for table: '...'. Try to repair it
```

查询不能在表中找到行或返回不完全的数据。

```
Error: Table 'p' is marked as crashed AND should be repaired 。
```

打开表失败：Can't open file: “XXXXXX.MYI' (errno: 145)。

（2）MySQL 命令修复数据库表。

repair table 方式修复，语法为 repair table 表名 [选项]，其中选项包括以下几个。

- QUICK：用在数据表还没被修改的情况下，速度最快。
- EXTENDED：试图去恢复每个数据行，会产生一些垃圾数据行，万般无奈的情况下用。
- USE_FRM：用在“.MYI”文件丢失或者头部受到破坏的情况下。利用“.frm”的定义来重建索引。

多数情况下，简单的用” repair table tablename”不加选项就可以解决问题。但是当“.MYI”文件丢失或者头部受到破坏时，这样的方式不管用，这时索引文件丢失或者其头部遭到了破坏。为了利用相关定义文件来修复，需要用“USE_FRM”选项。REPAIR TABLE 用于修复被破坏的表，命令如下：

```
repair table table_name    -- 修复表  (只对 MyISAM 引擎有效)
optinize table table_name   -- 优化表
```

（3）其他类型的损坏需要从备份中恢复。

- repair table（MySQL 服务必须处于运行状态）。
- mysqlcheck（MySQL 服务可以处于运行状态）。
- myisamchk（必须停掉 MySQL 服务，或者所操作的表处于不活动状态）。

（4）MySQL 数据库的修复。

找到 MySQL 的安装目录的 bin/myisamchk 工具。

执行结果如图 18.136 所示。

18.4 MySQL 查询优化

名称	修改日期	类型	大小
echo.exe	2014/5/1 14:38	应用程序	132 KB
innochecksum.exe	2014/5/1 14:38	应用程序	3,973 KB
my_print_defaults.exe	2014/5/1 14:38	应用程序	3,964 KB
myisam_ftdump.exe	2014/5/1 14:38	应用程序	4,296 KB
myisamchk.exe	2014/5/1 14:38	应用程序	4,417 KB
myisamlog.exe	2014/5/1 14:38	应用程序	4,206 KB
myisampack.exe	2014/5/1 14:38	应用程序	4,328 KB
mysql.exe	2014/5/1 14:38	应用程序	4,743 KB

图 18.136　MyISAMCHK 位置

在命令行中输入下面的命令。

```
myisamchk -c -r ../data/dbname/XXXX.MYI
```

然后 myisamchk 工具会帮助恢复数据表的索引。例如检查、优化并修复所有的数据库，命令如下：

```
shell>mysqlcheck -A -o -r -p
```

修复指定的数据库，命令如下：

```
shell>mysqlcheck -A -o -r DATABASE_NAME -p
```

2. phpMyAdmin 修复表

使用 phpMyAdmin 修复 MySQL 数据库，首先修改 phpMyAdmin 的权限。

- 登录 phpMyAdmin，进入 phpMyAdmin 数据列表页面，如图 18.137 所示。

图 18.137　phpMyAdmin 数据列表页面

- 选择一个数据表前的复选框，如图 18.138 所示。

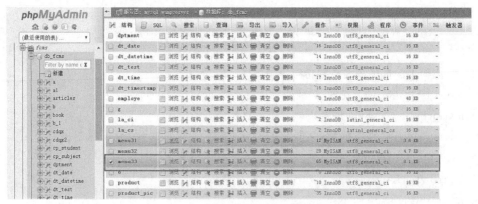

图 18.138　选择一个数据表前的复选框

- 页面下方"选中项"下拉列表中选择"修复表",如图 18.139 所示。

如果修复不了只有利用备份数据恢复了,如果没有备份数据可以尝试用二进制日志进行恢复了。

图 18.139 下拉选择"修复表"

3. mysqlbinlog 工具修复

mysqlbinlog 的详细使用,请参阅前面的章节。

用 mysqlbinlog 修复数据,关键是--start-position 参数和--stop-position 参数的使用。

```
--start-position=N    /*从二进制日志中第1个位置等于N参量时的事件开始读*/
--stop-position=N     /*从二进制日志中第1个位置等于和大于N参量时的事件起停止读*/
```

为此需模拟一些数据,语句如下:

```
flush logs; -- 产生第一个日志文件(自 000026 开始)
CREATE TABLE tb_test2(id INT AUTO_INCREMENT NOT NULL primary key,val INT NULL,data VARCHAR(20));
INSERT INTO tb_test2(val,data) values(10,'liang');
INSERT INTO tb_test2(val,data) values(20,'jia');
INSERT INTO tb_test2(val,data) values(30,'hui');
flush logs; -- 产生第二个日志文件
INSERT INTO tb_test2(val,data) values(40,'aaa');
INSERT INTO tb_test2(val,data) values(50,'bbb');
INSERT INTO tb_test2(val,data) values(60,'ccc');
DELETE FROM tb_test2 WHERE id between 4 AND 5; -- 删除记录
INSERT INTO tb_test2(val,data) values(70,'ddd');
flush logs; -- 产生第 3 个日志文件
INSERT INTO tb_test2(val,data) values(80,'dddd');
INSERT INTO tb_test2(val,data) values(90,'eeee');
DROP table tb_test2;-- 删除表
```

将上边的代码粘贴进 MySQL 命令下,完成测试数据准备。要求是什么呢?就是将 test 表的数据全部恢复出来。先用 mysqlbinlog 工具将日志文件生成 txt 文件进行分析,命令如下:

```
D:\wamp\bin\mysql\mysql5.6.17\bin\mysqlbinlog  D:\wamp\bin\mysql\mysql5.6.17\data\mysql-bin.000026 > d:/026.txt
D:\wamp\bin\mysql\mysql5.6.17\bin\mysqlbinlog  D:\wamp\bin\mysql\mysql5.6.17\data\mysql-bin.000027 > d:/027.txt
D:\wamp\bin\mysql\mysql5.6.17\bin\mysqlbinlog  D:\wamp\bin\mysql\mysql5.6.17\data\mysql-bin.000028 > d:/028.txt
```

执行结果如图 18.140 所示。

图 18.140 转存日志文件

通过上面 3 个命令，可以在 D 盘下生成 3 个文件，里面分别记录了日志文件的内容，也就是在下面要使用到的文件。

因为需要重做第一个日志文件的所有操作，所以这里只需要将第一个日志文件全恢复就行了。

```
    D:\wamp\bin\mysql\mysql5.6.17\bin\mysqlbinlog  D:\wamp\bin\mysql\mysql5.6.17\data\mysql-bin.000026 | D:\wamp\bin\mysql\mysql5.6.17\bin\mysql   -uroot  -proot
```

执行结果如图 18.141 所示。

```
C:\Users\Administrator>D:\wamp\bin\mysql\mysql5.6.17\bin\mysqlbinlog  D:\wamp\bi
n\mysql\mysql5.6.17\data\mysql-bin.000026 | D:\wamp\bin\mysql\mysql5.6.17\bin\my
sql   -uroot  -proot
Warning: Using a password on the command line interface can be insecure.
```

图 18.141　恢复第一个日志文件（bin.000026）

紧接着，需要分析的是第二个日志文件。为什么要分析它呢？因为它中途执行了一个操作是 DELETE，要做的是恢复全部数据，也就是不要求去重做这个语句。所以在这里要想办法去绕开它。先打开 027.txt 文件来分析一下，如图 18.142 所示。

```
# at 889
#170528 17:05:48 server id 1  end_log_pos 950 CRC32 0xc32931eb  Delete_rows:
```

图 18.142　pos 点起止号

在这个文件中（见图 18.152），可以看到 DELETE 的操作的起始位置是 889，终止位置是 950。那么只要重做第二个日志文件的开头到 889 的操作，然后再从 950 到末尾的操作，就可以把数据给恢复回来，而不会 DELETE 数据。所以执行两个命令：

```
    D:\wamp\bin\mysql\mysql5.6.17\bin\mysqlbinlog  D:\wamp\bin\mysql\mysql5.6.17\data\mysql-bin.000027  --stop-pos=889  | D:\wamp\bin\mysql\mysql5.6.17\bin\mysql   -uroot  -proot
    D:\wamp\bin\mysql\mysql5.6.17\bin\mysqlbinlog  D:\wamp\bin\mysql\mysql5.6.17\data\mysql-bin.000027  --start-pos=950  | D:\wamp\bin\mysql\mysql5.6.17\bin\mysql   -uroot  -proot
```

现在第二个日志文件的数据恢复了，第 3 个日志文件同理，只要找到 DROP TABLE 的位置，就可以了。第 3 个日志文件 DROP 的开始位置为 546，只需恢复 546 以前的就行了，如图 18.143 所示。

```
# at 546
#170528 17:05:48 server id 1  end_log_pos 673 CRC32 0x87f0766e
use `db_fcms`/*!*/;
SET TIMESTAMP=1495962348/*!*/;
DROP TABLE `tb_test2` /* generated by server */
```

图 18.143　pos 点起止号

```
    D:\wamp\bin\mysql\mysql5.6.17\bin\mysqlbinlog  D:\wamp\bin\mysql\mysql5.6.17\data\mysql-bin.000028  --stop-pos=546  | D:\wamp\bin\mysql\mysql5.6.17\bin\mysql   -uroot  -proot
```

执行结果如图 18.144 所示。

```
C:\Users\Administrator>D:\wamp\bin\mysql\mysql5.6.17\bin\mysqlbinlog  D:\wamp\bi
n\mysql\mysql5.6.17\data\mysql-bin.000028  --stop-pos=546  | D:\wamp\bin\mysql\m
ysql5.6.17\bin\mysql   -uroot  -proot
Warning: Using unique option prefix stop-pos instead of stop-position is depreca
ted and will be removed in a future release. Please use the full name instead.
Warning: Using a password on the command line interface can be insecure.
```

图 18.144　恢复第 3 个日志文件（bin.000028）

至此，数据得到全部恢复。